W0275337

HANDBUCH DER ANALYTISCHEN CHEMIE

HERAUSGEGEBEN
VON

W. FRESENIUS UND G. JANDER
WIESBADEN BERLIN

DRITTER TEIL
QUANTITATIVE BESTIMMUNGS- UND TRENNUNGSMETHODEN

BAND Vaα

ELEMENTE DER FÜNFTEN HAUPTGRUPPE
(STICKSTOFF)

SPRINGER-VERLAG BERLIN HEIDELBERG GMBH
1957

ELEMENTE DER FÜNFTEN HAUPTGRUPPE

STICKSTOFF

BEARBEITET

VON

W. LEITHE

ÖSTERREICHISCHE STICKSTOFFWERKE
AKTIENGESELLSCHAFT, LINZ

MIT 50 ABBILDUNGEN

SPRINGER-VERLAG BERLIN HEIDELBERG GMBH
1957

ISBN 978-3-662-27304-3 ISBN 978-3-662-28791-0 (eBook)
DOI 10.1007/978-3-662-28791-0

URSPRÜNGLICH ERSCHIENEN BEI SPRINGER-VERLAG OHG., BERLIN/GÖTTINGEN/HEIDELBERG 1957
SOFTCOVER REPRINT OF THE HARDCOVER 1ST EDITION 1957

Inhaltsverzeichnis.

Erfassung von freiem, an Metalle und organisch gebundenem Stickstoff.

Untersuchung anorganischer Stickstoffverbindungen.

Verzeichnis der Zeitschriften und ihrer Abkürzungen.

Abkürzung	Zeitschrift
A.	LIEBIGS Annalen der Chemie; bis **172** (1874): Annalen der Chemie und Pharmacie.
Acc. Sci. med. Ferrara	Accadimie delle scienze mediche di Ferrara.
A. Ch.	Annales de Chimie; vor 1914: Annales de Chimie et de Physique.
Acta Comment. Univ. Tartu	Acta et Commentationes Universitatis Tartuensis (Dorpatensis).
Acta med. Scand.	Acta Medica Scandinavica.
Agricultura	Agricultura.
Am. Chem. J. (*Am. Ch.*)	American Chemical Journal; seit 1917 vereinigt mit Am. Soc.
Am. Fertilizer	The American Fertilizer.
Am. J. Physiol.	American Journal of Physiology.
Am. J. Sci.	American Journal of Science.
Am. Soc.	Journal of the American Chemical Society.
Am. Soc. Test. Mater. (*Am. Soc. Testing Materials*)	American Society of Testing Materials.
Anal. Chem.	Analytical Chemistry, früher Ind. Eng. Chem. Anal. Edit.
Anal. chim. Acta	Analytica chimica acta.
Analyst	The Analyst.
An. Argentina	Anales de la asociación química Argentina.
An. Españ.	Anales de la sociedad espanola de física y química; seit 1941: Anales de fisica y quimica (Madrid).
An. Farm. Bioquim.	Anales de farmacia y bioquímica (Buenos Aires).
Angew. Ch.	Angewandte Chemie, vor 1932: Zeitschrift für angewandte Chemie.
Ann. Acad. Sci. Fenn.	Annales academiae scientiarum fennicae.
Ann. agronom.	Annales agronomiques.
Ann. Chim. anal.	Annales de Chimie analytique et de Chimie appliquée.
Ann. Chim. appl(ic).	Annali di chimica applicata.
Ann. Falsific.	Annales des Falsifications et des Fraudes.
Ann.Office nat.Combustibles liquides	Annales de l'Office National des Combustibles Liquides.
Ann. Phys.	Annalen der Physik (GRÜNEISEN und PLANCK).
Ann. Sci. agronom. Franç.	Annales de la Science agronomique française et étrangère; nach 1930: Annales agronomiques.
Ann. Soc. Sci. Bruxelles	Annales de la société scientifique de Bruxelles, Série A: Sciences mathématiques; Série B: physiques et naturelles.
Anz. Akad. Wiss. Wien, math.-naturwiss. Kl.	Anzeiger der Akademie der Wissenschaften in Wien, Mathematische-Naturwissenschaftliche Klasse.
Anz. Krakau. Akad.	Anzeiger der Akademie der Wissenschaften, Krakau.
Apoth.-Z.	Apotheker-Zeitung.
Ar.	Archiv der Pharmazie.
Arch. Eisenhüttenw.	Archiv für das Eisenhüttenwesen.
Arch. exp. Pathol.	Archiv für experimentelle Pathologie und Pharmakologie (NAUNYN-SCHMIEDEBERG).
Arch. Math. Naturvidensk (*Arch. F. Mathem. og Naturvid.*)	Archiv for Mathematik og Naturvidenskab.
Arch. Néerland. Physiol.	Archives Néerlandaises de Physiologie de l'Homme et des Animaux.
Arch. Phys. biol.	Archives de Physique biologique et de Chimie-Physique des Corps organisés.
Arch. Physiol.	Archiv für die gesamte Physiologie des Menschen und der Tiere (PFLÜGER).

Abkürzung	Zeitschrift
Arch. Sci. biol.	Archivio di science biologiche (Italy).
Arch. Sci. phys. nat. Genève	Archives des Sciences physiques et naturelles, Genève.
Atti Accad. Lincei	Atti della Reale Accademia nazionale dei Lincei.
Atti Accad. Sci. Torino	Atti della Reale Accademia delle Scienze di Torino.
Atti Congr. naz. Chim. pura applic.	Atti del congresso nazionale di chimica pura ed applicata.
Atti X Congr. int. Chim., Roma (Atti Congr. int. Chim. Roma)	Atti del X Congresso Internazionale di Chimica (Roma).
Austr. J. exp. Biol. med. Sci.	Australian Journal of Experimental Biology and Medical Science.
B.	Berichte der Deutschen Chemischen Gesellschaft.
Ber. dtsch. keram. Ges.	Berichte der Deutschen Keramischen Gesellschaft.
Ber. dtsch. pharm. Ges.	Berichte der Deutschen Pharmazeutischen Gesellschaft.
Ber. oberhess. Ges. Naturk.	Bericht der oberhessischen Gesellschaft für Natur- und Heilkunde.
Ber. Wien. Akad.	Sitzungsberichte der Akademie der Wissenschaften, Wien.
Betriebslab.	Betriebslaboratorium; russ.: Sawodskaja Laboratorija.
Biochem. J.	Biochemical Journal.
Biol. Bl.	Biological Bulletin of the Marine Biological Laboratory; seit 1930: Biological Bulletin.
Bio. Z.	Biochemische Zeitschrift.
Bl.	Bulletin de la Société chimique de France; vor 1907: Bulletin de la Société chimique de Paris.
Bl. Acad. Roum.	Bulletin de la section scientifique de l'Académie Roumaine.
Bl. Acad. Russie	Bulletin de l'Académie des Sciences de Russie; seit 1925: Bl. Acad. URSS.
Bl. Acad. Sci. Pétersb.	Bulletin de l'Académie impériale des Sciences, Pétersbourg; seit 1917: Bl. Acad. Russie.
Bl. Acad. URSS.	Bulletin de l'Académie des Sciences de l'U[nion des] R[épubliques] S[oviétiques] S[ocialistes].
Bl. Acad. URSS., Sér. chim.	Bulletin de l'Académie des Sciences de l'U[nion des] R[épubliques S[oviétiques] S[ocialistes], Sér. chimique.
Bl. agric. chem. Soc. Japan	Bulletin of the Agricultural Chemical Society of Japan.
Bl. Am. phys. Soc.	Bulletin of the American Physical Society.
Bl. Assoc. techn. Fonderie (Bull. [Ass.] techn. Fonderie)	Bulletin de l'Association Technique de Fonderie.
Bl. Biol. pharm.	Bulletin des Biologistes pharmaciens.
Bl. Bur. Mines Washington	Bulletin, Bureau of Mines, Washington.
Bl. chem. Soc. Japan	Bulletin of the Chemical Society of Japan.
Bl. Chim. pura apl. Bukarest (B. Chim. pura aplicata Bukarest)	Buletinul de Chimie Pură si Aplicată (al Societatii Romane de Chimie) Bukarest.
Bl. Inst. physic. chem. Res. (Abstr.) Tôkiô	Bulletin of the Institute of Physical and Chemical Research, Abstracts, Tôkyô.
Bl. Sci. pharmacol.	Bulletin des Sciences pharmacologiques.
Bl. Soc. chim. Belg.	Bulletin de la Société chimique Belgique.
Bl. Soc. Chim. biol.	Bulletin de la Société de Chimie biologique.
Bl. Soc. chim. Paris	Vgl. Bl.
Bl. Soc. Min.	Bulletin de la Société française de Minéralogie.
Bl. Soc. Mulhouse	Bulletin de la Société industrielle de Mulhouse.
Bl. Soc. Pharm. Bordeaux	Bulletin des Travaux de la Société de Pharmacie de Bordeaux.
Bl. Soc. România	Buletinul societatii de chimie din România.
Bodenkunde Pflanzenernähr.	Bodenkunde und Pflanzenernährung: 1. Folge (Band 1 bis 45) heißt: Zeitschrift für Pflanzenernährung, Düngung und Bodenkunde.
Boll. chim. farm.	Bolletino chimico-farmaceutico.
Branntwein-Ind. (russ.)	Branntwein-Industrie (russisch).
Brit. chem. Abstr.	British Chemical Abstracts.
Bur. Stand. J. Res.	Bureau of Standards Journal of Research.
C.	Chemisches Zentralblatt.
Canad. Chem. Metallurgy (Can. Chem. Met.)	Canadian Chemistry and Metallurgy; ab Bd. 22 (1938): Canadian Chemistry and Process Industries.

Abkürzung	Zeitschrift
Canadian J. Res.	Canadian Journal of Research.
Časopis českoslov. Lékárn.	Časopis československého Lékárnictva.
Cereal Chem.	Cereal Chemistry.
Chem. Abstr.	Chemical Abstracts.
Chem. Age	Chemical Age.
Chem. Apparatur	Chemische Apparatur.
Chem. eng. min. Rev.	Chemical Engineering and Mining Review.
Chem. Ind.	Chemistry and Industry.
Chemisat. soc. Agric. (Chemisat. socialist. Agr.) (russ.)	Chemisation of Socialistic Agriculture (russisch).
Chemist-Analyst	The Chemist-Analyst.
Chem. J. Ser. A	Chemisches Journal Serie A, Journal für allgemeine Chemie; russ.: Chimitscheski Shurnal Sser. A, Shurnal obschtschei Chimii.
Chem. J. Ser. B	Chemisches Journal Serie B, Journal für angewandte Chemie; russ.: Chimitscheski Shurnal Sser. B, Shurnal prikladnoi Chimii.
Chem. Listy	Chemické Listy pro vědu a průmysl.
Chem. Metallurg. Eng. (Chem. Met. Engin.)	Chemical and Metallurgical Engineering.
Chem. N.	Chemical News.
Chem. Obzor	Chemický Obzor.
Chem. Reviews	Chemical Reviews.
Chem. social. Agric.	Chemisation of socialistic Agriculture; russ.: Chimisazia sozialistitscheskogo Semledelija.
Chem. Trade J. chem. Engr. (Chem. Trade J.)	Chemical Trade Journal and Chemical Engineer.
Chem. Weekbl.	Chemisch Weekblad.
Ch. Fabr.	Die chemische Fabrik.
Chim. e Ind. (Milano)	Chimica e Industria (Milano).
Chim. Ind.	Chimie & Industrie.
Chim. Ind. 17. Congr. Paris	Chimie & Industrie, 17. Congrès, Paris.
Ch. Ind.	Die chemische Industrie.
Ch. Z.	Chemiker-Zeitung.
Ch. Z. Chem. techn. Übersicht	Chemiker-Zeitung, Chemisch-technische Übersicht.
Ch. Z. Repert.	Chemiker-Zeitung, Repertorium.
Coll. Trav. chim. Tchécosl.	Collection des Travaux chimiques de Tchécoslovaquie.
C. r.	Comptes rendus de l'Académie des Sciences.
C. r. Acad. URSS.	Comptes rendus (Doklady) de l'académie des sciences de l'U[nion des] R[épubliques] S[oviétiques] S[ocialistes].
C. r. Carlsberg	Comptes rendus des Travaux du Laboratoire de Carlsberg.
C. r. Soc. Biol.	Comptes rendus de la Société de Biologie.
Current Sci.	Current Science.
Dansk Tidsskr. Farm.	Dansk Tidsskrift for Farmaci.
Dingl. J.	DINGLERS Polytechnisches Journal.
Dtsch. med. Wschr.	Deutsche medizinische Wochenschrift.
Dtsch. tierärztl. Wschr.	Deutsche tierärztliche Wochenschrift.
Eng. Min. Journ.	Engineering and Mining Journal.
E. P.	Englisches Patent.
Erzmetall	Zeitschrift für Erzbergbau und Metallhüttenwesen; neue Folge von „Metall und Erz".
Fenno-Chem.	Fenno-Chemica.
Finska Kemistsamfundets Medd.	Finska Kemistsamfundets Meddelanden; fortgesetzt unter der Bezeichnung: Fenno-Chemica.
Fortschr. Chem. Physik physik. Chem.	Fortschritte der Chemie, Physik und physikalischen Chemie.
Fr.	Zeitschrift für analytische Chemie (FRESENIUS).
G.	Gazzetta chimica italiana.
Gas- und Wasserfach	Das Gas- und Wasserfach; vor 1922: Journal für Gasbeleuchtung sowie für Wasserversorgung.
Gen. electr. Rev. (General Electric Rev.)	General Electric Review.

Abkürzung	Zeitschrift
Giorn. Biol. appl. Ind. chim. aliment. (*G. Biol. appl. Ind. chim.*)	Giornale di Biologia Applicata alla Industria Chimica ed Alimentare; ab Bd. 5 (1935): Giornale di Biologia Industriale Agraria ed Alimentare.
Giorn. Chim. ind. ed applic. (*Giorn. Chim. ind. appl.*)	Giornale di Chimica Industriale ed Applicata.
Glastechn. Ber.	Glastechnische Berichte.
Glückauf	Glückauf, berg- und hüttenmännische Zeitschrift.
H.	Zeitschrift für physiologische Chemie (HOPPE-SEYLER).
Helv.	Helvetica chimica acta.
Ind. Chemist (*chem. Manufacturer*) (*Ind. Chemist a. Chemical Manufacturer*)	Industrial Chemist and Chemical Manufacturer.
Ind. chimica	L'Industria chimica, mineraria e metallurgica.
Ind. eng. Chem.	Industrial and Engineering Chemistry.
Ind. eng. Chem. Anal. Edit.	Industrial and Engineering Chemistry, Analytical Edition.
Ing. Chimiste (*Bruxelles*)	Ingénieur Chimiste (Bruxelles).
Internat. Sugar J.	International Sugar Journal.
J. agric. Sci.	Journal of Agricultural Science.
J. Am. ceram. Soc.	Journal of the American Ceramic Society.
J. Am. Leather Chem.	Journal of the American Leather Chemists' Association.
J. Am. med. Assoc.	Journal of the American Medical Association.
J. Am. pharm. Assoc.	Journal of the American Pharmaceutical Association.
J. Am. Soc. Agron.	Journal of the American Society of Agronomy.
J. Am. Water Works Assoc.	Journal of the American Water Works Association.
J. anal. appl. Chem.	Journal of Analytical and Applied Chemistry.
J. Assoc. offic. agric. Chem.	Journal of the Association of Official Agricultural Chemists.
J. Biochem.	Journal of Biochemistry (Japan).
J. biol. Chem.	Journal of Biological Chemistry.
Jbr.	Jahresberichte über die Fortschritte der Chemie (LIEBIG und KOPP), 1847—1910.
Jb. Radioakt.	Jahrbuch der Radioaktivität und Elektronik.
J. chem. Educat.	Journal of Chemical Education.
J. chem. Ind.	Journal der chemischen Industrie; russ.: Shurnal Chimitscheskoi Promyschlennosti.
J. chem. Physics (*J. chem. Phys.*)	Journal of Chemical Physics.
J. chem. Soc.	Journal of the Chemical Society of London.
J. chem. Soc. Japan	Journal of the Chemical Society of Japan.
J. Chim. appl. (*J. chem. applic.*) (*russ.*)	Journal de Chimie Appliquée (russisch).
J. Chim. phys.	Journal de Chimie physique; seit 1931: ... et Revue générale des Colloides.
J. chos. med. Assoc.	Journal of the Chosen Medical Association (Japan).
Jernkont. Ann.	Jernkontorets Annaler.
J. ind. eng. Chem.	Journal of Industrial and Engineering Chemistry; seit 1923: Ind. eng. Chem.
J. Indian chem. Soc.	Journal of the Indian Chemical Society.
J. Indian Inst. Sci.	Journal of the Indian Institute of Science.
J. Inst. Brew.	Journal of the Institute of Brewing.
J. Inst. Petrol. Tech.	Journal of the Institution of Petroleum Technologists.
J. Iron Steel Inst.	Journal of the Iron and Steel Institute.
J. Labor clin. Med.	Journal of Laboratory and Clinical Medicine.
J. Landwirtsch.	Journal für Landwirtschaft.
J. of Hyg. (*Brit.*)	Journal of Hygiene (britisch).
J. opt. Soc. Am.	Journal of the Optical Society of America.
J. Pharm. Belg.	Journal de Pharmacie de Belgique.
J. Pharm. Chim.	Journal de Pharmacie et de Chimie.
J. pharm. Soc. Japan	Journal of the Pharmaceutical Society of Japan.
J. physic. Chem.	Journal of Physical Chemistry.
J. Physiol.	Journal of Physiology.
J. pr.	Journal für praktische Chemie.
J. Pr. Austr. chem. Inst.	Journal and Proceedings of the Australian Chemical Institute.

Abkürzung	Zeitschrift
J. Res. Nat. Bureau of Standards	Journal of Research of the National Bureau of Standards, früher: Bur. Stand. J. Res.
J. Russ. phys.-chem. Ges.	Journal der russischen physikalisch-chemischen Gesellschaft.
J. S. African chem. Inst.	Journal of the South African Chemical Institute.
J. Sci. Soil Manure	Journal of the Sciences of Soil and Manure (Japan).
J. Soc. chem. Ind.	Journal of the Society of Chemical Industrie (Chemistry and Industry).
J. Soc. chem. Ind. Japan (Suppl.)	Journal of the Society of Chemical Industry, Japan. Supplement.
J. Soc. Dyers Colourists	Journal of the Society of Dyers and Colourists.
J. Washington Acad. Sci.	Journal of the Washington Academy of Sciences.
J. Zucker-Ind.	Journal der Zuckerindustrie; russ.: Shurnal Sakharnoi Promyschlennosti.
Keem. Teated	Keemia Teated (Tartu).
Kem. Maanedsbl. nord. Handelsbl. kem. Ind.	Kemisk Maanedsblad og Nordisk Handelsblad for Kemisk Industri.
Klin. Wschr.	Klinische Wochenschrift.
Koks u. Chem. (russ.)	Koks und Chemie (russisch).
Kolloidchem. Beih.	Kolloidchemische Beihefte.
Kolloid-Z.	Kolloid-Zeitschrift.
Lantbruks-Akad. Handl. Tidskr.	Kungl. Lantbruks-Akademiens Handlingar och Tidskrift.
Lantbruks-Högskol. Ann.	Lantbruks-Högskolans Annaler.
L. V. St.	Landwirtschaftliche Versuchsstation.
M.	Monatshefte für Chemie.
Magyar Chem. Folyóirat	Magyar Chemiai Folyóirat (Ungarische chemische Zeitschrift).
Malayan agric. J.	Malayan Agricultural Journal.
Medd. Centralanst. Försöksväs. jordbruks., landwirtsch.-chem. Abt.	Meddelande från Centralanstalten för Försöksväsendet på Jordbruksområdet, landbrukskemi.
Medd. Nobelinst.	Meddelanden från K. Vetenskapsakademiens Nobelinstitut.
Med. Doswiadczalna i Spoleczna	Medycyna Doswiadczalna i Spoleczna.
Mem. Sci. Kyoto Univ.	Memoirs of the College of Science, Kyoto Imperal University
Metal Ind. (London)	Metal Industry (London).
Metallurgia ital. (Metallurg. Ital.)	Metallurgia Italiana.
Metallwirtschaft (Metallwirtsch., Metallwiss., Metalltechn.)	Metallwirtschaft, Metallwissenschaft, Metalltechnik.
Met. Erz	Metall und Erz.
Mikrochemie (Mikrochem.)	Mikrochemie, vereinigt mit Mikrochimica acta.
Mikrochim. A.	Mikrochimica acta.
Milchw. Forsch.	Milchwirtschaftliche Forschungen.
Mitt. berg- u. hüttenmänn. Abt. kgl. ung. Palatin-Joseph-Universität Sopron	Mitteilungen der berg- und hüttenmännischen Abteilung der königlich ungarischen Palatin-Joseph-Universität, Sopron.
Mitt. Forsch.-Anst. G. H. Hütte (Gutehoffnungshütte-Konzerns)	Mitteilungen aus den Forschungsanstalten des Gutehoffnungshütte-Konzerns.
Mitt. Geb. Lebensmitteluntersuch. Hyg.	Mitteilungen auf dem Gebiet der Lebensmitteluntersuchung und Hygiene.
Mitt. Kali-Forsch.-Anst.	Mitteilungen der Kali-Forschungsanstalt.
Mitt. K.W. I. Eisenforschg. (Düsseldorf)	Mitteilungen aus dem Kaiser-Wilhelm-Institut für Eisenforschung zu Düsseldorf.
Nachr. Götting. Ges.	Nachrichten der Kgl. Gesellschaft der Wissenschaften, Göttingen; seit 1923 fällt „Kgl." fort.
Nature	Nature (London).
Naturwiss.	Naturwissenschaften.
Natuurwetensch. Tijdschr.	Natuurwetenschappelijk Tijdschrift.
Nederl. Tijdschr. Geneesk.	Nederlandsch Tijdschrift voor Geneeskunde.
Neues Jahrb. Mineral. Geol.	Neues Jahrbuch für Mineralogie, Geologie und Paläontologie.

Abkürzung	Zeitschrift
New Zealand J. Sci. Tech.	New Zealand Journal of Science and Technology.
Öst. Ch. Z.	Österreichische Chemiker-Zeitung.
Onderstepoort J. Vet. Sci.	Onderstepoort Journal of Veterinary Science and Animal Industry.
P. C. H.	Pharmazeutische Zentralhalle.
Ph. Ch.	Zeitschrift für physikalische Chemie.
Pharm. Weekbl.	Pharmaceutisch Weekblad.
Pharm. Z.	Pharmazeutische Zeitung.
Phil. Mag.	Philosophical Magazine and Journal of Science.
Phil. Trans.	Philosophical Transactions of the Royal Society of London.
Phys. Rev.	Physical Review.
Phys. Z.	Physikalische Zeitschrift.
Plant Physiol.	Plant Physiology.
Pogg. Ann.	Annalen der Physik und Chemie, herausgegeben von POGGENDORF (1824—1877); dann Wied. Ann. (1877—1899); seit 1900: Ann. Phys.
Pr. Am. Acad.	Proceedings of the American Academy of Arts and Sciences, Boston.
Pr. Am. Soc. Test. Mater. (*Pr. Am. Soc. for testing Materials*)	Proceedings of the American Society for Testing Materials.
Pr. (*chem. Soc.*)	Proceedings of the Chemical Society (London).
Pr. Indian Acad. Sci.	Proceedings of the Indian Academy of Sciences.
Pr. internat. Soc. Soil Sci.	Proceedings of the International Society of Soil Science.
Pr. Leningrad Dept. Inst. Fert.	Proceedings of the Leningrad Departmental Institute of Fertilizers.
Pr. Roy. Soc. Edinburgh	Proceedings of the Royal Society of Edinburgh.
Pr. Roy. Soc. London Ser. A	Proceedings of the Royal Society (London). Serie A: Mathematical and Physical Sciences.
Pr. Roy. Soc. New South Wales	Proceedings of the Royal Society of New South Wales.
Pr. Soc. Cambridge	Proceedings of the Cambridge Philosophical Society.
Problems Nutrit.	Problems of Nutrition; russ.: Woprossy Pitanija.
Pr. Oklahoma Acad. Sci.	Proceedings of the Oklahoma Academy of Science.
Pr. Soc. exp. Biol. Med.	Proceedings of the Society for Experimental Biology and Medicine.
Pr. Utah Acad. Sci.	Proceedings of the Utah Academy of Sciences.
Przemysl Chem.	Przemysl Chemiczny.
Publ. Health Rep.	Public Heath Reports.
R.	Recueil des Travaux chimiques des Pays-Bas.
Radium	Le Radium, seit 1920: Journal de Physique et Le Radium.
Rep. Connecticut agric. Exp. Stat.	Report of the Connecticut Agricultural Experiment Station.
Repert. anal. Chem.	Repertorium der analytischen Chemie (1881—1887).
Répert. Chim. appl.	Répertoire de Chimie pure et appliquée (von 1864 ab: Bulletin de la Société chimique de France).
Rep. Invest. (*Rep. Investig.*)	United States Department Interior, Bureau of Mines, Report of Investigation.
Rev. brasil. chim. (*Revista brasileira de chimica*)	Revista Brasileira de Chimica (São Paulo).
Rev. Centro Estud. Farm. Bioquim.	Revista del centro estudiantes de farmacia y bioquímica.
Rev. Mét.	Revue de Métallurgie.
Rev. univ. des Min.	Revue universelle des Mines.
Roczniki Chem.	Roczniki Chemji.
Schweiz. Apoth. Z.	Schweizerische Apotheker-Zeitung.
Schweiz. med. Wschr.	Schweizerische medizinische Wochenschrift.
Schw. J.	SCHWEIGGERS Journal für Chemie und Physik (Nürnberg, Berlin 1811—1833, 68 Bde.).
Science	Science (New York).
Sci. Pap. Inst. Tôkyô	Scientific Papers of the Institute of Physical and Chemical Research Tôkyô.
Sci. quart. nat. Univ. Peking	Science Quarterly of the National University of Peking.

Abkürzung	Zeitschrift
Sci. Rep. Tôhoku (Imp. Univ.)	Science Reports of the Tôhoku Imperial University.
Skand. Arch. Physiol.	Skandinavisches Archiv für Physiologie.
Soc.	Journal of the Chemical Society of London.
Soc. chem. Ind. Victoria (Proc.)	Society of Chemical Industry of Viktoria, Proceedings.
Soil Sci.	Soil Science.
Spectrochim. Acta.	Spectrochimica Acta.
Sprechsaal	Sprechsaal für Keramik-Glas-Email.
Stahl Eisen	Stahl und Eisen.
Svensk Tekn. Tidskr.	Svensk Teknisk Tidskrift.
Sv. V.A.H. (SvVAH, Sv. Vet. Akad. Handl.)	Svenska Vetenskaps-Akademiens-Handlingar.
Techn. Mitt. Krupp	Technische Mitteilungen KRUPP.
Tôhoku J. exp. Med.	Tôhoku Journal of Experimental Medicine.
Trans. Am. electrochem. Soc.	Transactions of the American Electrochemical Society.
Trans. Am. Inst. min. metalling. Eng. (Trans. Am. Inst. Min. Eng.)	Transactions of the American Institute of Mining and Metallurgical Engineers.
Trans. Butlerov Inst. chem. Technol. Kazan	Transactions of the BUTLEROV Institute; (seit 1935: KIROV Institute) for Chemical Technology of Kazan.
Trans. ceram. Soc. England	Transactions of the Ceramic Society, England; ab Bd. 38 (1939): Transactions of the British Ceramic Society.
Trans. Dublin Soc.	Scientific Transactions of the Royal Dublin Society.
Trans. Faraday Soc.	Transactions of the FARADAY Society.
Trans. Roy. Soc. Edinburgh	Transactions of the Royal Society of Edinburgh.
Trans. sci. Inst. Fert.	Transactions of the Scientific Institute of Fertilizers and Insectofungicides (USSR.).
Trans. Sci. Soc. China	Transactions of the Science Society of China.
Trav. Inst. Etat Radium (russ.)	Travaux de l'Institut d'Etat de Radium (russisch).
Trav. Lab. biogéochim. Acad. Sci. URSS.	Travaux du laboratoire biogéochimique de l'académie des sciences de l'U[nion des] R[épubliques] S[oviétiques] S[ocialistes].
Uchen. Zapiski Kazan. Gosud. Univ.	Uchenye Zapiski Kazanskogo Gosudarstvennogo Universiteta (USSR.).
Ukrain. chem. J.	Ukrainian Chemical Journal (Journal chimique de l'Ukraine).
Union pharm.	Union pharmaceutique.
Union S. Africa Dept. Agric.	Union of South Africa. Department of Agriculture.
Univ. Illinois Bl.	University of Illinois, Bulletin.
U. S. Dep. Commerce Bur. Mines Bl. (U. S. Bur. Min. B.)	U. S. Department of Commerce, Bureau of Mines, Bulletin.
U. S. Dep. Interior Bur. (U. S. Mines Bull.)	United States Department of the Interior, Bureau of Mines, Bulletin.
U. S. Dept. Agric. Bl.	United States Department of Agriculture, Bulletins.
U. S. Geol. Surv. Bl.	United States Geological Survey Bulletin.
Verh. phys. Ges.	Verhandlungen der Deutschen physikalischen Gesellschaft.
Vorratspflege u. Lebensmittelforsch.	Vorratspflege und Lebensmittelforschung.
Washington Acad. Science	Journal of the Washington Academy of Sciences.
Wschr. Brauerei	Wochenschrift für Brauerei.
Wied. Ann.	Annalen der Physik und Chemie, herausgegeben von WIEDEMANN; s. Pogg. Ann.
Wien. klin. Wschr.	Wiener klinische Wochenschrift.
Wien. med. Wschr.	Wiener medizinische Wochenschrift.
Wiss. Nachr. Zucker-Ind.	Wissenschaftliche Nachrichten der Zuckerindustrie (ukrain.).
Wiss. Veröffentl. Siemens-Konzern	Wissenschaftliche Veröffentlichung aus dem SIEMENS-Konzern (seit 1935: aus den SIEMENS-Werken).
Z. anorg. Ch.	Zeitschrift für anorganische und allgemeine Chemie.
Zbl. Min. Geol. Paläont. Abt. A	Zentralblatt für Mineralogie, Geologie und Paläontologie, Abt. A.: Mineralogie und Petrographie.

Abkürzung	Zeitschrift
Z. Chem. Ind. Kolloide	Zeitschrift für Chemie und Industrie der Kolloide; seit 1913: Kolloid-Zeitschrift.
Z. Deutsch. Öl- u. Fettind.	Zeitschrift für Deutsche Öl- und Fettindustrie.
Z. El. Ch.	Zeitschrift für Elektrochemie.
Zentr. wiss. Forsch.-Inst. Leder-Ind.	Zentrales wissenschaftliches Forschungsinstitut für die Lederindustrie; russ.: Zentralny nautschno-issledowatelski Institut koshewennoi Promyschlennosti, Sbornik Rabot.
Z. ges. Brauw.	Zeitschrift für das gesamte Brauwesen.
Z. ges. Kältetechnik (-Industrie)	Zeitschrift für die gesamte Kältetechnik (-Industrie).
Z. Hygiene	Zeitschrift für Hygiene und Infektionskrankheiten.
Z. klin. Med.	Zeitschrift für klinische Medizin.
Z. Krist.	Zeitschrift für Kristallographie und Mineralogie.
Z. landw. Vers.-Wes. Österr.	Zeitschrift für das landwirtschaftliche Versuchswesen in Deutsch-Österreich; 1925—1933 genannt: Fortschritte der Landwirtschaft.
Z. Lebensm.	Zeitschrift für Untersuchung der Lebensmittel; bis 1925: Zeitschrift für Untersuchung der Nahrungs- und Genußmittel sowie der Gebrauchsgegenstände.
Z. Metallkunde	Zeitschrift für Metallkunde.
Z. Naturforschg.	Zeitschrift für Naturforschung.
Z. Oberschl. Berg- u. Hüttenmänn. Verb.	Zeitschrift des Oberschlesischen Berg- und Hüttenmännischen Verbandes.
Z. öffentl. Ch.	Zeitschrift für öffentliche Chemie.
Z. Pflanzenernähr. Düng. Bodenkunde	Vgl. Bodenkunde Pflanzenernähr.
Z. Phys.	Zeitschrift für Physik.
Z. pr. Geol.	Zeitschrift für praktische Geologie.
Zprávy česk. keram. společnosti	Zprávy československé keramické společnosti.
Z. techn. Phys. (russ.)	Zeitschrift für technische Physik (russ.).
Z. VDI (Z. Ver. dtsch. Ing.)	Zeitschrift des Vereins Deutscher Ingenieure.

Abkürzungen oft benutzter Sammelwerke.

Abkürzung	Sammelwerk
Berl-Lunge	Berl-Lunge: Chemisch-technische Untersuchungsmethoden, 8. Aufl. Berlin 1931—1934. Bis zur 7. Aufl. „Lunge-Berl" genannt.
Eucken-Jakob	A. Eucken und M. Jakob: Der Chemie-Ingenieur. Akademische Verlagsgesellschaft m. b. H., Leipzig 1933.
G_M.	Gmelins Handbuch der anorganischen Chemie, 8. Aufl. Berlin.
Handb. Pflanzenanal.	Handbuch der Pflanzenanalyse (Klein).
Lunge-Berl	Vgl. Berl-Lunge.
Schiedsverfahren	Analyse der Metalle. Erster Band: Schiedsverfahren. 2. Aufl. Berlin-Göttingen-Heidelberg 1949.

Stickstoff[1].

N, Atomgewicht 14,008, Ordnungszahl 7.

Erfassung von freiem, an Metalle und organisch gebundenem Stickstoff.

§ 1. Bestimmung des elementaren Stickstoffs in Gasen.

Allgemeines. Einige für die Analyse wichtige *physikalische* Eigenschaften werden im folgenden angeführt:

Siedepunkt (760 Torr) —195,8°; krit. Temperatur —147°; krit. Druck 33,5 Atm.

Litergewicht (0°, 760 Torr) 1,2505 g.

Löslichkeit: BUNSENscher Absorptionskoeffizient (das von 1 Volumen des Lösungsmittels bei der angegebenen Temperatur und einem Partialdruck des Stickstoffs von 760 Torr aufgenommene Volumen N_2, auf 0° und 760 Torr reduziert:

Temperatur	0°	10°	20° C
Wasser	0,024	0,019	0,016
2n Kochsalzlösung	—	0,009	0,0066

Die Löslichkeit in konz. Schwefelsäure ist etwa so groß wie in Wasser, in verd. Schwefelsäure geringer.

Wärmeleitfähigkeit k bei 0°: $5{,}8 \cdot 10^{-5}$ cal · grad^{-1} · cm^{-1} · sec^{-1}.

Das charakteristische Bandenspektrum ist auch zur quantitativen Stickstoffbestimmung verwertbar.

Einige wichtige *chemische* Eigenschaften.

Elementarer Stickstoff zeichnet sich durch besondere Reaktionsträgheit aus. Die Reaktion mit Wasserstoff bei erhöhter Temperatur und Druck unter Bildung von Ammoniak sowie die Bildung von Stickoxyd mit Sauerstoff bei sehr hohen Temperaturen sind allgemein bekannt und technisch von hoher Bedeutung.

Stickstoff reagiert ferner bei erhöhter Temperatur mit einigen Metallen und Elementen (Mg, Li, Ca, Al, B, Si, Ti, V) unter Nitridbildung. Mit Calciumcarbid bildet sich Calciumcyanamid $CaCN_2$.

Der durch elektrische Entladungen aktivierte (atomare) Stickstoff hat analytisch keine Bedeutung.

---

[1] Die polarographischen, amperometrischen und coulometrischen Methoden wurden von Herrn Dr. ALFRED FINK, Österreichische Stickstoffwerke Aktiengesellschaft, verfaßt.

A. Gasanalytische Bestimmung des Stickstoffs.

Die Bestimmung des Stickstoffs in Gasmischungen erfolgt in der Regel in der Weise, daß die absorbierbaren bzw. durch Verbrennung erfaßbaren Komponenten entfernt werden, wobei der „Stickstoff" als Restvolumen erhalten wird.

Wegen der verschiedenen Fehlerquellen im Verlaufe mehrerer Absorptionsvorgänge durch schädliche Räume und Desorptionsfehler der Lösungen wird dieser „Reststickstoff" meist etwas zu hoch gefunden. Sofern dieser Stickstoff atmosphärischen Ursprungs ist, enthält er noch die Edelgase, insbesondere Argon aus der Luft.

Soll z. B. im Kokereigas der „Stickstoff" möglichst genau bestimmt werden, so verbrennt man zweckmäßig das Gas unmittelbar über rotglühendem Kupferoxyd nach JÄGER und leitet die Verbrennungsprodukte über Kalilauge (s. dieses Handbuch Bd. VIII a, S. 29).

Als Gasbürette kann z. B. eine BUNTE-Bürette mit angesäuertem Wasser, Kochsalz- oder 20%iger Natriumsulfatlösung (mit 5% freier Schwefelsäure) als Sperrflüssigkeit dienen; genauere Werte sind mit einer DREHSCHMIDT-Bürette mit Quecksilber als Sperrflüssigkeit und Kompensationsrohr mit Manometer zum Ausgleich von Druckschwankungen während der Analyse zu erhalten.

Das „JÄGER-Rohr" ist ein Rohr von etwa 15 cm Länge und 7 mm lichter Weite aus Quarz oder aus Edelstahl, das mit Kupferoxyd in Drahtform gefüllt wird. Zwischen Quarz und Kupferoxyd wird zweckmäßig eine Lage dünnen Asbestpapiers angebracht. Nach jeder Verbrennung wird das Rohr durch Ausglühen unter Durchleiten von Luft regeneriert.

Arbeitsvorschrift. Vor Beginn der Verbrennung wird das JÄGER-Rohr durch Hindurchleiten von Stickstoff, der aus Luft mit Hilfe einer Phosphor- oder Pyrogallolpipette gewonnen wurde, von elementarem Sauerstoff befreit sowie auf Zimmertemperatur und normalen Druck gebracht. Man verbindet die Bürette, in welcher man das Probengas abgemessen hat, mit dem JÄGER-Rohr und der Kalipipette, erhitzt das Kupferoxyd auf helle Rotglut und leitet das Probengas mit einer Geschwindigkeit von etwa 0,5 ml/sec über das Rohr und in die Laugenpipette. Der Vorgang wird fortgesetzt, bis keine weitere Volumenabnahme festzustellen ist. Hierauf wird die Flamme derart verkleinert, daß das Kupferoxyd nur noch ganz schwach glüht, und das Restgas einige Male über das Kupferoxyd geführt, um eine geringe Menge Sauerstoff, die bei der hohen Temperatur aus dem Kupferoxyd abgespalten worden war, wieder zu binden. Man läßt das Rohr erkalten, was gegebenenfalls durch Auflegen nasser Tücher beschleunigt werden kann, temperiert die Bürette wieder auf die Ausgangstemperatur und liest das Volumen des „Reststickstoffs" ab.

Genauigkeit. Bei vorsichtigem und gleichmäßigem Arbeiten ist eine Übereinstimmung innerhalb etwa 0,1 ml möglich (s. OTT).

Über die Bestimmung des Stickstoffs im Kokereigas in der Explosionspipette s. PFEIFFER.

Mit katalytischer Verbrennung über Palladium arbeitet STEUER. Sehr kleine Stickstoffmengen können in einer Apparatur zur elementaranalytischen Stickstoffbestimmung nach DUMAS durch Auffangen in einem Azotometer über Kalilauge bestimmt werden (s. S. 12). Die Apparatur wird zunächst mit luftfreiem Kohlendioxyd von Luft befreit und hierauf das genau abgemessene Gas sehr langsam über das rotglühende Verbrennungsrohr geleitet. Schließlich wird wieder mit Kohlendioxyd der elementare Stickstoff im Azotometer gesammelt.

B. Abtrennung des Stickstoffs von den Edelgasen.

Während für die normalen praktischen Zwecke eine Abtrennung des im „Reststickstoff" vorhandenen elementaren Stickstoffs von den Edelgasen nicht erforderlich ist, ist in manchen Fällen, z. B. bei der Untersuchung der Restgase der Ammoniaksynthese nach HABER-BOSCH, eine getrennte Erfassung von Stickstoff und Edelgasen, insbesondere Argon von Interesse. Ferner erhalten in den letzten Jahren reine Edelgase in Stahlflaschen (z. B. für Beleuchtungszwecke, Argon auch für Metallschweißoperationen) zunehmende Bedeutung und machen eine Bestimmung kleiner Mengen Stickstoff in Edelgasen nötig.

Die chemischen Verfahren zur Bestimmung von Stickstoff neben Edelgasen beruhen auf der Bindung des Stickstoffs durch die Erzwingung chemischer Reaktionen.

1. Trennung durch Überführen des Stickstoffs in Stickoxyde.

Schon CAVENDISH, ferner V. ANTROPOFF sowie TREADWELL und ZÜRRER verwenden hierzu elektrische Entladungen bei Gegenwart von Sauerstoff, wodurch der Stickstoff allmählich in Stickoxyde verwandelt wird, welche mit Lauge absorbierbar oder colorimetrisch bestimmbar sind. Noch besser kann der in der Lauge in Form von Oxyden gelöste Stickstoff durch Messung der elektrischen Leitfähigkeit bestimmt werden.

I. Ein ähnliches **handliches Verfahren** auf Basis gebildeter Stickoxyde stammt von HEYNE, HILLE und SCHÄFER. Es dient speziell zur Bestimmung kleiner Stickstoffgehalte (etwa 0,01 Vol.-%) in Edelgasen.

Apparatur. Ein Glaskolben (Abb. 1) von 1100 ml Inhalt und 140 mm Durchmesser erhält je einen Ansatz mit Hahn für das Gas und die Lauge. Zwei Elektroden aus 2 mm-Nickeldraht sind eingeschmolzen.

Arbeitsvorschrift. Man läßt das Probengas mit einem Druck von etwa 400 Torr einströmen. Aus Volumen und gemessenem Druck ergibt sich die Gasmenge. Ferner führt man etwa 1 ml 10%ige Natronlauge und 1 ml 5%iges Wasserstoffperoxyd — beide Lösungen durch Auskochen luftfrei gemacht — ein und erwärmt das Lösungsgemisch im Kolben gelinde, um eine zur Stickdioxydbildung hinreichende Menge Sauerstoff im Gas zu haben. Hierauf verbindet man die Elektroden mit einem kräftigen Induktorium und läßt 4 Std. lang Funken überspringen. Diese Zeit reicht für Proben bis zu 0,03 Vol.-% Stickstoff aus. Sodann spült man die Lösung in einen Erlenmeyerkolben und befreit durch Kochen von unzersetztem Wasserstoffperoxyd.

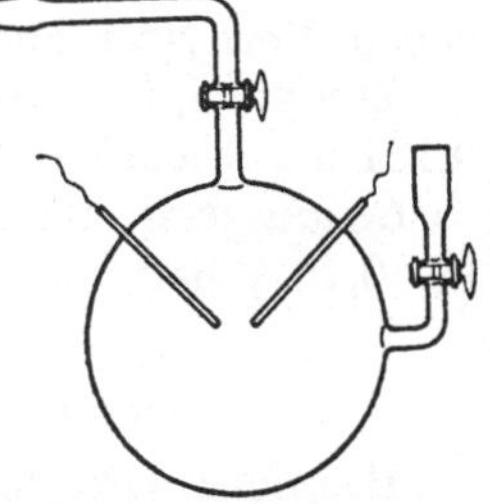

Abb. 1. Kolben zur Stickstoffbestimmung nach HEINE, HILLE und SCHÄFER.

Die Bestimmung der vorwiegend als Nitrat gebundenen Stickoxyde kann entweder colorimetrisch nach der Reduktion mit Bleipulver zu Nitrit nach GRIESS oder nach der Reduktion mit DEVARDA-Legierung als Ammoniak erfolgen.

Colorimetrische Bestimmung in einem aliquoten Teil der Lösung. Reagenzien (s. S. 143): *Nitritreagens.* 0,5 g Sulfanilsäure wird in 150 ml 30%iger Essigsäure gelöst; hierauf kocht man 0,1 g α-Naphthylamin in 20 ml Wasser und filtriert in 150 ml 30%ige Essigsäure. Beide Lösungen werden vereinigt.

Bleipulver. Man löst 100 g Bleiacetat (Merck) in 300 ml Wasser, setzt so lange konz. Ameisensäure zu, als sich ein Niederschlag von Bleiformiat bildet, saugt diesen ab, wäscht ihn mit wenig kaltem Wasser und trocknet bei 110°. Man erhitzt die getrocknete Masse in 5 bis 6 Anteilen in einem Schiffchen von 200 mm Länge und 15 mm Breite im Stickstoffstrom auf 300 bis 315°, bis keine Dämpfe mehr entweichen ($^1/_2$ bis 1 Stde.). Man läßt das Bleipulver im Stickstoffstrom erkalten und bewahrt es trocken und gut verschlossen auf (Haltbarkeit mindestens einige Wochen). Das Pulver wird gelegentlich mit einer der Standard-Nitritlösung äquivalenten Kaliumnitratlösung (26,7 mg KNO_3/l) auf genügende Reduktionswirkung geprüft.

Standard-Nitritlösung. 18,2 mg $NaNO_2$ werden zum Liter gelöst. 1 ml der Lösung entspricht 0,01 mg N_2O_3 oder 0,0032 ml N_2 bei Zimmertemperatur und 758 Torr.

Die vom überschüssigen Wasserstoffperoxyd befreite Lösung wird zunächst mit 2%iger, zuletzt mit 0,5%iger Schwefelsäure gegen Phenolphthalein (1 Tropfen) bis zur ganz schwachen Rotfärbung versetzt, die etwa 15 bis 25 ml betragende Lösung mit 4 g Bleipulver 1 Stde. am Wasserbad unter kräftigem Umschwenken erwärmt, wobei sie sich wieder stärker rot färbt. Man setzt neuerlich 0,5%ige Schwefelsäure bis zur schwachen Rotfärbung zu, filtriert in ein NESSLER-Rohr, füllt auf 50 ml auf, setzt 2 ml Nitritreagens und 5 ml 30%ige Essigsäure zu. Gleichzeitig setzt man Standardlösungen mit 1 ml 18%iger Natriumsulfatlösung und abgestuften Mengen Standard-Nitritlösung an.

Man vergleicht am besten $^1/_2$ Stde. nach dem Ansatz. Man kann auch mit dem PULFRICH-Photometer und Farbfilter S 53 in 10 mm-Küvetten colorimetrieren. Die linear verlaufende Eichkurve zeigt bei 0,01 mg Stickstoff eine Extinktion von etwa 0,5.

II. Bestimmung nach DEVARDA (s. S. 185). Die Gesamtmenge der vom Wasserstoffperoxyd befreiten alkalischen Lösung wird in einer Ammoniakdestillationsapparatur mit 2 g DEVARDA-Legierung und 5 ml 10%iger ammoniakfreier Natronlauge und 5 ml Wasser versetzt; man läßt etwa 1 Stde. bei Zimmertemperatur stehen; nun wird 15 min gekocht und 10 min ein lebhafter Dampfstrom durchgeleitet. Als Vorlage dienen 2 ml 0,01 n Salzsäure; der Überschuß wird mit 0,01 n Natronlauge gegen Methylrot zurücktitriert.

Zur vereinfachten Berechnung kann die Angabe dienen, daß 1 ml 0,01 n Säure 0,121 ml Stickstoff bei 20 bis 22° und 758 Torr entspricht.

Genauigkeit. Bei Parallelbestimmungen mit kleinen Stickstoffgehalten (0,004 bis 0,4%) betragen die Fehler etwa ±10%.

2. Trennung des Stickstoffs von Edelgasen durch Überführen in Metallnitride.

Häufiger wird der Stickstoff durch Erhitzen mit Metallen chemisch als Nitrid gebunden und entweder durch Volumen- bzw. Druckabnahme oder durch Isolierung des Stickstoffs aus dem Nitrid in Form von Ammoniak bestimmt.

Es werden Calciumspäne (SIEVERTS und BRANDT; RUFF und HARTMANN; LEU; PETERS), ferner Lithium (FRANKENBURGER; COPAUX; SEVERYNS, WILKINSON und SCHUMB; v. LIEMPT und v. WIJK), weiterhin Magnesium als solches sowie in Mischung mit getrocknetem Kalk und Natriummetall empfohlen (MAQUENNE; HENRICH; HENRICH und HEROLD; HEMPEL; BLUMSTEIN; siehe auch TRAUTZ und KIPPHAN; SIEVERT).

PANETH, GEHLEN und PETERS wenden ein Gemisch von Calciumoxyd und Magnesium an.

Eine Apparatur zur Bestimmung des Reststickstoffs in Edelgasen mit Calciumspänen, welche mit Natriumhydroxyd aktiviert sind, beschreibt PETERS.

Die Bestimmung mit Lithium erfolgt durch Überleiten über 2 g auf 200° erhitzten geschmolzenen Metalls. Dieses befindet sich in einem Eisenschiffchen, welches in ein Glasrohr aus Hartglas eingeschoben wurde. Das Rohr wird zunächst vollständig evakuiert und das Probengas nochmals langsam darübergeleitet, während das Metall mit einer kleinen Flamme eben zum Schmelzen (auf 200°) erhitzt wird. Mit 2 g Lithium können Mengen bis zu 1 l Stickstoff absorbiert werden.

Erzeugt man in dem Probengas mit Hilfe von Calcium- oder Magnesiumelektroden einen Hochspannungsbogen, so wird der Stickstoff ebenfalls als Nitrid gebunden und kann als Ammoniak bestimmt werden. Das Verfahren ist nach HEYNE, HILLE und SCHÄFER aber nicht zu empfehlen.

Auch die technisch in größtem Umfang angewandte Bindung des Stickstoffs durch erhitztes Calciumcarbid unter Bildung von Calciumcyanamid ist von NATUS zu einem analytischen Verfahren ausgebildet worden.

I. Abtrennung des Stickstoffs mit Calciummetall. Zur Bestimmung von Stickstoff und Edelgasen (Argon) in den Restgasen der Ammoniaksynthese nach HABER-BOSCH, welche außer Stickstoff und Edelgasen noch Wasserstoff und Methan enthalten, bewährt sich eine von der BASF, Ludwigshafen, angegebene Versuchsanordnung.

Prinzip. In einem Teil der Apparatur wird zunächst durch Überleiten über ein mit Kupferoxyd gefülltes JÄGER-Rohr und Behandeln mit Kalilauge aus der Gasprobe ein Restgas hergestellt, welches ausschließlich aus Stickstoff und Edelgasen besteht. Dieses wird hierauf über ein weiteres Röhrchen mit auf Rotglut erhitztem Calcium geleitet, wobei der Stickstoff aufgenommen und aus der Volumenabnahme berechnet wird.

Die Apparatur (Abb. 2) besteht aus einer Bürette *1* von etwa 500 ml Inhalt, einem Niveaugefäß *2*. Als Sperrflüssigkeit dient angesäuertes Wasser. Das Bergkristallrohr *3* mit Schliff (etwa 40 cm lang, 20 mm lichte Weite) enthält eine etwa

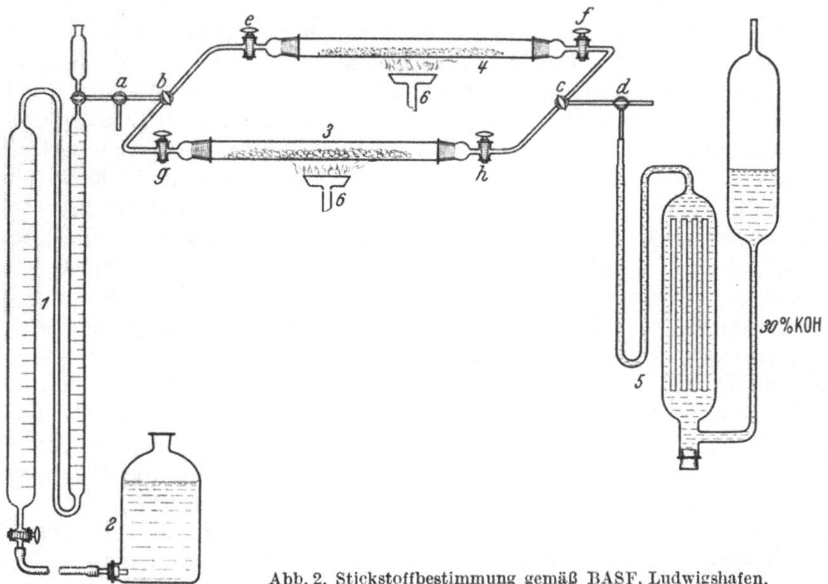

Abb. 2. Stickstoffbestimmung gemäß BASF, Ludwigshafen.

15 cm lange Schicht Kupferoxyddraht, das gleichartige Bergkristallrohr *4* ist mit einer etwa 20 cm langen Schicht Calciumspäne, die rechts und links mit etwas Glaswolle befestigt ist, beschickt. Es kann für 6 bis 8 Analysen verwendet werden. Die Gaspipette *5* enthält Glasstäbe und etwa 700 ml 30% ige Kalilauge.

Arbeitsvorschrift. Zunächst wird das Calciumrohr von *a* bis *d* mit Stickstoff gespült und hierauf mit einem möglichst argonreichen Gasgemisch aus einer vorhergehenden Probe aus der Bürette *1* gefüllt. Man erhitzt den größeren Teil der Calciumschicht im Calciumrohr zuerst langsam, später auf Rotglut und leitet das Gasgemisch darüber, bis aller Stickstoff vom Calcium aufgenommen ist, und läßt erkalten, worauf die Hähne *e* und *f* geschlossen werden. Hierauf wird die Bürette mit dem zu untersuchenden Gas gefüllt und das JÄGER-Rohr mit demselben Gas gespült. Hierauf erhitzt man das JÄGER-Rohr auf Rotglut und leitet die Gasprobe so lange darüber, bis keine Volumenverminderung mehr eintritt. Das Volumen des Restgases wird in der Bürette abgelesen. Sodann wird das JÄGER-Rohr wieder abgeschaltet, das jetzt nur noch Stickstoff und Edelgase enthaltende Gasgemisch mit dem weder Über- noch Unterdruck aufweisenden Calciumrohr verbunden.

Man heizt das Calcium mit einem Flachbrenner allmählich auf Rotglut und leitet das Gas darüber hinweg in die Pipette und wieder zurück, bis Volumenkonstanz erreicht ist. Man läßt das Rohr auf Zimmertemperatur erkalten und liest das Volumen des übriggebliebenen Edelgases (Argon) ab.

Bei der Berechnung wird die aus einer gesonderten Analyse nach JÄGER (s. S. 2) gefundene Summe aus Stickstoff und Argon eingesetzt, um aus der Differenz den Stickstoff zu ermitteln.

II. Bestimmung des Stickstoffs in Edelgasen mit Titan nach DOMBROWSKI. DOMBROWSKI empfiehlt die Verwendung schwammförmigen Titans bei 1050° als Absorbens für den Stickstoff in Edelgasen. Der als Nitrid gebundene Stickstoff wird nach dem Lösen des Titans in Schwefelsäure, Alkalisieren und Abdestillieren in vorgelegte Borsäurelösung wie üblich bestimmt. Das Verfahren ist sowohl für extrem niedrige (1 bis 10 p.p.m.)[1] als auch für hohe Stickstoffgehalte geeignet.

Die *Apparatur* besteht aus einem kleinen Röhrenofen, dessen heizbares Quarzrohr 33 cm lang und von 25 mm innerem Durchmesser ist. Zur Heizung dient ein Nickelchromband von etwa 7 Ohm Gesamtwiderstand. Der Strom geht über einen 15 Ampere-Wechseltransformator; die Innentemperatur des Ofens kann so auf 1050° gehalten werden. In den Ofen wird ein Absorptionsrohr aus Quarz von 90 cm Länge und 10 mm innerem Durchmesser eingelegt. Zur Messung des Gasvolumens dient ein Naßgasometer. Die Schlauchverbindungen werden aus hitzebeständigen und gasdichten Plastikschläuchen hergestellt und mit Ligaturen versehen.

Arbeitsvorschrift. Eine genaue Einwaage von etwa 10 g zerkleinertem Titanschwamm (Teilchengröße zwischen den beiden Sieben von 16 und 100 Maschen/cm²) wird in das erste Drittel des Quarzrohres so eingestampft, daß der gesamte Querschnitt gut ausgefüllt ist, so daß er etwa 10 cm Länge einnimmt und vom Rohrende etwa 30 cm entfernt ist. Man legt das Rohr zunächst so in den Ofen, daß das Titan noch nicht erhitzt wird, verdrängt zunächst die Luft durch das Probengas bei einem Durchsatz von 3 bis 4 l je Min., wobei das Ausgangsende des Rohres zum Schutze des Stopfens gekühlt werden muß. Nach einem Durchsatz von etwa 20 l verschiebt man das Absorptionsrohr im Ofen derart, daß sich nunmehr der Titanschwamm in der Mitte des erhitzten Ofenteiles befindet, liest am Gasometer ab und läßt bei gleichbleibender Strömungsgeschwindigkeit das Probengas durchströmen. Bei niedrigen Stickstoffgehalten (z. B. 1 bis 10 p.p.m. im Argon) sind etwa 600 l Probegas nötig.

Zum Abschluß der Bestimmung schiebt man den Titanschwamm wieder in die kühlere Ausgangsstellung, liest das durchgesetzte Gasvolumen ab und läßt im inerten Gasstrom erkalten. Der Titanschwamm wird hierauf vollständig in einem Wägefläschchen gesammelt und gewogen. Hierauf wird nach THOMPSON der gesamte Titanschwamm in 300 ml 6 n Schwefelsäure unter gelindem Sieden gelöst, die Lösung auf 500 ml im Meßkolben aufgefüllt und 50 ml in eine Halbmikro-Ammoniakdestillationsapparatur abpipettiert. Man setzt 30 ml stickstoffreie Natronlauge (365 g NaOH in 1 l Wasser) zu und destilliert mindestens 25 ml in eine Vorlage von 10 ml 0,17%iger Borsäurelösung ab.

Die Titration des Ammoniaks erfolgt mit 0,007 n Natronlauge und Methylrot-Bromkresolgrün-Mischindikator.

Berechnung. Die gefundene Menge Ammoniak ergibt den Gehalt an Stickstoff, die Gewichtszunahme des Titanschwamms die der gesamten reaktionsfähigen Verunreinigungen.

[1] p. p. m. = Teile je 1 Million Teile.

3. Bestimmung des Stickstoffs in Edelgasen durch physikalische Methoden.

Zur Bestimmung von Stickstoff in Mischungen mit Edelgasen können auch indirekte physikalische Meßmethoden, z. B. nach FILIPPO Dampfdruckmessungen unter Kühlung mit flüssiger Luft dienen.

Die Meßanordnung nach FILIPPO besteht in zwei Dampfdruckthermometern, von denen das eine mit reinem Argon, das andere mit dem Probengas gefüllt ist. Kühlt man nun die Kondensationskugeln der beiden Thermometer mit flüssigem Sauerstoff, so stellen sich die Quecksilbermenisken entsprechend den Dampfdrücken verschieden hoch ein. Aus der Differenz wird unter Berücksichtigung der Temperatur auf Grund empirischer Tabellen der Prozentgehalt des Stickstoffs im Argon gefunden. Wasser und Kohlendioxyd stören hierbei nicht.

Schließlich kann eine Trennung des Stickstoffs von den Edelgasen auch durch Tiefkühlung und fraktionierte Destillation bzw. Kondensation durchgeführt werden.

Bestimmungen des Stickstoffs in Gemischen auf Grund von Wärmeleitfähigkeitsmessungen sind von LIENEWEG sowie von HEYNE beschrieben. Siehe auch EUCKEN-JAKOB.

Auch interferometrische Bestimmungen sind möglich (LÖWE).

C. Massenspektroskopische Bestimmung des Stickstoffs und des Isotops ^{15}N.

Zur Bestimmung des Stickstoff-Isotops ^{15}N *im Massenspektrometer* s. ABBOTT und DODSON; SOLOWAY; VAUGHAN, BOYD, MCCANE und SLOAN; GROSSE, HINDIN und KIRSHENBAUM.

Es ist vorgeschlagen worden, zwecks Durchführung von Stickstoffbestimmungen zur eingewogenen Analysensubstanz eine bekannte Menge ^{15}N zuzufügen und in dem sich ergebenden Stickstoff, der nicht quantitativ isoliert werden muß, das Isotopenverhältnis zu bestimmen und daraus den Stickstoffgehalt zu berechnen (HINDIN und GROSSE).

Literatur.

ABBOTT, L. D., u. M. J. DODSON: Anal. Chem. **24**, 1860 (1952). — v. ANTROPOFF, A.: Z. El. Ch. **25**, 269 (1919).

BLUMSTEIN, S. N.: Fr. **79**, 324 (1930).

COPAUX, H.: Bl. (4) **51**, 989 (1932); durch Fr. **95**, 277 (1933).

DOMBROWSKI, H. S.: Anal. Chem. **26**, 526 (1954).

FILIPPO, H.: Chem. Weekbl. **26**, 567 (1929). — FRANKENBURGER, W.: Z. El. Ch. **32**, 481 (1926); durch Fr. **78**, 351 (1929).

GROSSE, A. V., S. G. HINDIN u. A. D. KIRSHENBAUM: Anal. Chem. **21**, 386 (1949).

HEMPEL, W.: Gasanalytische Methoden. — HENRICH, F.: Angew. Ch. **17**, 755 (1904) — B. **53**, 1940 (1920). — HENRICH, F., u. W. HEROLD: B. **60**, 2047 (1927). — HEYNE, G.: Angew. Ch. **38**, 1099 (1925); durch Fr. **73**, 153 (1928). Siehe auch EUCKEN-JAKOB: Der Chemie-Ingenieur II, 4, S. 75 (1933). — HEYNE, G., E. HILLE u. F. SCHÄFER: Fr. **121**, 411 (1941). — HINDIN, S. G., u. A. V. GROSSE: Anal. Chem. **20**, 1019 (1948).

JÄGER, E.: Gas- und Wasserfach **41**, 764 (1898).

LEU, C.: Helv. **11**, 761 (1928); durch Fr. **80**, 136 (1930). — VAN LIEMPT, J. A. M., u. W. VAN WIJK: R. **56**, 310 (1937); **58**, 964 (1939). — LIENEWEG, F.: Angew. Ch. **45**, 531 (1932); durch Fr. **94**, 41 (1933). — LÖWE, F.: Optische Messungen des Chemikers und des Mediziners, 3. Aufl. (1939).

MAQUENNE, L.: C. r. **121**, 1147 (1895).

NATUS, B.: Fr. **52**, 265 (1913).

OTT, E.: Gas- und Wasserfach **72**, 863 (1929); durch Fr. **85**, 52 (1931).

PANETH, F., H. GEHLEN u. K. PETERS: Z. anorg. Ch. **175**, 383 (1928) — Ph. Ch. **134**, 353 (1928); durch Fr. **80**, 136 (1930). — PETERS, K.: Ch. Fabr. **10**, 371 (1937). — PFEIFFER, O.: Gas- und Wasserfach **42**, 209 (1899); **60**, 509 (1917) — Angew. Ch. **20**, 22 (1907).

RUFF, O., u. H. HARTMANN: Z. anorg. Ch. **121**, 167 (1922); durch Fr. **78**, 352 (1929).

SEVERYNS, J. H., E. R. WILKINSON u. W. C. SCHUMB: Ind. eng. Chem. Anal. Edit. **4**, 371 (1932); durch Fr. **94**, 38 (1933). — SIEVERT, A.: Z. El. Ch. **22**, 15 (1916). — SIEVERTS, A., u. R. BRANDT: Angew. Ch. **29**, 402 (1916); durch Fr. **78**, 352 (1929). — SOLOWAY S.: Anal. Chem. **23**, 386 (1951). — STEUER, W.: Ch. Z. **50**, 860 (1926).

THOMPSON, J. M.: Anal. Chem. **25**, 1231 (1953). — TRAUTZ, M., u. K. KIPPHAN: Fr. **78**, 352 (1929), — TREADWELL, W. D., u. TH. ZÜRRER: Helv. **16**, 1180 (1933).

VAUGHAN, W. R., W. T. BOYD, D. I. MCCANE u. G. J. SLOAN: Anal. Chem. **23**, 508 (1951).

§ 2. Bestimmung des Stickstoffs in Metallen.

Allgemeines. Der Stickstoff liegt in Metallen in der Regel als Nitrid gebunden vor. Seine Bestimmung ist wichtig, da er die Eigenschaften des Metalls, und zwar meistens im ungünstigen Sinne (Brüchigkeit), verändert.

Zur Bestimmung des Stickstoffgehaltes wird das Metall meist mit einem geeigneten Lösungsmittel in Lösung gebracht, wobei der Nitridstickstoff in Ammoniak bzw. Ammoniumsalz verwandelt wird. Nach Alkalisieren der Lösung wird das gebildete Ammoniak in der üblichen Weise in titrierte Säure destilliert und titriert.

Wenn das Metall (z. B. Aluminium) in starker Lauge löslich ist, wird es unmittelbar in der Ammoniakdestillationsapparatur mit Lauge gekocht und das Ammoniak gleichzeitig abdestilliert.

In der Regel arbeitet man in schwefelsaurer Lösung (Eisen und Stahl, Ferrochrom), wobei das Metall zunächst mit starker Schwefelsäure gekocht und so weit wie möglich in Lösung gebracht wird. Wenn hierbei unlösliche Bestandteile zurückgeblieben sind, werden diese abfiltriert und mit Kaliumhydrogensulfat und konz. Schwefelsäure gesondert aufgeschlossen. Anschließend werden die sauren Lösungen alkalisiert und das gebildete Ammoniak in titrierte Säure abdestilliert, oder man macht die schwefelsaure Lösung alkalisch, filtriert und bestimmt in einem aliquoten Teil mit NESZLERschem Reagens den Ammoniakgehalt.

Häufig wird zum Lösen des Metalls auch Perchlorsäure empfohlen, welche auf das gebildete Ammoniumsalz keine zerstörende Wirkung in bezug auf Verluste an elementarem Stickstoff ausübt.

Ist das Metall auch im Kaliumhydrogensulfat nicht löslich, so kann es im Vakuum mit Natriumperoxyd geschmolzen werden. Der in diesem Fall quantitativ gebildete Stickstoff wird von den anderen Gasen getrennt und gasvolumetrisch bestimmt.

1. Bestimmung des Nitridstickstoffs in Aluminium (Analyse der Metalle, Schiedsverfahren).

10 g Aluminiumspäne werden in einer Ammoniakdestillationsapparatur mit Tropftrichter, Tropfenfänger und Kühler mit 100 ml Wasser versetzt; nach Vorlage von genau 30 ml 0,1 n Salzsäure läßt man aus dem Tropftrichter langsam Natronlauge (1 + 3) unter Erwärmen zufließen. Nachdem das Aluminium in Lösung gegangen ist, wird das gebildete Ammoniak vollständig in die Vorlage überdestilliert und diese mit 0,1 n Natronlauge bei Gegenwart von Methylrot als Indicator zurücktitriert.

Berechnung. 1 ml 0,1 n Schwefelsäure = 1,40 mg Stickstoff.

2. Bestimmung des Nitridstickstoffs im Ferrochrom oder Ferrotitan (Schiedsverfahren).

Der im Ferrochrom praktisch ausschließlich als Nitrid gebundene Stickstoff wird durch Lösen in verd. Schwefelsäure in Ammoniumsulfat übergeführt; unlösliche Anteile werden gegebenenfalls abfiltriert und mit einer Mischung von Kaliumsulfat und Schwefelsäure aufgeschlossen.

Arbeitsvorschrift. Eine genaue Einwaage von 10 g möglichst fein zerkleinertem Ferrochrom oder Ferrotitan wird in einem Kolben mit geeignetem Ventil (z. B. nach BUNSEN) zur Vermeidung von Luftzutritt mit 150 ml Wasser versetzt, und es wird unter Erwärmen tropfenweise starke Schwefelsäure zugesetzt. Bohrspäne werden unmittelbar in Schwefelsäure (1 + 3) gelöst. Wenn ein ungelöster Rückstand auch nach längerem Erwärmen nicht in Lösung geht, setzt man etwas verd. Flußsäure zu. Ein trotz allem noch verbliebener Rückstand wird durch ein Filterröhrchen mit Asbesteinlage abfiltriert. Man bringt den Asbestpfropfen samt Rückstand in einen Kjeldahlkolben und kocht ihn etwa 1 Stde. mit einer Mischung aus 15 g Kaliumsulfat und 30 ml konz. Schwefelsäure.

Die schwefelsauren Auszüge werden in einer Ammoniakdestillationsapparatur mit Tropftrichter, Tropfenfänger, Kühler und mit einer mit genau gemessener 0,1 n Schwefelsäure beschickten Vorlage mit 50%iger Natronlauge durch den Tropftrichter alkalisiert, und es wird etwa $^1/_3$ des Volumens in die Vorlage abdestilliert. Man titriert die unverbrauchte Säure mit 0,1 n Lauge und Methylrot oder Tashiro-Indicator (100 ml 0,03%ige alkohol. Lösung von Methylrot + 15 ml 0,1%ige wäßrige Lösung von Methylenblau) zurück.

Berechnung. 1 ml 0,1 n Schwefelsäure entspricht 1,40 mg Stickstoff. Ein Blindwert mit gleichen Reagensmengen ist in Abzug zu bringen.

Varianten. Man kann auch das Ferrochrom unmittelbar in einer Platinschale mit Kaliumpyrosulfat und Schwefelsäure aufschließen (Vorschrift des Vereines Deutscher Eisenhüttenleute).

Hierzu werden 1 bis 2 g der Probe (bzw. der in verd. Schwefelsäure unlösliche Rückstand) mit 6 bis 10 g Kaliumpyrosulfat und 10 bis 20 ml konz. Schwefelsäure in einer Platinschale ohne größere Verluste an Schwefelsäure längere Zeit aufgeschlossen. Die weitere Verarbeitung erfolgt wie oben beschrieben.

Bei Vorliegen kleiner Stickstoffmengen kann das gebildete Ammoniak in der Vorlage auch mit NESZLERschem Reagens colorimetrisch bestimmt werden (siehe CRAWLEY, sowie Bd. I a).

Nach GOTTA kann man auch die Destillation ersparen, indem man zunächst die Schwermetalle mit Lauge fällt und sodann mit NESZLERschem Reagens colorimetriert.

3. Bestimmung in Eisen nach Auflösen in Überchlorsäure (COHN).

COHN führt die Stickstoffbestimmung in Eisen mit Überchlorsäure folgendermaßen durch:

5 g Roheisen werden mit 45 ml 60%iger nitratfreier Überchlorsäure und 5 ml Wasser bis zum Auftreten weißer Dämpfe erhitzt. Man läßt erkalten, versetzt mit 50 ml 10%iger Weinsäure, führt die Flüssigkeit in eine Ammoniakdestillationsapparatur über, versetzt mit 100 ml 20%iger Natronlauge, destilliert das gebildete Ammoniak wie üblich ab und titriert es.

4. Bestimmung in Eisen nach KEMPF und ABRESCH.

KEMPF und ABRESCH empfehlen für legierte Stähle, Roheisen oder Ferrolegierungen folgende ***Arbeitsweise:*** 1,75 g Probe werden in 60 ml Schwefelsäure (1 + 7) unter Erwärmen gelöst. Man setzt hierauf je 10 ml konz. Perchlorsäure und Phosphorsäure zu; Roheisen kann man auch direkt in einem Säuregemisch (aus 140 ml Schwefelsäure, 180 ml Perchlorsäure und 180 ml Phosphorsäure, auf 1 l mit Wasser verdünnt) lösen. Man raucht ab, verdünnt mit 100 ml Wasser, führt in die Ammoniakdestillationsapparatur über, setzt 10 ml Weinsäure (1 + 1) und 130 ml Natronlauge ($D = 1,3$) zu, destilliert und verfährt weiter wie üblich.

Genauigkeit bei Gehalten von 0,001 bis 0,01% N: ±0,0008% (abs.);
Genauigkeit bei Gehalten von 0,01 bis 0,025% N: ±0,0008 bis 0,0015%;
Genauigkeit bei Gehalten von 0,025 bis 0,10% N: 0,002%
(s. BEEGHLY, FUREY, SAYRE und HAGUE: Round Table Discussion).

5. Gasvolumetrische Bestimmung des Gesamtstickstoffs in Legierungen nach KLINGER.

Nach KLINGER können Legierungen und Metalle (z. B. Tantal), die weder mit verd. Mineralsäure noch mit Kaliumhydrogensulfatschwefelsäure in Lösung gehen, mit Natriumperoxyd im Vakuum geschmolzen werden. Der Stickstoff wird in elementarer Form in Freiheit gesetzt. Man entfernt aus dem entstandenen Gasgemisch den Sauerstoff mit Hilfe einer glühenden Kupferspirale.

Die *Apparatur* besteht aus einem kleinen 200 mm langen Aufschlußkolben aus *Supremax*glas, dessen Hals einen Durchmesser von 25 mm und eine Wandstärke von 5 mm besitzt. Er ist mit einem durchbohrten Gummistopfen und einem um etwa 150° gebogenen Schliffkappen-Verbindungsstück, in dessen kugelförmige Erweiterung Glaswolle und ein Porzellansieb zum Zurückhalten von Laugen-Spritzern aus dem Aufschlußkolben eingeführt sind, an ein 500 mm langes Bergkristallrohr von 17 mm lichter Weite und 5 mm Wandstärke angeschlossen. Das Rohr enthält eine Kupferdrahtnetzspirale und ist mit einem Langbrenner von 4 bis 5 Flammen auf Rotglut zu erhitzen.

Das andere Ende des Glasrohres ist über eine weitere Schliffkappe mit einem Manometer, einer TÖPLER-Pumpe und einem Gassammelgefäß in Verbindung.

Arbeitsvorschrift. 0,1 bis 0,5 g der fein gepulverten Probe werden mit 4 g fein gepulvertem Natriumperoxyd gemischt und im Aufschlußkolben an das Quarzrohr samt TÖPLER-Pumpe angeschlossen. Man evakuiert, erhitzt hierauf die Kupferspirale auf Rotglut, prüft auf Gasdichtigkeit, erhitzt die Substanz erst vorsichtig, später stärker bis zum Reaktionsbeginn und bringt die Reaktion unter gleichmäßigem Erhitzen des ganzen Kolbens mit einem weiteren Brenner von allen Seiten zum gleichmäßigen und vollständigen Verlauf. Die Reaktion ist beendet, wenn das Manometer keine weitere Druckzunahme anzeigt. Man läßt den Kolben allmählich erkalten, leitet das Gasgemisch durch mehrmaliges Heben und Senken der Niveaukugel mehrmals über die rotglühende Kupferspirale und preßt die entstandenen Gase in das Gassammelgefäß.

Das erhaltene Gasgemisch wird in einer Mikro-ORSAT-Apparatur in bekannter Weise von Kohlendioxyd, Sauerstoff, Kohlenoxyd und Wasserstoff befreit und der übriggebliebene Stickstoff gemessen.

Berechnung. Das auf 0° und 760 mm Hg reduzierte Stickstoffvolumen V_0 ergibt nach der Formel

$$\frac{V_0 \cdot 0{,}125}{\text{g Einwaage}} = \%\,\text{N}$$

den Stickstoffgehalt.

Bemerkungen. Bei Stickstoffbestimmungen in dem mit Natriumperoxyd heftig und unter starkem Spritzen reagierenden Ferrosilicium empfiehlt es sich, den Aufschluß mit chemisch reiner Mennige vorzunehmen. Es kann in diesem Fall auch mit einer Mischung von 6 g Natriumcarbonat und 6 g Bleichromat je 0,5 bis 1 g Probe aufgeschlossen werden. Man befreit das Rohgas außer von Sauerstoff durch Überleiten über Phosphor, auch über Natriumhydroxyd von der Hauptmenge der Kohlensäure.

In manchen Hartmetallegierungen kann die Bestimmung in der Weise vereinfacht werden, daß man die Probe mit einem Gemisch aus 1 Teil Natriumcarbonat und 2 Teilen Bleichromat bei 1000° in einem Eisenschiffchen schmilzt, den entstandenen Stickstoff mit luftfreiem Kohlendioxyd als Trägergas über erhitztes Kupferoxyd, dann über glühendes Kupfer leitet und schließlich über Kalilauge in einem Azotometer auffängt.

6. Bestimmung des Nitridstickstoffs in Kupfer-Titan-Legierungen.

Nach CODELL und VERDERAME können Kupfer-Titan-Legierungen, deren Stickstoffgehalt wegen der dadurch verursachten Brüchigkeit von Bedeutung ist, durch Kochen mit Überchlorsäure aufgeschlossen werden.

Arbeitsvorschrift. 0,5 bis 1,5 g Späne werden in einem 50 ml-Erlenmeyerkolben mit 5 ml 70- bis 72%iger Überchlorsäure und 1 bis 2 ml Wasser gelinde erwärmt. Die Lösung wird nach dem Verdampfen des Wassers innerhalb etwa 30 min bei geringer Rauchbildung, gegebenenfalls bis auf gebildete Titansäure, vollständig. Man setzt zum erkalteten Aufschluß 5 ml Wasser zu, kocht einige Sekunden, spült in eine geeignete Ammoniakdestillationsapparatur, macht alkalisch und destilliert das gebildete Ammoniak in bekannter Weise in vorgelegte titrierte Säure.

Zur Bestimmung des Nitridstickstoffs in Titan s. S. 8.

Literatur.

BEEGHLY, H. F., J. J. FUREY, W. R. SAYRE u. J. L. HAGUE: Anal. Chem. **24**, 199, 1095 (1952).

CODELL, M. ,u. F. D. VERDERAME: Anal. chim. Acta **11**, 40 (1954). — COHN, B. E.: Analyst **26**, 10 (1937). — CRAWLEY, R. H. A.; Anal. chim. Acta **7**, 63 (1952).

GOTTA, A., u. H. SEEHOF: Fr. **124**, 216 (1942).

KEMPF, H., u. K. ABRESCH: Arch. Eisenhüttenw. **17**, 119 (1943). — KLINGER, P.: Arch. Eisenhüttenw. **5**, 29 (1931) — Handb. f. Eisenhüttenlab., Bd. II. Düsseldorf 1941.

Schiedsverfahren. Analyse der Metalle: Berlin 1949.

Verein Deutscher Eisenhüttenleute: Handb. f. Eisenhüttenlab. Düsseldorf 1941.

§ 3. Elementaranalytische Stickstoffbestimmung.

Allgemeines. Obwohl das Kapitel der Stickstoffbestimmungen im Rahmen der Elementaranalyse organischer Verbindungen Gegenstand von Sammelwerken der organischen Chemie ist, soll es hier ebenfalls abrißweise behandelt werden. Tatsächlich überschneiden sich hier anorganisch- und organisch-chemische Analysen, da die aufzuzählenden Methoden durchweg auch für anorganisch-analytische Probleme herangezogen worden sind und ihre methodische Weiterentwicklung auch für den vorwiegend anorganisch-chemisch eingestellten Analytiker aufschlußreich ist.

Die Literatur auf diesem Gebiet ist derart groß, daß auch nicht eine annähernde Vollständigkeit angestrebt werden konnte; es lag somit die Notwendigkeit der Beschränkung auf einige bewährte Arbeitsweisen vor, die insbesondere auch für die Analyse anorganischer Verbindungen und Gemische wichtig sind; doch sollten auch gerade die neuesten Entwicklungstendenzen, die auch für die anorganische Methodik richtunggebend sind, kurz beschrieben werden.

Das älteste und dennoch bis heute in zahlreichen Abwandlungen und Verfeinerungen sehr aktuell gebliebene Verfahren ist die Verbrennung über Kupferoxyd nach DUMAS, welche dieser im Jahre 1831 veröffentlicht hat. Daneben ist in früheren Jahrzehnten ein Verfahren von VARRENTRAPP und WILL gebräuchlich gewesen, welches aber seit 1883 von der Methode von KJELDAHL vollständig verdrängt worden ist. Später haben noch die Verfahren der katalytischen Hydrierung zu Ammoniak nach TER MEULEN eine begrenzte, aber wohlfundierte Bedeutung namentlich in der Analyse von Brenn- und Treibstoffen erlangt. Sowohl die Verfahren von DUMAS als auch die von KJELDAHL sind bis in die allerletzte Zeit Gegenstand intensivster methodischer Bearbeitung hinsichtlich allgemeiner Anwendbarkeit, Vereinfachung, Verschärfung der Resultate sowie der Anwendung mit immer geringeren Substanzmengen gewesen. Während früher der „Dumas“ in die Domäne des wissenschaftlichen, namentlich synthetisch arbeitenden Organikers und der „Kjeldahl“ mehr ins Gebiet des Biologen, Lebensmittelchemikers und Technologen gehörte, sind diese Grenzen heute etwas verwischt, da einerseits die Manipulationen beim „Dumas“ vereinfacht wurden und andererseits der „Kjeldahl“ durch geeignete zusätzliche Maßnahmen auf fast alle Körperklassen der organischen Chemie anwendbar geworden ist. Immerhin ist der „Dumas“ auch heute noch die universeller anwendbare und häufig etwas genauere, wenn auch etwas mehr Arbeitsaufwand verursachende, wissenschaftlich-chemische Methode, während der „Kjeldahl“ durch die Möglichkeit der Verarbeitung in Lösungen und kleinsten Einwaagen bis unter das Mikrogrammgebiet gerade im biologischen Gebiet, wo dessen Anwendung aus chemischen Gründen praktisch unbegrenzt ist, sowie durch die rasche Durchführbarkeit größerer Analysenreihen auch in der technologischen Analyse bevorzugt wird.

A. Stickstoffbestimmung nach Dumas.

Allgemeines. Das altbekannte und in vielen Modifikationen, insbesondere hinsichtlich der anzuwendenden Probemenge, bewährte Verfahren beruht auf der Verbrennung der organischen Substanz im luftfreien Kohlendioxydstrom über Kupferoxyd, wobei der Stickstoff in elementarer Form in Freiheit gesetzt wird. Zur Vermeidung von Fehlern durch gebildete Stickoxyde ist es üblich geworden, eine blanke erhitzte Kupferdrahtspirale in den Gasstrom einzulegen, welche die Stickoxyde vollständig zu Stickstoff reduziert.

Während in früheren Jahrzehnten das Makroverfahren mit Substanzmengen von 0,1 bis 0,2 g üblich war, wird dieses heute nur noch selten angewendet und ist durch die zeit- und materialsparenden Halbmikro- oder Zentigrammverfahren (Einwaagen von 20 bis 30 mg Substanz) und die auf Pregl zurückgehenden Mikroverfahren (2 bis 5 mg Substanz) weitgehend verdrängt worden. Dementsprechend wird das Makroverfahren kaum mehr methodisch bearbeitet, während an den Halbmikro- und Mikroverfahren ständig weitere Verbesserungen bekannt werden.

Zu solchen wesentlichen Verbesserungen zählen die Anwendung von Trockenkohlensäure an Stelle des Kipp-Apparates, die Verbrennung im geschlossenen Rohr unter Verwendung eines kleinen Gasometers für die primär entstehenden gasförmigen Verbrennungsprodukte und die weitgehende Automatisierung der Verbrennung, welche einem einzigen Analytiker die Bedienung mehrerer Apparaturen ermöglicht. Mit diesen Neuerungen hat sich die Dumas-Bestimmung, welche zunächst gegenüber dem Kjeldahl-Verfahren den Nachteil der größeren Arbeitsintensität hatte, ein weites Anwendungsgebiet in der organischen Elementaranalyse gesichert, da sie gegenüber dem Aufschluß mit Schwefelsäure den Vorteil der universelleren Anwendbarkeit zeigt. Fast alle organischen Stickstoffverbindungen lassen sich anstandslos nach einer einheitlichen Arbeitsweise nach Dumas verbrennen, während der Kjeldahl-Aufschluß gelegentlich nur unter modifizierten Arbeitsbedingungen brauchbare Resultate ergibt. Ein wesentlicher Vorteil des „Kjeldahl“ ist allerdings die Möglichkeit der Verwendung wäßriger Lösungen und wasserhaltiger biologischer Proben, während nach Dumas in der Regel derartige wasserhaltige Gemische nicht analysiert werden.

Diese wesentlichen Verbesserungen des Verfahrens nach Dumas haben neuerdings Wurzschmitt veranlaßt, erneut in der organischen Elementaranalyse die Kombination der Bestimmung des Stickstoffs mit der des Wasserstoffs zu empfehlen und eine diesbezügliche Methode auszuarbeiten. Hierdurch werden verschiedene Schwierigkeiten vermieden, welche die quantitative Abtrennung des bei der üblichen Kohlenstoff-Wasserstoff-Bestimmung gebildeten Verbrennungswassers immer noch bietet.

1. Makroanalyse.

Die *Apparatur* weist als Hauptbestandteile eine Quelle für luftfreies Kohlendioxyd, ein Verbrennungsrohr und ein Azotometer auf. Als Kohlendioxydquelle wurden früher vorzugsweise feste Carbonate (Natriumhydrogencarbonat oder Magnesit) angewendet. Die frühere Arbeitsweise sah demnach entweder ein Arbeiten im einseitig zugeschmolzenen Verbrennungsrohr vor, wobei am oben geschlossenen, dem Azotometer abgekehrten Ende erbsengroße Magnesitstücke in einer etwa 15 cm langen Schicht eingefüllt wurden, oder man schaltete vor das beiderseits mit durchbohrtem Stopfen versehene Verbrennungsrohr an der dem Azotometer abgekehrten Seite ein langes, mit Natriumhydrogencarbonat beschicktes Reagensglas vor.

Seit die insbesondere von PREGL beschriebene Herstellung von luftfreiem Kohlendioxyd im KIPP-Apparat (s. S. 15) bekannt ist, wird man sich jedenfalls dieser einfach zu handhabenden Kohlendioxydquelle bedienen.

Füllen des Verbrennungsrohres. Das etwa 1 m lange Verbrennungsrohr von etwa 10 mm lichter Weite trägt an seinem dem Azotometer zugekehrten Ende einen Kautschukstopfen, hierauf eine 10 bis 15 cm lange, aus Kupferdrahtnetz gerollte Spirale, welche zur Reduktion der Oberfläche zunächst auf helle Rotglut erhitzt wurde und sofort in ein mit 1 ml Methanol beschicktes Reagensglas getaucht wurde. An diese Spirale schließt sich zur Abdichtung eine 2 bis 3 cm lange, aus Kupferdrahtnetz dichtgerollte und oxydierend geglühte Kupferoxydspirale, hierauf eine Schicht von etwa 30 bis 40 cm groben Kupferoxyds in Form kurzer Drahtstückchen und zum Abschluß des fixen Teiles neuerlich eine ausgeglühte Kupferoxydspirale. Die anschließende, bei jeder Bestimmung zu erneuernde bewegliche Füllung besteht aus etwa 10 cm einer Mischung aus eingewogener Substanz und feinem Kupferoxyd und schließlich wieder einer Kupferoxydspirale oder grobem Kupferoxyd.

Zur Erhitzung des Rohres dient ein entsprechend langer Verbrennungsofen; die beiden Gummistopfen an den Rohrenden werden durch Reiter aus Asbestpappe geschützt. Sehr zweckmäßig erweist sich die elektrische Heizung mit einem fixen, bei etwa 700° betriebenen Heizelement und einem kürzeren beweglichen Heizmantel.

Vor Ausführung der Analyse wird das Rohr mit seiner fixen Rohrfüllung, aber ohne die reduzierte Kupferspirale im Sauerstoffstrom bei langsamem Anheizen ausgeglüht, bis am vorderen Ende Sauerstoff nachweisbar wird; hierauf läßt man es erkalten.

Anschließend wird die reduzierte Kupferspirale eingeführt.

Das Azotometer hat einen Gehalt von 100 ml und ist in 0,1 ml geteilt. Es wird bis zu 1 cm über der unteren Gaseintrittsstelle mit Quecksilber und sonst mit Kalilauge (1 + 1) beschickt.

Arbeitsvorschrift. Etwa 0,1 bis 0,5 g genau gewogene Probe werden in einem Pulverglas oder Reagensglas mit Glas- oder fehlerfreiem Korkstopfen mit feinem Kupferoxyd gemischt und kräftig geschüttelt. Man führt die Mischung mit Hilfe eines Einfülltrichters in das Verbrennungsrohr über und spült mehrmals mit feinem Kupferoxyd nach, wobei die Schichtdicke im Verbrennungsrohr schließlich etwa 10 mm beträgt. Hierauf führt man noch grobes Kupferoxyd oder eine Kupferoxydspirale ein, legt das Rohr in den Verbrennungsofen und verbindet sowohl mit dem KIPP-Apparat als auch mit dem Azotometer. Man leitet bei tiefgestellter Azotometerbirne einige Minuten lang einen lebhaften Kohlendioxydstrom durch, bis das Rohr luftfrei ist (in 10 min bei einer Geschwindigkeit von 2 bis 3 Blasen je Sekunde darf keine merkliche Luftmenge im Azotometer auftreten), füllt das Azotometer durch Hochstellen der Birne, schaltet das Kohlendioxyd ab und erhitzt langsam von der reduzierten Kupferspirale beginnend etwa $^3/_4$ des fixen Teiles der Füllung auf dunkle Rotglut, ohne aber zunächst die Substanz zu erreichen, und hierauf auch das andere Ende, beginnend an der groben Kupferoxydfüllung bzw. der letzten Kupferoxydspirale. Man rückt allmählich mit dem Erhitzen von beiden Seiten gegen die Substanz vor, wobei nicht mehr als 1 bis 2 Blasen je Sekunde in das Azotometer eintreten sollen. Zu rasches Erhitzen kann das Austreten unverbrannter Gasbestandteile zur Folge haben. Wenn sich das Ende der Zersetzung der Substanz durch Verlangsamung des Gasaustrittes anzeigt, schaltet man einen mäßigen Kohlendioxydstrom an und verdrängt den Stickstoff in das Azotometer, bis wieder Mikroblasen auftreten. Hierauf entfernt man das Azotometer und läßt das Rohr erkalten bzw. man regeneriert es durch Anschalten von Sauerstoff für die nächste Bestimmung, wobei die Flammen unter der reduzierten Kupferspirale ausgedreht werden. Die Kupferspirale wird vor der nächsten Bestimmung neuerlich mit Methanol reduziert.

Das Azotometer läßt man in einem gleichmäßig temperierten Raum etwa $^1/_2$ Stde. stehen, wobei ein Thermometer mit der Kugel an dem mittleren Teil der Meßröhre angelegt wird.

Die *Umrechnung* des abgelesenen Stickstoffvolumens auf den Stickstoffgehalt erfolgt am einfachsten unter Benützung der Gasreduktionstabelle 4 von KÜSTER-THIEL-FISCHBECK (1955) unter Berücksichtigung von Temperatur, Barometerstand und der Tension der 50%igen Kalilauge nach folgender Formel:

log % N = log (gef. Vol. N_2) + (Tabellenwert aus Tabelle 4.1 für 1 ml Gas bei der abgelesenen Temperatur t und dem um die Tension verminderten Barometerstand p)[1] + (1 − log Substanz, in mg) + 1,09708.

Genauigkeit. Vielfach wird empfohlen, von dem abgelesenen Stickstoffvolumen 1% abzuziehen.

2. Halbmikroanalyse.

Die Halbmikroausführung der Stickstoffbestimmung nach DUMAS mit 20 bis 30 mg Probeneinwaage (Zentigrammverfahren) hat sich aus PREGLs Mikromethode unter weitgehender Verwertung der dort gewonnenen Erfahrungen entwickelt. Da die Schwierigkeiten, die dem Arbeiten mit den geringen Substanzmengen der Mikroanalyse anhaften, weitgehend gemildert sind, andererseits aber die meisten Vorteile der PREGLschen Arbeitsweise gegenüber dem alten Makroverfahren gewahrt bleiben, hat sich das Halbmikroverfahren zu einer sehr beliebten Arbeitsweise entwickelt. Es ist heute nicht nur in den meisten Hochschullaboratorien

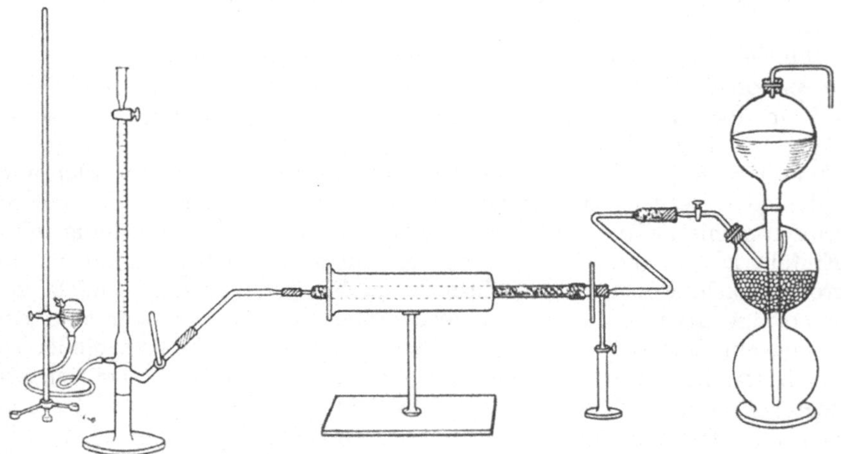

Abb. 3. Halbmikrobestimmung des Stickstoffs nach HÖLSCHER.

im Praktikum vorgeschrieben, sondern wird auch in Industrie und Forschung sehr häufig angewandt, wobei vielfach die von HÖLSCHER beschriebene Methodik durchgeführt wird.

[1] Die Kennziffer der in Tab. 4.1 angegebenen Mantissen beträgt für einen Höchstdruck von 779 Torr bei einer Mindesttemperatur von 7° durchweg −1.

Die *Apparatur* (Abb. 3) besteht aus dem KIPP-Apparat für luftfreies Kohlendioxyd, dem Verbrennungsrohr mit Gestell und dem Halbmikroazotometer.

Um den KIPP-Apparat zur Gewinnung von weitgehend luftfreiem Kohlendioxyd auszurüsten, wird zunächst das Gasentbindungsrohr ins Innere der mittleren Kugel verlängert, indem das Gas von deren oberster Stelle abgenommen wird. Der zu verwendende weiße Marmor wird in haselnußgroße Stücke zerschlagen, in einer Porzellanschale mit Salzsäure (1 + 1) bis zum Aufhören der ersten lebhaften Gasentwicklung angeätzt, mit Wasser gewaschen, in die mittlere Kugel bis über die Hälfte eingefüllt, wobei zuvor zum Abschluß gegen das Trichterrohr einige Glasscherben eingelegt worden sind. Man füllt so viel Salzsäure (1 Vol., $D = 1{,}18$, +1 Vol. Wasser) ein, daß außer der unteren Kugel noch die Hälfte der mittleren Kugel voll wird, und wirft in das Trichterrohr zwei Marmorstückchen, die darin steckenbleiben sollen und durch die das aus ihnen entwickelte Kohlendioxyd die Luft aus der Salzsäure verdrängt. Die Luft aus der mittleren Kugel wird durch mehrmaliges Öffnen und Schließen des Hahnes ausgespült.

In der Regel ist 2 bis 3tägiges Stehen nötig, um aus einem frisch gefüllten KIPP-Apparat das Kohlendioxyd in der geforderten Reinheit zu erhalten. Die beim Einleiten in Kalilauge im Halbmikroazotometer entstehenden „Mikroblasen" sollen nicht größer als 0,2 mm im Durchmesser sein und steigen relativ langsam im Azotometer auf.

Wird ein KIPP-Apparat längere Zeit nicht benützt, so schließt man zweckmäßig an die obere Kugel einen zweiten gebrauchsfertigen KIPP-Apparat an. Auf diese Weise wird ein Kontakt der Salzsäure mit der Außenluft vermieden.

Zur Ergänzung der verbrauchten Salzsäure hebert man diese aus der oberen Kugel ab und füllt mit konz. Salzsäure, die man mit der abgeheberten verbrauchten Säurelösung verdünnt hat, nach.

Der KIPP-Apparat wird mit Hilfe eines Z-förmig gebogenen dickwandigen, capillaren Glasrohres, das an dem mit dem KIPP-Apparat verbundenen Ende erweitert und zur Zurückhaltung von Säurenebeln mit Asbestwolle beschickt ist, ferner am anderen Ende schwach konisch zuläuft und einen Gummistopfen trägt, mit dem Verbrennungsrohr verbunden.

Das Verbrennungsrohr besteht aus *Supremax*glas, ist ohne Schnabel 55 cm lang und hat einen äußeren Durchmesser von 12 mm. Der Schnabel (Verjüngung) ist 3 cm lang, hat einen äußeren Durchmesser von 3 bis 3,5 mm und eine lichte Weite von 2 mm. Das Rohr wird mit Dichromat-Schwefelsäure gereinigt, mit Wasser gespült und getrocknet.

Füllen des Verbrennungsrohres. In den konischen Teil unmittelbar nach der Verjüngung preßt man einen kleinen Bausch Silberwolle, schiebt hierauf mit einem Glasstab einen Bausch ausgeglühter Asbestwolle ein und drückt ihn zu einem 2 bis 3 mm starken Pfropfen unter mäßigem Druck zusammen. Hierauf wird eine 12 cm lange Schicht groben ausgeglühten Kupferoxyds (Drahtform, zur Analyse) eingefüllt und durch Aufklopfen etwas gefestigt. Hierauf werden 6 cm mäßig feines Kupferoxyd (aus dem Draht durch Zerdrücken in der Reibschale gewonnen) und schließlich nochmals 10 cm grobes Kupferoxyd eingefüllt. Diese „bleibende" Füllung wird wieder mit einem 2 bis 3 mm starken Asbestpfropfen verschlossen. Man leitet nun durch das Rohr reinen Wasserstoff und erhitzt nach Verdrängung der Luft die 6 cm lange Schicht aus feinem Kupferoxyd mit einem Bunsenbrenner bis zur vollständigen Reduktion und läßt im schwachen Wasserstoffstrom erkalten. Man leitet hierauf Kohlendioxyd ein und erhitzt die ganze „bleibende" Füllung vorteilhaft in einem geeigneten elektrischen Röhrenwiderstandsofen zur Rotglut und läßt unter dem Druck des KIPP-Apparates erkalten.

Das Halbmikroazotometer faßt 8 bis 10 ml Stickstoff und ist in 0,02 ml unterteilt. Sein Einlaßhahn trägt zur Erleichterung der Feineinstellung als verlängerten

Hebelarm einen aufgeschmolzenen Glasstab; die Bohrung ist mit zwei feinen mit einer Dreikantfeile eingeritzten Kerben versehen. Das Azotometer ist über ein dickwandiges Capillarrohr Glas an Glas mit Hilfe zweier dickwandiger Gummischläuche (Vakuumschlauch) mit dem Schnabel des Verbrennungsrohres verbunden, wobei das Capillarrohr an seinem dem Verbrennungsrohr zugekehrten Ende ebenso verjüngt ist wie der „Schnabel" des Verbrennungsrohres. Das Azotometer wird mit Dichromatschwefelsäure gereinigt. Das Quecksilber steht 1 bis 2 mm über dem höchsten Punkt des Gaszuführungsrohres. Die zur Füllung verwendete 50%ige Kalilauge wird durch Schütteln mit fein gepulvertem Bariumoxyd (2 g auf 200 g Lauge) und durch Filtrieren durch ein trockenes Filter schaumfrei gemacht. Die Niveaubirne wird mit einem kurzen Capillarrohr und Gummistopfen verschlossen.

Das Einwägen der Substanz erfolgt in einem mit Schliffstopfen versehenen Röhrchen, worin es anschließend mit feinem Kupferoxyd gemischt und gespült werden kann. Zum Einfüllen dient ein aus einem weiten Reagensglas durch Ausziehen hergestelltes Trichterrohr, das in das Verbrennungsrohr hineinpaßt.

Arbeitsvorschrift. Das Verbrennungsrohr wird senkrecht gestellt, und es werden zunächst 7 cm grobes und dann 0,5 cm feines Kupferoxyd aufgeschüttet. Hierauf wird die im Wägeröhrchen befindliche eingewogene Substanz (20 bis 30 mg) mit der 2 cm Rohrlänge entsprechenden Menge feinen Kupferoxyds geschüttelt und durch den Einfülltrichter in das Verbrennungsrohr geschüttet. Man spült das Wägerohr 3 bis 4 mal mit je 1 bis 1,5 cm Kupferoxyd nach, legt das Rohr derart in den Verbrennungsofen, daß 2 cm der Kupferoxydschicht aus dem Ofen herausragen, setzt zum Schutz des Gummistopfens am Schnabel einen Asbestschirm in die Ofenwand und setzt den gebohrten Gummistopfen an das andere Rohrende. Dann zwängt man das mit wenig Glycerin befeuchtete capillare Verbindungsstück zum KIPP-Apparat ein, schaltet die Erhitzung an, leitet einige Minuten einen mäßigen Kohlendioxydstrom durch und schließt das Rohr an das Azotometer an, ohne noch das Kohlendioxyd zu absorbieren. Sodann stellt man auf eine Geschwindigkeit von 1 bis 2 Blasen je Sekunde ein und prüft auf Mikroblasen. Ist die Luft völlig verdrängt und ist das Rohr im Ofen auf Rotglut gebracht, wird der KIPP-Apparat abgestellt und nach Aufhören der Gasentwicklung mit dem Erhitzen der „beweglichen" Rohrfüllung an dem dem KIPP-Apparat zugekehrten Ende mit einem Bunsenbrenner begonnen, wobei das Glasrohr durch eine Rolle aus Eisendraht vor der unmittelbaren Flamme geschützt wird. Man rückt so vor, daß nie mehr als 2 Blasen in 3 sec in das Azotometer eintreten. Wenn man schließlich mit dem beweglichen Brenner bis zum fixen Rohrteil angelangt ist und die Blasengeschwindigkeit nachgelassen hat, schließt man den Verbindungshahn zum Azotometer, öffnet den Hahn des KIPP-Apparates und öffnet den Verbindungshahn zum Azotometer so vorsichtig, daß wieder nur 2 Blasen in 3 sec auftreten. Während des folgenden Durchleitens des Kohlendioxyds glüht man die bewegliche Füllung nochmals aus und stellt die Heizung ab. Die Blasengeschwindigkeit kann dann erst auf 2 Blasen je Sekunde gesteigert werden. Wenn wieder Mikrobläschen aufgetreten sind (die Dauer der eigentlichen Verbrennung beträgt etwa 30 bis 40 min), schaltet man das Azotometer ab, temperiert es in einem gleichmäßig temperierten Raum und liest nach 15 min das Volumen (mit einer Lupe), die Temperatur und den Luftdruck ab.

Die Berechnung erfolgt in üblicher Weise wie beim Makroverfahren.

Als Fehlergrenze werden 0,3% nach oben und 0,1% nach unten angegeben (Absolutprozente).

Flüssigkeiten werden in Glascapillaren eingewogen und in feines Kupferoxyd eingebettet verbrannt.

3. Mikroanalyse.

Allgemeines. Die Ausarbeitung der mikroanalytischen Modifizierung des Stickstoffbestimmungsverfahrens nach DUMAS unter Verwendung von Einwaagen von 2 bis 5 mg Substanz geht auf PREGL zurück und liegt vor derjenigen des im vorhergehenden beschriebenen Halbmikro- oder Zentigrammverfahrens. Alle wesentlichen Einzelheiten, hinsichtlich derer sich das Zentigrammverfahren von der ursprünglichen Arbeitsweise nach DUMAS unterscheidet, gehen demnach, wie erwähnt, auf PREGL zurück und sind auch für das Mikroverfahren wesentlich. Es gilt dies insbesondere von PREGLs Hinweis, daß die reduzierte Kupferspirale nicht an das Ende des Verbrennungsrohres, sondern in dessen Mitte anzubringen sei und die endständige Zone des Kupferoxyds aus der erhitzten Zone herausragen solle. Dem bei tieferen Temperaturen weitgehend nach rechts verschobenen Gleichgewicht $2\,CO + O_2 \rightleftharpoons 2\,CO_2$ entsprechend wird dann vorhandenes Kohlenoxyd praktisch vollständig in Kohlendioxyd umgewandelt. Da, wie erwähnt, viele wesentliche Einzelheiten des Mikroverfahrens bereits in der Beschreibung des Halbmikroverfahrens erwähnt sind, kann hierauf verwiesen werden.

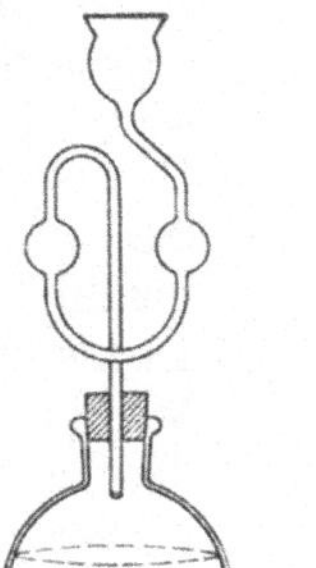

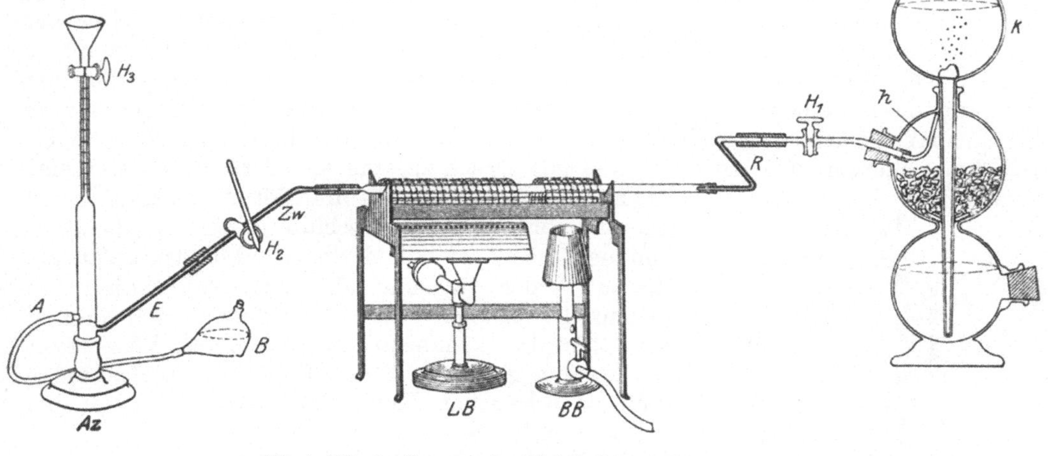

Abb. 4. Mikrobestimmung des Stickstoffs nach PREGL.

I. Arbeitsweise nach PREGL. So vorzüglich die Dienste waren, welche die PREGLsche Methodik dem Analytiker seit etwa 1910 geleistet hat, so hat es doch in der Folgezeit einige wesentliche Verbesserungen erfahren. Hier sind zu nennen der Ersatz des KIPP-Apparates für Kohlendioxyd durch das DEWAR-Gefäß mit Kohlendioxydschnee, vor allem aber die Verbrennung im geschlossenen System mit Quecksilbergasometer, bei welcher die besonderen Vorsichtsmaßnahmen zur Durchführung einer gleichmäßigen Verbrennung unnötig werden und eine Automatisierung des Verbrennungsvorganges möglich wurde.

Die *Apparatur* entspricht der Abb. 4.

Als Kohlendioxydquelle war ursprünglich von PREGL ein zur Entnahme luftfreien Kohlendioxyds vorbereiteter KIPP-Apparat vorgesehen, später hat sich auch eine mit festem Kohlendioxydschnee (Trockeneis) beschickte Thermosflasche als sehr geeignet erwiesen.

Die Präparierung des KIPP-Apparates geschieht im wesentlichen wie im Halbmikroverfahren. Der mit Salzsäure angeätzte Marmor wird mit Wasser gewaschen, 10 min mit Wasser ausgekocht. Dann wird er in einem großen Exsiccator mit verbrauchter Calciumchloridlösung aus einer früheren KIPP-Füllung, die mit Marmor neutralisiert worden war, oder mit einer entsprechenden, aus Marmor und verd. Salzsäure hergestellten Lösung überschichtet und der Exsiccator evakuiert, bis aus dem Marmor keine Luftblasen mehr austreten; das Evakuieren wird zur Vorsicht wiederholt. Die weiteren Handhabungen entsprechen dem beim Halbmikroverfahren beschriebenen.

Einen von HOREISCHY modifizierten KIPP-Apparat, der auch nach längeren Ruhepausen sofort einwandfreie Mikroblasen liefert, beschrieben DIRSCHERL und WAGNER.

Als Kohlendioxydentwickler aus festem Kohlendioxydschnee wird nach HERSHBERG und WELLWOOD eine Thermosflasche von 750 ml Inhalt mit gepulvertem, gegebenenfalls zerstoßenem festem Kohlendioxyd bis zum Rande gefüllt. Man setzt einen einfach durchbohrten Gummistopfen auf, welcher ein T-Stück trägt. Das eine Ende des T-Stückes trägt einen Hahn und führt zum Verbrennungsrohr, das andere Ende trägt als Druckregler ein U-Rohr, das mit Quecksilber derart beschickt ist, daß das überschüssige Kohlendioxyd bei einem Überdruck von etwa 18 bis 20 mm Hg entweichen kann. Die Druckregelung kann entweder durch eine Membran aus Filterpapier oder besser durch eingebaute Glasfritten (Nr. 2 bis 3 der Fa. Schott) erfolgen. Um das Austreten von Quecksilberdämpfen zu vermeiden, passiert das austretende überschüssige Kohlendioxyd eine Vorlage mit Jodkohle.

Der Apparat liefert bereits nach 2 Std. luftfreies Kohlendioxyd, wobei er erst nach 4 bis 6 Tagen neuerlich mit festem Kohlendioxyd gefüllt werden muß.

Das Mikro*verbrennungsrohr* aus *Supremax*glas ist ohne Schnabel 500 mm lang und hat einen äußeren Durchmesser von 9,5 bis 10,5 mm. Man schiebt bis zum Schnabel einen ausgeglühten Asbestbausch vor und drückt ihn zu einem 5 bis 6 mm starken Pfropfen durch mäßigen Druck zusammen. Hierauf füllt man eine

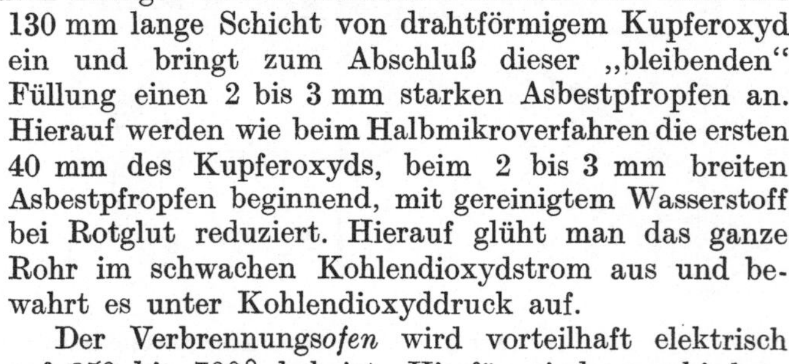

130 mm lange Schicht von drahtförmigem Kupferoxyd ein und bringt zum Abschluß dieser „bleibenden“ Füllung einen 2 bis 3 mm starken Asbestpfropfen an. Hierauf werden wie beim Halbmikroverfahren die ersten 40 mm des Kupferoxyds, beim 2 bis 3 mm breiten Asbestpfropfen beginnend, mit gereinigtem Wasserstoff bei Rotglut reduziert. Hierauf glüht man das ganze Rohr im schwachen Kohlendioxydstrom aus und bewahrt es unter Kohlendioxyddruck auf.

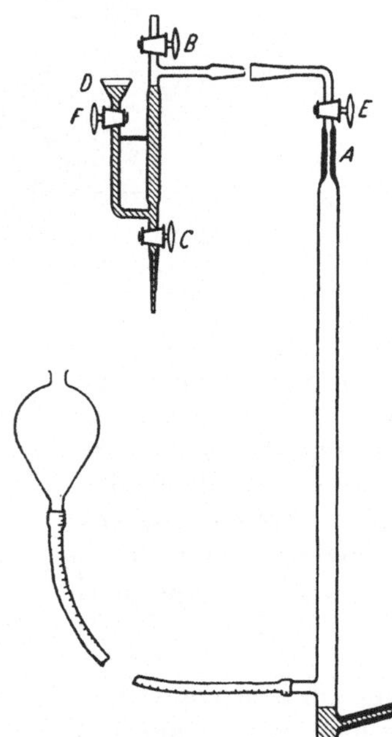

Abb. 5. Mikroazotometer.

Der Verbrennungs*ofen* wird vorteilhaft elektrisch auf 650 bis 700° beheizt. Hierfür sind verschiedene geeignete Typen im Handel. Das Mikroazotometer faßt in dem in 0,01 ml kalibrierten Teil 1,2 bis 1,5 ml Gas und entspricht sonst im wesentlichen dem bei der Halbmikromethode beschriebenen Gerät. Es wird vor der Benützung mit Chromschwefelsäure gereinigt, gespült und getrocknet. Man füllt etwa bis zur Mitte zwischen Gaseinleitungsrohr und dem seitlichen Ansatz für den zur Birne führenden Schlauch Quecksilber ein und setzt so viel gereinigte 50%ige Kalilauge (siehe Halbmikroverfahren) zu, daß bei gefülltem Meßrohr noch etwa $^{1}/_{3}$ der Birne voll ist.

Ein Mikro*azotometer*, welches die Verunreinigung der Kalilauge mit Gummiteilchen vermeidet, beschreibt MÜLLER; ein Ultramikroazotometer für Gasmengen bis zu 0,2 ml beschreiben KIRSTEN und WALLBERG sowie KUCK und ALTIERI. Sie dienen für Einwaagen von 0,1 bis 0,4 mg Substanz, wobei auch die sonstige Apparatur entsprechend verkleinert ist. Mikroazotometer, mit welchen eine genaue Volumenbestimmung durch Auswägen des verdrängten Quecksilbers durchgeführt wird (Abb. 5), beschreiben CLARKE und WINANS sowie neuerdings KOCH, SIMONSON und TASHINIAN.

Arbeitsvorschrift. Die Bestimmung wird im wesentlichen wie beim Halbmikroverfahren durchgeführt. Man wägt 2 bis 5 mg Substanz ein, die etwa 0,3 bis 0,5 ml Stickstoff liefern sollen. Ausnahmsweise können bei stickstoffarmen Substanzen 8 bis 10 mg eingewogen werden. Man mischt im Mischröhrchen mit so viel feinem Kupferoxyd, als einer 20 mm breiten Schicht entspricht. In das lotrecht gestellte Verbrennungsrohr werden zunächst auf die fixe Füllung 90 bis 100 mm grobes und hierauf 5 bis 10 mm feines Kupferoxyd geschüttet; hierauf schüttet man mit Hilfe des Einfülltrichters die mit feinem Kupferoxyd durch kräftiges Schütteln gut gemischte Probe auf, spült 4 mal mit feinem Kupferoxyd nach, so daß die Schicht an feinem Kupferoxyd insgesamt etwa 90 mm lang wird. Am Schluß werden nochmals 10 bis 20 mm grobes Kupferoxyd aufgebracht.

Bei Einwaage der Substanz in ein Platin- oder Porzellanschiffchen beträgt die erste Schicht an feinem Kupferoxyd 50 mm; hierauf läßt man das Schiffchen aufgleiten und füllt mit 40 bis 50 mm feinem und zum Abschluß mit 10 bis 20 mm grobem Kupferoxyd nach. Das Rohr wird so in den Verbrennungsofen eingelegt, daß es auf der Schnabelseite noch 40 mm aus dem Ofen herausragt. Zum Schutze vor der Flamme des beweglichen Brenners wird eine 40 mm lange Drahtrolle über die bewegliche Füllung geschoben.

Zur Ausführung der Verbrennung leitet man zunächst 3 min Kohlendioxyd durch das Rohr, ohne das Azotometer anzuschließen, schließt dann das Azotometer an, füllt es mit Lauge und stellt auf eine Blasenfrequenz von 3 bis 4 Blasen je Sekunde ein. Hierauf schaltet man die Heizung des Langbrenners ein und erhitzt das Rohr auf Rotglut. Wenn nunmehr Mikroblasen auftreten, stellt man die Zufuhr des Kohlendioxyds ab und beginnt das Erhitzen mit dem voll aufgedrehten und auf rauschende Flamme eingestellten Bunsenbrenner, wobei das Drahtröllchen zum Schutz des Glases dient. Die Anweisung, die Blasengeschwindigkeit nicht auf mehr als 2 Blasen in 3 sec ansteigen zu lassen und dementsprechend langsam mit der beweglichen Flamme vorzurücken, gilt wie beim Halbmikroverfahren. Auch die weiteren Handhabungen (vorsichtiges Anschalten des Kohlendioxyds, neuerliches, etwa 10 min dauerndes Ausglühen des beweglichen Teiles, darauf Steigerung der Blasenfrequenz auf 1 Blase je Sekunde, Abschalten des Azotometers nach Wiederauftreten der Mikroblasen, Temperieren, Ablesen von Volumen, Temperatur und Druck) erfolgen wie beim Halbmikroverfahren.

Die *Berechnung* erfolgt in der Weise, daß mit Rücksicht auf verschiedene konstante bzw. dem Gasvolumen proportionale Fehlerquellen vom abgelesenen Volumen 2% abgezogen werden. Dieses Volumen wird in der üblichen Weise auf Normalbedingungen reduziert, und es wird, wie beim Mikroverfahren angegeben, der Stickstoffgehalt berechnet.

II. Arbeitsweise von ZIMMERMANN. Das Verfahren, das, wie erwähnt, einen weiteren sehr beträchtlichen Fortschritt hinsichtlich Ersparnis an Zeit und Bedienungspersonal bringt, beruht auf dem Kunstgriff, die eigentliche Verbrennung unter Abschaltung des Azotometers im geschlossenen Rohr vorzunehmen, wobei die Verbrennungsgase in einem kleinen Quecksilbergasometer vorübergehend aufbewahrt und anschließend ohne besondere Vorsichtsmaßregeln mit Kohlendioxyd ausgespült werden. Da unter diesen Arbeitsbedingungen in jedem Zeitpunkt der Verbrennung eine genügende Verweilzeit über dem Kontakt gewährleistet ist, kann die Blasenfrequenz wesentlich erhöht und die Versuchsdauer entsprechend verkürzt werden. Darüber hinaus aber kann das Vorrücken des beweglichen Brenners automatisiert werden, so daß ein Analytiker zwei Apparaturen gleichzeitig bedienen kann, ein Vorteil, der namentlich im Industrielaboratorium sehr ins Gewicht fällt.

Die *Apparatur* (Abb. 6) enthält zunächst eine Thermosflasche mit festem Kohlendioxyd, welche einerseits ein Quecksilber-Glasfrittenventil zum Auslaß des Kohlendioxydüberdruckes trägt und andererseits mit dem Quecksilbergasometer von 30 ml Inhalt für die Verbrennungsgase samt Niveaugefäß verbunden ist, in welches das das Kohlendioxyd zuführende Glasrohr hineinragt. Sowohl das Ventil als auch der Gasometer tragen einen Aufsatz mit Jodkohle zum Abfangen von Quecksilberdämpfen. An den Gasometer schließt sich das Verbrennungsrohr an. Der fixe Ofenteil wird elektrisch bei einer Betriebsspannung von 42 Volt beheizt und ist schon nach 1 min auf Rotglut. Für den beweglichen Brenner ist Gas-

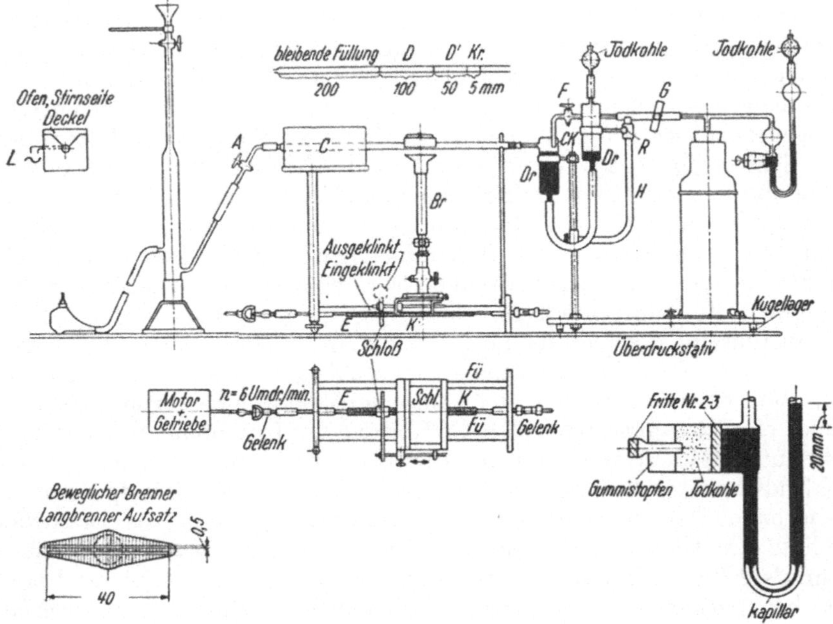

Abb. 6. Stickstoffbestimmung nach ZIMMERMANN.

beheizung vorgesehen; die Flamme wird durch einen Langbrenneraufsatz auf 40 mm ausgedehnt. Der automatische Brennervortrieb kann nach REIHLEN und WEINBRENNER wie auch mit einer Transportspindel und einem Synchronmotorantrieb vorgenommen werden. Der Brenner rückt 20 mm je Minute vor.

Arbeitsvorschrift. Die eingewogene Substanz wird mit so viel fein gepulvertem Kupferoxyd gemischt, daß die Mischung im Verbrennungsrohr 90 bis 100 mm einnimmt. Hierauf wird noch feines Kupferoxyd von 50 mm Länge aufgetragen und mit einem 5 mm langen Kupferoxydröllchen abgeschlossen.

Das gefüllte Verbrennungsrohr wird in den noch unbeheizten Verbrennungsofen geschoben, wobei das Schnabelende des Rohres 10 mm über den Langbrenner hinausragen soll. Man verbindet mit dem Gasometer, spült 1 min bei voll geöffneten Hähnen mit Kohlendioxyd und schließt hierauf das Azotometer an. Zunächst sperrt man die Kohlendioxydzufuhr, füllt das Azotometer mit Kalilauge, öffnet hierauf wieder vorsichtig den Hahn zum Kohlendioxydapparat und stellt ihn auf die Zufuhr von 2 bis 3 Blasen je Sekunde ein. Der Gasometer ist so weit mit Quecksilber gefüllt, daß dieses 1 bis 2 mm unter dem Kohlendioxydeinlaßrohr steht; das Niveaugefäß ist gehoben.

Man schließt nun den Hahn über dem Gasometer sowie denjenigen nach dem Schnabelrohr (*A* und *F* in der Abb. 6), heizt nun den Langbrenner auf schwache

Rotglut, schiebt den beweglichen Brenner bis zum Kupferoxydröllchen, zündet, stellt auf rauschende Flamme ein. Man deckt dann mit einer Blechkante ab, damit oben keine kalte Stelle das Ansublimieren von Substanz verursachen kann, und läßt so vorrücken, daß immer 40 mm rotglühende Kupferoxydschicht vorhanden sind. Wenn der bewegliche Brenner den Langbrenner erreicht hat, wird er gelöscht (Dauer des Verbrennungsvorganges etwa 7 min).

Bevor das Kohlendioxyd wieder angeschlossen wird, stellt man das Niveaugefäß des Gasometers so tief, daß das Quecksilber darin 2 bis 3 mm tiefer steht als im Gasometer. Man öffnet schnell den zum Azotometer führenden Hahn, schließt über Hahn *F* die Kohlendioxydzufuhr an und hebt kurz vor dem Auftreten der Mikroblasen das Niveaugefäß wieder bis zur Anfangsstellung. Eine bestimmte Blasenfrequenz braucht nicht eingehalten zu werden; nur sollen die Blasen nicht so rasch ins Azotometer eintreten, daß sie in der Azotometercapillare festsitzen. Normalerweise sind 10 min Spülzeit mit Kohlendioxyd ausreichend (Verbrennung von Flüssigkeiten siehe im Original).

Der Zeitbedarf geht aus folgendem „Fahrplan“ hervor:

Spülen des Rohres mit Kohlendioxyd . .	2 min
Anheizen des Langbrenners	2 „
Anheizen des Kurzbrenners	2 „
Eigentliche Verbrennung	7 „
Durchspülen mit Kohlendioxyd	10 „
Gesamtzeitaufwand	etwa 25 „

Während der 10 min zum Durchspülen kann bereits die Einwaage für die nächste Analyse vorgenommen werden.

Die *Berechnung* der Analysenresultate erfolgt ebenfalls nach Abzug von 2% des abgelesenen Stickstoffvolumens.

Genauigkeit. Fehlergrenze etwa $\pm 0{,}2\%$ N (absolut).

III. Arbeitsweisen mit Umkehrspülung (Unterzaucher). Die bisher beschriebenen Arbeitsweisen haben den Nachteil, daß man das Verbrennungsrohr nach jeder Bestimmung erkalten lassen, jedesmal mit der „beweglichen“ Füllung versehen und die eingedrungene Luft mit Kohlendioxyd ausspülen muß.

Nach Gysel läßt sich dieser Übelstand durch die erstmalig von Dexheimer beschriebene Umkehrspülung mit Kohlendioxyd vermeiden. Das Kohlendioxyd kann hierbei nicht nur wie üblich an dem der Kohlendioxydquelle zugekehrten Ende des Verbrennungsrohres eingeleitet werden, sondern auch in umgekehrter Richtung das Verbrennungsrohr durchlaufen. Hierzu ist eine Abzweigleitung mit Hilfe eines T-Stückes mit 3-Weg-Hahn zwischen Azotometer und Schnabel des Verbrennungsrohres angeschaltet. Während der Einführung des Schiffchens mit der Einwaage verhindert ein gegenläufig geführter Kohlendioxydstrom das Eindringen von Luft. Die Substanz wird in ein Porzellanschiffchen (25 × 5 × 3 mm) eingewogen und mit etwa 20 bis 30 mg Kupferoxydpulver und Bleichromat gut vermischt. Anschließend wird eine Spirale aus Kupferdrahtnetz zur Vermeidung des Zurückschlagens von Substanzdämpfen eingeführt.

Nach Mangeney kann diese Umkehrspülung auch mit der Arbeitsweise von Zimmermann kombiniert werden.

Das von Unterzaucher entwickelte Verfahren vereinigt die Vorteile der Umkehrspülung mit der Möglichkeit, auch schwer verbrennliche Substanzen analysieren zu können. Dies wird durch Zumischen von Sauerstoff zum Kohlendioxyd erreicht. Das Kohlendioxyd perlt durch ein Gefäß mit Wasserstoffperoxyd und nimmt hierbei Sauerstoff sowie den für die Verbrennung ebenfalls vorteilhaften Wasserdampf auf. Der überschüssige Sauerstoff wird durch eine endständige Schicht von metallischem Kupfer im Verbrennungsrohr aufgenommen. Das Verfahren empfiehlt sich insbesondere durch die hohe Genauigkeit der erhaltenen Stickstoffwerte.

Apparatur. Der Sauerstoffentwickler (Abb. 7) wird mit 30%igem Wasserstoffperoxyd beschickt, dem zur Reaktionsbeschleunigung kleine Platinstückchen zugesetzt werden. Der Sauerstoff wird so dosiert, daß während der Analyse rund 4 ml Sauerstoff in das Verbrennungsrohr gelangen. Das Verbrennungsrohr ist zur Umkehrspülung eingerichtet. An Stelle der „beweglichen Füllung" wird die in

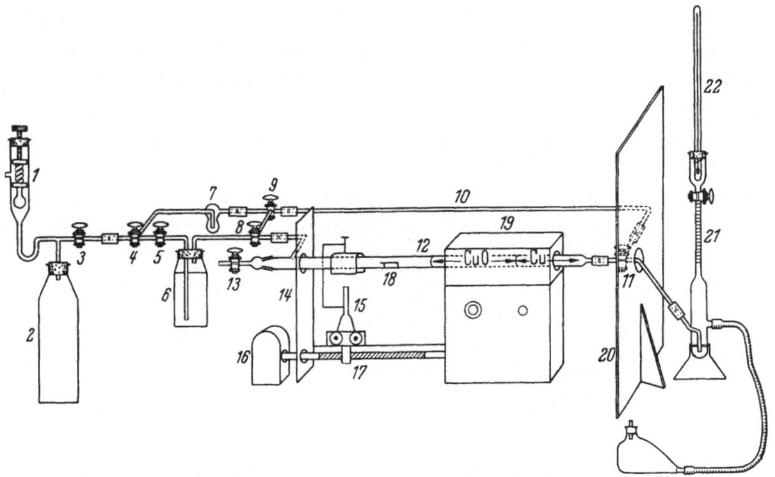

Abb. 7. Stickstoffbestimmung nach UNTERZAUCHER.

ein Platinschiffchen eingewogene Substanz eingeführt. Die endständige Füllung mit metallischem Kupfer, die aus dem Verbrennungsofen herausragt, wird in Form von Kupfergrieß eingeführt; wenn es verbraucht ist, wird es durch Reduktion mit Wasserstoff regeneriert. Bei halogenhaltigen Proben wird eine Schicht aus Silberwolle vorgelegt.

Arbeitsvorschrift. Das die eingewogene Substanz ohne zugemischte Oxydationsmittel enthaltende Platinschiffchen wird unter Betätigung der Umkehrspülung in das Verbrennungsrohr eingeführt und die Verbrennung im mit Sauerstoff (4 ml je Verbrennung) beladenen Kohlendioxydstrom bei automatischer Fortbewegung des beweglichen Brenners in der üblichen Weise durchgeführt. Als Anhaltspunkt für die Geschwindigkeit der Verbrennung kann die Angabe dienen, daß eine Analyse in Serie rund 25 min dauern soll.

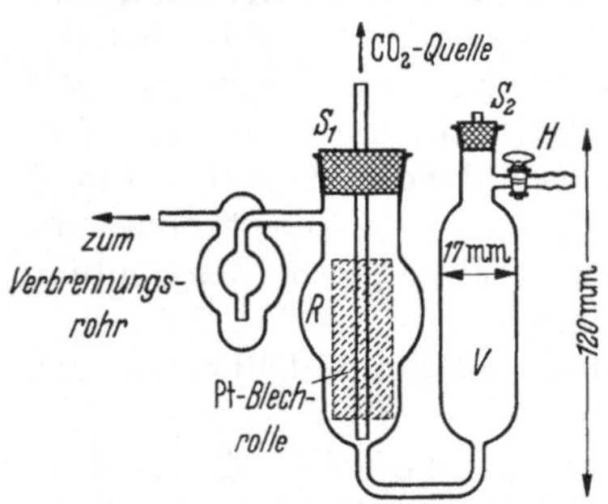

Abb. 8. Sauerstoffentwickler nach DIRSCHERL, PADOWETZ und WAGNER.

Als *Genauigkeit* wird der sehr geringe Fehler von $\pm 0{,}2\%$ (relativ) angegeben.

DIRSCHERL, PADOWETZ und WAGNER schlagen als Sauerstoffentwickler ein Gefäß (Abb. 8) vor, bei welchem die Zudosierung des Sauerstoffs zum Kohlendioxyd je nach dem durch die Verbrennung gegebenen Sauerstoffbedarf durch Änderung des Niveaus des Wasserstoffperoxyds reguliert bzw. das Kohlendioxyd auch ohne Sauerstoff entnommen werden kann.

Weiterhin empfehlen die Autoren, wegen der von ihnen beobachteten Bildung von Kohlenoxyd infolge der Reduktionswirkung des metallischen Kupfers zwischen Verbrennungsrohr und Azotometer ein Röhrchen mit einer 40 mm langen Hopkalitschicht, die auf 100° erhitzt wird, einzuschalten.

Im übrigen werden die ausgezeichneten Ergebnisse von UNTERZAUCHER bestätigt.

ALFORD verbrennt im Sauerstoffstrom aus einer Stahlflasche.

IV. Arbeitsweisen nach Kirsten mit Nickeloxyd-Füllung. Kirsten (a) wendet statt der sonst üblichen Kupferoxyd-Kupferfüllung ein Quarzrohr mit Nickeloxyd und Nickelfüllung an und kann auf Temperaturen bis 1000° erhitzen. Dabei erweist es sich allerdings als notwendig, das bei dieser hohen Temperatur gebildete Kohlenoxyd durch ein mit Hopkalit gefülltes und auf 110° erwärmtes Röhrchen zu entfernen. Er erhält auf diese Weise auch bei sonst schwer verbrennlichen Substanzen ausgezeichnete Übereinstimmung mit der Theorie (innerhalb 0,1% relativ). Nähere Einzelheiten der Apparatur, die auch eine Querstromleitung für die Einführung der Einwaage im fixen Rohr vorsieht, sind im Original zu entnehmen. Da die Verbrennungsgeschwindigkeit stark erhöht ist, ist automatische Verbrennung ohne Schwierigkeit möglich (s. Parks und Mitarbeiter). Nach vorläufigen Mitteilungen von Kirsten (b) machen apparative Verfeinerungen eine Herabsetzung der Probenmenge auf 0,1 bis 0,2 mg Substanz möglich.

Die durch Unterzaucher eingeführte Verwendung von Sauerstoff bei der Stickstoffbestimmung nach Dumas hat schließlich dazu geführt, daß einige Autoren auf die mit Nachteilen behaftete Verwendung von Kupferoxyd überhaupt verzichten.

Ingram verbrennt in einem raschen Strom eines Gemisches von Kohlendioxyd und Sauerstoff, wobei er den Sauerstoff in einem kleinen an die Apparatur angeschlossenen Elektrolysegefäß erzeugt. Die Produkte der sehr rasch durchgeführten Verbrennung werden bei einer Strömungsgeschwindigkeit von 15 bis 20 ml/min über erhitztes Kupfer geleitet, wobei die Stickoxyde zersetzt werden und der überschüssige Sauerstoff gebunden wird.

4. Gleichzeitige Bestimmung von Stickstoff und Wasserstoff nach Wurzschmitt.

Gehrenbeck hat bereits im Jahre 1889 vorgeschlagen, in der organischen Elementaranalyse die Stickstoffbestimmung nach Dumas mit der Wasserstoffbestimmung durch Verbrennung zu kombinieren. Da die damalige Ausführungsform des Verfahrens nach Dumas keineswegs sehr bequem und die erzielte Genauigkeit für den Wasserstoff recht gering war, hat sich das Verfahren in der Praxis nicht durchsetzen können. Mit der inzwischen erfolgten wesentlichen Verbesserung und Vereinfachung des Verfahrens nach Dumas durch Einführung der Halbmikro- und Mikromethodik sowie der Verbrennung im geschlossenen Rohr bot sich Wurzschmitt der Anlaß, das Problem der gemeinsamen Bestimmung von Stickstoff und Wasserstoff erneut aufzugreifen und einer sehr befriedigenden Lösung zuzuführen.

Es hat sich damit zweifellos ein sehr bedeutender Fortschritt auf dem Gebiet der organischen Elementaranalyse ergeben. Er besteht darin, daß bei der üblichen CH-Bestimmung bei Anwesenheit von Stickstoff die quantitative Abtrennung des Verbrennungswassers von den zur Absorption der Stickoxyde vorgesehenen Reagenzien, insbesondere dem Blei(IV)-oxyd, Schwierigkeiten verursacht, die trotz zahlreicher Bemühungen noch nicht restlos beseitigt erscheinen. Bei der gemeinsamen Bestimmung von Stickstoff und Wasserstoff bietet dagegen die quantitative Erfassung des Wassers keine Schwierigkeit, da sich in diesem Falle die Stickoxyde leicht durch metallisches Kupfer zersetzen lassen. Die für Wasserstoff erzielbare Genauigkeit ist hierbei gegenüber den Werten aus der CH-Bestimmung wesentlich gestiegen. Die Bestimmung des Kohlenstoffs, die nunmehr ohne die gleichzeitige Bestimmung des Wasserstoffs erfolgt, kann im gleichen Verbrennungsrohr durchgeführt werden; nur wird an Stelle des Kohlendioxyds angefeuchteter Stickstoff als Trägergas verwendet. Die Adsorption von Luftfeuchtigkeit an das der Probe zugemischte Kupferoxyd macht eine kleine Korrektur empfehlenswert.

Das Verfahren ist von Wurzschmitt im Mikromaßstab ausgebildet, kann aber auch auf Halbmikro- und Makrobestimmungen übertragen werden.

Apparatur für das *Mikroverfahren.* WURZSCHMITT verwendet eine mikroautomatische Apparatur mit Druckausgleichgefäß nach ZIMMERMANN. Zwischen Kohlendioxydentwickler (DEWAR-Gefäß mit festem Kohlendioxyd) und Verbrennungsrohr wird eine kleine Waschflasche mit konz. Schwefelsäure und anschließend ein Röhrchen mit Phosphorpentoxydbimsstein geschaltet, worauf das Druckausgleichgefäß (Gasometer) nach ZIMMERMANN folgt.

Das Verbrennungsrohr aus Quarz (lichte Weite 8 mm; Abb. 9) ist ohne Schnabel 550 mm, der Schnabel 15 mm lang. Die Dimensionen der Rohrfüllung gehen aus der Abb. 9 hervor. Der Zusatz von Silberbimsstein dient zum Zurückhalten der Halogene und des Schwefels.

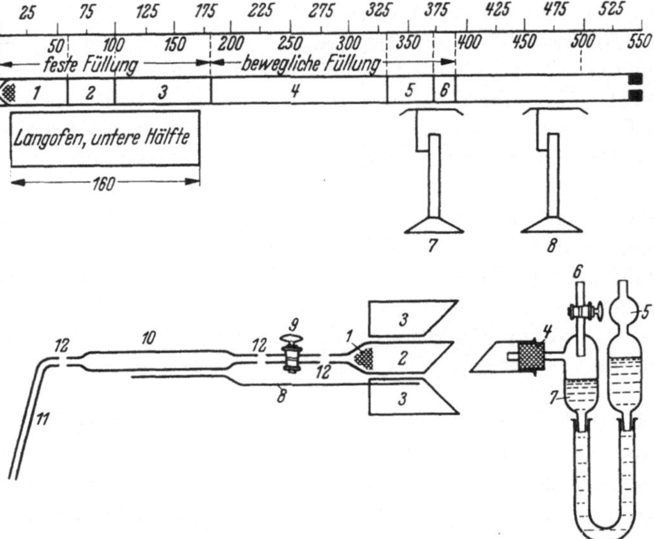

Abb. 9. Stickstoffbestimmung nach WURZSCHMITT.

Zur Herstellung des *feinen* und *groben Kupferoxyds* wird drahtförmiges Kupferoxyd in der Reibschale zerdrückt und durch DIN-Sieb 1171, lichte Maschenweite 0,075 mm, gesiebt. Das durchgehende feine Kupferoxyd wird im elektrischen Muffelofen 20 min auf 800° gehalten. Nach dem Erkalten an der Luft trocknet man noch 1 bis 2 Std. bei 120° im Trockenschrank und läßt im Exsiccator erkalten. Man bewahrt es, vor Luftfeuchtigkeit geschützt, auf. Der Grobanteil wird nochmals durch ein entsprechendes Sieb von 0,09 mm Maschenweite gesiebt; der Durchgang dient als grobes Kupferoxyd zur Rohrfüllung.

Zur Herstellung des *reduzierten Kupfers* wird das nach obigen Angaben erhaltene grobe Kupferoxyd in einem Nickeltiegel zur Rotglut erhitzt und sofort in einen mit reinem Methanol beschickten Porzellantiegel geschüttet. Man läßt alles Methanol abbrennen und an der Luft abkühlen.

Zur Herstellung des *Kupferoxyd-Silberbimssteingemisches* $(9 + 1)$ wird auf Hirsekorn gesiebter, frisch ausgeglühter Bimsstein mit heißer, nahezu gesättigter Silbernitratlösung getränkt, bei 110° getrocknet und in einem Muffelofen bei 800° geglüht, bis alle Stickoxyde entwichen sind. Nach dem Erkalten wird es mit 9 Teilen grobem Kupferoxyd gemischt.

Zum Anschluß des Verbrennungsrohres an das Azotometer dient zunächst ein kurzes Hahnstück, hierauf das mit Phosphorpentoxydbimsstein gefüllte, gewogene Wasserabsorptionsröhrchen und hierauf das Mikroazotometer.

Zur Beheizung dient ein 160 mm langer, elektrisch beheizter Langofen; ein Silberblechstreifen (s. Abb. 9) erwärmt Schnabel, Hahnstück und den vordersten Teil des Absorptionsrohres, um Kondensation von Wasser zu verhindern. Zur beweglichen Heizung dient ein Gasbrenner, mit einem Aufsatz von 40 mm Länge, 3 mm Schlitzbreite und mit einem Brennerdach versehen. Eine Spindel dient zur automatischen Führung, sie hat eine Laufzeit von 15 min bis zum Langofen. Der Brenner muß das Rohrinnere auf Temperaturen von mindestens 750 bis 800° erhitzen.

Arbeitsvorschrift. Aus dem Verbrennungsrohr wird 15 min nach dem Abschalten des Ofens (der fixe Teil ist noch 150 bis 200° warm) die bewegliche Füllung der vorhergehenden Analyse entleert, mit der Mischung aus Substanz (etwa 5 bis 6 mg) und feinem Kupferoxyd in der früher beschriebenen Weise beschickt, wobei die letzten 40 mm Kupferoxyd keine Substanz mehr enthalten sollen. Man schaltet die Kohlendioxydquelle und sofort die Beheizung des Langbrenners an. Wenn nach 3 min der Langbrenner die nötige Temperatur hat, schaltet man das Wasserabsorptionsröhrchen und das Azotometer an. Wenn Mikroblasen auftreten, werden Hahn *9* und *6* geschlossen, und es wird die Verbrennung unter Wandern des Brenners von der Ausgangsstellung (s. Abb. 9) bis zum Langofen innerhalb etwa 11 min durchgeführt. Nun stellt man, wie bei ZIMMERMANN beschrieben, durch Senken des rechten Gasometerteiles Druckausgleich her, öffnet den Hahn zum Absorptionsröhrchen und hierauf den zur Kohlendioxydquelle. Während des Spülens wird, etwas vor der beweglichen Füllung beginnend (s. Abb. 9), die bewegliche Füllung nochmals innerhalb 15 min ausgeglüht. Die Gesamtdauer der Verbrennung beträgt 44 min. Man schaltet Azotometer und Absorptionsröhrchen ab und läßt das Verbrennungsrohr durch Öffnen des Ofendeckels für die nächste Verbrennung abkühlen. Die Weiterbehandlung von Azotometer und Absorptionsröhrchen erfolgt wie üblich.

Eine *Korrektur* des *Wasserstoff*wertes ist nötig, da bei der Beschickung des Rohres mit Substanz und beweglicher Füllung ein von der relativen Luftfeuchtigkeit abhängiger Betrag an Wasser adsorbiert wird, der im Maximum etwa 0,05 bis 0,2 Einheiten der gefundenen Wasserstoffprozente beträgt. Es kann der dadurch bedingte, an sich geringe Fehler als Blindwert in μg auf Grund Tab. 1 geschätzt und von der Wasserauswaage abgezogen werden. Voraussetzung ist allerdings, daß Füllung und Beschickung des Rohres mit Kupferoyd und Substanz gemäß der gegebenen Vorschrift und möglichst rasch erfolgt sind.

Tabelle 1. Korrektur des Wasserstoffwertes.

% relative Luftfeuchtigkeit.	Blindwert in μg H_2O.
80	95
75	80
70	65
65	50
60	35
55	20
50	5
45	0

Genauigkeit. Beim Stickstoffgehalt liegen die Fehler meist innerhalb $\pm 0,1$% (absolut) und nur selten um 0,1 bis 0,2% (absolut) höher.

Die korrigierten Wasserstoffwerte sind in der Regel um weniger als 0,1% (absolut) höher, stimmen daher wesentlich besser als bei der üblichen CH-Bestimmung.

Bemerkungen. Soll in einer stickstoffhaltigen Substanz außer Stickstoff und Wasserstoff auch der Kohlenstoff bestimmt werden, so kann hierfür ein gleiches Verbrennungsrohr wie für die Stickstoff-Wasserstoff-Bestimmung verwendet werden. Als Treibgas wird statt Kohlendioxyd Stickstoff angewandt, welcher zur Erleichterung der Verbrennung mit Wasserdampf beladen wird.

Ein besonders originelles Verfahren zur gleichzeitigen Bestimmung von Stickstoff, Kohlenstoff und Wasserstoff in Einwaagen von 0,1 bis 0,2 mg schlägt neuestens KIRSTEN (b) vor. Die Substanz wird in kleine Quarzröhrchen eingewogen, die mit Sauerstoff gefüllt, mit einem Stückchen metallischem Kupfer beschickt und beiderseits zugeschmolzen werden. Das Kupfer zersetzt nicht nur die Stickoxyde, sondern bindet am Schluß der Bestimmung den überschüssigen Sauerstoff, so daß schließlich nur Stickstoff und die Verbrennungsprodukte Kohlendioxyd und

Wasserdampf übrigbleiben. Diese werden auf mikrogasanalytischem Weg analysiert, nachdem das Quarzröhrchen in der Mikromeßbürette zertrümmert worden ist.

Sofern vorhanden, kann die Analyse der Verbrennungsprodukte auch im Massenspektrometer erfolgen.

COLSON verlängert die Schicht des metallischen Kupfers auf 200 mm und erreicht so die Möglichkeit einer wesentlichen Beschleunigung des Kohlendioxydstroms nach der Verbrennung.

5. Gleichzeitige Bestimmung des Stickstoffs und Kohlenstoffs durch Verbrennung im Vakuum.

Schon HEMPEL und später FRANKLAND haben auf die Möglichkeit der Verbrennung organischer Substanzen über Kupferoxyd im Vakuum unter Verwendung der TÖPLER-Pumpe hingewiesen, wobei gleichzeitig Stickstoff und Kohlenstoff, gegebenenfalls auch Wasserstoff, sehr genau bestimmt werden können. Sie haben diesbezügliche Arbeitsmethoden angegeben.

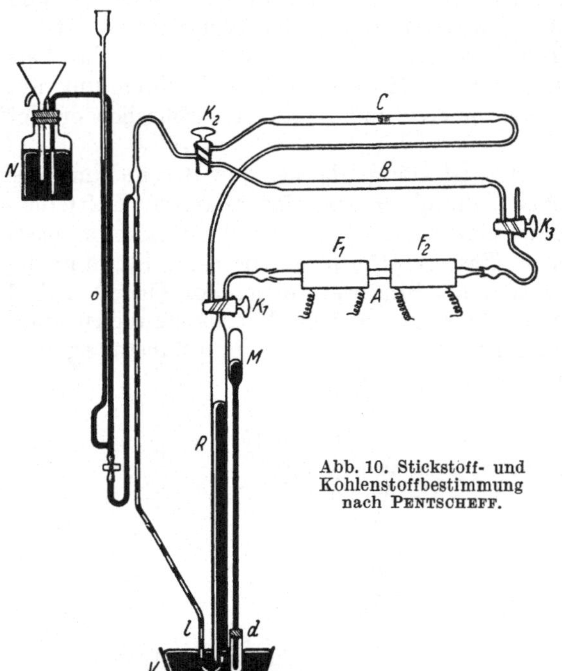

Abb. 10. Stickstoff- und Kohlenstoffbestimmung nach PENTSCHEFF.

PENTSCHEFF hat diese Verfahren wesentlich vereinfacht und beschreibt ein Halbmikroverfahren, welches er insbesondere zur gleichzeitigen Bestimmung von Stickstoff und Kohlenstoff in Böden empfiehlt.

Die *Apparatur* (Abb. 10) besteht aus einem 45 cm langen Verbrennungsrohr aus Pyrexglas mit 12 mm lichter Weite, das in der üblichen Weise mit einer reduzierten und im Vakuum entgasten Kupferspirale und mit ausgeglühtem, drahtförmigem Kupferoxyd beschickt ist. Das Rohr wird mit zwei beweglichen, elektrischen Röhrenöfen beheizt. Die Verbrennungsgase passieren ein mit Phosphorpentoxyd beschicktes Absorptionsrohr *B* zur Absorption des Wasserdampfes. Das mit im Vakuum bei 60 bis 80° entwässertem Natronkalk beschickte Rohr *C* dient zur nachfolgenden Absorption des Kohlendioxyds. Die SPRENGEL-Pumpe *P*, das Meßrohr *R* und das Barometer *M* vervollständigen die Apparatur.

Arbeitsvorschrift. Die Substanz (30 bis 50 mg) wird in ein Schiffchen eingewogen und dort mit Kupferoxydpulver innig vermischt. Man führt das Schiffchen in das Verbrennungsrohr, dichtet die Schliffe gut mit Picein und evakuiert auf 10^{-2} bis 10^{-3} mm Quecksilbersäule. Hierauf wird die fixe Rohrfüllung zunächst noch ohne die Substanz auf Rotglut erhitzt und dann allmählich die Substanz verbrannt, wobei die Geschwindigkeit der Gasentwicklung für die Geschwindigkeit der Verbrennung maßgebend ist. Die erhaltenen Verbrennungsgase werden mehrmals über die Kontakte und das Phosphorpentoxyd rückgeleitet und hierauf als Summe von N_2 und CO_2 gemessen. Anschließend läßt man das Kohlendioxyd über dem Natronkalkrohr absorbieren und mißt schließlich das Volumen des Stickstoffs.

Genauigkeit. Die angegebenen Vergleichsbestimmungen zeigen sehr gute Übereinstimmung mit der Theorie (bei Stickstoff $-0{,}03$ bis 0,13% absolut, bei Kohlenstoff $\pm 0{,}01$ bis 0,05% absolut).

B. Stickstoffbestimmung durch Hydrieren nach TER MEULEN.

1. Makroverfahren.

TER MEULEN hat gefunden, daß stickstoffhaltige, organische Substanzen, die, mit Nickelpulver sorgfältig gemischt, im Wasserstoffstrom bei Gegenwart von auf 250° gehaltenem Nickelasbest erhitzt werden, ihren Stickstoff quantitativ als Ammoniak abgeben, das in der üblichen Weise aufgefangen und bestimmt werden kann. Das universell anwendbare Verfahren bewährt sich insbesondere zur Bestimmung geringer Mengen Stickstoff z. B. in Treibstoffen und ist auch im Mikromaßstab beschrieben.

Apparatur (Abb. 11). Ein Rohr aus *Quarz* oder *Supremax*glas von 400 mm Länge und 16 mm innerem Durchmesser, in welchem sich eine 250 mm lange Säule aus Nickelasbest befindet, wird in ein ebenfalls 250 mm langes Asbestkästchen so eingelegt, daß sich die ganze Katalysatorsäule im Inneren des Kästchens befindet. Im vorderen Teil des Rohres, der an eine Quelle für mit Permanganat

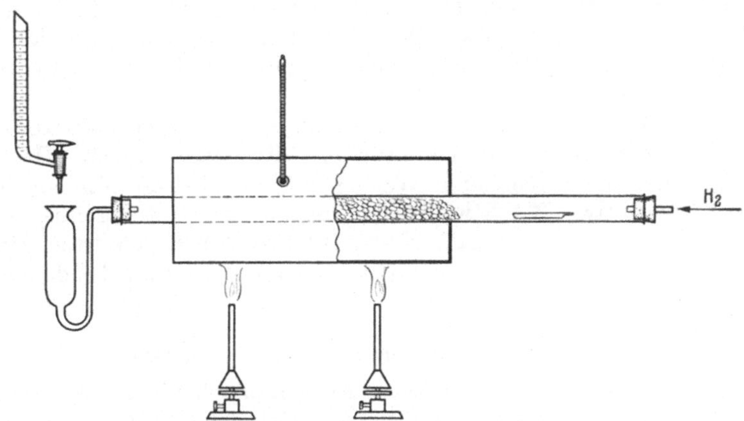

Abb. 11. Stickstoffbestimmung nach TER MEULEN.

gewaschenen, aber nicht getrockneten Wasserstoff angeschlossen ist, befindet sich das Porzellanschiffchen mit der Substanz. Das andere Ende ist mit einem Vorstoß versehen, der in eine Vorlage mit wenig Wasser, das mit etwas Methylorange versetzt ist, taucht. Aus einer darüber befindlichen Bürette kann 0,1 n Säure eingetropft werden.

Wenn die Substanz Schwefel oder Halogene enthält, so wird an dem der Vorlage zugekehrten Rohrende als Abschluß des Nickelasbests eine kurze Schicht Natronkalk angebracht, wodurch saure Gase, wie Schwefelwasserstoff und Halogenwasserstoff, zurückgehalten werden.

Das Öfchen wird mit zwei Gasbrennern oder elektrisch auf 250° erhitzt.

Zur *Herstellung* des *Nickelasbests* wird eine Mischung aus 10 Teilen reinen Asbests und 35 Teilen kristallisierten Nickelnitrates, das in wenig Wasser gelöst ist, zu Oxyd calciniert und im Wasserstoffstrom in einem Glasrohr bei 300 bis 350° reduziert. Der austretende Wasserstoff darf am Ende der Reduktion kein Ammoniak mehr enthalten. Man läßt im Wasserstoffstrom erkalten.

Zur *Darstellung fein verteilten Nickels* wird feinstes schwarzes Nickeloxyd (Ni_2O_3) in einem Quarzrohr im Wasserstoffstrom auf 250 bis 300° erhitzt, bis es wieder schwarz geworden ist und der austretende Wasserstoff keine Spur Ammoniak mehr enthält. Man läßt im Wasserstoffstrom erkalten.

Arbeitsvorschrift. Man wägt 50 bis 100 mg feinst gepulverte Substanz im Porzellanschiffchen ein und mischt sie sorgfältig mit 0,5 g fein verteiltem Nickel. Ist die Probe nicht fein pulverisierbar und läßt sie sich daher nicht gut mit dem Nickelpulver mischen, so empfiehlt es sich, die Einwaage mit 0,1 g stickstofffreiem Nickelformiat und 0,5 g Nickelpulver möglichst innig zu vermengen und hierauf im Schiffchen mit etwas Wasser zu befeuchten. Es können auch wäßrige Lösungen oder Suspensionen eingewogen werden.

Man führt das Schiffchen in das Rohr ein, dessen Kontaktteil im Ofen im Wasserstoffstrom bereits auf 250° erhitzt ist. Der Wasserstoffstrom soll nicht mehr als 2 Blasen je Sekunde ergeben. Vor Einführung der Probe darf er an die Vorlage kein Ammoniak abgeben. Hierauf wird die Substanz im Schiffchen mit kleiner Flamme gelinde erhitzt, so daß sie sich nur langsam verflüchtigt bzw. zersetzt. Der Zersetzungsvorgang im Wasserstoffstrom dauert im allgemeinen 30 bis 60 min. Die Vorlage wird nach Maßgabe des absorbierten Ammoniaks durch tropfenweise Zugabe von 0,1 n Säure stets schwach sauer gehalten. Die Bestimmung wird abgebrochen, wenn kein weiteres Ammoniak mehr absorbiert wird. Man titriert den geringen Überschuß an Säure mit 0,1 n Natronlauge zurück.

Der Katalysator ist bei schwefel- und halogenhaltigen Proben nur einmal, anderenfalls drei bis viermal anwendbar. Zur Regenerierung wird der Kontakt an der Luft zur Entfernung des Kohlenstoffs ausgeglüht und hierauf im Wasserstoffstrom bei 350° reduziert.

Genauigkeit. Die erhaltenen Resultate stimmen bei Reinsubstanzen der verschiedensten Körperklassen (Amine, Amide, Nitroverbindungen, Heterocyclen und Alkaloide) mit den berechneten Werten gut überein; die Minusfehler liegen selten über 1% (relativ). Bei Eiweißverbindungen und Naturprodukten besteht beste Übereinstimmung mit den nach KJELDAHL erzielten Ergebnissen. Hier liegen die Werte meist um eine Spur höher als die nach KJELDAHL gefundenen Zahlen.

2. Verfahren der ehemaligen I.G. Farbenindustrie.

Der Nachteil des ursprünglichen Verfahrens, nämlich die Notwendigkeit, den Kontakt bei schwefel- und halogenhaltigen Substanzen jedesmal zu erneuern, ist durch die in den Laboratorien der ehemaligen I.G. Farbenindustrie erfolgte Einführung eines schwefelfesten Nickel-Magnesium-Kontaktes sowie durch die Anwendung eines doppelten Wasserstoffstroms weitgehend behoben worden.

Unter weitgehender Benützung dieser Erfahrungen haben HOLOWCHAK, WEAR und BALDESCHWIELER eine Arbeitsweise veröffentlicht, die sich besonders zur Bestimmung kleiner Mengen Stickstoff in Erdölprodukten eignet. Mit einer Rohrfüllung konnten über hundert Bestimmungen ohne ersichtliche Kontaktvergiftung durchgeführt werden.

Apparatur (Abb. 12). Von der ursprünglichen Apparatur nach TER MEULEN unterscheidet sich die Anordnung im wesentlichen durch eine Vorrichtung zur Anwendung eines doppelten Wasserstoffstromes; der eine schwächere Strom (20 ml/min) bestreicht zuerst die Substanz, welche sich in einem zweiten im Inneren des Verbrennungsrohres befindlichen Rohr befindet, während der zweite Wasserstoffstrom (50 ml/min) nicht die Substanz bestreicht, sondern nur zur Hydrierung am Kontakt dient. Diese doppelte Gasführung ist insbesondere bei leicht vergasbaren Brennstoffen von Vorteil.

Zur *Herstellung* des *Magnesia-Nickel-Kontaktes* werden 125 g Magnesiumoxyd in 1,25 l Wasser bei 50° aufgeschlämmt und eine 50° warme Lösung von 400 g Nickelnitrat-6-hydrat in 4 l Wasser langsam unter stetem Rühren zugefügt. Die

Fällung läßt man absitzen und dekantiert die überstehende Lösung mehrmals. Man saugt den Niederschlag auf einer Porzellannutsche ab und wäscht ihn so lange mit Wasser, bis Nitrat im Filtrat nurmehr in geringen Spuren nachweisbar ist. Man trocknet auf Filterpapier zunächst an der Luft, hierauf bei 100° im Vakuum und bricht auf 6 bis 8 mm Körnung. Man erhitzt das Produkt hierauf im elektrischen Ofen auf 340 bis 380° und reduziert es im Wasserstoffstrom. Nach der Reduktion zerkleinert man und siebt zwischen dem 4- und 9-Maschensieb.

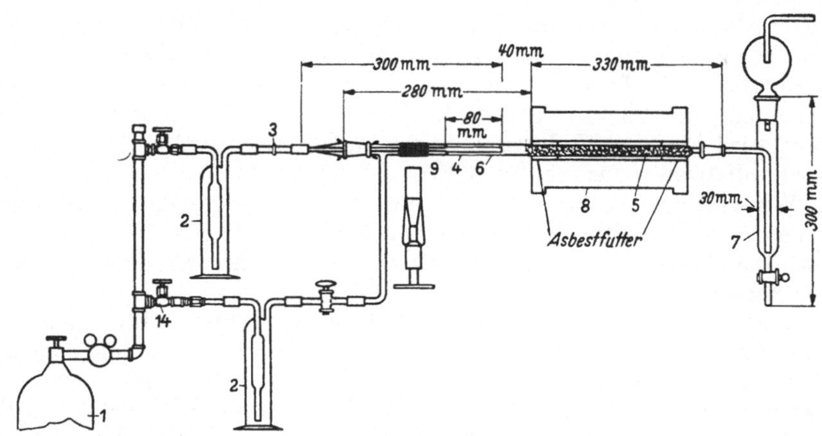

Abb. 12. Stickstoffbestimmung nach HOLOWCHAK, WEAR und BALDESCHWIELER.

Der Katalysator wird hierauf in das Quarzrohr der TER MEULEN-Apparatur gefüllt und dort weiter bei 340 bis 380° im Wasserstoffstrom erhitzt, bis sich am kalten Ende des Rohres kein Kondensat mehr bildet. Hierauf wird die Temperatur auf die Analysentemperatur von 320° erniedrigt. Während die Apparatur nicht benützt wird, wird sie zweckmäßig unter Wasserstoffatmosphäre gehalten.

Zur Einwaage und Zersetzung dient ein Schiffchen aus Quarz (40 mm lang, 5 mm hoch und weit).

Arbeitsvorschrift. 100 bis 200 mg Substanz bei Stickstoffgehalten unter 0,2% bzw. 50 mg mit über 1% Stickstoff werden in das Quarzschiffchen eingewogen, wie bei TER MEULEN mit Nickelpulver innig vermengt, in das innere Zersetzungsrohr geschoben und die beiden Wasserstoffströme in der oben angegebenen Stärke eingeschaltet.

Als Vorlage dienen 20 ml 4%ige Borsäurelösung; als Indicator wird Methylpurpur empfohlen, jedoch sind auch die sonst zur Ammoniaktitration in Borsäurelösung üblichen Indicatorgemische geeignet (s. S. 37).

Die Zersetzungsdauer der Substanz wird mit 20 bis 25 min bei etwas niedrigerer Temperatur, die Nachzersetzung mit 5 min bei voller Hitze des Brenners angegeben. Anschließend wird 20 bis 30 min mit Wasserstoff gespült, während der Brenner 5 min in voller Stärke unmittelbar vor dem Kontaktteil die dortigen Zersetzungsprodukte ausglüht.

Der Inhalt der Vorlage wird hierauf wie üblich mit 0,02 n Säure titriert.

Bei sehr geringen Stickstoffgehalten kann auch mit NESZLER-Reagens colorimetriert oder nach anderen Mikroverfahren austitriert werden.

Genauigkeit. Die Autoren finden bei zahlreichen Reinsubstanzen, insbesondere solchen, die bei der Stickstoffbestimmung nach KJELDAHL Schwierigkeiten bereiten, beste Übereinstimmung mit der Theorie (Fehler meist unter 0,5% relativ). Auch in Erdöldestillaten wurden zugesetzte heterocyclische Basen quantitativ wiedergefunden.

3. Mikroverfahren nach LACOURT.

Die *Apparatur* enthält zwei Waschflaschen von 100 ml Inhalt, von denen die eine mit alkalischer, die andere mit schwefelsaurer, 5%iger Kaliumpermanganatlösung beschickt ist, ein 400 mm langes und 10 mm weites Kontaktrohr aus Bergkristall mit eingeschmolzener Verjüngung (Schnabel), welche mit der die titrierte Säure enthaltenden Vorlage verbunden ist. Der Kontaktteil des Rohres wird in einem 220 mm langen Aluminiumblock, der eine gesonderte Bohrung für ein Thermometer besitzt, gleichmäßig auf 250° erhitzt.

Zur *Herstellung* des *Kontaktes* wird eine Mischung von 10 Teilen fein gepulvertem, reinstem Nickeloxyd und 1 Teil Thoriumnitrat mit so viel Wasser versetzt, daß das Thoriumnitrat in Lösung geht, und die Flüssigkeit in einer Porzellanschale am Wasserbad zur Trockene gedampft. Der zu einem feinen Pulver verriebene Rückstand wird in einem Verbrennungsrohr im elektrischen Ofen bei 250 bis 300° im Wasserstoffstrom reduziert. Nach Beendigung der Ammoniakentwicklung läßt man im Wasserstoffstrom erkalten und füllt die anfangs pyrophore Masse in ein mit Kohlendioxyd gefülltes Pulverglas; nach einigen Tagen ist sie nicht mehr pyrophor. Das Pulver wird durch Schütteln mit dem halben Gewichtsteil kurzfaserigen Asbests gemischt.

Das Kontaktrohr erhält am Schnabelende einen festgedrückten Asbestwollepfropfen, hierauf den 200 mm lose eingedrückten Kontakt, sodann eine 20 mm lange Schicht Natronkalk und schließlich wieder einen Asbestpfropfen.

Arbeitsvorschrift. Man leitet in das Kontaktrohr Wasserstoff (2 Blasen je Sekunde) ein, erhitzt das Rohr auf 250°, legt 10 bis 20 ml 0,02 n Schwefelsäure, genau gemessen und mit wenig Methylrot eben angefärbt, vor, wägt in ein Porzellan- oder Nickelschiffchen 5 bis 10 mg der fein gepulverten Probe ein, setzt etwa 0,5 g des feingepulverten Nickel-Thoriumoxyd-Katalysators zu und mischt sorgfältig mit einem Platindraht (HEERTJES empfiehlt, die Probe im Schiffchen mit einigen Tropfen eines stickstofffreien Lösungsmittels zu lösen und dann erst den Kontakt zuzusetzen). Das Schiffchen wird bis etwa 30 mm vor die Natronkalkfüllung eingeschoben. Die Substanz wird zunächst mit kleiner Flamme erhitzt, wobei zum Schutze des Quarzrohres ein Drahtnetzröllchen aufgeschoben wird. Ein allfälliges Kondensat zwischen Schiffchen und Natronkalk wird zunächst nicht durch Erhitzen weitergetrieben. Zuletzt wird das Schiffchen mit der vollen Flamme des Bunsenbrenners stark erhitzt und anschließend die Natronkalkschicht durch kräftiges Erhitzen von Probenresten befreit. Die Dauer der Hydrierung beträgt etwa 20 min. Die Vorlage wird abgenommen, kurz aufgekocht und mit 0,02 n Lauge titriert.

Mit einer Rohrfüllung können 15 bis 20 Analysen durchgeführt werden. Durch Ausglühen an der Luft und anschließende Reduktion kann der Kontakt wieder von der angesetzten Kohle befreit und reaktiviert werden.

Berechnung. 1 ml 0,02 n Schwefelsäure entspricht 0,28 mg Stickstoff.

C. Katalytische Reduktion mit Wasserdampf nach MANTEL und SCHREIBER.

Nach diesem Verfahren, das insbesondere zur Bestimmung des Stickstoffs in festen Brennstoffen vom Chemikerausschuß der Gesellschaft Deutscher Metallhütten- und Bergleute empfohlen ist, wird die Probe mit einer Mischung aus Soda-Magnesia, Natronkalk und Molybdänsäureanhydrid im Platinschiffchen im Wasserdampfstrom erhitzt und das hierbei quantitativ gebildete Ammoniak in Säure aufgefangen und titriert.

Einzelheiten der *Apparatur* sind aus Abb. 13 zu entnehmen. Zur Einwaage dient ein Platinschiffchen von 60 mm Länge, 6 mm Höhe und 10 mm Breite, das mit einem passenden Platindrahtnetz bedeckt wird. Als Vorlage dient etwa 25 ml n

Schwefelsäure, die mit etwa 50 ml Wasser verdünnt wird. Die Aufschlußmischung besteht aus einer Mischung von 2 Teilen wasserfreier Soda, 4 Teilen Magnesiumoxyd, 18 Teilen Natronkalk und 3 Teilen Molybdänsäureanhydrid.

Arbeitsvorschrift. 0,5 g fein zerkleinerte und lufttrockene Probe werden im Platinschiffchen eingewogen, mit 0,8 bis 0,9 g Aufschlußmischung gut vermischt und mit weiteren 0,1 g der Aufschlußmischung überschichtet. Es wird mit dem Platindrahtnetz bedeckt und in das Quarzrohr eingeführt. Man schiebt eine passende

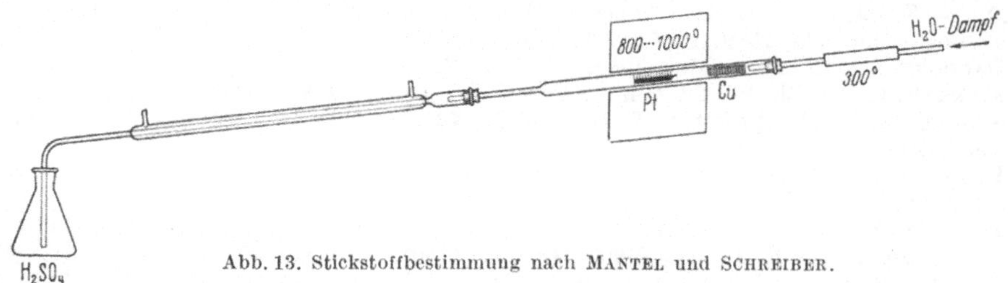

Abb. 13. Stickstoffbestimmung nach MANTEL und SCHREIBER.

Rolle aus Kupferdrahtnetz nach und schließt an einen Dampferzeuger über einen Dampfüberhitzer an. Das Rohr wird um das Platinschiffchen in einem elektrischen Ofen von etwa 210 mm Länge zunächst auf 250 bis 300° gebracht, hierauf auf 300° überhitzter Wasserdampf (250 g/Stde.) durchgeleitet und innerhalb der nächsten 5 bis 10 min auf etwa 950° erhitzt. Kohle wird etwas langsamer, Koks schneller aufgeheizt.

Wenn keine Gasblasen mehr entweichen (etwa nach 80 min), ist die Zersetzung beendet.

Das Destillat wird in einer Ammoniakdestillationsapparatur in der üblichen Weise mit Alkali übersättigt und abdestilliert; als Vorlage kann titrierte Säure oder 10 ml gesättigte Borsäurelösung dienen. *Indicator*: Methylrot-Methylenblau.

Ein Verfahren zur Bestimmung niedriger Stickstoffgehalte in Erdöldestillaten durch Hochdruckhydrierung mit Nickel-Kieselgur-Kontakten im Autoklaven unter Abspaltung von Ammoniak ist von WANKAT und GATSIS ausgearbeitet worden.

D. Verfahren nach VARRENTRAPP und WILL.

Das Verfahren, das vor der Auffindung der Methode von KJELDAHL große Bedeutung in der organisch-chemischen Analyse hatte, besitzt heute nur historisches Interesse. Es beruht auf der Zersetzung der organischen Substanzen mit Natronkalk bei Rotglut unter quantitativer Bildung von Ammoniak. Dieses wurde ursprünglich als Ammoniumhexachloroplatinat(IV), später nach PÉLIGOT acidimetrisch bestimmt, indem titrierte Säure vorgelegt wurde. Das Zersetzungsrohr wies an seinem zugeschmolzenen Ende eine Spitze auf; zum vollständigen Übertreiben des gebildeten Ammoniaks in die Vorlage wurde nach erfolgter Zersetzung das Rohr an dieser Stelle geöffnet und Luft durchgesaugt.

Das Verfahren ist hinsichtlich seiner Anwendbarkeit ähnlich begrenzt wie die ursprüngliche Methode von KJELDAHL, indem Verbindungen mit NO-Bindung, wie zu. B. Nitroverbindungen, nicht quantitativ Ammoniak liefern.

Literatur.

ALFORD, W. C.: Anal. Chem. **24**, 881 (1952).

CLARKE u. WINANS: Ind. eng. Chem. Anal. Edit. **14**, 522 (1942). — COLSON, A. F.: Analyst **75**, 264 (1950).

DEXHEIMER, L.: Fr. **58**, 13 (1919). — DIERSCHERL, A., W. PADOWETZ u. H. WAGNER: Mikrochemie **38**, 271 (1951). — DIERSCHERL, A., u. H. WAGNER: Mikrochemie **36/37**, 628 (1951); durch Fr. **135**, 72 (1952). — DUMAS, J. B. A.: A. Ch. **2**, 198 (1831).

FRANKLAND, E. P.: Soc. **99**, 1783 (1911); durch Fr. **53**, 389 (1914).
GEHRENBECK, C.: B. **22**, 1694 (1889). — GYSEL, H.: Helv. **22**, 1088 (1939).
HEMPEL, W.: Fr. **17**, 409 (1878). — HERSHBERG, E. B., u. G. W. WELLWOOD: Ind. eng. Chem. Anal. Edit. **9**, 303 (1937); durch Fr. **132**, 293 (1951). — HOLOWCHAK, J., G. P. WEAR u. E. L. BALDESCHWIELER: Anal. Chem. **24**, 1754 (1952); durch Fr. **141**, 75 (1954).
INGRAM, G.: Mikrochim. A **1953**, 131.
KIRSTEN, W.: (a) Anal. Chem. **19**, 925 (1947); **22**, 358 (1950) — Mikrochemie **40**, 121 (1953) — (b) Anal. Chem. **26**, 1097 (1954). — KIRSTEN, W., u. B. WALLBERG-OLAVSSON: Anal. Chem. **23**, 927 (1951). — KOCH, C. W., T. R. SIMONSON u. V. H. TASHINIAN: Anal. Chem. **21**, 1133 (1949). — KUCK, J. A., u. P. L. ALTIERI: Mikrochim. A. **1954**, 17. — KÜSTER-THIEL-FISCHBECK: Logarithmische Rechentafeln, 65.—67. Aufl. 1955.
LACOURT, A.: Bl. Soc. chim. Belg. **49**, 103 (1940).
MANGENEY, G.: Bl. **17**, 74 (1950); durch C. **121**, II, 1987 (1950). — MANTEL, W., u. W. SCHREIBER: Glückauf **74**, 939 (1938); durch Fr. **121**, 148 (1941). — MÜLLER, A.: Mikrochemie **33**, 192 (1948).
PARKS, TH. D., E. L. BASTIN, E. J. AGAZZI u. F. R. BROOKS: Anal. Chem. **26**, 229 (1954). — PENTSCHEFF, N. P.: Fr. **113**, 431 (1938).
REIHLEN, H., u. E. WEINBRENNER: Ch. Fabr. **7**, 63 (1934); durch Fr. **100**, 300 (1935).
TER MEULEN, H.: R. **43**, 643 (1924); **49**, 396 (1930) — Bl. Soc. chim. Belg. **49**, 103 (1940).
UNTERZAUCHER, J.: Mikrochemie **36/37**, 716 (1951) — Chemie-Ing.-Techn. **22**, 128 (1950).
VARRENTRAPP, F., u. H. WILL: A. **39**, 257 (1841).
WANKAT, CH., u. J. G. GATSIS: Anal. Chem. **25**, 1631 (1953). — WURZSCHMITT, B.: Mikrochemie **36/37**, 623 (1951).
ZIMMERMANN, W.: Mikrochemie **31**, 42 (1943).

E. Stickstoffbestimmung nach KJELDAHL.

1. Geschichtliches und Allgemeines.

KJELDAHL hat das nach ihm benannte Stickstoffbestimmungsverfahren im CARLSBERG-Laboratorium in Kopenhagen ausgearbeitet und im Jahre 1883 in der FRESENIUS-Zeitschrift für analytische Chemie publiziert. Diese Veröffentlichung enthält nicht nur die üblich gewordene Zersetzung der organischen Substanz durch Kochen mit konz. Schwefelsäure unter quantitativer Bildung von Ammoniumsulfat, sondern zahlreiche weitere Einzelheiten, die sich in späteren Modifikationen wiederfinden. So wird bereits empfohlen, zur Beschleunigung der Zersetzung der Schwefelsäure Phosphorpentoxyd zuzusetzen. KJELDAHL wendet nicht mehr als 10 ml Schwefelsäure und je nach Stickstoffgehalt 0,25 bis 0,7 g Probe an. Die Zersetzung muß nach der Originalvorschrift nicht so weit getrieben werden, bis eine klare und farblose Aufschlußlösung erzielt worden ist. Zur Vervollständigung der Umwandlung in Ammonsulfat setzt KJELDAHL zur heißen sauren Aufschlußmasse feingepulvertes Permanganat in kleinen Portionen zu, wobei naturgemäß eine sehr heftige Reaktion eintritt, die von Verpuffungserscheinungen und kleinen Flämmchen begleitet wird. Ammoniakverluste sollen aber dabei nicht eintreten. Es wird so viel Permanganat zugesetzt, bis die Lösung eine beständige grüne Farbe zeigt. Die grüne Lösung darf aber nicht mehr stark erwärmt werden, da sonst Ammoniakverluste eintreten.

I. Originalvorschrift von KJELDAHL. Die Originalvorschrift sieht ferner die Verdünnung der sauren Aufschlußlösung mit Wasser, Alkalisierung mit 40 ml Natronlauge der Dichte 1,3 und Abdestillieren unter Zusatz von Zinkspänen zur Verhinderung des Stoßens in eine mit 30 ml 0,05 n Schwefelsäure beschickte Vorlage vor.

Zur Rücktitration des vorgelegten Säureüberschusses empfiehlt KJELDAHL die jodometrische Methode mit Jodid-Jodat-Lösung und 0,05 n Thiosulfatlösung.

Die jodometrische Titration wird in der Weise empfohlen, daß einige Kristalle Kaliumjodid, Stärkelösung und einige Tropfen einer 4%igen Kaliumjodatlösung zugesetzt werden. Hierauf wird mit 0,05 n Thiosulfatlösung auf farblos titriert. Der Blindwert wird mit 0,5 g reinem Zucker bestimmt.

Berechnung:

$$\text{ml } 0{,}05 \text{ n Thiosulfatlösung (Blindwert minus Probentitration)} \times$$
$$\times \frac{7}{\text{Einwaage in Centigramm}} = \% \text{ N}.$$

II. Allgemeines über Fehlerquellen und vorgeschlagene Varianten. Als Anwendungsbereich gibt KJELDAHL vor allem eiweißhaltige Naturprodukte an; bei Alkaloiden, wie z. B. Morphium, findet er geringe Minuswerte. Verbindungen mit gleichzeitig an Sauerstoff gebundenem Stickstoff nimmt der Autor zunächst aus, weist aber darauf hin, daß von Nitraten, die gleichzeitig mit Zucker dem Schwefelsäureaufschluß unterworfen wurden, 60 bis 80 % des Stickstoffs als Ammoniak wiedergefunden werden.

Es ist klar, daß die KJELDAHL-Methode in der kürzesten Zeit das vordem übliche, umständliche Verfahren von VARRENTRAPP und WILL verdrängt und weiteste Verbreitung gefunden hat.

Andererseits sind wohl von keiner analytischen Methode im Laufe der Zeit derart viele Varianten und Modifikationen abgeleitet und diskutiert worden wie von der Stickstoffbestimmung nach KJELDAHL. Dies ist vor allem in der Häufigkeit ihrer Verwendung in den verschiedensten Gebieten von Wissenschaft und Praxis begründet, welche selbst an sich geringfügigen Verbesserungen eine gewisse Bedeutung verleiht. Ein weiterer Grund ist aber der, daß die Reaktion nicht immer ganz stöchiometrisch einheitlich verläuft, was auf Grund der Vielfältigkeit des stickstoffhaltigen organischen Untersuchungsmaterials auch in keiner Weise verwunderlich ist. Sehr oft betragen die auftretenden Fehler — meistens Minuswerte — nur wenige Zehntelprozente (Absolut-%) im Stickstoffgehalt und können häufig vernachlässigt werden; leider scheinen sie schlecht reproduzierbar zu sein, so daß über den Einfluß verschiedener Maßnahmen auf das Ergebnis häufig völlig gegensätzliche Ansichten vertreten und mit experimentellen Zahlen belegt sind.

Die Flut der Publikationen auf diesem Gebiet ist, 70 Jahre nach der ersten Veröffentlichung von KJELDAHL, noch immer im Steigen begriffen; ihr im einzelnen nachzugehen, würde völlig ins Uferlose führen. Eine Übersicht geben zusammenfassende Arbeiten, die in den letzten Jahren erschienen sind, z. B. BRADSTREET (148 Zitate!), KIRK (a) (90 Zitate) und KIRK (b). Namentlich letztere Veröffentlichung vermittelt einen vorzüglichen Einblick in die Problematik des Gegenstandes. Zum Reaktionsmechanismus des Aufschlusses nach KJELDAHL siehe SCHWAB und SCHWAB-AGALLIDIS.

Eine jedenfalls sehr positive Entwicklung hat die KJELDAHL-Methodik in der Richtung der Verminderung der Einwaage genommen. Während zunächst unmittelbar nach KJELDAHL eine gewisse Tendenz zur Vergröberung festzustellen war (KJELDAHL arbeitet mit 0,25 bis 0,7 g Probe und 10 ml Schwefelsäure, die folgenden Autoren schlagen 0,5 bis 5 g Einwaage und 20 bis 30 ml Säure vor), wozu wohl die häufig vorliegende Inhomogenität der Proben einen gewissen Anreiz geboten hat, hat sich insbesondere seit PREGL die Mikroanalyse mit wenigen Milligrammen Einwaage der Methode angenommen und sich die Vorteile der Material- und Zeitersparnis gesichert. Es sind aber insbesondere für biologische Fragestellungen bereits Ultramikromethoden für 10 bis 100 μg Substanz entwickelt worden; sogar für Mengen von 0,1 μg Probe und herunter bis 0,005 μg Stickstoff gibt es eine wenn auch höchst difficile Arbeitstechnik.

Zunächst sollen alle die Varianten besprochen werden, die unabhängig von der Probenmenge sowohl für Makro- und Mikroverfahren Bedeutung haben, und anschließend auf die durch die Probemenge differenzierten Arbeitsweisen eingegangen werden.

a) *Verhältnis von Einwaage zur Schwefelsäure.* Bei der Beurteilung der nötigen Menge Schwefelsäure ist zu berücksichtigen, daß 1 g Kohlehydrat etwa 7 g und 1 g Fett sogar 18 g Schwefelsäure verbrauchen. Auch der üblich gewordene Zusatz von 10 g Kaliumsulfat (s. unten) benötigt allein schon etwa 6 g Schwefelsäure zur Bildung des sauren Salzes; wenn diese nicht zur Verfügung stehen, sind Ammoniakverluste zu gewärtigen.

Wesentlich zur Beschleunigung des Aufschlusses trägt der Zusatz von Phosphorpentoxyd oder von 83%iger Phosphorsäure zur Schwefelsäure bei (z. B. 2 : 3), den bereits KJELDAHL erwähnt. Als Nachteil tritt der sehr schnelle Verschleiß der Glasgeräte in Erscheinung.

b) *Zusatz von Salzen zur Erhöhung des Siedepunktes.* Auf GUNNING geht der Vorschlag zurück, zum Aufschluß eine größere Menge Kaliumsulfat zuzusetzen (er schlägt 1 Gew.-Teil Kaliumsulfat auf 2 Gew.-Teile Schwefelsäure vor; meist werden 10 g auf 20 bis 25 ml Säure angewandt).

In vielen Fällen hat sich neuerdings die Durchführung des Aufschlusses mit Schwefelsäure im Einschlußrohr bei Temperaturen von 470° als besonders vorteilhaft erwiesen. Es werden hierdurch auch schwer aufschließbare Substanzen in kurzer Zeit quantitativ und ohne Verluste zersetzt. Diese Arbeitsweise bewährt sich besonders bei Analysen im Mikrogramm-Maßstab.

c) *Katalysatoren.* Eine unübersehbare Literatur befaßt sich mit katalytisch wirksamen Zusätzen, welche die Zerstörung der organischen Substanz beschleunigen sollen, aber keinen Verlust an Stickstoff bewirken dürfen. Eine gute Übersicht über die älteren Arbeiten gibt MILBAUER; s. auch OSBORN und Mitarbeiter.

Aus den zum Teil sehr widerspruchsvollen Ergebnissen der Literatur geht jedenfalls die günstige und verlustfreie Wirkung von Quecksilber hervor, das ebenso wie Kupfer bereits von WILFARTH vorgeschlagen worden ist. Es hat nur den Nachteil, daß zum Abdestillieren des Ammoniaks Zusätze, wie Kaliumsulfid, Natriumthiosulfat oder überschüssiges Zink, notwendig sind, um die gebildeten Aminverbindungen zu zersetzen. Kupfer ist ebenfalls, wenn auch wesentlich weniger wirksam und erfordert keinen speziellen Sulfid- oder Thiosulfatzusatz bei der Destillation. Es wird meist als Komponente zu Katalysatorkombinationen zugesetzt.

Am widerspruchsvollsten und am wenigsten einheitlich sind die Auffassungen über Vor- und Nachteile des von LAURO erstmalig vorgeschlagenen Selenzusatzes. Es besteht weder eine klare Meinung über den tatsächlichen Zeitgewinn bis zum vollständigen Aufschluß noch über die dabei eintretenden Stickstoffverluste. Eine merkliche Beschleunigung scheint insbesondere in Kombination mit Quecksilber einzutreten; die Verluste scheinen bei Anwesenheit eines genügenden Überschusses an Schwefelsäure insbesondere bei der Mikroausführung am geringsten zu sein.

Ebenso uneinheitlich ist die Auffassung über Vor- und Nachteile des Zusatzes oxydierender Substanzen, welche ebenfalls die Zerstörung der organischen Substanz beschleunigen sollen, ohne aber zu Stickstoffverlusten zu führen. Bereits KJELDAHL hat in seiner ursprünglichen Arbeitsvorschrift vor dem endgültigen Klar- und Farbloswerden des Aufschlusses eine Behandlung mit Kaliumpermanganat vorgesehen (siehe auch BEET). An Stelle dieses Zusatzes sind dann seit WILFARTH die Katalysatoren getreten. Es sind aber immer wieder Vorschläge gemacht worden, z. B. Permanganat, Persulfat, Perchlorsäure oder 30%iges Wasserstoffperoxyd zur beschleunigten Zerstörung der organischen Substanz zuzusetzen. Von diesen Zusätzen scheint Wasserstoffperoxyd, das sich insbesondere bei der Mikroausführung eingebürgert hat, am unbedenklichsten zu sein, wenn der Zusatz erst in einem fortgeschrittenen Stadium des Aufschlusses erfolgt (G. L. MILLER und E. E. MILLER) (s. S. 39). Sofern eine mehrmalige Nachbehandlung mit Wasserstoffperoxyd nötig ist, geht bei Serienbestimmungen der arbeitstechnische Vorteil häufig verloren, indem der kürzere Zeitaufwand durch vermehrte Manipulationen erkauft ist.

Über das Abdestillieren des gebildeten Ammoniaks s. Bd. Ia, S. 274. Hier sei insbesondere auf die handliche und glassparende Apparatur von PARNAS-WAGNER hingewiesen.

Statt das Ammoniak abzudestillieren, kann es auch im Aufschluß unmittelbar bestimmt werden. Hierzu ist insbesondere die bekannte Formoltitration (s. Bd. Ia, S. 336) sowie die colorimetrische Bestimmung mit NESZLERschem Reagens geeignet.

Statt bei der Destillation titrierte Säure vorzulegen, kann gemäß einem Vorschlag von WINKLER 2- bis 4%ige Borsäurelösung vorgelegt werden, welche nur sehr schwach sauer ist, aber doch das Ammoniak quantitativ bindet. Als Indicator wird Methylrot, gegebenenfalls in Kombination mit Methylenblau, Bromkresolgrün oder Tetrabromphenolblau, empfohlen.

Für die Bestimmung des Ammoniaks im Destillat stehen außer der normalen, acidimetrischen Titration das bereits von KJELDAHL empfohlene Verfahren mit Kaliumjodat gemäß Gleichung:

$$5\,KJ + KJO_3 + 3\,H_2SO_4 = 3\,J_2 + 3\,K_2SO_4 + 3\,H_2O$$

und die Titration des der vorhandenen Säuremenge entsprechenden Jods mit Thiosulfat zur Verfügung.

Zur Durchführung dieser Titration muß vorhandene Kohlensäure vor dem Zusatz des Jodid-Jodates verkocht werden. Ihre Anwendung beim Mikro-KJELDAHL-Verfahren wird insbesondere von MICHAELIS und MAEDA sowie von BANG empfohlen. Der Aufschluß darf in diesem Fall nicht unter Zusatz von Wasserstoffperoxyd erfolgen. BANG legt ein 100 ml-Schliffkölbchen vor, das mit genau gemessenen 5 Milliliter 0,01 n Salzsäure beschickt ist. Man vertreibt die Kohlensäure durch 3 min langes Kochen, kühlt ab, setzt 2 ml 5%ige Kaliumjodidlösung und 2 Tropfen einer 4%igen Kaliumjodatlösung zu, läßt 5 min verschlossen stehen und titriert das Jod mit 0,005 n Natriumthiosulfatlösung zurück.

Zur Berechnung ist die Zahl der Milliliter der 0,005 n Thiosulfatlösung zu halbieren, bevor sie vom Volumen der vorgelegten 0,01 n Salzsäure abgezogen wird.

Daneben wird auch die jodometrische Titration unter Verwendung von Natriumhypobromit gemäß der Gleichung:

$$2\,NH_3 + 3\,NaOBr = 3\,NaBr + N_2 + 3\,H_2O$$

für die KJELDAHL-Bestimmung, insbesondere von WILLARD und CAKE, empfohlen. Sie läßt sich auch für Mikro-KJELDAHL-Bestimmungen anwenden (s. auch FUJITA und KASAHARA; LEWI; POHORECKA-LELESZ; RAPPAPORT; TEORELL).

Sehr viel wird auch bei kleinen Stickstoffmengen die colorimetrische Ammoniakbestimmung mit NESZLERschem Reagens zur Bestimmung kleiner Mengen Ammoniak im Destillat angewendet.

SCHULEK und VASTAGH haben die Fehlerquellen beim Abdestillieren des Ammoniaks aus alkalisierten KJELDAHL-Aufschlußlösungen eingehend studiert. Als gewichtigste Fehler geben sie folgende an:

d) den überflüssig großen *Überschuß an Lauge* beim Alkalisieren, wodurch der Fehler durch Übergehen von Flüssigkeitsnebeln ins Destillat vergrößert wird;

e) *die Verwendung von Kautschukstopfen,* welche immer geringe Mengen alkalischer, stickstoffhaltiger, organischer Verbindungen an das Destillat abgeben;

f) *den Ammoniakgehalt der Reagenzien,* insbesondere der Schwefelsäure;

g) *den durch Kohlensäure bedingten Titrationsfehler* bei der Mikrobestimmung.

Als Abhilfe wird unter anderem die Verwendung von Schliffkolben bei der Destillationsapparatur empfohlen, wobei der Aufsatz an den Kühler angeschmolzen wird.

III. Allgemein anwendbare Arbeitsvorschriften (Makroverfahren). a) *Verbandsmethode.* In der Praxis der Untersuchung organischer Düngemittel hat sich folgende Verbandsmethode der Deutschen Landwirtschaftlichen Untersuchungsanstalten (SCHMITT) bewährt.

Für Serienanalysen sind *Apparaturen* im Handel, welche insbesondere das gemeinsame Absaugen der sauren Dämpfe während des gleichzeitigen Aufschlusses zahlreicher Proben ermöglichen. Über Apparaturen zum Abdestillieren des Ammoniaks aus einer größeren Zahl von alkalisierten KJELDAHL-Aufschlüssen sowie über die rasch aufeinanderfolgende Destillation mehrerer Proben mit Hilfe der viel verwendeten Apparatur von PARNAS-WAGNER s. Bd. Ia, S. 285.

Die Verwendung des Aufschlußkolbens zur nachfolgenden alkalischen Destillation erspart zwar das Umfüllen, geht aber auf Kosten der Lebensdauer des Gerätes, da das Glas durch die wechselseitig saure und alkalische Behandlung stark angegriffen wird.

Arbeitsvorschrift. 1 bis 2 g Substanz werden in einem 750 ml-KJELDAHL-Kolben mit etwa 1 g Quecksilber oder Kupferspänen versetzt, mit 20 bis 30 ml konz. Schwefelsäure (*D* 1,84) übergossen und zunächst mit kleiner, nach Aufhören des Schäumens mit größerer Flamme zum Sieden erhitzt. Nachdem der Aufschluß klar und (bis auf die Hellgrünfärbung bei Kupferzusatz) farblos geworden ist, empfiehlt es sich, zur Vorsicht noch etwa 30 min zu erhitzen.

Nach dem Erkalten des Kolbeninhaltes versetzt man mit 250 ml Wasser, kühlt, führt vollständig in die Destillationsapparatur über, setzt zur Vermeidung des Stoßens geraspeltes Zink oder stickstoffreien Graphit zu und macht mit 90 bis 120 ml Natronlauge (*D* 1,30) alkalisch, welcher bei Verwendung von Quecksilber noch 25 ml einer 40 g K_2S im Liter enthaltenden Kaliumsulfidlösung zugesetzt werden. Man schließt sofort an die Destillationsapparatur an und destilliert das gebildete Ammoniak vollständig in die Vorlage, die man mit der für einen geringen Überschuß nötigen und genau gemessenen Menge gestellter Schwefelsäure beschickt hat.

Das Kühlerende soll zumindest im Anfang der Destillation in die vorgelegte Säure eintauchen. Der unverbrauchte Anteil Säure wird hierauf in der Vorlage wie üblich mit entsprechend eingestellter Lauge titriert. Als Indicatoren werden Methylorange (0,2 g in 1 l Wasser), Methylrot (0,1 g Farbstoff in 100 ml 50%igem Alkohol) oder Kongorot (3 g auf 1 l Wasser, davon 0,5 ml je 100 ml Titrierflüssigkeit) empfohlen.

Sofern die Reagenzien nicht frei von Stickstoffverbindungen sind, ist eine Blindwertbestimmung auszuführen und bei der Berechnung zu berücksichtigen.

Die Modifikation nach GUNNING wird nach der gleichen Quelle so durchgeführt, daß zunächst unter Zusatz von 1 g Quecksilber bis zum Aufhören des Schäumens gelinde erhitzt, hierauf mit etwa 20 g Kaliumsulfat versetzt und zum kräftigen Sieden gekocht wird. Nach der Entfärbung kocht man noch weitere 15 Minuten und verfährt im weiteren nach obigen Angaben. Zur Verhinderung des namentlich zu Beginn der Zersetzung mit Schwefelsäure häufig ziemlich störenden Schäumens empfiehlt sich ein Zusatz einiger Tropfen der Antischaum-Emulsion SE (Silicone der WACKER-Gesellschaft).

b) *Schnellmethode nach* PERRIN. Eine möglichst beschleunigte Arbeitsweise für 0,5 bis 1 g Einwaage ohne Selen und ohne Nachhilfe mit Oxydationsmitteln beschreibt PERRIN. Wesentlich ist hierbei starke, gleichmäßige Wärmezufuhr, welche dann gewährleistet ist, wenn 250 ml Wasser in einem 500 ml-KJELDAHL-Kolben in 4 bis 5 min zum wallenden Sieden kommen. Die Methode gibt bei der Analyse von an sich schwer aufschließbarer Nicotinsäure und Tryptophan gute Resultate; bei verschiedenen technischen Eiweißproben und landwirtschaftlichen Produkten stimmen die Resultate mit den nach den üblichen Arbeitsweisen mit mehrere Stunden dauernder Erhitzung genau überein.

Arbeitsvorschrift. 0,5 bis 1 g Probe (bei stark fetthaltigen oder stark schäumenden Substanzen nicht mehr als 0,5 g) werden im 500 ml-KJELDAHL-Kolben mit 6 glatten Quarz-Siedesteinchen, 1,3 bis 1,5 g Quecksilber(II)-oxyd und (12 ± 0,5) g

Kaliumsulfat gemischt. Man setzt (15 ± 0,5) ml konz. Schwefelsäure zu und mischt. Dann erwärmt man die Mischung bis zu 5 min bis zum Aufhören des Schäumens gelinde und kocht sodann 8 bis 12 min bei voller Hitze (s. oben). Überhitzen der trockenen Partien des Kolbens ist zu vermeiden. Charakteristisch für den vollständigen Aufschluß ist das Auftreten größerer Dampfblasen während der letzten 3 bis 5 Minuten an Stelle der zahlreichen kleinen Bläschen im Anfang der Zersetzung. Man kühlt ab, setzt 200 ml Wasser, 25 g Natriumhydroxyd in Plätzchen, 5 g Natriumthiosulfat-5-hydrat und 0,5 g Zinkspäne zu und destilliert in eine Vorlage aus 75 ml 4%iger Borsäurelösung. Man titriert unter Verwendung des Bromkresolgrün-Methylrot-Mischindicators (aus 5 Teilen 0,2%iger alkohol. Bromkresolgrünlösung mit 1 Teil 0,2%iger *alkohol. Methylrotlösung*).

c) *Zusätzliche Maßnahmen zur Anwendung auf nicht unmittelbar geeignete stickstoffhaltige Substanzen.* In folgenden Körperklassen organischer Stickstoffverbindungen ist die normale KJELDAHL-Methode nicht ohne weiteres anwendbar: Verbindungen mit N-O-Bindung, viele Cyanverbindungen, gewisse heterocyclische Verbindungen, Hydrazin- und Azoverbindungen.

Um nun auch solche Stoffe nach KJELDAHL bestimmen zu können, wurden verschiedene Zusätze vorgeschlagen.

ECKERT wendet bei aromatischen Nitro- und Nitrosoverbindungen auf 0,2 bis 0,5 g Substanz 0,4 g Schwefel an, mischt zunächst trocken, erwärmt mit 15 bis 20 ml 30%igem Oleum 1 Std. auf dem siedenden Wasserbad und schließt dann wie üblich auf. Das Verfahren gilt nicht für aliphatische Nitroverbindungen. ELEK und SOBOTKA setzten zu 0,1 g Nitroverbindung 1 g Glucose zu und erhielten dann gute Resultate.

Für Nitroverbindungen aller Art sind auch die bei Nitraten (S. 182) beschriebenen Modifikationen von JODLBAUER, FÖRSTER und anderen anwendbar.

McCUTCHAN und ROTH empfehlen als Zusatz für Nitroverbindungen Thiosalicylsäure.

Eine insbesondere für die Mikroausführung bestimmte und allgemein anwendbare, wenn auch etwas zeitraubende Vorbehandlung mit konz. Jodwasserstoffsäure hat FRIEDRICH beschrieben. Er konnte damit bei Nitro- und Nitrosoverbindungen, Hydrazo- und Azokörpern aller Art, Oximen usw. richtige Werte erhalten.

Arbeitsvorschrift (Mikromethode). Die Substanz wird in das Mikro-KJELDAHL-Kölbchen eingewogen, mit einigen kleinen Körnchen roten Phosphors als Siedemittel sowie 1 ml Jodwasserstoffsäure (*D* 1,7) versetzt und vorsichtig zum ruhigen Kochen erhitzt. Man kocht $^1/_2$ Std., spritzt dann den Hals des Kölbchens mit Wasser ab, bis dieses etwa halb voll ist, setzt 2 ml konz. reine Schwefelsäure zu und bringt den Inhalt des Kölbchens zum lebhaften Sieden, wobei Wasser, Jodwasserstoffsäure und Jod vertrieben werden. Man setzt 0,5 bis 1 g Kaliumsulfat, etwa 0,1 g Quecksilberacetat zu und zersetzt in der üblichen Weise bis zum Klarwerden, bzw. 30 bis 60 min länger. Die weitere Behandlung erfolgt wie üblich durch Destillieren mit 30%iger Lauge mit 7% Natriumthiosulfat, Titration mit 0,02 n Säure in Gegenwart von Methylrot. Die Abweichungen innerhalb von Parallelbestimmungen betragen etwa ±0,5%, die von der Theorie bis zu ±1% (Relativ-%).

Bei besonders schwer aufschließbaren Verbindungen wie Antipyrin muß die Behandlung mit Jodwasserstoffsäure im Mikrobombenrohr bei 300° durchgeführt werden.

MARZADO findet, daß in gewissen heterocyclischen Verbindungen nur Seitenkettenstickstoff nach der Arbeitsweise von FRIEDRICH (drucklos) erfaßt wird und gründet darauf ein Verfahren zur getrennten Bestimmung von Kern- und Seitenkettenstickstoff.

2. Bestimmung des Stickstoffs nach KJELDAHL mit kleinen Substanzmengen.

Allgemeines. Aus der Notwendigkeit, Stickstoffbestimmungen nach KJELDAHL auch mit geringen Substanzmengen auszuführen, sind schon vor etwa 40 Jahren modifizierte Verfahren ausgearbeitet worden, welche eine Analyse schon mit einigen Milligrammen Einwaage auszuführen gestatten. Der erste diesbezügliche Vorschlag stammt von PILCH (1911); nur wenig später hat PREGL (1912) im Rahmen seiner grundlegenden mikroanalytischen Studien die Ausführung der KJELDAHL-Bestimmung im Mikromaßstab veröffentlicht (siehe auch FOLIN und FARMER; DONAU; BANG und LARSSON; KOCHMANN). Später wurde die Methodik von PREGL auch nach der Richtung etwas größerer Einwaagen (Centigrammverfahren) erweitert. Diese Arbeitsweise ist insbesondere durch die Verwendung der etwas leichter zu bedienenden Halbmikrowaagen dann vorteilhaft, wenn etwas größere Substanzmengen zur Verfügung stehen, hat aber gegenüber dem Makroverfahren immer noch den Vorteil der Zeitersparnis infolge geringerer Aufschlußzeiten voraus.

Umgekehrt haben insbesondere biologische Fragestellungen die Analyse noch wesentlich geringerer Einwaagen (wenige Mikrogramme und darunter) notwendig gemacht. Die diesbezüglichen Arbeitsweisen werden als Ultramikro- oder Mikrogrammverfahren beschrieben.

I. Halbmikroausführung (Centigrammverfahren). Das Verfahren unterscheidet sich von dem weiter unten beschriebenen Mikroverfahren nur durch die etwas größeren Mengenverhältnisse und Ausmaße der Apparatur.

Arbeitsvorschrift. 20 bis 30 mg Substanz werden in einem 100 ml-KJELDAHL-Kölbchen mit 2 bis 3 ml konz. Schwefelsäure, etwa 1 g Kaliumsulfat und 2 bis 3 mg Selen versetzt und 15 bis 20 min aufgeschlossen. Wenn die Lösung nicht ganz farblos ist, setzt man nach dem Abkühlen einige Tropfen Perhydrol zu und erhitzt weiter. Die Behandlung mit Perhydrol wird notfalls 2- bis 3 mal wiederholt. Nach dem Erkalten verdünnt man mit 5 ml Wasser, überführt in einen geeigneten kleinen Destillationsapparat, gegebenenfalls nach PARNAS-WAGNER, macht mit 20 ml 33 %iger Natronlauge alkalisch und destilliert etwa 10 ml ab. Als Vorlage dient genau gemessene 0,05 n Säurelösung in etwa 20 %igem Überschuß, die mit möglichst wenig Methylrot eben angefärbt ist. Vor der Titration wird kurz aufgekocht und kalt mit 0,05 n Lauge bis zur 2 min bestehenden kanariengelben Färbung titriert.

Die *Official Methods of Analysis* (Washington 1950) sehen folgende *Halbmikroausführung* vor:

10 bis 30 mg Substanz, gegebenenfalls auf einem kleinen Stückchen Zigarettenpapier eingewogen, werden im KJELDAHL-Kölbchen von 30 ml Inhalt mit 1,3 g Kaliumsulfat, 40 mg Quecksilber(II)-oxyd und 2 ml konz. Schwefelsäure versetzt. Man gibt einige winzige Siedesteinchen zu und kocht 1 bis 4 Std. kräftig bei reichlichem Rückfluß am unteren Teil des Kolbenhalses. Hierauf überführt man unter Zusatz von 5 ml Wasser vollständig in eine Destillationsapparatur, macht mit 8 ml Lauge (50 g Ätznatron und 5 g Natriumthiosulfat-5-hydrat auf 100 ml mit Wasser) alkalisch und destilliert in eine Vorlage von 5 ml 4 %iger Borsäure. Man titriert mit 0,02 n Salzsäure; als Indicator wird Methylrot-Methylenblau (2 Vol. 0,2 %ige alkoholische Methylrotlösung + 1 Vol. 0,2 %ige alkoholische Methylenblaulösung) oder Methylrot-Bromkresolgrün (5 Vol. 0,2 %ige alkoholische Bromkresollösung + 1 Vol. 0,2 %ige Methylrotlösung) verwendet. In die Berechnung geht eine mit gleichen Reagensmengen durchgeführte Blindwertsbestimmung ein.

II. Mikroausführung (Milligrammverfahren). a) *Arbeitsweise nach* PREGL. Zum Aufschluß werden KJELDAHL-Kölbchen von 30 bis 50 ml Inhalt aus Jenaer Glas verwendet. Ein zweckmäßiges Gestell zur Absaugung der entwickelten Dämpfe zeigt Abb. 14 in der Apparatur nach PREGL-ROTH.

Arbeitsvorschrift. Die Arbeitsweise nach dem Milligrammverfahren entspricht durchaus dem Centigrammverfahren; nur wird etwa die halbe Menge Reagenzien zugesetzt (1 bis 2 ml Schwefelsäure, etwa 0,5 g Kaliumsulfat, einige Milligramme Selen). Man legt z. B. genau 8 ml 0,01 n Säure vor und titriert mit 0,01 n Lauge.

b) *Auswertung durch amperometrische Titration.* An Stelle der jodometrischen Titration unter Anwendung von überschüssigem Natriumhypobromit wenden KOLTHOFF, STRICKS und MORREN die amperometrische Titration an der rotierenden Platindrahtelektrode an. Der Aufschluß kann auch unter späterer Zugabe von trockenem Persulfat erfolgen, wenn nachher dessen Überschuß durch 5 min langes Kochen zerstört worden ist. Man setzt zum Aufschluß 5 ml Wasser zu, verkocht vorhandenes Schwefeldioxyd, neutralisiert in einem 25 ml-Meßkolben sorgfältig mit Natriumhydroxyd gegen Bromkresolgrün, füllt auf und titriert mit $3 \cdot 10^{-2}$ molarer Hypobromitlösung an der rotierenden Platinelektrode. Der Strom nimmt zunächst zu, solange noch kein Überschuß an Hypobromit vorliegt, nimmt dann im letzten Stadium der Titration vor dem Endpunkt ab, um beim Erreichen des Endpunktes regelmäßig anzusteigen.

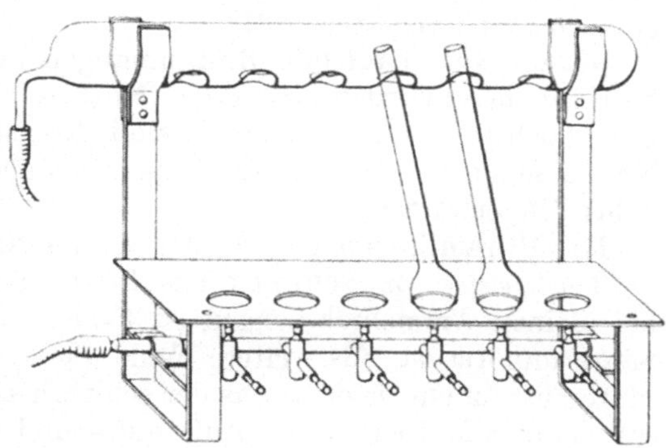

Abb. 14. Aufschlußverfahren nach PREGL-ROTH.

Genauigkeit. Die Abweichungen betragen etwa 0,3 bis 1,4% (relativ).

Das Verfahren ist auch zur laufenden Stickstoffbestimmung im Blutserum geeignet.

c) *Auswertung durch Colorimetrieren nach* NESZLER. Ein Schnellaufschluß unter Verwendung von Wasserstoffperoxyd im Verein mit der colorimetrischen Ammoniakbestimmung in der Aufschlußlösung ist von KOCH und MCMEEKIN im Mikromaßstab zu einem „Minutenverfahren" entwickelt worden, das nicht nur für klinische Untersuchungen, sondern nach G. L. MILLER und E. E. MILLER für die verschiedensten biologischen Materialien und Reinsubstanzen aus der Klasse der Aminosäuren, Pyrimidine, Purine, Nucleinsäuren und Proteine usw. brauchbar ist.

Zur Herstellung des NESZLER-*Reagenses nach* KOCH und MEEKIN: 22,5 g Jod werden in einer Lösung von 30 g Kaliumjodid in 20 ml Wasser gelöst, mit 30 g reinem metallischem Quecksilber versetzt und unter Kühlen gut geschüttelt. Wenn die überstehende Flüssigkeit ihre Jodfarbe verloren hat, prüft man einen Tropfen der Lösung mit Stärke auf das Vorliegen von freiem Jod; wenn die Jodreaktion ausgeblieben ist, setzt man zur Gesamtmenge der vom festen Rückstand dekantierten Flüssigkeit tropfenweise so viel Jodlösung der Konzentration der ursprünglichen Lösung, bis ein ganz schwacher Jodüberschuß nachweisbar ist. Man verdünnt auf 200 ml und fügt die Gesamtmenge zu 925 ml einer genau 10%igen Natriumhydroxydlösung. Diese Lösung hat den Vorzug, frei von störenden Quecksilber(I)-Verbindungen zu sein.

***Arbeitsvorschrift nach* G. L. MILLER *und* E. E. MILLER:** Eine 0,1 bis 0,3 mg Stickstoff entsprechende Probemenge, gegebenenfalls in 1 bis 2 ml Wasser gelöst, wird mit 0,4 ml Schwefelsäure (1 + 1) versetzt, das Wasser verdampft (bei starkem Schäumen setzt man 1 Tropfen Caprylalkohol zu), bis Schwefelsäurenebel erscheinen und die Lösung mindestens 5 min gelinde gekocht. Hierauf läßt man 30 sec erkalten, kocht mit 2 Tropfen 30%iger stickstofffreier Wasserstoffperoxydlösung 2 min und wiederholt die Behandlung mit Wasserstoffperoxyd je nach der Zersetzlichkeit der Substanz einmal (Kurzverfahren) bis 4 mal (Dauerverfahren; biologische

Flüssigkeiten, wie Blut und Urin, gelten als leicht, die oben genannten Reinsubstanzen als schwerer zersetzlich). Man läßt erkalten, fügt 20 ml Wasser zu, mischt, setzt 5 ml NESZLER-Reagens zu, mischt neuerlich und colorimetriert mit Hilfe des photoelektrischen Colorimeters nach KLETT-SUMMERSON unter Verwendung des Filters Nr. 54.

Berechnung der Ergebnisse. Die Ergebnisse werden an Hand einer Eichkurve ausgewertet, welche man mit reinstem Ammoniumsulfat herstellt, wobei dieselbe Handhabe wie bei der Analyse eingehalten wird. Der Teilstrich 200 des Colorimeters entspricht 0,2 mg Stickstoff.

Genauigkeit: Laufende Bestimmungen biologischer Flüssigkeiten und Doppelbestimmungen werden nach dem „Kurzverfahren" durchgeführt, wobei Fehler von 2 bis höchstens 4% zu erwarten sind. Reinsubstanzen werden dreifach analysiert. Nur besonders schwer zersetzliche Substanzen lassen Minuswerte von mehr als 3 bis 5% erwarten.

III. Ultramikroausführung der KJELDAHL-Bestimmung in Mengen unter 1 mg.

a) *Arbeitsweise von* SCHULEK *und* FÓTI. Die Autoren weisen zunächst nach, daß bei kleinen Ammoniakmengen ($<300\,\mu g$ in 4 bis 5 ml Wasser) die Vorlage von Säure unnötig ist. Als weitere Fehlerquelle schließen sie die vorhandene Kohlensäure aus, indem sie diese aus der schwach sauren Aufschlußlösung auskochen und erst dann alkalisieren. Als Aufschluß- und Destillationsgerät geben sie eine von der üblichen Mikroausführung nicht grundsätzlich abweichende Schliffapparatur an.

Arbeitsvorschrift. Eine Einwaage, die 50 bis 100 μg N entspricht bzw. 1 ml einer mit 50%iger oder konz. Schwefelsäure hergestellten Stammlösung, z. B. von Eiweißverbindungen, wird im Aufschlußkolben mit 0,5 bis 1 ml konz. Schwefelsäure nach Zusatz von 20 bis 30 mg Se bzw. selenhaltiger KJELDAHL-Mischung „MERCK" versetzt, bis zum Auftreten von Schwefelsäuredämpfen abgekocht und hierauf unter Einsatz einer Glasperle bis zur Klärung und Farblosigkeit ruhig gekocht (bei Eiweißverbindungen 20 min, bei anderen Substanzen bis zu 4 Std.). Hierauf läßt man abkühlen, verdünnt mit 15 ml ammoniakfreiem Wasser, setzt 1 Tropfen 0,02%ige Methylrotlösung zu, macht mit 50%iger Natronlauge eben alkalisch und säuert mit n Schwefelsäure auf 1 Tropfen Überschuß wieder an. Dann ergänzt man auf 20 oder 35 ml und setzt eine Spur Bimssteinpulver zu. Man destilliert in kleine Fläschchen, die 1 Tropfen Indicatorlösung enthalten, zunächst 3 bis 4 ml Wasser nebst Kohlendioxyd ab. Die nächsten 2 Milliliter Destillat dürfen den Indicator nicht mehr umfärben. Hierauf bereitet man im Tropftrichter eine Mischung von 3 Tropfen in Natronlauge und 3 ml ausgekochtem Wasser und läßt so viel in die Aufschlußlösung einfließen, bis die Lösung gelb ist. Man destilliert 3 bis 4 ml in die Vorlage, welche wieder 1 Tropfen Indicator enthält, wechselt hierauf die Vorlage und dampft neuerlich 3 bis 4 ml ab, welche den Indicator nicht entfärben dürfen und bei der anschließenden Titration, welche mit 0,002 bzw. 0,004 n Schwefelsäure aus einer Mikrobürette durchgeführt wird, als Vergleichslösung dienen.

Genauigkeit. Bei Einwaagen der 5 bis 10 μg N entsprechenden Menge Ammoniumchlorid wurden Fehler von etwa $\pm 2\%$ (relativ), bei Einwaagen von Eiweißverbindungen in einer Menge, die etwa 50 μg N entsprach, Fehler von etwa 0,5 bis 1% festgestellt. Bei nicht allzu großen Ansprüchen an die Genauigkeit dürften die Einwaagen, z. B. bei Eiweißverbindungen, daher noch wesentlich erniedrigt werden können.

b) *Arbeitsweise von* TOMPKINS *und* KIRK. Es sind insbesondere für biologische Probleme verschiedene Methoden bekanntgeworden, welche durch weitere Verfeinerung der Einrichtungen und Arbeitsweisen die Empfindlichkeit des KJELDAHL-Verfahrens noch wesentlich erhöhen.

Die *Apparatur* besteht aus einem zwiebelförmigen, mit Glas- oder Gummistopfen verschließbaren Gefäß, in dessen unterem Teil der Aufschluß mit 0,1 ml einer

50 volum-% igen Schwefelsäure und einer Spur Kupferselenit durchgeführt wird. Man alkalisiert durch Unterschichten mit Lauge und hängt ein Glaslöffelchen ein, welches 50 μl Normalsäure enthält. Die Ammoniakaufnahme erfolgt im verschlossenen Gefäß durch Diffusion, die Titration mit einer Capillarbürette (Ablesegenauigkeit 0,02 μl). Es wird eine Genauigkeit von 1% bei einer unteren Grenze von 0,5 μg N angegeben.

c) Arbeitsweise von HAWES *und* SKAVINSKY. HAWES und SKAVINSKY verarbeiten Proben von 10 bis 100 μg N bei hoher Genauigkeit. Als Aufschlußgefäß wird ein kleines Reagensglas 125 × 15 mm aus *Pyrex*glas verwendet. Zur Ammoniakaufnahme, welche ebenfalls nach dem Diffusionsprinzip erfolgt, dient eine Spirale aus dünnem Platindraht, welche an dem das Röhrchen abschließenden, gereinigten Gummistopfen befestigt ist. Es wird mit einem Tropfen einer molaren Natriumdihydrogenphosphatlösung beschickt. Diese Lösung ist zur Aufnahme des Ammoniaks vorteilhafter als die übliche Borsäurelösung und erlaubt eine schärfere Titration, welche entweder elektrometrisch oder acidimetrisch (0,05 n bzw. 0,005 n Säure) mit einer Mischung von Bromkresolgrün und Methylrot titriert wird. Die verwendeten relativ einfachen Capillar-Mikrobüretten bzw. eine Vorrichtung zur elektrometrischen Mikrotitration sind im Original beschrieben.

Arbeitsvorschrift. Zur Durchführung des Aufschlusses wird die 10 bis 100 μg N entsprechende Probemenge in dem Probierröhrchen mit 0,2 ml Aufschlußsäure versetzt (eine 18 n Schwefelsäure, die je 100 ml 0,1 g SeO_2 und 0,1 g $CuSO_4$ enthält), auf einem Sandbad zum gelinden Sieden unter Rückfluß im unteren Teil des Röhrchens erhitzt und 4 Std. lang aufgeschlossen. Entfärbung mit Perhydrol ist möglich. Man unterschichtet mit 0,3 ml 50% iger Natronlauge, beschickt inzwischen die Drahtspirale mit der Phosphatlösung, verschließt das Röhrchen und alkalisiert die Mischung durch gelindes Schütteln. Durch Stehen über Nacht in schiefer Lage wird die Diffusion des Ammoniaks in den Phosphattropfen vollständig. Derselbe wird hierauf durch Eintauchen in 1 ml Wasser überführt und dort entweder elektrometrisch oder mit dem oben genannten Indicator titriert (Einzelheiten im Original). Die *Genauigkeit* ist noch bei Mengen von nur 11 μg N sehr befriedigend.

Auf ähnliche Weise arbeiten DOYLE und OMOTO.

d) Verfahren von BRÜEL und HOLTER *für Probemengen unter 0,1* μg. Eine Spitzenleistung an Subtilität hinsichtlich Apparatur und Arbeitsweise stellen zweifellos die im CARLSBERG-Laboratorium ausgearbeiteten Ultramikroverfeinerungen dar, über welche BRÜEL, HOLTER, LINDERSTRÖM-LANG und ROZITS bzw. HOLTER berichten (s. auch KUCK und Mitarbeiter). Hiernach können Probemengen von 0,1 μg analysiert und Mengen von 0,005 μg N noch erfaßt werden. (Einzelheiten im Original).

Ein weiteres apparatives Hilfsmittel zur Steigerung der Empfindlichkeit des KJELDAHL-Verfahrens ist die colorimetrische Ammoniakbestimmung im Destillat oder unmittelbar im Aufschluß (s. Bd. Ia) über Capillarabsorptionszellen, welche die spektralphotometrische Messung von nur 160 μl Lösung erlauben (KIRK, ROSENFELS und HANAHAN sowie KIRK) und mit dem noch 0,001 μg Stickstoff auf etwa 5% genau bestimmt werden können.

3. Aufschlußmethode im Einschmelzrohr.

a) Arbeitsweise von WHITE und LONG. Nach WHITE und LONG kann auch bei schwer zersetzlichen, heterocyclischen Stickstoffverbindungen eine wesentliche Verkürzung der Aufschlußzeit auf 15 min erzielt werden, wenn man den Aufschluß im Einschmelzrohr bei 470° durchführt, bei welcher Temperatur unter den Bedingungen der Bestimmung noch keine merkliche Zersetzung des Ammonium-Ions eintritt. Das Verfahren ist im Mikromaßstab ausgearbeitet.

Die verwendeten Mikro-CARIUS-Rohre aus Borsilicatglas sind etwa 17,5 cm lang, zeigen einen äußeren Durchmesser von 13 mm und eine Wandstärke von 2,4 mm.

Arbeitsvorschrift. 5 bis 10 mg der Probe werden im oben beschriebenen Aufschlußrohr mit 40 mg Quecksilber(II)-oxyd und 1,5 ml konz. Schwefelsäure versetzt, am Sauerstoffgebläse verschmolzen und im Bombenofen so lange erhitzt, daß sie 15 min bei 470° ohne Temperaturüberschreitung gehalten werden. Man läßt erkalten, öffnet wie bei CARIUS-Bestimmungen üblich und spült den Inhalt des Röhrchens mit 10 ml Wasser in ein kleines Becherglas. Dann legt man, wegen des sonst störenden Gehaltes an Schwefeldioxyd und Kohlendioxyd, in umgekehrter Reihenfolge in dem Ammoniakdestillationskolben 8 ml Natriumhydroxydlösung (40 g NaOH + 5 g $Na_2S_2O_3 \cdot 5\,H_2O$ in 100 ml) vor, trägt die saure Aufschlußlösung durch den Tropftrichter ein und destilliert in vorgelegte Borsäurelösung.

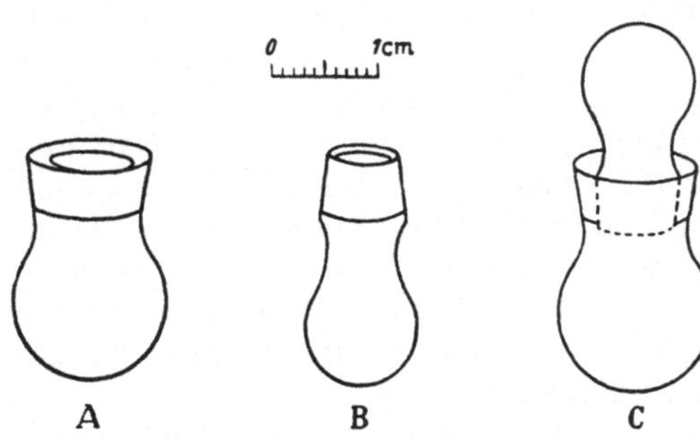

Abb. 15. Diffusionsapparatur nach GRUNBAUM, SCHAFFER und KIRK

In Abwesenheit des Quecksilberoxyds sind bei den untersuchten schwer aufschließbaren Stoffen mindestens 30 min zum Erhitzen nötig. Die erhaltenen Werte stimmen innerhalb weniger Promille (relativ) mit den theoretischen überein.

b) Mikrogrammausführung nach GRUNBAUM, SCHAFFER und KIRK.

GRUNBAUM, SCHAFFER und KIRK konnten das Verfahren von WHITE und LONG mit Erfolg im Mikrogramm-Maßstab verwenden.

Apparatur. Die Aufschlußröhrchen sind von 7 mm äußerem Durchmesser und 45 mm Länge. Die Mikrobüretten und -pipetten sowie die beiden Teile der Diffusionsapparatur (Abb. 15) werden innen durch Behandeln mit Desicote (einem Siliconpräparat) unbenetzbar gemacht. Ferner wird ein magnetisches Rührgerät mit einem 5 mm-Stäbchen verwendet. Zur Titration dient eine Capillarbürette (Abb. 16).

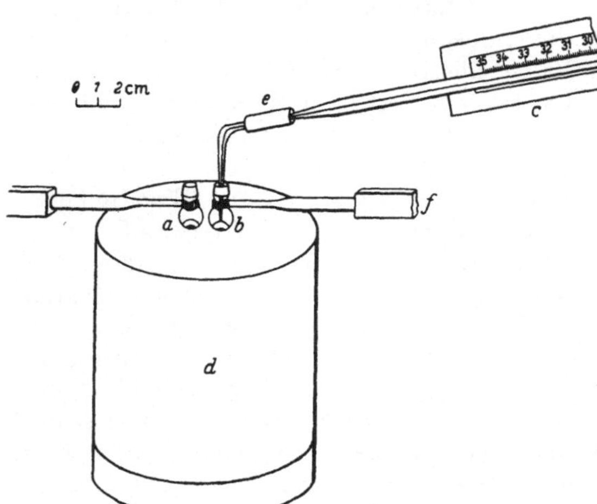

Abb. 16. Titration mit Capillarbürette.

Reagenzien. 2 %ige Borsäurelösung wird bis zu einer Konzentration von 0,0025 % Bromkresolgrün und 0,0005 % Methylrot angefärbt.

Arbeitsvorschrift. Die 1 bis 15 μg Stickstoff enthaltende Probe wird im Aufschlußröhrchen (45 mm lang, 7 mm äußerer Durchmesser) mit 10 μl konz. Schwefelsäure zunächst ohne Benetzung überschichtet, das offene Rohrende durch Erhitzen auf Weißglut und Zuquetschen verschlossen, Säure und Probe durch rasche Stoßbewegung des Röhrchens benetzt. In einem geeigneten Messingblock erhitzt man sie 30 min auf 450 bis 470°, bringt die Mischung durch Zentrifugieren in noch heißem Zustand auf den Boden des Röhrchens und öffnet das Röhrchen mit der Glasfeile. Beide Bruchstücke werden zwecks Austreibung des Kohlendioxyds und des Schwefeldioxyds einige Minuten im Trockenschrank bei 90° belassen und hierauf mit einer Mikropipette innen auf den Boden des Diffusionskölbchens gebracht und beide Rohrteile mit insgesamt 50 μl Wasser nachgespült. Der Innenteil des Kölbchens *B* wird nahe beim Schliff im Hals mit 50 μl 2 %iger Borsäurelösung beschickt und die saure Aufschlußlösung im unteren Kölbchen aus einer 1 ml-Injektionsspritze mit dem 2- bis 2,5fachen Alkaliüberschuß versetzt. Man setzt sofort das obere Kölbchen auf, sammelt alle sauren Tröpfchen im unteren Kölbchen durch Drehen und alkalisiert sie. Unter ständigem Rühren wird die Diffusion in 90 min vollzogen. Man sammelt die Boratlösung durch kurzes Zentrifugieren und titriert unter magnetischer Rührung gemäß Abb. 16 mit 0,01 oder 0,02 n Salzsäure gegen die ammoniakfreie Vergleichslösung.

Genauigkeit: Minusfehler von unter —1%, bei schwer aufschließbaren Stoffen Minusfehler von 1 bis 2% (relativ).

Ein weiterer Vorteil des Verfahrens im Einschlußrohr besteht in der Möglichkeit einer gleichzeitigen Phosphorbestimmung im aufgeschlossenen Material.

Über verschiedene Faktoren des Aufschlusses im Einschlußrohr (Temperatur, Säurekonzentration, Aufschlußzeit) beim Milligramm- und Mikrogrammverfahren berichten GRUNBAUM, KIRK, GREEN und KOCH. Verluste durch Zersetzung des gebildeten Ammoniumsulfates werden am besten dadurch vermieden, daß man der zum Aufschluß dienenden konz. Schwefelsäure eine kleine Menge Wasser (bis zum gleichen Volumen der konz. Schwefelsäure) zusetzt. Von der Verwendung von Katalysatoren wird abgeraten.

4. Kombination der Methode von KJELDAHL und DUMAS nach ZINNEKE.

Wegen der Schwierigkeit, Stickstoffbestimmungen nach KJELDAHL bei Nitro-, Hydrazo- und Azoverbindungen durchzuführen, da diese Substanzen neben Ammoniak größere Mengen elementaren Stickstoffs entbinden, hat ZINNEKE eine Methode und Apparatur entwickelt, bei welcher der KJELDAHL-Aufschluß in Kohlendioxydatmosphäre durchgeführt wird und die entstandenen Abgase, die den elementaren Stickstoff enthalten, nach Auswaschung des Schwefeldioxyds und vollständiger Verbrennung über Kupferoxyd im Azotometer über Kalilauge gemessen werden. Auf diese Weise ist auch eine genaue Stickstoffbestimmung in den obenerwähnten Körperklassen möglich. Das Verfahren bewährt sich zunächst im Halbmikro- (Centigramm-) Maßstab, ist aber auch als Mikromethode brauchbar.

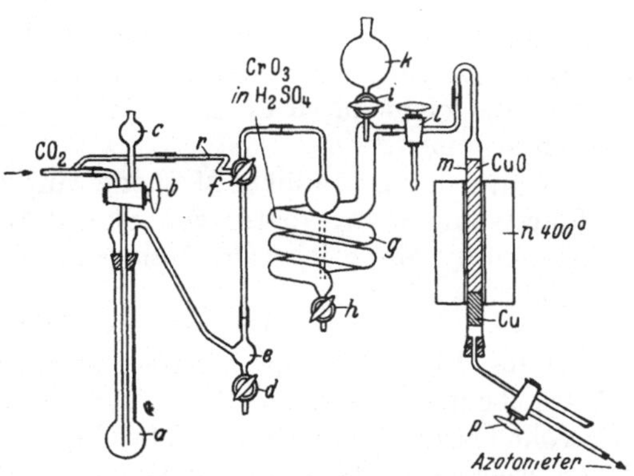

Abb. 17. Stickstoffbestimmung nach ZINNEKE.

Die *Apparatur* (Abb. 17) besteht aus einem KJELDAHL-Kölbchen mit Tropftrichter und Gaszuleitungsrohr, einer kleinen Vorlage für Kondenswasser, einem mit Schwefelchromsäure (200 g Chromsäureanhydrid in 500 ml 25%iger Schwefelsäure) beschickten Spiralwäscher, an dessen Stelle auch ein mit gekörntem Blei(IV)-oxyd gefülltes, gekühltes U-Rohr treten kann, sowie einem auf 400° erhitzten, mit Kupferoxyd und im letzten Drittel mit frisch reduziertem Kupfer gefüllten, kurzen Verbrennungsrohr, woran ein übliches Azotometer angeschlossen ist. Im Falle der Verwendung von Blei(IV)-oxyd besteht auch das erste Drittel der Füllung des Verbrennungsrohres aus metallischem Kupfer. Durch eine Nebenleitung kann der Apparat auch ohne das Zersetzungskölbchen mit Kohlendioxyd gespült bzw. während der Abnahme des Kölbchens unter Kohlendioxyddruck gehalten werden.

Arbeitsvorschrift. Die Einwaage sowie 1 g Zersetzungskatalysator (eine Mischung aus 40 g Selenstaub, 15 g Kupfersulfat, 70 g Quecksilberoxyd und 900 g wasserfreiem Natriumsulfat) werden in das Zersetzungskölbchen gebracht, dieses angeschlossen und unter anfänglicher Offenhaltung des Vorlagenhahnes luftfrei gespült. Hierauf wird die Schwefelsäure eingeführt und die Probe nach Abschaltung der Kohlendioxydquelle wie üblich aufgeschlossen. Ist der Aufschluß beendet, was hier bereits am Aufhören einer Gasentwicklung feststellbar ist, wird der Stickstoff mit dem neuerlich angeschalteten Kohlendioxyd in das Azotometer gespült und schließlich das im Zersetzungskölbchen gebildete Ammonium-Ion wie üblich mit Lauge als Ammoniak in Freiheit gesetzt und titriert. Der Gesamtstickstoff ergibt sich als Summe des elementaren und des Ammoniakstickstoffs. Die Dauer der Analyse ist nicht länger als diejenige nach DUMAS.

Genauigkeit. Die zahlreichen Stickstoffverbindungen, insbesondere solche aus den erstgenannten, nach KJELDAHL nicht ohne weiteres bestimmbaren Körperklassen ergaben infolge Vorliegens eines geringen Blindwertes um etwa 1% höher liegende Stickstoffwerte.

Nach ZINNEKE kann beim KJELDAHL-Aufschluß auch die gesamte vorhandene Stickstoffmenge in elementarer Form in Freiheit gesetzt werden, wenn man zum Aufschluß etwas Platinmohr zufügt. In diesem Falle erübrigt sich das Abdestillieren des Ammoniaks aus der Aufschlußlösung. Auch hierbei wurde befriedigende Übereinstimmung mit der Theorie erzielt.

Eine Methode zur Bestimmung von Stickstoff nach KJELDAHL und des Kohlenstoffs in einer Einwaage, wobei die Abgase des KJELDAHL-Aufschlusses mit Sauerstoff als Trägergas nach ziemlich umständlicher Nachbehandlung durch ein gewogenes Kohlendioxyd-Absorptionsröhrchen geleitet werden, beschreibt GAYLEY.

F. Stickstoffbestimmungen unter Aufschluß mit Magnesium.

Beim Erhitzen stickstoffhaltiger Verbindungen mit metallischem Magnesium auf Rotglut wird der Stickstoff quantitativ als Magnesiumnitrid gebunden und läßt sich daraus leicht durch Lösen in Säure, Alkalisieren und Abdestillieren als Ammoniak bestimmen.

Die an sich umständliche Methode wurde von FEDOSEEV und IVAŠOVA als Makroverfahren und wenig später von SCHÖNIGER als Mikroverfahren insbesondere zur Bestimmung von Stickstoff, Halogen und Schwefel in einer einzigen Einwaage empfohlen.

1. Arbeitsweise von FEDOSEEV und IVAŠOVA.

0,1 bis 0,15 g Einwaage werden in einem 15 cm langen Reagensglas mit einer 1,5 bis 2 cm hohen Schicht von Magnesiumpulver überschichtet; man führt ein Glasrohr bis zur Magnesiumschicht ein; das Glasrohr läuft in einem etwas weiteren Rohr, welches beiderseitig nur wenig länger als der beide Rohre konzentrisch in einer Bohrung tragende Korkstopfen ist. Hierauf wird das ganze Reagensglas mit Magnesiumpulver gefüllt; man leitet 10 bis 15 min Wasserstoff durch, zieht das längere Glasrohr heraus, befestigt an das kürzere Glasrohr einen verschlossenen Gummischlauch, mischt die Substanz mit dem Magnesiumpulver, öffnet den Gummischlauch und erhitzt das Rohr etwa $^1/_2$ Std. im elektrischen Ofen auf 600 bis 650°. Die Geschwindigkeit des Erhitzens kann an dem Gasaustritt aus dem in Wasser getauchten Gummischlauch beobachtet werden. Nach dem Erkalten wird das Reagensglas zerschlagen, der Inhalt in einem Kolben bei Kohlendioxydatmosphäre mit überschüssiger 10%iger Schwefelsäure gelöst, mit überschüssiger Natronlauge alkalisiert, das in Freiheit gesetzte Ammoniak in vorgelegter 0,1 n Säure aufgefangen und titriert. *Dauer* der Analyse: 1,5 Std.

Genauigkeit: 0,2 bis 0,3% (absolut).

2. Arbeitsweise von SCHÖNIGER.

In einem Aufschlußröhrchen aus schwer schmelzbarem Glas von 80 bis 100 mm Länge, 6 mm Innendurchmesser und 1 mm Wandstärke werden 3 bis 5 mg Substanz eingewogen, mit einer 3 bis 4 mm hohen Schicht von Magnesiumpulver überschichtet und gemischt. Die Mischung wird bis zu einer Gesamthöhe von 40 mm mit Magnesiumpulver überschichtet, zur Verdrängung der Luft zweimal mit festem Kohlendioxyd aufgefüllt und das Rohr vor dessen vollständiger Verdampfung zu einer 80 bis 100 mm langen mäßig dünnen Capillare ausgezogen. Nach vollständiger Verdampfung des Kohlendioxyds wird zugeschmolzen. Zur Erhitzung des wieder geöffneten Röhrchens in Kohlendioxydatmosphäre dient die Apparatur nach Abb. 18.

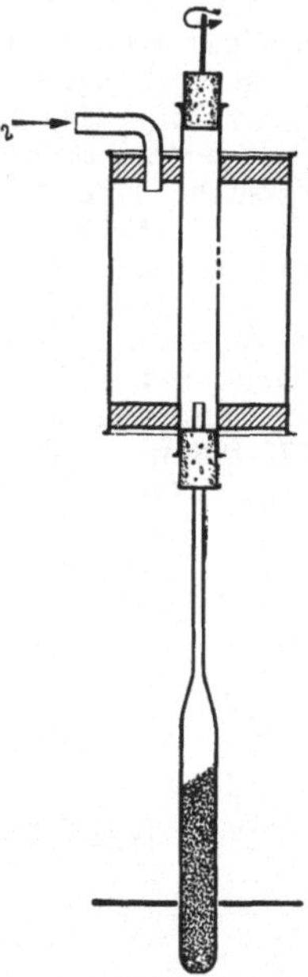

Abb. 18. Stickstoffbestimmung nach SCHÖNIGER.

Das Röhrchen wird unter stetem Drehen von oben nach unten fortschreitend innerhalb 5 min mit einem Bunsenbrenner auf Rotglut erhitzt und die Capillare wieder abgeschmolzen.

Zur Zersetzung bedeckt man das nach dem Anritzen an zwei Stellen angesprengte Röhrchen in einem 100 ml-Erlenmeyerkolben 10 mm hoch mit Wasser, setzt 2 ml Schwefelsäure (1 + 3) zu, zertrümmert das Röhrchen, löst, kocht auf und führt die Lösung vollständig in eine Ammoniakdestillationsapparatur über. Dann alkalisiert man mit 15 ml 30% iger Natronlauge und destilliert in vorgelegte 10 ml 0,01 n Säure, welche wie üblich mit 0,01 n Lauge zurücktitriert wird.

Die *Genauigkeit* ist mit etwa ±0,2 bis 0,4% (absolut) nicht sonderlich hoch.

Über die in der gleichen Einwaage auszuführende Bestimmung von Schwefel und Halogenen s. im Original.

Literatur.

BANG, I.: Methoden zur Mikrobestimmung von Blutbestandteilen. Wiesbaden 1916 — Mikromethoden zur Blutuntersuchung, 2. Aufl. 1920; durch Angew. Ch. **36**, 391 (1923). — BANG, I., u. K. O. LARSSON: Bio. Z. **49**, 19; **51**, 193 (1913). — BEET, A. E.: Nature **175**, 513 (1955). — BRADSTREET, R. B.: Chem. Reviews **27**, 331 (1940). — BRÜEL, D., H. HOLTER, K. LINDERSTRÖM-LANG u. K. ROZITS: C. r. Carlsberg, Ser. Chim. **25**, 289 (1946); durch Fr. **129**, 199 (1949).

DONAU, J.: Arbeitsmethoden der Mikrochemie, S. 60. Stuttgart 1913. — DOYLE, W. L., u. J. H. OMOTO: Anal. Chem. **22**, 603 (1950).

ECKERT, A.: M. **34**, 1957 (1913). — ELEK, A., u. H. SOBOTKA: Am. Soc. **48**, 501 (1926); durch Fr. **79**, 65 (1930).

FEDOSEEV, P. N., u. N. P. IVAŠOVA: Z. anal. Chim. (russ.) **7**, 112 (1952); durch Fr. **138**, 284 (1953). — FOLIN, O., u. P. J. FARMER: J. biol. Chem. **11**, 493 (1912). — FRIEDRICH, A.: H. **216**, 68 (1933). — FUJITA, A., u. S. KASANARA: Bio. Z. **243**, 256 (1931).

GAYLEY, CH. TH.: Ind. eng. Chem. Anal. Edit. **9**, 422 (1937). — GRUNBAUM, B. W., P. L. KIRK, L. G. GREEN u. C. W. KOCH: Anal. Chem. **27**, 384 (1955). — GRUNBAUM, B. W., F. L. SCHAFFER u. P. L. KIRK: Anal. Chem. **24**, 1487 (1952). — GUNNING, J. W.: Fr. **28**, 188 (1889).

HAWES, R. C., u. E. R. SKAVINSKY: Ind. eng. Chem. Anal. Edit. **14**, 917 (1942). — HOLTER, H.: C. r. Carlsberg, Ser. Chim. **24**, 399 (1933).

KIRK, P. L.: (a) Advances in Protein Chemistry III. New York 1947 — (b) Anal. Chem. **22**, 354 (1950) — (c) Quantitative Ultramicroanalysis. New York 1950. — KIRK, P. L., R. S. ROSENFELS u. D. J. HANAHAN: Anal. Chem. **19**, 355 (1947). — KJELDAHL, J.: Fr. **22**, 366 (1883). — KOCH, F. C., u. T. L. McMEEKIN: Am. Soc. **46**, 2066 (1924). — KOCHMANN, M.: Bio. Z. **63**, 479 (1914); durch C. **85**, **II**, 351 (1914). — KOLTHOFF, I. M., W. STRICKS u. L. MORREN: Analyst **78**, 405 (1953). — KUCK, J. A., A. KINGSLEY, F. SHEEHAN u. G. F. SWIGERT: Anal. Chem. **22**, 604 (1950).

LAURO, M. F.: Ind. eng. Chem. Anal. Edit. **3**, 401 (1931); durch Fr. **97**, 451 (1934). — LEIPERT, TH.: Mikrochemie **34**, 276 (1949). — LEWI, B. I.: J. chem. Ind. (russ.) **8**, 393 (1931); durch C. **102**, **II**, 278 (1931). — LINDERSTRÖM-LANG, K., u. H. HOLTER: C. r. Carlsberg, Ser. Chim. **19**, 1 (1933) — H. **220**, 5 (1933).

McCUTCHAN, PH., u. W. F. ROTH: Anal. Chem. **24**, 369 (1952). — MARZADRO, M.: Mikrochemie **36/37**, 671 (1951). — MICHAELIS, L., u. M. MAEDA: Ch. Abstr. **20**, 1639 (1925). — MILBAUER, J.: Fr. **111**, 397 (1937/38). — MILLER, G. L., u. E. E. MILLER: Anal. Chem. **20**, 481 (1948).

OSBORN, R. A., A. KRASNITZ u. J. B. WILKIE: J. Assoc. offic. agric. Chem. **16**, 107 (1933); **17**, 339 (1934); **18**, 604 (1935).

PERRIN, C. H.: Anal. Chem. **25**, 968 (1953). — PILCH, M.: M. **32**, 21 (1911). — POHORECKA-LELESZ, B.: Am. Ch. Abstr. **20**, 1632 (1926). — PREGL, F., durch E. ABDERHALDEN: Handb. d. biochemischen Arbeitsmethoden V, 2 (1912). — PREGL-ROTH: Quantitative organische Mikroanalyse, V. Aufl. Wien 1947.

RAPPAPORT, F.: Am. Ch. Abstr. **26**, 4620 (1932). — RAPPAPORT, F., u. F. EICHHORN: Anal. chim. Acta **3**, 674 (1949). — RAPPAPORT, F., u. G. GEIGER: Mikrochemie **18**, 43 (1935).

SCHMITT, L.: Die Untersuchung von Düngemitteln; durch Handb. d. landwirtschaftlichen Versuchs- u. Untersuchungsmethodik. Radebeul u. Berlin 1954. — SCHÖNIGER, W.: Mikrochim. A. **1955**, 46. — SCHULEK, E., u. G. FÓTI: Anal. chim. Acta **3**, 665 (1949); durch Fr. **132**, 295 (1951). — SCHULEK, E., u. G. VASTAGH: Fr. **92**, 352 (1933). — SCHWAB, G.-M., u. E. SCHWAB-AGALLIDIS: Am. Soc. **73**, 803 (1951); Angew. Ch. **65**, 418 (1953).

TEORELL, T.: Am. Ch. Abstr. **22**, 4557 (1928). — TOMPKINS, P. C., u. P. L. KIRK: J. biol. Chem. **142**, 477 (1942).

WHITE, L. M., u. M. C. LONG: Anal. Chem. **23**, 363 (1951). — WILFARTH, H.: C. **III**, **16**, 17 (1885). — WILLARD, H. H., u. W. E. CAKE: Am. Soc. **42**, 2646 (1920).

ZINNEKE, F.: Angew. Ch. **64**, 220 (1952); durch Fr. **140**, 299 (1953).

Untersuchung anorganischer Stickstoffverbindungen.

§4. Analyse von Natriumamid ($NaNH_2$).

Natriumamid wird meist aus Natriummetall und Ammoniak bei höherer Temperatur dargestellt und ist ein weißes Pulver vom Schmelzpunkt 210°. Es ist namentlich in unreiner Form sehr gefährlich, explosiv, daher nur beschränkt versandfähig. Mit Wasser und Säuren zersetzt es sich lebhaft in Ammoniak bzw. Ammoniumsalze und Natriumhydroxyd bzw. Natriumsalze.

Es wird häufig als Kondensationsmittel in verschiedenen organischen Synthesen sowie gelegentlich als Zwischenprodukt einer Blausäuresynthese verwendet.

Die Analyse gestaltet sich infolge der leichten Abspaltbarkeit von Ammoniak sehr einfach und wird in der Regel in einer üblichen Ammoniakdestillationsapparatur vorgenommen.

Arbeitsweise von DENNIS und BROWNE.

Apparatur. Die Ammoniakdestillationsapparatur besteht aus Kolben, Tropftrichter und REITMAIR-Aufsatz mit absteigendem Kühler.

Arbeitsvorschrift. Man wägt die Probe in dem trockenen Kolben ein, setzt die Apparatur zusammen, legt überschüssige titrierte Salzsäure vor, läßt aus dem Tropftrichter Wasser zufließen und dampft die Lösung zur Trockene. Man läßt erneut Wasser zufließen und destilliert nochmals ab. Sowohl das Destillat als auch der Rückstand im Kolben werden acidimetrisch titriert.

WÖHLER spült die Probenreste aus dem Wägeglas mit 50 ml Alkohol nach, setzt aus dem Tropftrichter 100 ml Wasser ganz langsam zu und destilliert in vorgelegte 20 Milliliter n Schwefelsäure (auf 0,5 bis 1 g Einwaage) bis auf wenige Milliliter als Kolbenrückstand. Dann setzt man neuerlich 50 ml Wasser zu und destilliert wieder ab.

BEILSTEIN und GEUTHER lösen in einem Langhalskolben eine gewogene Menge Natriumamid (nicht über 0,5 g) in verdünnter Salzsäure unter Vermeidung eines Verlustes durch Verspritzen, dampfen zur Trockene und wägen den Rückstand. Das Ammoniumchlorid entfernen sie durch gelindes Glühen und wägen das zurückbleibende Natriumchlorid.

Literatur.

BEILSTEIN, F., u. A. GEUTHER: A. **108**, 88 (1858); durch Z. anorg. Ch. **40**, 89 (1904).
DENNIS, L. M., u. A. W. BROWNE: Am. Soc, **26**, 593 (1904) — Z. anorg. Ch. **40**, 89 (1904).
WÖHLER, L.: Z. El. Ch. **24**, 262 (1918).

§ 5. Analyse von Hydrazin und seinen Salzen.

Allgemeines. Reines Hydrazin (H_2N-NH_2) schmilzt bei 1,8° und siedet bei 113,5° (760 mm). Mit Wasser liefert es Hydrazoniumhydrat ($N_2H_4 \cdot H_2O$), eine an der Luft rauchende, stark alkalische Flüssigkeit, die bei 120° siedet. Sowohl Hydrazin als auch das Hydrat sind nur bei Luftabschluß längere Zeit haltbar.

Von praktischem Interesse sind nur diejenigen Salze, die sich vom Hydrazin als einsäuriger Base ableiten. Das wichtigste ist das saure Sulfat ($[N_2H_5] \cdot HSO_4$), welches in kaltem Wasser schwer löslich ist. Hydrazin ist etwas schwächer basisch als Ammoniak.

Hydrazin und Hydrazoniumsalze sind in der anorganisch- und organisch-chemischen Praxis, wenn auch nur in relativ kleinen Mengen, so doch sehr häufig verwendete Chemikalien. Hydrazin hat in den letzten Jahren als Raketentreibstoff Bedeutung erlangt, weshalb auch seitdem die Analytik des Hydrazins und seiner Salze stärker bearbeitet worden ist.

Die analytischen Bestimmungsverfahren beruhen fast ausschließlich auf der Oxydierbarkeit der Hydrazinverbindungen unter Bildung von Stickstoff. Dieser kann nun gasvolumetrisch gemessen werden, oder es wird der Verbrauch an Oxydationsmittel bestimmt. Als solche dienen die Halogene und deren Sauerstoffverbindungen, namentlich Bromat und Jodat, Kupfer(II)-salze, Quecksilber(II)-salze sowie Kaliumhexacyanoferrat(III). Auch mit Permanganat und Dichromat sind Verfahren beschrieben worden.

Zur Bestimmung kleiner Mengen Hydrazins dienen verschiedene colorimetrische Verfahren.

Zusammenfassende Arbeiten s. insbesondere BRAY und CUY sowie PENNEMAN und AUDRIETH.

A. Elementar- und gewichtsanalytische Verfahren.

1. Elementaranalytische Hydrazinbestimmung nach DUMAS.

Nach CURTIUS und SCHULZ lassen sich Hydrazinverbindungen nach dem normalen Gang der elementaranalytischen Stickstoffbestimmungsmethode von DUMAS (S. 12) verbrennen. Das Verfahren wird insbesondere bei organischen Hydrazinderivaten angewandt.

2. Indirekte gewichtsanalytische Bestimmung mit Silbernitrat.

BACH schlägt eine indirekte gewichtsanalytische Bestimmung von Hydrazin mit Silbernitrat vor, wobei er auf eine von Chloriden befreite Hydrazinsalzlösung eine gemessene Menge Silbernitrat bei Gegenwart von Ammoniak einwirken läßt. Gemäß der von ihm angegebenen Gleichung:

$$6\,N_2H_4 \cdot HNO_3 + 6\,HNO_3 + 21\,AgNO_3 + 32\,NH_3 = 21\,Ag + 11\,N + 33\,NH_4NO_3$$

scheidet sich unter teilweiser Dehydrierung des Hydrazins zu Stickstoff metallisches Silber ab. Der Rest des in Lösung verbliebenen Silber-Ions wird mit Salzsäure gefällt und gewogen. Die Richtigkeit der Gleichung wird von THOMSEN bezweifelt. Praktische Bedeutung kommt dem Verfahren nicht zu.

B. Gasvolumetrische Verfahren.

Allgemeines. Wie eingangs erwähnt, können die Reaktionen von Hydrazin mit oxydierenden Substanzen unter Bildung von Stickstoff sowohl gasvolumetrisch als auch oxydimetrisch angewandt werden. Die an sich etwas langwierige und arbeitsintensivere gasvolumetrische Methode wird insbesondere dann vorteilhaft sein, wenn infolge Vorliegens weiterer oxydierbarer Substanzen der Verbrauch an Oxydationsmittel über die vom vorhandenen Hydrazin verbrauchte Menge hinausgeht. Es seien hier insbesondere die Verfahren mit Kaliumhexacyanoferrat(III), mit Jodat, mit Kupfer(II)- und Quecksilber(II)-salzen sowie mit Kaliumdichromat beschrieben.

1. Arbeitsweise mit Kaliumhexacyanoferrat(III) nach Rây und Sen.

Rây und Sen haben gezeigt, daß der entsprechend der Reaktion:

$$N_2H_4 \cdot H_2SO_4 + 4\,K_3Fe(CN)_6 + 6\,KOH = 4\,K_4Fe(CN)_6 + K_2SO_4 + 6\,H_2O + N_2$$

in alkalischer Lösung entstehende Stickstoff im Nitrometer entwickelt und aus seinem Volumen der Gehalt an Hydrazin berechnet werden kann.

Arbeitsvorschrift. 0,03 bis 0,07 g genau eingewogenes Hydrazoniumsulfat werden in den Becher des Nitrometers von Crum gebracht und mit möglichst wenig Wasser in das Nitrometer eingesaugt. Man fügt 4 bis 5 ml 15%ige Kalilauge sowie von unten einen Überschuß von festem Kaliumhexacyanoferrat(III) in Form eines größeren Kristalls zu und schüttelt kräftig. Die Reaktion ist in etwa 3 bis 4 min beendet, was sich an einer Trübung der Lösung und des Quecksilbers zeigt.

Berechnung. 1 ml N_2 (0°, 760 mm Hg) entspricht 5,808 mg $N_2H_5 \cdot HSO_4$.

Genauigkeit: etwa $\pm 0{,}5$%.

2. Arbeitsweise mit Jodat nach Riegler.

Die Reaktion erfolgt nach der Gleichung:

$$5\,(N_2H_4 \cdot H_2SO_4) + 4\,HJO_3 = 5\,N_2 + 12\,H_2O + 5\,H_2SO_4 + 4\,J.$$

Das Verfahren kann nach Riegler als Basis für eine gasvolumetrische Formaldehydbestimmung dienen, da durch anwesendes Formaldehyd ein Hydrazon gebildet wird, welches dieser Zersetzung nicht unterliegt. Zersetzt man demnach eine bekannte Menge Hydrazoniumsulfat bei Gegenwart einer unbekannten Menge Formaldehyd, so wird um so viel weniger Stickstoff erhalten, als dem vorhandenen Formaldehyd entspricht.

Im vorliegenden Falle kann das Verfahren naturgemäß auch zur Hydrazinanalyse dienen. Man hat dann den entwickelten Stickstoff als Maß für das vorhandene Hydrazin, während auf S. 52 die Methoden angeführt sind, welche obige Gleichung jodometrisch verwerten.

Als *Apparatur* dient ein Knop-Wagnersches Azotometer mit äußerem und innerem Entwicklungsgefäß (Abb. 30, S. 124).

Arbeitsvorschrift. Man löst die Probe, entsprechend etwa 1 g Hydrazoniumsulfat, in 100 ml Wasser, pipettiert davon 20 ml in den äußeren Teil des Entwicklungsgefäßes und fügt noch 20 ml Wasser hinzu. In das innere Gefäßchen pipettiert man 5 ml einer Lösung von 5 g kristallischer Jodsäure in 50 ml Wasser. Man verschließt, temperiert mit Wasser von Zimmertemperatur, stellt nach 10 min das Azotometer auf den Nullpunkt ein, mischt die Reagenzien im Entwicklungsgefäß und schüttelt $^1/_2$ min kräftig um, wobei man 20 ml Wasser durch den Quetschhahn hat abfließen lassen. Man temperiert wieder und mißt das entstandene Gasvolumen, welches auf 0° und 760 mm reduziert wird.

$$1\text{ ml } N_2\ (0°,\ 760\text{ mm Hg}) = 5{,}808\text{ mg } N_2H_5 \cdot HSO_4.$$

Auf ähnliche Weise, aber in der Hitze und in Kohlendioxydatmosphäre, arbeiten Hale und Redfield. Sie finden aber den Stickstoff mit kleinen Mengen Sauerstoff verunreinigt.

3. Arbeitsweise mit Kupfer- und Quecksilber(II)-salzen.

Nach EBLER wird eine abgewogene Menge Hydrazoniumsalz (etwa 0,1 bis 0,25 g Hydrazoniumsulfat entsprechend) mit ammoniakalischer Kupfervitriollösung im Überschuß (d. i. bis zur beständigen Blaufärbung) versetzt und der entwickelte Stickstoff gemessen.

Genauigkeit: etwa 0,5 bis 1% (s. auch PETERSEN, der mit FEHLINGscher Lösung kocht, wobei die Luft vorher etwa wie bei SCHULZE-TIEMANN (S. 171) ausgekocht wurde).

Die Oxydation des Hydrazins mit Quecksilbersalzen führt zu metallischem Quecksilber und Stickstoff entsprechend folgender Gleichung:

$$2\,HgCl_2 + N_2H_4 = 4\,HCl + 2\,Hg + N_2.$$

Die Reaktion erfolgt in der Wärme im Kohlendioxydstrom.

Als *Apparatur* dient ein Zersetzungskolben mit Tropftrichter, Gaseinleitungsrohr für Kohlendioxyd, ein Gasableitungsrohr mit kurzem, aufsteigendem Liebigkühler und anschließendem Azotometer.

Arbeitsvorschrift. Man wägt in den Zersetzungskolben etwa 0,2 g Hydrazoniumsulfat, löst in etwa 15 ml Wasser unter Zusatz von 10 ml verd. Salzsäure und fügt eine Lösung von 5 g Natriumacetat in 15 ml Wasser zu. Man verdünnt noch mit etwas Wasser, leitet Kohlendioxyd durch die Apparatur und vertreibt die Luft auch aus der Lösung durch kurzes Aufkochen. Hierauf läßt man durch den Tropftrichter eine Lösung von 1 g Quecksilber(II)-chlorid in 10 ml Wasser langsam zufließen und sammelt den sich entwickelnden Stickstoff im SCHIFFschen Azotometer. Es ist zweckmäßig, das Gas nach der Volumenablesung durch Schütteln mit Alkohol auf vorhandenes Distickstoffoxyd zu prüfen. Der Fehler beträgt etwa $\pm 1\%$.

RIMINI bestimmt Hydrazin auf Grund des beim Kochen mit Quecksilber(II)-salzen in *alkalischer* Lösung entwickelten Stickstoffvolumens.

In einem SCHULZE-TIEMANN-Apparat (S. 171) kocht man das Hydrazoniumsalz mit überschüssiger Quecksilber(II)-chlorid-Lösung, die mit Salzsäure angesäuert worden ist, luftfrei, setzt hierauf etwas konz. Natronlauge zu und mißt den entwickelten Stickstoff in der üblichen Weise.

4. Arbeitsweise mit Kaliumdichromat.

Die Reaktion:

$$3\,N_2H_5Cl + 2\,K_2Cr_2O_7 + 13\,HCl = 4\,KCl + 4\,CrCl_3 + 14\,H_2O + 3\,N_2$$

kann zur angenäherten *gasvolumetrischen* Bestimmung des Hydrazins verwendet werden. Daneben entstehen noch kleine Mengen Ammoniak. Die Reaktion ist daher zur genaueren maßanalytischen Auswertung nicht geeignet (BACH; PURGOTTI; ROBERTO und RONCALI; MEDRI; CUY und BRAY).

C. Maßanalytische Verfahren.

1. Alkalimetrische Titrationen.

Alkalimetrische Titrationen von Hydrazinverbindungen haben insbesondere zur Analyse von freiem Hydrazin und von Hydrazoniumhydrat Interesse. Letzteres wird aus Hydrazoniumsalzlösungen nach Zusatz von überschüssiger Kalilauge durch Destillation gewonnen (Siedepunkt 119°).

Die acidimetrische Titration mit 0,1 n Schwefelsäure entsprechend der Gleichung $N_2H_4 + H^+ \rightarrow N_2H_5^+$ unter Verwendung von Methylorange haben schon CURTIUS und SCHULZ beschrieben. Nach PENNEMAN und AUDRIETH erhält man in verdünnteren Lösungen unscharfe Farbumschläge. Die Molarität der Hydrazinlösung soll 0,1 und die Normalität der Titrationsflüssigkeit 0,4 nicht unterschreiten. Sowohl mit Methylorange als auch mit Methylrot werden dann genaue Werte (etwa $1^0/_{00}$ zu niedrig) erhalten.

Da Hydrazin und Hydrazoniumhydrat stark Kohlensäure anziehen, muß die Einwaage unter entsprechenden Vorsichtsmaßregeln erfolgen. Das Verdünnungswasser muß durch Auskochen luftfrei gemacht werden, da in alkalischer Lösung rasche Oxydation stattfindet.

Die acidimetrische Titration ist vor allem zur Bestimmung von Hydrazin neben Ammoniak geeignet, wenn beide Verbindungen als freie Basen vorliegen und keine weiteren Alkalien vorhanden sind. Man bestimmt zuerst die Summe der Basen acidimetrisch mit Methylorange und hierauf das Hydrazin mit Jodat. Die erzielbare Genauigkeit beträgt auch dann etwa $1^0/_{00}$ für das vorhandene Hydrazin.

Das käufliche, sauer reagierende Hydrazoniumsulfat $N_2H_4 \cdot H_2SO_4$ ist nach STOLLÉ sowie KOLTHOFF als acidimetrische Urtitersubstanz geeignet, indem es mit Lauge in das gegen Methylrot neutrale Sulfat übergeht:

$$2\,(N_2H_4 \cdot H_2SO_4) + 2\,NaOH \rightarrow (N_2H_5)_2SO_4 + Na_2SO_4 + 2\,H_2O$$

Nach STEMPEL kann die alkalimetrische Titration von Hydrazoniumsalzen auch analog der bekannten Bestimmung des Ammoniaks mit Formol durchgeführt werden, wobei der doppelte Verbrauch an Alkali eintritt.

Über die elektrometrische Titration von 0,08 molaren Lösungen von Hydrazinhydrat mit Säuren gegen die Wasserstoffelektrode nach HILDEBRANDT-WENDT s. GILBERT.

2. Jodometrische Verfahren.

Allgemeines. Oxydimetrische Verfahren im weitesten Sinn (einschließlich halogenhaltiger Oxydationsmaßlösungen) sind wegen des einheitlichen und raschen Verlaufes der Dehydrierung von Hydrazin zu Stickstoff mit den verschiedensten Maßlösungen bekannt und bewährt, und es ist schwer, einzelnen Methoden den Vorzug zu geben. Wegen der Unbeständigkeit von Hydrazin in alkalischer Lösung erscheinen die in saurem Medium wirksamen Oxydantien vorteilhafter, zumal in saurer Lösung gleichzeitig vorhandene Ammoniumsalze nicht stören. Ausgezeichnete Ergebnisse erhält man mit Jodat, wobei verschiedene Varianten zur Verfügung stehen. Auch die billigere Bromatlösung liefert in stark salzsaurer Lösung rasch sehr genaue Werte. Außer mit Jodat und Bromat sind auch Verfahren mit Jod, Brom, Chloramin T, Hypochlorit, Kaliumhexacyanoferrat(III) und Kupfer(II)-salz beschrieben. Permanganat und Vanadat liefern nur angenäherte Werte.

I. Titration mit Jod nach STOLLÉ. Die Titration des Hydrazins mit Jod entsprechend der Gleichung:

$$N_2H_4 + 4\,J = 4\,HJ + N_2$$

wurde bereits von CURTIUS und SCHULZ zur quantitativen Hydrazinbestimmung vorgeschlagen. Sie wird nach STOLLÉ in hydrogencarbonatalkalischer Lösung durchgeführt. Wegen der Zersetzlichkeit des Hydrazins bei Gegenwart von Hydrogencarbonat muß sofort titriert werden.

Nach STOLLÉ werden 5 g Hydrazoniumsulfat in 1 l Wasser gelöst und davon 25 ml in einen Erlenmeyerkolben abpipettiert. Man setzt eine Lösung von 2 g Kaliumhydrogencarbonat in 30 ml Wasser sowie 2 ml 2%ige Stärkelösung zu und titriert sofort mit 0,1 n Jodlösung. Die Entfärbung tritt gegen Ende der Titration langsamer ein und diese ist erst dann beendigt, wenn die Violettfärbung 2 bis 4 min bestehenbleibt,

Berechnung. 1 ml 0,1 n Jodlösung entspricht 3,253 mg $N_2H_5 \cdot HSO_4$.

Genauigkeit: etwa $\pm 0,1\%$. Gleichzeitig anwesende Ammoniumsalze stören nicht. Die guten Ergebnisse der Methode werden von BREDIG, KÖNIG und WAGNER bestätigt (s. auch JOYNER).

CATTELAIN (siehe auch KÖNIG und WAGNER) empfiehlt, wie schon früher RUPP, an Stelle des hydrogencarbonat-alkalischen Mediums Pufferung mit Natriumacetat, wodurch der Endpunkt der Titration viel rascher erreicht ist.

Er setzt auf 0,065 g Hydrazoniumsulfat, welches in 50 ml Wasser gelöst ist, 2 g kristallisiertes Natriumacetat zu, fügt 40 ml 0,1 n Jodlösung zu, läßt 10 min einwirken und titriert mit 0,1 n Natriumthiosulfatlösung bis zur Entfärbung.

Bray und Cuy fügen zu der etwa 0,1 molaren Hydrazoniumsulfatlösung einen gemessenen Überschuß an 0,1 n Jodlösung (etwa das 4fache Volumen) und machen schließlich mit Natronlauge im geringen Überschuß alkalisch. Nach 2 min wird die Lösung angesäuert und das überschüssige Jod mit Thiosulfat und Stärke zurücktitriert.

Genauigkeit: etwa $\pm 0,2\%$.

Kolthoff zeigte, daß der optimale p_H-Wert der Reaktion zwischen 7,0 und 7,4 liegt. Er vermeidet den Zusatz von Stärke, da diese die Reaktion verzögert. Er empfiehlt, zu 25 ml einer 0,1 n Hydrazoniumsulfatlösung 0,5 bis 1 g Natriumhydrogencarbonatlösung zuzusetzen und mit 0,1 n Jodlösung ohne Stärkezusatz zu titrieren, bis die schwach gelbe Farbe 2 min bestehenbleibt.

Zur potentiometrischen Indizierung s. Gilbert sowie Stelling.

II. Titration mit Brom nach Bray und Cuy. ***Arbeitsvorschrift.*** Zu 10 ml genau gemessener Hydrazoniumsulfatlösung, die in einem Glasstöpsel-Erlenmeyerkolben vorgelegt wird, werden 10 ml 6 n Schwefelsäure hinzugefügt; man läßt 80 ml der etwa 0,05 n Bromlösung (in etwa 0,5 molarer Kaliumbromidlösung) unter Vermeidung von Bromverlusten aus einer Bürette zufließen. Nach 2 min Stehens setzt man zur Umsetzung des im Überschuß angewandten Broms überschüssiges Kaliumjodid zu und titriert mit Natriumthiosulfatlösung zurück.

Berechnung. 1 ml 0,1 n Thiosulfatlösung entspricht 3,253 mg $N_2H_5 \cdot HSO_4$.

Genauigkeit: 0,2%.

Anwesende Ammoniumsalze stören nicht.

Brom oder Chlor in alkalischer Lösung gestatten zwar ebenfalls eine Bestimmung des Hydrazins, werden aber durch gleichzeitig vorhandenes NH_4-Ion angegriffen. Die Verfahren sind auch wegen der Eigenzersetzlichkeit von Hydrazin in alkalischer Lösung bei Gegenwart von Luft weniger zu empfehlen.

III. Titration mit unterchloriger Säure. Wie schon Raschig gezeigt hat, läßt sich Hydrazin mit unterchloriger Säure glatt zu Stickstoff oxydieren. Nach Bray und Cuy wird hierzu folgendermaßen verfahren:

Zur *Herstellung* der *unterchlorigen Säure* behandelt man Chlorwasser mit überschüssigem Quecksilber(II)-oxyd, destilliert und sammelt das Destillat. Der Titer wird mit Kaliumjodid und verd. Schwefelsäure gestellt. Die Lösung ist bei Aufbewahrung in einer dunklen Glasstopfenflasche 24 Std. titerbeständig.

Als *Phosphatpuffer* dient eine Mischung aus gleichen Volumina einer 0,2 m Dinatriumphosphat- und einer 0,2 m Mononatriumphosphatlösung.

Arbeitsvorschrift. In einem Glasstopfenkolben legt man 50 ml Phosphatpuffer vor, setzt die etwa 0,1 molare Hydrazoniumsulfatlösung zu und fügt schließlich die unterchlorige Säure im mäßigen Überschuß zu. Nach 5 min fügt man einen Überschuß von Kaliumjodid und Schwefelsäure zu und titriert das in Freiheit gesetzte Jod mit Natriumthiosulfatlösung zurück.

Berechnung. 1 ml 0,1 n $Na_2S_2O_3$-Lösung entspricht 3,253 mg $N_2H_5 \cdot HSO_4$.

Das Verfahren wird als sehr genau beschrieben ($\pm 0,1\%$). Wegen der Schwierigkeit der Herstellung und der Unbeständigkeit der unterchlorigen Säure als Maßflüssigkeit dürfte ihm aber wenig Bedeutung zukommen. Ein weiterer Nachteil besteht darin, daß gleichzeitig vorhandene Ammoniumsalze ebenfalls Hypochlorit verbrauchen.

IV. Titration mit Chloramin T (N-Chloro-p-toluolsulfonamid). Die Reaktion verläuft nach folgender Gleichung:

$$NH_2-NH_2+2\,C_6H_4\left\langle\begin{matrix}CH_3\\ SO_2N\left\langle\begin{matrix}Cl\\ Na\end{matrix}\right.\end{matrix}\right.\rightarrow 2\,C_6H_4\left\langle\begin{matrix}CH_3\\ SO_2NH_2\end{matrix}\right.+2\,NaCl+N_2$$

Nach Komarowsky, Filonowa und Korenman lassen sich 0,1 n Chloraminlösungen an Stelle der Jodlösungen sowohl nach der Arbeitsweise von Stollé als auch nach der von Rupp verwenden.

a) Arbeitsweise gemäß Stollé.

Arbeitsvorschrift. Zu 10 ml einer etwa 0,1 n Hydrazinlösung werden 0,5 g Natriumhydrogencarbonatlösung, in 15 ml Wasser gelöst, zugesetzt, ferner ein Kristall Kaliumjodid und 0,5%ige Stärkelösung zugefügt. Man titriert sofort mit 0,1 n Chloraminlösung langsam unter starker Durchmischung bis zur Blaufärbung, welche scharf zu beobachten ist.

b) Arbeitsweise gemäß Rupp.

Arbeitsvorschrift. In einem mit Glasstopfen verschließbaren Erlenmeyerkolben werden 10 ml etwa 0,1 n Hydrazoniumsulfatlösung mit 0,5 g Natriumacetat in 15 ml Wasser und 20 ml 0,1 n Chloraminlösung versetzt. Nach 15 bis 20 min Stehens wird der Überschuß des Chloramins mit Natriumthiosulfat und arseniger Säure zurücktitriert, wobei etwas Kaliumjodid und Stärke als Indicatoren dienen.

Berechnung. 1 ml 0,1 n $Na_2S_2O_3$-Lösung entspricht 3,253 mg $N_2H_5\cdot HSO_4$.

V. Titration mit Jodat. *Allgemeines.* Die Reaktion zwischen Hydrazoniumsalzen und Jodaten ist wegen ihres raschen, vollständigen und einheitlichen Verlaufes die Basis mehrerer Hydrazinbestimmungsmethoden geworden. Die verschiedenen Ausführungsarten unterscheiden sich nicht hinsichtlich der Zersetzungsprodukte des Hydrazins, welches immer in elementaren Stickstoff umgewandelt wird, sondern hinsichtlich der Zerfallsprodukte des Jodates.

In alkalischer Lösung verläuft die Reaktion (Kurtenacker und Kubina) im Sinne der Gleichung:

$$3\,(N_2H_5\cdot HSO_4)+2\,KJO_3+6\,KOH=3\,K_2SO_4+2\,KJ+12\,H_2O+3\,N_2\ldots \qquad (I)$$

In saurer Lösung reagiert dagegen das Kaliumjodid seinerseits mit Jodat unter Bildung von elementarem Jod, so daß die Reaktion im Sinne der Bruttogleichung:

$$5\,(N_2H_5HSO_4)+4\,KJO_3=2\,K_2SO_4+3\,H_2SO_4+12\,H_2O+4\,J+5\,N_2\ldots \qquad (II)$$

verläuft. Man kann nun entweder das elementare Jod wegkochen und nur das unveränderte Jodat zurücktitrieren (Rimini sowie Hale und Redfield), oder man versetzt das gesamte Reaktionsprodukt einschließlich des elementaren Jods mit Kaliumjodid und titriert sowohl das ursprünglich gebildete als auch das aus dem überschüssigen Jodat mit Kaliumjodid entstandene Jod zurück (Bray und Cuy). Arbeitet man aber in stark salzsaurer Lösung, so bildet sich zunächst ebenfalls elementares Jod, dieses wird aber durch weiteren Zusatz von Jodat in farbloses Chlorjod verwandelt, welcher Vorgang im Sinne der Gleichung:

$$N_2H_5HSO_4+KJO_3+2\,HCl=KCl+H_2SO_4+3\,H_2O+JCl+N_2\ldots \qquad (III)$$

verläuft. Man kann nun den Endpunkt entweder am Verschwinden der Jodfarbe erkennen (Jamieson, sowie Kolthoff), oder man setzt Indicatoren zu, die gegen Chlorjod beständig sind und erst durch die erste Menge überschüssigen Jodats zerstört werden (Penneman und Audrieth). Naturgemäß ist bei der Berechnung des Hydrazingehaltes der Probe aus dem Jodatverbrauch auf die jeweils geltende Reaktionsgleichung Rücksicht zu nehmen.

a) Arbeitsweise von Bray *und* Cuy. Bray und Cuy verkochen nicht das Jod, sondern setzen sofort Kaliumjodid zu, wodurch sich außer dem bereits auf Grund Gl. (II) gebildeten Jod auch dasjenige aus Jodat und Jodid zusätzlich abscheidet.

Arbeitsvorschrift. In einem Kolben mit eingeriebenem Glasstopfen werden 10 ml 6 n Schwefelsäure vorgelegt und ein Überschuß von 30 bis 50% über die erforderliche Menge an 0,1 n Kaliumjodatlösung hinzupipettiert. Schließlich wird die das Hydrazin enthaltende Probe hinzugefügt. Nach 5 min Stehens wird ein Überschuß von Kaliumjodid zugefügt und das Jod mit Natriumthiosulfat zurücktitriert.

Genauigkeit: etwa $\pm 0,3$%.

Die Gegenwart von Ammoniumsalzen stört nicht.

Berechnung. 1 ml 0,1 n-KJO_3-Lösung entspricht 3,253 mg $N_2H_5 \cdot HSO_4$.

b) Arbeitsweise von Hale *und* Redfield. Rimini hat als erster die Reaktion von Hydrazin in saurer Lösung mit Jodat als Basis eines Analysenverfahrens angewandt:

$$5\,H_2N - NH_2 \cdot H_2SO_4 + 4\,KJO_3 = 5\,N_2 + 12\,H_2O + 2\,K_2SO_4 + 3\,H_2SO_4 + 4\,J \ldots \text{(II)}$$

Genauere experimentelle Daten finden sich bei Hale und Redfield. Sie arbeiten im Sinne der von Rimini angegebenen Reaktion nach folgender

Arbeitsvorschrift. 0,3 g Hydrazoniumsalz werden in etwa 50 ml Wasser gelöst und in einen 300 ml Enghals-Erlenmeyerkolben übergeführt. Hierauf wird so viel einer 7,134 g Kaliumjodat im Liter enthaltenden, mithin 0,2 n Lösung genau hinzugemessen, daß ein Überschuß von etwa 5 bis 10 ml vorherrscht (d. h. etwa 60 bis 65 ml). Man verdünnt auf 200 ml und verkocht das Jod über freier Flamme während 30 min, wobei das Volumen sich auf etwa 100 ml verringert. Man kühlt auf etwa 20°, fügt 1 bis 2 g Kaliumjodid und 20 ml Schwefelsäure (1 + 4) zu und titriert sofort mit 0,1 n Natriumthiosulfatlösung auf strohgelb; dann setzt man Stärkelösung zu und titriert auf farblos.

Die erhaltenen Werte sind innerhalb $\pm 0,3$ % genau.

Berechnung. 1 ml 0,1 n-$Na_2S_2O_3$-Lösung entspricht 2,711 mg $N_2H_5 \cdot HSO_4$.

c) Arbeitsweisen von Kurtenacker *und* Kubina, Schwicker, Hovorka, Lang. Kurtenacker und Kubina lassen die Jodatlösung in die Hydrazinlösung einfließen und machen hierauf mit 10 ml n Alkalilauge alkalisch. Nach 5 bis 10 min fügen sie Kaliumjodid zu, säuern an und titrieren mit Natriumthiosulfatlösung zurück.

Berechnung. 1 ml 0,1 n $Na_2S_2O_3$ entspricht 3,253 mg $N_2H_5 \cdot HSO_4$.

Schwicker setzt kein Kaliumjodid zu, sondern reduziert das überschüssige Jodat mit gestellter Sulfitlösung.

Er oxydiert etwa 10 bis 15 ml einer 0,025 m Hydrazinlösung (3,253 g $N_2H_4 \cdot H_2SO_4$ im Liter) mit 20 ml 0,1 n Bijodatlösung, säuert mit 10 bis 20 ml n Salzsäure an und titriert nach einigen Minuten das ausgeschiedene Jod einschließlich der überschüssigen Jodsäure mit einer auf 0,1 n Bijodatlösung eingestellten 0,1 n Bisulfitlösung.

Die erhaltenen Werte sind innerhalb 0,1 bis 0,3% genau.

Hovorka bindet das ausgeschiedene Jod, statt es zu verkochen, mit Quecksilbersulfat in salzsaurer Lösung.

Lang führt die Jodattitration bei Gegenwart von Blausäure zur Bindung des Jods durch. Mit diesem Verfahren kann auch Hydrazin neben Hydroxylamin sowie Hydrazin neben Aziden bestimmt werden.

Über die potentiometrische Titration von Hydrazin mit Jodat bei verschiedenen Säuregraden s. McBride, Henry und Skolnik. Das Verfahren ist auch auf organische Hydrazinderivate anwendbar.

d) Arbeitsweise von Jamieson. Jamieson (siehe auch Kolthoff) hat festgestellt, daß in stark salzsaurer Lösung (3 bis 5 n, nicht über 7 n) das zunächst gebildete elementare Jod in farbloses Chlorjod umgewandelt wird [s. Gl. (III)]. Durch Zusatz eines zweiten Lösungsmittels, welches das elementare Jod aus der wäßrigen Phase extrahiert und bereits kleine Mengen Jod durch die violette Farbe anzeigt (Chloroform oder Tetrachlorkohlenstoff) kann der Verbrauch der letzten Menge elementaren Jods durch Verschwinden der violetten Farbe erkannt werden.

Arbeitsvorschrift. Die Probe wird in einem Erlenmeyerkolben mit eingeriebenem Glasstopfen mit 20% mehr als dem gleichen Volumen konzentrierter 12 n Salzsäure und mit 5 ml Tetrachlorkohlenstoff versetzt. Man fügt 0,1 n KJO_3-Lösung zu, bis die wäßrige Schicht von dunkelbraun in hellgelb umschlägt. Hierauf wird tropfenweise zugesetzt und zwischendurch heftig geschüttelt. Der Endpunkt ist erreicht, wenn die Jodfarbe aus der Tetrachlorkohlenstoffschicht völlig verschwunden ist. Die Acidität der Lösung soll am Ende der Titration noch 3 bis 5 n sein.

Berechnung. 1 ml 0,1 n KJO_3-Lösung = 2,169 mg $N_2H_5 \cdot HSO_4$.

e) *Arbeitsweise von* Penneman und Audrieth. Penneman und Audrieth führen die Titration von Hydrazin mit Jodat in stark salzsaurer Lösung bei Gegenwart von Farbstoffen aus, die gegen Jod und Chlorjod beständig sind, durch den ersten Tropfen überschüssigen Jodats aber zerstört werden. Über derartige Farbstoffe siehe Smith und Wilcox (siehe Tabelle 2).

Tabelle 2. Gegen Chlor-Jod unempfindliche Farbstoffe.

Name	Bezeichnung der National Aniline Company	Nummer des British Colour Index
Amaranth	Wool Red 40 F	184
Brillant Ponceau 5 R	Brilliant Scarlet 3 R	185
Naphthol Blue Black	—	246

Sie werden als 0,2 %ige wäßrige Lösungen angewandt.

Arbeitsvorschrift. 25 ml der Probenlösung (etwa 0,1 n Hydrazoniumsulfatlösung) werden in einem 500 ml-Erlenmeyerkolben mit 40 ml konz. Salzsäure versetzt und auf 100 ml verdünnt. Man titriert noch warm (über 30°) mit 0,1 n Kaliumjodatlösung auf hellgelb, setzt hierauf 0,5 ml der 0,2%igen Farbstofflösung zu und titriert unter kräftigem Schütteln tropfenweise zu Ende, bis die rote Farbe verblaßt und in citronengelb umschlägt.

Berechnung. 1 ml 0,1 n KJO_3-Lösung entspricht 2,169 mg $N_2H_5 \cdot HSO_4$.

Genauigkeit. Die Fehler liegen unter 0,1%.

VI. Titration mit Bromat nach Kurtenacker und Wagner. Nach Kurtenacker und Wagner verläuft die Oxydation des Hydrazins mit Bromat in stark salzsaurer Lösung, entsprechend der Gleichung:

$$2\,KBrO_3 + 3\,N_2H_4 = 2\,KBr + 6\,H_2O + 3\,N_2$$

so momentan, daß eine direkte Titration analog der bekannten Titration von dreiwertigem Arsen mit Indigo oder Methylorange als Indicator möglich ist.

Arbeitsvorschrift. Man versetzt 10 bis 40 ml der etwa 0,1 n Hydrazoniumsalzlösung mit 2 bis 3 g Kaliumbromid und 40 ml Salzsäure (1 + 1), erwärmt auf etwa 60° und läßt 0,1 n Kaliumbromatlösung zufließen. Gegen Ende der Titration setzt man einige Tropfen Indigolösung zu und titriert bis zur Gelbfärbung, wobei die letzten Tropfen sehr langsam zugesetzt werden müssen.

Berechnung. 1 ml 0,1 n $KBrO_3$-Lösung entspricht 3,253 mg $N_2H_5 \cdot HSO_4$.

Genauigkeit. Der Fehler liegt unter 1‰.

Die mit diesem Verfahren erhältlichen guten Resultate werden von Kolthoff bestätigt.

Nach Kurtenacker und Kubina ist das Verfahren auch zur Bestimmung organischer Hydrazinverbindungen und Semicarbazide geeignet.

Nach GILBERT läßt sich Hydrazin in stark salzsaurer Lösung mit Bromat auch potentiometrisch titrieren (s. auch STELLING).

a) Bestimmung von Hydrazin neben Hydroxylamin nach KURTENACKER *und* WAGNER. KURTENACKER und WAGNER bestimmen zunächst den Gesamtverbrauch an Bromat und hierauf den bei der Bromatoxydation aus Hydrazin frei werdenden Stickstoff auf gasvolumetrischem Weg.

Arbeitsvorschrift. Zunächst wird in einem aliquoten Teil der Probe in der bei Hydroxylamin S. 108 angegebenen Weise der gesamte Bromatverbrauch bestimmt. Ein anderer, etwas größerer Teil der Probe (das Gesamtvolumen an Stickstoff soll etwa 50 ml betragen) wird in einem Weithalskolben, der mit einem Hahntrichter, einem Einleitungsrohr für Kohlendioxyd und einem Gasableitungsrohr versehen und aus welchem vorher die Luft durch reines Kohlendioxyd vertrieben worden ist, mit überschüssiger Bromatlösung und Salzsäure zersetzt. Man erwärmt auf 70° und treibt den Stickstoff mit Kohlendioxyd in ein Meßgefäß über 50%ige Kalilauge über und mißt ihn. Die erhaltenen Werte sind sowohl hinsichtlich des Bromatverbrauches als auch hinsichtlich der entwickelten Stickstoffmenge sehr genau (±0,1 bis 0,2%).

b) Arbeitsweise von SZEBELLÉDY und MADIS. SZEBELLÉDY und MADIS verwenden Phosphormolybdänsäure, welche bei Anwesenheit von Reduktionsmitteln reversibel in Molybdänblau übergeht, als Redoxindicator bei der Titration von Hydrazin in phosphorsaurer Lösung mit Kaliumbromatlösung. Die von den Autoren erprobten Arbeitsbedingungen müssen genau eingehalten werden. Die Bromatlösung soll von vornherein kein Bromid enthalten.

Arbeitsvorschrift. In 40 ml der zu analysierenden Probe werden 0,30 g gepulvertes Natriummolybdat gelöst, 10 ml 25%ige Phosphorsäure zugesetzt und auf 60 bis 80° C erwärmt. Zur tiefblauen Lösung wird 0,1 n $KBrO_3$-Lösung zugesetzt, bis sich die Lösung aufhellt (etwa 0,2 ml vor dem Äquivalenzpunkt). Von da ab muß man nach dem Zusatz jedes weiteren Tropfens 30 bis 40 sec warten, bis die Lösung farblos ist.

Berechnung. 1 ml 0,1 n $KBrO_3$-Lösung entspricht 3,253 mg $N_2H_5 \cdot HSO_4$.

Genauigkeit: etwa $\pm 1\,^0/_{00}$.

Die Autoren haben das Verfahren auch für kleine Hydrazinmengen in zehnfach verkleinertem Maßstab angewendet.

Hierzu wird im 25 ml-Erlenmeyerkolben die Hydrazinprobe mit 1 ml 3%iger Natriummolybdatlösung und 1 ml 25%iger Phosphorsäure versetzt und auf 5 ml mit Wasser aufgefüllt. Aus einer in 0,01 ml geteilten Mikrobürette titriert man mit 0,1 n $KBrO_3$-Lösung bis zum Verblassen der Farbe (0,02 ml vor dem Endpunkt); hierauf setzt man alle 30 bis 40 sec einen Mikrotropfen zu, bis die Lösung endgültig farblos bleibt.

3. Sonstige oxydimetrische Verfahren.

I. Titration mit Kaliumhexacyanoferrat(III). Die Oxydation von Hydrazin mit Kaliumhexacyanoferrat(III), entsprechend der Gleichung:

$$N_2H_5 \cdot HSO_4 + 4\,K_3Fe(CN)_6 + 6\,KOH = 4\,K_4Fe(CN)_6 + K_2SO_4 + 6\,H_2O + N_2$$

ist schon von RÂY und SEN bei gasvolumetrischer Messung des gebildeten Stickstoffs analytisch verwertet worden (S. 48). Zur maßanalytischen Bestimmung wird eine bekannte Menge Kaliumhexacyanoferrat(III) angewandt und der verbliebene Überschuß entweder jodometrisch (CUY und BRAY) oder ceratometrisch (DERNBACH und MEHLIG) zurücktitriert.

Arbeitsvorschrift von CUY ***und*** BRAY. In einem Kolben mit eingeriebenem Glasstopfen werden 10 ml einer etwa 0,1 molaren Hydrazoniumsulfatlösung mit genau gemessenen 15 Millilitern einer etwa 0,3 molaren, jodometrisch gestellten Kaliumhexacyanoferrat(III)-lösung vermischt. Man setzt hierauf 10 ml n Natriumhydroxydlösung zu. Nach 5 min Stehens wird die Lösung gegen Lackmus neutralisiert, mit 40 ml einer etwa 0,1 molaren Zinksulfatlösung (28,5 g $ZnSO_4 \cdot 7\,H_2O$/l) und einem großen Überschuß (etwa 5 g) Kaliumjodid versetzt. Man titriert mit 0,1 Natriumthiosulfatlösung zurück. Wenn der Niederschlag nicht reinweiß, sondern grünlich ist, so sind die Resultate in der Regel zu hoch.

Berechnung. 1 ml 0,1 n $Na_2S_2O_3$-Lösung entspricht 3,253 mg $N_2H_5 \cdot HSO_4$.

Genauigkeit. Die Werte fallen in der Regel um etwa 0,1 bis 0,2% zu niedrig aus.

***Arbeitsvorschrift von* Dernbach *und* Mehlig.** Eine genaue Einwaage von etwa 0,1 g Hydrazoniumsulfat wird in 25 ml Wasser gelöst, bzw. 25 bis 35 ml einer etwa 0,1 n Lösung werden in einem 250 ml-Erlenmeyerkolben mit 10 ml einer 0,5 molaren Kaliumhexacyanoferrat(III)-lösung und anschließend mit 10 ml 6 n Natriumhydroxydlösung versetzt. Man schüttelt eine halbe Minute lang und läßt weitere 2 Minuten ruhig stehen. Hierauf setzt man 30 ml 6 n Salzsäure zu und verdünnt auf 100 ml. Man titriert mit 0,1 n Cer(IV)-ammoniumsulfatlösung, bis die grüne Farbe der Lösung eben verschwindet und die Mischung eine bräunliche Farbe annimmt. Der Farbumschlag wird deutlicher, wenn man einige Milliliter vor dem Äquivalenzpunkt 2 bis 3 Tropfen einer 0,5 molaren Eisen(III)-chloridlösung zusetzt.

Genauigkeit. Die Fehler sind nicht größer als 0,1%. Der Überschuß an Kaliumhexacyanoferrat(III)-lösung soll den Angaben möglichst entsprechen.

II. Maßanalytische Bestimmung mit Kupfer(II)-salzen. Die Oxydation von Hydrazin mit Kupfer(II)-salzen zu Stickstoff verläuft je nach dem Reaktionsbedingungen unter Reduktion zu Kupfer(I)-verbindungen oder metallischem Kupfer. Durch Anwendung eines größeren Überschusses an Kupfer(II)-salz trachtet man, die Reaktion nur bis zur Kupfer(I)-verbindung zu bringen. Man kann das Hydrazin mit Kupferoxyd im Rohr verbrennen oder nach Petersen mit Fehlingscher Lösung kochen.

Bray und Cuy empfehlen hierbei die Anwendung eines genügenden Überschusses an Kupfer(II)-salz und Alkali sowie vorheriges Auskochen der Luft aus der Lösung.

Arbeitsvorschrift. Man versetzt etwa 40 ml einer Kupfersulfat in etwa 60%igem Überschuß enthaltenden Lösung mit 10 ml einer 2 molaren Natriumkaliumtartrat-Lösung und 15 ml n Natriumhydroxydlösung. Man kocht zweckmäßig die Luft aus der Lösung und setzt bei höherer Temperatur die Hydrazinlösung zu. Man säuert mit Schwefelsäure an und bestimmt den Überschuß an Kupfer(II)-ion auf jodometrischem Weg durch Rücktitration.

Berechnung. 1 ml 0,1 n $Na_2S_2O_3$-Lösung entspricht 3,253 mg $N_2H_5 \cdot HSO_4$.

Die *Genauigkeit* ist nicht sehr groß; die Fehler liegen unter 1,8%.

Purgotti arbeitet bei Gegenwart von Natriumchlorid.

III. Titration mit Ammoniummetavanadat. Hofmann und Küspert verwenden Ammoniummetavanadat als Oxydationsmittel zur Bestimmung von Hydrazin und Hydroxylamin (s. dort S. 109). Beide Verbindungen werden dadurch zu Stickstoff oxydiert, während in schwefelsaurer Lösung teilweise Vanadin(IV)-sulfat sich bildet. Es kann sowohl der gebildete Stickstoff gasvolumetrisch gemessen als auch durch Titration der ausreagierten Lösung mit Kaliumpermanganat der Sauerstoffverbrauch bestimmt werden.

Herstellung der Vanadinsäurelösung. 10 g Ammoniummetavanadat (NH_4VO_3) werden unter Kühlung in 100 ml konz. Schwefelsäure gelöst und mit Wasser auf 1 l verdünnt.

Arbeitsvorschrift. Die Probe wird in verdünnter Schwefelsäure gelöst und langsam so viel Vanadinsäurelösung zugefügt, bis eine beständige Grünfärbung [eine Mischfarbe von blauem Vanadin(IV)-sulfat und überschüssigem Vanadat (V)] auftritt. Will man den entwickelten Stickstoff messen, so arbeitet man im Kohlendioxydstrom; andernfalls schützt ein Bunsenventil vor allzu starkem Luftzutritt. Nachdem die Reaktion etwa 20 min bei Zimmertemperatur zu Ende gegangen ist, erwärmt man einige Minuten auf 60°, wobei die Grünfärbung bestehenbleiben muß; andernfalls setzt man noch etwas Vanadinsäure zu. Man verdünnt mit Wasser und titriert in einer Porzellanschale mit 0,1 n Permanganatlösung auf Rosa.

Berechnung. 1 ml 0,1 n $KMnO_4$-Lösung entspricht 3,253 mg $N_2H_5 \cdot HSO_4$.

Die *Genauigkeit* der Permanganat-Titration beträgt etwa 1 bis 3%.

Bray und Cuy haben mit dem Verfahren eine Genauigkeit von etwa $\pm 0,5\%$ erreicht, konnten aber die letzten Fehlerquellen weder durch Variieren der Mengenverhältnisse noch durch Arbeiten im Kohlendioxydstrom noch durch Arbeiten bei Zimmertemperatur beseitigen.

Browne und Shetterly finden neben der Bildung von Stickstoff auch kleine Mengen Ammoniak und Stickstoffwasserstoffsäure.

IV. Titration mit Permanganat. Petersen hat festgestellt, daß die Reaktion von Hydrazin mit Kaliumpermanganat in 10%iger Schwefelsäure unter gleichzeitiger Bildung von Stickstoff und Ammoniumsulfat verläuft. Im Gegensatz dazu fanden Roberto und Roncali sowie Browne und Shetterly ausschließlich Stickstoffbildung.

Kolthoff schlägt ein Schnellverfahren (Raschig sowie Bach) zur Titration in salzsaurer Lösung bei Siedehitze vor.

Arbeitsvorschrift. Zu 25 ml einer etwa 0,1 n Hydrazoniumsulfatlösung werden 10 ml 4 n Salzsäure zugesetzt, die Mischung zum Sieden erhitzt und mit 0,1 n Kaliumpermanganatlösung bis zur Rosafärbung titriert. Die Farbe ist nur kurze Zeit beständig.

Houpt, Sherk und Browne lehnen das Verfahren ab.

Bessere Resultate erhält Kolthoff in alkalischer Lösung mit überschüssigem Permanganat (siehe auch Sabanejeff).

Arbeitsvorschrift. Zu 20 ml der etwa 0,1 n Hydrazoniumsulfatlösung werden 50 ml 0,1 n Kaliumpermanganatlösung und 10 ml 4 n Natriumhydroxydlösung zugesetzt. Nach $^1/_2$stündigem Stehen setzt man 1,5 g Kaliumjodid und 20 ml 4 n Schwefelsäure zu und titriert das in Freiheit gesetzte Jod mit 0,1 n Thiosulfatlösung. Die erhaltenen Werte stimmen innerhalb etwa 1 bis 2‰ mit der Theorie überein.

Penneman und Audrieth finden bei der Analyse technisch reiner Produkte von freiem Hydrazin mit alkalischer Permanganatlösung etwas größere Fehler von über 1%. Als Ursache führen sie die Unbeständigkeit alkalischer Hydrazinlösungen an.

Über elektrometrisch indizierte Permanganat-Titrationen bei Gegenwart von Kaliumjodid siehe Stelling.

4. Bestimmung von Ammoniak in Gegenwart von Hydrazin.

Pugh und Heyns weisen nach, daß bei gleichzeitiger Anwesenheit von Hydrazin Ammoniak weder zerstört noch neugebildet wird, wenn das Hydrazin in saurer Lösung mit Jodsäure, Brom oder Permanganat zerstört wird. Nach Zerstörung des Hydrazins kann das Ammoniak in der üblichen Weise aus alkalischer Lösung abdestilliert werden. Die Zerstörung des Hydrazins mit Jodsäure wird in etwa 3,5 n salzsaurer Lösung durch Zusatz von Kaliumjodat bis zur Entfärbung (Bildung von Jodmonochlorid) und durch Reduktion mit Zinn(II)-chlorid bis zur Entfärbung des zunächst gebildeten Jods durchgeführt.

Zur Zerstörung des Hydrazins mit Brom wird die saure Lösung mit Bromwasser im geringen Überschuß versetzt, das überschüssige Brom weggekocht oder mit Zinn(II)-chlorid reduziert. Die Zerstörung mit Permanganat kann unmittelbar im

Ammoniakdestillationsapparat erfolgen. Man setzt zunächst die für die nachfolgende Destillation genügende Menge Alkali zu, fügt einen Überschuß an Permaganatlösung zu und kann sofort das Ammoniak abdestillieren.

5. Bestimmung von Hydrazin, Hydroxylamin und Ammoniak nebeneinander nach GLEU.

Ammoniak läßt sich neben Hydroxylamin und Hydrazin am besten in der Weise bestimmen, daß man die Mischung in alkalische Wasserstoffperoxydlösung einfließen läßt und das übriggebliebene Ammoniak in vorgelegte, gemessene Salzsäure destilliert.

Hydroxylamin neben Hydrazin läßt sich durch Titan(III)-salzlösung titrieren, wobei Hydrazin nach STÄHLER nicht angegriffen wird. Ein Überschuß an Ti(III)-Ion wird durch Komplexbildung mit Ammoniumhydrogenfluorid unschädlich gemacht und hierauf das Hydrazin mit Jod titriert.

Die Titration des Hydroxylamins kann mit Ti(III)-chloridlösung genau so durchgeführt werden, als ob kein Hydrazin vorhanden wäre. Ein Überschuß an $TiCl_3$-Lösung darf aber nicht mit $KMnO_4$ zurückgenommen werden, da dieses auch mit Hydrazin reagieren würde, sondern wird in bekannter Weise mit eingestellter Eisen(III)-ammonsulfatlösung unter Zuhilfenahme von Ammoniumrhodanid als Indicator titriert. Zur Bestimmung des Hydrazins wird die zu analysierende, saure Lösung mit einem reichlichen Überschuß an festem Natriumhydrogencarbonat versetzt; hierauf läßt man aus einer Bürette eine etwa 0,1 n $TiCl_3$-Lösung unter dauerndem Umschütteln so lange einlaufen, bis sich eben eine Verfärbung in dem reinweißen Natriumhydrogencarbonat durch überschüssiges Ti(III)-Ion bemerkbar macht. Dieser geringe Überschuß wird durch Zusatz von festem Ammoniumbifluorid unschädlich gemacht nnd das Hydrazin mit Jod ohne Anwendung von Stärke bis zur Gelbfärbung titriert.

6. Colorimetrische Bestimmung kleiner Mengen Hydrazin.

I. Verfahren mit p-Dimethylaminobenzaldehyd (WATT und CRISP). Das bereits bei FEIGL beschriebene Hydrazinreagens p-Dimethylaminobenzaldehyd liefert nach PESEZ und PETIT in Gegenwart von Salzsäure und Äthylalkohol eine zur colorimetrischen Hydrazinbestimmung geeignete Gelbfärbung. WATT und CHRISP (a) haben die Bedingungen für eine spektrophotometrische Auswertung ausgearbeitet.

Die Absorptionsbande zeigt ein Maximum bei 458 mμ. Bei Hydrazinkonzentrationen bis zu 0,77 p.p.m. wird das BEERsche Gesetz befolgt; das optimale Konzentrationsgebiet ist 0,06 bis 0,47 p.p.m.

Die *Meßapparatur* ist ein BECKMAN-Spektrophotometer Modell DU; Corex-Zellen von 1,003 cm Durchmesser, Spaltweite 0,02 bis 0,10 mm.

Reagens: 0,4 g p-Dimethylaminobenzaldehyd werden in 20,0 ml Äthanol und 2,0 ml konz. Salzsäure gelöst.

Arbeitsvorschrift. Eine Probemenge, die nicht mehr als 25 μg Hydrazin enthalten soll, wird in 1 n Salzsäure gelöst, mit 10 ml Reagens versetzt und mit 1 n Salzsäure auf 25 ml aufgefüllt. Die Farbe wird nach 10 min stabil und ändert sich innerhalb 12 Std. nicht merklich.

Die Auswertung der Meßergebnisse erfolgt an Hand einer Eichkurve, die man mit Mengen von 0,02 bis 1,0 mg Hydrazin/l in genau der gleichen Weise wie oben beschrieben ausführt.

Zur Bestimmung von Hydrazin, Harnstoff und Semicarbazid nach WATT und CRISP nebeneinander wird zunächst das Hydrazin spektroskopisch mit p-Dimethylaminobenzaldehyd bei 458 mμ gemessen, ferner in einem anderen aliquoten Teil die Summe von Hydrazin und Semicarbazid durch Titration nach JAMIESON (S. 53) festgestellt. Der Gehalt an Harnstoff ergibt sich nach WATT und CRISP (b) aus der austitrierten Lösung nach Entfernung des Jodmonochlorids mit Thiosulfat,

Neutralisation mit Natronlauge, Ansäuern mit 2 bis 3 Tropfen n-Salzsäure, Abtrennung der wäßrigen Schicht, Auswaschen der Chloroformschicht mit 10 ml Wasser und Colorimetrieren der vereinigten wäßrigen Schichten mit p-Dimethylaminobenzaldehyd, welches mit Harnstoff eine gelbgrüne, bei 420 mμ spektrophotometrisch meßbare Färbung gibt.

Die *Genauigkeit* beträgt 2,7% bei 1% Genauigkeit der photometrischen Messung.

Störende Substanzen. Ammoniumsalze und Nitrate in bis zu 5000fachem Molverhältnis stören nicht, ebensowenig kleine Mengen von Harnstoff und Semicarbazid (weniger als die 100fache molare Menge, bezogen auf Hydrazin). Siehe auch WOOD, welcher Hydrazin aus Maleinsäurehydrazid enthaltenden, pflanzlichen und tierischen Materialien abspaltet und in analoger Weise colorimetrisch bestimmt (McKENNIS und YARD).

II. Verfahren mit Pikrylchlorid (RILEY). RILEY verwendet zur photometrischen Messung verdünnter Hydrazinlösungen (bis zu 10^{-5} molar) die Braunfärbung, welche mit Pikrylchlorid in Chloroformlösung auftritt und welche in ähnlicher Weise bereits von KULBERG und CHERKESOW angewandt worden ist. Das Absorptionsmaximum liegt bei 494 mμ.

Die *Meßapparatur* ist ein Unicam-Spektrophotometer SP 500 mit Zellen von 2 bis 75 mm Durchmesser.

Reagenzien. Pikrylchloridlösung: 0,5 g Pikrylchlorid werden in 15 ml Chloroform gelöst, die Lösung in einen 25 ml-Meßkolben filtriert und mit Chloroform zur Marke aufgefüllt.

Alkoholische Kaliumacetatlösung: 0,125 g wasserfreies Kaliumacetat werden in 250 ml absolutem Äthylalkohol gelöst.

Arbeitsvorschrift. 2,5 ml Lösung (Hydrazoniumsulfatlösung mit etwa 10 mg N_2H_4/l) werden in einem trockenen 25 ml-Meßkolben mit 1 ml der 2%igen Pikrylchloridlösung aus einer Mikrobürette versetzt, geschüttelt, nach mindestens 40 sec Stehens mit 5 ml alkoholischer Kaliumacetatlösung versetzt und mit absolutem Äthylalkohol auf 25 ml aufgefüllt. Man colorimetriert mit Licht von 494 mμ (bei sehr niedrigen Konzentrationen sowie bei Anwesenheit von Hydroxylamin bei 530 mμ) und bestimmt in gleicher Weise den Blindwert mit 2,5 ml destilliertem Wasser. Lösungen bis 12 mg Hydrazin werden in der 1 cm-Zelle, höher konzentrierte in der 2 mm-Zelle und verdünntere von 0,04 bis 1 mg/l in der 75 mm-Zelle gemessen. Die Auswertung erfolgt mit einer Meßkurve, die man sich mit Lösungen aus reinstem Hydrazoniumsulfat im Bereich von 1 bis 50 mg Hydrazin/l angefertigt hat. Beispielsweise beträgt die optische Dichte nach Abzug des Blindwertes bei 1 mg Hydrazin/l 0,067, bei 10 mg/l 0,650, bei 50 mg/l 3,414.

Die erzielbare *Genauigkeit* ist bei reinen Hydrazinlösungen sehr befriedigend.

Störungen. Chloride bewirken bereits in 0,1%iger Lösung eine merkliche Verminderung der optischen Dichte von bis zu 20%, weniger Nitrate und Sulfate. Hydroxylamin enthaltende Hydrazinlösungen werden mit Licht von 530 mμ gemessen, wobei die Absorption der entsprechenden Hydroxylaminverbindung weniger stört.

Gegenüber hydroxylaminfreien, bei 494 mμ gemessenen optischen Dichten sind die so erhaltenen optischen Dichten um etwa 20% niedriger (Tabelle siehe im Original).

Literatur.

BACH, R.: Ph. Ch. **9**, 254 (1892). — BRAY, W. C., u. E. J. CUY: Am. Soc. **46**, 874 (1924). — BREDIG, G., A. KOENIG u. O. H. WAGNER: Ph. Ch. A **139**, 214 (1928); durch C. **100**, **I**, 624 (1929). — BROWNE, A. W., u. F. F. SHETTERLY: Am. Soc. **29**, 1309 (1907).

CATTELAIN, E.: J. Pharm. Chim. (8) **2**, 388 (1925) — Ann. Falsific. **19**, 145 (1926) — Bl. (4) **39**, 1279 (1926). — CURTIUS, TH., u. H. SCHULZ: J. pr. (2) **42**, 525 (1890). — CUY, E. J., u. W. C. BRAY: Am. Soc. **46**, 1790 (1924).

DERNBACH, D. J., u. J. P. MEHLIG: Ind. eng. Chem. Anal. Edit. **14**, 58 (1942).

EBLER, E.: Z. anorg. Ch. **47**, 371 (1905).

GILBERT, C.: Am. Soc. **46**,265 (1924). — GLEU, K.: B. **61**, 702 (1928).

HALE, C. F., u. H. W. REDFIELD: Am. Soc. **33**, 1353 (1911). — HOFMANN, K. A., u. F. KÜSPERT: B. **31**, 64 (1898). — HOUPT, A. G., K. W. SHERK u. A. W. BROWNE: Ind. eng. Chem. Anal. Edit. **7**, 54 (1935). — HOVORKA, V.: Coll. Trav. chim. Tchécosl. **3**, 285 (1931); durch Fr. **91**, 364 (1933).

JAMIESON, G. S.: Am. J. Sci. (4) **33**, 352 (1912). — JOYNER, R. A.: Soc. **123**, 1115 (1923).

KOLTHOFF, I. M.: Am. Soc. **46**, 2014 (1924) — Pharm. Weekbl. **61**, 955 (1924). — KOMAROWSKY, A. S., W. F. FILONOWA u. I. M. KORENMAN: Fr. **96**, 321 (1934). — KOENIG, A., u. O. H. WAGNER: Ph. Ch. A **144**, 216 (1929); durch C. **101**, I, 2227 (1930). — KULBERG u. CHERKESOW: J. analyt. Chem. USSR **6**, 364 (1951). — KURTENACKER, A., u. H. KUBINA: Fr. **64**, 391 (1924). — KURTENACKER, A., u. J. WAGNER: Z. anorg. Ch. **120**, 261 (1922).

LANG, R.: Z. anorg. Ch. **142**, 280 (1925).

MCBRIDE, W. R., R. A. HENRY u. S. SKOLNIK: Anal. Chem. **23**, 890 (1951); **25**, 1042 (1953). — MCKENNIS, H., u. A. S. YARD: Anal. Chem. **26**, 1960 (1954). — MEDRI, L.: G. **36**, I, 373 (1906).

PENNEMAN, R. A., u. L. F. AUDRIETH: Anal. Chem. **20**, 1058 (1948). — PESEZ, M., u. A. PETIT: Bl. (5) **14**, 122 (1947); durch Fr. **129**, 403 (1949). — PETERSEN, J.: Z. anorg. Ch. **5**, 1 (1894). — PUGH, W., u. W. K. HEYNS: Analyst **78**, 177 (1953). — PURGOTTI, A.: G. **26**, II, 564 (1896).

RASCHIG, F.: Z. physik. chem. Unterricht **31**, 138 (1918); durch C. **89**, II, 1016 (1918). — RÂY, P. R., u. H. K. SEN: Z. anorg. Ch. **76**, 380 (1912). — RIEGLER, E.: Fr. **40**, 92 (1901). — RILEY, J. P.: Analyst **79**, 76 (1954). — RIMINI, E.: Atti Accad. Lincei (5) **12**, II, 376 (1903); **15**, II, 322 (1906) — G. **34**, I, 224 (1904). — ROBERTO, U., u. F. RONCALI: Ind. chimica **6**, 178 (1904). — RUPP, E.: J. pr. (2) **67**, 140 (1903).

SABANEJEFF, A.: Z. anorg. Ch. **20**, 21 (1899). — SCHWICKER, A.: Fr. **77**, 163 (1929). — SMITH, G. F., u. C. S. WILCOX: Ind. eng. Chem. Anal. Edit. **14**, 49 (1942). — STELLING, O.: Svensk kem. Tidskr. **45**, 5 (1933). — STEMPEL, B.: Fr. **91**, 412 (1933). — STOLLÉ, R.: J. pr. (2) **66**, 334 (1902). — SZEBELLÉDY, L., u. W. MADIS: Mikrochim. A. **2**, 57 (1937); durch Fr. **122**, 294 (1941).

THOMSEN, J.: Ph. Ch. **9**, 634 (1892).

WATT, C. W., u. J. D. CHRISP: (a) Anal. Chem. **24**, 2006 (1952) — (b) Anal. Chem. **26**, 452 (1954); durch Fr. **146**, 125 (1954). — WOOD, P. R.: Anal. Chem. **25**, 1879 (1953); durch Fr. **145**, 462 (1955).

D. Coulometrische Bestimmung von Hydrazin nach SZEBELLÉDY und SOMOGYI (a).

Prinzip. Die bromometrische Titration von Hydrazin nach der Gleichung:

$$3\,N_2H_4 + 2\,HBrO_3 = 2\,HBr + 3\,N_2 + 6\,H_2O$$

verwendet nach KURTENACKER und WAGNER die Oxydation des Hydrazins mit Br_2. Man titriert bei 60° in bromidhaltiger, 20%iger salzsaurer Lösung mit gestellter Bromatlösung. Als Indicator dient Indigo (Titration auf farblos).

Ebenso wenden SZEBELLÉDY und SOMOGYI (a) zur Oxydation des Hydrazins Brom an; jedoch erzeugen sie dieses durch Elektrolyse in der zu titrierenden Lösung. Die Reaktionsgleichung ist folgende:

$$N_2H_4 + 2\,Br_2 = 4\,HBr + N_2.$$

An der Anode entweicht N_2, da das dort aus salzsaurer Bromidlösung gebildete Brom mit Hydrazin nach obiger Gleichung reagiert. An der Kathode wird H_2 entwickelt, der die Reaktionsfolge nicht stört.

Man elektrolysiert bis zum Auftreten einer geringen Gelbfärbung der Lösung, die nach Oxydation des vorliegenden Hydrazins durch bereits überschüssiges Brom entsteht. Da das Auftreten dieser Färbung für die Äquivalenzpunktserfassung zu undeutlich ist, wird ein Überschuß an Br_2 mit 0,01 n $Na_2S_2O_3$-Lösung zurücktitriert. Damit beruht die Methode auf einer indirekten Titration und hat ihren Vorteil nur darin, daß die Zugabe an Br_2 auf elektrolytischem Wege äußerst genau ist, weil sie durch zwei in demselben Stromkreis geschaltete Silber-Coulometer bestimmt wird.

Apparatur. Als Apparatur wird die von SZEBELLÉDY und SOMOGYI (b) angegebene Zusammenstellung verwendet, die nun kurz beschrieben wird. Weitere Einzelheiten können in der erwähnten Literatur eingesehen werden. Die Schaltung ist in Abb. 19 dargestellt. Darin sind C_1 und C_2 zwei für Ag-Bestimmungen übliche Coulometer. Das Elektrolysiergefäß besteht zur Aufnahme der Probelösung aus einem etwa 150 bis 200 ml fassenden Becherglas, in welchem, mittels geeignetem Elektrolysenstativ befestigt, eine Pt-Netzelektrode E_1 und eine Pt-Spiralelektrode E_2 Platz finden, wobei letztere Elektrode gleichzeitig als Rührer betrieben werden kann. Zum Schließen und Öffnen des Stromes werden Schwachstromschalter (K_1 und K_2) verwendet. Als Stromquelle für die Elektrolyse dienen am besten 2 bis 3 Bleiakkumulatoren größerer Kapazität. Die Stromstärke wird zwischen 0 und 1 A durch Widerstände R_1 und R_2 reguliert. Zur Messung der Stromstärke dient ein eingebautes Amperemeter mit Shunt.

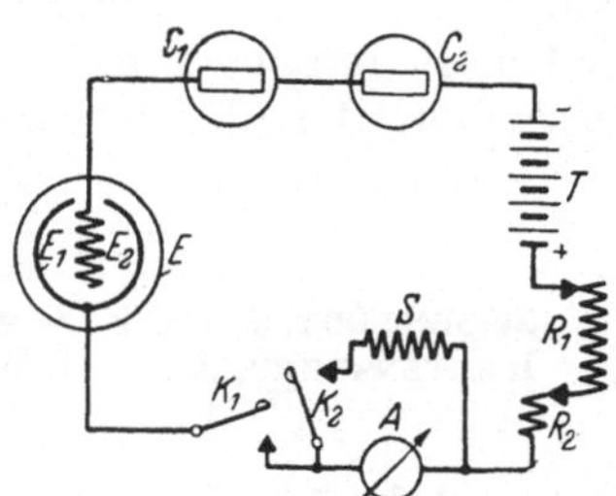

Abb. 19. Schaltskizze zur Bestimmung des Hydrazins nach SZEBELLÉDY und SOMOGYI.

Zur Einhaltung der Versuchstemperatur steht das Elektrolysiergefäß auf einer regelbaren elektrischen Heizplatte.

Reagenzien: „p. a.“ KBr, KJ, $AgNO_3$, konz. HCl;
0,01 n $Na_2S_2O_3$-Lösung;
Stärkelösung als Indicator.

Arbeitsvorschrift. Zunächst bereitet man die beiden in den Stromkreis geschalteten Coulometer so vor, daß man sie mit einer 15 bis 20% igen Lösung aus vollkommen analysenreinem Silbernitrat, das frei von HNO_3 sein muß, beschickt. Die Wägung der Pt-Coulometerschalen muß vorher erfolgt sein. Aus der $AgNO_3$-Lösung werden bei —4,4 V Spannung und 0,4 bis 0,6 A Stromstärke am besten 0,5 bis 1 g Ag abgeschieden. Hierfür müssen etwa 40 bis 80 mg N_2H_4 in der Probe vorliegen.

In ein 150 bis 250 ml-Becherglas bringt man die zu analysierende Hydrazoniumsalzlösung, fügt 1 bis 2 g „p. a.“ KBr und 25 ml konz. „p. a.“ HCl hinzu. Das Volumen soll schließlich etwa 120 ml betragen. Diese Lösung wird auf 60 bis 65° erwärmt und während der folgenden Elektrolyse mittels einer elektrischen Heizplatte auf dieser Temperatur gehalten. Nach Einhängen der Spiral-Rührkathode und der Netzanode wird man die Lösung gleichmäßig rühren; der Stromkreis wird geschlossen und die gewünschte Stromstärke eingeregelt. Nun elektrolysiert man bis zum Auftreten der ersten geringen, vom freiem Brom herrührenden Gelbfärbung. Man unterbricht den Stromkreis und behandelt die Coulometer-Schalen vorschriftsmäßig bis zur Wägung der abgeschiedenen Ag-Mengen. Die Probelösung wird in einen Titrierkolben gespült, etwa auf das doppelte Volumen mit destilliertem Wasser verdünnt; unter Zugabe von 1 g „p. a.“ KJ mit 0,01 n $Na_2S_2O_3$-Lösung und Stärke als Indicator wird der ursprünglich freie Bromüberschuß jodometrisch zurücktitriert. Vor der Titration soll die Lösung auf Zimmertemperatur abgekühlt werden.

Auswertung und Berechnung. Die aus den beiden Coulometern erhaltenen Ag-Gewichte werden gemittelt. Von diesem Wert wird eine den rücktitrierten Millilitern 0,01 n $Na_2S_2O_3$ äquivalente Ag-Menge abgezogen, wobei 1 ml 0,01 n $Na_2S_2O_3$ einer Menge von 1,07880 mg Ag entspricht. Nach der Grundreaktion von Hydrazin mit Brom ist das Äquivalentgewicht von Hydrazin gleich einem Viertel des Molekulargewichtes. Es entsprechen demnach:

$$107{,}880 \text{ mg Ag} \quad 8{,}012 \text{ mg } N_2H_4.$$

Genauigkeit. Obwohl es sich bei der Endpunktsermittlung beim coulometrischen Verfahren um eine indirekte Bestimmung handelt, sind die von den Autoren erhaltenen Ergebnisse in reinen Hydrazinlösungen sehr gut. Die relativen Fehler betragen etwa $\pm 0{,}02\%$ für Hydrazin bei maximal $\pm 0{,}01\%$ für die Ag-Bestimmung zur Ermittlung des äquivalenten Stromverbrauches bei der Elektrolyse. Die Ag-Korrekturen für die Rücktitration des Bromüberschusses können dabei unter 0,1% des Gesamtwertes gehalten werden.

Störungen. Die von den Autoren beschriebene Methode befaßt sich ausschließlich mit reinen Hydrazoniumsulfatlösungen. Allfällige Lösungspartner, die unter denselben Bedingungen elektrolytisch gespalten oder durch entstehendes Brom umgesetzt werden, dürfen bei obiger Analysenmethode nicht vorliegen.

Literatur.

Szebellédy, L., u. Z. Somogyi: (a) Fr. **112**, 391; (b) 313 (1938).
Kurtenacker, A., u. J. Wagner: Z. anorg. Ch. **120**, 261 (1922).

§ 6. Analyse der Stickstoffwasserstoffsäure und Azide.

Allgemeines. Einige für die Analyse wichtige Eigenschaften der Stickstoffwasserstoffsäure (HN_3) sind: Siedepunkt (760 mm) bei 37°; durchdringender Geruch, sehr giftig. Elektrolytische Dissoziationskonstante bei Zimmertemperatur $1{,}2 \cdot 10^{-5}$ (etwa wie Essigsäure). *Explosibilität:* sowohl die wasserfreie Säure als auch die Schwermetallazide explodieren leicht durch Schlag und Erwärmen. Die Alkali- und Erdalkalisalze verpuffen erst beim stärkeren Erhitzen über den Schmelzpunkt.

Infolge der relativ großen Zahl eindeutig und quantitativ verlaufender Reaktionen der Stickstoffwasserstoffsäure gibt es eine beträchtliche Anzahl genauer und zuverlässiger Bestimmungsmethoden. Neben weniger empfehlenswerten, auf der Schwerlöslichkeit des Silberazids beruhenden, gravimetrischen Verfahren und der Anwendung allgemeiner elementaranalytischer Methoden werden gasvolumetrische und vor allem maßanalytische Verfahren aus allen Teilgebieten der Maßanalyse verwendet. Hervorragende Chemiker wie u. a. Curtius, Raschig, Hofmann, neuerdings auch Feigl, haben sich um die Ausarbeitung von Analysenverfahren bemüht, weniger wegen der relativ geringen technischen Bedeutung dieser Körperklasse, sondern insbesondere wegen des valenz- und strukturchemischen Interesses, das die Stickstoffwasserstoffsäure und die von ihr sich ableitenden Derivate in Anspruch nehmen.

A. Stickstoff-Bestimmung nach Dumas.

Die elementaranalytische Stickstoffbestimmung nach dem klassischen Verfahren von Dumas (S. 12) ist bereits von Curtius und Rissom beschrieben worden. Hiernach können die Azide der Alkali- und Erdalkalimetalle gefahrlos über Kupferoxyd im Kohlendioxydstrom verbrannt werden.

Die sehr explosiven Silber- und Bleiazide können zwar in fein verteilter Form mit gepulvertem Bleichromat gemischt und in einem sehr langen Porzellanschiffchen verbrannt werden; jedoch treten hierbei gelegentlich Explosionen unter Zerschmetterung der Apparatur auf. Es empfiehlt sich daher, diese Bestimmung auf nassem Weg nach einer der weiter unten beschriebenen Methoden durchzuführen.

B. Stickstoff-Bestimmung nach Kjeldahl.

Auch in der Mikro-Kjeldahl-Apparatur lassen sich nach Pepkowitz Azide analysieren. Dabei ist aber festzuhalten, daß infolge Zersetzung nach der Bruttogleichung:

$$NaN_3 + H_2SO_4 + 2\,H = N_2 + NaNH_4SO_4$$

nur ein Drittel des Azidstickstoffs in Ammoniak verwandelbar ist, der Rest aber als elementarer Stickstoff entweicht. Das Verfahren leidet demnach von vornherein unter dem Nachteil eines ungünstigen Ausrechnungsfaktors, ist aber dafür auch im Mikromaßstab sowie mit Schwermetallaziden durchführbar.

Arbeitsvorschrift. 5 bis 10 mg Natriumazid bzw. 15 bis 20 mg Bleiazid werden auf einem kleinen Stückchen Zigarettenpapier von etwa 5 mm Seitenlänge gewogen und mit dem Papier in einem trockenen Reagensglas mit 3 Tropfen einer 33% igen Natriumthiosulfatlösung befeuchtet. Man setzt 1 ml konz. Schwefelsäure und 0,5 ml einer Lösung von 12 g Selenoxychlorid in 1 l konz. Schwefelsäure zu, mischt durch Umschwenken, erwärmt zunächst vorsichtig über einem Mikrobrenner bis zum Aufhören des Schäumens und kocht dann 10 bis 15 min, bis die Flüssigkeit klar und nicht mehr dunkel, sondern weinrot geworden ist. Man kühlt auf Zimmertemperatur, fügt 2 Tropfen 35% iger Perchlorsäure zu, ohne den Rand des Reagensglases damit zu benetzen und erwärmt vorsichtig, bis die Lösung farblos geworden ist. Hierauf kühlt man ab und verdünnt mit einigen Millilitern Wasser.

Hierauf wird die Mischung in der üblichen Weise alkalisiert und das Ammoniak in eine Vorlage destilliert, welche mit 2% iger Borsäurelösung beschickt ist. Die Titration erfolgt mit 0,05 n Salzsäure und Bromkresolgrün-Methylrotmischung als Indicator.

Bei der *Berechnung* ist zu berücksichtigen, daß nur $^1/_3$ des Azidstickstoffs in Ammoniak verwandelt wird. Naturgemäß wird sonstiger gebundener Stickstoff mit erfaßt. 1 ml 0,05 n HCl entspricht 2,15 mg N_3H.

Zur Bestimmung von anderweitig gebundenem Stickstoff neben Azid werden 10 mg Azid in einem Mikro-Platinschiffchen eingewogen, im Zersetzungsgefäß mit 1 ml einer gesättigten wäßrigen Lösung von Cer(IV)-sulfat übergossen, wobei der gesamte Azidstickstoff in elementarer Form in Freiheit gesetzt wird (S. 66). Man verdampft zur Trockne und führt den oben beschriebenen KJELDAHL-Aufschluß mit Ausnahme des Thiosulfatzusatzes durch.

Genauigkeit. Sowohl bei Natrium- als auch bei Bleiazid wurde ein mittlerer Fehler von etwa ± 1 bis 2% festgestellt.

C. Bestimmung über das Silberazid.

1. Gewichtsanalytische Bestimmung nach DENNIS und ISHAM.

Schon CURTIUS hat das schwerlösliche Silberazid (Tab. 3) zur gravimetrischen Bestimmung von Aziden benutzt. Später haben insbesondere DENNIS und ISHAM verschiedene Arbeitsweisen erprobt.

Tabelle 3. Löslichkeiten einiger Silbersalze.

Löslichkeit des Silberazids (g AgN_3 in 100 g Lösung) . . .	$7{,}7 \cdot 10^{-4}$ (25°)
Löslichkeit des Silberchlorids	$1{,}42 \cdot 10^{-4}$ (18°)
Löslichkeit des Silberbromids	$8{,}4 \cdot 10^{-6}$ (18°)

Wegen der Gefährlichkeit des trockenen Silberazides zieht man es vor, das gewaschene, feuchte Azid durch Abrauchen mit Salpetersäure und Fällen mit Salzsäure ins Chlorid zu verwandeln und dieses zu wägen.

DENNIS und ISHAM geben folgende

Arbeitsvorschrift. 10 ml Lösung, enthaltend etwa 0,03 g freie Stickstoffwasserstoffsäure, werden mit Kalilauge im geringen Überschuß versetzt, mit Salpetersäure (1 + 4) gegen Lackmus neutralisiert, 1 Tropfen Salpetersäure (1 + 100) als Überschuß zugesetzt, und es wird mit Silbernitrat gefällt. Noch besser setzt man zu der nötigen Menge Silbernitratlösung 0,3 g Natriumacetat zu, verdünnt mit Wasser, bis das Silberacetat in Lösung gegangen ist und fügt die schwach saure Azidlösung zu.

Das gefällte Silberazid wird mit Wasser durch Dekantieren silbernitratfrei gewaschen, der Niederschlag in heißer verdünnter Salpetersäure (1 + 4) gelöst, durch

Kochen die Stickstoffwasserstoffsäure vertrieben, mit überschüssiger Salzsäure das Silberchlorid gefällt, wie üblich gesammelt und gewogen.

Die erhaltenen Werte entsprechen genau der Theorie; g N_3H = g AgCl · 0,3002 (log 0,3002 = 0,47743 − 1).

2. Argentometrische Titration der Azide.

Allgemeines. Die maßanalytisch-argentometrische Azidbestimmung ist erstmalig von RUPE und KESSLER beschrieben.

Die Stickstoffwasserstoffsäure wird durch Destillation aus saurer Lösung abgetrennt (S. 66) und in vorgelegter titrierter Silbernitratlösung, die eine kleine Menge Natriumacetat zur Bindung der bei der Fällung frei werdenden Mineralsäure enthält, aufgefangen. Der Überschuß an Silbernitrat wird mit einem gemessenen Überschuß an 0,1 n Natriumchloridlösung entfernt und schließlich der Chlornatriumüberschuß bei Gegenwart von Kaliumchromat titriert.

Auch MAJRICH wendet das MOHRsche Verfahren zur Azidanalyse an. Er setzt zu der etwa 0,1 n Azidlösung in der Hitze etwas Kaliumchromat und titriert mit 0,1 n Silbernitrat bis zur schwachen Rotfärbung.

Berechnung. 1 ml 0,1 n NaCl entspricht 4,303 mg HN_3.

Die *Genauigkeit* beträgt mindestens 0,2%.

Soll Azid neben Chlorid bestimmt werden, so bestimmt man zunächst die Summe nach MOHR, entfernt hierauf in einer weiteren Probe die Stickstoffwasserstoffsäure durch Eindampfen mit verd. Salpetersäure und titriert das Chlorid für sich.

a) Bestimmung der Stickstoffwasserstoffsäure im Bleiazid (LUNGE-BERL). Zur Bestimmung der Stickstoffwasserstoffsäure im Bleiazid werden 0,5 bis 0,6 g Bleiazid in einem 250 ml-Meßkolben mit etwa 150 ml Wasser übergossen, und es werden 50 ml 2 n Salpetersäure zugefügt. Man bringt unter Schütteln in Lösung und setzt unter weiterem Schütteln genau 50 ml 0,1 n Silbernitratlösung zu. Ferner werden zur Abstumpfung der Acidität 10 ml 2 n Natriumacetatlösung zugefügt. Man füllt zur Marke auf und läßt 2 Std. stehen. Man filtriert durch ein trockenes Filter in einen trockenen Kolben, pipettiert 100 ml ab, setzt 10 ml verd. Salpetersäure sowie einige Tropfen Eisen(III)-ammoniumsulfatlösung zu und titriert mit 0,1 n Ammoniumrhodanidlösung.

b) Argentometrische Titration mit Adsorptionsindikatoren (HAUL und UHLEN). *Allgemeines.* Die argentometrische Titration der Stickstoffwasserstoffsäure kann, ähnlich wie dies bei den Halogen-Ionen üblich ist, auch mit Adsorptionsindicatoren zur Endpunktsbestimmung durchgeführt werden, wobei sowohl im Tageslicht als auch im UV-Licht titriert werden kann. Der an sich nicht sehr scharfe Umschlag kann durch Zusatz von Dextrin verbessert werden. Wichtig ist, daß die vorgeschriebene Menge Farbstoff zugesetzt wird.

α) Titration mit Fluorescein-Natrium im sichtbaren Licht. 10 ml der etwa 0,1 n Natriumazidlösung werden mit Dextrinlösung (Menge nicht angegeben), mit 0,07 ml einer 0,2%igen Lösung von Fluorescein-Natrium und mit 0,1 n Silbernitratlösung aus einer Bürette mit einer Ablesegenauigkeit von 0,01 ml versetzt. Im Äquivalenzpunkt beobachtet man eine Rosafärbung des Niederschlages.

Genauigkeit. Der mittlere Fehler der Einzelmessung beträgt bei reinem Natriumazid 0,1%. Die Bestimmung von Bleiazid ist auf die angegebene Weise nicht möglich.

β) Titration im ultravioletten Licht. Man verwendet basische Farbstoffe, wobei zunächst die Fluorescenzfarbe erlischt und im Äquivalenzpunkt wieder auftritt. Als UV-Lichtquelle dient eine Analysen-Quarzlampe.

Man legt wieder 10 ml etwa 0,1 n Natriumazidlösung vor, versetzt mit 0,54 ml 0,2%iger Trypaflavinlösung und titriert mit 0,1 n Silbernitratlösung bis zum Wiederauftreten der leuchtend grünen Fluorescenzfarbe.

Man kann auch 1,73 ml einer 0,2%igen Rhodamin-B-Lösung zusetzen und mit Silbernitrat bis zur orangeroten Fluorescenz titrieren oder mit 1,10 ml 0,2%iger Lösung von Rhodamin 6 G als Indicator bis zur leuchtend gelben Fluorescenz titrieren. Es kann auch im 0,01 n Konzentrationsbereich titriert werden; nur ist dann ein Bruchteil der oben angegebenen Indicatormenge zuzusetzen.

Der mittlere Fehler der Einzelmessungen von reinen Natriumazidlösungen beträgt 0,2%.

Zur Titration von reinem Bleiazid, das keine Schutzkolloide enthalten darf, werden 0,2 bis 0,3 g Bleiazid in 100 ml essigsaurer Natriumacetat-Pufferlösung vom p_H-Wert 5,9 gelöst und 20 ml der Lösung unter Zuhilfenahme von Rhodamin 6 G als Indicator mit 0,1 n Silbernitratlösung titriert.

D. Gasvolumetrische Methoden.

Allgemeines. Es gibt eine Reihe von Zersetzungsreaktionen der Azide unter quantitativer Entwicklung von elementarem Stickstoff. Von den auf dieser Basis beschriebenen gasvolumetrischen Verfahren dürfte die oxydative Zersetzung mit Cer(IV)-Ion wegen ihres raschen und quantitativen Verlaufes am vorteilhaftesten sein. Das mit Jod und Natriumthiosulfat arbeitende Verfahren von RASCHIG ist vor allem wegen der katalytischen Wirkung der Schwefelverbindungen von Interesse. Die Reaktion findet sich in der jodometrischen Bestimmung nach FEIGL und CHARGAFF wieder und wurde von FEIGL auch zu einem sehr empfindlichen Sulfidnachweis verwendet. Interessant ist auch die reduktive Zersetzung von Stickstoffwasserstoffsäure mit Jodwasserstoffsäure, wobei nur zwei Stickstoffatome als elementarer Stickstoff entweichen, das dritte aber in Ammonium-Ion umgewandelt wird. Die Reaktion entspricht derjenigen in konz. Schwefelsäure bei Gegenwart von Natriumthiosulfat (S. 62); das gebildete Ammoniumsalz läßt dementsprechend auch eine acidimetrische Bestimmung zu.

1. Arbeitsweise mit Jodwasserstoffsäure nach HOFMANN, HOCK und KIRMREUTHER.

HOFMANN, HOCK und KIRMREUTHER schlagen zur Zersetzung von anorganischen oder organischen Aziden Kochen mit konz. Jodwasserstoffsäure vor, wodurch eine reduktive Aufspaltung der Stickstoffwasserstoffsäure in Stickstoff und Ammonsalz im Sinne der Gleichung:

$$HN_3 + 3\,HJ = NH_4J + N_2 + J_2$$

erfolgt. Man kann sowohl den entweichenden Stickstoff auf gasvolumetrischem Wege als auch im Rückstand das gebildete Ammonsalz nach dem Alkalisieren durch Abdestillieren und Titration bestimmen.

Die *Apparatur* besteht aus einem kleinen Zersetzungskölbchen mit dreifach durchbohrtem Stopfen. Die Bohrungen tragen einen kleinen Tropftrichter, ein Gaszuleitungsrohr für luftfreies Kohlendioxyd und ein Gasableitungsrohr. Das Gasableitungsrohr ist an ein mit Kalilauge gefülltes Azotometer angeschlossen.

Arbeitsvorschrift. Das Zersetzungskölbchen wird mit 0,5 ml einer wäßrigen, etwa 0,2 g Stickstoffwasserstoffsäure entsprechenden Probenlösung beschickt. Man verdrängt die Luft durch luftfreies Kohlendioxyd, fügt durch den Tropftrichter, dessen Stiel zunächst mit Wasser gefüllt war, 15 ml konz. Jodwasserstoffsäure zu, läßt zunächst 5 min in der Kälte reagieren und vervollständigt die Zersetzung durch kurzes Aufkochen.

Berechnung. 1 ml N_2 unter Normalbedingungen entspricht 1,921 mg HN_3.

Der entwickelte Stickstoff entspricht 99% der Theorie.

Varianten. An Stelle der Jodwasserstoffsäure kann auch eine Lösung von 20 g Kaliumjodid in 20 ml Wasser und 40 ml rauchende Salzsäure verwendet werden.

Will man an Stelle oder neben der gasvolumetrischen Stickstoffbestimmung das gebildete Ammoniumsalz erfassen, so entfärbt man die Lösung zunächst mit Natriumsulfitlösung, führt sie in eine Ammoniakdestillationsapparatur über, macht mit Natronlauge alkalisch und treibt das Ammoniak in eine mit einem bekannten Volumen gestellter Säure beschickte Vorlage.

Das Verfahren ist besonders zur Analyse organischer Azide, insbesondere solcher der Carbamid- und Guanidinreihe von Interesse.

Berechnung. 1 ml 0,1 n HCl entspricht 4,303 mg HN_3.

2. Arbeitsweise mit Cer(IV)-salzen nach SOMMER und PINCAS.

Die Oxydation der Azide erfolgt mit Cer(IV)-salzen sowohl in neutraler als auch in saurer Lösung sehr rasch nach der Gleichung:

$$2\,N_3H + 2\,CeO_2 = 3\,N_2 + Ce_2O_3 + H_2O.$$

Die Reaktion verläuft auch in sehr verdünnten Lösungen rasch und vollständig.

Die *Apparatur* ist ein WAGNER-KNOOPsches Azotometer (Abb. 30, S. 124).

Als Gasentwicklungsgefäß dient ein 200 ml-LANGHALS-Stehkolben nebst einem etwa 30 ml großen birnenförmigen, mit einem Gummistopfen verschließbaren Glasansatz zur Aufnahme des festen Cer(IV)-salzes.

Arbeitsvorschrift. Man verwendet auf etwa 0,1 g Natriumazid etwa 2 bis 3 g Cer(IV)-salz [Cer(IV)-ammoniumnitrat; bei Anwesenheit von Kochsalz Cer(IV)-sulfat]. Bei Gegenwart freier Salzsäure muß zunächst mit überschüssigem Natriumacetat abgestumpft werden.

Nach der Füllung der Apparatur wird unter dem Wasser des Azotometers temperiert und hierauf das Cer(IV)-salz durch kräftiges Schütteln mit der Azidlösung vermischt. Die Reaktion verläuft in neutraler Lösung am flottesten, ist aber auch in essigsaurer oder mineralsaurer Lösung in 1 min beendet.

Genauigkeit. Praktisch theoretische Werte.

Das Verfahren ist auch von COPEMAN mit Erfolg angewendet worden.

Berechnung. 1 ml N_2 im Normalzustand entspricht 1,280 mg HN_3.

3. Arbeitsweise mit Jod nach RASCHIG.

Nach RASCHIG sind Jod- und Natriumazidlösungen nebeneinander beständig, reagieren aber sofort im Sinne der Gleichung:

$$2\,NaN_3 + 2\,J = 3\,N_2 + 2\,NaJ,$$

wenn katalytisch wirksame Mengen von Natriumthiosulfat oder Natriumsulfid anwesend sind.

Arbeitsvorschrift. Im Entwicklungsgefäß eines Azotometers wird eine neutrale oder essigsaure Azidlösung mit n Jodlösung im geringen Überschuß versetzt und die Zersetzung durch Zufügen eines erbsengroßen Kristalls von Natriumthiosulfat oder von reinem Natriumsulfid ($Na_2S \cdot 9\,H_2O$) in Gang gebracht. In verdünnten Azidlösungen (schwächer als 0,04 n) verläuft die Zersetzung sehr langsam.

Berechnung. 1 ml N_2 im Normalzustand entspricht 1,280 mg HN_3.

E. Maßanalytische Methoden.

1. Acidimetrische Titration nach CURTIUS und RISSOM.

Stickstoffwasserstoffsäure ist flüchtig und kann daher aus ihren Salzen mit Schwefelsäure ausgetrieben und im Destillat acidimetrisch titriert werden. Das erste diesbezügliche Verfahren ist von CURTIUS und RISSOM ausgearbeitet worden und wurde später von verschiedenen anderen Forschern modifiziert. Naturgemäß dürfen sonstige flüchtige Säuren nicht anwesend sein.

***Arbeitsvorschrift von* Curtius *und* Rissom.** In einen 300 ml-Fraktionierkolben, der oben einen Tropftrichter trägt und dessen Ablaufrohr mit einem langen Kühler samt Vorlage verbunden ist, werden etwa 0,5 g Azid genau eingewogen und die Vorlage mit einer genau gemessenen Menge überschüssiger 0,1 n Kalilauge beschickt. Hierauf fügt man durch den Tropftrichter einen geringen Überschuß von mit 150 ml Wasser verdünnter Schwefelsäure zu und destilliert bis auf einen Rückstand von 50 ml in die Vorlage. Man setzt noch weitere 50 ml Wasser durch den Tropftrichter zu und destilliert auch diese ab. Schließlich wird die Vorlage mit 0,1 n Salzsäure und Phenolphthalein als Indicator zurücktitriert.

Berechnung. 1 ml 0,1 n KOH entspricht 4,303 mg HN_3.

Die erhaltenen Werte sind bei Abwesenheit von flüchtigen Säuren, wie Nitrit oder Carbonat, sehr genau.

Varianten. Reith und Bouwman leiten während der Destillation kohlendioxydfreie Luft, Feigl und Chargaff Wasserdampf durch. West zersetzt die gewogene neutrale Azidmenge mit einer gemessenen Menge 0,1 n Schwefelsäure im Überschuß, kocht die freie Stickstoffwasserstoffsäure innerhalb 20 min weg, wobei die Giftigkeit der Dämpfe zu beachten ist, und titriert den Überschuß an Säure im Destillationsrückstand zurück. Naturgemäß werden auch bei diesem Verfahren die Alkalisalze sonstiger flüchtiger Säuren mitbestimmt.

2. Zersetzung mit Cer(IV)-salzen nach Martin.

Martin wendet einen gemessenen Überschuß an Cer(IV)-lösung an und titriert das restliche Cer(IV)-Ion auf jodometrischem Weg zurück. Die Reaktion verläuft sehr glatt und bedarf keines größeren Überschusses. Wegen der jodometrischen Rücktitration, bei welcher Cer(III)-Ion die Reaktion zwischen Sauerstoff und Jodid katalysiert, muß unter Luftabschluß gearbeitet werden. Vermutlich dürfte auch eine modernere und einfachere, oxydimetrische Rücktitrationsmethode geeigneter sein.

Herstellung der Lösungen. Die Cer(IV)-sulfatlösung wurde entweder durch Elektrolyse von Cer(III)-sulfat in 6 n Schwefelsäure oder durch Auflösen einer Paste von Cer(IV)-oxyd in konz. Schwefelsäure und Verdünnen auf 0,1 n hergestellt. Die Acidität war 2 n.

Arbeitsvorschrift. In einem 500 ml-Kolben mit Schliffstopfen wird zunächst die Luft durch Kohlendioxyd oder Stickstoff verdrängt. Man setzt die neutrale oder schwach basische Azidlösung entsprechend etwa 0,1 g Natriumazid an, fügt schnell eine gemessene überschüssige Menge der 0,1 n schwefelsauren Cer(IV)-sulfatlösung zu, verschließt, schüttelt kräftig um und läßt 5 min stehen. Hierauf setzt man einen Überschuß von Kaliumjodid zu und titriert das ausgeschiedene freie Jod mit Thiosulfat und Stärke zurück, wobei man die Luft durch Zufuhr inerter Gase fernhält. Man kann den Endpunkt noch genauer mit 0,01 n Thiosulfatlösung erfassen.

Berechnung. 1 ml 0,1 n Natriumthiosulfatlösung entspricht 4,303 mg HN_3 oder 6,502 mg NaN_3.

Die erhaltenen Werte sind auf fast 0,1% genau.

Ammoniumsalze stören nicht, wohl aber Hydrazin, welches seinerseits Ceratlösung verbraucht. Die Abtrennung der Stickstoffwasserstoffsäure von Hydrazin kann leicht durch Destillation aus saurer Lösung erfolgen.

3. Jodometrische Titration nach Feigl und Chargaff.

Die von Raschig gefundene und zur gasvolumetrischen Azidbestimmung verwertete Reaktion mit Jod in Gegenwart von Thiosulfat: $2\,NaN_3 + J_2 = 2\,NaJ + 3\,N_2$ wurde von Feigl und Chargaff jodometrisch ausgewertet. Als besonders geeigneten Katalysator finden sie Schwefelkohlenstoff.

Arbeitsvorschrift. In einem 500 ml-Kolben werden 0,5 ml Schwefelkohlenstoff, 6 bis 8 ml reinstes Aceton und ein mäßiger, genau gemessener Überschuß von 0,1 n Jodlösung vorgelegt. Ein Vorversuch, der die im Hauptversuch einzusetzende Jodmenge abzuschätzen gestattet, wird folgendermaßen durchgeführt: Zu einer gemessenen Azidmenge wird nach Zusatz von Schwefelkohlenstoff und Aceton unter Umschwenken so viel 0,1 n Jodlösung zugesetzt, bis eine Gelbfärbung bestehen bleibt, und dann bei der genauen Bestimmung ein Überschuß von 2 bis 3 ml angewendet. Man fügt die Azidlösung (0,02 bis 0,2 g Natriumazid) unter Umschütteln zu, verdünnt nach dem Aufhören der Stickstoffentwicklung (5 bis 10 min) mit 250 ml Wasser und titriert das unveränderte Jod mit 0,1 n As_2O_3-Lösung und Stärke als Indicator zurück. Der Jodüberschuß soll nicht mehr als 2 bis 3 ml Jodlösung betragen.

Berechnung. 1 ml 0,1 n As_2O_3-Lösung entspricht 4,303 mg HN_3 oder 6,502 mg NaN_3.

Die *Genauigkeit* beträgt etwa 0,2 bis 0,4%.

Nach diesem Verfahren können auch die in Wasser unlöslichen Azide bestimmt werden, soweit sie sich mit Kaliumjodid zu schwerer löslichen Jodiden und dem wasserlöslichen Kaliumazid umsetzen.

4. Titration mit Kaliumpermanganat.

Nach VAN DER MEULEN können Azide mit überschüssigem Permanganat rasch und vollständig zu Stickstoff oxydiert werden. Der Überschuß des Permanganats wird jodometrisch zurücktitriert. Die Reaktion befolgt die Gleichung:

$$2\,NaN_3 + O + 2\,H^+ = 2\,Na^+ + 3\,N_2 + H_2O.$$

Arbeitsvorschrift. In einem 200 ml-Erlenmeyerkolben werden 20 ml der etwa 0,1 normalen Natriumazidlösung mit 10 ml 5 n Schwefelsäure, genau 25 ml 0,1 n $KMnO_4$ und 5 ml einer sauren Mangan(II)-sulfatlösung, welche je ein Mol Schwefelsäure, Phosphorsäure und Mangan(II)-sulfat im Liter enthält, geschüttelt, bis die Gasentwicklung beendet ist, dann läßt man sie noch weitere 5 min unter gelegentlichem Schütteln stehen; der Überschuß des Permanganats wird nach Zusatz von Kaliumjodid mit 0,1 n Natriumthiosulfatlösung zurücktitriert.

Berechnung. 1 ml 0,1 n $KMnO_4$ entspricht 4,303 mg HN_3 oder 6,502 mg NaN_3.

5. Titration mit Nitriten.

Die rasche quantitative Zersetzung von Aziden mit Nitriten in saurer Lösung, entsprechend der Gleichung:

$$HN_3 + HNO_2 = N_2 + N_2O + H_2O,$$

kann nach REITH und BOUWMAN analytisch verwendet werden. Als Indicator dient Eisen(III)-Ion, welches mit Azid-Ion eine tiefrote Färbung ergibt.

Arbeitsvorschrift. 5 ml der etwa 150 bis 200 mg Stickstoffwasserstoffsäure enthaltenden Lösung werden mit 20 ml 10%iger Eisen(III)-chloridlösung sowie mit 10 ml 4 n Schwefelsäure versetzt und mit 1%iger Natriumnitritlösung titriert, bis die rotbraune Farbe des Eisen(III)-azids in die gelbe Farbe des Eisen(III)-chlorids umschlägt. Man vergleicht mit einer gleich starken Eisen(III)-chloridlösung.

Berechnung. 1 mg $NaNO_2$ entspricht 0,6237 mg HN_3 bzw. 0,9423 mg NaN_3.

F. Colorimetrische Bestimmung.

1. *Mit Nitriten nach* LEES.

Dieselbe Reaktion kann nach LEES zur colorimetrischen Bestimmung kleinster Mengen Azide dienen; die Farbschwächung, die 0,1 bis 0,3 Mikromol von Aziden bei Zusatz zu einer bekannten Menge diazotierten Nitrits vor der Kupplung mit α-Naphthylamin hervorrufen, verläuft stöchiometrisch und kann in der 4 cm- (25 ml-) Zelle gemessen werden.

2. *Mit Eisen(III)-chlorid nach* LABRUTO *und* RANDISI.

Die von LABRUTO und RANDISI beschriebene Bestimmung beruht ebenfalls auf der intensiv roten Farbe des Eisen(III)-azids und wird ähnlich wie die Rhodanidbestimmung mit Eisen(III)-chlorid durchgeführt. Als Vergleichslösung dient eine Stammlösung aus 1 ml 0,1 n Natriumazid, 1 ml Salzsäure (1 + 1) und 1,5 ml 0,1 n Eisen(III)-chloridlösung, die auf 100 ml aufgefüllt werden.

Das Verfahren ist für 0,01 n bis 0,1 n Azidlösungen brauchbar.

Literatur.

COPEMAN, D. A.: J. S. African chem. Inst. **10**, **II**, 18 (1927); durch C. **99**, **I**, 144 (1928). — CURTIUS, TH., u. J. RISSOM: J. pr. (2) **58**, 268 (1898); durch C. **69**, **II**, 1238 (1898).

DENNIS, L. M., u. H. ISHAM: Am. Soc. **29**, 18 (1907); durch C. **78**, **I**, 930 (1907).

FEIGL, F., u. E. CHARGAFF: Fr. **74**, 376 (1928).

HAUL, R., u. G. UHLEN: Fr. **129**, 21 (1949). — HOFMANN, K. A., H. HOCK u. H. KIRMREUTHER: A. **380**, 140 (1911).

LABRUTO, G., u. D. RANDISI: Ann. Chim. appl. **22**, 319 (1932); durch C. **103**, **II**, 1479 (1932). — LEES, H.: Biochem. J. Proc. **47**, 44 (1950); durch Fr. **134**, 434 (1951/52). — LUNGE-BERL: III, Industriemitteilung.

MAJRICH, A.: Chem. Obzor **5**, 3 (1930); durch C. **101**, **II**, 949 (1930). — MARTIN, J.: Am. Soc. **49**, 2133 (1927). — VAN DER MEULEN, J. H.: R. **67**, 600 (1948).

PEPKOWITZ, L. P.: Anal. Chem. **24**, 900 (1952).

RASCHIG, F.: Ch. Z. **1908**, 1203; durch B. **48**, 2088 (1915). — REITH, J. F., u. J. H. A. BOUWMAN: Pharm. Weekbl. **67**, 475 (1930); durch C. **101**, **II**, 2015 (1930). — RUPE, H., u. S. KESSLER: B. **42**, 4508 (1909).

SOMMER, F., u. H. PINCAS: B. **48**, 1963 (1915).

WEST, C. A.: Soc. **77**, 706 (1900).

§7. Analyse der Stickoxyde.

Allgemeines. Von Stickoxyden werden im vorliegenden das Distickoxyd oder Lachgas, das Stickoxyd, das Stickdioxyd sowie deren Mischungen behandelt. Diesen Gasen kommt wissenschaftlich sowie technisch hervorragendes Interesse zu. Während das Distickstoffoxyd in wieder zunehmendem Maße als Anaestheticum Verwendung findet, treten die beiden anderen Stickoxyde in den wichtigen Prozessen der Schwefelsäuregewinnung nach dem Kammer- bzw. Turmverfahren auf, wo sie an der Phasengrenzschicht als Sauerstoffüberträger wirken. In wesentlich höherer Konzentration treten Stickoxyd und Stickdioxyd bei der Herstellung der Salpetersäure durch Verbrennung von Ammoniak auf. In beiden Fällen ergaben sich zahlreiche und nicht immer leicht zu lösende analytische Probleme. Hierbei sei auch die Analyse von Abgasen dieser Prozesse erwähnt, ferner der Abgase aus Oxydations- und Nitrierungsprozessen mit Salpetersäure, Stickoxyde enthaltender Abgase bei der Herstellung und beim Gebrauch von Sprengstoffen sowie die Bestimmung kleinster Mengen Stickoxyde in technischen Gasen oder solcher, die auf irgendwelche Weise in die Atmosphäre gelangt sind.

Es liegt an dem engen, genetischen Zusammenhang der Stickoxyde, daß ihre Bestimmung als Einzelkomponenten in sonst nur andersartige inerte Gase enthaltenden Gemischen relativ selten vorkommt. In der Praxis hat man es meist mit ihrer Bestimmung in Gemischen aus zwei oder mehreren Stickoxyden, häufig in Gegenwart von Sauerstoff zu tun, wodurch die Analyse wesentlich erschwert wird.

Zusammenfassende Veröffentlichungen von KLEMENC und BUNZL; MOSER.

A. Analyse des Distickstoffoxyds.

Allgemeines. Distickstoffoxyd (Stickoxydul, Lachgas; engl. nitrous oxide; franz. protoxyde d'azote) besitzt die Formel N_2O; Molekulargewicht 44,016.

Physikalische Eigenschaften: Siedepunkt $-89°$, krit. Temp. $+36°$, krit. Druck 72 Atm.; Litergewicht (0°, 760 Torr) 1,9780 g; Wärmeleitfähigkeit $k = 3{,}7 \cdot 10^{-5}$ (10°) cal · grad^{-1} cm^{-1}sec^{-1}; Löslichkeit in Wasser: BUNSENscher Absorptionskoeffizient (das von 1 Volumen Lösungsmittel bei der angegebenen Temperatur aufgenommene, auf 760 Torr und 0° reduzierte Volumen N_2O bei dessen Partialdruck von 760 Torr)

Temperatur	10°	20°	25°
Wasser	0,88	0,63	0,54
2 n Kochsalzlösung	—	—	0,31
Äthylalkohol	3,5	3,0	—

Über die Löslichkeit in anderen Salzlösungen sowie in Säuren siehe MANCHOT, JAHRSTORFER und ZEPTER.

Distickstoffoxyd zeigt charakteristische Absorption im Ultraviolett und im Infrarot. Es ist diamagnetisch.

Distickstoffoxyd zeigt schwach süßlichen Geruch und Geschmack. Über seine physiologischen Eigenschaften als Narkoticum s. unten.

Bemerkenswert und für die Analyse wichtig ist die relativ hohe Löslichkeit in Wasser sowie in Alkohol. Sie muß immer berücksichtigt werden, wenn bei der Analyse eines Gasgemisches, welches Distickstoffoxyd enthält, vor dessen Bestimmung andere Gase bestimmt und entfernt werden sollen. Dies darf dann nie mit Absorptionsmitteln in verd. wäßriger Lösung geschehen, sondern unter möglichstem Ausschluß von Wasser (z. B. mit Ätzkali oder weißem Phosphor über Quecksilber).

Andererseits läßt sich die Löslichkeit in Wasser unmittelbar zur Bestimmung des Distickstoffoxyds nach Trennung von in Wasser schwerer löslichen Gasen (Stickstoff und Sauerstoff) verwerten.

Auf Grund seines relativ niedrigen Dampfdruckes bei tiefen Temperaturen läßt es sich durch Ausfrieren von Gasen mit wesentlich tieferem Siedepunkt (Stickstoff, Sauerstoff, Wasserstoff) trennen; ferner ist eine Trennung mit Hilfe der Gaschromatographie möglich.

Zur Bestimmung des Distickstoffoxyds eignen sich auch die Messung der Infrarotabsorption, die für dieses Gas charakteristisch ist, sowie massenspektrometrische Methoden.

Weniger ausgeprägt und für die Analyse verwertbar sind die *chemischen* Eigenschaften des Distickstoffoxyds. Obwohl es an sich eine endotherme Verbindung darstellt, deren Zerfall unter Umständen explosiven Charakter annehmen kann, ist es bei normaler Temperatur gegen die meisten chemischen Reagenzien beständig. Bei Weißglut zerfällt es in Stickstoff und Sauerstoff; mit Wasserstoff zur Explosion gebracht oder bei Anwesenheit von Edelmetallkatalysatoren erhitzt, bildet es Stickstoff und Wasserdampf.

Für die chemische Technik hat Distickstoffoxyd nur geringes Interesse. Um so wichtiger ist es als Inhalations-Narkotikum in der Medizin. Es wird heute wieder sehr viel in der zahnärztlichen Praxis, aber auch bei größeren Operationen verwendet, so daß sowohl die Analyse des in Stahlflaschen gehandelten Reingases als auch die Bestimmung in der Atemluft sowie im Blut Interesse hat.

Eine interessante Verwendung hat das Distickstoffoxyd neuerdings in der Praxis der Lebensmittel gefunden. In feiner Verteilung in Süßrahm eingeleitet, bildet es einen Schlagobers (Schlagsahne), welcher wesentlich haltbarer als die mit Luft in der üblichen Weise gewonnene Ware ist. Diese Verwendung ist dadurch ermöglicht, daß es geruch- und geschmacklos ist und in derart geringen Mengen auch nicht narkotisch wirkt.

Die Herstellung des Distickstoffoxyds erfolgt meist durch Zersetzen von Ammoniumnitratschmelzen; jedoch ist auch die Gewinnung durch Verbrennen von Ammoniak bei tieferen Temperaturen beschrieben.

Zusammenfassende Arbeiten zur Analyse s. MENZEL und KRETZSCHMAR.

1. Bestimmung durch Kondensation.

Allgemeines. Schon HEMPEL reicherte Distickstoffoxyd aus den Kammergasen der Schwefelsäureerzeugung zunächst durch Ausfrieren an.

Wenn Distickstoffoxyd das einzige leichter kondensierbare Gas in einer Probe ist, kann der Gehalt an schwer kondensierbaren Bestandteilen verhältnismäßig leicht durch Volumenmessung des unkondensierten Anteiles festgestellt werden. Nach dieser Methode, welche zur Untersuchung von Lachgas in Stahlflaschen erstmals von BURRELL und ROBERTSON sowie von BURRELL und JONES beschrieben wurde, wird gegenwärtig auch laut US Pharmakopöe XIV gearbeitet. (Vgl. auch BENNETT; INGLIS (Bestimmung in Bleikammergasen); LIND und BARDWELL; CHAPMAN, GOODMAN und SHEPHERD.]

I. Arbeitsweise von BURRELL und JONES. ***Arbeitsvorschrift.*** Die Apparatur ist aus der Abb. 20 ersichtlich. Der Apparat wird zunächst mit Hilfe einer TÖPLER-Pumpe evakuiert und hierauf die Lachgasprobe bei Atmosphärendruck eingeführt. Hierauf wird der Kolben A in ein mit flüssiger Luft gefülltes DEWAR-Gefäß getaucht. Nach 10 min werden die unkondensierten Gase (Stickstoff und Sauerstoff) mit der Pumpe abgezogen und gemessen. Der Dampfdruck des Distickoxyds ist bei $-144{,}1^\circ$ C nur 1 mm, somit bei der Temperatur der flüssigen Luft zu vernachlässigen. Hierauf wird der Kolben in eine Mischung aus festem Kohlendioxyd und Aceton getaucht, welche eine Temperatur von -78° liefert. Nach 10 min wird das Distickoxyd mit der Pumpe abgezogen und gemessen. Da der normale Siedepunkt des Distickoxyds bei $-88{,}7^\circ$ liegt, kann dieses Gas leicht von Wasser getrennt werden, welches als Eis im Kolben A verbleibt; sein Dampfdruck kann am Manometer abgelesen werden.

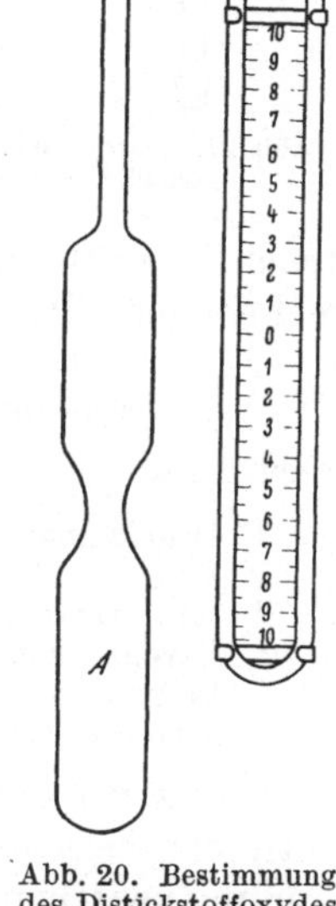

Abb. 20. Bestimmung des Distickstoffoxydes nach BURRELL und JONES.

Die Übereinstimmung von Parallelbestimmungen ist sehr gut ($\pm 0{,}3\%$).

II. Vorschrift der US Pharmakopöe XIV. Der *Apparat* (Abb. 21) besteht aus einer Gasbürette mit angeschlossenem Kondensationskolben und Manometer.

Die Gasbürette besteht aus einem erweiterten Teil, an dessen oberem und unterem Ende je ein Glasrohr von 8 mm lichter Weite, in Zehntelmilliliter geteilt, angeschlossen ist. Das obere Rohr, das zu einem 2-Weg-Capillarhahn führt, faßt mindestens 5 ml. Die Kalibrierung hat den Teilstrich 100 ml beim Hahn; die Nullmarke befindet sich im unteren Meßrohr, an welchem mittels Druckschlauchs ein Niveaukolben angeschlossen ist.

Eine Öffnung des 2-Weghahnes ist unmittelbar über ein 4-Weg-Verbindungsstück aus Capillarrohren mit dem Kondensationsrohr C von etwa 60 ml Inhalt, der genau ausgemessen wird, verbunden. M ist ein Quecksilbermanometer aus Glasrohr von 5 mm lichter Weite und einer in Millimetern geteilten Skala. Die Hähne müssen hochvakuumdicht sein.

Arbeitsvorschrift. Man schließt beide Hähne und taucht den Kondensationskolben in flüssigen Stickstoff, Sauerstoff oder flüssige Luft bis zur Verbindungsstelle des Gefäßes mit dem angesetzten Rohr. Das Manometer soll fast momentan ein konstantes Niveau entsprechend dem Gleichgewichtszustand annehmen.

Man wählt einen bestimmten Druck als Normaldruck (50 mm ist ausreichend) und stellt diesen Druck auf $\pm 0{,}5$ mm (Handlupe) durch Zufügen oder Entfernung von Luft durch die Bürette mit Hilfe des Niveaugefäßes ein. Die Apparatur muß so gasdicht sein, daß der Druck einige Minuten bestehen bleibt. Man stellt vermittels Hahn A Verbindung mit der Außenluft her und füllt Bürette und Capillare A durch Heben des Niveaurohres vollständig mit Quecksilber, schließt den Hahn und hebt das Niveaurohr geringfügig über die Bürette. Man verbindet A mit der leicht geöffneten Distickstoffoxydquelle (Stahlflasche), füllt etwas mehr als 100 ml Gas in die Bürette und stellt auf genau 100 ml ($\pm 0{,}1$ ml) ein.

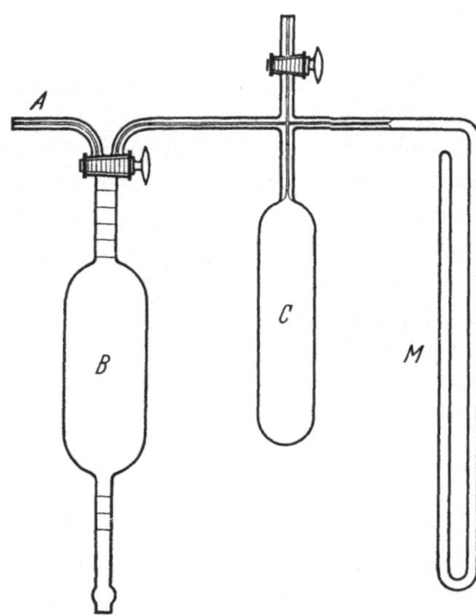

Abb. 21. Bestimmung des Distickstoffoxyds gemäß US Pharmakopöe XIV.

Hierauf verbindet man mittels des Bürettenhahnes mit dem Kondensationsrohr C und läßt das Quecksilber bis zum Hahn steigen. Man läßt 15 bis 20 sec lang vollständig kondensieren und liest hierauf den Druck am Manometer ab. Man bestimmt die Druckdifferenz in mm Hg zwischen dem Enddruck und ursprünglichen Standarddruck, den Barometerstand der Außenluft sowie die Raumtemperatur und berechnet den Prozentgehalt des unkondensierbaren Gases nach folgender Formel:

$$\%\ \text{unkondensierbarer Gase im Distickstoffoxyd} = \frac{100\, P V T_1}{P_1 V_1 T}$$

hierbei ist

P Druckzunahme, in mm Hg;
V Volumen des Kondensationsgefäßes, in ml;
T_1 Raumtemperatur (absolut);
P_1 Barometerstand, in mm Hg;
V_1 Volumen des zu analysierenden Distickstoffoxyds, in Millilitern;
T absolute Temperatur des Bades (fl. Luft, N_2 oder O_2).

Man kann zur Kontrolle auch das Volumen des unkondensierten Anteiles unmittelbar bestimmen, indem man nach Ablesung des endgültigen Druckes Verbindung zwischen Kondensationsgefäß und Bürette herstellt, mit Hilfe des Niveaugefäßes auf den ursprünglichen Standarddruck einstellt, den Hahn schließt und das Volumen des Gasrestes in der Bürette bei Atmosphärendruck abliest. Nach etwa je 10 Bestimmungen öffnet man den Hahn über dem 4-Weg-Verbindungsstück und läßt das angesammelte flüssige Distickstoffoxyd verdampfen.

2. Bestimmung nach der Auswaschmethode. Arbeitsweise von Chaney und Lombard.

Die relativ hohe Löslichkeit des Distickstoffoxyds in Wasser ermöglicht eine experimentell sehr einfache Bestimmung in Mischung mit Gasen, die in Wasser wesentlich weniger löslich sind. Nachdem schon früher Lunge ein Auswaschverfahren mit Äthylalkohol angegeben hatte, hat Bennett die Methode der Auswaschung mit Wasser vorgeschlagen. Chaney und Lombard haben ihm eine apparativ handliche Form gegeben, in der es auch von der ehemaligen I.G. Farbenindustrie zur Gehaltsprüfung von Lachgas angewandt worden ist. Das zum Auswaschen verwendete Wasser wird nach BENNETT durch Auskochen im Vakuum luftfrei gemacht; nach CHANEY und LOMBARD läßt man mit kohlendioxydfreier Luft gesättigtes Wasser durchfließen und wendet einen Korrektionsfaktor an, der den Austritt von Luft aus dem Wasser in die Gasphase berücksichtigt.

Die *Apparatur* (Abb. 22) besteht aus einer Meßbürette mit Graduierung im oberen und unteren verengten Teil; die Hähne gestatten einerseits eine Volumeneinstellung mit Quecksilber, andererseits den kontinuierlichen Durchlauf des Waschwassers.

Arbeitsvorschrift. Die Bürette (Abb. 22) wird mit dem zu prüfenden Gas gefüllt, durch Quecksilberzulauf auf die Marke 10 ml eingestellt und mit Hahn H_1 auf Atmosphärendruck eingestellt. Vorher hat man einen Vorrat von ausgekochtem Wasser bei derselben Raumtemperatur, bei welcher die Analyse vorgenommen wird, mit kohlendioxydfreier Luft gesättigt.

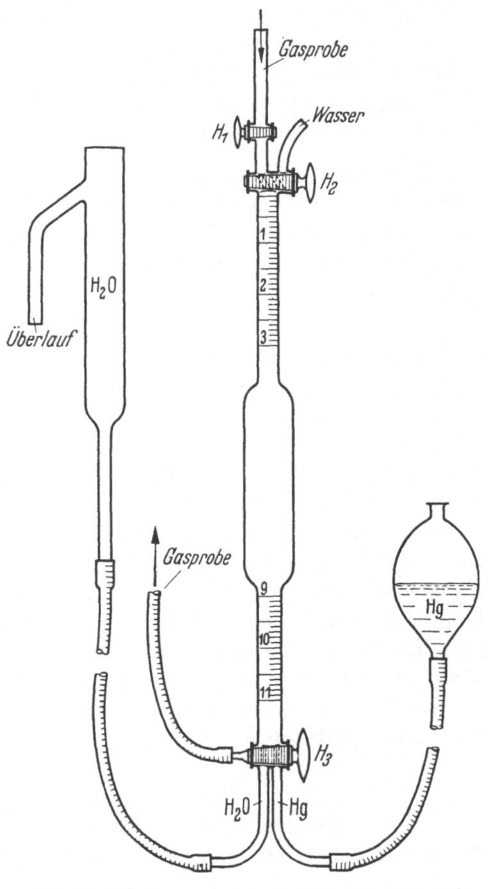

Abb. 22. Bestimmung des Distickstoffoxydes nach CHANEY und LOMBARD.

Man läßt nun das Quecksilber aus der Lachgasbürette über Hahn H_3 austreten, läßt durch Öffnen von H_2 das ausgekochte Wasser eintreten und durch entsprechende Stellung von H_3 über das Überlaufgefäß austreten. Man reguliert H_2 und H_3 derart, daß 10 bis 30 ml Wasser in der Minute aus dem Überlauf in einen daruntergestellten Meßcylinder austreten. In etwa 5 bis 10 min ist das Distickstoffoxyd vollständig ausgewaschen, was am Konstantbleiben der Höhe der Wassersäule in der Bürette zu erkennen ist; man liest das Volumen des Restgases unter Benützung des Überlaufes als Niveaugefäß ab. Der errechnete Inhalt von Distickstoffoxyd wird mit einem Korrekturfaktor 1,032 (für Temperaturen zwischen 20 und 26° während der Luftsättigung) multipliziert, welcher der durch das Distickstoffoxyd aus dem Wasser verdrängten Luft entsprechen soll.

Genauigkeit. CHANEY und LOMBARD finden in Mischungen von 75 bis 95% Distickstoffoxyd mit Luft um etwa 0,4% zu niedrige Werte. Wenn als Verunreinigungen der Lachgasprobe vorwiegend nur Stickstoff oder nur Sauerstoff vorhanden sind, so kann man etwa die gleiche Genauigkeit erzielen, falls man das Waschwasser nur mit dem betreffenden Gas sättigt. Andernfalls werden die Fehler etwas größer (etwa 1 bis 2%); der Korrektionsfaktor beträgt für mit Sauerstoff gesättigtes Wasser 1,055.

Die von LUNGE empfohlene Verwendung von Alkohol als Lösungsmittel ergibt gegenüber Wasser keine besonderen Vorteile (siehe dagegen KRANTZ, REINDOLLAR und CARR; CHANEY; BASKERVILLE und STEVENSON; ferner MANCHOT und LEHMANN; BENNETT.

3. Gewichts- und maßanalytische Methoden.

Allgemeines. Wegen ihrer geringen Spezifität (sonstige Stickoxyde und Sauerstoff werden mitbestimmt) haben die Methoden kaum größere Bedeutung.

I. Überleiten über glühende Metalle. Beim Überleiten von Distickstoffoxyd über eine gewogene Eisenspirale bei Rotglut wird jenes in Stickstoff und Sauerstoff gespalten, wobei letzterer von Eisen gebunden und als Gewichtszunahme festgestellt wird (BUFF und HOFMANN; GUYE und BOGDAN; JAQUEROD und BOGDAN).

BASKERVILLE und STEVENSON leiten Distickstoffoxyd im Gemisch mit Wasserstoff über eine frisch reduzierte Kupferspirale in einem kleinen Verbrennungsrohr bei Rotglut und fangen das gebildete Wasser in einem gewogenen Calciumchloridrohr auf (siehe auch BENNETT).

II. Überleiten über glühende Oxyde. WAGNER schlägt vor, Distickstoffoxyd über ein glühendes Gemisch von Chrom(III)-oxyd (Cr_2O_3) und Soda, selbstverständlich unter Ausschluß von Luft, zu leiten. Der aus dem Distickstoffoxyd abgespaltene Sauerstoff liefert Natriumchromat, welches in der üblichen Weise jodometrisch bestimmt wird.

4. Bestimmung durch thermische Zersetzung.

Nach WINKLER kann die thermische Zersetzung des Distickstoffoxyds in einer Capillare erfolgen, welche einen elektrisch beheizten Palladiumdraht enthält. Das Volumen vermehrt sich um das halbe Volumen des vorhandenen Distickstoffoxyds.

Zur vollständigen Zersetzung genügt nach MENZEL und KRETZSCHMAR Rotglut noch nicht, sondern es ist Gelb- bis Weißglut erforderlich. Schon BERTHELOT sowie LUNGE beobachteten, daß bei höheren Distickoxydkonzentrationen nur 60% zersetzt werden und daß daneben immer braune Dämpfe von Stickstoffdioxyd entstehen; für niedrige Konzentrationen bis zu 10% N_2O neben Stickstoff oder Sauerstoff sind nach MENZEL und KRETZSCHMAR einigermaßen brauchbare Resultate erhältlich (siehe auch CHAPMAN, GOODMAN und SHEPHERD; KEMP). Bei niedrigen Konzentrationen an Distickstoffoxyd kann die Zersetzung auch durch eine Knallgasexplosion ausgelöst werden (MENZEL und KRETZSCHMAR).

Ein Verfahren durch Zersetzung mit elektrischen Funken ist von v. NAGEL vorgeschlagen worden.

5. Bestimmung durch Reaktion mit Wasserstoff.

I. Explosionsmethoden. Distickstoffoxyd reagiert bei hohen Temperaturen mit Wasserstoff entsprechend der Gleichung:

$$N_2O + H_2 = N_2 + H_2O.$$

Die nach Kondensation des Wasserdampfes eingetretene Volumenverminderung der Mischung entspricht dem vorhandenen Volumen Distickstoffoxyd.

Diese Reaktion wurde erstmals bereits von DAVY (1800) zur Analyse verwendet und später von BUNSEN in der Richtung entwickelt, daß er die Probe in Mischung mit überschüssigem Wasserstoff elektrisch zündete. Das Verfahren wurde auch von HEMPEL (a) eingehend untersucht und beschrieben.

Man mischt etwa 2- bis 3mal soviel Wasserstoff zu, als Distickstoffoxyd vorhanden ist. Wenn weniger Wasserstoff zugemischt wird, z. B. im Verhältnis 1 : 1,16, ist die Explosion zu heftig, während sie im Volumenverhältnis 1 : 4,6 überhaupt nicht eintritt. Enthält die Probe von vornherein Stickstoff, so wird der Wasserstoffzusatz niedriger dosiert; bei einer Mischung von $N_2O : N_2 = 1 : 1$ betrage das Verhältnis von $N_2O : H_2 = 1 : 1{,}6$. Vorhandener Sauerstoff wird vorher mit Phosphor bei Anwesenheit von möglichst wenig Wasser entfernt, was am besten nach MENZEL und KRETZSCHMAR in einer Phosphorpipette mit Quecksilber als Sperrflüssigkeit geschieht.

Wenn infolge der Zusammensetzung der Probe mit Wasserstoff allein keine Explosion erfolgt, mischt man nach dem Vorschlag von BUNSEN elektrolytisch erzeugtes Knallgas zu (nach HEMPEL sollen auf 100 Volumina nicht brennbarer Gase zwischen 26 bis 64 Volumina brennbarer kommen).

Das Verfahren liefert nach MENZEL und KRETZSCHMAR in Gasen mit einem Gehalt an Distickoxyd zwischen 0,4 und 100% sehr gute Werte (Fehler nicht über 0,1 ml). Siehe auch BOOTHBY und SANDIFORD; THOMSEN; LUNGE; SIEBECK; MANCHOT, JAHRSTORFER und ZEPTER; HEMPEL; LECHARTIER; DUMREICHER; HAGENBACH; W. R. SMITH; SAUNDERS; RICHARDSON und WOODHOUSE; LIND und BARDWELL; VAN ARKEL und BEEK; BASKERVILLE und STEVENSON.

II. Methoden der katalytischen Reduktion. *Allgemeines.* Statt eine Mischung von Distickoxyd mit Wasserstoff durch Explosion zur Reaktion zu bringen, kann die Reaktion auch durch Überleiten über glühende Metalle, z. B. in der DREHSCHMIDTschen Platincapillare oder in einer von außen beheizten, platingefüllten Quarzcapillare oder am elektrisch geheizten Platindraht, durchgeführt werden.

a) Arbeitsweise von MENZEL und KRETSCHMAR. In die Quarzcapillare wird feiner Platindraht von 0,1 mm Durchmesser eingeschoben. Das Volumen des zuzumischenden Wasserstoffs kann in weiten Grenzen schwanken, bei reinem Distickstoffoxyd z. B. zwischen dem 1,7- bis 9,8fachen Volumen des Distickstoffoxyds; ein Knallgaszusatz ist nicht nötig. Man läßt das Gas 2mal über die Capillare passieren, wobei man die Capillare etwa auf 500° heizt und den ersten Durchgang wegen der starken Wärmeentwicklung und der hierbei gegebenen Gefahr von Nebenreaktionen möglichst langsam vollzieht.

Die *Genauigkeit* beträgt etwa $\pm 0{,}1$ ml.

Die Verbrennung von Distickstoffoxyd mit Wasserstoff im mikrogasanalytischen Maßstab ist von SMITH und LEIGHTON beschrieben. Gleichzeitig vorhandenes Ammoniak kann mit Monochloressigsäure absorbiert werden, ohne daß Distickoxyd hierbei verlorengeht. Siehe auch BLACET und VOLMAN; ferner: DREHSCHMIDT; KNORRE und ARNDT; WINKLER; KROGH und LINDHARD; MILLIGAN; CHAPMAN, GOODMAN und SHEPHERD; KEMP; MONTEMARTINI; HEMPEL (c).

b) Arbeitsweise von KOBE und MCDONALD. KOBE und MCDONALD verwenden einen bei der Silicagelgesellschaft käuflichen Silicagelkatalysator mit 0,125% Platin, womit die Reduktion bei 515° C mit einem beschränkten Überschuß an Wasserstoff durchführbar ist, wobei das Gas je sechsmal über den Katalysator hin- und hergeschickt wird. Ein Wasserstoff-Distickoxyd-Gasgemisch von nach der Explosionsmethode bestimmtem N_2O-Gehalt von 33,7% zeigte denselben Gehalt nach der beschriebenen Methode an.

MORRIS und DAVIDSON haben im BURRELL-Gasanalysenapparat für katalytische Gasreaktionen das 2- bis 2,5fache Wasserstoffvolumen gegenüber dem vorhandenen Distickstoffoxyd angewandt. Das Gas wurde 3mal mit einer Geschwindigkeit von je 25 ml/min übergeleitet; es wurden zufriedenstellende Ergebnisse erzielt.

6. Reduktion mit Kohlenoxyd.

Die Reduktion des Distickstoffoxyds kann auch mit Kohlenoxyd gemäß der Gleichung:

$$N_2O + CO = N_2 + CO_2$$

gasanalytisch verwertet werden. Man wendet Kohlenoxyd im 7fachen Überschuß an, bewirkt die Reaktion durch elektrischen Funken oder in der DREHSCHMITDschen Platincapillare und absorbiert das gebildete Kohlendioxyd mit Kalilauge. Die gemessene Volumenkontraktion entspricht dem vorhandenen Distickstoffoxyd (HENRY; KEMP; POLLAK; V. NAGEL).

7. Abtrennung mit Hilfe der Gaschromatographie.

Das als Gaschromatographie bezeichnete Verfahren zur Trennung von Gasen und Dämpfen durch Überleiten über relativ große Oberflächen von Adsorbentien oder absorbierenden nichtflüchtigen Flüssigkeiten und selektives Austreiben mit Trägergasen wurde auch zur Isolierung von Distickstoffoxyd aus Mischungen mit anderen Gasen verwendet.

JANÁK und RUSEK verwenden die von JANÁK beschriebene Apparatur (Abb. 23).

1 und *2* ist eine Apparatur zur Gewinnung luftfreien Kohlendioxyds, das in *3* und *4* durch Waschen mit Natriumhydrogencarbonatlösung von Salzsäuredämpfen und mit konz. Schwefelsäure von Wasserdampf befreit wird. *5* ist ein mit Queck-

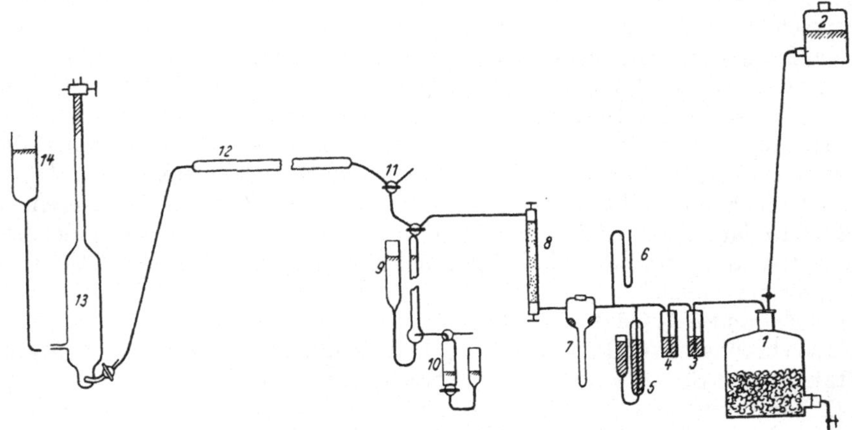

Abb. 23. Bestimmung des Distickstoffoxyds nach JANÁK.

silber gefüllter Druckregulator zur Einstellung eines konstanten Überdruckes von 100 mm, der im Manometer *6* gemessen wird. Die Gasgeschwindigkeit von 0,7 ml/sec wird mit Hilfe des mit Wasser gefüllten Strömungsmessers *7* eingestellt. Man trocknet erneut im Chlorcalciumturm *8*. Die Gasprobe wird in das Gefäß *10* vorgelegt und in der Bürette *9* gemessen. Das Adsorptionsrohr zur chromatographischen Trennung ist 220 mm lang, 5,1 mm weit und faßt 4,5 ml. Als Adsorbentien werden Aktivkohle (Supersorbon HRUSCHAU) *B*, die vorher 3 Std. bei 120° getrocknet wurde, oder Silicagel *B*, 5 Std. bei 180° getrocknet, eingefüllt. *13* ist ein mit Kalilauge gefülltes Azotometer.

Arbeitsvorschrift. Nachdem die Luft aus der Apparatur durch Kohlendioxyd verdrängt ist (Mikroblasen im Azotometer) wird die gemessene Gasprobe auf einmal durch den 3-Weg-Hahn in den Trägergasstrom gedrückt. Infolge selektiver Desorption werden die einzelnen Gasbestandteile gesondert vom Trägergas ausgespült und im Azotometer getrennt gesammelt. Das Distickstoffoxyd befindet sich bei Anwendung von Aktivkohle *B* zwischen Methan und Äthan (R_F-Wert bei 20° 0,0264 und bei 80° 0,234), bei Silicagel *B* zwischen Äthan und Propan (R_F-Wert bei 20° 0,0528, bei 80° 0,297).

Die Analyse der im Mikroazotometer gesammelten Gasfraktionen erfolgt nach mikrogasanalytischen Methoden.

Auf die beschriebene Art ist eine schnelle Analyse von Gasgemischen, welche Distickstoffoxyd neben anderen Gasen, z. B. Stickstoff, Wasserstoff, niedere Methanhomologe u. dgl., enthalten, möglich.

Literatur.

VAN ARKEL, C. G., u. F. BEEK: Pharm. Weekbl. **69**, 469 (1932); durch C. **103, II**, 1803 (1932).

BASKERVILLE, CH., u. R. STEVENSON: J. ind. eng. Chem. **3**, 581 (1911). — BENNETT, A. N. C.: J. physic. Chem. **34**, 1137 (1930); durch C. **102, I**, 3096 (1931). — BERTHELOT, M.: (2) **26**, 101 (1876) — C. r. **82**, 1361 (1876). — BLACET, F. E., u. D. H. VOLMAN: Anal. Chem. **9**, 44 (1937). — BOOTHBY, W. M., u. I. SANDIFORD: Am. J. Physiol. **37**, 371 (1915); durch C. **86, II**, 979 (1915). — BUFF, H., u. A. W. HOFMANN: A. **113**, 137 (1860). — BUNSEN, R.: Gasometrische Methoden. Braunschweig 1877. — BURRELL, G. A., u. G. W. JONES: J. ind. eng. Chem. **8**, 735 (1916); durch C. **89, I**, 656 (1918). — BURRELL, G. A., u. I. W. ROBERTSON: J. ind. eng. Chem. **7**, 669 (1915); durch C. **86, II**, 1213 (1915).

CHANEY, A. L.: Current Res. Anesthesia Analgesia **12**, 43 (1933). — CHANEY, A. L., u. CH. F. LOMBARD: Ind. eng. Chem. Anal. Edit. **4**, 185 (1932). — CHAPMAN, D. L., R. A. GOODMAN u. R. TH. SHEPHERD: Soc. **1926**, 1408.

DREHSCHMIDT, H.: B. **21**, 3242 (1888). — v. DUMREICHER, O.: Ber. Wien. Akad. **82, II**, 567 (1880).

GUYE, PH. A., u. S. BOGDAN: J. Chim. phys. **3**, 549 (1905) — C. r. **138**, 1494 (1904).

HAGENBACH, A: Wied. Ann. **65**, 687 (1898). — HEMPEL, W.: (a) B. **15**, 903 (1882) — Gasanalytische Methoden, 4. Aufl., S. 179. Braunschweig 1913 — (b) Z. El. Ch. **12**, 600 (1906) — (c) Angew. Ch. **25**, 1841 (1912). — HENRY, W.: Ann. Chim. Phys. (2) **26**, 364 (1824).

INGLIS, J. K. H.: J. Soc. chem. Ind. **23**, 690, 778 (1904); **25**, 149 (1906); **26**, 668 (1907). — JANÁK, J.: Chem. Listy **47**, 464, 817, 828, 837 (1953); durch Fr. **142**, 453 (1954). — JANÁK, J., u. M. RUSEK: Chem. Listy **48**, 397 (1954); durch Fr. **143**, 442 (1954). — JAQUEROD, A., u. S. BOGDAN: J. Chim. phys. **3**, 562 (1905) — C. r. **139**, 49 (1904).

KEMP, G. T.: Chem. N. **71**, 109 (1895). — KLEMENC, A., u. C. BUNZL: Z. anorg. Ch. **122**, 315 (1922); durch Fr. **78**, 73 (1929). — v. KNORRE, G., u. K. ARNDT: B. **32**, 2140 (1899). — KOBE, K. A., u. R. A. MCDONALD: Ind. eng. chem. Anal. Edit. **13**, 957 (1941). — KRANTZ, J. C., W. F. REINDOLLAR u. C. J. CARR: J. Am. pharm. Assoc. **22**, 218 (1933); durch C. **104, I**, 3995 (1933). — KROGH, A., u. J. LINDHARD: Skand. Arch. Physiol. **27**, 105 (1912).

LECHARTIER, G.: C. r. **89**, 309 (1879). — LIND, S. C., u. D. C. BARDWELL: Am. Soc. **51**, 2758 (1929). — LUNGE, G.: B. **14**, 2188 (1881).

MANCHOT, W., M. JAHRSTORFER u. H. ZEPTER: Z. anorg. Ch. **141**, 48 (1924). — MANCHOT, W. u. G. LEHMANN: A. **470**, 255 (1929). — MENZEL, H., u. W. KRETZSCHMAR: Angew. Ch. **42**, 148, (1929); durch Fr. **80**, 139 (1930). — MILLIGAN, L. H.: J. physic. Chem. **28**, 552, 559 (1924). — MONTEMARTINI, C.: Atti Accad. Lincei (4) **7, II**, 219 (1891). — MORRIS, K. B., u. E. M. DAVIDSON: Anal. Chem. **21**, 757 (1949). — MOSER, L.: Fr. **50**, 404 (1911).

v. NAGEL, A.: Z. El. Ch. **36**, 754 (1930).

POLLAK, L.: Dissertation; durch TREADWELL: Lehrbuch der analytischen Chemie II, S. 597. Zürich 1907.

RICHARDSON, L. R., u. J. C. WOODHOUSE: Am. Soc. **45**, 2641 (1923).

SAUNDERS, H. L.: Soc. **121**, 700 (1922); durch C. **93, III**, 1282 (1922). — SIEBECK, R.: Skand. Arch. Physiol. **21**, 365 (1909). — SMITH, R. N., u. P. A. LEIGHTON: Anal. Chem. **14**, 758 (1942). — SMITH, W. R.: Am. Soc. **33**, 1116 (1911).

THOMSEN, J.: B. **5**, 175 (1872).

US Pharmakopöe XIV.

WAGNER, A.: Fr. **21**, 374 (1882). — WINKLER, CL.: Analyse der Industriegase. Freiberg 1876.

B. Analyse des Stickoxyds.

Allgemeines. Stickstoffoxyd, Stickoxyd (engl. nitric oxide, franz. oxyde azotique) besitzt die Formel NO; Molekulargewicht 30,008.

Physikalische Eigenschaften: Sdp. —152°, krit. Temperatur —93,5°, krit. Druck 64 Atm.;

Das Litergewicht (0°, 760 Torr) beträgt 1,3402 g.

Wärmeleitfähigkeit k bei 0°: $497 \cdot 10^{-7}$ cal · grad^{-1} · cm^{-1} · sec^{-1};

Löslichkeit: BUNSENscher Absorptionskoeffizient, das von 1 Volumen des Lösungsmittels bei der angegebenen Temperatur aufgenommene, auf 760 Torr und 0° reduzierte Volumen NO bei dessen Partialdruck von 760 Torr:

Temperatur	10°	20°	25°
Wasser	0,057	0,047	0,043

(Über die Löslichkeit in starker Schwefelsäure s. S. 169.) Stickoxyd zeigt schwache Absorption im Infrarot. Es ist paramagnetisch.

An *chemischen* Eigenschaften ist vor allem die Reaktion mit Sauerstoff von analytischem Interesse, welche zu Stickdioxyd führt. Sie tritt in höheren Konzentrationen rasch, in größeren Verdünnungen aber sehr langsam ein, so daß in letzterem Fall auch die Bestimmung des Stickoxyds neben Stickdioxyd und Sauerstoff möglich ist. Die diesbezüglichen Gleichgewichte und Reaktionsgeschwindigkeiten sind insbesondere von BODENSTEIN untersucht worden.

Die Analyse des Stickoxyds bei Abwesenheit von anderen Stickoxyden und von Sauerstoff, insbesondere wenn es sich um höhere Konzentrationen handelt, ist eine weniger häufig gestellte Aufgabe. Sie kann nach Vornahme einer Absorption entweder durch Wägung oder durch Messung der Volumenabnahme erfolgen. Vielfach wendet man insbesondere bei kleineren, genau zu bestimmenden Stickoxydkonzentrationen als Absorptionsmittel maßanalytisch bestimmbare Reagenzien an, oder man wandelt das Stickoxyd z. B. mit Wasserstoffperoxyd in Salpetersäure um, die ihrerseits maßanalytisch bestimmt wird.

1. Gewichtsanalytische Bestimmung nach BÖHMER.

Nach einem älteren, von BÖHMER beschriebenen Verfahren wird Stickoxyd durch Chromsäure in salpetersaurer Lösung (10 g CrO_3 in 15 ml 12%iger Salpetersäure), welche sich in einem gewogenen Kaliapparat befinden, dem ein ebenfalls gewogenes Calciumchloridrohr angeschlossen ist, vollständig absorbiert. Aus der Gewichtszunahme bestimmt man das Stickoxyd, wobei als Trägergas luftfreies Kohlendioxyd verwendet wird. Die Löslichkeit des Kohlendioxyds in der Absorptionsflüssigkeit bedingt nach MOSER sowie nach WILFARTH unkontrollierbare Fehler.

Auch Blei(IV)-oxyd, welches bei der elementaranalytischen Kohlenstoff-Wasserstoffbestimmung als Absorbens für Stickoxyde bekannt ist, ist nach MOSER zur gewichtsanalytischen Bestimmung des Stickoxyds nicht geeignet, auch wenn man als Trägergas Wasserstoff verwendet.

2. Gasanalytische Bestimmung durch Reduktion zu Stickstoff.

Allgemeines. Die Reduktion des Stickoxyds zu Stickstoff ist speziell in früheren Zeiten vielfach zur gasanalytischen Bestimmung herangezogen worden. Als Reduktionsmittel sind glühendes Kupfer, Wasserstoff oder Kohlenoxyd verwendet worden.

I. Reduktion mit Kupfer. *a) Arbeitsweise von* EMICH. Die quantitative Reduktion von Stickoxyd zu Stickstoff ist eine z. B. bei der quantitativen, elementaranalytischen Stickstoffbestimmung nach DUMAS verwendete Reaktion. Dort werden die Stickoxyde enthaltenden Reaktionsprodukte über glühendes Kupfer geleitet, wobei das Stickoxyd zu elementarem Stickstoff reduziert wird. Die Verfahren sind auf Gasgemische beschränkt, die nicht gleichzeitig Stickstoff und Sauerstoff als Elemente enthalten. EMICH verwendet die Reaktion zur Reinheitsprüfung bzw. quantitativen Analyse von hochprozentigem Stickoxyd, indem er eine nicht genau gemessene Probemenge über ein mit Kupferblech beschicktes, gewogenes Verbrennungsrohr leitet. Als Trägergas dient Kohlendioxyd.

Arbeitsvorschrift. Die Apparatur wird zunächst mit reinem Kohlendioxyd luftfrei gespült, hierauf das gewogene Röhrchen mit der Kupferspirale zum Glühen erhitzt und darüber das zu analysierende Stickoxyd geleitet. Das resultierende Gasgemisch wird in ein graduiertes Meßgefäß von 1 l Inhalt über Kalilauge eingeleitet.

Wenn sich nach einigen Stunden etwa 500 bis 1000 ml Stickstoff angesammelt haben, wird neuerlich mit Kohlendioxyd gespült, das die Kupferspirale enthaltende Verbrennungsröhrchen zurückgewogen und das Stickstoffvolumen abgelesen.

Berechnung. Die Gewichtszunahme des Verbrennungsrohres ergibt den Gehalt an gebundenem und in elementarer Form vorliegendem Sauerstoff, das abgelesene Stickstoffvolumen den gebundenen und elementaren Stickstoff. Wie erwähnt, darf nur entweder Stickstoff oder Sauerstoff als Element anwesend sein.

Die *Genauigkeit* der Bestimmung beträgt ±0,2%.

b) Arbeitsweise von KLEMENC *und* BUNZL. KLEMENC und BUNZL führen die Reduktion an einem gemessenen Volumen Stickoxyd im Kohlendioxydstrom durch und bestimmen die entwickelte Menge Stickstoff über Kalilauge in einem SCHIFFschen Azotometer.

Arbeitsvorschrift. Als Reaktionsrohr dient eine 10 cm lange Röhre aus schwer schmelzbarem Glas, die mit Kupferblechspiralen gefüllt ist. Das Kupfer wird vorher im Wasserstoffstrom in der Hitze reduziert und über luftfreiem Kohlendioxyd (S. 17) ausgeglüht. Es wird mit einem Schnittbrenner auf Rotglut erhitzt und, nachdem die Luft durch Spülen mit Kohlendioxyd verdrängt worden ist, das zu untersuchende Stickoxyd darübergeleitet. Man fängt es zunächst in einem kleinen Gasometer über Quecksilber auf und drückt es noch einmal in die Meßbürette zurück, um es zum drittenmal wieder über die Kupferspirale zu leiten. Schließlich wird es in das mit Kalilauge (1 + 1) beschickte Azotometer gedrückt und gemessen.

Die erzielbare *Genauigkeit* wird bei Parallelbestimmungen mit etwa ±0,2% angegeben.

II. Reduktion mit Wasserstoff in der Platincapillare nach DREHSCHMIDT. Die bereits von WINKLER diskutierte, katalytische Reduktion mit Wasserstoff zu Stickstoff ist bei v. KNORRE und ARNDT genauer beschrieben.

Die Gasprobe wird mit Wasserstoff gemischt und durch die glühende DREHSCHMIDTsche Platincapillare hindurchgeleitet.

Gemäß der Gleichung:

$$2\,NO + 2\,H_2 = 2\,H_2O + N_2$$

ergibt 1 Volumen NO eine Kontraktion von 1,5 Volumina.

Die Autoren mischen zu etwa 40 ml Stickoxyd 50 ml Wasserstoff und leiten das Gemisch sehr langsam durch die hellrot glühende Platincapillare. Wenn anfänglich zu wenig Wasserstoff zugesetzt worden war, so kann nachträglich Wasserstoff zugefügt und die Reaktion vollständig zu Ende geführt werden.

Die Autoren führen eine *Genauigkeit* von ±0,2% an.

Über Ausführung im mikrogasanalytischen Maßstab s. SMITH und LEIGHTON. Nach MOSER entstehen bei dem notwendigen, langsamen Überleiten des wasserstoffhaltigen Gasgemisches Verluste durch Diffusion durch die Platincapillare. Bei schnellerem Überleiten tritt Bildung von Ammoniak ein.

Dieselben Bedenken haben auch KLEMENC und BUNZL.

Zur Bestimmung von Stickoxyd und Stickoxydul nebeneinander durch Reduktion mit Wasserstoff wird auf die gleiche Weise verfahren. Während Stickoxyd eine Kontraktion von 1,5 Volumina ergibt, beträgt die Kontraktion bei Stickoxydul gemäß der Gleichung:

$$N_2O + H_2 = N_2 + H_2O$$

1 Volumen.

Die *Berechnung* auf Grund der indirekten Analyse verläuft folgendermaßen:

$x + y = V$	x = ml NO;
$1{,}5\,x + y = C$	y = ml N_2O;
$x = 2(C - V)$	V = Volumen des Gemisches;
Die erzielte Genauigkeit beträgt ±5%.	C = Kontraktion beim Leiten durch die Platincapillare.

Die von POLLAK vorgeschlagene Reduktion mit Kohlenoxyd in der Platincapillare wird von MOSER abgelehnt.

3. Absorptionsverfahren mit Messung der Volumenabnahme.

Allgemeines. Die Bestimmung von Stickoxyd durch Absorptionsverfahren, wie sie in der Gasanalyse üblich sind, kommt hauptsächlich bei Vorliegen von stickoxydreichen Gasproben in Betracht. Hierbei ist zu beachten, daß zu Beginn der

Analyse alle diejenigen Gase abwesend sein müssen, die mit Stickoxyd in Reaktion treten (z. B. Sauerstoff und Stickdioxyd), sowie alle diejenigen Gase, welche in verdünnten Absorptionslösungen ebenfalls löslich sind, wie Kohlendioxyd und Distickstoffoxyd. Die Absorption kann auch durch Zudosieren von Sauerstoff eingeleitet werden, worauf das Stickoxyd in Form seiner Umwandlungsprodukte (N_2O_3 oder NO_2) absorbiert wird.

An Absorptionslösungen sind Eisen(II)-salze bereits von PRIESTLEY, Nitrosodisulfonat, Alkalisulfit, Chromsäure und Salpeter-Schwefelsäure-Gemische vorgeschlagen worden.

I. Absorption mit Eisen(II)-salzen. Als Absorptionslösung empfehlen MOSER und HERZNER eine Eisen(II)-sulfatlösung folgender Zusammensetzung: 15 Gewichtsteile Eisen(II)-sulfat, 15 Gewichtsteile 64%iger Schwefelsäure und 70 Teile Wasser. Sie wird aus 28 g Eisen(II)-sulfathydrat, 8,5 ml konz. Schwefelsäure und 64 ml Wasser erhalten.

Apparatur. Wegen der Notwendigkeit, die Gasprobe stets mit frischer Absorptionslösung zu behandeln, gibt MORRIS eine hierzu geeignete Apparatur an.

Arbeitsvorschrift. Die Absorption muß mindestens zweimal mit frischer Lösung durchgeführt werden.

Distickstoffoxyd wird ebenfalls von der Absorptionsflüssigkeit gelöst.

MORRIS empfiehlt ferner möglichst konzentrierte Eisen(II)-chloridlösungen (s. a. v. KNORRE).

II. Absorptionsmittel: Nitrosodisulfonat. GEHLEN empfiehlt als nicht reversibles Absorptionsmittel eine Suspension des nach RASCHIG durch Oxydation von Natriumhydroxylamindisulfonat mit Kaliumpermanganat und Fällen mit Kaliumchlorid bereiteten Kaliumnitrosodisulfonats in überschüssiger verd. Natronlauge oder noch besser eine aus Natriumnitrit, Natriumhydrogensulfit und Kaliumpermanganat frisch hergestellte Lösung des Natriumnitrosodisulfonats. Die Ergebnisse sind mit den mit $FeSO_4$ erhaltenen Werten identisch. Die Erschöpfung des Absorptionsmittels wird durch Entfärbung der tiefblauen Lösung kenntlich. Reaktionsgleichung:

$$(NaSO_3)_2NO + NO + NaOH = NaNO_2 + HON \cdot (SO_3Na)_2.$$

III. Absorptionsmittel: Natriumsulfit. MOSER und HERZNER geben einer bereits von DIVERS vorgeschlagenen Natriumsulfitlösung aus 15 Gewichtsteilen Natriumsulfit, 84 Gewichtsteilen Wasser und 1 Gewichtsteil Ätznatron wegen des gegenüber Eisen(II)-salzlösungen dreimal größeren Absorptionswertes den Vorzug, da diese Lösung außerdem Quecksilber nicht verunreinigt; die Absorptionsgeschwindigkeit ist allerdings geringer. Distickstoffoxyd wird auch durch Sulfitlösungen absorbiert.

IV. Absorptionsmittel: Chromsäure. v. KNORRE absorbiert mit einer Lösung, die durch Eintragen von 1 Volumen konz. H_2SO_4 in 5 Volumina gesättigte $K_2Cr_2O_7$-Lösung gewonnen wurde. Sie oxydiert das Stickoxyd quantitativ zu Salpetersäure. Siehe auch BÖHMER.

V. Absorptionsmittel: Mischsäure (Salpeter-Schwefel-Säure). Mischsäure aus 1 Gewichtsteil Salpeter- und 3 Gewichtsteilen Schwefelsäure löst Stickoxyd unter Bildung von Nitrosylschwefelsäure, die bei geringen NO-Mengen auch mit Permanganat titriert werden kann, entsprechend der Gleichung:

$$2\,NO + HNO_3 + 3\,H_2SO_4 = 3\,H \cdot SO_4 \cdot NO + 2\,H_2O.$$

VI. Absorption mit Lauge nach Zumischen von Sauerstoff. BAUDISCH und KLINGER empfehlen zur Bestimmung von Stickoxyd Zumischen von gemessener überschüssiger Luft oder Sauerstoff über trockenem Ätzkali (BARNES zieht Ätznatron vor), wobei gemäß der Gleichung:

$$4\,NO + O_2 + 4\,KOH = 4\,KNO_2 + 2\,H_2O$$

das Stickoxyd in Form von Nitrit gebunden wird. $^4/_5$ der gemessenen Kontraktion entsprechen dem vorhandenen Stickoxyd. Bei entsprechender Arbeitsweise soll kein Stickdioxyd und kein Nitrat gebildet werden. Gleichzeitig vorhandenes Distickstoffoxyd wird nicht absorbiert.

Apparatur. Zur Absorption dient eine Pipette, in welcher sich die trockenen Kalistangen befinden und aus welcher die Luft mit Quecksilber verdrängt worden ist.

Arbeitsvorschrift. In die Kalipipette mißt man das zu untersuchende Stickoxyd und hierauf Luft oder Sauerstoff im Überschuß zu. Die Absorption ist in einigen Sekunden beendet.

Genauigkeit. Parallelbestimmungen zeigen eine Übereinstimmung von 2 bis 3‰ (KLEMENC und BUNZL finden dagegen etwa um 1 bis 2% zu hohe Werte).

Eine Ausführung im mikro-gasanalytischen Maßstab beschreiben R. N. SMITH und LEIGHTON.

Varianten. KÖHLER und MARQUEYROL ändern die Arbeitsweise von BAUDISCH und KLINGER ab, um in einem Gasgemisch NO, N_2O, N_2, CO_2 und CO bestimmen zu können. Statt das Stickstofftrioxyd (N_2O_3) mit festem Kaliumhydroxyd zu absorbieren, binden sie es mit einem flüssigen, sekundären Amin, dem Monoäthylanilin, welches Kohlensäure nur in ganz untergeordneter Menge aufnimmt.

Die Bestimmung kann in einem Nitrometer von LUNGE ausgeführt werden.

Arbeitsvorschrift. Etwa 80 ml des zu analysierenden Gases werden über Quecksilber gemessen und mit etwa 0,6 ml Monoäthylanilin versetzt. Man läßt hierauf so viel gemessenen Sauerstoff in langsamem Strom eintreten, daß ein Überschuß von etwa 5 ml zu erwarten ist. Das gebildete Stickstofftrioxyd wird rasch absorbiert. Das Restgas wird hierauf mit 0,2 ml 50%iger Kalilauge behandelt, um das Kohlendioxyd zu entfernen. Der Rest, bestehend aus N_2O, N_2 und CO, wird nach bekannten Methoden analysiert.

VII. Absorption in Schwefelsäure und Isolierung im Nitrometer. TOWER mischt die Stickoxyd enthaltende Gasprobe mit Sauerstoff und läßt die Reaktionsprodukte durch konz. Schwefelsäure absorbieren. Das Gesamtstickoxyd wird hierauf aus einem aliquoten Teil in einem LUNGE-Nitrometer mit Quecksilber wieder in Freiheit gesetzt (S. 167).

4. Maßanalytische Bestimmung von Stickoxyd.

Allgemeines. Auf maßanalytischem Weg sind mehrere Bestimmungsmethoden für das Stickoxyd bekannt. Man kann das Stickoxyd im Gemisch mit überschüssigem Sauerstoff in Lauge absorbieren, wobei ein Gemisch von Nitrit und Nitrat entsteht. Daraus kann mittels DEVARDAscher Legierung (S. 185) quantitativ Ammoniak gebildet und titriert werden (HABER und COATES; s. a. TERRES und RAUPP).

Ferner wird Stickoxyd durch stark oxydierende Maßlösungen, wie Permanganat und Kaliumbromat, zu Salpetersäure oxydiert. Man kann auch die Oxydation mit neutralem Wasserstoffperoxyd durchführen und die gebildete Salpetersäure acidimetrisch titrieren.

I. Bestimmung mit Kaliumpermanganat. Kaliumpermanganat in saurer Lösung ist namentlich von LUNGE zur quantitativen Absorption und anschließenden maßanalytischen Bestimmung vorgeschlagen worden. Die Reaktion verläuft nach der Gleichung:

$$10\,NO + 6\,KMnO_4 + 9\,H_2SO_4 = 10\,HNO_3 + 6\,MnSO_4 + 3\,K_2SO_4 + 4\,H_2O.$$

Wegen der geringen Reaktionsgeschwindigkeit des Stickoxyds mit 0,1 n Permanganatlösung muß eine möglichst langsame Einwirkung bei ausreichender Grenzfläche stattfinden. LUNGE empfiehlt hierbei das 10-Kugel-Rohr; MOSER sowie KLEMENC und BUNZL verwenden geschlossene Absorptionsgefäße unter Vermeidung des Zutritts von Luft, da im 10-Kugel-Rohr immer noch geringe Mengen restlicher Stickoxyde entweichen.

Der Apparat (Abb. 24) von MOSER ist ähnlich wie eine HEMPELsche Pipette gebaut. Die Kugel faßt etwa 120 bis 130 ml.

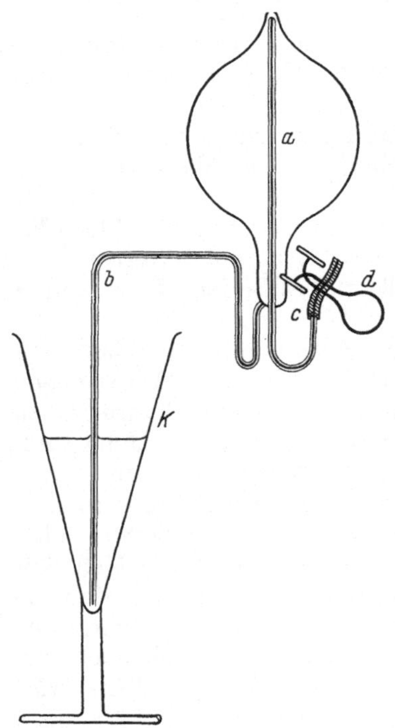

Abb. 24. Bestimmung des Stickoxyds nach MOSER.

***Arbeitsvorschrift nach* MOSER.** Man beschickt das Kelchglas mit einem gemessenen Volumen 0,1 n Kaliumpermanganatlösung, säuert mit Schwefelsäure an (auf 50 ml 0,1 n Permanganatlösung 15 bis 25 ml 2 n Schwefelsäure), saugt die Flüssigkeit in die Birne hoch, so daß diese vollständig gefüllt ist und bei gefüllter Capillare noch ein kleiner Rest im Kelchglas verbleibt. Man führt das gemessene Probengas in die Kugel über, wobei die verdrängte Flüssigkeit ins Kelchglas zurückfließt, schüttelt einige Minuten, bis keine Volumenänderungen mehr eintreten, sammelt die Flüssigkeiten und titriert das unveränderte Permanganat mit Eisen(II)-sulfat- oder Oxalsäurelösung zurück.

Berechnung. 1 ml 0,1 n $KMnO_4$ entspricht 0,0010003 g NO.

Genauigkeit. Es wurden Übereinstimmungen bei Parallelbestimmungen innerhalb $\pm 0{,}2\%$ gefunden; die Werte sind etwas niedriger, als sie durch Absorption mit Eisen(II)-sulfat gefunden wurden.

II. Bestimmung mit Kaliumpermanganat- oder Bromatlösung. KLEMENC und BUNZL verwenden einen Apparat gemäß Abb. 25. Das Gefäß *A* faßt etwa 80 ml. Der Apparat dient in gleicher Weise zur bromometrischen Bestimmung des Stickoxyds gemäß der Reaktionsgleichung:

$$10\,NO + 6\,KBrO_3 + 3\,H_2SO_4 + 2\,H_2O = 10\,HNO_3 + 3\,Br_2 + 3\,K_2SO_4.$$

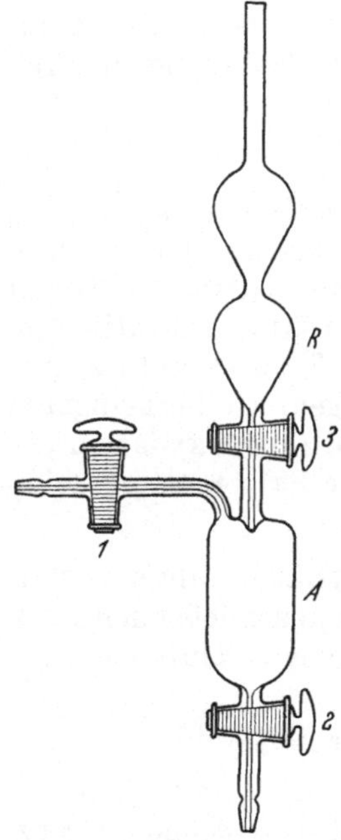

Abb. 25. Bestimmung des Stickoxyds nach KLEMENC und BUNZL.

Als Maßlösungen dienen entweder eine genau gestellte Lösung von 2,5 bis 3 g $KBrO_3$ in 100 ml Wasser oder eine 0,2 n Kaliumpermanganatlösung. Beide Lösungen werden mit einigen Millilitern 2 n Schwefelsäure angesäuert.

Das Gefäß *A* von etwa 80 ml Inhalt wird mit luftfreier verd. Schwefelsäure (bei der Bromattitration etwa 0,2 n, bei der Permanganatmethode 3 bis 4 n) gefüllt. Mit Hilfe einer Meßbürette mißt man das Stickoxyd über Hahn *3* ein, erzeugt einen schwachen Unterdruck, füllt in die Kugeln genau 5 bis 10 ml Bromatlösung oder Permanganatlösung, kühlt den Apparat außen mit kaltem Wasser und läßt die Absorptionsflüssigkeit eintreten. Man spült schließlich mit luftfreiem Wasser nach und schüttelt bei allseits geschlossenen Hähnen.

Aufarbeitung der Permanganatlösung. Die saure Permanganatlösung wird quantitativ in einen Titrierkolben gespült, mit starker Schwefelsäure versetzt und das überschüssige Permanganat mit 0,2 n Oxalsäurelösung zurücktitriert.

Aufarbeitung der Bromatlösung. Die saure Bromatlösung wird zunächst durch Durchleiten von Stickstoff vollständig von elementarem Brom befreit und mit Kaliumjodid versetzt; das ausgeschiedene Jod wird mit Natriumthiosulfatlösung titriert.

Genauigkeit. ±0,5%.

Gleichzeitig vorhandenes Kohlendioxyd oder Distickstoffoxyd stören nicht.

III. Acidimetrische Bestimmung nach der Oxydation mit Wasserstoffperoxyd. In Abwandlung eines bereits von WILFARTH angegebenen Verfahrens empfiehlt MOSER, zur maßanalytischen Bestimmung von Stickoxyd in Gasen das Stickoxyd nicht im strömenden Gas mit Kohlensäure als Transportgas zu absorbieren, sondern stationär mit 3%igem Wasserstoffperoxyd 6 bis 12 min zu schütteln. Durch Titration mit Lauge konnte er das Stickoxyd zu etwa 99,8% erfassen. Der wesentliche Vorteil dieses Titrationsverfahrens gegenüber der maßanalytischen Bestimmung auf Grund des Sauerstoffverbrauches liegt darin, daß Sauerstoff in den Reagenzien keinen Fehler hervorruft, da die gebildete Säure und nicht der Verbrauch an Oxydationsmittel gemessen wird.

Als Apparatur dient die auf S. 82, Abb. 24, beschriebene Vorrichtung. Man verwendet 3%iges Wasserstoffperoxyd, schüttelt 6 bis 12 min und titriert die gebildete Säure unter Verwendung von Phenolphthalein als Indicator. Die Probe darf naturgemäß keine sauren oder alkalischen Bestandteile enthalten; eine Blindtitration des verwendeten Peroxyds ist zu berücksichtigen.

Genauigkeit. Die Abweichungen innerhalb von Parallelbestimmungen betragen etwa ±0,2 bis 0,3%; die Werte entsprechen genau den durch Absorption mit Eisen(II)-sulfat gefundenen Zahlen.

Ebenfalls mit Wasserstoffperoxyd (1,5%) oxydieren EHRLICH und RUSS; LEHMANN und HASEGAWA arbeiten im strömenden Gas mit einem 10-Kugel-Rohr; HABER und KÖNIG schütteln mehrere Stunden mit verd. Wasserstoffperoxydlösung.

Literatur.

BARNES, E.: J. Soc. chem. Ind. Trans. **45**, 260 (1926). — BAUDISCH, O., u. G. KLINGER: B. **45**, 3231 (1912). — BERL-LUNGE I, S. 664. — BÖHMER, C.: Fr. **22**, 20 (1883).

DIVERS, E.: Soc. **75**, 82 (1899); durch Fr. **43**, 781 (1904).

EHRLICH, V., u. F. RUSS: M. **32**, 917 (1911). — EMICH, E.: M. **13**, 73 (1892).

GEHLEN, H.: B. **66**, 297 (1933).

HABER, F., u. J. C. COATES: Ph. Ch. **69**, 337 (1909). — HABER, F., u. A. KÖNIG: Z. El. Ch. **13**, 732 (1907).

KLEMENC, A., u. C. BUNZL: Z. anorg. Ch. **122**, 317 (1922). — KLINGER, G.: B. **46**, 1744 (1913). — v. KNORRE, G.: Ch. Ind. **25**, 533 (1902). — v. KNORRE, G., u. K. ARNDT: B. **32**, 2136 (1899). — KOEHLER u. MARQUEYROL: Bl. (4) **13**, 69 (1913).

LEHMANN, K. B., u. HASEGAWA: Arch. Hygiene **77**, 337 (1913). — LUNGE, G.: Angew. Ch. **1890**, 567.

MORRIS, V. N.: Am. Soc. **49**, 979 (1927). — MOSER, L.: Fr. **50**, 401 (1911). — MOSER, L., u. R. HERZNER: Fr. **64**, 84 (1924).

POLLAK, L.: Dissertation; durch TREADWELL: Lehrbuch der analytischen Chemie II, S. 597. Zürich 1907.

RASCHIG, F.: Schwefel- und Stickstoffstudien, S. 110. 1924.

SMITH, R. N., u. P. A. LEIGHTON: Anal. Chem. **14**, 758 (1942).

TERRES, E., u. K. H. RAUPP: Gas- und Wasserfach **57**, 700 (1914). — TOWER, O. F.: B. **38**, 2945 (1905).

WILFARTH, H.: Fr. **23**, 587 (1884).

C. Analyse des Stickdioxyds.

Allgemeines. Stickstoffdioxyd, Stickdioxyd (engl. nitrogen peroxide, nitrogen dioxide, franz. peroxide d'azote) besitzt die Formel NO_2 und das Molekulargewicht 46,008.

Reines Stickdioxyd ist nur bei höheren Temperaturen als solches beständig; bei tieferen Temperaturen bildet sich in einem auch vom Partialdruck abhängigen Maß Distickstofftetroxyd.

Zur Analyse gelangt relativ selten Stickdioxyd als einzige zu bestimmende Stickstoff-Sauerstoff-Verbindung; viel häufiger liegen Gemische von Stickdioxyd mit Stickoxyd neben anderen Gasen vor, welche auf S. 87 behandelt werden.

Stickdioxyd ist ein äußerst reaktionsfähiges Gas. Mit Wasser reagiert es im Sinne der Gleichung:

$$2\,NO_2 + H_2O = HNO_3 + HNO_2;$$

mit Lauge bilden sich gleiche Mole Nitrit und Nitrat; in konz. Schwefelsäure löst es sich unter Bildung von Nitrosylschwefelsäure und Salpetersäure nach der Gleichung

$$2\,NO_2 + H_2SO_4 = HNO_3 + HNO \cdot SO_4.$$

Auch mit Quecksilber reagiert es sofort unter Bildung von Stickoxyd.

Wegen der Schwierigkeit, eine geeignete Sperrflüssigkeit für Stickdioxyd enthaltende Gasgemische zu finden, gibt es nur ein mit einem Mineralöl als Sperrflüssigkeit arbeitendes, gasanalytisches Absorptionsverfahren, wobei das Stickdioxyd mit konz. Schwefelsäure als Absorptionsmittel absorbiert und aus der Volumenabnahme bestimmt wird.

In der Regel wird Stickdioxyd mit Lauge oder Schwefelsäure absorbiert und in der Absorptionslösung auf geeignetem, meist maßanalytischem Weg bestimmt.

Einen sehr geeigneten Weg zur Bestimmung von Stickdioxyd gestattet die Farbe dieses Gases, so daß es nach verschiedenen Verfahren colorimetrisch oder absorptionsspektrometrisch gemessen werden kann. Natürlich ist in diesen Fällen die Lage des Gleichgewichtes mit dem farblosen Distickstofftetroxyd zu berücksichtigen, so daß bei hoher Temperatur oder extremer Verdünnung gearbeitet werden muß.

1. Bestimmung aus der Volumendifferenz durch Absorption (Whittaker, Lundstrom und Merz).

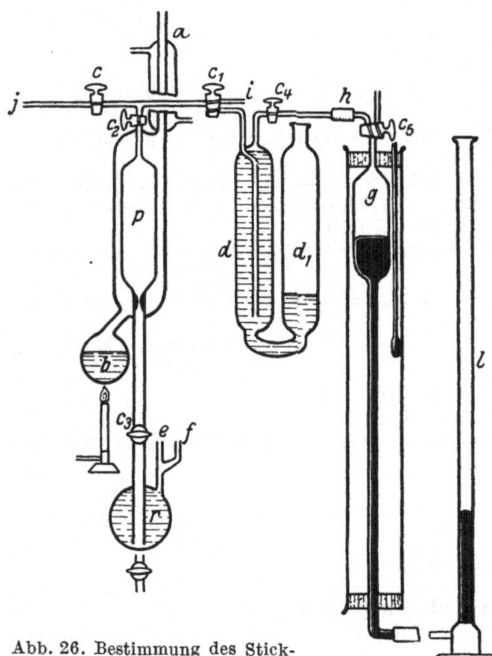

Abb. 26. Bestimmung des Stickdioxyds durch Absorption.

Whittaker, Lundstrom und Merz bestimmen Stickstoffdioxyd in etwa 10%igen Mischungen mit Luft gasvolumetrisch durch Absorption mit konz. Schwefelsäure. Die Volumenmessungen werden bei der Temperatur des siedenden Brombenzols bei 156,2° durchgeführt, um von der Bildung des Distickstofftetroxyds unabhängig zu sein. Als Sperrflüssigkeit zur Messung des Gases bei 156,2° dient eine Mineralölfraktion *Nujol*, welche bei der genannten Temperatur sehr beweglich ist, nur einen niederen Dampfdruck aufweist und vom Stickdioxyd nicht merklich angegriffen wird.

Apparatur (Abb. 26): Als Meßgefäß für das Probengas bei 156,2° dient eine Gaspipette p von etwa 150 ml, deren Volumen bei 156,2° bekannt ist. Sie ist in schlauchloser Verbindung mit einem Vorratsgefäß r für die Sperrflüssigkeit (Mineralöl *Nujol*). Die Sperrflüssigkeit kann durch Anwendung eines Überdruckes an ein hierfür angeschmolzenes Glasrohr gehoben bzw. gesenkt werden.

Die Meßpipette wird durch einen Glasmantel mit Hilfe von am Rückflußkühler siedendem Brombenzol auf die Temperatur von 156° gebracht.

An die Meßpipette ist eine Absorptionspipette *d* mit konz. Schwefelsäure angeschlossen; nach der Absorption wird das Restgas in einer HEMPEL-Bürette über Quecksilber gemessen.

Arbeitsvorschrift. Das Gas wird in die zunächst mit Sperrflüssigkeit gefüllte beheizte Pipette eingefüllt, auf Atmosphärendruck eingestellt und hierauf in der mit konz. Schwefelsäure gefüllten Absorptionspipette vom Stickdioxyd befreit. Das Restgas saugt man mit Hilfe des mit Quecksilber gefüllten Niveaugefäßes in die Meßbürette, wo es bei normaler Temperatur, deren Einstellung durch einen Kühlmantel mit strömendem Wasser beschleunigt werden kann, gemessen wird.

Berechnung. Die Berechnung erfolgt auf Grund der Formel

$$\left(1 - \frac{V\,T_s}{V_s\,T}\right) 100 = \%\,NO_2,$$

wobei V das Volumen des Restgases bei der absoluten Temperatur T der Bürette g und V_s das Volumen des Probengases bei der Temperatur T_s in der Probenpipette p bedeutet.

Genauigkeit. Bei Gasmischungen von 8 bis 14% NO_2 werden etwa 2 bis 3% meist zu hoch gefunden.

2. Bestimmung des Stickdioxyds oder Distickstofftetroxyds nach der Absorption mit Lauge oder Schwefelsäure.

Prinzip der Analyse von flüssigem Distickstofftetroxyd nach LUNGE und BERL. Beim Lösen des Stickstoffdioxyds (in analoger Weise auch des Distickstofftetroxyds) in konz. Schwefelsäure bildet sich gemäß der Gleichung:

$$H_2SO_4 + 2\,NO_2 = HSO_4 \cdot NO + HNO_3$$

ein Gemisch von Nitrosylschwefelsäure und Salpetersäure. Beide Stickstoffverbindungen geben im LUNGE-Nitrometer (S. 167) ihren gesamten Stickstoff als Stickoxyd ab. Die Nitrosylschwefelsäure liefert bei der Titration mit Permanganat Salpetersäure gemäß der Gleichung:

$$HSO_4 \cdot NO + O + H_2O = H_2SO_4 + HNO_3.$$

Beim Behandeln von Stickstoffdioxyd mit Lauge bildet sich ein äquimolekulares Gemisch aus Nitrit und Nitrat:

$$2\,NO_2 + 2\,NaOH = NaNO_2 + NaNO_3 + H_2O.$$

Arbeitsvorschrift. Das verflüssigte trockene und in einer Kältemischung gekühlte Distickstofftetroxyd wird in der üblichen Weise in dünnwandige Glaskügelchen mit capillarem Ansatzröhrchen eingewogen und hierauf verschmolzen.

Das mit der Substanz gefüllte verschmolzene Kugelröhrchen wird in einem Schliff-Erlenmeyerkolben mit gemessener überschüssiger konz. Schwefelsäure oder 0,2 n Natronlauge übergossen, verschlossen, durch kräftiges Schütteln zertrümmert und durch weiteres kurzes Schütteln die Absorption vervollständigt. Anschließend wird aus der schwefelsauren Lösung im LUNGE-Nitrometer der Gesamt-Oxydstickstoff in Form von Stickoxyd bestimmt. Im Falle der Verwendung von Natronlauge wird die alkalische Lösung mit 0,2 n Salzsäure zurücktitriert.

In beiden Fällen kann durch Einfließenlassen der Lösungen aus einer Bürette in mit Schwefelsäure angesäuerte warme und mit Wasser verdünnte 0,5 n Kaliumpermanganatlösung der Nitritgehalt festgestellt werden, woraus sich der Gehalt der Probe an Stickoxyd (in Form von Distickstofftrioxyd) bzw. an Distickstofftetroxyd oder an Salpetersäure ergibt.

Die *Berechnung* des als N_2O_3 gebundenen Stickoxyds bzw. der neben N_2O_4 vorhandenen Salpetersäure ergibt sich nach BERL-LUNGE, II, 1, auf Grund folgender Formeln:

a = ml NO (im Nitrometer gefunden);

b = ml O_2 (für dieselbe Probemenge wie a aus dem Permanganatverbrauch berechnet, wobei 1 ml 0,5 n $KMnO_4$ = 2,8 ml O_2 entspricht);

x = ml NO, die den in der Probe vorhandenen Stickstoff-Milliäquivalenten an N_2O_3 entsprechen;

y = ml NO, die den in der Probe vorhandenen Stickstoff-Milliäquivalenten an N_2O_4 entsprechen;

z = ml NO, die den in der Probe vorhandenen Stickstoff-Milliäquivalenten an HNO_3 entsprechen.

Wenn $4\,b > a$ (N_2O_3 neben N_2O_4 vorhanden), so ergibt sich:

$$x = 4b - a;\; y = 2(a - 2b) = a - x.$$

Wenn $4b < a$ (N_2O_4 neben HNO_3 vorhanden), so erhält man:

$$y = 4b;\; z = a - 4b.$$

Die Milliliter NO (x, y, z) werden schließlich auf den gesuchten Gehalt an N_2O_3, N_2O_4 oder HNO_3 umgerechnet.

Die Berechnung bei der Absorption mit Lauge erfolgt aus dem Laugenverbrauch und dem Permanganatverbrauch auf analoge Weise (s. S. 90).

Ein eventueller Gehalt an Salpetersäure in flüssigem technischem Distickstofftetroxyd ergibt sich nach A. SANFOURCHE auch in der Weise, daß man die nitrosen Gase bei niederer Temperatur verdampft und die zurückbleibende Salpetersäure mit Lauge titriert.

3. Untersuchung von gasförmigem Stickdioxyd nach LUNGE und BERL.

Liegt Stickdioxyd in Gasform vor, so legt man das Absorptionsmittel in einer geeigneten Waschflasche ohne Verwendung von Kautschukverbindungen vor. Die Autoren verwenden hierzu Glockenwäscher nach HUGERSHOFF mit 75 ml Fassungsraum für die Flüssigkeit. Der Wäscher wird mit 75 ml konz. Schwefelsäure oder 0,2 n Natronlauge beschickt und das Gas durchgeleitet. Die Aufarbeitung der Lösungen erfolgt wie oben beschrieben. Die Absorption von Stickstoffdioxyd durch Lauge bzw. konzentrierte Schwefelsäure erfolgt bei Vorliegen höherer Konzentrationen im Probengas mit ausreichender Vollständigkeit. Wenn es sich aber um sehr niedrige Konzentrationen, beispielsweise bei der Bestimmung von Stickdioxydspuren in der Atmosphäre handelt, werden vorteilhafterweise gleich die zur Bildung der die colorimetrische Bestimmung ermöglichenden, organischen Farbstoffkomponenten vorgelegt, wodurch die Stickoxyde sofort fest gebunden werden. Über unvollständige Absorptionen in niedrigen Gaskonzentrationen in verdünnter Lauge s. z. B. EHRLICH und RUSS.

4. Photometrische (spektroskopische) Bestimmung von Stickdioxyd in kleinen Konzentrationen.

ROBERTSON und HAPPER verwenden ein HILGER-Spektroskop Nr. 1 und lesen sowohl unmittelbar visuell als auch photographisch ab. Das Meßrohr hat eine Länge von 40 cm. Zum Vergleich dienen Photographien, die mit Standardzumischungen angefertigt worden waren. Das Gleichgewicht: $2\,NO_2 \rightleftarrows N_2O_4$ ist entsprechend der jeweiligen Temperatur und der Konzentration zu berücksichtigen.

Unterschiede von 0,02% in verdünnteren und 0,05% in konzentrierteren Gasmischungen sind auf visuellem Weg meßbar; die photographisch erzielte Genauigkeit ist größer.

ABEL, SCHMID und STEIN vergleichen die Proben unbekannter Zusammensetzung unmittelbar mit dem gleichzeitig übereinander gelagerten Spektrum bekannter Gasmischungen.

HARRIS und SIEGEL (s. auch DIXON) geben ein vereinfachtes Photometer im sichtbaren Teil des Spektrums zur Bestimmung von Stickdioxyd an, welches den Partialdruck dieses Gases mit einer Genauigkeit von $\pm 0{,}05$ mm zu bestimmen gestattet.

Auf photoelektrischem Weg mit Hilfe einer Kaliumzelle ist eine auf geringe Mengen Stickdioxyd empfindliche Messung möglich (WILLEY und FOORD; s. auch H. und A. COPAUX; CLERGEOT).

JANSSEN bestimmt Spuren von NO_2 in der Gasphase auf photometrischem Weg mit Natriumlicht. Mit 1 bis 2 cm langen Küvetten kann eine Empfindlichkeit von $1^0/_{00}$ erreicht werden (s. auch J. H. SMITH und DANIELS, welche ebenfalls Stickdioxyd bis zu einem Partialdruck von einigen Hundertstel mm in einem lichtelektrischen Photometermesser, ferner KIENITZ, der verdünnte Gasgemische bei 50° in einem registrierenden lichtelektrischen Photometer mißt.

Literatur.

ABEL, E., H. SCHMID u. M. STEIN: Z. El. Ch. **36**, 692 (1930).
BAXTER, J. P., u. L. E. WINTERBOTTOM: Phil. Mag. (7) **5**, 88 (1928).
CLERGEOT, M.: Chim. Ind. **17**, 87 T (1927). — COPAUX, H. u. A.: C. r. **181**, 1058 (1925); durch C. **97**, **I**, 2498 (1926).
DIXON, J. K.: J. chem. Physics **8**, 157 (1940).
EHRLICH, V., u. F. RUSS: M. **32**, 917 (1911).
HARRIS, L., u. B. M. SIEGEL: Anal. Chem. **14**, 258 (1942).
JANSSEN, P.: Bl. Soc. chim. Belg. **54**, 134 (1945).
KIENITZ, H.: Chim. analytique **34**, 83 (1952); durch Fr. **138**, 455 (1953). — KOHN-ABREST, E.: C. r. **184**, 482 (1927).
LUNGE, G., u. E. BERL: Angew. Ch. **19**, 807 (1906); **20**, 1716 (1907).
ROBERTSON, R., u. S. S. HAPPER: Soc. **91**, 761 (1907) — Pr. chem. Soc. **23**, 91; durch Fr. **48**, 183 (1909).
SALTZMAN, B. E.: Anal. Chem. **26**, 1949 (1954). — SMITH, J. H., u. F. J. DANIELS: Am. Soc. **64**, 1735 (1947).
USHER, F. L., u. B. S. RAO: Soc. **111**, 799 (1917).
WHITTAKER, C. W., F. O. LUNDSTROM u. A. R. MERZ: Ind. eng. Chem. Anal. Edit. **2**, 15 (1930). — WILLEY, E. J. B., u. S. G. FOORD: Pr. Roy. Soc. London Ser. A **135**, 166 (1932) — Nature **128**, 493 (1931).

D. Analyse von Mischungen verschiedener Stickoxyde.

Allgemeines. Während die Bestimmung einzeln vorliegender Stickoxyde in der chemischen Praxis verhältnismäßig selten ist, kommt der Analyse von Mischungen verschiedener Stickoxyde insbesondere bei Gegenwart von Sauerstoff hervorragende Bedeutung zu. Derartige Gasmischungen treten vor allem bei den üblichen Herstellungsverfahren von Salpetersäure durch Verbrennung von Ammoniak sowie im Bleikammer- und Turmschwefelsäureprozeß auf, wo ihre Bestimmung im Fabrikationsgang und in den Abgasen sowie in der Atmosphäre in der Nähe von Fabrikationsanlagen häufig durchzuführen ist, zumal sie auch die Unterlagen für Forschungsarbeiten auf diesen Gebieten liefert.

Außerdem entstehen Gemische von Stickstoffoxyden bei technisch wichtigen Oxydationsprozessen mit Salpetersäure, worunter sich häufig auch Distickstoffoxyd findet, sowie bei der Explosion der üblichen durch Nitrierungen erhaltenen Sprengstoffe. Schließlich ist Stickoxyd in wenn auch sehr geringen Mengen häufig im Kokereigas und anderen Industriegasen vorhanden, wo es Anlaß zu sehr unerwünschten, explosiblen Ablagerungen geben kann. Auch hierfür sind zahlreiche analytische Bestimmungsverfahren veröffentlicht worden.

Während die Bestimmung einzeln vorliegender Stickoxyde relativ einfach ist, treten bei der Analyse ihrer Mischungen oft beträchtliche Schwierigkeiten auf, insbesondere, wenn gleichzeitig noch Wasser und Sauerstoff vorhanden sind und das momentan herrschende Mengenverhältnis analytisch erfaßt werden soll. Häufig begnügt sich die Praxis in solchen Fällen mit einer Bestimmung des „Oxydationsgrades" der Stickoxyde, worunter das molare Verhältnis des Stickdioxyds zur Summe aus Stickoxyd und Stickdioxyd gemeint ist.

Die analytische Bestimmung von Stickoxyd und Stickdioxyd nebeneinander wird insbesondere dadurch erschwert, daß sich diese Gase in Mischung anders verhalten als die einzelnen Komponenten, indem ihre Mischung in einigen Fällen wie das Distickstofftrioxyd N_2O_3 reagiert, welches das Anhydrid der salpetrigen Säure ist. Man ist daher zur Analyse von Mischungen aus Stickoxyd und Stickdioxyd meist auf indirekte Methoden angewiesen.

Besonders schwierig wird die Analyse von Gemischen aus Stickstoffoxyden, wenn auch Distickstoffoxyd anwesend ist. Dieses Gas läßt sich wegen seiner Reaktionsträgheit relativ schwierig als erste Komponente bestimmen, während es infolge seiner Löslichkeit in wäßrigen Reagenzien bei Reaktionen, die man zuerst mit den anderen Stickstoffoxyden ausführt, leicht in Verlust gerät.

Eine wesentliche Erleichterung der Analytik haben neuere physikalische Methoden gebracht, da sich z. B. Distickoxyd durch ein charakteristisches Spektrum im Infrarot und Stickdioxyd im sichtbaren Teil des Spektrums auszeichnet. Auch die Massenspektrometrie ist als neueste, wenn auch sehr aufwendige Methode zur Analyse derartiger Gasgemische mit Erfolg herangezogen worden.

Die Auswahl der meist auf indirektem Weg durchgeführten Analysenmethode hängt weitgehend vom Mengenverhältnis der beiden Stickoxyde sowie ihrer Konzentration ab.

In der Regel wird zunächst mit einer Vorabsorption das Stickdioxyd mit einem Teil (bei Vorliegen von molar weniger Stickoxyd als Stickdioxyd der genannten Menge) des Stickoxyds erfaßt. Zur Vorextraktion ist bei Vorliegen der Gase in nicht allzu geringer Konzentration konzentrierte Schwefelsäure geeignet. Sie reagiert mit Stickdioxyd unter Bildung von Salpetersäure und Nitrosylschwefelsäure im Sinne der Gleichung:

$$2\,NO_2 + H_2SO_4 = HNO_3 + NO \cdot HSO_4,$$

mit dem äquimolaren Gemisch (N_2O_3) unmittelbar unter Bildung von Nitrosylschwefelsäure.

In diesem schwefelsauren Extrakt wird der „Gesamtstickstoff" meist im LUNGE-Nitrometer als Stickoxyd, gegebenenfalls auch nach DEVARDA bestimmt, während der Gehalt an Nitrosylschwefelsäure aus der anschließenden Titration mit Permanganat folgt. Aus beiden gefundenen Werten kann nach den Regeln der indirekten Analyse der Gehalt an Stickoxyd und Stickdioxyd im ursprünglichen Gasgemisch berechnet werden. Man kann in dem schwefelsauren Extrakt die gebildete Salpetersäure auch durch Titration mit Eisen(II)-sulfat nach BOWMAN und SCOTT (S. 210) titrimetrisch bestimmen.

Statt mit konz. Schwefelsäure kann die Vorabsorption des gesamten Stickdioxyds mit einem Teil des Stickoxyds auch mit verdünnter Lauge durchgeführt werden. Wenn keine anderen sauren Gase vorhanden sind, kann die unverbrauchte Lauge zurücktitriert werden, oder man reduziert nach DEVARDA und erfaßt den Gesamtstickstoff als Ammoniak. Der gebildete Anteil an Nitrit wird durch Permanganattitration ermittelt.

1. Verfahren mit konz. Schwefelsäure als Vorabsorptionsmittel nach MILLIGAN bzw. WHITNACK und Mitarbeitern.

Schon LUNGE und BERL (S. 85) haben zur Absorption von Gemischen aus überwiegend Stickdioxyd neben wenig Stickoxyd konz. Schwefelsäure angewandt, in welcher das überschüssige Stickdioxyd unter Bildung von Nitrosylschwefelsäure und Salpetersäure, das Distickstofftrioxyd (bzw. ein äquimolekulares Gemisch aus Stickoxyd und Stickdioxyd) unter Bildung von Nitrosylschwefelsäure allein reagiert. Aus der Bestimmung des Gesamtstickstoffs im LUNGE-Nitrometer und des Permanganatverbrauches der Nitrose ergibt sich auf Grund der beiden Reaktionsgleichungen der Gehalt an beiden Oxyden.

Den nicht von der Schwefelsäure aufgenommenen Rest des Stickoxyds bestimmen KLEMENC und MUCHA mit Bromat (S. 82), JUSCHMANOW mit Permanganat; MILLIGAN sowie WHITNACK und Mitarbeiter isolieren ihn mit einer Mischung aus Schwefelsäure und Salpetersäure (s. unter Analyse von Stickoxyd).

Da die analytischen Merkmale der erstgenannten Verfahren bereits bei der Analyse der einzelnen Stickoxyde beschrieben sind, wird im folgenden nur das Verfahren von MILLIGAN bzw. WHITNACK und Mitarbeitern ausführlich beschrieben.

JUSCHMANOW absorbiert Stickdioxyd und Stickoxyd (N_2O_3) in konz. Schwefelsäure und das nicht als N_2O_3 absorbierte Stickdioxyd in 0,3 n schwefelsaurer Permanganatlösung. Nach Oxydation der ersten Absorptionsflüssigkeit mit Permanganat wird in beiden Flüssigkeiten der Nitratgehalt mit Eisen(II)-sulfat (S. 204) bestimmt.

Das von LUNGE angewandte Prinzip, das Stickstoffdioxyd und außerdem vorhandenes Stickoxyd in konzentrierter Schwefelsäure aufzunehmen, daraus mit Hilfe des Nitrometers eine Gesamtoxydstickstoffbestimmung durchzuführen und außerdem durch eine Permanganattitration eine Meßzahl für das vorhandene Stickoxyd zu gewinnen, ist weiterhin von MILLIGAN methodisch angewandt und später auch von WHITNACK, HOLFORD, CLAIR-GANTZ und G. B. L. SMITH bearbeitet worden.

WHITNACK und Mitarbeiter arbeiten mit trockenen Gasgemischen, die frei von elementarem Sauerstoff sind, wobei sauerstoffreier Stickstoff als Trägergas angewandt wird. Zur Absorption von Stickoxyd, welches von der konz. Schwefelsäure nicht aufgenommen worden ist, dient eine zweite Waschflasche, welche je 100 ml Schwefelsäure 2 ml 70%ige Salpetersäure enthält.

Apparatur. An den das Probengas enthaltenden Behälter (bzw. eine Mischvorrichtung für eingewogenes Distickstofftetroxyd und zudosiertes Stickstoffoxyd) schließt sich eine mit 200 ml 95%iger Schwefelsäure gefüllte Frittenwaschflasche sowie eine weitere, welche 200 ml Schwefelsäure und 4 ml 70%ige Salpetersäure enthält. Anschließend sind zwei Waschfläschchen mit Diphenylaminschwefelsäure und Eisen(II)-sulfatlösung zur Feststellung eines möglichen Durchbruches von Stickoxyden angebracht. Die ganze Apparatur kann mit sauerstoffreiem Stickstoff gespült werden. Zur Analyse von Stickoxyd ohne Stickdioxyd wird an Stelle der ersten Waschflasche mit konz. Schwefelsäure eine weitere mit Schwefel-Salpeter-Säure gesetzt.

Arbeitsvorschrift. Zunächst wird die ganze Apparatur mit Stickstoff gespült, hierauf die Gasprobe im langsamen Tempo durchgesaugt und schließlich wieder mit reinem Stickstoff nachgespült, bis 1 Stunde lang keine Stickdioxydspuren mehr sichtbar sind.

Zur Analyse der Absorptionslösungen wird ein aliquoter Teil (25 ml) der ersten Waschflasche im LUNGE-Nitrometer auf Stickoxyd analysiert (Verdünnung auf 88%ige Säure), wobei die Löslichkeit des Stickoxyds in der 88%igen Schwefelsäure zu berücksichtigen ist (S. 169). Einen weiteren aliquoten Teil von Waschflasche I und II läßt man gemäß S. 138 in überschüssige 0,1 n Permanganatlösung unter Titration einfließen.

Berechnung. Wenn A der Gesamtstickstoff in der ersten Waschflasche in g,
B der Nitritstickstoff in der ersten Waschflasche in g,
X der in Form von NO_2 absorbierte Stickstoff in g,
Y der in Form von N_2O_3 absorbierte Stickstoff in g,
Z der Nitritstickstoff in der zweiten Waschflasche in g

ist, dann ist $A = X + Y$; oder $X = 2(A - B)$;

$$B = \frac{X}{2} + Y \qquad Y = 2\,B - A.$$

Das vorhandene Stickdioxyd in g ist:

$$\frac{NO_2}{N}\,X + \frac{NO_2}{2\,N}\,Y = 3{,}284\,X + 1{,}642\,Y$$

Das vorhandene Stickoxyd in g ist:

$$\frac{NO}{2\,N}\,Y + \frac{2\,NO}{3\,N}\,Z = 1{,}071\,Y\ (1.\ \text{Absorber}) + 1{,}428\,Z\ (2.\ \text{Absorber}).$$

Genauigkeit. Von eingewogenem Distickstofftetroxyd (100 bis 1000 mg) wurden 99,5 bis 100%, vom eingemessenen Stickoxyd 98,6 bis 100% wiedergefunden.

Jones bestimmt die in konz. Schwefelsäure gelösten Stickoxyde durch Reduktion mit Devarda-Legierung auf folgende Weise: In eine übliche Ammoniak-Destillationsapparatur (1 l-Kolben) wird eine genügende, überschüssige Menge 40%iger Natronlauge vorgelegt, hierauf 5 g Devarda-Legierung und die zu prüfende Schwefelsäure durch den Tropftrichter langsam zugesetzt. Ein Verdünnen der Schwefelsäure ist wegen des dann unvermeidlichen Verlustes an Stickoxyden zu unterlassen. Das gebildete Ammoniak wird innerhalb 1 Std. übergetrieben.

2. Verfahren mit Lauge als Vorabsorptionsmittel.

Indirekte Bestimmungsverfahren an Gemischen aus Stickoxyd und Stickdioxyd mit Alkalilauge als Vorabsorptionsmittel sind ebenfalls bereits von Lunge und Berl beschrieben (S. 85). Je nach dem Mengenverhältnis der beiden Gase ist die Nachschaltung einer Nachabsorption für das überschüssige Stickoxyd notwendig. Es wird nämlich in der alkalischen Absorption nur dann das gesamte vorhandene Stickoxyd mit dem Stickdioxyd absorbiert, wenn es in molar geringerer oder höchstens in gleicher Menge wie das Stickdioxyd vorliegt. Das überschüssige Stickoxyd kann nun nach einer der für dieses Gas geeigneten Bestimmungsmethode bestimmt werden.

Wesentlich schwieriger verläuft die Analyse, wenn neben den beiden Stickstoffoxyden gleichzeitig Sauerstoff vorhanden ist und das ursprünglich vorhandene Mengenverhältnis ohne die während der Analyse eintretenden Änderungen der Zusammensetzung festgestellt werden soll. Für solche Fälle schlagen Peters und Straschil die Anwendung fester Absorptionsmittel vor, wobei sie an Stelle der Alkalilauge einen alkalisierten Tonerdekontakt und als oxydierendes Chemosorbens für das restliche Stickoxyd Silberpermanganat oder Natriumchlorit auf Tonerde anwenden.

Entsprechend dem ursprünglich von Lunge und Berl angegebenen Verfahren absorbieren auch Burdick und Freed Stickoxyd und Stickdioxyd mit titrierter Lauge. Die Summe der Stickstoffoxyde, soweit sie als N_2O_3 in der Lauge absorbiert worden sind und nicht als überschüssiges Stickoxyd die Lauge unabsorbiert passiert haben, ergibt sich durch Rücktitration mit Phenolphthalein als Indicator, der Oxydationsgrad aus der Titration der Lauge in vorgelegte saure Permanganatlösung.

Das von der konz. Schwefelsäure bzw. der Lauge nicht oxydierte Stickoxyd wird hierauf gesondert, meist nach Überführung in Salpetersäure durch geeignete

Oxydationsmittel erfaßt. Die Oxydation zu Nitrat kann auf sehr rasche und elegante Weise auch durch Absorption mit festen Oxydationsmitteln erfolgen.

Eine weitere Gruppe indirekter Analysenverfahren beruht auf der Oxydation des Gemisches der Stickoxyde mit gemessenen Mengen Oxydationsmittel, z. B. Permanganat. Hierbei ist allerdings für eine genügend große Oberfläche und Verweilzeit zu sorgen, damit auch alles Stickoxyd in Salpetersäure verwandelt wird. In der austitrierten Lösung kann hierauf entweder mit Eisen(II)-sulfat, z. B. nach PÉLOUZE-LEITHE (S. 204), die Gesamtsalpetersäure oder nach DEVARDA der Gesamtstickstoff bestimmt werden.

Liegen die Stickoxyde in sehr niedriger Konzentration vor, so kann man durch sehr raschen Durchsatz durch verdünnte Permanganatlösung die Oxydation des Stickoxyds auch nur zum Stickdioxyd führen und letzteres in der im Kapitel „Salpetrige Säure“ näher beschriebenen Weise in einen colorimetrierbaren Azofarbstoff verwandeln. Von dieser Möglichkeit macht man vielfach zur Bestimmung der Stickoxyde in Kokereigas oder in der Atmosphäre Gebrauch.

Arbeitsweise von PETERS *mit festen Oxydationsmitteln.* PETERS und STRASCHIL absorbieren in der ersten Stufe das Stickdioxyd und den entsprechenden Stickoxydanteil mit 0,02 n carbonatfreier Natronlauge. Das darin gebildete Nitrit wird durch Titration mit 0,02 n $KMnO_4$-Lösung, der Gesamtstickstoff darin entweder durch acidimetrische Titration oder nach der Reduktion mit DEVARDAscher Legierung als Ammoniak bestimmt.

Die zweite Stufe (Absorption des restlichen Stickoxyds) wird mit festen Chemosorbentien durchgeführt. Als solche haben sich Silberpermanganat auf Tonerde oder noch besser Natriumchlorit auf Tonerde bewährt. Beide Stoffe binden NO rasch und quantitativ als Nitrat, welches mit DEVARDA-Legierung zu NH_3 reduziert, als Ammoniak überdestilliert und titriert wird.

Als *Apparatur* dient eine Waschflasche mit Gasverteiler aus Sinterglas für 100 ml 0,02 n Natronlauge sowie ein Absorptionsrohr, das etwa 3 g Chemosorbens aufzunehmen vermag. Mit Hilfe eines nach dem Absorptionsrohr angebrachten Aspirators wird ein definiertes Gasvolumen mit einer Strömungsgeschwindigkeit von 10 bis 50 l je Stde. angesaugt.

Herstellung der Chemosorbentien. α) Silberpermanganat. Man löst 27 g Aluminiummetall in der hierzu notwendigen Menge 40%iger Natronlauge, filtriert, verdünnt mit 5 l Wasser, erwärmt auf 40°, fällt das Hydroxyd unter kräftigem Rühren durch Einleiten von Kohlendioxyd und wäscht den Niederschlag von Aluminiumhydroxyd bis zur neutralen Reaktion ($p_H = 7{,}5$). Getrennt hiervon wird eine mit 10 g Soda hergestellte, verdünnte Lösung in eine gleichfalls verdünnte Lösung von 17 g Silbernitrat eingerührt und der Niederschlag durch mehrmaliges Dekantieren mit Wasser nitratfrei gewaschen.

Beide Niederschläge, die im molaren Verhältnis 1 : 10 vorhanden sind, werden im feuchten Zustand gut vermischt, auf der Glassinternutsche trockengesaugt, im Vakuum bei 30° getrocknet und in der Reibschale fein zerrieben. Man vermischt das Pulver gut mit 15,8 g ($^1/_{10}$ Mol) feinst pulverisiertem Kaliumpermanganat und teigt mit einer Mischung von 5 ml Eisessig und wenig Wasser zu einem dicken Brei an; der Brei wird nun auf einer Glasschale dünn aufgestrichen und im Vakuum bei 25° bis zur Rosafärbung (bei zu vollständigem Trocknen wird es fast weiß) getrocknet und auf eine Korngröße von 0,5 bis 2 mm zerkleinert. Der Staubanteil kann erneut mit Wasser angeteigt und getrocknet werden. Das fertige Absorptionsmittel muß gut verschlossen und vor Licht geschützt aufbewahrt werden; es ist dann einige Monate haltbar. Es wird beim Zusammentreffen mit Stickoxyd braun, mit Stickdioxyd aber weiß. Man füllt etwa 3 g in ein geeignetes Absorptionsröhrchen, welches etwa 2,5 Millimol NO bzw. 7,5 Millimol NO_2 aufnimmt. Zur Bestimmung des gebundenen Stickstoffs wird das Absorptionsröhrchen in einen Rundkolben entleert, mit 30 ml 30%iger Natronlauge bis zum Zerfallen der Körner gelinde erwärmt, wieder gekühlt und mit 200 ml kaltem Wasser versetzt. Hierauf wird 5 g DEVARDA-Legierung zugefügt und sofort an den absteigenden Kühler angeschlossen. Nach Beendigung der Reaktion wird das gebildete Ammoniak in eine mit gestellter Salzsäure beschickte Vorlage möglichst vollständig abdestilliert. Die letzten Reste Ammoniak werden vom Niederschlag hartnäckig zurückgehalten. Unter gleichen Bedingungen wird eine Blindwertbestimmung vorgenommen.

β) Natriumchlorit. Dieses Chemosorbens hat bei gleicher Wirksamkeit den Vorteil einfacherer Herstellbarkeit und besserer Haltbarkeit. Auch das Abdestillieren des Ammoniaks nach der DEVARDA-Reduktion erfolgt hier rascher.

Man stellt zunächst wie unter α) durch Fällen einer Aluminatlösung mit Kohlensäure bei 40° Aluminiumhydroxyd her, das nicht ganz bis zur neutralen Reaktion gewaschen, bei 80° getrocknet und pulverisiert wird. Ein Gewichtsteil davon wird mit einer Lösung aus 0,3 Gewichtsteilen käuflichen, 80%igen Natriumchlorits und 0,02 Gewichtsteilen Kaliumchromat (an Stelle der 0,02 Gewichtsteile Kaliumchromat können auch 0,005 bis 0,01 Gewichtsteile Alizarin in schwach alkalischer Lösung verwendet werden, wobei die entstandene Rosafärbung durch Stickoxyd und Stickdioxyd zerstört wird) in 2 Gewichtsteilen Wasser zu einer Paste verrührt, bei 50° im Vakuum getrocknet und wie bei α) zerkleinert. 1 g des Absorptionsmittels nimmt etwa 25 ml NO oder 50 ml NO_2 auf. Die Bindung von NO zeigt sich durch Orangefärbung, die von NO_2 durch Braunfärbung an. Im übrigen wird genau wie bei α) verfahren.

Arbeitsvorschrift. Die Waschflasche wird mit 100 ml 0,02 n Natronlauge gefüllt, hieran das Absorptionsrohr mit etwa 3 g Chemosorbens angeschlossen und mit Hilfe eines Aspirators ein definiertes Gasvolumen mit einer Strömungsgeschwindigkeit von 10 bis 50 l/Stde. durchgesaugt. Das Absorptionsröhrchen vermag etwa 75 ml NO zu binden.

Nach Beendigung des Durchsaugens wird ein aliquoter Teil der Lauge nach DEVARDA zu Ammoniak reduziert, das in der üblichen Weise überdestilliert und titriert wird. Die Bestimmung des Gesamtstickstoffs kann aber auch bei Abwesenheit von Kohlensäure auf acidimetrischem Weg durch Rücktitration mit 0,02 n Salzsäure erfolgen, wobei als Indicator eine Mischung alkoholischer Lösungen von Methylrot und Bromthymolblau verwendet wird und auf gelbgrün ($p_H = 7{,}1$) titriert wird. Die Titration ist gegen Kohlensäure sehr empfindlich.

Die Bestimmung des Nitrits erfolgt in einem weiteren aliquoten Teil durch Einfließenlassen der alkalischen Lösung in vorgelegte, angesäuerte 0,02 n Kaliumpermanganatlösung. Die Aufarbeitung des Inhaltes der Absorptionsröhrchen ist bei der Herstellung der Chemosorbentien beschrieben.

Berechnung. Die Primärabsorption in der vorgelegten Lauge erfolgt nach folgenden Gleichungen:

$$NO + NO_2 + 2\,NaOH = 2\,NaNO_2 + H_2O \qquad \text{(I)}$$

$$2\,NO_2 + 2\,NaOH = NaNO_2 + NaNO_3 + H_2O \qquad \text{(II)}$$

Bezeichnet man mit a die gebildete Menge Nitrit in Millimol,
mit b die gebildete Menge Nitrat in Millimol,
mit x die vorhandene Menge NO in Millimol,
mit y die vorhandene Menge NO_2 in Millimol,

so entspricht der gemäß Gl. (I) gebildete Anteil an Nitrit $2\,x$ und der gemäß Gl. (II) gebildete Anteil am Nitrit $\frac{y-x}{2}$, in Summe:

$$a = \frac{y + 3x}{2}.$$

Das Nitrat b entspricht gemäß Gl. (II): $\frac{y-x}{2}$

Daraus ergibt sich für x, d. i. die Menge an primär absorbiertem NO in Millimol:

$$\frac{a-b}{2}.$$

Hierzu kommt noch die aus der Sekundärabsorption (mit $AgMnO_4$ bzw. $NaClO_2$) erfaßte Menge N, die stets als NO zu berechnen ist, da NO_2 vollständig in der Primärabsorption erfaßt wird.

y, d. i. die insgesamt vorhandene Menge NO_2 in Millimol, entspricht dann dem Ausdruck: $\frac{a+3b}{2}$.

Genauigkeit. Bei entsprechend genauer Bestimmung des Gesamtstickstoffs nach DEVARDA kann eine Genauigkeit von $\pm 0{,}5\%$ der einzelnen Komponenten erreicht werden.

Bei Anwesenheit von Sauerstoff kann je nach dem Sauerstoffgehalt und der Verweilzeit während der Absorption in der Lauge eine Nachoxydation des Stickoxydes zu NO_2 eintreten, wodurch das Verhältnis von NO zu NO_2 unrichtig wiedergegeben wird. Um diese Verweilzeit möglichst herabzusetzen, schlagen PETERS und STRASCHIL ein festes, alkalisches Absorptionsmittel an Stelle der bisher üblichen verd. Natronlauge vor, da in letzterer infolge Blasenbildung eine Verzögerung des Durchsatzes eintritt.

Hierzu wird ein aus Aluminatlösung mit CO_2 gefälltes Aluminiumhydroxyd in noch alkalischem Zustand ($p_H = 9$) abfiltriert, ohne zu waschen bei 80° getrocknet und pulverisiert. Dann teigt man es mit einem halben Gewichtsteil wasserfreier Soda und einem Gewichtsteil Wasser an und trocknet den Brei an der Luft bei Raumtemperatur mäßig. Er wird auf 0,5 bis 1 mm Korndurchmesser zerkleinert. 1 g nimmt etwa 1 Millimol NO_2 auf.

Nach der Absorption wird die Masse in 50 ml Wasser und 25 ml 25%iger Natronlauge unter Erwärmen klar gelöst und im Meßkolben auf 250 ml aufgefüllt. Aus 100 ml wird nach DEVARDA der Gesamtstickstoff, aus dem Rest das Nitrit bestimmt.

3. Verfahren durch Bestimmung des Gesamtstickstoffs und des Sauerstoffverbrauchs.

Allgemeines. Als dosierte Oxydationsmittel zur Bestimmung des Sauerstoffverbrauchs sind vorzugsweise Kaliumpermanganat, daneben auch Kaliumbromat und gemessene Mengen Sauerstoff beschrieben. Zur Gesamtstickstoffbestimmung dient eines der bekannten Nitratbestimmungsverfahren, z. B. nach BOWMAN und SCOTT, PÉLOUZE (in der Modifikation von LEITHE) oder nach SCHLÖSING-GRANDEAU; man kann aber das Nitration auch mit DEVARDA-Legierung zu Ammoniak reduzieren.

I. Arbeitsweise von GEAKE und SQUIRE. Als *Apparatur* dient ein evakuierbarer Kolben oder ein Gassammelgefäß, in welches mit Hilfe eines Tropftrichters Absorptionslösung eingeführt werden kann. Das Gas tritt mit Hilfe eines gebogenen Glasrohres, dessen Ende an der Innenwand anliegt, so ein, daß es sofort durch die Permanganatlösung durchperlt und damit in Reaktion tritt.

Arbeitsvorschrift. In den Kolben werden genau gemessene 25 Milliliter 0,5 n Permanganatlösung vorgelegt, die mit 1 ml konz. Schwefelsäure angesäuert worden ist. Die Flasche wird evakuiert; man läßt gemessene Mengen des Probengases eintreten, wobei das Gas durch die Permanganatlösung perlt. Durch Schütteln setzt man das Gas in wenigen Sekunden um. Das unverbrauchte Permanganat wird mit 0,5 n Eisen(II)-sulfatlösung zurücktitriert und in der austitrierten Lösung nach BOWMAN und SCOTT (S. 210) das Gesamtnitrat titriert.

Die *Berechnung* erfolgt in analoger Weise, wie sie bei der folgenden Methode von PERKTOLD angegeben ist. Auf ähnliche Weise arbeitet KIENITZ. Statt nach BOWMAN und SCOTT zu titrieren, kann mit Vorteil auch das von PÉLOUZE-LEITHE zur Bestimmung von Nitrat und Nitrit nebeneinander angegebene Verfahren angewandt werden (S. 204).

II. Arbeitsweise von Perktold. Die Arbeitsweise von Perktold dient vor allem zur Analyse im strömenden Gas. Sofern keine allzugroßen Ansprüche an die Genauigkeit gestellt werden, gibt die Methode brauchbare Werte; als Fehlerquelle tritt die relativ langsame Absorption des Stickoxyds durch Permanganat in Erscheinung, wodurch außer möglichen Verlusten auch eine Nachoxydation des Stickoxyds durch gleichzeitig anwesenden Sauerstoff erfolgen kann.

Die Absorption der Stickoxyde erfolgt durch mit Schwefelsäure angesäuerte 0,5 n Permanganatlösung in zwei hintereinandergeschalteten 10-Kugelrohren oder in zwei Intensivwaschflaschen.

In einer als Schnellmethode für verdünnte nitrose Gase bei den Österreichischen Stickstoffwerken angewandten Ausführungsform wird das erste 10-Kugelrohr mit einer Mischung aus 10 ml 0,5 n $KMnO_4$-Lösung, 35 ml 30%iger Schwefelsäure und 3 ml 25%iger Phosphorsäure und das zweite 10-Kugelrohr mit einer Mischung aus 5 ml 0,5 n $KMnO_4$-Lösung, 15 ml 30%iger Schwefelsäure und 2 ml 25%iger Phosphorsäure beschickt. An das zweite 10-Kugelrohr wird ein Blasenzähler und hierauf eine Meßcapillare angeschlossen.

Die *Apparatur* wird zunächst zwecks Verhinderung einer Nachoxydation der Probe mit Stickstoff gespült, hierauf die Gasprobe derart eingeführt, daß die Gasblasen im Blasenzähler eben noch zu zählen sind; es wird so lange durchgeleitet, bis sich die Absorptionsflüssigkeit eben schwach hellbraunrot zu verfärben beginnt. Dann stellt man den Gaszutritt ab und spült neuerlich mit Stickstoff.

Hierauf wird der Inhalt beider Kugelrohre in einen Erlenmeyerkolben gespült und mit 0,5 n Eisen(II)-sulfatlösung zurücktitriert.

Zur Bestimmung des Gesamtstickstoffs kann man entweder die austitrierte Lösung in einen 1 l-Rundkolben überführen, mit 80 ml 30%iger Natronlauge alkalisieren, mit 8 g Devarda-Legierung versetzen und etwa 30 min ausreagieren lassen; hierauf destilliert man $^4/_5$ des Kolbeninhaltes in vorgelegte 50 ml 0,1 n Salzsäure über. Man titriert die Vorlage mit 0,1 n NaOH zurück. Einfacher erfolgt die Gesamtstickstoffbestimmung als Nitrat nach Pélouze-Leithe (S. 204).

Berechnung. Wenn a ml 0,5 n $KMnO_4$-Lösung und b ml 0,1 n HCl verbraucht wurden, so enthält die Probe:

$0{,}7 \cdot (5\,a - b)$ mg NO-Stickstoff;
$0{,}7 \cdot (3\,b - 5\,a)$ mg NO_2-Stickstoff.

III. Titration mit Kaliumbromatlösung nach Klemenc und Mucha. Klemenc und Mucha bestimmen zunächst den Kaliumbromatverbrauch in der von Klemenc und Bunzl (S. 82) angegebenen Weise.

Den Apparat siehe Abb. 25, S. 82.

Arbeitsvorschrift. Man legt in dem mit Stickstoff gespülten Absorptionsgefäß 10 bis 15 ml genau gemessene, gestellte (3%ige) und mit einigen Millilitern n-Schwefelsäure angesäuerte Kaliumbromatlösung vor, evakuiert, führt die gemessene Gasprobe ein und schüttelt. Nach erfolgter Reaktion wird aus der Lösung das elementare Brom durch Durchleiten von Luft vertrieben und in einem aliquoten Teil nach Zusatz von 10%iger Kaliumjodidlösung das überschüssige Bromat mit Natriumthiosulfat zurücktitriert. In einem weiteren aliquoten Teil der Lösung wird nach Schlösing-Grandeau-Tiemann (S. 171) der Gesamt-Nitratstickstoff bestimmt.

Die *Berechnung* erfolgt nach den Autoren auf Grund der Formel:

$$3\,a + b = \frac{5}{6}(A - z) \cdot A_{\mathrm{Th}}, \quad \text{wobei} \quad a = \text{die Mole NO},$$
$$S_{\mathrm{N}} = a + b. \qquad b = \text{die Mole } NO_2 \text{ darstellen};$$

A ist die der ursprünglich vorhandenen Bromatmenge entsprechende Menge Thiosulfat, z die nach der Reaktion mit den Stickoxyden nach Zusatz von KJ verbrauchte Menge Thiosulfat, die dem Bromatüberschuß entspricht. A_{Th} = Mole Thiosulfat/ml. S_{N} ist der Gesamtstickstoff, ausgedrückt in Grammatomen.

Die Berechnung kann auch unter sinngemäßer Anwendung der Gleichungen S. 86 erfolgen.

IV. Bestimmung mit gemessenem Sauerstoff nach Klemenc und Neumann. Nach Klemenc und Neumann setzt man dem Gemisch aus Stickoxyd und Stickdioxyd eine gemessene Menge Sauerstoff zu, friert das gebildete Stickdioxyd aus, pumpt den überschüssigen Sauerstoff ab und mißt ihn. Die Gesamtmenge des gebildeten, vermehrt um das ursprünglich vorhandene Stickdioxyd, wird durch Titration mit Kaliumpermanganat in schwefelsaurer Lösung festgestellt. Um keinen Angriff des Stickdioxyds auf das Quecksilber der Töpler-Pumpe zu verursachen, muß das Stickdioxyd an Silicagel adsorbiert werden. Es läßt sich nach dem Abpumpen des Sauerstoffs direkt mit Permanganat titrieren.

Die Berechnung erfolgt auf Grund folgender Gleichungen:

$$y = 2 V_{O_2};$$

$$x + y = 12{,}4 \cdot Vn.$$

x = Volumen des Stickdioxyds, in Millilitern bei 0° und 760 Torr;

y = Volumen des Stickoxyds, in Millilitern bei 0° und 760 Torr;

V_{O_2} = gemessener Sauerstoffverbrauch, in Millilitern bei 0° und 760 Torr;

V = Verbrauch an n-Permanganatlösung, in Millilitern bei der Normalität n.

4. Analysen von Gemischen aus Distickstoffoxyd und Stickoxyd.

Eine indirekte Analyse durch Reaktion mit Wasserstoff mit Hilfe der Drehschmidt-Capillare ist S. 79 beschrieben. Will man mit Absorptionsmitteln arbeiten, so ist die Löslichkeit des Distickstoffoxyds in Wasser und wäßrigen Lösungen zu beachten.

Manchot und Lehmann mischen in einer Nitrometerbürette Sauerstoff zur Oxydation des Stickoxyds in Stickdioxyd zu und absorbieren dieses mit Kalilauge (1 + 1), ferner den überschüssigen Sauerstoff mit Pyrogallol in konz. Kalilauge und schließlich das Distickstoffoxyd mit Wasser; Stickstoff bleibt zurück.

Die Ergebnisse sind wegen der dabei auftretenden Verluste an Distickstoffoxyd nicht genau. Klinger zieht daher das Arbeiten mit festem Kaliumhydroxyd in einer Absorptionspipette mit Quecksilber als Sperrflüssigkeit vor (S. 81).

Sabatier und Senderens bestimmen in Gemischen von Distickstoffoxyd, Stickoxyd, Stickstoff und Wasserstoff in einem Teil der Gasprobe das Distickstoffoxyd und Stickoxyd gemeinsam durch zweimalige Absorption mit einem Gemisch aus absolutem Alkohol und Eisen(II)-sulfat. Stickstoff und Wasserstoff bleiben ungelöst; sie werden nach Zumischen von Sauerstoff in der Explosionspipette bestimmt. In einem weiteren Teil der Gasprobe wird nur das Stickoxyd mit einigen Tropfen konz. Kalilauge nach Zugabe von überschüssigem Sauerstoff herausgenommen. Das Distickoxyd wird hierauf mit Alkohol und Wasser ausgewaschen und aus der Volumendifferenz bestimmt.

5. Bestimmung von Nitrose neben Schwefeldioxyd in Bleikammergasen.

Nach Raschig läßt sich in Kammergasen Nitrose ($NO + NO_2$) neben Schwefeldioxyd derart bestimmen, daß man den üblichen Reichschen Apparat mit 10 ml

0,1 n Jodlösung, etwa 100 ml Wasser, etwas Stärkelösung und zusätzlich mit 10 ml kalt gesättigter Natriumacetatlösung beschickt. Die vorhandenen Stickoxyde bilden salpetrige Säure und Salpetersäure; nach der Bestimmung der schwefligen Säure setzt man einen Tropfen Phenolphthalein zur entfärbten Lösung und titriert mit 0,1 n Natronlauge bis zur Rotfärbung. Von der Anzahl der verbrauchten ml 0,1 n Natronlauge werden 10 ml für die gebildete Jodwasserstoffsäure und 10 Milliliter für die nach der Gleichung:

$$SO_2 + 2\,J + 2\,H_2O = 2\,HJ + H_2SO_4$$

gebildete Schwefelsäure abgezogen. Der Rest zeigt die gebildete salpetrige und Salpetersäure an.

Das Verfahren liefert insbesondere bei gleichzeitig vorhandenem Kohlendioxyd nur angenäherte Werte. RASCHIG und PRAHL weisen auch auf die Möglichkeit hin, entsprechend der Gleichung:

$$NO_2 + 2\,KJ + 2\,HCl = 2\,KCl + J_2 + NO + H_2O$$

Stickdioxyd mit einer gesättigten Jodkaliumlösung auf Grund der Jodausscheidung zu bestimmen. Siehe dagegen HANSEN; PRING; KOHN-ABREST; WEIN.

6. Analyse von Gemischen aus mehreren Stickstoffoxyden neben Sauerstoff, Kohlendioxyd, Kohlenoxyd, Wasserstoff und Stickstoff.

Ausführliche Angaben zur Analyse eines Gemisches der oben angeführten Gase, wie sie z. B. in Abgasen von Oxydationen organischer Substanzen mit Salpetersäure vorliegen, hat JOHNSON veröffentlicht.

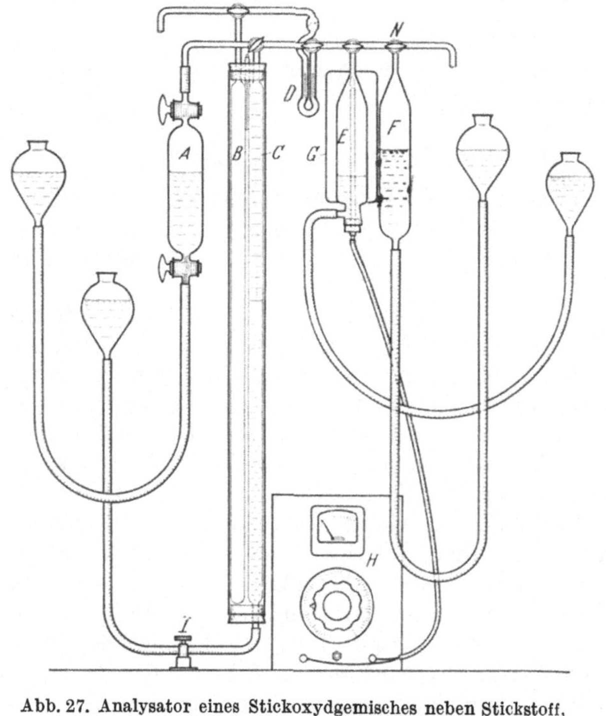

Die zum Teil auf indirektem Weg durchgeführte Bestimmung erfordert mehrere Teiloperationen. Zunächst wird in je einer Probe die Summe aus Stickoxyd und Stickdioxyd mit Wasserstoffperoxyd und Titration mit Kalilauge und das Verhältnis $NO : NO_2$ durch Absorption mit Salpeter-Schwefel-Säure und anschließende Permanganattitration festgestellt. In dem von den beiden Stickstoffoxyden befreiten Restgas wird hierauf mit wenig Lauge das Kohlendioxyd, mit wenig Pyrogallol der Sauerstoff bestimmt. Die Bestimmung des Distickoxydes erfolgt nach Zumischen von Wasserstoff in einer Verbrennungspipette; diejenige von Kohlenoxyd und Wasserstoff nach Zufügen von Sauerstoff ebenfalls in der Verbrennungspipette. Der Stickstoff bleibt als Rest. Bei allen Operationen ist auf die Vermeidung von Distickoxydverlusten zu achten.

Abb. 27. Analysator eines Stickoxydgemisches neben Stickstoff, Sauerstoff, Kohlenoxyd- und dioxyd.

Die *Apparatur* (Abb. 27) besteht aus drei üblichen Gassammelröhren A von etwa 250 ml Inhalt, genau ausgemessen, aus einer Gasbürette C für exakte Gasanalyse mit Quecksilber als Sperrflüssigkeit, dem Kompensationsrohr *B* und Ausgleichsmanometer *D*, der Verbrennungspipette *E* mit kurzem Platindraht und Regeltransformator *H*, welche mit einer Scheibe *G* aus Sicherheitsglas abgeschirmt ist, sowie einer Absorptionspipette *F*. Das abwärts gebogene Ende des Verteilerrohres gestattet die Einführung kleiner Mengen Absorptionsflüssigkeit. Der Schraubenquetschhahn *I* gestattet einen kontrollierten Durchsatz der Gase durch die Verbrennungspipette.

Als Hahnfett bewährt sich ein Präparat auf Basis Fluorchlorkohlenstoff, welches weder von Mischsäure noch von Permanganatlösung und Stickdioxyd angegriffen wird.

Reagenzien. Alkalische Pyrogallol-Lösung: 90 g Ätzkali werden in 60 ml Wasser gelöst und darin 10 g Pyrogallol aufgelöst.

Mischsäure: 20 g wasserfreies Natriumsulfat werden in 100 ml 99,5 bis 100%iger Schwefelsäure gelöst und 5 ml 97 bis 100%ige Salpetersäure zugesetzt.

Arbeitsvorschrift. Zunächst werden zwei Gassammelröhren von bekanntem Volumen (etwa je 250 ml) mit dem zu analysierenden Gas bei gleichem Druck gefüllt.

I. Absorption und Titration von NO und NO_2 in Mischsäure. Eine Gassammelröhre wird mit Kohlensäureschnee gekühlt und 10 ml Mischsäure aus einer kleinen flachen Glasschale ohne Zutritt von Luft eingesaugt. Man läßt in horizontaler Lage rotieren, um die Glaswände mit Ausnahme des zweiten Hahnes zu benetzen. Nach 15 bis 30 min ist die Absorption vollständig. Man verbindet das Glasrohr des trokkenen Hahnes mit einer weiteren Gassammelröhre III, evakuiert bis zum trockenen Hahn und läßt hierauf einen Teil des „Restgases“ in das Gassammelrohr III bis zum Druckausgleich überströmen.

Die Mischsäure wird hierauf mit insgesamt 50 ml 100%iger Schwefelsäure in ein tariertes Wägeglas von etwa 100 ml Inhalt gespült, gewogen und ein aliquoter gewogener Teil von etwa 25 ml mit einer Pipette in ein mit 350 ml kaltem Wasser beschicktes Becherglas unterschichtet, ohne zunächst zu vermischen. Man setzt hierauf in kleinen Anteilen 0,1 n Permanganatlösung aus einer Bürette zu und mischt nur so weit, daß keine vollständige Entfärbung eintritt und somit keine nitrosen Gase verloren gehen (S. 138). Man beendet die Titration bis zur etwa 1 min beständigen, schwachen Rotfärbung; noch besser nimmt man einen größeren Überschuß an Permanganat mit titrierter 0,1 n Eisen(II)-sulfatlösung weg (S. 139).

Aus dem Titrationsergebnis werden die Milliäquivalente $KMnO_4$, bezogen auf die verwendete Gasmenge, berechnet (*A*).

II. Bestimmung der Summe NO + NO_2. In das Gassammelrohr II werden ebenfalls unter Kühlung 25 ml neutralisierter 3%iger Wasserstoffperoxydlösung mit Hilfe einer Pipette und Verbindungsschlauch eingeführt; man läßt 1 Std. unter gelegentlichem Schütteln stehen. Man spült vollständig in ein Becherglas und titriert mit 0,1 n Alkali gegen Methylrot. Man berechnet die Milliäquivalente Lauge (*B'*) und rechnet diese nach der Formel:

$B = B' \cdot \frac{\text{Inhalt von } I}{\text{Inhalt von } II}$ auf *B* um. Millimole NO in *I* sind gleich $\frac{(A - B)}{2}$,

und die Millimole NO_2 sind gleich *B*—Millimole NO.

III. Analyse des Restgases. Ein aliquoter Teil des Restgases aus Gassammelrohr *III*, der in der Meßbürette gemessen wurde, wird zunächst mit 1 ml 50%iger Kalilauge, die man in die Absorptionspipette *F* eingebracht hat, 4- bis 5mal behandelt. Die Volumendifferenz vor und nach der Behandlung mit Lauge ergibt den Gehalt an Kohlendioxyd.

Desgleichen wird die Restgasprobe mit 1 ml Pyrogallollösung 15- bis 20mal behandelt. Wenn mehr als 20 ml Sauerstoff vorhanden sind, wird die Behandlung mit einem weiteren Milliliter Pyrogallollösung wiederholt. Die Volumendifferenz ergibt den Sauerstoffgehalt.

Hierauf wird die Restgasprobe in die Verbrennungspipette gedrückt, mit der Meßpipette etwa ebensoviel Wasserstoff zugefügt als Distickstoffoxyd erwartet wird, und der langsamen Verbrennung unterworfen (S. 75). Die Kontraktion entspricht dem vorhandenen Volumen N_2O. Falls gleichzeitig Kohlenoxyd in der Probe vorhanden ist, wird ein kleiner Teil mit dem N_2O-Gas unter Bildung von Kohlendioxyd reagiert haben; man bestimmt dieses daher wie oben beschrieben mit Kalilauge und schlägt das gefundene Volumen dem N_2O-Volumen zu.

Schließlich mischt man Sauerstoff in einem Überschuß von einigen Millilitern zu und bestimmt das Kohlenoxyd, den Wasserstoff, den restlichen Sauerstoff sowie den Stickstoff (letzterer als Inertgas) in bekannter Weise.

Genauigkeit. Bestimmungen mit eingemessenen Gasmischungen bekannter Zusammensetzung ergaben eine Übereinstimmung mit der Theorie, die etwa einem Fehler von $\pm 1\%$ (absolut) entspricht.

7. Bestimmung kleinster Mengen Stickoxyde in Gasgemischen.

Allgemeines. Diese Bestimmung hat in der Praxis insbesondere für zwei Aufgaben Bedeutung erlangt:

a) Für die Bestimmung kleinster Mengen Stickoxyd im Kokereigas, welche für die vielfach beobachteten Harzbildungen aus Stickoxyden und ungesättigten Kohlenwasserstoffen in Gasleitungen verantwortlich gemacht werden.

b) Zur Bestimmung der Spuren Stickoxyd und Stickstoffdioxyd, welche durch verschiedene technische Prozesse, z. B. die Herstellung von Salpetersäure aus Ammoniak oder von Schwefelsäure nach dem Bleikammerverfahren, in die Atmosphäre gelangen. Die bisher bekannten Verfahren zur Lösung dieser Aufgabe wandeln die Stickoxyde zunächst in salpetrige Säure um, welche ihrerseits durch Azofarbstoffbildung colorimetrisch bestimmt wird.

Schuftan geht zur Bestimmung des Stickoxyds in Kokereigas in der Weise vor, daß er strömendes Kokereigas im Verhältnis 2 : 1 mit einem Sauerstoffstrom mischt, in einer 10 l-Flasche reagieren läßt und das Reaktionsgemisch durch eine Lösung von m-Phenylendiamin in Essigsäure hindurchströmen läßt. Die durchschnittliche Verweilzeit des Gasgemisches in der Flasche beträgt 15 min. Die erzielte Färbung wird mit der aus einer Standard-Nitritlösung erhaltenen verglichen. Da unter den vorliegenden Bedingungen die Oxydation des Stickoxyds zu Stickdioxyd nicht vollständig ist, wird mit Hilfe der von Bodenstein bestimmten Reaktionsgeschwindigkeitskonstanten der Stickoxydoxydation eine Korrektur durchgeführt.

In ähnlicher Weise arbeiten Tropsch und Kassler mit dem Unterschied, daß sie die Reaktion nicht im Gasstrom durchführen, sondern ein bestimmtes Gasvolumen in einer 5 l-Flasche mit Sauerstoff gemischt über Natronlauge 15 min stehen lassen und mit Griesz-Ilosvay-Reagens colorimetrieren. Tramm und Grimme arbeiten in ähnlicher Weise, lassen aber zur Vervollständigung der Reaktion 3 Tage stehen[1].

I. Arbeitsweise von Guyer und Weber bzw. Seebaum und Hartmann. Guyer und Weber haben, um die Explosionsgefahren bei der Handhabung eines Kokereigas-Sauerstoff-Gemisches zu vermeiden und die Reaktionszeit abzukürzen, die Oxydation des Stickoxyds im strömenden Gas durch Waschen mit Permanganatlösung durchgeführt. Bei den vorliegenden geringen Stickoxydgehalten und den eingehaltenen Verweilzeiten wird das Stickoxyd nicht von der Permanganatlösung zurückgehalten, sondern zu Stickdioxyd oxydiert und kann in einer nachfolgenden

---

[1] Dudden oxydiert das Stickoxyd in Kokereigas an der Anode einer elektrolytischen Zelle zu Stickdioxyd.

Waschflasche mit Griesz-Ilosvay-Reagens zur Hälfte als HNO_2 bestimmt werden, wobei die Gleichung gilt:

$$2\,NO_2 + H_2O = HNO_3 + HNO_2 \qquad (I)$$

Das Verfahren wurde von Seebaum und Hartmann nachgeprüft, in einigen Details modifiziert [siehe auch Lunge-Berl (a), (b)]. Es hat sich in dieser Form vielfach bewährt (siehe auch Hollings). Die Autoren finden in ihrer im folgenden beschriebenen *Apparatur* mit Frittenwaschflaschen bei Stickoxydmengen von 0,05 bis 5,0 ml/m³ im Koksofengas und einer Strömungsgeschwindigkeit von (25 ± 2) l/Std. 45% der theoretischen Menge als Farbstoff. Von der Gl. (I) geforderten Menge von 50% gehen demnach durch unvollständige Oxydation,

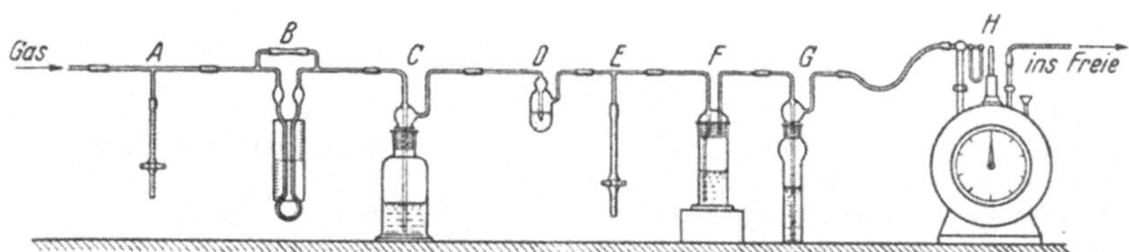

Abb. 28. Bestimmung kleinster Mengen Stickoxyde nach Seebaum und Hartmann.

unvollständige Absorption im Griesz-Reagens oder durch Bindung als Nitrat in der Permanganatlösung 10% verloren. Der Faktor 45% ist aber innerhalb der unten angegebenen Fehlergrenze von etwa 10 bis 20% konstant.

Die *Apparatur* (Abb. 28) besteht, von der Gasquelle aus gesehen, aus einem T-Rohr *A* zur genauen Einstellung der Strömungsgeschwindigkeit, einem Strömungsmesser *B* für Durchsätze von 25 l Gas/Std., einer Drechsel-Waschflasche *C*, die mit Kalilauge (1 + 3) beschickt ist und in der saure Gase wie H_2S, NO_2 wie auch NO nebst NO_2 im molaren Verhältnis absorbiert werden, ferner aus einem kleinen Waschfläschchen *D*, das mit Griesz-Reagens gefüllt ist und einen möglichen Durchbruch von NO_2 anzeigen soll; hierauf folgen ein T-Stück *E* zur Unterbrechung des Versuches, eine Frittenwaschflasche *F* (Schott 83, G 1) zur Aufnahme von 50 ml Permanganatlösung, eine schmale Frittenwaschflasche *G* zur Aufnahme von 15 ml Griesz-Reagens und schließlich eine Gasuhr. Falls die Gasquelle den Druck von 550 bis 600 mm Wassersäule nicht überwindet, wird noch eine Saugpumpe angeschlossen. Falls größere Mengen Ammoniak im Gas vorhanden sind, wird nach *C* noch eine kleine Waschflasche mit 0,1 n Schwefelsäure angeschlossen.

Erforderliche Lösungen. Permanganatlösung: 500 ml einer 5%igen Permanganatlösung werden mit 500 ml einer 5%igen Schwefelsäure (D 1,03) vermischt. — Griesz-Ilosvay-Reagens: 2 g Sulfanilsäure werden in 400 ml Wasser und 100 ml Eisessig unter Luftabschluß gelöst und mit einer Lösung von 0,5 g α-Naphthylamin in 400 ml Wasser und 100 ml Eisessig vermischt. Die Lösung ist in dunkler Flasche möglichst ohne Luftzutritt gut verschlossen aufzubewahren. — Natriumnitrit-Standard: eine 0,003%ige Lösung, die durch Lösen von 3 g reinstem Natriumnitrit in 1 l Wasser, Entnahme von 10 ml dieser Lösung und Verdünnen auf 1000 ml erhalten wird.

Herstellung der Vergleichsskala. Man füllt 4 Röhrchen folgendermaßen:

a) 10 ml Griesz-Lösung ohne Nitritzusatz,
b) 9,95 ml Griesz-Lösung + 0,05 ml Nitritlösung,
c) 9,90 ml Griesz-Lösung + 0,10 ml Nitritlösung,
d) 9,85 ml Griesz-Lösung + 0,15 ml Nitritlösung,

Die Farbskala, im Dunkeln aufbewahrt, ist mindestens 1 Tag haltbar.

Arbeitsvorschrift. Die Apparatur wird zunächst mit Ausnahme der Reagens-Frittenflasche mit 1 bis 2 l Gas gespült. Man stellt auf (25 ± 2) l Gas/Std. ein und schaltet die Frittenwaschflasche ein. Man leitet so lange Gas durch, bis eine zwischen den obenstehenden Testlösungen liegende Färbung aufgetreten ist; bei 0,05 ml NO/m³ sind z. B. 50 l Gas, bei 0,5 ml NO 10 l Gas erforderlich. Die vorgelegte Permanganatlösung ist auch während des Versuches zu erneuern, bevor sie entfärbt worden ist. Das Abstellen der Apparatur erfolgt durch langsames Öffnen von *E* unter gleichzeitiger, allmählicher Drosselung der Gaszufuhr. Die erhaltene Färbung wird in 10 ml herauspipettierter Lösung durch Schätzung, genauer durch Colorimetrieren in die Skala eingestuft und auf die in 15 ml vorhandene Menge umgerechnet. 1 ml der Standard-Nitritlösung entspricht 0,0097 ml NO; der Umsatz ist 45%.

Berechnung. Es ist:

$$x = \frac{21{,}6 \cdot J}{v_0};$$

x ml NO/m^3;
J dasjenige Volumen der Standard-Nitritlösung, das hinsichtlich ihrer Färbung den 15 ml der angewandten GRIESZ-Lösung entspricht;
v_0 angewandtes Volumen der Gasprobe (0° und 760 Torr) in Litern.

Die *Genauigkeit* der Methode wird auf etwa ±10 bis 20% angegeben.

II. Bestimmung kleiner Mengen Stickoxyde in der Atmosphäre. Das Verfahren von SEEBAUM und HARTMANN, welches an sich zur NO-Bestimmung in sauerstoffarmen, brennbaren Gasen ausgearbeitet ist, eignet sich auf Grund von Untersuchungen, die im Laboratorium der Österreichischen Stickstoffwerke A.-G. ausgeführt worden sind, nach einigen Abänderungen auch zur Bestimmung sehr kleiner Mengen Stickoxyde in der Atmosphäre, z. B. in der Nähe von Salpetersäurefabriken (Stickoxydgehalte von 0,05 mg NO/m³ Luft aufwärts).

In diesem Falle liegen die Stickoxyde als Mischung von NO und NO_2 vor, in welcher das bereits gebildete Stickdioxyd gemeinsam mit der äquivalenten Menge Stickoxyd in essigsaurer Lösung ohne Nitratbildung nach der Gleichung:

$$NO + NO_2 + H_2O = 2\,HNO_2$$

reagiert, während der von der Permanganatlösung zu Stickdioxyd oxydierte Anteil des Stickoxyds mit GRIESZ-Reagens im Sinne obiger Gl. (I) reagiert.

Man schaltet daher an Stelle der mit KOH gefüllten Waschflasche *C* eine mit 80 ml GRIESZ-Reagens vor. Eine auf gleiche Weise gefüllte Frittenwaschflasche dient als Waschflasche *G*; auch die Frittenwaschflasche *F* enthält 80 ml schwefelsaurer Permanganatlösung.

Zwecks Vornahme von Messungen im Freien dient zum Durchsaugen von Luft eine langsam von Hand betriebene Ölvakuumpumpe, an deren Druckseite eine Gasuhr angeschlossen ist. Die Geschwindigkeit beträgt 20 l Luft/Std.

An Stelle der visuellen Auswertung der erzielten Farbwerte wird eine lichtelektrische Farbmessung in LANGE-Colorimeter mit 100 ml-Küvetten und blaugrünen Filtern durchgeführt. Da die Farblösungen mehrere Stunden hindurch konstant bleiben, kann die Messung bequem im Laboratorium durchgeführt werden. Die Umwertung in mg NO/m³ erfolgt mit Hilfe einer mit der entsprechend verd. Standard-Nitritlösung hergestellten Eichkurve.

Bei der *Berechnung* der Resultate bleibt der in der ersten Flasche mit GRIESZ-Reagens gefundene Nitritgehalt unkorrigiert; der Gehalt der zweiten Flasche wird mit dem Korrekturfaktor 0,40 eingerechnet.

Das Verfahren wurde mit zugemessenen Stickoxydmengen getestet, von denen unter Anwendung des Faktors 0,40 (100% ± 5%) wiedergefunden werden.

Die Fehlerbreite der Bestimmung ergibt sich demnach mit etwa ±8 bis 10%, so daß die Methode für die Bestimmung derart geringer Stickoxydgehalte ausreichend genau erscheint. Größere Mengen Schwefeldioxyd stören.

Eine transportable Feldapparatur zur Bestimmung des Stickdioxyd- und Distickstofftetroxydgehaltes in der Atmosphäre durch Absorption in essigsaurem GRIESZ-Reagens beschrieben PATTY und PETTY.

Die Bestimmung sehr geringer Mengen Stickdioxyd z B. in der Atmosphäre wurde früher gelegentlich durch einfache Absorption mit verd. Lauge durchgeführt. KOHN-ABREST wäscht mit 10 ml 0,1 n Natronlauge, die mit 50 ml Wasser verdünnt wurden, und titriert anschließend mit 0,1 n Permanganatlösung.

BAXTER und WINTERBOTTOM absorbieren ebenfalls mit Lauge, oxydieren alles zu Nitrat und führen dieses nach einem abgewandelten KJELDAHL-Verfahren in Ammoniak über.

Durch Absorption mit Lauge wird immer auch gleichzeitig vorhandenes Stickoxyd bis zu der dem Stickdioxyd äquimolaren Menge mit absorbiert, so daß die gefundenen Zahlen teilweise auch vorhandenes Stickoxyd einschließen.

Spezifischer und wesentlich empfindlicher ist ein von SALTZMAN angegebenes Verfahren, bei welchem die Gasprobe unmittelbar in eine essigsaure Reagenslösung eingeleitet wird, welche daraus sofort einen Azofarbstoff bildet.

III. Verfahren von SALTZMAN. Eine besonders empfindliche und daher zur Bestimmung kleinster Stickdioxydmengen in der Atmosphäre geeignete Methode ist von SALTZMAN angegeben worden. Sie beruht auf der S. 147 angegebenen Reaktion der salpetrigen Säure mit N-(1-Naphthyl)-äthylendiamin-dihydrogenchlorid und Sulfanilsäure unter Bildung eines Azofarbstoffs.

Die Gasprobe wird unmittelbar in die Reagensmischung in feiner Verteilung eingeleitet. Zum Vergleich werden Färbungen mit Standard-Nitritlösungen hergestellt, wobei ein empirischer Faktor von 0,72 an Stelle des theoretischen von 0,5 angewendet wird. Auf gegebenenfalls neben Stickdioxyd im Probengas vorhandenes Stickoxyd wird bei dieser Methode nicht Rücksicht genommen.

Will man etwa gleichzeitig vorliegendes Stickoxyd ebenfalls als Stickdioxyd erfassen, so ist bei Anwesenheit von genügend Sauerstoff die Aufoxydation im Gassammelrohr in spätestens 24 Std. vollständig.

Als *Apparat* dient ein BECKMAN-Spektrophotometer, Modell DU, eine Glasfritten-Waschflasche von 60 ml Inhalt mit einer Fritte von 8 mm Durchmesser. Bei Füllung mit 10 ml Reagens und Belastung mit einem Gasstrom von 0,4 l je min sollen 20 bis 30 ml feinen Schaums entstehen.

Reagenzien. Absorptionslösung. 5 g Sulfanilsäure werden in etwa 950 ml Wasser gelöst, das 140 ml Eisessig enthält, 20 ml einer 0,1 % igen wäßrigen Lösung von N-(1-naphthyl)-äthylendiamin-dihydrogenchlorid zugefügt und auf 1 l verdünnt.

Standard-Natriumnitritlösung: 0,0203 g im Liter. 1 ml dieser Lösung ergibt eine Färbung, die der von 10 μl NO_2 entspricht.

Probeziehung. Gasproben unter 1 p.p.m. NO_2 werden unmittelbar in das Absorptionsfrittengefäß in vorgelegte 10 ml Absorptionslösung eingeführt, wobei eine Geschwindigkeit von 0,4 l je min etwa 10 min lang eingehalten wird.

Gasproben mit höherem NO_2-Gehalt werden in Gassammelröhren mit Dreiweghähnen analysiert, welche vor dem Eintritt der Gasprobe mit 10 ml Absorptionslösung beschickt werden. Das Volumen der Gassammelröhren beträgt bei Gehalten bis zu 100 ppm NO_2 30 ml, bei solchen von 1 bis 10 p.p.m. 250 ml. Sie werden evakuiert, hierauf mit der Gasprobe gefüllt und 15 min geschüttelt. Die Gasmenge ergibt sich aus den Drücken, die nach dem Evakuieren und nach dem Füllen mit der Gasprobe manometrisch gemessen werden.

Arbeitsvorschrift. Die Entwicklung der Farbe ist nach 15 min vollständig; der Farbvergleich erfolgt im Spektrophotometer mit Licht von 550 mμ gegen nitritfreies Reagens. Die Farben bleiben bei gutem Verschluß und bei Abwesenheit oxydierender oder reduzierender Gase längere Zeit konstant (3 bis 4 % Verlust je Tag).

Die Vergleichsfärbungen werden mit Mengen bis zu 1 ml Standard-Nitritlösung in 25 ml-Meßkölbchen durch Auffüllen mit Absorptionslösung hergestellt und werden nach 15 min colorimetriert. 1 ml Standardlösung entspricht dann in 10 ml Lösung 4 μl NO_2.

Berechnung. Empirisch wurde festgestellt, daß 0,72 Mol Natriumnitrit dieselbe Farbe wie 1 Mol Stickdioxyd ergeben, so daß 2,03 μg $NaNO_2$ 1 μl NO_2 entsprechen (25° C; 760 Torr).

In diesem Faktor ist die Tatsache berücksichtigt, daß Stickdioxyd je nach dem Absorptionsmittel zum Teil nach der Gleichung:

$$2\,NO_2 + H_2O = HNO_2 + HNO_3$$

reagiert.

Genauigkeit. Der Autor gibt als Empfindlichkeit der Reaktion einige Teile NO_2 pro Milliarde für eine Probemenge von etwa 4 l an.

Vergleichsbestimmungen mit Mischungen aus Luft und NO_2 haben eine Reproduzierbarkeit von 1 bis 5% relativ ergeben.

Störungen. Ozon reagiert sowohl mit NO_2 als auch mit der Absorptionslösung. Es kann mittels eines mit speziell hergestelltem Mangan(IV)-dioxyd gefüllten Röhrchens beseitigt werden.

SO_2 stört in der 10fachen Menge des NO_2-Gehaltes noch nicht; bei Anwesenheit der etwa 50fachen Menge muß die Farbe der Absorptionslösung möglichst nach nicht länger als 15 min gemessen werden, da sonst ein allmähliches Ausbleichen der Lösung eintritt. Noch größere Mengen werden am besten mittels eines mit weitgehend, aber nicht vollständig getrocknetem Chrom(VI)-oxyd auf Glaswolle gefüllten Röhrchen entfernt, wie dies bereits Usher und Rao beschreiben.

IV. Verfahren von Kieselbach. Kieselbach bestimmt Stickoxyd aus Kokereigas oder Luft durch Auswaschen mit alkalischer Permanganatlösung und anschließende Reduktion mit Devarda-Legierung als Ammoniak.

In einer kleinen, für den vorliegenden Zweck konstruierten Intensiv-Fritten-Waschflasche wird eine alkalische Permanganatlösung (0,5 bis 5% Kaliumpermanganat, 0,5 bis 5% Natronlauge) vorgelegt. Die Durchsatzgeschwindigkeit ist 300 ml Gas/min.

Nach vollendeter Absorption wird die Permanganatlösung durch Zusatz der eben notwendigen Menge Oxalsäure bis zur Mangan(IV)-oxydstufe entfärbt, notfalls auf 20 ml eingedampft und hierauf der Reduktion mit Devarda-Legierung im Mikromaßstab (S. 185) unterworfen.

Genauigkeit. Auch bei niedrigen Stickoxydkonzentrationen im Gas von 2 μg NO im Liter wurden (100 ± 5)% als Ammoniak wiedergefunden.

Bei der beschriebenen Arbeitsweise wird Stickstoffdioxyd mitbestimmt.

8. Analyse von Mischungen aus Stickoxyden durch Infrarotabsorption.

Die Bestimmung von Distickoxyd, Stickoxyd, Stickdioxyd und Distickstoffpentoxyd neben Ozon auf Grund des Absorptionsspektrums im Infrarot ist bereits von Warburg und Leithäuser beschrieben. Die Spektren der Stickoxyde sind aus Abbildung 29 zu ersehen.

Saier und Pozefsky haben auf der Basis der Infrarotabsorption eine Methode zur Analyse von Mischungen von Stickoxyd und Distickstoffoxyd ausgearbeitet.

Distickstoffoxyd zeigt starke Absorption bei 1275 cm^{-1} und 2200 bis 2250 cm^{-1}, wobei die erstgenannte Bande analytisch verwendet wird.

Stickoxyd absorbiert bei 1908 cm^{-1}; da die Absorption wesentlich schwächer ist, muß bei wesentlich stärkeren Partialdrucken gemessen werden.

Kohlenoxyd, Stickstoff und Wasserstoff stören nicht. Kohlendioxyd und Stickdioxyd werden vor der Messung entfernt.

Als Meßgerät dient ein PERKIN-Elmer 12, Spektrometer mit Steinsalzoptik und Gaszellen von 9,5 cm Länge.

Herstellung und Wiedergabe der Eichkurven siehe im Original.

Erzielbare *Genauigkeit.* In Mischungen von 10 bis 83% NO und 16 bis 88% N_2O zeigten die gefundenen Werte bei NO 1 bis 3%, bei N_2O 1 bis 8% Abweichungen von der Theorie, wobei die relativ höheren Abweichungen bei den niedrigen Gehalten auftraten.

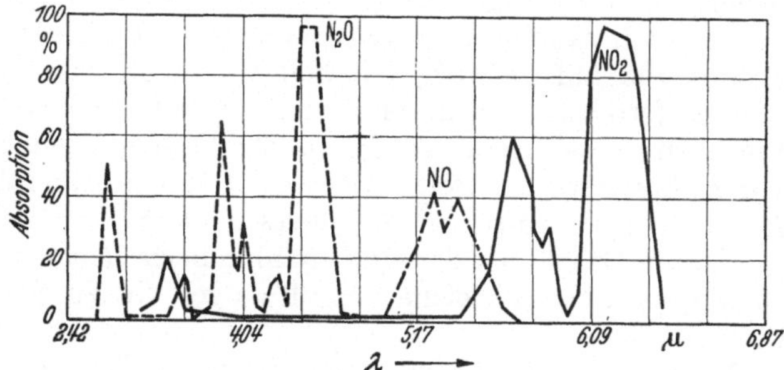

Abb. 29. UR-Absorption der Stickoxyde.

KIENITZ beschreibt eine Apparatur, mit welcher bei gleichzeitiger Anwesenheit von Stickstoffdioxyd, Stickoxyd und Distickstoffoxyd alle drei Komponenten neben verschiedenen inerten Gasen auf physikalischem Weg bestimmt und auch fortlaufend registriert werden können.

Hierbei wird das Stickstoffdioxyd in einer Küvette bei 50° mit Hilfe eines lichtelektrischen Colorimeters gemessen, während Stickoxyd und Distickstoffoxyd in einem von der Badischen Anilin- und Sodafabrik entwickelten Ultrarot-Schreiber (*Uras*-Gerät) gemessen oder kontinuierlich registriert werden können. (Apparatur und Eichkurven s. im Original.)

9. Analyse von Stickoxyden im Massenspektrometer.

Massenspektrometrische Methoden werden neuestens in einigem Umfang zur Analyse von Stickoxyden neben anderen Gasen, wie Kohlenoxyd, Stickstoff, Sauerstoff usw., herangezogen. Im folgenden werden einige dieses Thema behandelnde Arbeiten zitiert.

FREY und MOORE kommen dadurch zu einer rascheren und schnelleren Methode, daß zunächst Stickdioxyd durch UV-Absorption bestimmt und gemeinsam mit Kohlendioxyd aus der Probe entfernt wird. Die Bestimmung der übrigen Gase, wie NO, N_2O, N_2, CO und O_2, bietet dann keine besonderen Schwierigkeiten mehr.

FRIEDEL, SHARKEY, SHULTZ und HUMBERT schließen in ihre massenspektrometrische Methode auch Stickdioxyd bzw. Distickstofftetroxyd ein. Unter normalen Verhältnissen stattfindende, unerwünschte chemische Reaktionen werden durch Arbeiten bei extrem niederen Drucken im Mikronbereich vermieden.

Die derzeit erzielbare *Genauigkeit* ist schon jetzt sehr befriedigend; die Fehler in Mischungen aus NO_2, NO, N_2O, N_2, CO_2, CO, O_2 und H_2 betragen nur wenige Zehntel % (absolut).

Zeitbedarf. Zur Analyse von 20 verschiedenen Gasmischungen sind 7,5 Arbeitsstunden für die Bedienung der Instrumente und 5,5 Stunden für die Ausrechnung erforderlich.

DIETZLER, SAARI, FAULCONER und BALDES schlagen die massenspektrometrische Bestimmung von Distickstoffoxyd im Blut vor.

10. Polarographische Bestimmung der Oxyde des Stickstoffs (NO, NO_2, N_2O_3).

Alle Angaben von HEYROVSKÝ und NEJEDLÝ über die Bestimmung von NO und NO_2, die sich auf eine in sauren Nitritlösungen auftretende Stufe, bei −0,77 V beginnend, beziehen, müssen nach den späteren Untersuchungen (S. 156) der Reduktion von HNO_2 zugeschrieben werden. Die genannten Autoren schlossen ursprünglich auf die Reduktion von NO, da einerseits nach Durchleiten von

N_2- oder H_2-Gas durch die Lösung die Reduktionsstufe verschwindet und andererseits eine nachgeschaltete Natriumhydroxydlösung nach dem Ansäuern die Stufe wieder zeigt. Es müßte demnach NO übergegangen sein.

KEILIN und OTVOS bzw. TUNG-WHEI CHOW und ROBINSON haben in ausführlichen Untersuchungen dargelegt, daß es sich um die Reduktionsstufe von HNO_2 (in schwach sauren Lösungen) handelt. Auf nähere Ausführungen muß hier verzichtet und auf die Originalarbeit verwiesen werden. NO, NO_2 und N_2O_3 lassen sich insofern beim genannten Reduktionspotential nach der auf S. 156 beschriebenen Vorschrift bestimmen, als sie in alkalischen Lösungen Nitrite bilden und diese durch Ansäuern in freie salpetrige Säure übergeführt werden können. Für die Anwendung im einzelnen Fall müssen klare Verhältnisse über die Absorption der genannten Oxyde bei der Probenahme herrschen, da sonst die Oxydation von NO zu NO_2 bzw. das ungleiche Verhältnis von NO zu NO_2 falsche Schlüsse und Ergebnisse ergeben.

In den erhaltenen Absorptionslösungen für die Stickstoffoxyde wird die vorliegende salpetrige Säure am besten nach S. 157 bestimmt.

Literatur.

BAXTER, J. P., u. L. E. WINTERBOTTOM: Phil. Mag. (7) **5**, 88 (1938); durch C. **99**, **I**, 2360 (1928). — BURDICK, CH. L., u. E. St. FREED: Am. Soc. **43**, 518 (1921).

DIETZLER, F. K., J. SAARI, A. FAULCONER u. E. J. BALDES: Anal. Chem. **25**, 522 (1953). — DUDDEN, W. R.: Gas Wld. **122**, 276 (1945).

FREY, H. J., u. G. E. MOORE: Anal. Chem. **25**, 522 (1953). — FRIEDEL, R. A., A. G. SHARKEY, J. L. SHULTZ u. C. R. HUMBERT: Anal. Chem. **25**, 1314 (1953).

GEAKE, A., u. F. J. SQUIRE: J. Soc. chem. Ind. **38**, T 367 (1919); durch C. **91**, **II**, 275 (1920). — GM: System-Nr. 4, S. 851. — GUYER, A., u. R. WEBER: Brennstoff-Chem. **14**, 405 (1933); durch Fr. **99**, 38 (1934).

HANSEN: Ch. Z. **1928**, 830. — HEYROVSKÝ, J., u. V. NEJEDLÝ: Coll. Trav. chim. Tchécosl. **3**, 126 (1931) — Chem. N. **142**, 193 (1931). — HOLLINGS, H.: Brennstoff-Chem. **18**, 365 (1937).

JOHNSON, C. L.: Anal. Chem. **24**, 1573 (1952). — JONES, E. M.: Ind. eng. Chem. **17**, 144 (1924). — JUSCHMANOW, J. W.: Betriebslab. (russ.) **5**, 1182 (1936); durch C. **108**, **II**, 2562 (1937).

KEILIN, B., u. I. W. OTVOS: Am. Soc. **68**, 2665 (1946). — KIENITZ, H.: Chim. analytique **34**, 83 (1952); durch Fr. **138**, 455 (1953). — KIESELBACH, R.: Anal. Chem. **16**, 766 (1944). — KLEMENC, A., u. K. MUCHA: Z. anorg. Ch. **134**, 208 (1924). — KLEMENC, A., u. W. NEUMANN: M. **70**, 273 (1937). — KOHN-ABREST, E.: C. r. **184**, 482 (1927).

LUNGE-BERL: (a) I. Ergänzungsband, S. 153 — (b) „Zum Gaskursus", S. 191. Karlsruhe.

MANCHOT, W., u. G. LEHMANN: A. **470**, 255 (1929). — MILLIGAN, L. H.: J. physic. Chem. **28**, 544 (1924); durch Fr. **78**, 71 (1929).

PATTY u. PETTY: J. ind. Hyg. Toxicol. **25**, 361 (1943). — PERKTOLD, F.: Angew. Ch. B **20**, 331 (1948); durch C. **120**, **II**, 569 (1949). — PETERS, K., u. H. STRASCHIL: Angew. Ch. **68**, 291 (1956). — PRING, J. N.: Chem. N. **109**, 74 (1914).

RASCHIG, F.: Angew. Ch. **22**, 1182 (1909). — RASCHIG, F., u. W. PRAHL: Angew. Ch. **42**, 526 (1929).

SABATIER, P., u. J. B. SENDERENS: Ann. Chim. Phys. [7] **7**, 370 (1896). — SAIER, E. L. u. A. POZEFSKY: Anal. Chem. **26**, 1079 (1954). — SALTZMAN, B. E.: Anal. Chem. **26**, 1949 (1954). — SCHUFTAN, P.: Brennstoff-Chem. **13**, 104 (1932). — SEEBAUM, H., u. E. HARTMANN: Brennstoff-Chem. **16**, 41 (1935); durch LUNGE-BERL: I. Ergänzungsband S. 153 — „Zum Gaskursus", S. 191. Karlsruhe. — SHAW, J. A.: Ind. eng. Chem. Anal. Edit. **8**, 162 (1936).

TRAMM, H., u. W. GRIMME: Brennstoff-Chem. **14**, 25 (1933). — TROPSCH, H., u. R. KASSLER: Brennstoff-Chem. **12**, 345 (1931). — TUNG-WHEI CHOW, D., u. R. ROBINSON: Anal. Chem. **25**, 1493 (1953).

USHER, F. L., u. B. S. RAO: Soc. **111**, 799 (1917).

WARBURG, E., u. G. LEITHÄUSER: Ann. Phys. [4] **28**, 316 (1909) — Ber. Berlin. Akad. **1908**, 149. — WEIN, L.: Glückauf **64**, 409 (1928). — WHITNACK, G. C., C. J. HOLFORD, E. ST. CLAIR-GANTZ u. G. B. L. SMITH: Anal. Chem. **23**, 464 (1951).

§ 8. Analyse von Hydroxylamin und seinen Salzen.

Allgemeines. Reines Hydroxylamin, NH_2OH, bildet farb- und geruchlose, bei 33° schmelzende, zersetzliche Kristalle. Auch seine wäßrige Lösung ist wenig haltbar, insbesondere bei Anwesenheit von Alkalien, während die Salze, namentlich das Chlorhydrat und das Sulfat, beständig sind. Es ist wesentlich schwächer basisch als Ammoniak.

Die beständigen Hydroxylammoniumsalze sind in der Technik insbesondere zur Herstellung von Oximen sowie in der Analytik häufig angewendete Chemikalien.

Da Hydroxylamin mit Reduktionsmitteln, insbesondere aber mit den verschiedensten Oxydationsmitteln leicht in Reaktion tritt, wird zu seiner Analyse neben reduktometrischen insbesondere von oxydimetrischen Methoden einschließlich Jodo- und Bromometrie Gebrauch gemacht. Während es starke Reduktionsmittel, insbesondere Titan(III)-Ion, quantitativ zu Ammoniak reduzieren, ergeben sich mit Oxydationsmitteln je nach deren Stärke die verschiedensten Oxydationsprodukte wie Stickstoff, Distickstoffoxyd, Stickoxyd, salpetrige Säure und Salpetersäure. Leider verlaufen viele dieser Oxydationsreaktionen nicht einheitlich, oder es müssen zum einheitlichen Verlauf sehr genaue Reaktionsbedingungen eingehalten werden, so daß viele Umsetzungen analytisch nicht oder nur bedingt brauchbar sind, zumal sie häufig unkontrollierbaren katalytischen Einflüssen unterliegen. Am besten werden die Methoden mit Eisen(III)-salzen, mit Kupfer(II)-salzen sowie mit Bromat zur Analyse größerer Mengen an Hydroxylamin geeignet sein.

Zur Bestimmung kleinster Mengen Hydroxylamin dienen colorimetrische Verfahren.

Zusammenfassende Arbeiten über die älteren analytischen Verfahren liegen von MEYERINGH sowie von BRAY, SIMPSON und MCKENZIE vor.

A. Acidimetrische Titrationen.

Da Hydroxylamin eine sehr schwache Base ist, können seine mit starken Säuren gebildeten Salze unmittelbar mit Lauge titriert werden, ohne daß die Base dabei in Erscheinung tritt.

MÜLLER titriert Hydroxylammoniumchloridlösung mit halbnormaler Natronlauge und Phenolphthalein als Indicator bis zur schwachen Rosafärbung; der Laugeverbrauch entspricht dann genau dem argentometrisch gefundenen Wert.

LOBRY DE BRUIJN titriert mit Methylorange, ROMIJN mit Methylorange und 0, 1 n Boraxlösung.

Nach TROZZOLO und LIEBER kann die Reinheit eines Hydroxylammoniumsalzes auf acidimetrischem Weg kontrolliert werden nach folgender

Arbeitsvorschrift. 0,1 bis 0,2 g Salz werden in Wasser gelöst und mit 0,1 n Alkalilauge gegen Phenolphthalein, hierauf nach Zusatz von Bromphenolblau mit 0,1 n Säure titriert.

Die verbrauchte Menge Base entspricht der vorhandenen Menge Salzsäure, die verbrauchte Säuremenge dem vorhandenen Hydroxylamin.

Bemerkung. Den obengenannten acidimetrischen Verfahren dürfte kaum größere Bedeutung zukommen, da die Basizität einer Probe wohl nur selten vom vorhandenen Hydroxylamin allein gegeben ist.

B. Reduktion mit Titan(III)-lösungen.

1. Arbeitsweise von STÄHLER.

STÄHLER hat gezeigt, daß Hydroxylammoniumsalzlösungen durch Titan(III)-salzlösungen zu Ammoniak reduziert werden, wobei die Reaktion gemäß folgender

Gleichung verläuft:

$$NH_2OH + Ti_2O_3 = 2\,TiO_2 + NH_3.$$

Man kann nun entweder den Verbrauch an Ti(III)-Ion oxydimetrisch verfolgen oder man destilliert das gebildete Ammoniak ab und titriert es mit Säure.

STÄHLER stellt sich eine etwa 0,1 n Titan(III)-sulfatlösung durch Reduktion von Titan(IV)-chlorid oder einer Lösung von Titan(IV)-oxyd in Schwefelsäure mit naszierendem Wasserstoff in schwefelsaurer Lösung oder durch elektrolytische Reduktion bis zu einer Reduktionskraft her, die einer 0,1 n Permanganatlösung entspricht. Die Lösung wird in einer automatischen Bürette unter Kohlendioxyd aufbewahrt.

Arbeitsvorschrift. 21 ml einer Lösung von 4 g Hydroxylammoniumsulfat im Liter werden mit etwa 80 ml siedendem Wasser verdünnt und unter Einleiten von Kohlendioxyd mit einem gemessenen Überschuß von Titanlösung versetzt. Man titriert mit 0,1 n Permanganatlösung den Überschuß an Ti(III)-Ion, ebenfalls im Kohlendioxydstrom, zurück. Die erhaltenen Werte stimmen mit den nach RASCHIG gewonnenen gut überein.

Berechnung. 1 ml 0,1 n $KMnO_4$-Lösung entspricht 1,652 mg NH_2OH.

Nach einer anderen Arbeitsweise versetzt STÄHLER die Hydroxylaminlösung mit einer beliebig eingestellten Ti(III)-Lösung im Überschuß, macht mit NaOH alkalisch und destilliert das gebildete Ammoniak in titrierte 0,1 n Säure, welche alkalimetrisch zurücktitriert wird.

Berechnung. 1 ml 0,1 n HCl entspricht 3,303 mg NH_2OH.

Diese Arbeitsweise hat den Vorteil, daß man die Bestimmung nicht im Kohlendioxydstrom unter Ausschluß von Luftsauerstoff durchführen muß.

PRODINGER und SCHWIEDER erhalten indessen auf diese Weise bei Hydroxylammoniumsulfatlösungen unzuverlässige Resultate.

2. Arbeitsweise von BRAY, SIMPSON und MCKENZIE.

BRAY, SIMPSON und MCKENZIE konnten dagegen die Zuverlässigkeit des Verfahrens nach STÄHLER bestätigen.

Sie stellen sich die Ti(III)-Salzlösung nach VAN BRUNT durch Auflösen von Titan(IV)-oxyd in konz. Schwefelsäure und Verdünnen mit Wasser her, so daß eine etwa 0,1 molare Lösung mit einem Gehalt von 5% Schwefelsäure entsteht. Diese Lösung wird in einem elektrisch beheizten JONES-Reduktor, der mit amalgamierten Zinkgranalien beschickt ist, reduziert. Die fertige Lösung wird unter Kohlendioxyd aufbewahrt.

Arbeitsvorschrift. 20 ml einer 0,1 n Hydroxylammoniumsulfatlösung werden mit etwa der doppelten berechneten Menge 0,1 n Titan(III)-sulfatlösung in einem Titrationskolben unter Kohlendioxyd versetzt. Nach 8 bis 10 min Wartezeit titriert man den Überschuß mit 0,1 n Kaliumpermanganatlösung zurück.

Die erhaltenen Werte sind innerhalb etwa 0,1 bis 0,2% reproduzierbar.

C. Titration mit Jodlösungen.

Die jodometrische Titration von Hydroxylamin gemäß der Gleichung:

$$2\,NH_2OH + 2\,J_2 = N_2O + 4\,HJ + H_2O$$

ist von zahlreichen Autoren und in den verschiedensten Richtungen untersucht worden; jedoch haben in einigen Fällen beobachtete gute Ergebnisse sich von anderen Autoren nicht bestätigen lassen, so daß die Verfahren offenbar eine allgemeine Verwendung nicht finden können. Von einer genauen Wiedergabe der Arbeitsmethoden wird daher abgesehen und nur auf die betreffenden Literaturzitate verwiesen.

In mineralsaurer Lösung tritt mit Jod keine Reaktion ein, in essigsaurer Lösung bildet sich nach RASCHIG neben Distickstoffoxyd auch Nitrit, so daß die Ergebnisse ungenau sind.

Noch am günstigsten hat sich die Titration in neutraler, mit Dinatriumphosphat gepufferter Lösung erwiesen. Dieses Verfahren wurde schon von MEYERINGH angegeben und später von anderen Autoren (ADAMS; STEWART; PETRENKO-KRITSCHENKO und KANTSCHEFF; ACREE und JOHNSON) bearbeitet.

BRAY, SIMPSON und McKENZIE weisen den störenden Einfluß von Luftsauerstoff und die Bildung von Nitrit nach. Sie geben schließlich ein empirisches Verfahren an. ÖLANDER arbeitet in 100 ml einer 0,1 molaren Phosphatlösung bei $p_H = 7{,}5$, setzt 0,1 n Jodlösung in kleinem Überschuß zu und titriert sofort mit Thiosulfatlösung zurück. Die Umwertung erfolgt mit einer empirischen Eichtabelle, da die Reaktion nicht stöchiometrisch erfolgt.

Andere Autoren arbeiten mit anderen Puffern: HAGA mit Bicarbonat, MEYERINGH mit Magnesia. Sie sind nach RUPP und MÄDER ebenso wie Acetat oder Tartrat wegen ihres hohen Eigenverbrauches an Jod nicht geeignet. DIVERS verwendet Zinkcarbonat und titriert ohne Stärke.

Neuerdings haben DESHMUKH und KUMARI eine neue Variante veröffentlicht, nach welcher sie vor der Zugabe des Jods mit Borax-Borsäure-Gemisch puffern und mit arseniger Säure titrieren. Sie erhalten so recht gut übereinstimmende Resultate.

Herstellung der Pufferlösung. 8 g kristallisierter Borax und 4 g Borsäure werden in 100 ml Wasser gelöst.

Arbeitsvorschrift. Die nicht mehr als 0,2 g Hydroxylammoniumchlorid enthaltende Probe wird mit 50 bis 80 ml Pufferlösung versetzt; hierauf wird ein gemessener Überschuß von 0,1 n Jodlösung zugesetzt, der Kolben umgeschwenkt und 15 bis 20 min beiseite gestellt. Hierauf wird der Jodüberschuß mit arseniger Säure titriert, wobei gegen Schluß Stärke zugesetzt wird.

Berechnung. 1 ml 0,1 n Jodlösung bzw. As_2O_3-Lösung entspricht 0,003475 g $NH_2OH \cdot HCl$.

Genauigkeit. Die Autoren verzeichnen bei reinem Hydroxylammoniumchlorid eine Übereinstimmung mit der Bromatmethode innerhalb 0,2 bis 0,4%.

D. Bromometrische Titrationen.

Allgemeines. Hydroxylammoniumsalze werden durch freies Brom verhältnismäßig glatt zu Nitraten oxydiert. Zur maßanalytischen Durchführung dieser Reaktion kann eine Natriumhypobromitlösung verwendet werden, welche vor der Umsetzung angesäuert wird (RUPP und MÄDER). Vorteilhafter ist die Verwendung von gestellter Bromatlösung, welche im Gemisch mit Kaliumbromid verwendet wird (RUPP und MÄDER), noch besser aber nach KURTENACKER und WAGNER bei Gegenwart starker Salzsäure zur Einwirkung kommt.

1. Arbeitsweise von RUPP und MÄDER mit Bromlauge.

RUPP und MÄDER oxydieren Hydroxylamin mit neutralisierter Bromlauge, wobei quantitativ Nitratbildung gemäß folgender Gleichung eintritt:

$$2\,NH_2OH + 3\,O_2 = 2\,HNO_3 + 2\,H_2O.$$

Herstellung der Bromlauge. Eine kalte Lösung von 10 g Ätznatron in 1000 ml Wasser wird unter Umschütteln mit 5 ml (15 g) Brom versetzt. Zur Titerstellung werden 20 ml in einer Glasstöpselflasche mit 50 ml Wasser verdünnt, mit 1 g Kaliumjodid versetzt, mit 20 ml verd. Salzsäure angesäuert und das ausgeschiedene Jod mit 0,1 n Thiosulfatlösung titriert. Es werden etwa 35 ml verbraucht. Der Titer muß häufig überprüft werden.

Arbeitsvorschrift. 20,00 ml Bromlauge werden mit 75 ml Wasser in eine Glasstöpselflasche gespült, tropfenweise mit verd. Salzsäure versetzt, bis die strohgelbe Farbe eben in die braune Farbe des freien Broms übergeht. Man setzt hierauf eine Probemenge von nicht mehr als 0,01 g NH_2OH zu, läßt 5 min lang stehen und titriert nach Zusatz von Kaliumjodid und Säure wie bei der Titerstellung der Bromlauge.

Berechnung. 1 ml 0,1 n Thiosulfatlösung (Differenz aus Blindwert und Analyse) entspricht 0,00055 g Hydroxylamin.

Die erhaltenen Werte weichen vom Mittelwert um etwa 0,1 bis 0,2% ab.

2. Arbeitsweise von RUPP und MÄDER mit Bromat.

Nach RUPP und MÄDER können Hydroxylammoniumsalzlösungen mit neutraler Bromid-Bromat-Lösung in reichlichem Überschuß versetzt werden, worauf der Bromüberschuß jodometrisch zurücktitriert wird. Enthält die ursprüngliche Probe zu viel freie Säure, bleibt die Oxydation unvollständig. Als Oxydationsprodukt tritt auch hier gemäß der Gleichung:

$$2\,NH_2OH + 3\,O_2 = 2\,HNO_3 + 2\,H_2O$$

ausschließlich Salpetersäure auf.

Die Autoren verwenden eine Bromid-Bromat-Lösung aus 3,34 g Kaliumbromat und 15 g Kaliumbromid im Liter. 25 ml dieser Lösung entsprechen 30 ml 0,1 n Thiosulfatlösung.

Arbeitsvorschrift. 25 ml obiger Bromid-Bromat-Lösung (genau gemessen) werden in einer Glasstöpselflasche auf 100 ml verdünnt, mit einer maximal 0,01 g NH_2OH enthaltenden Probemenge versetzt und mit 10 ml verd. Schwefelsäure angesäuert. Man läßt 20 bis 30 min stehen, setzt 1 g Kaliumjodid zu, schüttelt kräftig durch und titriert das ausgeschiedene Jod mit 0,1 n Natriumthiosulfatlösung und Stärkelösung zurück.

1 ml 0,1 n Natriumthiosulfatlösung (Differenz aus Blindwert und Analyse) entspricht 0,00055 g NH_2OH.

Die *Übereinstimmung von Parallel*bestimmungen ist vorzüglich.

3. Arbeitsweise von KURTENACKER und WAGNER mit Kaliumbromat.

KURTENACKER und WAGNER ziehen das Arbeiten mit bromidfreier Bromatlösung bei Gegenwart starker Salzsäure vor. Die Reaktion verläuft dann auch ohne allzu große Bromatüberschüsse quantitativ.

Arbeitsvorschrift. Die Hydroxylaminlösung (10 bis 40 ml einer etwa 0,1%igen Hydroxylammoniumchloridlösung) wird in einer Glasstöpselflasche mit überschüssiger gemessener 0,1 n Kaliumbromatlösung versetzt und mit 40 ml Salzsäure (1 + 1) angesäuert. Nach 15 min Stehens wird Kaliumjodidlösung zugesetzt und das in Freiheit gesetzte Jod mit 0,1 n Natriumthiosulfatlösung zurücktitriert. Der Bromatüberschuß soll 10 bis 30 ml 0,1 n Lösung betragen.

Genauigkeit. Die gefundenen Werte stimmen innerhalb 0,1% mit der Theorie überein.

Zur Bestimmung von Hydrazin neben Hydroxylamin siehe S. 55 (Hydrazin-Kapitel).

E. Titration mit Kaliumpermanganat.

Es ist von den verschiedensten Autoren versucht worden, Hydroxylamin auf Grund der Reaktion mit Permanganat zu bestimmen. Es konnte aber keine Arbeitsweise gefunden werden, die nicht von späteren Autoren als unzuverlässig oder gar als unbrauchbar befunden wurde. Ein einheitlicher Reaktionsverlauf, sei es zu Nitrat, sei es zu Distickstoffoxyd oder zu Nitrit, konnte nicht realisiert werden. Im folgenden wird daher nur auf die betreffenden Untersuchungen kurz verwiesen.

Man findet Versuche im sauren, im neutralen und im alkalischen Medium beschrieben. In saurer Lösung bei Siedehitze hat RASCHIG gearbeitet, wobei er einen Verbrauch von etwa 3 Atomen Sauerstoff auf 2 Mol Hydroxylamin feststellte; jedoch konnte er diese Arbeitsweise nur für ganz annähernde Bestimmungen empfehlen. Etwas besser verläuft die Reaktion, wenn man die Hydroxylammoniumsalzlösung in die mit Schwefelsäure schwach angesäuerte überschüssige Permanganatlösung einfließen läßt und den Permanganatüberschuß jodometrisch bestimmt. SIMON oxydiert mit Permanganat bei Anwesenheit dosierter Mengen Oxalsäure; jedoch hat sich auch diese Arbeitsweise nicht bewährt (JONES und CARPENTER).

In alkalischer Lösung hat THUM einen Überschuß an Permanganat bei Siedehitze angewandt, wobei ebenfalls auf 2 Mole Hydroxylamin 3 Atome Sauerstoff verbraucht werden sollen. Der Permanganatüberschuß wird aus alkalischer Lösung mit arseniger Säure bis zum Verschwinden der Grünfärbung zurücktitriert. KURTENACKER und NEUSSER haben alle diese Arbeitsweisen mit Kaliumpermanganat nachgeprüft und trotz eifrigen Bemühens unter den verschiedensten Versuchsbedingungen keine einwandfreien Resultate erzielt, so daß sie zu dem Schluß kamen, daß Permanganat ein zur unmittelbaren Bestimmung von Hydroxylamin ungeeignetes Reagens ist.

F. Titration mit Cer(IV)-sulfat (COOPER und MORRIS).

COOPER und MORRIS haben ein Titrationsverfahren mit Cer(IV)-sulfatlösung ausgearbeitet. Dieses Oxydationsmittel reagiert bei Siedehitze mit Hydroxylamin nach folgender Gleichung:

$$2\,NH_2OH + 4\,Ce(SO_4)_2 = N_2O + 2\,Ce_2(SO_4)_3 + H_2O + 2\,H_2SO_4,$$

wenn bezüglich Konzentration der Reagenzien, Säuregrad, Kochdauer innerhalb enger Grenzen die der untenstehenden Vorschrift entsprechenden Bedingungen eingehalten werden; andernfalls verläuft die Reaktion in anderer Richtung, z. B. unter Stickstoffbildung.

Arbeitsvorschrift. 50 ml 0,1 n Cer(IV)-sulfatlösung [aus $(NH_4)_4Ce(SO_4)_4$ in n H_2SO_4], die gegen 0,1 n As_2O_3-Lösung gestellt ist, werden in einen 500-ml-Erlenmeyerkolben pipettiert, mit 15 ml 6 n Schwefelsäure versetzt, zum Sieden erhitzt und während des gelinden Siedens mit 25 ml der 0,05 molaren Hydroxylammoniumsalzlösung (Chlorid oder Sulfat) versetzt. Die Mischung wird noch 1 min gelinde gekocht, gekühlt, mit Wasser auf 150 ml verdünnt; dann werden 2 Tropfen 0,01 molarer Osmium(VIII)-oxydlösung zugefügt und der Überschuß des Oxydationsmittels mit 0,1 n As_2O_3-Lösung und 2 Tropfen 0,025 molarer Ferroinlösung als Indicator zurücktitriert.

1 ml 0,1 n Cer(IV)-sulfatlösung entspricht 1,652 mg NH_2OH. Die mit reinstem Hydroxylammoniumsulfat erhaltenen Werte sind innerhalb $\pm 0{,}1$ bis 0,2% genau, die mit reinstem Hydroxylammoniumchlorid meistens um etwa 0,2 bis 0,4% zu hoch.

G. Oxydation mit Ammoniumvanadat (HOFMANN und KÜSPERT).

HOFMANN und KÜSPERT haben, wie bereits auf S. 56 beschrieben, Hydroxylamin mit Ammonvanadat in Stickstoff umgewandelt und das gebildete Vanadium(III)-sulfat mit Permanganat titriert.

Sie finden Permanganatverbräuche, die etwa innerhalb 1 bis 4% schwanken; zwei Stickstoffbestimmungen differieren um 2%. v. KNORRE und ARNDT finden dagegen, daß je nach der Reinheit des verwendeten Ammoniumvanadats 8 bis 30% des entwickelten Gases aus Stickoxydul neben Stickstoff bestehen; dementsprechend sind auch wechselnde Permanganatverbräuche zu erwarten.

H. Titration mit Kupfer(II)-salzen (JONES und CARPENTER).

Auch diese Reaktion, die gemäß der Formel:

$$2\,NH_2OH + 4\,CuO = N_2O + 2\,Cu_2O + 3\,H_2O$$

verläuft, ist bereits von MEYERINGH und gleichzeitig von DONATH zur quantitativen Bestimmung von Hydroxylamin verwendet worden.

Die Reaktion ist von JONES und CARPENTER genau überprüft worden, wobei insbesondere die richtige Reihenfolge der Zugabe der Reagenzien festgestellt wurde. Das gefällte Kupfer(I)-oxyd kann entweder im Wasserstoffstrom in metallisches Kupfer umgewandelt werden, oder man setzt es mit Eisen(III)-sulfat um und titriert das gebildete Eisen(II)-Ion mit Kaliumpermanganatlösung.

Man kann entweder die übliche FEHLINGsche Lösung, noch besser aber eine Kupfer-Kaliumcarbonat-Lösung verwenden, welche durch Lösen von 23,5 g Kupfersulfat, 250 g Kaliumcarbonat und 100 g Kaliumhydrogencarbonat in warmem Wasser und Auffüllen auf 1 l erhalten wird.

Arbeitsvorschrift. 10 bis 20 ml der nicht mehr als 0,5% Hydroxylamin enthaltenden Probe läßt man in 30 ml obiger siedend heißer Lösung von Kupfer-Kaliumcarbonat oder auch von FEHLINGscher Lösung (Kupfer-Kalium-Tartrat) unter Umrühren eintropfen.

Das gefällte Kupfer(I)-oxyd wird durch einen Goochtiegel mit Asbestfilter filtriert und mit siedend heißem Wasser gewaschen. Man kann es nun entweder im Wasserstoffstrom in metallisches Kupfer umwandeln, oder man löst den Niederschlag mit einer Eisen(III)-sulfatlösung [35 g Eisen(III)-alaun und 5 ml starke Schwefelsäure in 500 ml Wasser], wobei man die Saugflasche zuvor mit Kohlendioxyd luftfrei gemacht hat. Das gebildete Eisen(II)-Ion wird sofort mit einer 0,1 n Kaliumpermanganatlösung titriert.

Berechnung. 1 ml 0,1 n $KMnO_4$-Lösung entspricht 1,652 mg NH_2OH.

Die erhaltenen Werte sind innerhalb 0,5% genau.

Als besonderer Vorteil der Methode erscheint die Tatsache, daß Verunreinigungen, die an sich Permanganat verbrauchen, wie Alkohole, Essigsäure usw., nicht stören. Auch Kobalt, Nickel und Zink stören in Konzentrationen unter 0,4% nicht.

PASQUALI verwendet die Entfärbung einer ammoniakalischen Kupfer(II)-salzlösung mit Hydroxylamin unmittelbar zur Titration des letzteren.

I. Bestimmung mit Eisen(III)-salzen.

Allgemeines. Schon MEYERINGH hat durch Oxydation von Hydroxylammoniumsalzen in saurer Lösung mit Eisen(III)-sulfat bei 80° und Titration des gebildeten Eisen(II)-Ions genaue Werte erhalten. Der Reaktionsverlauf ist durch folgende Gleichung gekennzeichnet:

$$2\,NH_2OH \cdot HCl + 2\,Fe_2(SO_4)_3 = 4\,FeSO_4 + N_2O + 2\,H_2SO_4 + 2\,HCl + H_2O.$$

RASCHIG hat auf die Notwendigkeit des Vorliegens eines großen Überschusses an Eisen(III)-salz hingewiesen. Seine Ergebnisse wurden von RUPP und MÄDER bestätigt. Eine genaue Überprüfung und ergänzende Verbesserungsvorschläge stammen von BRAY, SIMPSON und MCKENZIE; auch KURTENACKER und NEUSSER bestätigen den einheitlichen Reaktionsverlauf unter den von RASCHIG hervorgehobenen Reaktionsbedingungen.

Siehe auch v. KNORRE; EBLER und SCHOTT; ADAMS; LEUBA; JONES und CARPENTER.

1. Arbeitsweise von RASCHIG.

Die etwa 0,1 g Hydroxylammoniumchlorid entsprechende Probemenge wird mit 20 ml kaltgesättigter Eisen(III)-ammoniumalaunlösung und 10 ml Schwefelsäure

(1 + 4) 5 min lang zum Sieden erhitzt. Man verdünnt mit luftfreiem Wasser auf etwa 300 ml und titriert sofort mit 0,1 n Kaliumpermanganatlösung.

Berechnung. 1 ml 0,1 n $KMnO_4$ entspricht 1,652 mg NH_2OH.

2. Arbeitsweise von Bray, Simpson und McKenzie.

In einem 400 ml-Erlenmeyerkolben werden 50 ml einer Eisen(III)-sulfatlösung (40 g $Fe_2(SO_4)_3 \cdot 9\,H_2O$ auf 1 l) und 15 ml 12 n Schwefelsäure vorgelegt und mit der Pipette genau 20 bis 25 ml einer etwa 0,1 n Hydroxylammoniumsalzlösung zugefügt. Man kocht 5 min stark, verdünnt auf 200 ml und titriert mit 0,1 n Kaliumpermanganatlösung.

Die Werte sind innerhalb weniger Zehntelprozente reproduzierbar. Chloride und Ammoniumsalze stören nicht.

Die Angabe von Fromm, daß aus Hydroxylamin und Eisen(III)-sulfat unter Bedingungen, welche von denen der vorgenannten Autoren nicht wesentlich abweichen, Stickoxyd als ausschließliches Reaktionsprodukt entstehe, dürfte wohl auf einem Irrtum beruhen.

3. Arbeitsweise von Prodinger und Schwieder.

Prodinger und Schwieder empfehlen bei Anwesenheit von Aceton in Hydroxylammoniumlösungen folgende

Arbeitsvorschrift. 10 ml Lösung, welche etwa 0,1 g Hydroxylammoniumsalz enthalten, werden mit 10 ml Schwefelsäure (1 + 4) und 80 ml Wasser versetzt. Man leitet einen mit Permanganat- und Kupfersulfatlösung gereinigten Kohlendioxydstrom (3 bis 4 Blasen je Sekunde) durch und dampft auf 50 ml ein. Die nunmehr acetonfreie Lösung wird mit 20 ml Eisenammoniumalaunlösung (kalt gesättigt und mit Schwefelsäure bis zum Verschwinden der braunen Farbe angesäuert) und 10 ml Schwefelsäure (1 + 4) versetzt, 8 min gekocht, mit ausgekochtem Wasser auf 300 ml verdünnt und mit 0,1 n Permanganatlösung titriert.

4. Titration des Eisen(III)-überschusses mit Quecksilber(I)-nitratlösung.

Belcher und West führen die Reaktion mit einem Überschuß an genau gemessener 0,1 n Eisen(III)-ammonsulfatlösung aus und titrieren den Überschuß an Eisen(III)-Ion mit Quecksilber(I)-nitratlösung und Ammoniumrhodanidlösung zurück. Als notwendiger Überschuß werden 10 bis 30 ml 0,1 n Eisen(III)-lösung angegeben; mit Rücksicht auf die Feststellungen von Raschig, nach welchen nur bei reichlichem Überschuß an Eisen(III)-Ion die Oxydation des Hydroxylamins quantitativ zu Distickstoffoxyd führt, wird er keinesfalls geringer sein dürfen.

Herstellung der Lösungen. I. Eine 0,1 molare Lösung von Eisen(III)-ammoniumsulfat in 1 n Schwefelsäure. II. Eine 0,1 molare Lösung von Quecksilber(I)-nitrat in 0,8 n Salpetersäure.

Arbeitsvorschrift. 5 bis 25 ml einer etwa 0,1 n Hydroxylammoniumsalzlösung werden in einem Erlenmeyerkolben mit einem genau gemessenen Volumen der 0,1 molaren Eisen(III)-ammoniumsulfatlösung versetzt, wobei ein Überschuß von 10 bis 30 ml Eisen(III)-salzlösung vorhanden sein soll. Man kocht 3 bis 5 min gelinde, fügt 100 ml 1 n Schwefelsäure zu und kühlt unter der Wasserleitung. Man setzt einen Überschuß von 40%iger Ammoniumrhodanidlösung zu [10 bis 15 ml genügen bei einem Überschuß von 10 bis 30 ml Eisen(III)-lösung] und titriert mit der Quecksilber(I)-nitratlösung, bis die tiefrote Farbe verblaßt. Hierauf setzt man die Titration bis zur endgültigen Entfärbung tropfenweise fort, indem man vor einem neuerlichen Zusatz 15 sec schüttelt.

Auf gleiche Weise, aber ohne Hydroxylaminzusatz und ohne Kochen, wird der Titer der Eisen(III)-salzlösung mit der 0,1 molaren Quecksilber(I)-nitratlösung gestellt.

1 ml 0,1 n Quecksilber(I)-nitratlösung (Differenz aus Blindwert und Probe entspricht 1,652 mg NH_2OH.

Genauigkeit. Die erhaltenen Werte stimmen innerhalb $\pm 0{,}1$ bis 0,2% mit der Theorie überein.

K. Colorimetrische Bestimmungen.

Allgemeines. Der qualitative Nachweis von Hydroxylamin mit Natriumnitroprussid (Rotfärbung) durch Erwärmen in stark alkalischer Lösung kann nach SCHROEDER durch colorimetrische Auswertung quantitativ gestaltet werden, indem man ein Gemisch aus 2 ml einer neutralen auf NH_2OH zu prüfenden Lösung und 1 mg Natriumnitroprussid mit 1 ml 0,1 n NaOH alkalisch macht und auf dem Wasserbad rasch unter Schütteln auf 100° erhitzt.

Die *Empfindlichkeit* beträgt 0,1 g NH_2OH/l.

Ferner ist die colorimetrische Durchführung der qualitativen Reaktion mit Benzoylchlorid (nach BAMBERGER Rotfärbung beim Versetzen der gebildeten Hydroxamsäure mit einigen Tropfen Eisen(III)-chloridlösung nach dem Ansäuern mit verd. Salzsäure) nach PUCHER und DAY möglich.

1. Arbeitsweise von PUCHER und DAY.

Reagenzien. Natriumacetatlösung: 2 g Natriumacetat-3-hydrat auf 100 ml mit Wasser; saure Eisen(III)-chloridlösung: 0,5 g Eisen(III)-chlorid-6-hydrat werden in 2 ml konz. Salzsäure gelöst und mit Wasser auf 100 ml verdünnt.

Arbeitsvorschrift. In einem Reagensglas (200 × 25 mm), welches bei 25 und 50 ml Inhalt eine Marke trägt, werden 4 ml einer 0,8 bis 3,5 mg Hydroxylammoniumchlorid enthaltenden Probe mit 2 Tropfen farblosen Benzoylchlorids, 4 ml Äthylalkohol und 2 ml Natriumacetatlösung versetzt. Man schüttelt 20 bis 30 sec und läßt 2 bis 3 min stehen. Hierauf setzt man 2 ml saure Eisen(III)-chloridlösung zu und verdünnt auf 25 oder 50 ml. Man läßt einige Minuten stehen, damit sich das überschüssige Benzoylchlorid am Boden absetzt. Hierauf wird colorimetriert und an Hand einer selbst herzustellenden Eichkurve umgewertet.

Die ursprüngliche Probe soll neutral oder schwach sauer sein. Anderenfalls wird unter sorgfältiger Vermeidung einer stärkeren Erwärmung oder eines Alkaliüberschusses gegen Phenolphthalein neutralisiert.

Die *Genauigkeit* beträgt ± 2 bis 6%.

Als Vorteil der Methode ist zu erwähnen, daß gleichzeitig im 20fachen Überschuß vorhandene Glucose nicht stört.

2. Arbeitsweise von PRODINGER und SVOBODA.

PRODINGER und SVOBODA bestimmen kleine Hydroxylaminmengen (0,2 bis 100 μg/ml) colorimetrisch. Sie benützen hierzu die von BERG und BECKER angegebene qualitative Nachweisreaktion mit 8-Oxychinolin und Luftsauerstoff, wobei sich Chinolin-chinon-(5,8)-8-oxychinolyl-5-imid-(5) bildet, welches in alkalischer Lösung grün, in saurer Lösung rot gefärbt ist. Den zur Bildung dieses Farbstoffs günstigsten pH-Wert finden sie bei pH = 10 bis 11,5. Als Puffer verwenden sie Glykokoll-Natronlauge nach SÖRENSEN.

Herstellung der Lösungen. 8-Oxychinolinlösung. 2 g reinstes, im Vakuum sublimiertes 8-Oxychinolin werden in 500 ml 50%igem Alkohol gelöst und unter Lichtausschluß aufbewahrt. Die Pufferlösung wird aus Glykokoll nach SÖRENSEN und carbonatfreier 0,1 n Natronlauge hergestellt. Ihr pH-Wert kann mit einer Spezial-Glaselektrode überprüft werden. Essigsäurelösung. 6 ml Eisessig wird in einem Gemisch von 300 ml Alkohol und 100 ml Wasser gelöst.

Da die jeweils günstigsten Reaktionsbedingungen von der Konzentration des vorhandenen Hydroxylamins abhängen, wird zunächst eine angenäherte Bestimmung auf folgende Weise durchgeführt: 5 ml der neutralen und ungepufferten Hydroxylammoniumsalz-Probenlösung werden mit 3 ml 8-Oxychinolinlösung und 3 ml Pufferlösung versetzt, durchgeschüttelt und nach 10 min im Mikrophotometer nach KRUMHOLZ unter Verwendung des Rotfilters gemessen. Extinktionswerte zwischen 0,40 und 0,17 zeigen Konzentrationen von etwa 20 bis 100 μg NH_2OH/ml, solche zwischen 0,11 und 0,03 Konzentrationen von 2 bis 10 μg NH_2OH/ml und solche unter 0,03 Konzentrationen unter 2 μg NH_2OH/ml an.

Spezielle ***Arbeitsvorschrift*** für Mengen von ***2 bis 10 μg NH_2OH/ml.*** 5 ml der Probenlösung werden in einem 20 ml-Meßkolben mit 2 ml 2%iger Oxychinolinlösung und 3 ml Pufferlösung 30 sec kräftig geschüttelt. Man läßt 4 Std. verschlossen stehen, füllt auf 20 ml mit 50%igem Alkohol auf und mißt die Extinktion. Das LAMBERT-BEERsche Gesetz ist unter diesen Arbeitsbedingungen erfüllt.

Arbeitsvorschrift für Mengen von ***20 bis 100 μg NH_2OH/ml.***

Da sich in diesem Konzentrationsbereich die Extinktionen rasch mit der Zeit ändern, unterbricht man die Reaktion nach 1 Std. durch sorgfältiges Neutralisieren mit Essigsäurelösung.

5 ml Probenlösung werden mit 2 ml Reagenslösung und 3 ml Pufferlösung versetzt und 30 sec kräftig geschüttelt. Nach einstündigem Stehen versetzt man mit 0,6 ml Essigsäure eben bis zum eingetretenen Farbumschlag nach rot, füllt auf 20 ml auf und mißt unter Verwendung des Grünfilters.

Arbeitsvorschrift für Mengen von ***0,2 bis 1,0 μg NH_2OH/ml.***

In diesem niederen Konzentrationsbereich hat sich eine Anreicherung des Reaktionsproduktes durch Extraktion mit Chloroform als zweckmäßig erwiesen.

10 ml Probenlösung werden mit 2 ml 8-Oxychinolinlösung und 2 ml Pufferlösung versetzt und gut durchgeschüttelt; man läßt 15 Std. reagieren. Hierauf unterschichtet man mit 3 ml Chloroform, versetzt mit 0,5 ml Essigsäurelösung und schüttelt gut durch. Die Chloroformschicht wird abgetrennt und unter Verwendung des Grünfilters gemessen.

Zur Auswertung dienen entsprechend aus reinstem Hydroxylammoniumchlorid hergestellte Eichkurven.

Das Verfahren ist zur Bestimmung des bei der Verseifung von Cyclohexanonoxim entstandenen Hydroxylamins geeignet. Hierzu werden etwa 0,3 mg Oxim 1 Std. mit 5 ml 1 n Salzsäure am Rückflußkühler gekocht, mit der zur Neutralisation nötigen Menge n Natriumhydrogencarbonatlösung versetzt und das Kohlendioxyd durch 10 minütiges Kochen vertrieben. Die abgekühlte Lösung extrahiert man 30 min im Mikroextraktor mit Benzol und behandelt die benzolfreie, wäßrige Lösung wie oben beschrieben. Die erhaltenen Werte entsprechen innerhalb ± 1 bis 3% der Theorie.

Störungen. Ammoniumsalze stören bis zum 1000fachen Überschuß nicht.

L. Polarographische Bestimmung.

Über die polarographische Bestimmung von Hydroxylamin hat VODRÁŽKA eine Arbeit veröffentlicht, wonach in gepufferten, schwach sauren Lösungen (pH = 6 bis 7) NH_2OH zu NH_3 an der Hg-Tropfelektrode reduziert werden kann. Die Reduktion erfolgt unter Verbrauch von 2 Elektronen nur in stark gepufferten Lösungen mit einer eindeutigen Stromstufe, die der Konzentration des Hydroxylamins proportional ist. In schwach saurer oder ungepufferter Lösung erscheint eine zur quantitativen Analyse ungeeignete Doppelstufe. Da auch die Pufferkapazität sich auf die Form der Stromstufe auswirkt, müssen Eichungen und Messungen bei vollkommen gleicher Pufferkapazität und gleichem pH-Wert vorgenommen werden. Die für die Messung geeignete Konzentration an Hydroxylamin beträgt bei pH = 6 bis 7 etwa 10^{-4} Mol; für pH = 3 bis 4 werden 10^{-3} Mol Hydroxylamin angegeben.

M. Coulometrische Bestimmung nach SZEBELLÉDY und SOMOGYI (a).

Wie bei der coulometrischen Bestimmung von Hydrazin (s. S. 60) kann auch Hydroxylamin coulometrisch bestimmt werden; jedoch sind durch einen notwendigen engeren p_H-Bereich, eine bestimmte Temperatur und eine nach oben begrenzte Konzentration die Arbeitsbedingungen ziemlich eingeschränkt.

Prinzip. Hydroxylamin läßt sich durch elektrolytisch entwickeltes Brom nur in neutralem Medium an der Anode quantitativ oxydieren, wobei Spuren von Nitrat- und Nitrit-Ionen auftreten. In sauren Lösungen wird kein befriedigendes Ergebnis erhalten, da neben viel Nitrat- auch Nitrit-Ionen gebildet werden. Man elektrolysiert daher eine neutrale, KBr enthaltende Lösung von Hydroxylammoniumchlorid bis zum Auftreten einer Gelbfärbung, die einen Überschuß an Br_2 und damit die Überschreitung des Äquivalenzpunktes anzeigt. Durch Rücktitration mit 0,01 n-$Na_2S_2O_3$-Lösung wird dieser Bromüberschuß bestimmt. Die für die Oxydation benötigte Strommenge wird über das in einem Coulometer gleichzeitig ausgeschiedene Silber ermittelt, wovon nur die dem 0,01 n-$Na_2S_2O_3$-Verbrauch äquivalente Ag-Menge abgezogen wird.

Apparatur. Für die Bestimmung wird die auf S. 60 beschriebene und im Schaltschema abgebildete Apparatur von SZEBELLÉDY und SOMOGYI (b) herangezogen.

Reagenzien. „p. a." KBr, KJ, $AgNO_3$, konz. HCl, 0,01 n-$Na_2S_2O_3$-Lösung, Stärkelösung als Indicator.

Ausführung. Beide in den Stromkreis geschaltete Coulometer werden mit einer 15 bis 20%igen Lösung aus analysenreinem, salpetersäurefreiem Silbernitrat beschickt. Die Coulometerschalen werden vorher wie üblich behandelt und gewogen. Aus der $AgNO_3$-Lösung wird bei —4,4 Volt Spannung und 0,4 Ampere Stromstärke am besten 0,1 g Ag abgeschieden. Dabei darf die zu analysierende Lösung höchstens 0,25% $NH_2OH \cdot HCl$ enthalten; d. h., sie soll etwa $^1/_{30}$ molar sein und darf für eine Bestimmung insgesamt 8 mg Hydroxylamin nicht übersteigen, weil sonst die Reaktion bei längerer Analysendauer einen anderen Verlauf nimmt und nicht quantitativ ist.

Man bringt in ein 150 bis 200 ml-Becherglas die zu analysierende Lösung, fügt 2 g KBr hinzu und füllt mit destilliertem Wasser auf etwa 120 ml auf. Nun erwärmt man diese Lösung auf 60 bis 65° C, stellt sie auf eine elektrische Heizplatte, um während der Analysendauer die Temperatur einhalten zu können. Man schließt hierauf als Anode eine Pt-Netzelektrode und als Kathode eine gleichzeitig als Rührer elektrisch betriebene Pt-Spiralelektrode an. Man läßt rühren, schließt den Stromkreis, reguliert auf die gewünschte Stromstärke und unterbricht den Stromkreis erst dann wieder, wenn sich eine geringfügige Gelbfärbung von überschüssigem Brom zeigt. Diese Färbung soll 10 min bestehen bleiben. Falls die Färbung früher verschwindet, muß nochmals etwa 6 bis 8 sec elektrolysiert werden. Sobald die Färbung genügend lang bestehen bleibt, wird die Lösung in einen Kolben gefüllt, auf Zimmertemperatur abgekühlt; es werden 1 g „p. a." KJ zugesetzt und die angesäuerte Lösung mit 0,01 n-$Na_2S_2O_3$ auf den Bromüberschuß jodometrisch titriert.

Auswertung und Berechnung. Der Mittelwert an Ag wird aus den Auswaagen beider Coulometer bestimmt. Von diesem Wert wird eine äquivalente Ag-Menge abgezogen, die dem Verbrauch an 0,01 n-$Na_2S_2O_3$-Lösung entspricht (1 ml 0,01 n-$Na_2S_2O_3$ = 1,07880 mg Ag). Nach der Grundreaktion bei der elektrolytischen Oxydation mit Br_2 ist das Äquivalentgewicht von Hydroxylamin gleich einem Viertel des Molekulargewichtes.

Demnach entsprechen 107,880 mg Ag 8,258 mg NH_2OH.

Genauigkeit. Die von SZEBELLÉDY und SOMOGYI angeführten Beispiele für die Titration reiner $NH_2OH \cdot HCl$-Lösungen ergeben einen relativen Fehler von nur

±0,1% bei maximal ±0,1% für die Ag-Bestimmung zur Ermittlung des äquivalenten Stromverbrauches bei der Elektrolyse.

Störungen. Die von den Autoren beschriebene Methode betrifft nur reine Hydroxylammoniumsalzlösungen.

N. Bestimmung kleinster Mengen Hydroxylamin neben Nitrit und Nitrat nach ENDRES und KAUFMANN.

ENDRES und KAUFMANN bestimmen Nitrit unmittelbar mit GRIESZ-Reagens, oxydieren Hydroxylamin mit Jod in essigsaurer Lösung bei Anwesenheit von Sulfanilsäure zu Nitrit, welches sofort ins Diazoniumsalz verwandelt wird. Die Bildung dieser Diazokomponente ist quantitativ.

Soll Hydroxylamin neben viel Nitrit bestimmt werden, so zerstört man das Nitrit mit Natriumazid bei Anwesenheit von Sulfanilsäure, ohne daß hierbei das Hydroxylamin angegriffen wird.

Das Verfahren ist für Nitrit- und Hydroxylaminstickstoffgehalte von 0,3 μg N/10 ml und Nitratstickstoffgehalte von 4 μg N/10 ml geeignet.

Herstellung der Lösungen. 1. Sulfanil-Essigsäurelösung: 5,25 g Sulfanilsäure (p. A.) werden in 400 ml warmem destilliertem Wasser unter Zusatz von 100 ml reinstem nitritfreiem Eisessig gelöst. — 2. Naphthylaminlösung: 500 ml kochendes destilliertes Wasser werden mit 3 g α-Naphthylamin (p. A.) versetzt und einige Minuten im Sieden erhalten. Man filtriert heiß und setzt noch 25 ml Eisessig zu. — 3. Jod-Eisessiglösung: 0,65 g Jod werden in 100 ml Eisessig gelöst. — 4. Thiosulfatlösung aus 2,5 g Natriumthiosulfat in 100 ml Wasser. — 5. Brucinlösung: 0,2 g Brucin werden in 10 ml konz. Schwefelsäure gelöst. Das Reagens ist nur 1 Tag haltbar!

Arbeitsvorschrift.

I. Durchführung der Nitritbestimmung. 10 ml Lösung werden mit 2,0 ml Sulfanil-Essigsäure und 2,0 ml Naphthylamin versetzt. Nach 10 bis 15 min mißt man im PULFRICH-Stufenphotometer mit Filter S 53 und 3 cm Schichtdicke die Extinktion.

Die Autoren geben eine Eichkurve an, der folgende Werte entnommen sind:

Extinktion bei 30 mm und Filter S 53	0,24	0,49	0,72	0,92	1,16
μg N/10 ml	0,28	0,56	0,84	1,12	1,40
Mole $NO_2/10^5$ l	0,2	0,4	0,6	0,8	1,0

Da der Gehalt an μg Nitrit-Stickstoff je 10 ml etwa das 1,21fache der Extinktion beträgt und die 14 ml Farblösung auf 10 ml Probe umzurechnen sind, ergibt sich der Nitratgehalt in μg N/10 ml zu dem Produkt aus den Faktoren der Extinktion und 1,4.

II. Durchführung der Hydroxylamin-Bestimmung. Zu 10 ml Hydroxylaminlösung werden 2,0 ml Sulfanil-Essigsäure und 0,2 ml Jod-Eisessig zugefügt. Nach 10 bis 15 min wird das unverbrauchte Jod mit 2 bis 3 Tropfen Thiosulfatlösung entfernt, worauf 2,0 ml Naphthylaminlösung zugesetzt werden. Nach 15 min wird die Extinktion wie oben gemessen und entsprechend den obigen Angaben umgewertet. Da man mit Mikrobüretten von 1 ml Volumen auskommen kann, können noch $^1/_{50}$ μg Hydroxylamin-Stickstoff erfaßt werden. In 10 ml Lösung lassen sich noch 0,1 bis 0,2 μg Hydroxylamin-Stickstoff bestimmen. Die Fehlergrenze beträgt 2 bis 3 %.

III. Bestimmung von Hydroxylamin und Nitrit. a) Der Hydroxylamingehalt beträgt mehr als 10% des Nitritgehaltes. In 10 ml wird nach I. der Nitritgehalt und in weiteren 10 ml nach II. die Summe von Nitrit und Hydroxylamin bestimmt. b) Der Hydroxylamingehalt beträgt weniger als 10% des Nitritgehaltes. Der im großen Überschuß vorhandene Nitritstickstoff muß entfernt werden. Hierzu wird die Lösung mit der auf Grund einer Vorprobe bemessenen Menge Natriumazidlösung versetzt und der *p*H-Wert durch Zugabe einer 0,04 n Sulfanilsäurelösung auf 4 eingestellt. Man kocht 3 min, kühlt ab und verfährt weiter nach II.

IV. Durchführung der Nitrat-Analyse neben Nitrit und Hydroxylamin. Die Durchführung erfolgt entsprechend den Angaben von URBACH (S. 220). Mit dem Filter S 43 lassen sich bei 30 mm Schichtdicke noch 2 bis 14 μg Nitratstickstoff in 5 ml erfassen. Enthält die Probe erhebliche Mengen Nitrit, so müssen diese vorher entfernt werden. Hierzu werden 10 ml Lösung mit 0,2 ml konz. Schwefelsäure angesäuert und man setzt etwas mehr als die berechnete Menge Natriumazid zu. Man kocht 3 min und bestimmt in einem aliquoten Teil (5 ml) den Nitratgehalt.

5 ml Lösung werden mit 1 ml Brucinlösung versetzt, hierauf werden tropfenweise 10,0 ml konz. Schwefelsäure zugesetzt. Man schüttelt, läßt 15 min stehen, kühlt ab und mißt die Extinktion innerhalb von 60 min mit dem Filter S 43.

Die Menge an Nitratstickstoff in μg in der 5 ml-Probe ergibt sich aus der gemessenen Extinktion, multipliziert mit 8,7.

Der Nitratgehalt der 5 ml-Lösung soll einem Befund zwischen 3 und 15 μg Nitratstickstoff entsprechen.

Literatur.

ACREE, G. F., u. J. M. JOHNSON: Am. Chem. J. **38**, 315 (1907). — ADAMS, M.: Am. Chem. J. **28**, 199 (1902).

BELCHER, R., u. T. S. WEST: Anal. chim. Acta **5**, 546 (1951). — BRAY, W. C., M. E. SIMPSON u. A. A. MCKENZIE: Am. Soc. **41**, 1370 (1919). — VAN BRUNT, C.: Am. Soc. **36**, 1426 (1914).

COOPER, S. R., u. J. B. MORRIS: Anal. Chem. **24**, 1360 (1952).

DESHMUKH, G. S., u. K. KUMARI: Z. anorg. Ch. **273**, 272 (1953). — DIVERS, E.: Soc. **43**, 447 (1883). — DONATH, J.: Ber. Wien. Akad. **75**, 566 (1877) — B. **10**, 766 (1877).

EBLER, E., u. E. SCHOTT: J. pr. (2) **78**, 320 (1908). — ENDRES, G., u. L. KAUFMANN: A. **530**, 184 (1937).

FROMM, E.: A. **447**, 294 (1926).

HAGA, T.: Soc. **51**, 795 (1887). — HOFMANN, K. A., u. E. KÜSPERT: B. **31**, 64 (1898).

JONES, H. O., u. F. W. CARPENTER: Soc. **83**, 1396 (1903).

v. KNORRE, G.: Ch. Ind. **22**, 257 (1899). — v. KNORRE, G., u. K. ARNDT: B. **33**, 38 (1900). — KURTENACKER, A., u. R. NEUSSER: Z. anorg. Ch. **131**, 39 (1923). — KURTENACKER, A., u. J. WAGNER: Z. anorg. Ch. **120**, 262 (1922).

LEUBA, A.: Ann. Chim. anal. **9**, 246 (1904); durch C. **75**, **II**, 729 (1904). — LOBRY DE BRUIJN, C. A.: R. **11**, 25 (1892).

MEYERINGH, W.: B. **10**, 1942 (1877). — MÜLLER, J. A.: Bl. Soc. chim. Paris (3) **3**, 605 (1890).

ÖLANDER, A.: Ph. Ch. **129**, 4 (1927).

PASQUALI, A.: Apoth.-Z. **1894**, 815. — PETRENKO-KRITSCHENKO, P., u. W. KANTSCHEFF: B. **39**, 1452 (1906). — PRODINGER, W., u. G. SCHWIEDER: Fr. **130**, 29 (1949/50). — PRODINGER, W., u. O. SVOBODA: Mikrochim. A. **1953**, 426. — PUCHER, G. W., u. H. A. DAY: Am. Soc. **48**, 672 (1926).

RASCHIG, F.: A. **241**, 190 (1887) — Schwefel- und Stickstoffstudien. Leipzig 1924. — ROMIJN, G.: Fr. **36**, 19 (1897). — RUPP, E., u. H. MÄDER: Ar. **251**, 297 (1913).

SCHROEDER, H.: Chem. N. **109**, 205 (1914). — SIMON, L. J.: C. r. **135**, 1339 (1902); **140**, 659, 724 (1905) — Bl. Soc. chim. Paris (3) **33**, 413 (1905). — STÄHLER, A.: B. **37**, 4732 (1904); B. **42**, 2695 (1909). — STEWART, A. W.: Soc. **87**, 410 (1905). — SZEBELLÉDY, L., u. Z. SOMOGYI: (a) Fr. **112**, 400 — (b) 313 (1938).

THUM, A.: M. **14**, 302 (1893). — TROZZOLO, A. M., u. E. LIEBER: Anal. Chem. **22**, 764 (1950).

VODRÁŽKA, Z.: Chem. Listy **45**, 293 (1951).

§ 9. Analyse der untersalpetrigen Säure und Hyponitrite.

Allgemeines. Salze der untersalpetrigen Säure ($H_2N_2O_2$) werden z. B. aus hydroxylaminmonosulfosauren Salzen, durch Reduktion von Natriumnitritlösung mit Natriumamalgam sowie durch Einwirkung von Stickoxyd auf Natriumamalgam erhalten. Technisch haben sie bisher keinerlei Bedeutung erlangt. Die freie Säure ist sehr unbeständig. Es tritt leicht Zerfall in Distickstoffoxyd und Wasser ein. Starke Oxydationsmittel führen Hyponitrite in Nitrate über.

Zur Analyse sind insbesondere Verfahren geeignet, die sich des charakteristischen in Wasser schwer löslichen Silbersalzes ($Ag_2N_2O_2$) bedienen, sowie physikalische Messungen auf Grund der charakteristischen Absorption im Ultraviolett.

A. Gewichtsanalytische Bestimmung über das Silbersalz ($Ag_2N_2O_2$).

Die wichtigste Bestimmung dieser Verbindung ist diejenige über das Silbersalz, eine gelbe pulvrige Fällung, die in verd. Essigsäure schwer, in Mineralsäuren und Ammoniak leicht löslich ist. Es wird entweder als solches getrocknet und gewogen oder in Silber bzw. Silberchlorid übergeführt. Beim Erhitzen auf 100° an der Luft zersetzt es sich.

Nach einer Arbeitsweise von ZORN (siehe auch DIVERS sowie KIRSCHNER) läßt man neutrale Salzlösungen der untersalpetrigen Säure rasch in Silbernitratlösung einfließen. Man neutralisiert genau mit Ammoniak und filtriert den gelben Niederschlag durch ein gewogenes Papierfilter ab. Der Niederschlag kann mit Wasser gewaschen und über Schwefelsäure getrocknet werden, oder man glüht ihn zu Silber oder setzt ihn mit Salzsäure zu Chlorsilber um. KIRSCHNER löst Hyponitrite in verd. Essigsäure, fällt mit Silbernitrat, neutralisiert mit Ammoniak, erwärmt auf dem Wasserbad, bis sich der Niederschlag abgesetzt hat, filtriert, wäscht, trocknet, glüht zu metallischem Silber und wägt.

Nach WEITZ und VOLLMER gibt die Fällung aus neutraler Lösung etwas höhere Werte als diejenige aus schwach essigsaurer Lösung. Die Autoren trocknen sie im Dampftrockenschrank und führen sie durch langsames Erhitzen und Veraschen in Silber über.

ADDISON, GAMLEN und THOMPSON filtrieren das Silberhyponitrit durch einen Glassintertiegel Nr. 4, waschen es mit 10 ml kaltem Wasser in kleinen Portionen und trocknen es im Vakuumexsiccator bis zum konstanten Gewicht.

Nach KIRSCHNER können Hyponitrite auch nach der Methode nach DUMAS bestimmt werden, wenn man einige Rollen aus Kupferdrahtnetz in das verlängerte Verbrennungsrohr einführt.

B. Maßanalytische Bestimmungsverfahren.

1. Acidimetrische Titrationen.

THUM titriert die freie Säure mit etwa 0,5 n Kalilauge und Phenolphthalein als Indicator. Er findet Rosafärbung nach der vollständigen Bildung des sauren Salzes.

HANTZSCH und KAUFMANN titrieren mit Bariumhydroxydlösung und erhalten ebenfalls Umschlag bei Zusatz der halben Menge Alkali (siehe auch OZA, DIPALI und OZA).

2. Titrationen mit Permanganat.

THUM hat eine frisch bereitete Lösung von 0,0113 g untersalpetriger Säure in 20 ml zu 50 ml einer 3,244 g $KMnO_4$ im Liter enthaltenden Lösung zufließen lassen; nach 15 min wird bei gewöhnlicher Temperatur mit verd. Schwefelsäure angesäuert und nach nochmaliger, 15 min dauernder Einwirkung der Permanganatüberschuß zurücktitriert. Hierbei stellt man einen Permanganatverbrauch fest, der der Oxydation zu Salpetersäure entspricht gemäß der Gleichung:

$$5\,H_2N_2O_2 + 8\,KMnO_4 + 12\,H_2SO_4 = 10\,HNO_3 + 4\,K_2SO_4 + 8\,MnSO_4 + 12\,H_2O.$$

In alkalischer Lösung geht die Oxydation nur bis zur Nitritstufe.

RASCHIG hat darauf eine Bestimmung von Hyponitrit und Nitrit nebeneinander aufgebaut.

ABEL, ORLICEK und PROISL empfehlen, bei der Methode von THUM mindestens einen dreifachen Permanganatüberschuß zuzusetzen. Der Alkaligehalt der Lösung vor dem Ansäuern darf nicht zu hoch sein, da sonst Selbstzersetzung des Permanganats unter Sauerstoffentwicklung eintritt.

3. Fällungsmaßanalytische Bestimmung nach ZINTL und BAUMBACH.

ZINTL und BAUMBACH haben beobachtet, daß bei der tropfenweisen Ausfällung des Hyponitrits mit Silbernitrat im alkalischen Medium bei Gegenwart von Wasserstoffperoxyd nach der vollständigen Abscheidung des Silberhyponitrits der erste Tropfen überschüssigen Silbernitrats den Niederschlag dunkel färbt. Es kann auf diese Weise der Endpunkt gut erkannt werden.

Arbeitsvorschrift. Die Probe wird in wenig Eiswasser vorsichtig gelöst, nach Zusatz von Phenolphthalein mit verd. Essigsäure neutralisiert und mit einigen Tropfen 0,1 n Lauge bis zur Rotfärbung versetzt. Auf 100 ml Lösung setzt man als Indicator zwei Tropfen 3%iges Wasserstoffperoxyd zu. Man titriert tropfenweise mit 0,1 n Silbernitratlösung unter heftigem Rühren, bis sich der ursprünglich reingelbe Niederschlag plötzlich dunkel färbt. Die Mischung muß durch gleichzeitiges, gelegentliches Eintropfen von 0,1 n Lauge dauernd schwach gerötet bleiben. Zur Kühlhaltung während der Titration setzt man Eisstückchen zur Lösung zu.

Auch ZINTL und KOHN haben nach diesem Verfahren Gemische von Hyponitrit und Nitrit untersucht.

4. Potentiometrische Titration.

ZINTL und BAUMBACH haben die Analyse eines Gemisches von Nitrit und Hyponitrit durch potentiometrische Titration mit Silbernitratlösung durchgeführt. Während in essigsaurer oder annähernd neutraler Lösung am Äquivalenzpunkt kein deutlicher Potentialsprung zu beobachten ist, tritt in schwach alkalischer Lösung ein sehr ausgeprägter Potentialsprung auf. Die besten Resultate werden bei einem *p*H-Wert zwischen 9 und 12 erhalten. Phenolphthalein soll dauernd eben gerötet sein, was während der Ausfällung des Silberhyponitrits durch Zusatz verdünnter Lauge bewirkt wird. Die Potentialänderung je Tropfen der 0,1 n Silbernitratlösung beträgt beim Endpunkt (100 bis 200 mg Hyponitrit, Volumen der Lösung 50 bis 80 ml) durchschnittlich 40 Millivolt und wird vorher und nachher rasch kleiner. Der Umschlag ist daher mit 1 Tropfen Genauigkeit erkennbar. Als Indicatorelektrode dient ein Draht aus Feinsilber; die Vergleichselektrode enthält Quecksilber, Quecksilber(I)-sulfat und 2 n Schwefelsäure.

Wegen der Unbeständigkeit wäßriger Hyponitritlösungen (bei 0° zerfallen in 1 Stde. bereits einige Prozente) soll die Lösung erst unmittelbar vor der Titration bereitet werden und ist während der Titration auf 0° zu halten.

Die *Genauigkeit* beträgt etwa $\pm 2\%$.

Im Filtrat kann gegebenenfalls vorhandenes Nitrit mit Permanganat in der üblichen Weise bestimmt werden.

C. Bestimmung neben Nitrit und Nitrat durch UV-Absorption.

ADDISON, GAMLEN und THOMPSON bestimmen Hyponitrit, Nitrit und Nitrat auf Grund der Messung der UV-Absorption bei verschiedenen Wellenlängen.

Natriumhyponitrit in n Natronlauge hat bei 248 mμ ein Absorptionsmaximum von $\varepsilon_{\max} = 3{,}60$, Nitrit bei 357 m$\mu$ hat $\varepsilon_{\max} = 23{,}0$, Nitrat bei 302,5 m$\mu$ $\varepsilon_{\max} = 7{,}01$.

Für die Bestimmung der drei Stoffe nebeneinander werden zwei Wege beschrieben:

1. Absorptionsspektrometrie auf Grund der *Summengleichung* $d_\lambda = \varepsilon_1 C_1 + \varepsilon_2 C_2 + \varepsilon_3 C_3$.

d ist die optische Dichte $\left(\log \frac{I_0}{I}\right)$, C_1, C_2, C_3 die molaren Konzentrationen von Nitrit, Nitrat und Hyponitrit, ε_1, ε_2, ε_3 die zugehörigen Extinktionskoeffizienten.

Man bestimmt C_1 direkt bei $\lambda = 365$ mμ, C_2 und C_3 bei zwei verschiedenen Wellenlängen.

Bei 305 mμ ist $\varepsilon_1 = 9{,}43$, $\varepsilon_2 = 6{,}95$, $\varepsilon_3 = 28{,}6$;
bei 320 mμ ist $\varepsilon_1 = 11{,}1$, $\varepsilon_2 = 3{,}67$, $\varepsilon_3 = 7{,}10$;
bei 365 mμ ist $\varepsilon_1 = 21{,}7$.

Bei einem Meßfehler von 0,001 von $(d_{305} - d_{320})$ treten Fehler von 0,8 bis 1,6% Hyponitrit und 1,7 bis 3,4% Nitrat auf, während Nitrit auf etwa 1% genau bestimmbar ist.

2. Absorptionsspektrometrie *vor und nach der Zerstörung* des Hyponitrits. Da sich Hyponitrit beim Kochen oder längerem Stehen in Natronlauge und Distickstoffoxyd zersetzt, kann aus der Extinktion bei $\lambda = 305$ mμ vor und nach der Zersetzung das Hyponitrit bestimmt werden, während der Nitritgehalt unmittelbar mit $\lambda = 365$ mμ gemessen werden kann; der Nitratgehalt ist aus d_{305} nach der Zersetzung des Hyponitrits abzüglich des Nitrits gegeben.

Literatur.

Abel, E., A. Orlicek u. J. Proisl: M. **72**, 1 (1939). — Addison, C. C., G. A. Gamlen u. R. Thompson: Soc. **1952**, 338.

Divers, E.: Soc. **75**, 116 (1899).

Hantzsch, A., u. L. Kaufmann: A. **292**, 326 (1896).

Kirschner, A.: Z. anorg. Ch. **16**, 424 (1898).

Oza, T. M., N. L. Dipali u. V. T. Oza: J. Indian chem. Soc. **27**, 409 (1950).

Raschig, F.: Stickstoffstudien, S. 97. Leipzig 1924.

Thum, A.: M. **14**, 309 (1893).

Weitz, E., u. W. Vollmer: B. **57**, 1017 (1924).

Zintl, E., u. H. H. v. Baumbach: Z. anorg. Ch. **198**, 88 (1931). — Zintl, E., u. O. Kohn: B. **61**, 189 (1928). — Zorn, W.: B. **15**, 1007 (1882).

§ 10. Analyse der salpetrigen Säure und der Nitrite.

Allgemeines. Nitrite werden infolge ihrer Reaktionsfreudigkeit auf den verschiedensten Gebieten der chemischen Technik angewandt, vor allem zur Herstellung von Azofarbstoffen sowie im Gemisch mit Nitraten als Pökelsalz, als Siliermittel und zur Oberflächenveredlung von Stahl. Die Nitrite sind genügend stabil, um ohne Schwierigkeiten im Handel und Verkehr gehandhabt werden zu können. Salpetrige Säure ist hingegen als solche nicht beständig.

Die wissenschaftliche Bedeutung der Analyse von salpetriger Säure bzw. von Nitriten liegt insbesondere auf dem Gebiet der Biologie und Hygiene, da sie nicht nur formal, sondern auch im tatsächlichen biologischen Geschehen ein Zwischenglied der Oxydation von natürlichen Ammoniakderivaten (Amine und Amide, Aminosäuren und Eiweißverbindungen) bis zu der mineralisierten Endstufe, der Salpetersäure und den Nitraten, vorstellt. Nitrite sind in natürlichen Wässern oder Bodenauszügen nachweisbar, wenn dort ursprünglich aufgenommene, organische Derivate des Ammoniaks, z. B. Harnstoff oder Eiweißverbindungen, durch Sauerstoff noch nicht vollständig zur Salpetersäure mineralisiert sind.

Die analytische Bedeutung der salpetrigen Säure geht indessen weit über diese Substanz selbst hinaus. Sie ist, wie schon früher erwähnt, in der Regel der Schlüssel zur Analyse einiger Stickoxyde, welche sich durch Anlagerung an Lauge oder konz. Schwefelsäure — häufig unter Mitwirkung von Sauerstoff — in Salze oder sonstige Abkömmlinge der salpetrigen Säure verwandeln können; aber auch die Nitrate werden zwecks Analyse gelegentlich durch gelinde Reduktionsmittel in Nitrite verwandelt und als solche bestimmt.

Die salpetrige Säure wird deswegen als analytische Bestimmungsform bevorzugt, weil für sie eine Reihe sehr spezifischer und quantitativ verlaufender Reaktionen bekannt ist, die sich zur analytischen Verwertung bestens eignen. Diese sind bei Vorliegen größerer Mengen Verfahren aus der Gasvolumetrie und der Oxydimetrie, für kleine Mengen aber vor allem colorimetrische, meist auf Diazotierungsreaktionen basierende Methoden. Zusammenfassende Arbeiten siehe COOL und YOE; BERGER.

Polarographische Bestimmungsmethoden s. S. 153.

A. Gewichtsanalytische Verfahren.

1. Versuche zur Fällungsanalyse (HAHN).

Gewichtsanalytische Verfahren haben bei der quantitativen Bestimmung von Nitriten noch geringere Bedeutung erlangt als dies bei der Salpetersäure der Fall ist. Schwerlösliche Nitrite im eigentlichen Sinne sind überhaupt nicht bekannt. Dagegen bildet salpetrige Säure, wie HAHN gezeigt hat, mit 2,4-Diamino-6-oxypyrimidin eine in Wasser schwer lösliche Nitrosoverbindung. Ein genaues, gravimetrisches Verfahren ließ sich aber darauf nicht aufbauen.

Indirekte gravimetrische Verfahren führen mit Nitriten quantitativ verlaufende Reaktionen durch und bestimmen ein Reaktionsprodukt gewichtsanalytisch. Auf diese Weise kann Silberbromat mit salpetriger Säure zu Silberbromid reduziert werden, welches seinerseits zur Wägung gelangt.

Man kann auch Nitrite mit Amidosulfonsäure zur Reaktion bringen und die hierbei entstehende Schwefelsäure als Bariumsulfat erfassen oder den auftretenden Gewichtsverlust durch Wägen bestimmen.

HAHN hat festgestellt, daß Nitrite mit einem Salz des 2,4-Diamino-6-oxypyrimidins das schwer lösliche 2,4-Diamino-5-nitroso-6-oxypyrimidin bilden. Die Verbindung läßt sich zwar im Goochtiegel bei 120 bis 140° zu konstantem Gewicht trocknen, jedoch werden die so erhaltenen Werte unregelmäßig um 0,4 bis 2% zu hoch, so daß die Fällung für ein genaues, gewichtsanalytisches Verfahren in der bisherigen Form nicht geeignet ist. HAHN schlägt sie daher zum qualitativen Nachweis sowie zur Abtrennung der salpetrigen Säure für einen anschließenden Nitratnachweis vor. Als Reagens wird eine frisch bereitete gesättigte Lösung des ziemlich schwer löslichen Sulfats verwendet.

0,05 mg NO_2^- in 1 ml ergeben noch einen deutlichen Niederschlag.

2. Indirekte Fällung als Silberhalogenid.

a) Arbeitsweise von BUSVOLD. Die Bestimmung verläuft nach der Gleichung:

$$3\,HNO_2 + AgBrO_3 = 3\,HNO_3 + AgBr.$$

Die mit Essigsäure angesäuerte Nitritprobe wird mit einer heißen Silberbromatlösung umgesetzt und das entstandene Silberbromid gewogen.

Arbeitsvorschrift. In einem 750 ml Jenaer Erlenmeyerkolben werden 1,4 bis 1,5 g Silberbromat in 100 ml Wasser und 110 ml 2 n Essigsäure unter Erwärmen auf etwa 80° gelöst. Hierauf läßt man bei dieser Temperatur aus einem Tropftrichter mit Bürettenspitze die Nitritlösung (1 g in 200 ml Wasser) unter Umschütteln zutropfen, wobei das Bromsilber leicht grünlich gefärbt ausfällt. Nach dem Ausspülen des Trichters werden noch 30 ml Schwefelsäure (1 + 4) bei 85° langsam zugesetzt. Bei Umschütteln und weiterem Erwärmen auf 90° wird die überstehende Flüssigkeit bald klar. Der nunmehr gelbe Niederschlag wird durch einen Glas-Goochtiegel filtriert, mit etwa 1 l siedend heißem Wasser das überschüssige Bromat ausgewaschen, bei 130° getrocknet und gewogen.

Berechnung. 1 g AgBr entspricht 0,7350 g NO_2^-.

Genauigkeit. Parallelbestimmungen stimmen innerhalb ±0,1% überein; ebenso besteht gute Übereinstimmung mit den nach LUNGE mit Kaliumpermanganat gefundenen Werten.

Halogen-Ionen reagieren ebenfalls; ihr Beitrag ist auf Grund einer gesonderten Bestimmung zu berechnen und abzuziehen (s. auch LAIRD und SIMPSON).

b) Arbeitsweise von WILLARD *und* YOUNG. 0,8 g Silberbromat werden in 200 ml Wasser bei 80 bis 85° gelöst, und 100 ml 0,1 n Nitritlösung als Probe aus einer Pipette zugefügt; darauf versetzt man mit 30 ml Schwefelsäure (*D* 1,2) und schüttelt kräftig. Man läßt 3 bis 4 Std. in der Wärme stehen, filtriert das Silberbromid ab, wäscht, trocknet und wägt es.

Ein ähnliches Verfahren ist von GRÜTZNER angegeben, wonach eine Chloratlösung mit dem Nitrit der Probe reduziert wird und das gebildete Chlorid-Ion nach VOLHARD titriert wird (S. 132).

B. Gasvolumetrische Verfahren.

Allgemeines. Die Gasvolumetrie hat zur Analyse von Nitriten besondere Bedeutung, da es damit zahlreiche quantitativ verlaufende Reaktionen gibt, welche gasförmige Endprodukte liefern. Von diesen gasbildenden Reaktionen ist eine Gruppe besonders vorteilhaft, welche zu elementarem Stickstoff führen. Die Vorteile bestehen nicht nur in der leichten Isolierbarkeit des Stickstoffs, welche seiner Reaktionsträgheit und geringen Löslichkeit in Sperrflüssigkeiten zu verdanken ist, sondern auch darin, daß die Hälfte des entwickelten Stickstoffs aus dem Reagens stammt und somit eine Vermehrung des Gasvolumens bewirkt. Zudem sind diese Reaktionen für salpetrige Säure sehr spezifisch und eignen sich daher gut zur Bestimmung der Nitrite neben Nitraten. Als Reagenzien kommen Ammoniumsalze, Harnstoff, Amidosulfosäure und Azide in Betracht. Insbesondere die beiden letzteren bewirken eine besonders rasche und quantitative Zersetzung der Nitrite. Die Nitratbestimmung erfolgt meist anschließend ebenfalls auf gasvolumetrischem Weg nach dem Verfahren von SCHLÖSING-GRANDEAU (S. 171). Die Verfahren sind auch bei Anwesenheit organischer Verunreinigungen anwendbar.

Neben diesen stickstoffliefernden, gasvolumetrischen Methoden haben die anderen Reaktionen, welche Stickoxyd entstehen lassen, geringere Bedeutung. Als Reduktionsmittel dienen Kaliumjodid oder Kaliumhexacyanoferrat (II). Zur Anwendung der Nitrometermethode siehe S. 167.

Schließlich ist auch ein Verfahren beschrieben, nach welchem Nitrite gasvolumetrisch auf Grund des *Sauerstoffdefizits* bestimmt werden. Diese Größe beruht auf dem Sauerstoffverbrauch in einer bekannten Menge Wasserstoffperoxyd durch Nitrit.

1. Bestimmungsform: Stickstoff.

I. Zersetzung des Nitrits mit Ammoniumchlorid. Die Umsetzung verläuft nach der Gleichung:

$$NaNO_2 + NH_4Cl = N_2 + NaCl + 2\,H_2O.$$

Das Verfahren wurde zuerst von GAILHAT entwickelt (siehe auch GANTTER, S. 177).

a) Arbeitsweise von GERLINGER. Von GERLINGER ist eine besonders zur Bestimmung kleiner Nitritmengen im Harn handliche Arbeitsweise angegeben worden.

Die *Apparatur* besteht aus einem 100 ml-Erlenmeyerkolben als Zersetzungsgefäß mit einem bis zum Boden eintauchenden Zuleitungsrohr für Kohlendioxyd, einem Tropftrichter und einem Gasableitungsrohr, welches am aufsteigenden Teil zunächst einen kleinen Liebigkühler trägt; am darauffolgenden absteigenden Teil befindet sich ein 2-Weg-Hahn (Schwanzhahn), welcher seinerseits mit einem für Stickstoffbestimmung nach DUMAS üblichen Azotometer (unten Quecksilber, oben Kalilauge) verbunden ist.

Arbeitsvorschrift. In das Zersetzungsgefäß werden etwa 50 ml einer kalt gesättigten, neutralen, vorher ausgekochten Lösung von Ammoniumchlorid vorgelegt, die Luft wird durch einen CO_2-Strom verdrängt, während man die Ammoniumchloridlösung zum Sieden erhitzt. Hierauf schaltet man durch Schließen der Hähne den

CO_2-Strom und das Azotometer ab und saugt mit Hilfe des entstehenden Unterdruckes durch den Tropftrichter, der vom Hahn bis zur Spitze zunächst mit Wasser gefüllt war, die Nitritlösung (0,02 bis 0,04 g $NaNO_2$) ein und spült mit wenig ausgekochtem Wasser nach. Hierauf schaltet man wieder den Kohlendioxydstrom und das Azotometer an, erhitzt nun wieder zum gelinden Sieden und sammelt den gebildeten Stickstoff im Azotometer. Die Dauer der Operation beträgt etwa 15 min.

Genauigkeit. Bei den angewandten kleinen Nitritmengen werden im Durchschnitt etwa um 0,5 bis 1% zu hohe Werte gefunden; die Abweichungen untereinander betragen etwa 1%.

Nach BUSVOLD dauert die Zersetzung der Nitrite viel länger, die Werte schwanken.

b) Arbeitsweise von STRECKER *mit anschließender Nitratbestimmung.* STRECKER verwendet die Zersetzung mit Ammoniumchlorid zur Bestimmung des Nitritgehaltes bei anschließender gasvolumetrischer Nitratbestimmung nach SCHLÖSING-GRANDEAU in der gleichen Probe und in einer und derselben Apparatur.

Die *Apparatur* besteht aus einem Gerät zur Entwicklung luftfreien Kohlendioxyds (S. 15), das über eine kleine Waschflasche mit Wasser zwecks Zurückhaltung von Salzsäuregas und über eine Schlauchverbindung mit Schraubenquetschhahn mit dem Zersetzungskölbchen verbunden ist. Dieses besteht aus einem 50-ml-Rundkölbchen mit doppelt durchbohrtem Gummistopfen. Die eine Bohrung trägt ein ⊣-Stück, dessen unteres Ende verjüngt ist und zum Boden des Kölbchens führt. Der waagrechte Schenkel führt zur Kohlendioxydquelle, der lotrechte trägt einen angeschmolzenen Tropftrichter. Die zweite Bohrung trägt ein Gasableitungsrohr, welches über eine Schlauchverbindung mit Quetschhahn zu einem SCHIFFschen Azotometer führt, wie es für die Stickstoffbestimmung nach DUMAS üblich ist.

Arbeitsvorschrift. Das Zersetzungskölbchen wird mit einem großen Überschuß an festem Ammoniumchlorid (100mal soviel als Natriumnitrit) und 10 bis 20 ml Wasser beschickt. Man verbindet durch Aufsetzen des Gummistopfens einerseits mit dem Kohlendioxydapparat, andererseits mit dem Azotometer. Man verdrängt zunächst die Luft aus dem Gaszuleitungsrohr und dem Stiel des Tropftrichters bei geöffnetem Hahn durch Kohlendioxyd, schließt den Hahn des Tropftrichters und treibt die Luft auch aus dem Zersetzungskolben und dem Verbindungsstück zum Azotometer aus. Hierauf stellt man den Kohlendioxydstrom ab, erhitzt die Ammoniumchloridlösung zum Sieden, füllt das Azotometer bis zum oberen Hahn mit 33%iger Kalilauge und prüft auf Luftfreiheit. Weiteres Sieden darf keine Gasentwicklung im Azotometer ergeben.

Man schließt den Hahn zum Azotometer, unterbricht das Sieden, läßt nun die Lösung des Nitrit-Nitrat-Gemisches (nicht mehr als 0,11 g $NaNO_2$ und 0,15 g KNO_3) durch den Tropftrichter unter Vermeidung von Luftzutritt in den Zersetzungskolben einsaugen und spült mit wenig heißem, ausgekochtem Wasser nach. Gleichzeitig wird wieder ein langsamer Kohlendioxydstrom durch die Apparatur geleitet. Man beginnt wieder zum Sieden zu erhitzen, öffnet sofort den Quetschhahn zum Azotometer und schließt die Kohlendioxydapparatur ab. Durch weiteres Kochen wird der Stickstoff vollständig in das Azotometer getrieben. Es darf keine roten Stickoxyde enthalten. Nach Aufhören der Stickstoffentwicklung wird der Quetschhahn zum Azotometer wieder geschlossen und der Stickstoff in ein Meßrohr übergeführt, wo er unter Berücksichtigung von Temperatur und Druck gemessen und in den Nitritgehalt umgewertet wird. Das Azotometer bleibt angeschlossen, wird aber durch Senken der Birne entleert.

Berechnung. 1 ml N_2 (760 mm und 0°) entspricht 2,054 mg NO_2^-.

Zur anschließenden Nitratbestimmung wird zunächst der Unterdruck im Kölbchen durch Zuleiten von Kohlendioxyd aufgehoben. Man erhitzt das Kölbchen, bis wieder Überdruck herrscht, öffnet den Hahn zum Azotometer und schließt den

Hahn zur Kohlensäure. Man kocht, bis das gesamte Kohlendioxyd durch das Azotometer entwichen ist, füllt das Azotometer durch Heben der Birne und schließt den oberen Hahn. Hierauf schließt man wieder den Verbindungshahn zum Azotometer, entfernt die Flamme, saugt 30 ml Eisen(II)-chloridlösung (durch Lösen von 20 g Eisen in 200 ml konz. Salzsäure hergestellt) in den Kolben und läßt 20 ml konz. Salzsäure nachfließen. Man sperrt das Kohlendioxyd ab, öffnet den Quetschhahn zum Azotometer, kocht und sammelt das sich entwickelnde Stickoxyd im Azotometer. Sobald die Gasentwicklung aufhört, wird der Quetschhahn zum Azotometer geschlossen und das Stickoxyd in ein Meßrohr umgefüllt. Das Volumen des Stickoxyds kann nach Reduktion auf Normalbedingungen in den Nitratgehalt umgewertet werden.

Genauigkeit. Die erhaltenen Werte sind recht genau (Fehler $\pm {}^1/_2$ bis 1%).

II. Zersetzung des Nitrits mit Harnstoff. *a) Arbeitsweise von* Frankland. Wesentlich rascher als mit Ammoniumchlorid verläuft die Zersetzung mit Harnstoff in saurer Lösung, entsprechend folgender Gleichung:

$$2\,HNO_2 + NH_2 \cdot CO \cdot NH_2 = 2\,N_2 + CO_2 + 3\,H_2O.$$

Die Zersetzung kann nach Frankland bei Raumtemperatur unmittelbar im Lunge-Nitrometer erfolgen; andere Autoren arbeiten im Kohlendioxydstrom. Auch diese Bestimmung läßt sich gut mit der gasvolumetrischen Nitratbestimmung nach Schlösing in der gleichen Probe und Apparatur kombinieren. Gleichzeitig anwesende, organische Substanzen sowie Ammoniumsalze stören nicht.

***Arbeitsvorschrift von* Frankland.** Die Nitratprobe wird mit einem großen Überschuß an Harnstoff (etwa 0,25 g) gemeinsam gelöst und in ein Lunge-Nitrometer (S. 168) überführt, das mit Quecksilber als Sperrflüssigkeit gefüllt ist. Hierauf wird ein Überschuß verdünnter Schwefelsäure (1 + 5), d. s. einige Milliliter, eingesaugt, wobei die Entwicklung von Stickstoff in Gang kommt. Man läßt etwa 15 min stehen, führt eine starke Natronlauge (1 + 3) ein und schüttelt zur vollständigen Absorption des Kohlendioxyds.

Das Gas wird hierauf in eine Meßbürette überführt und gemessen.

Berechnung. 1 ml N_2 (0°, 760 mm) entspricht 2,054 mg NO_2^-.

Die gefundenen Werte stimmen etwa innerhalb 0,2% mit den mit Permanganat gefundenen Zahlen überein.

Varianten. Um das hierbei in geringen Mengen gebildete Stickoxyd zu berücksichtigen, schüttelt Holden das gemessene Gasvolumen mit Permanganatlösung, wobei Stickoxyd absorbiert wird. Die Zersetzung wird nach Rein in Kohlendioxydatmosphäre vorgenommen. Coade und Werner verwenden statt Harnstoff Thioharnstoff in essigsaurer Lösung; die Reaktion verläuft schneller als mit Harnstoff.

b) Arbeitsweise von Rein *für Pökelsalze.* Rein hat das Verfahren insbesondere zur Nitritbestimmung in Pökelsalzen entwickelt. Er arbeitet ebenfalls im Kohlendioxydstrom.

Arbeitsvorschrift. Eine etwa 0,05 g $NaNO_2$ entsprechende Einwaage wird unter Zusatz einiger ausgekochter Siedesteine mit 50 ml Wasser in einen Rundkolben mit Tropftrichter gebracht; aus einem Kipp-Apparat leitet man ${}^1/_4$ Std. lang luftfreies Kohlendioxyd hindurch, schließt den Gasstrom an ein Azotometer und läßt durch den Tropftrichter ein Gemisch aus gleichen Teilen 30%iger Harnstofflösung und 30%iger Schwefelsäure zutreten (der Stiel des Tropftrichters war zunächst mit Wasser gefüllt gewesen); von Zeit zu Zeit schüttelt man. Die Reaktion ist in 1,5 Std. beendet.

Die *Übereinstimmung* ist auch neben viel Kochsalz und Nitrat zufriedenstellend (siehe auch Longi sowie Ray, Dey und Gosh).

c) Arbeitsweise von Strecker und Schartow *mit anschließender Nitratbestimmung.* Strecker und Schartow empfehlen die Durchführung der Reaktion im

Kohlendioxydstrom und kombinieren das Verfahren mit einer anschließenden Bestimmung der Nitrate nach SCHLÖSING-GRANDEAU. Sie arbeiten hier allerdings nicht in einem gleichmäßigen CO_2-Strom, sondern erzeugen dieses Gas intermittierend durch Zusatz von Natriumhydrogencarbonatlösung.

Als *Apparatur* dient ein Kurzhalskolben mit doppelt durchbohrtem Gummistopfen. Durch die eine Bohrung führt der Stiel eines Tropftrichters, der aus einem Capillarrohr von 1 mm lichter Weite hergestellt ist, am unteren Ende ausgezogen und nach oben umgebogen ist; die Spitze muß noch in die Flüssigkeit eintauchen. Die zweite Bohrung hält ein Gasableitungsrohr, das über einen Hahn mit einem mit Kalilauge gefüllten Azotometer in Verbindung steht.

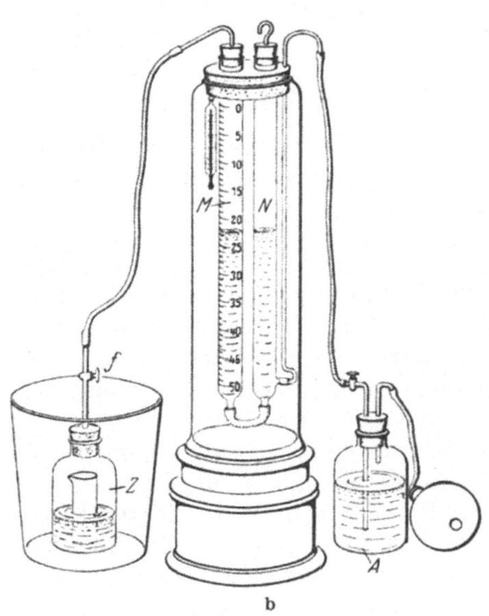

Abb. 30. Azotometer nach WAGNER-BAUMANN.

Arbeitsvorschrift. In dem Kurzhalsrundkolben werden 2 g Harnstoff mit einer Mischung von 3 ml konz. Salzsäure und 17 ml Wasser versetzt und einige Siedesteinchen zugefügt. Man verdrängt die Luft vollständig durch Kochen, bis das Azotometer keine Luftblasen mehr anzeigt. Man schließt den zum Azotometer führenden Hahn und läßt durch den Tropftrichter die Nitritlösung einsaugen. Zum Ausgleich des noch vorhandenen Unterdrucks läßt man noch 10%ige Natriumhydrogencarbonatlösung eintreten. Man öffnet wieder den Weg zum Azotometer und erhitzt zum Sieden. Der Stickstoff wird in der üblichen Weise gemessen.

Zur anschließenden Nitratbestimmung wird mit Hilfe des entstandenen Vakuums die Eisen(II)-chloridlösung eingesaugt, mit Bicarbonat Druckausgleich erzielt und wie üblich die NO-Entwicklung eingeleitet.

Die *Genauigkeit* beträgt $\pm 0{,}2\%$ in der Nitrit- und 0,3 bis 1,5% in der Nitratbestimmung.

III. Zersetzung des Nitrits mit Amidosulfosäure. *a) Arbeitsweise von* BAUMGARTEN *und* MARGGRAFF. Noch leichter als mit Ammoniumsalzen oder Harnstoff tritt die Zersetzung der Nitrite mit Amidosulfonsäure ein. Sie erfolgt gemäß der Gleichung:

$$NaNO_2 + NH_2 \cdot SO_3H = NaHSO_4 + N_2 + H_2O.$$

BAUMGARTEN und MARGGRAFF beschreiben ein darauf beruhendes, sehr einfaches und genaues gasvolumetrisches Verfahren, welches bereits bei Zimmertemperatur und in kurzer Zeit den Nitritgehalt zu bestimmen gestattet.

Als *Apparatur* dient ein Azotometer von KNOP-WAGNER mit gesondertem Zersetzungsgefäß, z. B. nach WAGNER-BAUMANN (Abb. 30), oder ein entsprechendes LUNGE-Nitrometer.

Arbeitsvorschrift. In den äußeren Raum des Zersetzungsgefäßes wird etwa der doppelte Überschuß einer 0,5 bis 1%igen Amidosulfonsäure, in das innere Gefäß die etwa 0,5 bis 1%ige zu analysierende Nitritlösung (0,1 bis 0,15 g Nitrit) eingeführt. Man verbindet mit dem Azotometer (Sperrflüssigkeit: Wasser), temperiert mit Wasser von Zimmertemperatur und stellt das Azotometer auf die Nullmarke ein. Hierauf läßt man bei tiefgestelltem Niveaurohr bzw. nach Abfließenlassen von etwa 30 ml Wasser im Azotometer durch Neigen die Nitritlösung langsam nach außen fließen und schwenkt vorsichtig. Schließlich spült man das innere Gefäß durch stärkeres Neigen und Schütteln gut aus und schüttelt, bis keine weitere Volumenzunahme erfolgt. Man temperiert wieder sorgfältig auf Zimmertemperatur und liest nach 10 min ab.

Berechnung. 1 ml N_2 (0°, 760 mm) entspricht 2,054 mg NO_2^-.

Genauigkeit. Die erhaltenen Werte sind auf wenige Promille genau.

b) Arbeitsweise von KLUGE *und* LEHMANN *mit anschließender Nitratbestimmung.* KLUGE und LEHMANN kombinieren die gasvolumetrische Nitritbestimmung nach BAUMGARTEN und MARGGRAFF mit der gasvolumetrischen Nitratbestimmung nach SCHLÖSING-GRANDEAU; beide Bestimmungen werden aufeinanderfolgend in der gleichen Apparatur mit derselben Einwaage ausgeführt.

Die für beide Bestimmungen verwendete Apparatur entspricht im Grundsatz derjenigen von STRECKER (S. 122); da den Autoren aber entsprechend der inzwischen aus der Mikro-DUMAS-Bestimmung nach PREGL gesammelten Erfahrung völlig luftfreies Kohlendioxyd (S. 17) zur Verfügung steht, können sie größere Mengen dieses Gases verwenden, wodurch ein wesentlich einfacheres Arbeiten möglich ist.

Trotz dieser Vereinfachung dauert eine Bestimmung etwa 3 bis 4 Std.; für die zu hoch gefundenen Nitritwerte muß eine Korrektur angebracht werden.

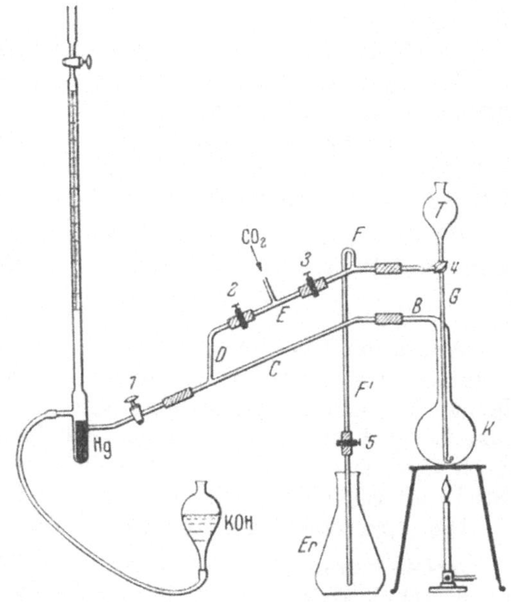

Abb. 31. Nitrit- und Nitratbestimmung nach KLUGE und LEHMANN.

Die *Apparatur* (Abb. 31) besteht aus einem 100 ml-Kolben *K* mit 10 cm langem Hals zur gelinden Rückflußkühlung und einem 25 ml-Tropftrichter mit bis zum Boden umgebogenen capillaren Ende eintauchendem Stiel. Die Rohrstücke sind Capillarrohre mit 1 bis 2 mm lichter Weite, die mit Vakuumschläuchen verbunden sind. Das Azotometer, wie es für die Stickstoffbestimmung nach DUMAS üblich ist, faßt 20 ml und ist in 0,05 ml geteilt. Es wird mit 33%iger Kalilauge gefüllt.

Arbeitsvorschrift. Der Kolben wird mit ausgekochtem Wasser bis zum Hahn *1* gefüllt und das Wasser mit luftfreiem Kohlendioxyd nach E_r verdrängt, worauf Hahn *2*, *3* und *5* geschlossen werden. Man verdrängt einen Teil des Kohlendioxyds durch kurzes Kochen des im Kolben verbliebenen Wasserrestes.

Zur Nitritbestimmung werden 10 bis 20 ml der 25 bis 50 mg Nitrit enthaltenden, gegen Phenolphthalein neutralisierten Probe in den Kolben gesaugt und 2 mal mit je 5 ml ausgekochtem luftfreiem Wasser nachgespült; hierauf saugt man 10 ml frisch mit ausgekochtem kaltem Wasser hergestellte 5%ige Amidosulfonsäure hinzu, die ihrerseits mit 5 ml Wasser nachgespült wird. Der noch bestehende Unterdruck wird mit Kohlendioxyd ausgeglichen, worauf man nach Schließen von Hahn *4* vorsichtig erwärmt. Nachdem Überdruck durch die Stickstoffentwicklung eingetreten ist, wird der zum Azotometer führende Hahn geöffnet und die Flamme so eingestellt, daß je Sekunde etwa 3 Blasen entweichen. Man treibt innerhalb $^3/_4$ bis

1 Std. die Hauptmenge des Stickstoffs über, den letzten Rest durch Erhitzen zu schwachem Sieden, bis das Capillarrohr *C* durch Kondensat ausgefüllt ist.

Bei der Bestimmung des Nitritstickstoffs werden in der Regel 0,44 mg N zuviel gefunden, so daß diese Größe als Korrektur abgezogen werden kann.

Zur Nitratbestimmung läßt man nach Schließen des Hahnes *1* erkalten und durch den Tropftrichter 20 ml Eisen(II)-chloridlösung (5 g Ferrum reductum, in 100 ml konz. Salzsäure (*D* 1,19) gelöst) und 20 ml rauchende Salzsäure einsaugen. Der restliche Unterdruck wird durch CO_2 ausgeglichen. Hierauf wird der Kolbeninhalt langsam erwärmt und bei beginnendem Überdruck das Gas langsam (3 Blasen je Sekunde) in das Azotometer überführt. Man erwärmt zunächst $^1/_2$ bis $^3/_4$ Std. auf 80 bis 90° und erhitzt hierauf zum gelinden Sieden; schließlich kocht man stärker, bis sich auch im Rohr *C* Kondensat sammelt und die noch vorhandenen Gasreste ins Azotometer drückt.

Die *Dauer* der Analyse einschließlich Nitritbestimmung beträgt 3 bis 4 Std.

Genauigkeit der Nitratbestimmung. Es werden im Mittel etwa 1% Nitrat zuwenig gefunden, wenn man nicht mit Nitrat austestet.

Als weitere Modifikationen siehe BRASTED (Wägung des Stickstoffs als Gewichtsverlust) sowie BROOKS und PACE. Eine mikro-gasometrische Ausführung beschreibt CARSON; siehe auch HAHN und BAUMGARTEN sowie GLEU und ROELL.

IV. Zersetzung des Nitrits mit Natriumazid nach SOMMER und PINCAS. Die Reaktion verläuft rasch und vollständig nach der Gleichung:

$$N_3H + HNO_2 = N_2 + N_2O + H_2O.$$

Wegen der Löslichkeit des Distickoxyds in Wasser wird das entstandene Gasvolumen nicht unmittelbar gemessen; man versetzt vielmehr mit einer bekannten Menge überschüssiger Natriumazidlösung, kocht das entstandene Gasgemisch in alkalischer Lösung weg und zersetzt hierauf das übriggebliebene Natriumazid nach S. 66 mit Cer(IV)-salz in essigsaurer Lösung, wobei der nunmehr gebildete Stickstoff gasvolumetrisch gemessen wird.

Die *Apparatur* siehe Abb. 30, S. 124.

Arbeitsvorschrift. Die etwa 0,08 g HNO_2 entsprechende Nitritprobe wird in etwa 100 ml Wasser gelöst und in den Zersetzungskolben eingetragen, ein Überschuß einer genau gemessenen 0,1 molaren Natriumazidlösung zugefügt, mit 10 ml einer 0,5 n Säure versetzt und etwa 2 min vorsichtig geschüttelt. Man macht die Lösung hierauf mit einer gesättigten, klaren Barytlösung gegen Lackmus alkalisch und vertreibt das noch gelöst gebliebene Distickoxyd durch einige Minuten dauerndes Aufkochen. Hierauf beschickt man den Glasansatz mit Cer(IV)-salz, säuert mit Essigsäure an, schließt an das WAGNER-KNOOPsche Azotometer an, temperiert, mischt und verfährt im übrigen wie bei der gasvolumetrischen Azidbestimmung nach SOMMER und PINCAS (S. 66).

Die erhaltenen Werte sind ausgezeichnet (Fehler: −0,04%).

Berechnung. Da zwei Moleküle Azid (entsprechend 2 Molekülen Nitrit) 3 Moleküle Stickstoff liefern, entspricht 1 ml N_2 (0°, 760 mm) 1,369 mg NO_2^-.

V. Zersetzung des Nitrits mit Formaldehyd nach VANINO und SCHINNER. VANINO und SCHINNER verwenden zur gasanalytischen Nitritbestimmung den mit Formaldehyd nach der Gleichung:

$$4\,HNO_2 + 3\,HCHO = 3\,CO_2 + 5\,H_2O + 2\,N_2$$

entstehenden Stickstoff. Zum Unterschied von den vorher beschriebenen Methoden entstammt der gesamte entwickelte Stickstoff dem Nitrit.

Die *Apparatur* entspricht der Apparatur von TIEMANN (S. 171); das Eudiometer wird mit Kalilauge (D 1,23) gefüllt.

Die ***Arbeitsvorschrift*** schließt sich aufs engste an diejenige von SCHULZE-TIEMANN (S. 172) zur Nitratbestimmung nach SCHLÖSING an. Das Natriumnitrit (höchstens 0,25 g) wird in reichlich Wasser gelöst und bei geöffneten beiden Röhren durch Kochen die Luft ausgetrieben. Man dampft bis auf etwa 25 ml ein, verbindet mit dem Eudiometer und saugt 0,2%ige Formaldehydlösung im geringen Überschuß und dann Salzsäure ein.

Hierauf wird mit der Bunsenbrennerflamme vorsichtig erwärmt und der entwickelte Stickstoff im Eudiometer vollständig gesammelt. Bei zu starkem Erhitzen besteht die Gefahr der Zersetzung des Formaldehyds unter Wasserstoffbildung.

Berechnung. 1 ml N_2 (760 mm, 0°) = 4,108 mg NO_2^-.

Die *Genauigkeit* ist nicht sehr groß; es wurde um 0,1 bis 2% zu viel gefunden.

2. Nitritbestimmung als Stickoxyd (MEISENHEIMER und HEIM).

Nach der Reaktionsgleichung:

$$NaNO_2 + KJ + 2\,HCl = NO + NaCl + KCl + H_2O + J$$

kann Nitrit mit Kaliumjodid in saurer Lösung unter Bildung von Stickoxyd zersetzt werden, welches gasvolumetrisch gemessen wird.

Nach einer älteren Arbeitsweise von KALMANN arbeitet man mit Hilfe des Apparats nach SCHLÖSING-GRANDEAU-TIEMANN (S. 171). Zur Zersetzung des Nitrits dient eine saure Kaliumjodidlösung, welche durch Lösen der doppelten, theoretischen Menge Jod in gesättigter Kaliumjodidlösung und durch Zusatz von Natriumsulfitlösung bis eben zur Entfärbung erhalten wurde. Das entwickelte Stickoxyd wird über ausgekochter und alkalisch gemachter Natriumthiosulfatlösung aufgefangen.

MEISENHEIMER und HEIM kombinieren auch dieses Verfahren mit der gasvolumetrischen Nitratbestimmung nach SCHLÖSING (S. 171). Wegen der Gefahr von Stickoxydverlusten durch Aufoxydation mit Luftsauerstoff muß das Nitrit in Kohlendioxydatmosphäre zersetzt werden.

Die *Apparatur* besteht aus einem etwa 50 ml fassenden Rundkölbchen mit dreifach durchbohrtem Gummistopfen. Die Bohrungen tragen ein Gaszuleitrohr, einen mit seinem verjüngten Ende in die Lösung eintauchenden Tropftrichter und ein Gasableitrohr, welches mit seinem anderen, nach oben gebogenen Ende in eine mit 12%iger Natronlauge beschickte Wanne taucht. Darüber wird ein Eudiometerrohr von 100 ml Inhalt gestülpt.

Arbeitsvorschrift. Die schwach alkalische, 0,1 bis 0,2 g Nitrit und etwa die gleiche Menge Nitrat enthaltende Lösung wird in den Kolben eingeführt. Man leitet luft- und mineralsäurefreies Kohlendioxyd durch die Apparatur (der Stiel des Tropftrichters ist zuvor mit Wasser gefüllt worden), bis alle Luft verdrängt ist (10 min), stülpt das Eudiometerrohr über das Ende des Gasableitrohres, läßt 10 bis 15 ml einer 5%igen Kaliumjodidlösung und darauf langsam 10 bis 15 ml verd. Salzsäure einfließen. Man vervollständigt die Reaktion durch anfangs vorsichtiges Erwärmen bis zum Sieden. Wenn keine weitere Volumenzunahme erfolgt, entfernt man das Eudiometerrohr, temperiert, mißt, reduziert auf Normalbedingungen und berechnet daraus wie üblich den Nitritgehalt.

Nitratbestimmung. Nach Austauschen des Eudiometerrohres wird der Rückstand aus dem Tropftrichter mit 10 bis 20 ml stark salzsaurer konz. Eisen(II)-chloridlösung versetzt und das Stickoxyd im Kohlendioxydstrom in das Eudiometerrohr verkocht.

Berechnung. 1 ml NO (760 mm, 0°) entspricht 2,055 mg NO_2^-.

Genauigkeit. Die erhaltenen Werte stimmen innerhalb etwa ±0,1% mit der Theorie überein.

MADERNA und COFFETTI zersetzen Nitrit in essigsaurer oder citronensaurer Lösung mit Kaliumhexacyanoferrat(II) und messen das gebildete Stickoxyd gasvolumetrisch. Die Reaktionsgleichung lautet

$$K_4Fe(CN)_6 + KNO_2 + 2\,CH_3COOH = K_3Fe(CN)_6 + 2\,CH_3COOK + NO + H_2O.$$

Siehe auch BOULANGER und MASSOL sowie WARRINGTON, welche in Mischungen aus Nitrit und Nitrat zunächst das Nitrit mit Eisen(II)-sulfat in essigsaurer Lösung zu Stickoxyd und hierauf das Nitrat ebenfalls mit Eisen(II)-sulfat, aber bei Gegenwart starker Säure, ebenfalls zu Stickoxyd reduzieren.

3. Nitritbestimmung durch das „Sauerstoffdefizit".

Das von RIEGLER entwickelte Verfahren, das analog der Methode der Nitratbestimmung auf Grund des „Wasserstoffdefizits" (S. 176) verläuft, beruht auf dem Verbrauch an Wasserstoffperoxyd bei der Reaktion:

$$HNO_2 + H_2O_2 = H_2O + HNO_3.$$

Eine gemessene, überschüssige Menge Wasserstoffperoxydlösung, welche an sich eine bekannte Menge Sauerstoff entwickelt, wird mit der Nitritprobe zur Reaktion gebracht und anschließend die noch verfügbare Menge Sauerstoff bestimmt. Die Differenz ergibt die zur Oxydation des Nitrits verbrauchte Menge Sauerstoff.

Die *Apparatur* besteht aus einem üblichen KNOP-WAGNERschen Azotometer (S. 124) mit Entwicklungskölbchen oder entsprechenden LUNGE-Nitrometer.

Arbeitsvorschrift. Man pipettiert in das Entwicklungsgefäß genau 5 ml einer nicht mehr als 1 bis 1,2% H_2O_2 enthaltenden Wasserstoffperoxydlösung, 30 ml destilliertes Wasser und 10 ml konz. Schwefelsäure. In die kugelförmige Erweiterung des Entwicklungskölbchens bringt man etwa 0,1 g Kaliumpermanganat. Man verschließt, temperiert, stellt auf Null ein und bringt die Zersetzung durch Mischen und Schütteln in Gang. Man schüttelt vom Eintritt einer bleibenden Rotfärbung an und etwa 1 min länger, temperiert und liest das Gasvolumen ab.

Hierauf beschickt man das zwischendurch gereinigte Entwicklungsgefäß mit 30 ml der nitrithaltigen Probe, die nicht mehr als 0,15% N_2O_3 enthalten darf, setzt genau 5 ml obiger Wasserstoffperoxydlösung und 1 bis 2 Tropfen Schwefelsäure zu. Man schüttelt, wartet 5 min und fügt in kleinen Anteilen 10 ml konz. Schwefelsäure zu. In die kugelförmige Erweiterung bringt man wieder etwa 0,1 g Kaliumpermanganat, verschließt, temperiert und zersetzt wieder wie oben.

Man reduziert die abgelesenen Gasvolumina auf Normalbedingungen.

Berechnung. Die Menge an N_2O_3 in Gramm ergibt sich aus der Formel:

$$\frac{V - v}{2} \cdot 0{,}0034.$$

Ihr liegt die Tatsache zugrunde, daß die halbe Menge des bei der Zersetzung des Wasserstoffperoxyds mit Permanganat entwickelten Sauerstoffs aus dem Permanganat stammt.

Genauigkeit. Die gefundenen Werte sind in der Regel um 0,5 bis 1 mg N_2O_3 zu hoch.

Literatur.

BAUMGARTEN, P., u. I. MARGGRAFF: B. **63**, 1019 (1930). — BERGER, A.: Z. Lebensm. **40**, 225 (1920); durch Fr. **61**, 204 (1922). — BOULANGER, E., u. L. MASSOL: Ann. Inst. Pasteur **17**, 501 (1903). — BRASTED, R. C.: Anal. Chem. **24**, 1111 (1952). — BROOKS, J., u. J. PACE: Biochem. J. **34**, 260 (1940). — BUSVOLD, N.: Ch. Z. **38**, 28 (1914); **39**, 214 (1915).

CARSON, W. N.: Anal. Chem. **23**, 1016 (1951). — CLARK, R. H., u. N. M. CARTER: Pr. Trans. Soc. Canada **20**, 434 (1926). — COADE, M. E., u. E. A. WERNER: Soc. **103**, 1221 (1913). — COOL, R. D., u. J. H. YOE: Ind. eng. Chem. Anal. Edit. **5**, 112 (1933); durch Fr. **96**, 444 (1934).

FRANKLAND, P. F.: Soc. **53**, 364 (1888).

GAILHAT, J.: J. Pharm. Chim. **12**, 9 (1900). — GERLINGER, P.: Angew. Ch. **14**, 1250 (1901). — GLEU, K., u. E. ROELL: Z. anorg. Ch. **179**, 254 (1929).

HAHN, F. L., u. P. BAUMGARTEN: B. 63, 3028 (1930). — HOLDEN, F.: J. Soc. chem. Ind. Trans. 49, 220 (1930).
KALMANN, W.: Mitt. technol. Gewerbemuseum Wien 2, 12 — Dingl. J. 271, 47; durch Fr. 29, 194 (1890). — KLUGE, A., u. H.-A. LEHMANN: Fr. 132, 330 (1950).
LAIRD, J. S., u. T. C. SIMPSON: Am. Soc. 41, 524 (1919); durch Fr. 96, 445 (1934). — LONGI, A.: G. 13, 469 (1883).
MADERNA, G., u. G. COFFETTI: G. 37, 595 (1907). — MEISENHEIMER, J., u. F. HEIM: B. 38, 3834 (1905).
RÂY, P. C., M. L. DEY u. J. C. GOSH: Soc. 111, 413 (1917). — REIN, K.: Angew. Ch. 48, 139 (1935). — RIEGLER, E.: Fr. 36, 665 (1897).
SOMMER, F., u. H. PINCAS: B. 48, 1967 (1915). — STRECKER, W.: B. 51, 997 (1918); durch Fr. 59, 395 (1920). — STRECKER, W., u. L. SCHARTOW: Fr. 64, 218 (1924).
VANINO, L., u. A. SCHINNER: Fr. 52, 21 (1913).
WARRINGTON, R.: Chem. N. 51, 39 (1885).

C. Maßanalytische Verfahren.

Allgemeines. Zur Analyse größerer Nitritmengen sind neben gasvolumetrischen in erster Linie maßanalytische Verfahren allgemein gebräuchlich geworden.

Die Acidimetrie spielt wegen der Unbeständigkeit der salpetrigen Säure nur eine untergeordnete Rolle, und zwar in Form einiger indirekter Verfahren. Während aber die freie salpetrige Säure nicht unzersetzt flüchtig ist, können die Salpetrigsäureester sehr rasch aus der mit Methanol versetzten Nitritlösung durch Ansäuern und Durchleiten von Luft ausgetrieben werden. Der Nitritgehalt ergibt sich entweder acidimetrisch im Rückstand oder jodometrisch im Destillat. Dieses Austreibverfahren ist insbesondere zur Nitritbestimmung neben ähnlich reagierenden Stoffen, z. B. Nitraten, geeignet.

Nitrite lassen sich in der Regel ebenso wie Nitrate zu Ammoniak reduzieren, welches seinerseits auf bekannte Weise titrierbar ist. Von dieser Möglichkeit macht man indessen relativ selten Gebrauch, höchstens gelegentlich zur gemeinsamen Bestimmung von Nitrit- und Nitratstickstoff. Unter besonderen Vorsichtsmaßregeln kann die Reduktion stufenweise erfolgen, wobei zuerst das Nitrit und hierauf in einer darauffolgenden Operation das Nitrat reduziert wird.

Das sehr gut definierte Redoxpotential des Nitrits und seine leichte quantitative Überführbarkeit sowohl in sauerstoffreichere als auch sauerstoffärmere Verbindungen mit oxydimetrischen Maßlösungen lassen die Bedeutung der Oxydimetrie (einschließlich Jodometrie) für die Analyse der Nitrite erkennen. Hierbei hat sich mit weitem Abstand die Permanganattitration als die häufigste Bestimmungsweise für größere Nitritmengen durchgesetzt, wobei die Nitritprobe aus einer Bürette in vorgelegte, gemessene, saure Permanganatlösung eingetragen wird. Auf ähnliche Weise kann mit Cerat- und Bromatlösungen titriert werden, wobei in allen Fällen die salpetrige Säure in Salpetersäure umgewandelt wird.

Die Jodometrie eröffnet außerdem noch den Weg, Nitrite mit Kaliumjodid zu Stickoxyd zu reduzieren und das ausgeschiedene Jod zu titrieren. Die Reaktion hat zwar den Nachteil, daß Luftsauerstoff ferngehalten werden muß, da dieser mit Stickoxyd weiter reagiert; andererseits kann auf diese Weise Nitrit neben sonstigen reduzierenden Stoffen bestimmt werden, die zwar gegen Jod, nicht aber z. B. gegen Permanganat beständig sind (z. B. Alkohole). Schließlich ist noch eine mit gestellten Maßlösungen durchgeführte Diazotierungsreaktion namentlich in der Teerfarbenindustrie üblich; der Vollständigkeit halber sei auch eine indirekte argentometrische Titration erwähnt.

1. Acidimetrische Verfahren.

I. Indirekte Nitritbestimmung mit Hydrazoniumsulfat nach STEMPEL. STEMPEL läßt Nitrite mit saurem Hydrazoniumsulfat reagieren, wobei gemäß der Reaktion:

$$NaNO_2 + N_2H_4 \cdot H_2SO_4 = NaNH_4SO_4 + N_2O + H_2O$$

ein Säureäquivalent verschwindet. Versetzt man nun die Hydrazoniumsulfatlösung einerseits ohne Nitrit (Blindwert) und andererseits nach der Reaktion mit der Nitritprobe mit Formaldehyd, so werden im ersten Fall zwei Säureäquivalente, im letzteren Fall je vorhandenes Nitrit nur 1 Äquivalent (aus dem Natriumammoniumsulfat) in Freiheit gesetzt.

Arbeitsvorschrift. Man setzt zu 40 ml einer 0,05 molaren Hydrazoniumsulfatlösung ($N_2H_4 \cdot H_2SO_4$) 20 ml der etwa 0,05 molaren, gegen Methylrot neutralen Nitritlösung und erwärmt 20 min auf dem Wasserbad. Man kühlt ab, setzt 15 ml neutraler Formaldehydlösung zu und titriert mit 0,1 n Natronlauge gegen Phenolphthalein. In gleicher Weise wird ein Blindwert mit der gleichen Menge Hydrazoniumsulfatlösung ohne Nitritprobe durchgeführt. Die Differenz im Verbrauch ergibt den Gehalt an Nitrit.

Berechnung. 1 ml 0,1 n NaOH entspricht 6,90 mg $NaNO_2$ oder 8,51 mg KNO_2.

II. Bestimmung mit Schwefelsäure nach Peltzer und Groszmann. Peltzer weist auf ein Verfahren von Groszmann hin, das er für Pökelsalze empfiehlt.

Verkocht man Nitrite mit überschüssiger Schwefelsäure, so tritt Zersetzung nach folgender Gleichung ein:

$$3\,NaNO_2 + H_2SO_4 = Na_2SO_4 + NaNO_3 + 2\,NO + H_2O.$$

Arbeitsvorschrift. Man wägt von einem etwa 0,5 bis 0,6% $NaNO_2$ enthaltenden Pökelsalz 10 g ab, löst in 150 ml Wasser, neutralisiert gegen Phenolphthalein, setzt 15 ml 0,1 n H_2SO_4 und etwas Bimsstein zu und kocht, bis die Stickoxyde verschwunden sind. Dann titriert man mit 0,1 n Lauge zurück.

Berechnung. 1 ml 0,1 n Säure entspricht 0,01035 g Natriumnitrit.

III. Veresterungsverfahren von Fischer und Steinbach. *a) Acidimetrische Bestimmung.* Die große Geschwindigkeit der Veresterung der salpetrigen Säure mit Alkoholen und die große Flüchtigkeit dieser Ester (Methylester: Sdp. $-12°$, Äthylester: $+17{,}5°$) machen es möglich, das Nitrit sehr rasch aus einer Lösung zu entfernen, ohne daß sich dabei Salpetersäure bildet. Auf Grund der Reaktionsgleichung:

$$NaNO_2 + HCl + CH_3OH = NaCl + CH_3 \cdot ONO + H_2O$$

ergibt sich durch die Esterbildung eine äquivalente Abnahme der Säure. Man braucht daher nur eine bekannte Säuremenge zuzusetzen und nach dem Ausblasen des Esters mit Alkali zurückzutitrieren.

Als *Apparat* dient eine Pulverflasche von 300 ml Inhalt mit dreifach durchbohrtem Gummistopfen. Durch die eine Bohrung führt ein rechtwinklig gebogenes Glasrohr bis zum Boden; die zweite hat ein kurzes Glasrohr zum Absaugen der Dämpfe mit der Saugpumpe. Durch die dritte Bohrung führt ein Tropftrichter, der mit einem abgemessenen Volumen 0,1 n Salz- oder Schwefelsäure und 1 ml Methylalkohol beschickt ist.

Arbeitsvorschrift. In das Gefäß werden die Nitritlösung und 5 ml Methanol vorgelegt, dann läßt man unter Durchleiten von Luft die Säure zutropfen. Nachdem alle Säure eingeflossen ist, leitet man noch weitere 5 Minuten Luft durch und titriert mit kohlensäurefreiem Alkali gegen Phenolphthalein.

Berechnung. 1 ml 0,1 n HCl entspricht 4,601 mg NO_2^-.

Die Werte stimmen untereinander völlig überein und sind etwa um 0,2% niedriger als die oxydimetrisch gefundenen.

b) Jodometrische Endtitration von Fischer *und* Schmidt. Um auch eine Bestimmung neben anderen flüchtigen Säuren, z. B. Kohlensäure, durchzuführen, vor allem auch eine Trennung von oxydierenden und reduzierenden Substanzen zu ermöglichen, haben Fischer und Schmidt das Verfahren etwas modifiziert, wobei sie den gebildeten Salpetrigsäureester in einer Kaliumjodidlösung auffangen.

Die *Apparatur* (Abb. 32) besteht aus einem Tropftrichter von 150 ml Inhalt, durch dessen dreifach gebohrten Gummistopfen ein bis zum Boden führendes Gaseinleitungsrohr, ein Tropftrichter mit umgebogener Spitze und ein mit Glasperlen gefüllter kleiner Aufsatz *C* führt, der als Dephlegmator dient. An diesem ist nach einem absteigenden Teil und einem Ablaßhahn ein 10-Kugel-Rohr angeschlossen, welches einen Aufsatz mit Tropftrichter *E* enthält und andererseits zur Saugflasche *F* führt. Der Kohlendioxydstrom entstammt einem luftfreien KIPP-Apparat oder einer Stahlflasche.

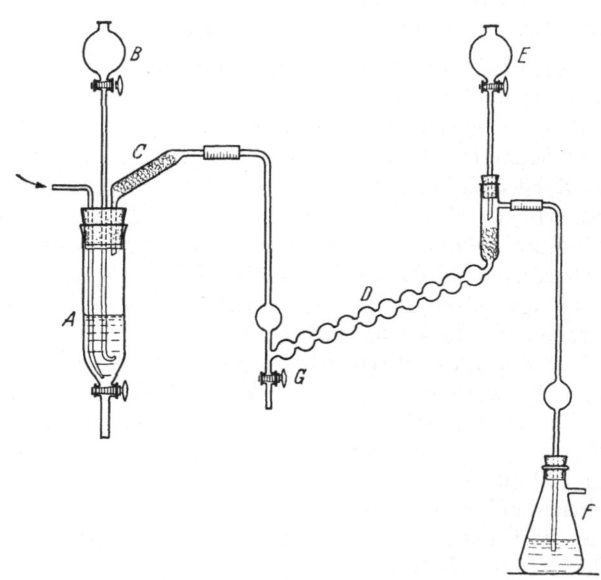

Abb. 32. Nitritbestimmung nach FISCHER und SCHMIDT.

Der Zehnkugelapparat hat einen Inhalt von etwa 10 ml jeder einzelnen Kugel. Der Kohlendioxydstrom beträgt darin etwa 3 bis 4 Blasen je Sekunde; man leitet so insgesamt etwa 45 min durch, um in dieser Zeit das Stickoxyd aus dem Verseifungsgefäß vollständig zu vertreiben.

Arbeitsvorschrift. Man beschickt das Reaktionsgefäß *A* mit der Probe, die z. B. 10 ml $NaNO_2$-Lösung enthält, sowie mit 5 bis 10 ml Methanol, das Zehnkugelrohr mit 20 ml etwa 20%iger Kaliumjodidlösung, verdrängt die Luft durch einen raschen Kohlendioxydstrom und läßt hierauf durch den Tropftrichter *E* 10 ml 5n Salzsäure zu der Kaliumjodidlösung fließen, andererseits durch den Tropftrichter *B* entweder 5 ml 5n Essigsäure oder 5 ml 5n Salzsäure. Man stellt den Gasstrom auf 3 bis 4 Blasen je Sekunde und leitet 45 min hindurch. Durch den Hahn *G* wird die Jodlösung abgelassen und in der üblichen Weise mit Natriumthiosulfatlösung titriert.

1 ml 0,1 n $Na_2S_2O_3$-Lösung entspricht 4,601 mg NO_2^-.

Es werden in der Regel 0,1% zu niedrige Werte gefunden. Die Austreibung der Salpetrigsäureester gelingt auch mit Essigsäure innerhalb 45 min quantitativ.

Der Hauptvorteil der Methode besteht in der Möglichkeit, das Nitrit von gleichzeitig vorhandenem Chlorat, Bromat und Jodat, Dichromat, Perchlorat, Bromid, Formiat, Oxalat, Tartrat, Arsenit und Eisen(III)-Verbindungen abzutrennen.

Substanzen, neben denen Nitrit nicht beständig ist, müssen natürlich abwesend sein.

UBALDINI und GUERRINI extrahieren das Methylnitrit mit Chloroform oder Tetrachlorkohlenstoff, wodurch ein Angriff auf das Nitrat vermieden werden soll.

c) *Anschließende Nitratbestimmung* (RUŽIKOV). RUŽIKOV trennt Nitrit von Nitrat durch Verestern mit Alkohol und titrierter Schwefelsäure, destilliert den Ester und den restlichen Alkohol ab und bestimmt im Destillationsrückstand das Nitrat nach KOLTHOFF, SANDELL und MOSKOVITS (S. 200).

Arbeitsvorschrift. 3 g neutrales Nitrit werden in 10 ml Wasser im 250 ml-Erlenmeyerkolben gelöst, mit 10 ml Äthanol versetzt, und langsam unter Rühren werden 50 ml n H_2SO_4, genau gemessen, hinzupipettiert. Man kocht 2 bis 3 min und titriert nach dem Erkalten den Säureüberschuß mit n Natronlauge zurück.

Man verkocht den Alkohol durch Einengen auf 10 bis 15 ml, gibt zu der abgekühlten Lösung 25 ml 0,2 n Eisen(II)-ammoniumsulfat-Lösung, 5 ml 3%ige Ammonmolybdatlösung, 7 ml konz. Schwefelsäure (D 1,84) und 5 g Natriumhydrogencarbonat. Man leitet 3 bis 5 min Kohlendioxyd durch, fügt weitere 20 ml konz. Schwefelsäure (D 1,84) und 3 g Hydrogencarbonat zu und kocht 5 min unter Durchleiten von Kohlendioxyd. Die Mischung läßt man im Kohlendioxydstrom erkalten, verdünnt mit 400 ml Wasser und titriert mit Permanganat zurück.

IV. Fraktionierte Reduktion von Nitrit und Nitrat zu Ammoniak mit Eisen(II)-hydroxyd. BAUDISCH und MAYER bestimmen Nitrit und Nitrat durch Reduktion mit überschüssigem Eisen(II)-hydroxyd. Während aber Nitrit bei Abwesenheit von Sauerstoff und bereits im schwächer alkalischen Gebiet zu Ammoniak reduziert wird, ist dies bei Nitrat nicht der Fall; dieses wird erst nach Belüftung und Zusatz neuerlicher Mengen Alkali und Eisen(II)-salz zu NH_3 reduziert.

Man benötigt einen üblichen *Apparat* zur Ammoniakdestillation (1 l-Erlenmeyerkolben), wobei die Probe, in ein kleines Röhrchen eingewogen, an einem Glasstab befestigt, aber die Lauge in den Kolben gebracht werden kann, ohne daß die Probe von dieser benetzt wird.

Arbeitsvorschrift. Die Probe enthält etwa 0,1 g Nitrat-Nitrit-Gemisch in je 1 ml; von ihr werden 2 ml in das kleine Röhrchen eingemessen.

In dem 1 l-Erlenmeyerkolben werden noch 20 g festes Ätznatron in 800 ml Wasser gelöst und eine Lösung von 15 g kristallisiertem Eisen(II)-sulfat-7-hydrat in 100 ml Wasser sowie 10 kleine Tonscherben zugesetzt; man setzt den Stopfen einschließlich Glasstab und Substanzröhrchen ein und kocht etwa 1 Stunde lang, bis die Flüssigkeit auf 650 ml eingedampft ist. Hierauf wird die Vorlage, mit 25 ml 0,1 n Säure beschickt, angeschlossen, das Proberöhrchen durch Einschieben des Glasstabes untergetaucht und der Inhalt gut mit der Flüssigkeit im Kolben gemischt. Man destilliert hierauf etwa weitere 150 ml ab, bis kein Ammoniak mehr im Destillat nachweisbar ist. Zur Bestimmung des Nitrats wird der Kolben geöffnet, in kaltem Wasser abgekühlt, weitere 12 g Eisenvitriol, in wenig Wasser gelöst, zugesetzt und 90 bis 100 g festes Ätznatron zugefügt. Man verbindet sofort mit einer neuen Vorlage und destilliert wieder bis zum Ausbleiben der NH_3-Reaktion.

Naturgemäß können nach diesem Verfahren auch Nitrit und Nitrat ohne Rücksicht aufeinander bestimmt werden; jedoch bringt das Verfahren dann keine Vorteile gegenüber üblichen Reduktionsmethoden, vielmehr den Nachteil des größeren Aufwandes an Ätznatron.

2. Argentometrische Verfahren.

Versetzt man nach GRÜTZNER eine Nitritlösung mit Kaliumchlorat und einer bekannten überschüssigen Menge Silbernitratlösung und säuert mit Salpetersäure an, so scheidet sich entsprechend der bei der Reaktion:

$$3\,HNO_2 + HClO_3 = 3\,HNO_3 + HCl$$

gebildeten Salzsäure Silberchlorid ab. Das überschüssige Silbernitrat kann nach VOLHARD zurückgemessen werden.

Arbeitsvorschrift. 0,1 bis 2 g des Nitrits werden in einer 1 l-Glasstöpselflasche in etwa 500 ml Wasser gelöst, mit einem Überschuß an chloridfreiem Kaliumchlorat (etwa 0,5 g) und 25 bis 50 ml (genau gemessen) 0,1 n Silbernitratlösung versetzt; hierauf säuert man mit Salpetersäure stark an. Man läßt das Gemisch einige Minuten unter gelegentlichem Umschütteln verschlossen stehen und titriert den Überschuß der nicht gebundenen Silbernitratlösung nach VOLHARD (mit 0,1 n Ammoniumrhodanid- und Eisen(III)-alaunlösung als Indicator) zurück.

Berechnung. 1 ml 0,1 n $AgNO_3$-Lösung entspricht 0,0141 g HNO_2 oder 0,02553 g KNO_2 oder 0,02070 g $NaNO_2$ entsprechend 0,01380 g NO_2^-.

Die *Genauigkeit* beträgt etwa ±0,2%.

Das Verfahren kann auch zur Analyse der roten, rauchenden Salpetersäure dienen, sofern sie chlorfrei ist. Hierzu werden aus einer Bürette 5 ml (7,60 g) in dünnem Strahl in $^3/_4$ l Wasser unter gelindem Schütteln und Eintauchen der Spitze gegossen, welchem vorher 50 ml 0,1 n Silbernitratlösung und 1 g Kaliumchlorat zugesetzt worden war. Man läßt 10 bis 15 min in der verschlossenen Glasstöpselflasche stehen, versetzt mit Eisen(III)-alaunlösung und titriert mit 0,1 n Ammoniumrhodanidlösung.

Literatur.

Baudisch, O., u. F. Mayer: Bio. Z. **107**, 1 (1920); durch Fr. **62**, 476 (1923). — Baumgarten, P., u. I. Marggraff: B. **63**, 1019 (1930). — Busvold, N.: Ch. Z. **38**, 28 (1914); **39**, 214 (1915).

Cool, R. D., u. J. H. Yoe: Ind. eng. Chem. Anal. Edit. **5**, 112 (1933).

Fischer, W. M., u. A. Schmidt: Z. anorg. Ch. **179**, 334 (1929). — Fischer, W. M., u. N. Steinbach: Z. anorg. Ch. **78**, 134 (1912).

Groszmann durch H. Beckurts: Methoden d. Maßanalyse, S. 149. Braunschweig 1913. — Grützner, B.: Ar. **235**, 241 (1897).

Hahn, F. L.: B. **50**, 705 (1917).

Laird, J. S., u. T. C. Simpson: Am. Soc. **41**, 524 (1919).

Peltzer, J.: Ch. Z. **56**, 383 (1932). — Pflücker, W.: Z. Lebensm. **68**, 189 (1934).

Ružikov, G. A.: Betriebslab. (russ.) **16**, 360 (1950); durch Fr. **136**, 385 (1952).

Stempel, B.: Fr. **91**, 413 (1933).

Ubaldini, J., u. F. Guerrini: Ann. Chim. appl. **38**, 702 (1948) — Chem. Abstr. **1949**, 8968.

Willard, H. H., u. Ph. Young: Am. Soc. **50**, 1383 (1928).

3. Jodometrische Verfahren.

Allgemeines. Die jodometrische Bestimmung von Nitriten ist erstmals von Winkler beschrieben und später von zahlreichen anderen Autoren modifiziert worden. Sie beruht auf folgender Reaktion:

$$2\,HNO_2 + 2\,KJ + 2\,HCl = J_2 + 2\,NO + 2\,H_2O + 2\,KCl.$$

Bei ihrer analytischen Durchführung ist die Fähigkeit des Stickoxyds zu beachten, mit Sauerstoff Stickdioxyd zu bilden, das seinerseits aus Kaliumjodid Jod in Freiheit setzt. Es muß daher während der Zersetzungsreaktion und der folgenden Titration Luft sorgfältig ferngehalten werden, was am besten mit Hilfe eines Kohlendioxydstroms erreicht wird. Ist die Methode somit etwas umständlicher als die Titrationsverfahren mit Permanganat oder Cer(IV)-sulfat, so hat sie andererseits den Vorteil, daß die Zahl der Stoffe, die mit dem ausgeschiedenen Jod in sekundäre Reaktion treten, wesentlich geringer ist als die Permanganat verbrauchenden Nebenbestandteile einer Probe. Das jodometrische Verfahren wird daher gerne zu Nitritbestimmungen in alkoholhaltigen, pharmazeutischen Zubereitungen angewendet. Wegen der Empfindlichkeit der jodometrischen Titration eignet es sich auch zur Nitritbestimmung in kleinen Mengen, während kleinste Nitritmengen am besten colorimetrisch zu bestimmen sind.

Das älteste Verfahren dieser Art stammt von Winkler (a), der es insbesondere zur Analyse des Nitritgehaltes von Wässern angewendet hat. Bei Nitritgehalten von 1 bis 5 mg N_2O_3/l sieht sein Verfahren die Entfernung des Luftsauerstoffs und des Stickoxyds durch Eintragen von Kaliumhydrogencarbonat vor. Außerdem hat Winkler (b) zur Bestimmung kleinster Nitritgehalte in Wässern von 0,05 bis 0,5 mg N_2O_3/l ein *Zeitverfahren* angegeben, bei welchem zwecks Erhöhung der Empfindlichkeit das Stickoxyd und der Luftsauerstoff nicht ausgeschaltet, sondern gerade diese katalytische Steigerung der Jodausscheidung, die bei Einhaltung vergleichbarer Arbeitsbedingungen mit ein Maß für den Nitritgehalt darstellt, in die Reaktion einbezogen werden.

Eine ähnliche Arbeitsweise für größere Nitritmengen in einer offenen Apparatur im Kohlendioxydstrom stammt von RASCHIG, während DAVISSON in einer geschlossenen Apparatur im Kohlendioxydstrom titriert. LANG und AUNIS haben das Verfahren für kleine Nitritmengen (bis 0,5 mg NO_2^-) modifiziert, ebenso SCHULEK und FLODERER, welche zur Vermeidung von Jodverlusten Borax als Puffersubstanz zusetzen und ihr Verfahren insbesondere zur Nitritbestimmung in pharmazeutischen Zubereitungen empfehlen. ABELEDO und KOLTHOFF arbeiten ähnlich wie RASCHIG in offener Apparatur. Sie führen die Umsetzung zunächst in essigsaurer und dann erst in schwefelsaurer Lösung durch.

I. Arbeitsweise von WINKLER (a) nach Entfernung des Sauerstoffs. In einem 200 ml-Langhalskolben werden 100 ml des auf Nitrit zu untersuchenden Wassers mit 20 ml 10%iger Salzsäure angesäuert; man setzt 2 bis 3 ml Stärkelösung und 5 g kristallines Kaliumhydrogencarbonat in Anteilen von je 1 g zu und wartet jedesmal einige Minuten, bis sich die stürmische Kohlendioxydentwicklung mäßigt. Sobald $^4/_5$ des Carbonates verbraucht sind, fügt man einen größeren Kristall Kaliumjodid zu und trägt hierauf den Rest des Hydrogencarbonates ein, um auch das gebildete Stickoxyd aus der Flüssigkeit zu entfernen. Man titriert das ausgeschiedene Jod mit einer stark verdünnten Thiosulfatlösung, die man z. B. durch Verdünnen von 26,3 ml 0,1 n $Na_2S_2O_3$-Lösung auf 1000 ml erhält. 1 ml dieser Lösung entspricht dann 0,1 mg N_2O_3. Nach Beendigung der Titration darf sich die Flüssigkeit innerhalb 10 min nicht bläuen.

Genauigkeit. Mit künstlich aus Nitritlösung hergestellten Modellwässern, die 1 bis 5 mg N_2O_3/l enthielten, wurden nach dieser Methode 96 bis 99% wiedergefunden.

Nitrat, Ammoniak und Chloride stören nicht.

Bei Gegenwart von Eisen setzt man etwas Natronlauge zu und filtriert nach einem halben Tag.

II. Zeitverfahren von WINKLER. WINKLER (b) hat die Verstärkung der Jodausscheidung im Sinne der Nebenreaktionen zu einer besonders empfindlichen *Zeitmethode* ausgenützt, wobei er die Probenlösung bei 20° mit Luft sättigt.

Arbeitsvorschrift. 100 ml bei 20° mit Luft gesättigtes Probenwasser werden in einer Glasstöpselflasche mit 1 ml einer 1%igen Stärkelösung, 0,2 g festem Kaliumjodid und 5 ml 25%iger Phosphorsäure versetzt; man läßt verschlossen bei 20° 3, 6 oder 24 Std. im Dunkeln stehen (bei den längeren Wartezeiten wird zwar die Empfindlichkeit größer; jedoch sind auch die Fehlerstreuungen höher). Hierauf werden die erhaltenen blauen Lösungen mit 0,005 n Natriumthiosulfatlösung titriert.

Berechnung der Ergebnisse. Da der Thiosulfatverbrauch bei weitem nicht stöchiometrisch dem Nitritgehalt entspricht, muß auf Grund einer Testreihe mit Nitritgehalten von 0,05 bis 0,4 mg N_2O_3/l eine Eichkurve angefertigt werden, wobei in allen Einzelheiten, z. B. auch hinsichtlich Größe und Form der Glasstöpselflaschen analog zur Probentitration, verfahren werden muß. Man kann natürlich auch die von WINKLER (b) angefertigte Tabelle verwenden.

Beispielsweise verbraucht nach WINKLER eine Lösung von

0,05 mg N_2O_3/l nach 3 Stunden 0,6 ml 0,005 n Natriumthiosulfatlösung,
0,2 mg N_2O_3/l nach 3 Stunden 3,75 ml 0,005 n Natriumthiosulfatlösung,
0,4 mg N_2O_3/l nach 3 Stunden 9,3 ml 0,005 n Natriumthiosulfatlösung.

Die *Genauigkeit* in verdünnterem Meßbereich wird mit etwa ±3% angegeben.

Eisen(III)-salze stören nicht, bei Eisen(II)-salzen ist je mg Eisen(II)/l 0,005 g N_2O_3/l zu addieren.

Nach BERGER ist die *Zeitmethode* anfällig gegen unkontrollierbare Störungen.

III. Arbeitsweise von Raschig. Die Nitritlösung, welche nicht sauer sein darf, wird auf 100 ml verdünnt, in einem 200 ml-Erlenmeyerkolben mit 5 bis 10 ml 10%iger Kaliumjodidlösung versetzt; dann wird durch ein bis auf den Boden reichendes Rohr ein ziemlich kräftiger Kohlendioxydstrom geleitet; man läßt nun an dem Einleiterohr 1 bis 2 ml 10 n Schwefelsäure einfließen und titriert nach 2 min Stehens im Kohlendioxydstrom mit einer schon vorher über dem Kolben aufgestellten Bürette mit 0,1 n Thiosulfatlösung fast bis zur Entfärbung und nach Zusatz von Stärke zu Ende. Der Kolben wird hierbei weder in die Hand genommen noch geschüttelt. Die Thiosulfatlösung rinnt zweckmäßig ebenfalls am Einleiterohr entlang in die Mischung ein. Jodverluste durch die Kohlensäure treten nicht ein.

Berechnung. 1 ml 0,1 n $Na_2S_2O_3$-Lösung entspricht 4,601 mg NO_2^-.

Das Verfahren ist auch bei Gegenwart von Hydroxylamin anwendbar.

IV. Arbeitsweise von Davisson. Als *Apparat* dient ein Weithals-Erlenmeyerkolben mit 4fach durchbohrtem Stopfen. Die Bohrungen tragen je ein Glasrohr zum Ein- und Ableiten von Kohlendioxyd, einen Tropftrichter und eine Bürette für die Titration mit Natriumthiosulfatlösung.

Arbeitsvorschrift. Die etwa 0,05 bis 0,1 g Natriumnitrit entsprechende Menge Probenlösung wird auf 150 ml verdünnt. Man fügt 0,5 g reines Kaliumjodid und 2 ml Stärkelösung zu und vertreibt die Luft durch 3 min dauerndes Durchleiten von Kohlendioxyd. Man mäßigt den CO_2-Durchgang, setzt 10 ml einer 10- bis 15%igen Schwefelsäure zu und läßt eine kurze Zeit ausreagieren, bevor man das in Freiheit gesetzte Jod mit 0,1 n Natriumthiosulfatlösung titriert. Die erzielte Genauigkeit ist innerhalb etwa 1%. Bei kleinen Nitritmengen (etwa 2 mg Nitritstickstoff/l) beträgt sie etwa 2%. Organische Verunreinigungen, wie sie in Bodenextrakten vorkommen, stören nicht.

V. Arbeitsweise von Lang und Aunis. Lang und Aunis haben das Verfahren zur Bestimmung kleiner Mengen Nitrit (bis zu 460 μg NO_2) auf folgende Weise modifiziert.

Als *Apparat* dient ein 250 ml-Kolben mit dreifach durchbohrtem Stopfen, welcher je ein Gas-Zu- und Ableitungsrohr und einen kleinen Tropftrichter trägt.

Arbeitsvorschrift. 2 ml der etwa 0,01 n Natriumnitritlösung werden im 250 ml-Kolben mit etwa 0,5 n Natronlauge auf 20 bis 25 ml verdünnt. Nach Zusatz von 1 g Natriumhydrogencarbonat und 2 ml 20%iger Natriumjodidlösung setzt man den Stopfen auf und leitet bis zum Ende der Bestimmung luftfreies und mit Schwefelsäure gewaschenes Kohlendioxyd hindurch. Nach etwa 5 min Durchleitens läßt man durch den Tropftrichter sehr langsam 10 ml 4 n Schwefelsäure zufließen, tauscht dann den Tropftrichter durch eine 5 ml-Mikrobürette aus, titriert rasch mit einer 0,004 n Natriumthiosulfatlösung auf Blaßgelb, setzt 1 ml Stärkelösung zu und titriert auf 0,05 ml genau zu Ende.

VI. Arbeitsweise von Schulek und Floderer. Schulek und Floderer empfehlen das Verfahren insbesondere zur Analyse von Nitriten in pharmazeutischen Zubereitungen, die Jodide und sonstige Permanganat verbrauchende Komponenten insbesondere organischer Natur enthalten.

Zur Schonung des Nitrits beim Durchleiten von CO_2 wird Borax als Puffersubstanz, zum Ansäuern wird Phosphorsäure verwendet, um den störenden Einfluß der Eisen(III)-salze auszuschalten.

Die von den Autoren angegebene *Apparatur* (Abb. 33) garantiert ein weitgehend luftfreies Arbeiten.

Sie enthält einen Kipp-Apparat zur Entwicklung von Kohlendioxyd aus Marmor und Salzsäure, eine Waschflasche, die mit 5%iger Kaliumhydrogencarbonatlösung gefüllt ist, und eine weitere Waschflasche mit 0,1 n Silbernitratlösung. Angeschlossen wird eine weitere Waschflasche mit *Jenaer* Fritteneinsatz, welche mit etwa 50 ml

20%iger Phosphorsäure beschickt ist. Das Reaktionsgefäß ist ein vertikal stehendes, etwa 160 mm langes Glasrohr mit 35 mm lichter Weite, welches dann nach unten verjüngt und mit je einem Glashahn verschließbar ist. Es enthält im unteren Teil eine *Jenaer* Sinterglasfritte G 3 und ist im oberen Teil unter dem oberen Hahn mittels eines Glasschliffs von etwa 30 bis 35 mm lichter Weite zu öffnen. An das

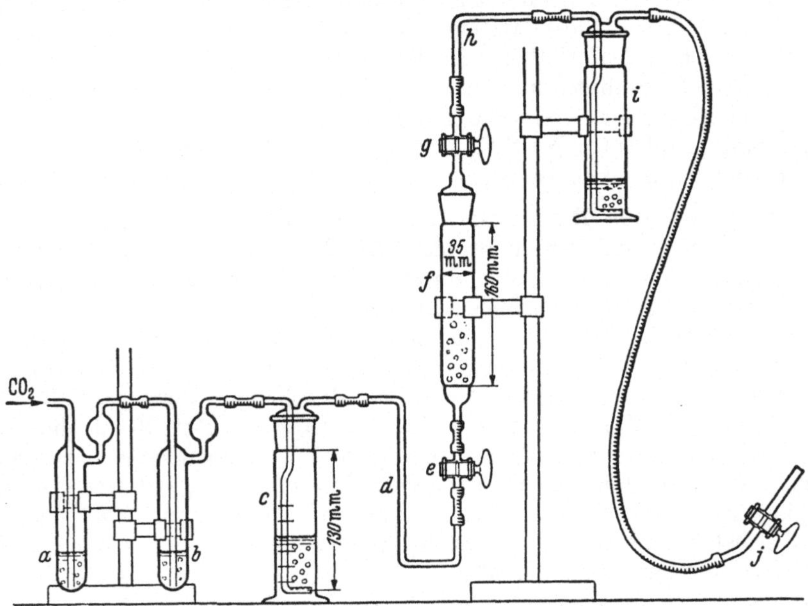

Abb. 33. Nitritbestimmung nach SCHULEK und FLODERER.

Reaktionsgefäß schließt sich noch eine Waschflasche mit *Jenaer* Sintereinsatz, welche eine mit Phosphorsäure schwach angesäuerte, 1%ige Kaliumjodidlösung und Stärke zum Zurückhalten etwaiger Jodspuren enthält. Am Ende wird mittels einer Wasserstrahlpumpe schwach angesaugt.

Vorbereitung der Probe. Die etwa dem zehnfachen bzw. (bei Titration mit 0,01 n Thiosulfatlösung) einfachen Milligramm-Äquivalentgewicht des Nitrits entsprechende Menge wird im 100 ml-Meßkolben in 2%iger Boraxlösung gelöst. Zur Analyse werden 10 ml abpipettiert.

Arbeitsvorschrift. Nachdem die Waschflaschen mit den Waschflüssigkeiten beschickt sind, füllt man in das Reaktionsrohr 2%ige Boraxlösung, die 1 g Kaliumjodid enthält, leitet 15 min einen kräftigen CO_2-Strom durch, fügt nach Öffnung des Schliffs 10 ml Probelösung mit der Pipette ein und leitet neuerlich 10 min Kohlendioxyd durch. Hierauf läßt man von dem Inhalt der mit 50 ml 20%iger Phosphorsäure beschickten Waschflasche durch Umdrehen etwa 10 bis 15 ml in das Reaktionsrohr eintreten, wodurch die Lösung angesäuert und die Reaktion ausgelöst wird. Man schwenkt das Reaktionsrohr vorsichtig um und läßt noch weitere 10 Minuten lang CO_2 durchstreichen. Dann werden die jodhaltigen Lösungen (die letzte Waschflasche nur im Falle einer merklichen Blaufärbung) mit 0,1 n bzw. 0,01 n Thiosulfatlösung in der üblichen Weise titriert.

Als *mittlere Fehler* ergeben sich Abweichungen der Bestimmungen untereinander von etwa $\pm 0,1$%; gegenüber dem theoretischen Wert werden etwa 0,3% zu niedere Werte gefunden.

Weitere Angaben: PHELPS setzt die Nitritlösung zu einer bekannten Menge überschüssiger, mit Natriumcarbonat alkalisierter und ausgekochter Arsenitlösung, setzt Kaliumjodid zu, treibt das gebildete Stickoxyd durch Erwärmen aus und titriert den Überschuß an Arsenit mit 0,1 n Jodlösung zurück. Siehe auch WINOGRAD sowie DUYK, DIENERT, CLARKE.

VII. ***Arbeitsvorschrift von* ABELEDO *und* KOLTHOFF.** 10 bis 12 g Natriumhydrogencarbonat, 3 g Kaliumjodid, 0,5 bis 1 ml Amylalkohol (zur Verhinderung des Überschäumens) und 25 ml Wasser werden in einem 250 ml-Erlenmeyerkolben mit Glasstopfen eingetragen, worauf eine gemessene Menge Nitritlösung (10 bis 50 ml 0,1 n-Lösung) zugefügt wird. Man mischt durch Umschwenken, fügt 4 ml Eisessig aus einer Pipette so zu, daß sich die Säure ohne Bewegung des Kolbens gut verteilt. Man setzt den Stopfen lose auf und versetzt den Kolben nach dem Aufhören der Entwicklung der Hauptmenge an Kohlendioxyd in sanfte, rotierende Bewegung. Man läßt das Bicarbonat sich absetzen und setzt schnell, ohne den Kolben zu schütteln, 6 bis 7 ml 20 n Schwefelsäure zu. Man setzt wieder den Stopfen locker auf und mischt durch kreisende Bewegung. Man spült den Stopfen mit Wasser und titriert mit Natriumthiosulfatlösung und Stärke. Nachdem der Endpunkt erreicht ist, wird der Kolben verschlossen. Nach 10 min Stehens dürfen nicht mehr als 0,1 bis 0,2 ml 0,1 n Jodlösung sich gebildet haben.

Die *Genauigkeit* beträgt etwa 0,5% im Durchschnitt.

Da Alkohole nicht stören, ist das Verfahren zur Titration von organischen Nitriten (z. B. Amylnitrit) zu empfehlen.

4. Titrationsverfahren mit Kaliumbromat.

Allgemeines. FEIT und KUBIERSCHKY und etwa gleichzeitig SCHWICKER haben erstmalig ein Verfahren, Nitrit durch Oxydation mit gestellter Kaliumbromatlösung zu Nitrat maßanalytisch zu bestimmen, entwickelt. Die Methode wurde später von RUPP und LEHMANN wieder aufgegriffen und eine weitere Variante von MIGRAY beschrieben. Die Verfahren sind einfach durchzuführen und liefern genaue Werte.

I. Arbeitsweise von RUPP und LEHMANN. RUPP und LEHMANN arbeiten mit Bromid-Bromat-Lösung in saurer Lösung und lassen zur Vervollständigung $^1/_2$ Stde. stehen.

Erforderliche Lösungen. 0,01 molare Kaliumbromatlösung aus 1,6702 g Kaliumbromat im Liter; eine Kaliumbromidlösung aus 6 g Kaliumbromid im Liter.

Arbeitsvorschrift. 10 ml einer etwa 0,05 g Natriumnitrit enthaltenden Lösung werden in eine 250 ml-Glasstöpselflasche pipettiert und je 50 ml Bromat- und Bromidlösung zugesetzt. Hierauf wird mit 10 ml verd. Schwefelsäure angesäuert, sofort verschlossen und umgeschwenkt. Man stellt die Lösung 30 min, vor Licht geschützt, beiseite, setzt 0,5 g Kaliumjodid zu, schüttelt kräftig durch und titriert nach 2 min das ausgeschiedene Jod mit 0,1 n Thiosulfatlösung und Stärke.

Da die ursprünglich vorhandenen 50 Milliliter 0,01 molarer Bromatlösung 30 ml 0,1 n Natriumthiosulfatlösung entsprechen, zieht man die verbrauchte Anzahl Milliliter 0,1 n Natriumthiosulfatlösung von 30 ml ab. 1 ml dieser Differenz entspricht dann 0,00345 g $NaNO_2$ oder 2,300 mg NO_2^-.

Die *Genauigkeit* beträgt $\pm 0,2\%$.

II. Arbeitsweise von FEIT und KUBIERSCHKY. Nach dem Verfahren von FEIT und KUBIERSCHKY wird in einem Glasstöpselkolben überschüssige, gestellte Bromatlösung mit Schwefelsäure angesäuert und die Nitritlösung rasch aus einer in die Mischung eintauchenden Pipette zugefügt. Man läßt ausreagieren und kocht dann das in Freiheit gesetzte Brom fort. Nach dem Erkalten wird der Bromatüberschuß nach Zusatz von Kaliumjodid jodometrisch zurücktitriert.

Die *Berechnung* erfolgt auf Grund der Gleichung:

$$2\,KBrO_3 + 5\,NaNO_2 + H_2SO_4 = 5\,NaNO_3 + K_2SO_4 + Br_2 + H_2O;$$

1 ml 0,1 n-$KBrO_3$-Lösung entspricht 1,917 mg NO_2^-.

III. Sonstige Arbeitsweisen. SCHWICKER arbeitet ebenfalls mit schwefelsaurer Bromatlösung, kocht aber das gebildete Brom nicht weg, sondern titriert es gemeinsam mit dem überschüssigen Bromat auf jodometrischem Weg. Gegenüber dem erstgenannten Verfahren liegt demnach eine Vereinfachung vor; ein Nachteil liegt aber darin, daß man Bromverluste sorgfältig vermeiden muß.

Die Reaktion verläuft dann gemäß der Endgleichung:

$$KBrO_3 + 3\,KNO_2 = KBr + 3\,KNO_3,$$

und 1 ml 0,1 n-$KBrO_3$-Lösung entspricht 2,300 mg NO_2.

Eine Variante von v. MIGRAY ist insbesondere durch den Zusatz von Salzsäure bemerkenswert.

Arbeitsvorschrift. In einem Erlenmeyerkolben mit Schliffstopfen werden 20 bis 50 ml 0,1 n Kaliumbromatlösung, genau gemessen, eingefüllt, mit der gewogenen Probe, entsprechend 0,04 bis 0,2 g N_2O_3, gemischt und mit 5 ml konz. Salzsäure angesäuert. Der Kolben wird sofort verschlossen und gut umgeschüttelt. Nach 2 bis 3 min werden 1 bis 2 g Kaliumjodid eingetragen, und es wird sofort wieder verschlossen. Hierauf titriert man mit 0,1 n Natriumthiosulfatlösung. Der Überschuß an Bromat soll nicht zu groß sein, weil sonst Bromverluste eintreten.

MANCHOT und OBERHAUSER oxydieren die mit Natriumhydrogencarbonat versetzte Nitritprobe mit einer bekannten Menge 0,1 n Bromlösung in 1 n Kaliumbromidlösung im Schliffkolben während 5 min, entsprechend folgender Gleichung:

$$NaNO_2 + Br_2 + H_2O = NaNO_3 + 2\,HBr.$$

Man nimmt den Bromüberschuß zunächst mit titrierter, alkalischer Arsenitlösung weg, säuert dann an und beendet die Titration mit Bromlösung, wobei die üblichen Farbstoffe (Indigocarminlösung oder Methylorange) als Indicatoren verwendet werden.

5. Titrationsverfahren mit Kaliumpermanganat.

Allgemeines. Die Nitritbestimmung mit Permanganat dürfte auch heute noch die für größere Nitritmengen am häufigsten angewendete Methode sein.

Als erster hat PÉAN DE SAINT-GILLES Permanganat als Reagens vorgeschlagen. Später hat LUNGE die umgekehrte Titration in vorgelegte, saure Permanganatlösung beschrieben, die weiteste Verbreitung gefunden hat. Die Arbeitsweise von RASCHIG, nach welcher man Nitritlösung und überschüssiges Permanganat mischt und gemeinsam ansäuert, ist dagegen nicht überall anerkannt worden. Die Reaktion verläuft in saurer Lösung nach folgender Gleichung:

$$2\,KMnO_4 + 5\,HNO_2 + 3\,H_2SO_4 = K_2SO_4 + 2\,MnSO_4 + 3\,H_2O + 5\,HNO_3.$$

I. Arbeitsweise von LUNGE. Da man eine Nitritlösung ohne Zersetzung nicht ansäuern kann und Zufügen einer sauren Permanganatlösung zum Nitrit zu Verlusten führt, legt LUNGE eine stark schwefelsaure Permanganatlösung vor und setzt die Nitritlösung aus der Bürette zu. Wegen des relativ langsamen Verlaufes der Umsetzung titriert man bei etwa 40°.

Arbeitsvorschrift. Man löst von einem zu analysierenden Natriumnitrit 15 g auf 1 l Lösung in Wasser und füllt die Lösung in eine 50 ml-Bürette, deren Spitze durch Ausziehen verlängert ist. Man legt genau 30 ml 0,5 n Kaliumpermanganatlösung, die mit 20 ml 20%iger Schwefelsäure angesäuert und auf 250 ml verdünnt worden sind, in einem Becherglas vor und erwärmt auf etwa 40°. Die Nitritlösung wird bei tief eintauchender Spitze unter gutem Umrühren mit einem Glasstab in kleinen Anteilen bis zur Entfärbung zugesetzt. Gegen Ende erfolgt der Zusatz unter Vermeiden des Übertitrierens nur tropfenweise, da die letzten Mengen Permanganats nur langsam verbraucht werden.

Berechnung. 1 ml 0,5 n $KMnO_4$-Lösung entspricht 0,01725 g $NaNO_2$ oder 0,01150 g NO_2^- oder 0,009502 g N_2O_3.

Bemerkungen. Die erhaltenen Werte stimmen innerhalb 0,1% mit den theoretischen überein.

In ähnlicher Weise wird Nitrose (eine Lösung von Nitrosylschwefelsäure in nahezu konz. Schwefelsäure) bestimmt.

Die Methode ist naturgemäß nur bei Abwesenheit sonstiger Permanganat entfärbender Substanzen anwendbar. Nach BELLUCCI versagt sie bei Gegenwart größerer Mengen von Fluor-Ionen. In diesem Fall läßt man einen größeren Überschuß an Permanganat bestehen und titriert diesen nach Zusatz von Kaliumjodid mit Natriumthiosulfatlösung und Stärke zurück.

WILLARD und YOUNG empfehlen, den Endpunkt elektrometrisch zu bestimmen.

BUSVOLD hat festgestellt, daß falsche Werte entstehen, wenn die Permanganatlösung durch geringe Mengen Braunstein verunreinigt ist. Er empfiehlt, nach LUNGE zu titrieren, setzt aber mehr Schwefelsäure zu (auf 50 ml 0,1 n Kaliumpermanganatlösung eine Mischung von 10 ml konz. Schwefelsäure und 100 ml Wasser) und titriert bei 50° auf rosa. Der Überschuß wird nach 2 bis 3 min nach Zusatz von 5 ml 10%iger Kaliumjodidlösung mit Natriumthiosulfatlösung zurücktitriert. Nach BRASTED kann auch mit nitritfreier Salpetersäure angesäuert werden.

Auch BESSKOW und SLISKOWSKAJA setzen die Nitritlösung im Unterschuß zu, lassen 3 bis 5 min stehen, nehmen den Permanganatüberschuß mit überschüssiger 0,1 n Eisen(II)-ammoniumsulfatlösung weg und titrieren mit der 0,1 n Permanganatlösung auf beständige, schwache Rosafärbung.

KLEMENC titriert, um jegliche Verluste durch entweichende Stickoxyde zu vermeiden, in einem evakuierbaren Rundkolben, dessen aufgeschliffener Kopf einen Tropftrichter und einen Stutzen mit Hahn zum Anschluß an die Vakuumpumpe trägt. Der Kolben wird mit der angesäuerten, gestellten Permanganatlösung im Überschuß beschickt. Die Luft wird zunächst durch Überleiten von Kohlendioxyd verdrängt; hierauf wird evakuiert, die Nitritlösung durch den Tropftrichter eingeführt und mit ausgekochtem Wasser nachgewaschen. Man erwärmt unter Schütteln auf 40°, öffnet die Apparatur und titriert den Permanganatüberschuß mit Oxalsäure zurück.

Auf ähnliche Weise arbeitet HÖEG in einer Apparatur mit Gummistopfen.

II. Arbeitsweise von RASCHIG. RASCHIG vermeidet die umgekehrte Titration, indem er die neutrale Nitritlösung mit neutraler, überschüssiger Permanganatlösung in bekannter Menge versetzt, die Mischung ansäuert und den Permanganatüberschuß jodometrisch zurücktitriert.

Arbeitsvorschrift. Aus dem zu analysierenden Nitrit wird eine etwa 0,1 molare Lösung hergestellt. 20 ml dieser Lösung werden mit 50 ml 0,1 n Kaliumpermanganatlösung vermischt und mit 1 ml 10 n Schwefelsäure angesäuert. Man läßt 2 min stehen, setzt hierauf 5 ml 10%ige Kaliumjodidlösung zu und titriert das ausgeschiedene Jod in der üblichen Weise mit 0,1 n Natriumthiosulfatlösung zurück. Siehe auch KOLTHOFF.

LUNGE findet nach RASCHIG bei Nitrosylschwefelsäure zu niedere Werte.

WILKINS und WEBB wenden einen 30%igen Überschuß von Permanganat an, erwärmen auf 50°, lassen $^1/_2$ Stde. stehen, entfärben mit überschüssiger 0,1 n Eisen(II)-ammoniumsulfatlösung und stellen mit der 0,1 n Permanganatlösung auf schwach Rosa ein. Auf ähnliche Weise arbeiten LAIRD und SIMPSON.

III. Arbeitsweise von RUPP. RUPP versetzt die höchstens 1%ige Nitritlösung mit 0,5 g wasserfreier Soda und einem gemessenen reichlichen Überschuß an 0,1 n Permanganatlösung in einem Glasstöpselkolben, erwärmt 15 min auf dem Wasserbad, läßt erkalten, verdünnt mit 75 ml Wasser, säuert mit verd. Schwefelsäure an, fügt 1 bis 2 g Kaliumjodid zu und titriert das ausgeschiedene Jod mit 0,1 n Natriumthiosulfatlösung zurück.

Das Verfahren wird von KOLTHOFF abgelehnt.

Weitere Literatur siehe FELDHAUS; PIETERS und MANNENS; PLÜCKER; KINNICUTT und NEF; PANDALAI und GOPALARAO; COOL und YOE.

6. Titrationsverfahren mit Mangan(III)-phosphatlösung.

BELCHER und WEST empfehlen zur Titration von Nitriten eine Mangan(III)-maßlösung, in welcher sie einen besonders glatten Reaktionsverlauf beobachten. Die Titration wird wie üblich durch Einfließenlassen der gemessenen Nitritlösung in vorgelegte Maßlösung durchgeführt.

Herstellung der Mangan(III)-maßlösung. Zu einer Lösung von 34,2 g Mangan(II)-chlorid in 50 ml Wasser werden 30 g sirupöse Phosphorsäure und 10 g konzentrierte Salpetersäure zugesetzt. Man dampft die Mischung fast zur Trockene, kühlt, setzt 50 ml Wasser zu, filtriert, wäscht gründlich mit Wasser und schließlich mit Aceton und Äther nach und trocknet bei 110°

9 g des erhaltenen Mangan(III)-pyrophosphats werden in 200 ml einer 2 m Pyrophosphatlösung gelöst. Man bringt die Lösung unter Rühren zum Sieden und kocht $^1/_2$ min, wobei die Lösung eine tief rotbraune Farbe annimmt. Man stellt mit 50%iger Schwefelsäure auf einen p_H-Wert von 4 ein (etwa 40 ml) und kühlt die Lösung unter der Wasserleitung. Man läßt zur Ausscheidung von Kaliumsulfat einige Minuten stehen, filtriert ab und verdünnt auf 1 l. Die Normalität der Lösung ist dann etwa 0,05. Die Lösung ist mindestens 6 Wochen stabil.

Arbeitsvorschrift. Man legt eine gemessene Menge Mangan(III)-maßlösung in einem Erlenmeyerkolben vor und säuert mit 50%iger Phosphorsäure an. Die etwa 0,1 n Nitritlösung wird aus einer Bürette unter Schütteln zugesetzt, wobei der Zusatz in der Nähe des Endpunktes verlangsamt wird. Der Endpunkt (Entfärbung der roten Lösung) ist scharf zu beobachten. Die Titration verläuft in der Kälte sowie in der Wärme in gleicher Weise.

Genauigkeit. Es werden praktisch theoretische Werte erhalten.

7. Titrationsverfahren mit Cer(IV)-sulfat.

Die ceratometrische Nitritbestimmung trägt im wesentlichen dieselben Merkmale wie die Bestimmung mit Permanganat. Auch hier wird eine bekannte Menge angesäuerter Cer(IV)-sulfatlösung vorgelegt und mit der Nitritlösung titriert. Zur Erkennung des Äquivalenzpunktes dienen Redoxindikatoren; jedoch kann die Reaktion auch elektrometrisch indiziert werden.

Die erste Anwendung von Cer(IV)-sulfat stammt von BARBIERI, welcher einen Überschuß an Cer(IV)-salzlösung anwendet und jodometrisch zurücktitriert.

I. Arbeitsweise von WILLARD und YOUNG. WILLARD und YOUNG (a) verwenden Nitritlösungen zur Rücktitration von 0,1 n Cer(IV)-salzlösungen bei 60°, wobei die Nitritlösung aus einer Bürette mit ausgezogener Spitze in das vorgelegte Oxydationsmittel so eingeführt wird, daß die Spitze eintaucht. Die Endpunktbestimmung wird potentiometrisch durchgeführt; jedoch stellen sich die Potentiale insbesondere gegen Schluß nur langsam ein.

ATANASIU führt die potentiometrische Bestimmung von Nitriten mit Cer(IV)-sulfatlösung in der Weise durch, daß er eine bekannte Menge einer 0,1 molaren schwefelsauren Cer(IV)-sulfatlösung vorlegt und bei 50° mit der etwa 0,01 n Kaliumnitrit-Probenlösung titriert. Die Messung erfolgt nach der POGGENDORFFschen Kompensationsmethode. Als Indicatorelektrode dient ein Platinfaden.

Die Normal-Kalomel-Elektrode wird auf 20° gehalten und mittels Elektrolytheber mit dem Titrationsgefäß verbunden.

In einer späteren Arbeit (b) verwenden WILLARD und YOUNG Ferroin als Redoxindicator (siehe auch FURMAN).

Arbeitsvorschrift. Man legt 0,1 n Cer(IV)-sulfatlösung vor, die mit 5 ml Salpetersäure (D 1,42) angesäuert und auf 200 ml verdünnt worden ist. Die Nitritlösung wird als etwa 0,1 n Lösung bei etwa 50° aus einer Bürette mit eintauchender Spitze zugesetzt. Als Indicator dient 1 Tropfen der üblichen 0,025 molaren Ferroinlösung, der aber erst gegen Ende der Titration zugesetzt wird. Die letzten Tropfen Nitritlösung werden sehr langsam zugesetzt, da die Farbänderung von Blaßblau auf Rosa nur langsam eintritt.

Es erscheint demnach auch hier wie bei der Permanganattitration vorteilhaft, einen Überschuß an Cer(IV)-salzlösung anzuwenden und diesen mit gestellter Eisen(II)-sulfatlösung und Ferroin als Indicator in bekannter Weise zurückzutitrieren.

Berechnung. 1 ml 0,1 n Cer(IV)-salzlösung entspricht 2,300 mg NO_2^-.

Die Autoren geben eine erzielbare Genauigkeit von 0,1 bis 0,2% an.

II. Arbeitsweise von Bennett und Harwood. Bennett und Harwood arbeiten auf ähnliche Weise mit Erioglaucin als Redoxindicator. Sie wenden das Verfahren insbesondere zur maßanalytischen Bestimmung des Kaliums in kleinen Mengen gefällten Kaliumhexanitritokobaltiats(III) an.

Arbeitsvorschrift. Man legt eine bekannte überschüssige Menge von Cer(IV)-sulfatlösung vor, die man mit etwas 4 n Schwefelsäure angesäuert hat, und läßt die Nitritprobe aus einer Bürette mit ausgezogener, in die Lösung eintauchender Spitze einfließen. Der Überschuß des Cer(IV)-sulfats wird mit Eisen(II)-sulfatlösung und Erioglaucin als Redoxindicator zurücktitriert.

Zur maßanalytischen Bestimmung kleiner Kaliummengen, die als Kaliumhexanitritokobaltiat(III) gefällt worden sind, löst man den 0,1 bis 1 mg Kalium entsprechenden Niederschlag in 10 ml einer 0,01 n Cer(IV)-sulfatlösung und 4 ml 4 n Schwefelsäure in der Wärme auf, versetzt nach dem Erkalten mit 0,02 n Eisen(II)-sulfatlösung im geringen Überschuß und nimmt diesen Überschuß nach Zugabe von Erioglaucin mit der 0,01 n Cer(IV)-sulfatlösung wieder weg.

8. Nitrittitration durch Diazotierung von Sulfanilsäure.

Das Verfahren ist insbesondere in der Farbenindustrie üblich (Schulz und Vantel sowie Wagner; siehe auch Lunge).

Arbeitsvorschrift. Die Sulfanilsäure wird durch Umfällen als Natriumsalz und durch Umkristallisieren aus Wasser gereinigt und bei 120° getrocknet. 173 g (1 Mol) werden in 100 ml 20%igem Ammoniak gelöst und auf 1 l verdünnt.

Die Nitritlösung wird aus 75 g $NaNO_2$ (Probe), die auf 1 l gelöst werden, hergestellt.

Genau 50 ml der obigen Normal-Sulfanilsäure werden in einem 500 ml-Becherglas mit 200 ml Eiswasser verdünnt und mit 25 ml konz. Salzsäure angesäuert. Die Nitritlösung läßt man aus einer Bürette mit eingetauchter Spitze einlaufen, wobei die letzten 5 Milliliter tropfenweise zugesetzt werden, bis ein kleiner Tropfen der titrierten Lösung beim Betupfen auf Kaliumjodidstärkepapier *sofort* eine ganz schwache bleibende Blaufärbung hervorruft. Die Diazotierung dauert etwa 10 min.

An Stelle der Normal-Sulfanilsäurelösung kann nach Green, Evershed auch eine n Anilinlösung (93 g frisch destilliertes Anilin in 150 ml 30%iger Salzsäure lösen und auf 1 l verdünnen) oder nach Bell p-Nitranilin verwendet werden.

9. Titrationsverfahren mit Amidosulfonsäure.

Cumming und Alexander titrieren Nitritlösungen gegen Amidosulfonsäurelösungen bei 50°, wobei sie als äußeren Indicator zur Endpunktbestimmung durch Tüpfeln Jodidstärkelösung oder Griesz-Reagens verwenden.

Bowler und Arnold geben hierzu folgende ***Arbeitsvorschrift.***

Man stellt zunächst durch genaue Einwaage von 1,5 bis 2 g Sulfanilsäure auf 1 l eine Maßlösung her. Genau 100 ml dieser Lösung werden in einem Schliff-Erlenmeyerkolben mit 10 ml 10%iger Schwefelsäure angesäuert und langsam bei Zimmertemperatur mit der etwa 0,2 m Natriumnitritlösung in Anteilen von 5 bis 10 ml versetzt. Dann wird durch kräftiges Schütteln des verschlossenen Kolbens der Stickstoff zum Entweichen gebracht. Nahe dem Endpunkt erfolgt der Zusatz tropfenweise, wobei auf einer Tüpfelplatte gegen Kaliumjodidstärkelösung getüpfelt wird.

Sobald eine blaue Farbe eintritt, ist der Endpunkt erreicht. Einen Weg zur acidimetrischen Titration von Nitrit bei Gegenwart von Bicarbonat nach Zusatz von Amidosulfonsäure zeigen MASCHKA und FRAUENSCHILL auf.

Literatur.

ABELEDO, C. A., u. I. M. KOLTHOFF: Am. Soc. **53**, 2896 (1931). — ATANASIU, I. A.: Bl. Chim. pura apl. Bukarest **30**, 73 (1927); durch C. **99**, **II**, 1237 (1928).

BARBIERI, G.: Ch. Z. **29**, 668 (1905). — BELCHER, R., u. T. S. WEST: Anal. chim. Acta **6**, 322 (1952). — BELLUCCI, L.: G. **49**, **I**, 206 (1919). — BENNETT, H., u. H. F. HARWOOD: Analyst **60**, 677 (1935); durch Fr. **108**, 421 (1937). — BERGER, H.: Z. Lebensm. **40**, 229 (1920). — BESSKOW, G. D., u. O. A. SLISKOWSKAJA: J. chem. Ind. (russ.) **12**, 56 (1935); durch C. **106**, **II**, 1922 (1935). — BOWLER, W. W., u. E. A. ARNOLD: A. Ch. **19**, 334 (1937). — BRASTED, R. C.: Anal. Chem. **23**, 980 (1951). — BUSVOLD, N.: Ch. Z. **38**, 28 (1914); **39**, 214 (1915).

CLARKE, R. W.: Analyst **36**, 393 (1911). — COOL, R. D., u. J. H. YOE: Ind. eng. Chem. Anal. Edit. **5**, 112 (1933). — CUMMING, W. M., u. W. A. ALEXANDER: Analyst **68**, 273 (1943).

DAVISSON, B. S.: Am. Soc. **38**, 1683 (1916). — DIENERT, F.: Ann. Chim. anal. (2) **1**, 4 (1919). — DUYK, M.: Ann. Chim. anal. **17**, 445 (1912).

FEIT, W., u. K. KUBIERSCHKY: Ch. Z. **15**, 351 (1891). — FELDHAUS, S.: Fr. **1**, 426 (1862). — FURMAN, N. H.: Die Chemische Analyse, Bd. 33, S. 35. Stuttgart 1935.

HÖEG, A.: Tidsskr. Kjemi Bergves. **7**, 41 (1927).

KINNICUTT, L. P., u. J. U. NEF: Am. chem. J. **5**, 388 (1883); durch Fr. **25**, 223 (1886). — KLEMENC, A.: Fr. **61**, 448 (1922). — KOLTHOFF, I. M.: Pharm. Weekbl. **61**, 954 (1924). — KUBIERSCHKY, K.: Ch. Z. **15**, 351 (1891).

LAIRD, J. S., u. T. C. SIMPSON: Am. Soc. **41**, 524 (1919). — LANG, F. M., u. G. AUNIS: Chim. analitique **32**, 139 (1950); durch Fr. **133**, 368 (1951) — C. r. **230**, 208 (1950). — LUNGE, G.: B. **10**, 1074 (1877) — Angew. Ch. **4**, 629 (1891) — Ch. Z. **28**, 501 (1904).

MANCHOT, W., u. F. OBERHAUSER: Z. anorg. Ch. **139**, 45 (1924). — MASCHKA, A., u. H. FRAUENSCHILL: Öst. Ch. Z. **49**, 128 (1948). — v. MIGRAY, E.: Ch. Z. **57**, 48 (1933); durch Fr. **96**, 444 (1934).

PANDALAI, K. M., u. G. GOPALARAO: J. pr. (2) **140**, 240 (1934). — PÉAN DE SAINT-GILLES, L.: J. pr. **73**, 473 (1858) — Ann. Chim. Phys. **55**, 383 (1859). — PHELPS, I. K.: Am. J. Sci. (4) **17**, 198 (1904). — PIETERS, H. A. J., u. M. J. MANNENS: Fr. **82**, 218 (1930). — PLÜCKER, W.: Z. Lebensm. **68**, 187 (1934).

RASCHIG, F.: B. **38**, 3911 (1905). — RUPP, E.: Fr. **45**, 687 (1906). — RUPP, E., u. F. LEHMANN: Ar. **249**, 214 (1911).

SCHULEK, E., u. I. FLODERER: Fr. **123**, 198 (1942). — SCHWICKER, A.: Ch. Z. **15**, 845 (1891).

WILKINS, L., u. H. W. WEBB: J. Soc. chem. Ind. Trans. **45**, 304 (1926). — WILLARD, H. H., u. PH. YOUNG: (a) Am. Soc. **50**, 1383 (1928); **51**, 140 (1929) — (b) **55**, 3268 (1933). — WINKLER, L. W.: (a) Ch. Z. **43**, 455 (1899) — (b) Z. Lebensm. **29**, 10 (1915). — WINOGRAD, A.: Chemist-Analyst **20**, 15 (1931).

D. Colorimetrische Verfahren.

Allgemeines. Für kleine Nitritmengen ist die Colorimetrie eine bevorzugte Arbeitsweise geworden. Nitrite geben nämlich mit einer großen Zahl organischer und anorganischer Verbindungen Farbreaktionen. Viele von diesen sind sehr empfindlich, charakteristisch, beständig und eignen sich daher nicht nur zum Nachweis, sondern auch zur colorimetrischen Bestimmung. Unter den colorimetrischen Verfahren kommt insbesondere der Reaktion mit aromatischen Aminen Bedeutung zu, welche zu Azofarbstoffen führt. Diese Reaktionen, von denen es entsprechend der großen Zahl der bekannten Azofarbstoffe viele Hunderte gibt, sind nicht nur sehr charakteristisch, sondern meist auch äußerst empfindlich. Lange Zeit war hier die am häufigsten angewandte Methode diejenige von GRIESZ mit α-Naphthylamin und Sulfanilsäure, obwohl sie hinsichtlich Beständigkeit, Reproduzierbarkeit und linearer Konzentrationsabhängigkeit der Färbungen (Erfüllung des LAMBERT-BEERschen Gesetzes) keineswegs allen Ansprüchen gerecht wurde. In den letzten Jahren wurden daher auch andere Diazotierungskomponenten gefunden, welche in einem weiteren Konzentrationsbereich anwendbar sind und den genannten Forderungen hinsichtlich Beständigkeit und Reproduzierbarkeit der Färbungen sowie Erfüllung des LAMBERT-BEERschen Gesetzes in höherem Ausmaß gerecht werden.

Allgemein ist die Bedeutung der colorimetrischen Nitritbestimmung keineswegs auf die Bestimmung der salpetrigen Säure als solcher beschränkt; mit ihrer Hilfe bestimmt man kleine Mengen an Stickoxyden, z. B. in der Atmosphäre und in technischen Gasen (S. 98), sowie kleine Mengen von Nitraten, die man vorher in Nitrite verwandelt hat, da nämlich an genügend empfindlichen und charakteristischen Verfahren zur Nitratbestimmung ein gewisser Mangel besteht.

Neben den auf der Bildung von Azofarbstoffen beruhenden colorimetrischen Verfahren zur Nitritbestimmung gibt es auch zahlreiche andere colorimetrische Methoden zur Bestimmung von Nitriten, die sich aber bei weitem nicht derselben Beliebtheit erfreuen. Im folgenden wird eine Auswahl beschrieben, ohne daß Vollständigkeit erreicht und angestrebt wurde.

1. Bildung von Azofarbstoffen.

I. Reagenzien: α-Naphthylamin und Sulfanilsäure. *Allgemeines.* Die von GRIESZ zum qualitativen, empfindlichen Nachweis der salpetrigen Säure durch Azofarbstoffbildung aus α-Naphthylamin und Sulfanilsäure empfohlene Reaktion ist zuerst von SMITH zur quantitativen, colorimetrischen Nitritbestimmung angewendet worden.

Erst später (1889) hat ILOSVAY die Reaktion zur halbquantitativen und 1894 zur quantitativen, colorimetrischen Nitritbestimmung vorgeschlagen, wobei er die Reaktion in essigsaurer Lösung einführte, wie sie auch LUNGE und LWOFF ausführen.

Vor einigen Jahren haben RIDER und MELLON gezeigt, daß die Diazotierung mit Sulfanilsäure zweckmäßig in salzsaurer, die Kuppelung mit α-Naphthylamin am besten in essigsaurer Lösung zu erfolgen hat. Sie konnten demit die Genauigkeit des Verfahrens wesentlich erhöhen.

Jedoch ist wegen der Zeitabhängigkeit der Farbintensität und der relativ geringen Löslichkeit des Farbstoffs die GRIESZsche Reaktion trotz ihrer Verbreitung keineswegs als ideales colorimetrisches Verfahren anzusehen. In den Deutschen Einheitsverfahren der Wasseruntersuchung 1954 ist sie nicht mehr enthalten (siehe auch BERNOULLI; BERGER; ROSENTHALER und JAHN; VORLÄNDER und GOHDES).

a) Arbeitsweise von LUNGE *und* LWOFF. *Herstellung des Nitritreagenses.* 0,1 g α-Naphthylamin werden $^1/_4$ Stde. lang mit 100 ml Wasser ausgekocht und von einem vorhandenen, blauvioletten Rückstand abgegossen. Zur klaren Lösung setzt man 5 ml Eisessig zu und mischt mit einer Lösung von 1 g Sulfanilsäure in 100 ml Wasser. Die Lösung ist vor unreiner Luft sorgfältig zu schützen; wenn sie rot geworden ist, so kann sie durch Schütteln mit Zinkstaub und Filtration wieder brauchbar gemacht werden.

Herstellung der Nitrit-Standardlösung. Früher wurde die Herstellung aus Silbernitrit empfohlen; es wurde durch Fällen von konzentrierter Kaliumnitritlösung mit Silbernitratlösung, Filtration und Waschen mit kaltem Wasser, darauffolgendes Umkristallisieren aus möglichst wenig kochend heißem Wasser und Trocknen im Exsiccator über Calciumchlorid im Dunkeln bis zur Gewichtskonstanz gewonnen. 0,4049 g dieses Silbernitrits werden in einem 1 l-Meßkolben in heißem Wasser gelöst, mit 0,2 bis 0,3 g Natriumchlorid gefällt, zur Marke aufgefüllt und bis zum Absitzen des Niederschlages beiseite gestellt. Man verdünnt 100 ml der Stammlösung auf 1 l. 1 ml dieser Lösung enthält 10 μg N_2O_3.

Heute ist Natriumnitrit von mindestens 99%igem Reinheitsgrad im Handel erhältlich. Man braucht nur den äquivalenten Betrag, nämlich 0,1815 g, auf 1 l zu lösen und wie oben nochmals im Verhältnis 1 : 10 verdünnen. Will man auf einen Gehalt von 10 μg NO_2^-/ml einstellen, so wägt man 0,1500 g Natriumnitrit ein.

Arbeitsvorschrift. 50 ml des zu analysierenden Wassers mit einem Nitritgehalt von 0,001 bis 0,3 mg N_2O_3/l werden im Meßcylinder mit 5 ml Nitritreagens vermischt und auf 70 bis 80° erwärmt. Gleichzeitig setzt man drei weitere Cylinder mit Testlösungen an, die in 50 ml 0,1, 0,5 und 1 ml Nitrit-Standard (=1; 5 und 10 μg N_2O_3) entsprechend einem Gehalt von 0,02, 0,1, 0,2 mg N_2O_3/l enthalten. Bei einem Gehalt von mehr als 0,3 mg N_2O_3/l muß die Probe entsprechend verdünnt und wiederholt werden.

Statt der Nitrit-Standardlösung verwenden Danet sowie Acél, ebenso Kastle und Elove, eine Fuchsinlösung, Arny und Ring eine Mischung von Kaliumpermanganat und Kaliumdichromat.

Lunge und Lwoff verfahren zur Bestimmung von Nitrit in konz. Schwefelsäure (Nitrosylschwefelsäure) nach folgender ***Arbeitsvorschrift.*** 1 ml Nitritreagens wird mit 40 ml Wasser verdünnt; hierauf setzt man 3 g kristallisiertes Natriumacetat zu und trägt 1 ml der zu analysierenden Säure unter sofortigem gutem Mischen ein.

Die Standard-Nitrosylschwefelsäurelösung, die sich durch besondere Beständigkeit auszeichnet, wird durch Lösen von 0,0493 g Natriumnitrit (= 10 mg Nitrit-Stickstoff) in 100 ml Wasser, Abpipettieren von 10 ml der Lösung und Eintragen in 90 ml konz. Schwefelsäure bereitet. 1 ml dieser Mischung enthält 10 μg Nitrit-Stickstoff.

Nach Bernoulli wird eine *haltbare* Reagenslösung folgendermaßen zubereitet: In je 50 ml Wasser werden einzeln gelöst: 10 g Weinsäure, 1 g Sulfanilsäure, 0,2 g α-Naphthylammoniumchlorid. Man vereinigt die drei Lösungen und füllt auf 500 ml auf. Über die Anwendung der Reaktion im kleinsten Maßstab (10 bis 100 mm^3) in Mikro-Reagensgläsern und Mikropipetten siehe Korenman, Frum und Russkich.

Zur spektralphotometrischen Messung der mit Griesz-Reagens erhaltenen Färbungen siehe Liebhafsky und Winslow (siehe auch S. 4, 99, 101, 115).

b) Arbeitsweise von Rider *und* Mellon. Die Autoren haben die Reaktion einem eingehenden Studium unterzogen, um die Bedingungen für eine colorimetrische Messung zu verbessern. Insbesondere wurde der Einfluß der Reihenfolge der zuzusetzenden Reagenzien und der hierfür optimale p_H-Wert untersucht. Als Ergebnis wurde festgestellt, daß die Diazotierung mit Sulfanilsäure bei einem p_H-Wert von 1,4 und bei Zimmertemperatur durchzuführen und in 1 min beendet ist. Die Kupplung mit α-Naphthylamin, die erst nach der vollständigen Diazotierung eingeleitet werden darf, erfolgt dagegen rascher bei geringerer Acidität, während die Stabilität bei höherem Säuregrad günstiger ist. Als Kompromiß wurde ein p_H-Wert von 2,0 bis 2,5 gewählt. Die meßbare Nitritkonzentration beträgt 0,025 bis 0,600 ppm. NO_2^- in einer 2 cm-Zelle, während im 24 cm-Rohr noch 0,0005 ppm. erfaßt werden können. Es soll nach der 10. Minute und nicht später als nach der 30. Minute colorimetriert werden.

Meßapparatur. Die Messungen wurden mit einem registrierenden Spektrophotometer der General Electric Corp. bei einer spektralen Bandenweite von 10 mμ und mit einem Beckman-Spektrophotometer bei einer Bandenweite von 1 mμ bei 520 mμ durchgeführt. Für Filterphotometer wird ein Grünfilter, z. B. Corning Nr. 401, empfohlen.

Lösungen. Sulfanilsäure: 0,60 g Sulfanilsäure werden in 70 ml heißem Wasser vollständig gelöst, gekühlt; es werden 20 ml konz. Salzsäure zugesetzt und auf 100 mit Wasser aufgefüllt und gemischt. α-Naphthylamin: 0,60 g α-Naphthylammoniumchlorid + 1 ml konz. Salzsäure auf 100 ml mit Wasser verdünnt.

Pufferlösung: 2,0 m Natriumacetatlösung.

Arbeitsvorschrift. Die Probe soll insgesamt nicht mehr als 0,03 mg NO_2^- enthalten. Zu der in einem 50 ml-Meßkolben befindlichen Probe wird 1 ml Sulfanilsäure-Reagens zugefügt und gut gemischt. Man läßt 3 bis höchstens 10 min bei Zimmertemperatur und diffusem Licht diazotieren. Dann werden 1 ml α-Naphthylaminreagens und zur Pufferung etwa 1 ml Pufferlösung zugefügt. Man füllt auf 50 ml auf und mischt. Nach 10 min, aber nicht später als 30 min, wird colorimetriert.

Genauigkeit. Der mittlere Fehler beträgt etwa 3%. Es *stören* die folgenden Ionen *nicht,* auch wenn sie in der 1000fachen Konzentration wie Nitrit vorhanden sind: Ba^{++}, Be^{++}, Ca^{++}, Pb^{++}, Li^+, Mg^{++}, Mn^{++}, Ni^{++}, K^+, Na^+, Sr^{++}, Th^{++}, UO_2^{++}, Zn^{++}, AsO_4^{---}, Benzoat, BO_3^{---}, Br^-, Cl^-, Citrat, F^-, Formiat, JO_3^-, Lactat, MoO_4^{---}, NO_3^-, Oxalat, Phosphat und Pyrophosphat, Salicylat, Selenat, SO_4^{--}, Tartrat, Tetraborat, CNS^-.

Es stören starke Oxydations- und Reduktionsmittel, Harnstoff und große Mengen Ammoniumsalze. Kleine Mengen NH_4^+ stören nicht.

Mäßige Mengen Cr(III), Co, CN^- und CrO_4^{--} stören nicht.

Es *stören* Fe(II) und Fe(III), Au(III), Sb(III), Bi(III), Cu(II), Hg, Ag, J^-, SO_3^{--}.

II. Reagenzien: Dimethyl-α-Naphthylamin und Sulfanilsäure (Germuth). Germuth empfiehlt als Kupplungskomponente statt α-Naphthylamin Dimethyl-α-Naphthylamin. Die so erhaltenen Färbungen übertreffen die nach Griesz erhaltenen an Intensität und Brillanz und sind 60 Tage beständig.

Reagenzien. a) Sulfanilsäurelösung: 3,3 g Sulfanilsäure werden in 750 ml Wasser in der Wärme gelöst und 250 ml Eisessig zugefügt. b) Dimethyl-α-Naphthylaminlösung: 5,25 g Dimethyl-α-naphthylamin werden in 1 l einer Mischung von 1 Volumenteil Eisessig und 3 Teilen 95%igem Methanol gelöst.

Arbeitsvorschrift. Zu 10 ml der Probe werden 10 ml Sulfanilsäurelösung und 10 ml Lösung b) zugesetzt. Gleichzeitig setzt man entsprechende Standardmischungen an. Nach 10 min werden die erhaltenen Färbungen colorimetrisch verglichen.

III. Reagenzien: Dimethylanilin und Sulfanilsäure. Giblin und Chapman verwenden als Reagens ein äquimolekulares Gemisch aus 1 g Dimethylanilin und 1,5 g Sulfanilsäure in 100 ml 0,5 n Salzsäure, wovon 2 Tropfen zu 10 ml der Probe zugesetzt werden. Es entsteht eine Rotfärbung von Methylorange, die in Verdünnungen 1 : 100000 bis 1 : 1000000 in Neszler-Rohren colorimetriert werden kann; jedoch müssen die Testlösungen möglichst gleichzeitig angesetzt werden, da sich die Farbe mit der Zeit ändert.

Siehe auch Miller, welcher Dimethylanilin allein verwendet. Es bildet sich mit Nitrit p-Nitrosodimethylanilin. Zu 100 ml Probe werden 0,3 ml einer Lösung von 8 g Dimethylanilin in 100 ml Salzsäure (1 + 6) zugesetzt, worauf noch 0,1 ml konz. Salzsäure zugesetzt werden. Der Farbvergleich mit Standardmischungen erfolgt wie üblich.

IV. Reagenzien: Phenol und Sulfanilsäure (Frankland). Sulfanilsäure zur Diazotierung und Phenol als Kupplungskomponente sind zum qualitativen Nitritnachweis schon lange bekannt, von Zambelli auch zur quantitativen Analyse empfohlen und von Frankland ausführlich beschrieben worden (siehe auch Berger).

Erforderliche Lösungen: 5 g Sulfanilsäure in 100 ml konz. Schwefelsäure; Phenol als 5%ige wäßrige Lösung.

Arbeitsvorschrift. Zu 100 ml Probenwasser werden 1 ml Sulfanilsäurelösung zugesetzt. Nach 5 bis 10 min setzt man 1 ml Phenollösung zu und macht mit 5 ml konz. Ammoniak alkalisch. Die erhaltenen Färbungen sind von 0,025 bis 50 mg N_2O_3/l gut meßbar.

V. Reagenzien: α-Naphthol und Sulfanilsäure. Das ursprünglich von Zambelli und später von Berger beschriebene und von Vági für Nitritgehalte zwischen

0,1 bis 1 mg N_2O_3/l als besonders geeignet befundene Verfahren ist neuerdings in die Deutschen Einheitsverfahren zur Wasseruntersuchung aufgenommen worden.

Erforderliche Lösungen. Sulfanilsäurelösung: 10 g Sulfanilsäure werden in 100 ml konz. Schwefelsäure gelöst.

α-Naphthollösung: 3 g α-Naphthol werden in 100 ml 80%iger Essigsäure gelöst.

Nitrit-Standardlösung: 0,150 g Natriumnitrit werden in Wasser auf 1 l gelöst; 1 ml entspricht 0,1 mg NO_2^-.

Arbeitsvorschrift. 50 ml Wasserprobe werden mit 40 ml nitritfreiem, destilliertem Wasser verdünnt und unter Umschütteln der Reihe nach mit 1 ml Sulfanilsäurelösung, nach 10 min Stehens mit 0,5 ml Naphthollösung und 5 ml 25%igem wäßrigem Ammoniak versetzt und auf 100 ml aufgefüllt. Die entstandene Rotfärbung wird im HEHNER-Cylinder mit gleichzeitig angesetzten Testlösungen verglichen.

Die Bestimmung ist für Nitritgehalte von 0,02 bis 20 mg NO_2^-/l geeignet. Wenn mehr als 20 mg NO_2^-/l gefunden werden, wird die Bestimmung mit einer entsprechend verdünnten Probe wiederholt.

Bei Anwesenheit von störenden, gefärbten organischen Verunreinigungen werden 200 ml Wasser mit 2 ml einer Lösung von 100 g Soda und 5 g Ätznatron zu 300 ml Wasser versetzt und belüftet. Wenn nach Ausflocken der organischen Substanzen das überstehende Wasser noch nicht klar und farblos ist, wird das abgegossene Wasser mit 1 bis 2 g nitritfreier Aktivkohle versetzt und nach 5 min Stehens filtriert, wobei die ersten Filtratanteile verworfen werden.

VI. Reagenzien: β-Naphthol und 1,4-Naphthionsäure (RIEGLER). Das von RIEGLER beschriebene Verfahren ist ebenfalls in die Deutschen Einheitsverfahren der Wasseruntersuchung aufgenommen worden.

Herstellung des „Naphtholreagenses“. 2 g 1,4-naphthionsaures Natrium und 1 g β-Naphthol werden mit 200 ml Wasser geschüttelt und filtriert. Das farblose Filtrat ist in einer braunen Flasche 6 Monate haltbar.

Arbeitsvorschrift. 10 ml Probenwasser werden mit 6 Tropfen „Naphtholreagens“ und 1 Tropfen konz. Salzsäure versetzt. Man schüttelt und läßt 1 min stehen. Hierauf setzt man 4 Tropfen 25%iges Ammoniakwasser zu und schüttelt nochmals. Die entstehende Färbung ist bei 0,05 bis 0,1 mg NO_2^-/l in 10 sec schwach rosa, bei 0,1 bis 0,5 mg NO_2^-/l deutlich rosa. Sie wird entweder im HELLIGE-Komperator mit Farbscheibe Nr. 3060/62 colorimetriert, wobei Nitritgehalte von 0,1 bis 0,9 mg N_2O_3/l meßbar sind, oder man vergleicht colorimetrisch mit der an Testlösungen erhaltenen Färbung.

VII. Reagenzien: α-Naphthylamin und β-Naphthylamin-6,8-Disulfosäure (Amino-G-Säure). Die von STIEGLITZ und PALMER angegebene Bestimmung läßt 2 μg NO_2^- auf 1 l in 10 ml Probe erkennen.

Erforderliche Lösungen. a) 0,1 g α-Naphthylamin werden in 20 ml heißem Wasser gelöst und dekantiert. b) 1 Tropfen der käuflichen 32,6%igen Lösung des Natriumsalzes der β-Naphthylamin-6,8-Disulfosäure wird in 50 ml Wasser eingetragen und 10 ml Eisessig zugefügt. Es entsteht eine fast farblose Lösung.

Standard: 0,0200 g $NaNO_2$ werden auf 1 l in Wasser gelöst. 1 ml entspricht 0,0133 mg NO_2^-.

Arbeitsvorschrift. 8 ml Probe werden mit je 8 ml Lösung a) und b) versetzt. Die Farbe wird in einem Wasserbad von 80° in 20 min entwickelt und mit gleichzeitig behandelten Standardlösungen verglichen. Sie ist mehrere Stunden beständig.

Zur Bestimmung des Nitritgehaltes im Blut werden 8 ml frisch entnommenes Blut zu 20 ml einer 4,5% Zinksulfat-7-hydrat enthaltenden Lösung rasch zugesetzt. Man mischt und fügt unter gutem Umschütteln 4 ml Natriumhydroxydlösung zu.

Man zentrifugiert und versetzt 8 ml der klaren Lösung mit je 8 ml Reagens a) und b) und verfährt weiter wie oben.

VIII. Reagenzien: p-Amino-benzoesäureester und 1-Amino-8-naphthol-4,6-disulfosäure (K-Säure). Das Verfahren ist von ERDMANN beschrieben und von BERGER modifiziert worden. Es wird ebenfalls für kleinste Nitritmengen (0,005 bis 0,5 mg N_2O_3/l) empfohlen.

Lösung a): 0,2 g Paraaminobenzoesäureester in 100 ml 1%iger Salzsäure; Lösung b): 1%ige Lösung von 1-Amino-8-naphthol-4,6-disulfosaurem Kalium in 1%iger Salzsäure.

Arbeitsvorschrift. Zu 100 ml Wasserprobe werden 5 ml Lösung a) zugesetzt und gemischt. Nach 5 min setzt man 5 ml Lösung b) zu und colorimetriert die Färbungen wie üblich mit Testfärbungen.

Eisen(III)-salze werden zweckmäßig vorher alkalisch gefällt.

IX. Reagenzien: N-(1-naphthyl)-äthylendiamin und Sulfanilamid. Das Reagens N-(1-naphthyl)-äthylendiamin

$NH - CH_2 - CH_2 \cdot NH_2$ (am Naphthalinring)

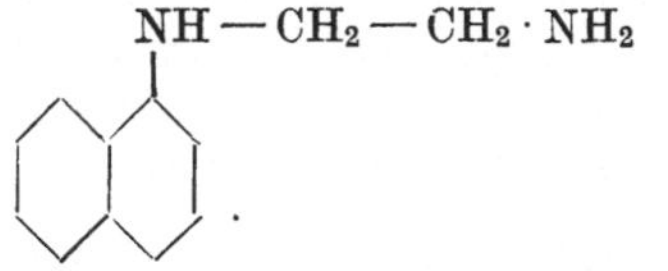

wurde zuerst von BRATTON und MARSHALL als vorteilhaftestes unter vielen anderen zur Bestimmung des als Heilmittel verwendeten Sulfanilamids verwendet. Da der entsprechende Azofarbstoff sich rasch bildet, gut wasserlöslich und mehrere Stunden beständig ist, wurde er von SHINN zur colorimetrischen Bestimmung von salpetriger Säure vorgeschlagen und setzt sich wegen seiner Vorteile gegenüber den älteren Kupplungsverfahren immer mehr durch. An Stelle von Sulfanilamid kann auch Sulfanilsäure verwendet werden; jedoch empfiehlt sich Sulfanilamid wegen seiner größeren Beständigkeit und größeren Kupplungsgeschwindigkeit. Je mg Nitrit (NO_2^-) sind 20 mg Sulfanilamid erforderlich; auch ein großer Überschuß stört nicht. Die Arbeitsweise von SHINN wurde von KERSHAW und CHAMBERLIN an die in der Wasseranalyse übliche Arbeitsweise angeglichen (siehe auch S. 101).

a) Arbeitsweise für die Wasseranalyse (0,001 bis 0,015 ppm. Nitritstickstoff). KERSHAW und CHAMBERLIN wenden 50 ml Wasser an; sie setzen 2 ml einer 0,5%igen Lösung von Sulfanilamid in Salzsäure (1 + 1) zu, lassen 3 min diazotieren und setzen 1 ml einer 0,1%igen wäßrigen Lösung von N-(1-Naphthyl)-äthylendiamindihydrogenchlorid zu. Nach 15 min ist die Farbentwicklung vollständig und wird mit der Färbung von *Standard*-Nitritlösungen in 50-ml-NESZLER-Röhren verglichen.

b) Arbeitsweise für kleinste Nitritmengen (0,02 bis 0,5 μg $NaNO_2$/ml). Als *Meßapparat* dient das photoelektrische Colorimeter nach KLETT-SUMMERSON. Das Absorptionsmaximum liegt bei 540 mμ.

Erforderliche Lösungen. Sulfanilamidlösung: 0,2 g Sulfanilamid werden in 20 ml Salzsäure (1 + 4) gelöst. Kupplungslösung: 0,02%ige Lösung von N-(1-Naphthyl)-äthylendiammoniumchlorid. Die Reagenzien sind auch im Dunkeln nicht haltbar.

Arbeitsvorschrift. Zu 0,5 ml Probenlösung mit 0,01 bis 0,25 μg $NaNO_2$ wird 1 ml Sulfanilamidlösung zugesetzt. Hierauf fügt man 1 ml Kupplungslösung zu. Nach einigen Minuten wird photometriert und entweder mit Standardlösungen verglichen oder auf Grund einer unter gleichen Bedingungen angefertigten Meßkurve umgewertet.

X. Reagenzien: α-Naphthylamin und p-Aminobenzoyl-dimethylaminoäthanol (Novocain). Der Azofarbstoff aus α-Naphthylamin und Novocain ist bereits bei ZLATAROFF, bei STOOF sowie bei HERZNER analytisch verwertet. Eine ausführliche

Beschreibung des Verfahrens haben JENDRASSIK und FALCSIK-SZABÓ gegeben. Es ist für Konzentrationen von 0,2 bis 35 mg NO_2^-/l geeignet, somit insbesondere dort, wo das GRIESZ-ILOSVAY-Reagens bereits Trübungen gibt. Das Verfahren wurde auch zur Bestimmung kleinster Nitritmengen in Pflanzenmaterialien geeignet befunden.

Apparat. Zur Messung der Färbungen dient ein PULFRICH-Stufenphotometer mit Filter Nr. S 53. Verdünnte Lösungen unterhalb 0,00005 molar werden in der 3 cm-Küvette, konzentriertere im 1- bzw. 0,25 cm-Gefäß gemessen.

Erforderliche Lösungen. a) 3 g Novocain „Hoechst" (p-Aminobenzoyl-dimethylaminoäthanol-hydrogenchlorid) oder Atoxycocain (p-Aminobenzoyl-diäthylaminoäthanol-hydrogenchlorid) werden in 15 ml konz. Essigsäure gelöst und mit Wasser auf 100 ml aufgefüllt.

b) 200 mg α-Naphthylamin werden mit 30 ml Wasser einige Minuten ausgekocht, noch heiß durch ein Faltenfilter filtriert und 2 mal mit je 30 ml heißem Wasser nachgewaschen. Man setzt zum Filtrat 30 ml konz. Essigsäure zu und ergänzt auf 150 ml. Die Lösung ist nur etwa 1 Woche haltbar.

Arbeitsvorschrift. Man mischt 5 ml Lösung a) mit 5 ml Lösung b) und setzt 5 ml Probe zu. Die Messung im Stufenphotometer erfolgt nach 30 bis 45 Minuten.

Zur Auswertung der gemessenen Extinktionen E_1 dient die Tabelle 4.

Tabelle 4. Meßkurve nach JENDRASSIK-SZABÓ.

Extinktion (E_1)	NO_2^- in μg	NO_2^-, mg/l	Extinktion (E_1)	NO_2^- in μg	NO_2^-, mg/l
0,0716	1	0,2	5,373	75	15,0
0,1433	2	0,4	5,72	80	16,0
0,2149	3	0,6	6,07	85	17,0
0,2866	4	0,8	6,41	90	18,0
0,3582	5	1,0	6,75	95	19,0
0,4298	6	1,2	7,08	100	20,0
0,5015	7	1,4	7,41	105	21,0
0,5731	8	1,6	7,72	110	22,0
0,6447	9	1,8	8,04	115	23,0
0,7164	10	2,0	8,37	120	24,0
1,075	15	3,0	8,69	125	25,0
1,433	20	4,0	9,01	130	26,0
1,791	25	5,0	9,33	135	27,0
2,149	30	6,0	9,65	140	28,0
2,507	35	7,0	9,97	145	29,0
2,866	40	8,0	10,28	150	30,0
3,224	45	9,0	10,59	155	31,0
3,582	50	10,0	10,90	160	32,0
3,940	55	11,0	11,20	165	33,0
4,298	60	12,0	11,50	170	34,0
4,656	65	13,0	11,80	175	35,0
5,015	70	14,0			

Genauigkeit. Das Verfahren ist in den Konzentrationen 1 bis 15 mg/l am genauesten; der Fehler wird von den Autoren mit nur ±0,6% angegeben.

Das Verfahren ist von ALTEN und KNIPPENBERG zur Bestimmung kleinster Nitritmengen (0,5 bis 10 μg in 50 ml Lösung) in Pflanzenmaterial verwendet worden.

Erforderliche Lösungen. Pufferlösung: $p_H = 10,5$: 5,3 Raumteile Boratlösung nach SÖRENSEN (12,404 g Borsäure in 100 ml n NaOH lösen und auf 1 l auffüllen) mischt man mit 4,7 Raumteilen 0,1 n Natronlauge; ferner Nitritreagenzien a) und b) (siehe oben).

Arbeitsvorschrift. 25 ml eines mit basischem Bleiacetat und 3% Kochsalz gereinigten Pflanzensaftes werden im 50 ml-Meßkölbchen mit 10 ml eines Gemisches aus gleichen Raumteilen a) und b) versetzt; nach $^1/_2$ Stde. werden 10 ml Eisessig zugefügt und auf 50 ml mit Wasser aufgefüllt. Die vergleichende Farbmessung erfolgt im Stufenphotometer mit Filter S 53 in 15 bis 30 min.

XI. Reagens: α-Naphthylamin. Eine schwefelsaure Lösung von α-Naphthylammoniumchlorid ist bereits von ROMIJN für Nitritgehalte unter 0,15 mg NO_2^-/l verwendet worden.

Neuerdings empfiehlt PARKER das Verfahren wegen der mehrere Tage dauernden Haltbarkeit der Lösungen und der strengen Erfüllung des BEERschen Gesetzes bei hohen und niedrigen Nitritgehalten. In einer 4 cm-Küvette können noch Nitritkonzentrationen unter 1 : 200000000 bestimmt werden.

Herstellung des α-Naphthylamin-Reagenses. 1,25 g α-Naphthylamin, das durch Umkristallisieren aus Petroläther (Sdp. 40 bis 60°) gereinigt wurde, werden in 1 l 95%igem Alkohol, der über Ätznatron destilliert worden war, gelöst und mit 8,8 ml 10 n Salzsäure versetzt. Im Dunkeln und vor Luftzutritt geschützt aufbewahren!

Arbeitsvorschrift. 20 ml der Probe, die gegen Methylorange neutralisiert wurde, werden in einem 50 ml-Meßkolben mit 20 ml Reagens versetzt. Man läßt 10 min im Dunkeln stehen, stellt hierauf 30 min in ein Wasserbad von 60 ± 2°, kühlt auf 20° ab und füllt mit Wasser zur Marke auf. Die Photometrierung wird im SPECKER-Absorptiometer mit ILFROD-Gelbgrünfilter Nr. 605 und Wolfram- oder Quecksilberdampflampe bei einer Schichtdicke gemessen, welche einen Trommelwert unter 1,0 liefert. Der Blindwert wird unter Berücksichtigung eines vorhandenen Methylorangezusatzes gemessen; es wird eine Eichkurve mit $NaNO_2$-Test-Lösungen aufgestellt.

Störende Substanzen. Alkalien, Erdalkalien und Nitrat-Ion stören selbst in 1%iger Konzentration nicht; Eisen, Kupfer, F^-, SO_3^{--} und S^- stören. Hohe Konzentrationen an Cl^-, SO_4^{--} und PO_4^{---} können im Blindwert berücksichtigt werden.

XII. Reagens: m-Phenylendiamin. Die zur Bildung von Bismarckbraun führende Reaktion wurde von PREUSZE und TIEMANN zur Nitritbestimmung empfohlen und früher gelegentlich zur Wasseranalyse verwendet. Neuerdings ist sie auch zur Nitritbestimmung in Schwefelsäure empfohlen worden.

Erforderliche Lösungen. Reagens: 1,5 g reines m-Phenylendiamin werden in Wasser aufgeschwemmt, mit verd. Schwefelsäure angesäuert und mit Wasser auf 300 ml aufgefüllt.

Standardlösung: 0,1815 g Natriumnitrit auf 1 l (1 ml entspricht 0,1 mg N_2O_3) oder 0,1500 g Natriumnitrit auf 1 l (1 ml entspricht 0,1 mg NO_2^-.

Arbeitsvorschrift. 100 ml Wasserprobe werden im HEHNER-Cylinder mit 1 ml Schwefelsäure (1 + 2) angesäuert und 1 ml Reagens zugesetzt. Derselbe Ansatz erfolgt gleichzeitig mit Vergleichslösungen aus 100 ml nitritfreiem Wasser, die mit 0,1 bis 1 ml Standardlösung versetzt worden sind. Die Färbung soll erst nach 1 bis 2 min erscheinen. Sie nimmt längere Zeit hindurch zu. Bei Nitritgehalten über 0,5 mg N_2O_3/l ist die Probe mit nitritfreiem Wasser zu verdünnen.

PIETERS und MANNENS empfehlen das Verfahren zur Nitritbestimmung in Schwefelsäure.

Siehe auch BLANC; SÜPFLE colorimetriert mit dem Keilcolorimeter von AUTENRIETH.

2. Sonstige Farbreaktionen.

I. Reagens: Brenzkatechin (VÁGI). VÁGI empfiehlt zur Nitrit-Colorimetrie 1%ige Lösungen von Brenzkatechin, ferner von Pyrogallol in 50%iger Essigsäure zur Nitritbestimmung von zwischen 0,5 bis 1 mg N_2O_3 enthaltenden Wässern. 40 ml Wasser werden mit 5 ml Reagenslösung versetzt. Auch finden Lösungen von Orcin (1 g in 300 ml 50%iger Essigsäure) Verwendung.

II. Reagens: Resorcin (BERGER). Die zum qualitativen Nitritnachweis gebräuchliche Reaktion ist nach BERGER auch zur quantitativ-colorimetrischen Messung geeignet und gibt bei Nitritgehalten über 0,5 mg N_2O_3/l genaue Resultate. Die Färbungen sind nicht lichtempfindlich und sehr beständig.

Arbeitsvorschrift. 10 ml der Wasserprobe werden mit 1 ml 5%iger wäßriger Resorcinlösung und unter Umschütteln mit 5 ml konz. Schwefelsäure versetzt. Nach 5 bis 10 min, bei schwachen Färbungen nach $^1/_2$ Stde., gießt man in 85 ml Wasser und vergleicht die Rotfärbung im HEHNER-Cylinder.

Die erhaltenen Werte sind innerhalb der Meßfehler im HEHNER-Cylinder genau.

Die Reaktion wird durch Nitrat nicht gestört. Größere Mengen Eisensalze, die die Farbe schwächen, müssen mit Soda-Natron-Lauge gefällt werden.

III. Reagens: Gallussäure (DAVY). Gallussäure, $C_6H_2(OH)_3 \cdot COOH$, gibt mit sehr geringen Nitritmengen (1 : 20000000) eine Farbreaktion, welche von DAVY zur colorimetrischen Nitritbestimmung benützt wurde.

Erforderliche Lösungen. Eine gesättigte, wäßrige Lösung von Gallussäure wird mit Tierkohle entfärbt und mit Salzsäure oder Schwefelsäure angesäuert.

Standard-Nitritlösung, von der 1 ml 0,010 mg N_2O_3 enthält (S. 143).

Arbeitsvorschrift. 25 ml des zu analysierenden Wassers werden mit 1 bis 2 ml Gallussäurelösung versetzt, mit einigen Tropfen Salz- oder Schwefelsäure angesäuert und erwärmt. Man vergleicht die erhaltene Färbung mit derjenigen von Testlösungen.

IV. Reagenzien: Neutralrot oder Safranin (ALEXEEWA und GURWITSCH). ALEXEEWA und GURWITSCH haben die schon vorher als qualitativen Nitritnachweis bekannte Farbreaktion von Nitriten mit dem Azinfarbstoff Neutralrot zu einer colorimetrischen Nitritbestimmung benützt. Die Empfindlichkeit der Reaktion ist 50 μg N_2O_3/l.

Herstellung des Reagenses. 666 ml einer 0,003%igen wäßrigen Lösung von Neutralrot werden mit 266 ml Schwefelsäure (1 + 5) gemischt und mit 68 ml Wasser verdünnt. Statt Neutralrot kann auch Safranin verwendet werden.

Arbeitsvorschrift nach ZLATAROFF. 10 ml Wasser werden mit 5 ml des obigen Reagenses versetzt. Die bläulich-violette Färbung wird mit derjenigen aus entsprechenden Testlösungen colorimetrisch verglichen.

V. Reagens: Rivanol (RUBEL). Nach RUBEL ist das Antisepticum Rivanol (2-Äthoxy-6,9-diaminoacridiniumchlorid) zur Nitritbestimmung geeignet. Je nach Nitritgehalt entsteht eine gelbgrüne bis rote Färbung. Die Reaktion ist ebenso empfindlich wie diejenige von GRIESZ (1 μg N_2O_3/10 ml); die Färbung ist aber stabiler und weniger empfindlich gegen Verunreinigungen.

Arbeitsvorschrift. Zu 10 ml der Nitritprobe werden 0,5 ml Salzsäure (D 1,06) und 0,5 ml einer 0,1%igen wäßrigen Rivanollösung zugesetzt. Man vergleicht mit der Färbung von Standard-Lösungen, welche 0,001 bis 0,1 mg N_2O_3/10 ml enthalten.

Phenol und Ammoniumsalze stören nicht; auch Aminosäuren, Natriumchlorid, Nitrate, Glucose und Milchsäure in einer Menge von weniger als 10% stören nicht. Aldehyde schwächen die Farbe.

VI. Reagens: Antipyrin (SCHUYTEN). Die Grünfärbung von Nitriten mit Antipyrin (1-Phenyl-2,3-dimethylpyrazolon-5) kann nach SCHUYTEN quantitativ ausgewertet werden.

Als *Reagens* dient eine 10%ige Lösung von Antipyrin in Essigsäure; sie wird vor Gebrauch 10fach verdünnt.

Arbeitsvorschrift. 5 ml der Probe werden mit 5 ml Reagens gemischt und die erhaltene Grünfärbung mit der aus Standard-Nitrit-Lösungen verglichen.

Schwermetalle und organische Substanzen stören nicht; jedoch muß Eisen(III)-Ion entfernt werden. Freie Mineralsäuren werden mit Natriumacetat abgestumpft.

VII. Reagens: Indol. Die Rotfärbung von Nitrit mit Indol wird mit der Bildung von Nitrosoindol der Formel $C_8H_6 = N \cdot NO$ erklärt. Darauf beruhende quantitative Bestimmungen sind von Bujwid sowie von Dané beschrieben worden (siehe auch Bornand sowie Meinck). Eine ausführliche modifizierte Beschreibung gibt Berger, der das Verfahren für Nitritgehalte von 0,025 bis 10 mg N_2O_3/l empfiehlt.

Herstellung der Indollösung. 0,02 g Indol werden in 150 ml 95%igem Alkohol gelöst.

Arbeitsvorschrift. Zu 100 ml der Wasserprobe gibt man 1 ml verd. Schwefelsäure (1 + 3) und 1 bis 2 ml Indollösung. Je nach dem Nitritgehalt treten folgende Färbungen auf:

0,025 mg N_2O_3/l	blaßviolett;
0,1 mg N_2O_3/l	violett;
1,0 mg N_2O_3/l	dunkelviolett;
10 mg N_2O_3/l	rot.

Die Intensität der Färbung ist insbesondere im verdünnten Bereich (bis 3 mg N_2O_3/l) dem Nitritgehalt proportional. Man vergleicht die Färbung mit der entsprechender Testlösungen.

Die Reaktion wird weder durch Eisen noch durch Nitrate gestört.

Siehe auch v. Wrangell und Beutelspacher.

VIII. Reagens: Zinkjodid-Stärkelösung. Die maßanalytische Nitritbestimmung auf Grund des von Nitriten in saurer Lösung aus Jodiden ausgeschiedenen Jods wurde bereits S. 133 beschrieben.

Schon Trommsdorff hat ein colorimetrisches Nitritbestimmungsverfahren, insbesondere für Wässer, auf diese Reaktion aufgebaut, indem er die auftretenden Blaufärbungen mit der aus Testlösungen mit bekanntem Nitritgehalt vergleicht.

Diese Methode hat mehrere Nachteile, vor allem ist die Reaktion nicht für Nitrite spezifisch, sondern wird z. B. auch von größeren Mengen Eisen(III)-Ion sowie von Wasserstoffperoxyd, freiem Chlor usw. verursacht.

Herstellung des Reagenses. 4 g Stärke werden mit Wasser im Mörser verrieben und in eine siedende Lösung von 20 g reinem Zinkchlorid in 100 ml Wasser langsam eingetragen. Man erhitzt, bis die Stärke in Lösung gegangen ist, verdünnt mit Wasser, setzt 2 g Zinkjodid zu, füllt auf 1 l auf und filtriert in eine braune Flasche.

Arbeitsvorschrift. 100 ml der Wasserprobe werden in einem Hehner-Cylinder mit 1 ml verd. Schwefelsäure angesäuert und mit 1 ml des obigen Reagenses versetzt. Gleichzeitig setzt man entsprechende Testlösungen von dem etwa erwarteten Nitritgehalt an und vergleicht die Farben nach 3 min Entwicklungszeit.

Nach Berger kann der störende Einfluß von bis zu 20 mg Eisen(III)-Ion im Liter durch Zugabe von Phosphorsäure behoben werden; jedoch muß in diesem Falle auch die Vergleichslösung mit derselben Phosphorsäuremenge versetzt werden. (Siehe auch Letts und Rea; Mennicke.)

IX. Reagens: Kaliumhexacyanoferrat(II) (Gmelin). Bei Zusatz von Kaliumhexacyanoferrat(II) und Essigsäure zur Nitritlösung entsteht infolge Bildung von Kaliumhexacyanoferrat(III) eine Gelbfärbung, die colorimetrisch auswertbar ist. Eisen(III)-Ion muß vorher mit NaOH und Na_2CO_3 gefällt werden. Auch bei dieser Methode spielt der Sauerstoffgehalt der Probe eine gewisse Rolle.

Die Reaktion ist zum qualitativen Nachweis von Schöffer verwendet worden. Siehe auch Blunt sowie van Deventer.

Nach Berger werden für Nitritgehalte über 0,5 mg N_2O_3/l 100 ml nitrithaltiges Wasser mit 1 ml Eisessig und 1 ml 5%iger Kaliumhexacyanoferrat(II)-lösung versetzt. 0,1 bis 10 mg/l N_2O_3 ergeben gelbe Färbungen, die sich nach 20 min verstärken und dann konstant bleiben. Nitritfreie Wässer färben sich infolge Autoxydation des Reagenses nach $^1/_2$ Stde. von selbst gelblich. Bei eisenfreien Wässern ergeben sich Färbungen, die dem Nitritgehalt proportional sind; unter 0,5 mg N_2O_3/l sind allerdings die Farbstärken visuell nicht sehr gut zu unterscheiden. Zur Auswertung dient eine selbst angefertigte Eichkurve.

Eisensalze werden vorher mit Ammoniak oder Soda-Natronlauge gefällt und der Niederschlag abfiltriert; die Probe muß aber dann mit n Schwefelsäure genau neutralisiert werden. Nitrate stören nicht.

X. Reagens: Barbitursäure (Fresenius). Nach Ph. Fresenius ist zur colorimetrischen Bestimmung größerer Mengen Nitrit in zuckerfreien Pökelsalzen Barbitursäure geeignet, wobei sich durch Nitrosierung die rot gefärbte Violursäure bildet.

$$\begin{array}{ll} NH-CO & \\ | \quad\;\; | & \\ CO \quad CH_2 + HNO_2 \rightarrow & \end{array}\begin{array}{l} NH-CO \\ | \quad\;\; | \\ CO \quad C=N\cdot OH + H_2O \\ | \quad\;\; | \\ NH-CO \end{array}$$

$$\begin{array}{l} | \quad\;\; | \\ NH-CO \end{array}$$

Die rote Farbe erreicht nach 2 Std. ihr Intensitätsmaximum und kann im Pulfrich-Photometer oder Lange-Colorimeter mit dem Filter Hg 578 in der 3 ml-Küvette gegen Wasser gemessen werden. Zur Herstellung der Eichkurve werden 5 g Kochsalz mit einem Gehalt von 0,4 bis 0,7% Natriumnitrit in 0,01 molarer Barbitursäure zu 100 ml gelöst und nach genau 2 Std. colorimetriert. Die Temperatur muß bei der Analyse dieselbe wie bei der Herstellung der Eichkurve sein. Bei einem Natriumnitritgehalt des Kochsalzes zwischen 0,4 und 0,7% nimmt die Extinktion im Lange-Colorimeter von 0,1 auf 0,31 zu (Eichkurve im Original sowie im Referat).

Die *Fehlergrenze* beträgt $\pm 1\%$. 1% Nitrat im Pökelsalz stört nicht.

Literatur.

Acél, D.: Z. Lebensm. **31**, 333 (1916). — Alexeewa, M. V., u. S. S. Gurwitsch: Hig. Truda **15**, 65 (1937) — Chem. Abstr. **32**, 4467 (1938). — Alten, F., u. E. Knippenberg: Bodenkunde Pflanzenernähr. **2**, 245 (1936/37); durch Fr. **122**, 437 (1941). — Arny, H. V., u. C. H. Ring: Ind. eng. Chem. **8**, 309 (1916).

Barnes, H., u. A. R. Folkard: Analyst **76**, 599 (1951); durch Fr. **138**, 133 (1953). — Bell, H. W.: Chem. Met. Engin. **22**, 1173 (1920). — Berger, H.: Z. Lebensm. **40**, 236 (1920). — Bernoulli, A. L.: Helv. **9**, 836 (1926). — Blanc, G.: J. Pharm. Chim. [7] **4**, 211 (1911). — Blunt, W.: Analyst **28**, 313 (1903); durch Fr. **49**, 384 (1910). — Bornand, M.: Mitt. Geb. Lebensmitteluntersuch. Hyg. **4**, 285 (1913). — Bratton, A. C., u. E. K. Marshall: J. biol. Chem. **128**, 537 (1939). — Bujwid, O.: Ch. Z. **18**, 364 (1894).

Dané.: Ch. Z. **34**, 1057 (1910). — Danet, R.: J. Pharm. Chim. [8] **7**, 113 (1928). — Davy, E. W.: Soc. **42**, 1317 (1882); **44**, 515 (1883). — van Deventer, C. M.: B. **26**, 589, 932 (1893).

Erdmann, E.: Angew. Ch. **13**, 33 (1900).

Frankland, P. F.: Soc. **53**, 364 (1888); durch Fr. **30**, 713 (1891). — Fresenius, Ph.: Süddtsch. Apotheker-Ztg. **82** (1940); durch Fr. **121**, 297 (1941).

Germuth, F. G.: Ind. eng. Chem. Anal. Edit. **1**, 28 (1929). — Giblin, J. C., u. G. Chapman: Analyst **61**, 686 (1936); durch Fr. **113**, 361 (1938). — Green, A. G., u. F. Evershed: J. Soc. chem. Ind. **5**, 633 (1886). — Griesz, P.: B. **12**, 426 (1879).

Herzner, R. A.: Bio. Z. **237**, 129 (1931); durch Fr. **90**, 75 (1932).

Ilosvay, L., u. N. de Ilosva: Bl. [3] **11**, 218 (1894).

Jendrassik, L., u. E. Falcsik-Szabó: Bio. Z. **261**, 110 (1933).

Kastle, J. H., u. E. Elove: J. Soc. chem. Ind. **28**, 742 (1909). — Kershaw, N. F., u. N. S. Chamberlin: Ind. eng. Chem. Anal. Edit. **14**, 312 (1942). — Korenman, I. M., F. S. Frum u. A. A. Russkich: Betriebslab. (russ.) **16**, 3 (1950); durch Fr. **137**, 233 (1952/53).

Letts, L. A., u. F. W. Rea: Analyst **39**, 350 (1914). — Liebhafsky, H. A., u. E. H. Winslow: Anal. Chem. **11**, 189 (1939). — Lunge, G.: Ch. Z. **28**, 501 (1904). — Lunge, G., u. A. Lwoff: Angew. Ch. **7**, 348 (1894); **19**, 283 (1906).

Meinck, F., u. M. Horn: Mitt. Ver. Wasservers. Abwasser **2**, 130 (1926). — Mennicke, H.: Angew. Ch. **13**, 771 (1900); durch Fr. **41**, 704 (1902). — Miller, E. H.: Analyst **37**, 345; durch Fr. **61**, 202 (1922).

Parker, C. A.: Analyst **74**, 112 (1949); durch Fr. **131**, 374 (1950). — Pieters, H. A. J., u. M. J. Mannens: Fr. **82**, 219 (1930). — Preusze, C., u. T. Tiemann: B. **11**, 627 (1878).

Rider, B. F., u. M. G. Mellon: Ind. eng. Chem. Anal. Edit. **18**, 96 (1946). — Riegler, E.: Fr. **35**, 677 (1896); **36**, 377 (1897). — Romijn, G.: Ch. Z. **24**, 145, 241; durch Fr. **41**, 704 (1902). — Rosenthaler, L., u. V. Jahn: Apoth.-Z. **30**, 265 (1915). — Rubel, W. M.: Z. Lebensm. **60**, 588 (1930).

SCHÄFFER (SCHÖFFER), G. C.: Am. J. Sci. **12**, 117 (1851). — SCHULZ, G., u. W. VAUBEL: Z. Farben-Textilch. **1**, 37, 149 (1902). — SCHUYTEN, C.: Ch. Z. **20**, 722 (1896). — SHINN, M. B.: Ind. eng. Chem. Anal. Edit. **13**, 33 (1941). — SMITH, A. P.: Analyst **12**, 50 (1887) — C. **59**, 1268 (1887). — STIEGLITZ u. PALMER: J. Pharmacol. **51**, 398 (1934). — STOOF, H.: Fr. **64**, 272 (1924). — SÜPFLE, K.: Arch. Hygiene **74**, 177 (1911).

TROMMSDORFF, H.: Fr. **8**, 358 (1869); **9**, 168 (1870).

VÁGI, S.: Fr. **66**, 103 (1925). — VORLÄNDER, D., u. W. GOHDES: B. **64**, 1778 (1931).

WEGNER, M.: Fr. **42**, 157 (1903). — v. WRANGELL, M., u. H. BEUTELSPACHER: Fr. **90**, 406 (1932).

ZAMBELLI: Soc. **52**, 533 (1887); **72**, 343 (1897). — ZLATAROFF, A.: Fr. **62**, 384 (1923).

E. Polarographische Bestimmung von Nitriten und salpetriger Säure[1].

Wie auf S. 232 hingewiesen wird, verhalten sich Nitrite mit wenigen Ausnahmen an der tropfenden Hg-Elektrode wie Nitrate. Dabei fallen die Stufen gewöhnlich vollkommen zusammen und sind mit demselben Halbstufenpotential qualitativ definiert. Dies gilt nach TOKUOKA und RUŽIČKA z. B. für Li^+, $(CH_3)_4N^+$, Mg^{++}, Ca^{++}, Sr^{++}, Ba^{++}, La^{+++} und Ce^{+++}-Leitelektrolytlösungen, nach KOLTHOFF, HARRIS und MATSUYAMA in UO_2Cl_2-Grundelektrolytlösungen usw. — KEILIN und OTVOS haben die von KOLTHOFF und Mitarbeitern für Nitrate ausgearbeitete Methode für Nitrite besonders behandelt.

Falls nicht reine (also nitratfreie) Nitritlösungen vorliegen, erhält man hierbei immer Grenzstromstärken für Nitrat neben Nitrit, die eine indirekte Analyse über ein zweites Polarogramm nach Zerstörung einer der beiden Komponenten notwendig machen. So kann man nach der Aufnahme der Summe Nitrat und Nitrit das Nitrit entweder in salzsaurer Lösung mit NaN_3 zerstören oder mit H_2O_2 zum Nitrat oxydieren und nochmals aufnehmen. Die polarographische Bestimmung von Nitriten ist nach RAND und HEUKELEKIAN mit $ZrOCl_2$-Leitelektrolytlösung sicherlich auch möglich, jedoch bisher nicht veröffentlicht worden. Es würde sich um eine indirekte Methode wie bei der UO_2Cl_2-Methode handeln. Die Autoren schalten, wie S. 237 beschrieben, die Nitrat-Ionen durch Eisen(II)-Ionen-Überschuß aus.

Da man nach TUNG-WHEI CHOW und ROBINSON in angesäuerten Nitritlösungen die polarographische Reduktion der salpetrigen Säure zur quantitativen Analyse heranziehen kann, worauf schon HEYROVSKÝ und NEJEDLÝ mit Bezug auf NO berichteten, ist Nitrit in Lösungen mit einer Stufe ab —0,76 V gut bestimmbar (S. 156).

Auch die Nitritstufen erweisen sich irreversibel. In allen Fällen gibt die Reduktionsstufe von Nitrit kleinere Stromstärken als die des Nitrats. Nur bei der hier noch als letzte Methode zur Nitritbestimmung zu erwähnenden Ausführung nach TUNG-WHEI CHOW und ROBINSON ist die Nitritstufe höher. Dies liegt an der später genau beschriebenen Mo-Reduktions- und Wiederoxydationsstufe von Mo(V) zu Mo(VI) bei —0,18 V.

1. Polarographische Bestimmung mit Uranyl-Ionen nach KEILIN und OTVOS.

Nach KEILIN und OTVOS läßt sich Nitrit in Gegenwart von Uranyl-Ionen wie Nitrat in sauren Lösungen an der tropfenden Hg-Elektrode reduzieren und bei kleinen Konzentrationen quantitativ gut bestimmen.

Prinzip. Nitrite werden in saurer Lösung, in der sie freie salpetrige Säure geben, wie Nitrate in Gegenwart von Uranyl-Ionen reduziert. Es gilt für diesen Vorgang das bei der Methode von KOLTHOFF, HARRIS und MATSUYAMA auf S. 231 Gesagte. Doch entspricht die Reduktion und damit die Grenzstromhöhe nicht wie bei Nitrat 5 Elektronen, sondern nach der Gleichung:

$$HNO_2 + 3\,H^+ + 3e \rightarrow \tfrac{1}{2}\,N_2 + 2\,H_2O$$

[1] Verfasser: A. FINK.

3 Elektronen bis zur Bildung von N_2. Auf die Reduktion und Bestimmung von salpetriger Säure wird noch später ausführlich eingegangen (S. 156); das gleiche gilt für die Bestimmung von Nitrit neben Nitrat (S. 239).

Apparatur s. S. 233.

Reagenzien. I. UO_2-Grundlösung. Man bereitet aus „p. a." Reagenzien eine Stammlösung, die 0,2 m an KCl, 0,02 m an HCl und $2 \cdot 10^{-4}$ m an Uranylacetat ist. II. UO_2-Grundlösung. Man bereitet wie oben eine Stammlösung gleicher Konzentration an KCl und HCl, jedoch mit $1 \cdot 10^{-4}$ m an Uranylacetat. III. Natriumnitrit-Eichlösung. Man verwendet „p. a." Natriumnitrit zur Bereitung von geeigneter Eichlösung, wobei man die Stammlösung gegen $KMnO_4$ in saurer Lösung stellt und für dieses wieder Natriumoxalat als Urtitersubstanz wählt. Für die einzelnen Meßpunkte verdünnt man durch Pipettieren und Auffüllen mit destilliertem Wasser.

Alle verwendeten Reagenzien müssen „p. a."-Qualität aufweisen.

Arbeitsvorschrift. Die zu analysierende Lösung soll Nitrit in einer molaren Konzentration zwischen $5 \cdot 10^{-5}$ und $5 \cdot 10^{-3}$ enthalten. Zuerst verdünnt man durch Pipettieren genau 25 ml der geeigneten UO_2-Stammlösung mit destilliertem Wasser auf 50 ml, läßt N_2-Gas durchperlen, um die Lösung sauerstoffrei zu erhalten, polarographiert diese Grundlösung und mißt den am Polarogramm erhaltenen Diffusionsstrom bei —1,2 V aus. Dieser Wert entspricht dem Blindwert bzw. Reststrom gegenüber der Nitrit-Stufe. Dann pipettiert man ein geeignetes Volumen einer Nitrit enthaltenden Probelösung in einen 50 ml-Meßkolben, fügt genau 25 ml der bezüglich zu erwartenden NO_2^--Konzentration geeigneten NO_2^--Stammlösung hinzu und verdünnt mit destilliertem Wasser bis zur Marke. Es wird meist notwendig sein, eine vorläufige polarographische Aufnahme zu machen, um die richtige UO_2-Stammlösung wählen zu können. Je nach der Endkonzentration von Nitrit legt man oberhalb $1 \cdot 10^{-4}$ Mol/l NO_2^- die höhere UO_2-Konzentration und unterhalb $1 \cdot 10^{-4}$ Mol/l NO_2^- die niedrigere UO_2-Konzentration vor. Nun spült man mit N_2-Gas die resultierende Lösung sauerstoffrei und polarographiert. Der aus diesem Polarogramm erhaltene Wert des Diffusionsstromes bei —1,2 V wird um den als **Blindstrom** erhaltenen Wert vermindert.

Auswertung und Berechnung. Das Polarogramm der Grundlösung wird durch Ausmessen der Blindwelle bei —1,2 V ausgewertet und dieser Wert vom Ergebnis der ausgemessenen Stufe des Polarogramms der Probelösung abgezogen. Man berechnet nun die Konzentration an Nitrit aus einer unter gleichen Bedingungen ermittelten Eichkurve. Diese erhält man am besten aus einer Verdünnungsreihe aus einer bekannten Nitritlösung. Im oben angegebenen Bereich gilt exakte Proportionalität zwischen Konzentration und Stufenhöhe.

Genauigkeit und Empfindlichkeit. Die untere Grenze der Bestimmbarkeit liegt bei $5 \cdot 10^{-5}$ Mol/l an Nitrit. Die Genauigkeit der Bestimmung kann nur dann, wie auf S. 235 für NO_3^- angegeben ist, eingehalten werden, wenn man sofort nach dem Ansäuern polarographiert. Der Zerfall der gebildeten freien salpetrigen Säure in Stickstoffoxyde kann nur dann unter 3% gehalten werden. Mithin überwiegt der Fehler aus dem Molekülzerfall den aus der polarographischen Messung.

Störungen. Im allgemeinen stören Verhältnisse und Begleitstoffe, wie sie für die mit UO_2-Lösung beschriebene Nitratbestimmung von Kolthoff, Harris und Matsuyama angegeben sind (S. 235). Starke Basen und Phosphate fällen das UO_2-Ion; ebenso stören Komplexbildner wie Citrat- und Tartrat-Ionen. Oxalate und starke Säuren, die in der Nähe des Stufenpotentials von HNO_2 oder bereits vorher zersetzt werden, machen die Aufnahme unmöglich. 20fache Sulfat-Ionen-Konzentration bezüglich Nitrit erniedrigt die Stufenhöhe des Nitrits nur geringfügig.

2. Polarographische Bestimmung mit Molybdat-Ionen nach TUNG-WHEI CHOW und ROBINSON.

Nach den genannten Autoren wird Nitrit in Anwesenheit von Molybdat-Ionen bei $-0{,}75$ V gegen die gesättigte Kalomelelektrode an der tropfenden Hg-Kathode reduziert. Man kann diese Eigenschaft zur quantitativen Bestimmung kleiner NO_2^--Mengen heranziehen und, wie auf S. 241 gezeigt wird, auch für die Bestimmung von NO_2^- neben NO_3^- gut verwenden.

Prinzip. JOHNSON und ROBINSON haben schon beobachtet, daß Molybdat in Gegenwart von Nitrat eine gesteigerte Grenzstromwelle gibt; Nitrit gibt nun in Anwesenheit von Molybdat ebenso eine erhöhte Grenzstromwelle, wobei direkte Proportionalität zwischen der Nitrit-Konzentration und der Grenzstromhöhe besteht. Die Reduktionsstufe liegt an der Stelle, an welcher Mo(VI) zu Mo(V) reduziert wird. In der Grundlösung selbst ist die Mo-Stufe unbedeutend klein. Die ausmeßbare Stufe liegt bei $-0{,}18$ und $-0{,}50$ V gegen die gesättigte Kalomelelektrode. Zum Unterschied von den La-, U- und Zr-Grundlösungen wird bei Mo-Lösungen die Stufenhöhe für Nitrit größer als für Nitrat (Abb. 34 A u. B). Die Autoren begründen dies wie folgt: Die Reduktion von Mo(VI) zu Mo(V) findet bei $-0{,}18$ V statt; das an der Kathode gebildete Mo(V) wird durch NO_2^- zu Mo(VI) oxydiert, welches wieder reduziert wird und daher die Stufe bedeutend überhöht. Dieser Effekt ist der jeweiligen an der Tropfelektrode vorhandenen NO_2^--Konzentration proportional. Nitrat kann jedoch die Oxydation von Mo(V) zu Mo(VI) nicht bewirken, da es bei diesem Potential selbst noch nicht an der Tropfelektrode reduziert wird.

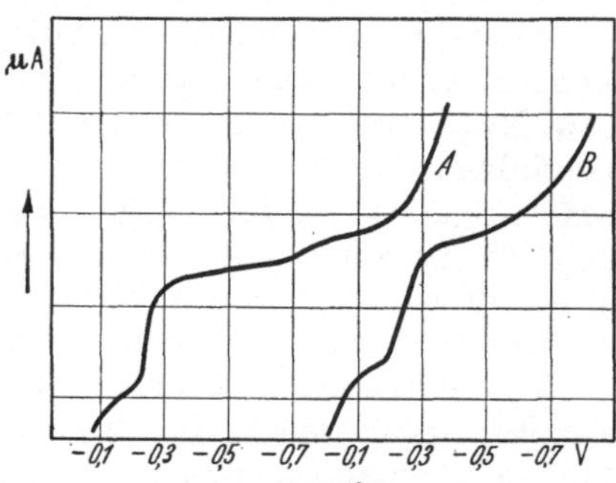

Abb. 34. Stromspannungskurven in Gegenwart von Mo(VI).

Bei der zweiten Stufe von $-0{,}50$ V gilt dasselbe für die Reduktion von Mo(IV) zu Mo(III) in der sauren Lösung, entsprechend der Oxydation durch NO_2^-.

Es ist hierbei noch hervorzuheben, daß der Effekt in salzsaurem statt schwefelsaurem Medium größer ist. Es können in HCl daher noch kleinere NO_2^--Mengen bestimmt werden.

Apparatur. Für das elektrische Meßgerät beachte das auf S. 232 Gesagte. Als Zelle wird zum Unterschied zu den bisher genannten ein H-förmiges Gefäß vorgeschlagen, das in einem Arm als gesättigte Kalomelelektrode ausgebildet ist. Die Verbindung zum Kathodenarm wird durch eine KCl-Brücke hergestellt; Näheres siehe bei LINGANE und LAITINEN. Die Zelle wird in einem Thermostaten bei 25° ± 0,1° C konstant gehalten.

Reagenzien. I. Molybdat-Grundlösung: Man bereitet aus „p. a." Reagenzien eine Stammlösung mit 0,1 m H_2SO_4, 0,2 m Na_2SO_4 und $8{,}75 \cdot 10^{-5}$ m an Natriummolybdat. II. Molybdat-Grundlösung: Man bereitet aus „p. a." Reagenzien eine Stammlösung mit 0,1 m HCl, 0,2 m NaCl und $8{,}75 \cdot 10^{-5}$ m an Natriummolybdat. III. Eichlösung s. S. 154.

Arbeitsvorschrift. Die Messungen können nur in sauerstoffreien Lösungen ausgeführt werden, die zuerst mit N_2-Gas gespült werden müssen. Da saure Nitrit-Lösungen wegen Verlusten nicht durchgespült werden können, muß man deshalb die neutralen Probelösungen und die Grundelektrolytlösungen getrennt mit N_2-Gas etwa 10 min durchspülen. Kurz vor der Messung mischt man durch Pipettieren die geeigneten Volumina unter N_2-Atmosphäre und mißt nach kurzem Umschwenken. Je nach der Vorbehandlung der Probe wird man die sulfat- oder chloridhaltige

Grundlösung wählen, wegen der Meßempfindlichkeit jedoch wenn möglich das salzsaure Medium vorziehen.

Die eingesetzten Mengen der Probelösung sollen so gewählt werden, daß eine Endkonzentration von $1 \cdot 10^{-4}$ bis $5 \cdot 10^{-3}$ Mol/l an NO_2^- vorliegt.

Auswertung und Berechnung. Die Auswertung der Polarogramme erfolgt durch Ausmessen bei den entsprechenden Potentialen des Grundstroms im Vergleich zu Eichaufnahmen, die unter denselben Bedingungen wie oben erhalten wurden. Von den ermittelten Grenzstromhöhen wird jeweils der kleine Betrag für den Blindstrom (Grenzstrom ohne NO_2^--Gehalt) abgezogen.

Genauigkeit und Empfindlichkeit. Die Genauigkeit beträgt $\pm 2\%$. Die untere Grenze der Meßbarkeit liegt bei $1 \cdot 10^{-4}$ Mol/l an NO_2^-. Da man mit 2 ml Probelösung auskommt, können noch einige Mikrogramme NO_2^- erfaßt werden.

Bei der polarographischen Analyse von NO_2^- in Gegenwart von Molybdat wird neben der durch einen NO_2^--Gehalt gesteigerten Mo-Reduktionsstufe noch eine Stufe beobachtet, die schon früher von anderen Autoren zur Bestimmung von NO (bzw. NO_2) vorgeschlagen wurde, nun aber nachweislich einer Reduktion von HNO_2 zuzuordnen ist. Diese Stufe beginnt bei der Reduktion an der tropfenden Hg-Elektrode bei etwa —0,76 V gegen die gesättigte Kalomelelektrode und ist ziemlich breit. Sie ist zur quantitativen Bestimmung von HNO_2 und damit gegebenenfalls für die Bestimmung von NO bzw. N_2O_3 brauchbar. Diese Grenzstromwelle hat sich übrigens auch als von den Molybdat-Ionen unabhängig erwiesen.

Prinzip. HEYROVSKÝ und NEJEDLÝ haben eine Reduktionsstufe in sauren NO_2^--Lösungen beschrieben. Sie beginnt nach Angabe dieser Autoren bei —0,77 V. Man kann entsprechende Lösungen mit HCl ansäuern und bei Anwesenheit von etwa 0,1 m Alkalisalzen als Leitelektrolyt die polarographische Messung durchführen. Diese Welle wurde der Bildung von NO nach der Gleichung:

$$3\,HNO_2 \rightleftharpoons 2\,NO + NO_3^- + H^+ + H_2O$$

zugeschrieben. Nach der späteren Untersuchung von SCHWARZ eignet sich zur Aufnahme ebensogut eine Grundelektrolytlösung mit 0,1 n LiCl, etwas Acetat und Essigsäure, wobei man vor dem Ansäuern mit Essigsäure den in Lösung vorhandenen Sauerstoff mit N_2- oder H_2-Gas austreibt. Auch nach diesen Untersuchungen beginnt die Welle ebenfalls bei —0,7 V. Sie endet bei —1,6 V.

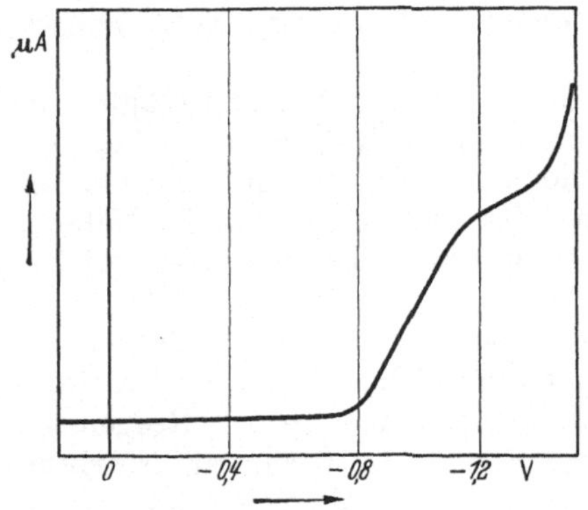

Abb. 35. Polarogramm nach TUNG-WHEI CHOW und ROBINSON.

Hierauf haben sich KEILIN und OTVOS mit dieser Reduktionsstufe befaßt und sie im Gegensatz zu HEYROVSKÝ und NEJEDLÝ bzw. SCHWARZ bereits der durch Säure frei gemachten salpetrigen Säure zugeordnet. Sie wiesen darauf hin, daß schnelles Arbeiten nach dem Ansäuern notwendig sei, da nach kurzer Zeit bereits Verluste an NO_2^- eintreten.

Schließlich befaßten sich TUNG-WHEI CHOW und ROBINSON mit den vorstehenden Angaben und fanden, daß in sauren Lösungen (HCl oder H_2SO_4) bei Anwesenheit von NaCl oder Na_2SO_4 als Grundelektrolyt gute Reduktionsstufen sich ausbilden, die nur auf HNO_2-Reduktion zurückgeführt werden können. Nach diesen Autoren liegt das Halbstufenpotential in salzsaurer Lösung (NaCl) bei —0,96 V, in schwefelsaurer Lösung (Na_2SO_4) bei —0,98 V. Die Welle beginnt bei etwa —0,76 V und erreicht eine zur Grundlinie einigermaßen parallele Grenzstromlinie bei —1,1 V. Für die Auswertung durch Einzelmessungen und nicht aus der polarographischen Gesamtkurve wird das Potential von $-1{,}25$ V vorgeschlagen. Eine gut auswertbare Wellenform erhält man erst bei Konzentrationen von $1 \cdot 10^{-4}$ Mol/l an HNO_2 (s. Abb. 35). Für die Annahme des Vorliegens von reduzierbarer salpetriger Säure sprechen verschiedene Versuche über die Löslichkeit und Messung von NO bzw. N_2O_3 in alkalischen Lösungen, die von den Autoren dieser Methode in der Originalarbeit ausführlich besprochen wurden. Hier muß auf das Original diesbezüglich verwiesen werden.

Apparatur. Siehe S. 155 bzw. 233.

Reagenzien. Siehe S. 155.

Arbeitsvorschrift. Man bringt einige Milliliter der zu untersuchenden alkalischen Lösung in die Elektrolytzelle, leitet einige Minuten N_2-Gas durch, bis aller Sauerstoff vertrieben ist, und fügt nun eine gleich große Anzahl Milliliter einer ebenso mit N_2-Gas ausgespülten Grundlösung zu. Nach kurzem Schwenken wird die polarographische Aufnahme vorgenommen oder bei einem vorgegebenen Potential ($-1{,}25$ V) der Grenzstromwert abgelesen. Die Menge der Probelösung wird so bemessen, daß möglichst eine Konzentration von etwas über $1 \cdot 10^{-4}$ Mol/l an HNO_2 in der zu polarographierenden Lösung vorhanden ist.

Auswertung und Berechnung. Die Auswertung der Polarogramme erfolgt entweder durch übliche Auszeichnung des Grenzstromes oder Ablesung der gesuchten Konzentration aus Eichkurven. Die Eichkurven werden für einen Konzentrationsbereich von $1 \cdot 10^{-5}$ bis $5 \cdot 10^{-3}$ Mol/l an HNO_2 vorbereitet.

Genauigkeit und Empfindlichkeit. Für die Empfindlichkeit gilt die eben angegebene untere Grenze der Eichkonzentrationen. Die Genauigkeit entspricht der üblichen, polarographischen Fehlerbreite von $\pm 2\%$.

Literatur.

KEILIN, B., u. I. W. OTVOS: Am. Soc. **68**, 2665 (1946).

LINGANE, J. J., u. H. A. LAITINEN: Ind. eng. Chem. Anal. Edit. **11**, 504 (1939); durch Fr. **129**, 457 (1949).

THUNG-WHEI CHOW, D., u. R. ROBINSON: J. Marine Research **12**, 1 (1953) — Anal. Chem. **25**, 1493 (1953).

§ 11. Analyse der Salpetersäure und Nitrate.

Allgemeines. Salpetersäure und Nitrate gehören zu den für die chemische Praxis wichtigsten Stoffen. Die Salpetersäure ist eines der anorganischen Grundchemikalien der chemischen Industrie; insbesondere werden Nitrierungen zur Herstellung von Spreng-, Lack- und Faserstoffen durchgeführt, während in weiterer Reaktionsfolge aus den Nitrierungsprodukten eine sehr große Zahl von Farbstoffen, Arzneimitteln und sonstigen Chemikalien gewonnen werden. Von den Sprengstoffen sind die Salpetersäureester (Nitroglycerin, Glykolnitrate, Nitrocellulose, Pentaerythritnitrat) analytisch mit Salpetersäure in naher Beziehung.

Die Anwendung der Nitrate (besonders des Salpeters) lag in den ersten Zeiten der chemischen Praxis vor allem auf dem Sprengstoffgebiet. Die damaligen Schwierigkeiten der Herstellung und Gehaltsbestimmung haben der chemischen Analytik in ihren ersten Anfängen viele Anregungen gegeben; später wurde der Chilesalpeter ein viel analysiertes Handelsprodukt, insbesondere seit LIEBIG die Bedeutung der Nitrate als Pflanzennährstoffe erkannt hatte und ihre Anwendung als Handelsdünger größere Ausmaße annahm. Heute liegt das Schwergewicht der chemischen Technik auf den künstlich hergestellten Nitraten, namentlich dem Ammoniumnitrat, seit die Salpetersäure in größtem Ausmaß synthetisch zugänglich geworden ist. Die Fabrikation der Salpetersäure, sei es früher durch Oxydation von Luftstickstoff, sei es heute vor allem durch Ammoniakverbrennung, hat zahlreiche analytische

Probleme aufgeworfen, wie auch die Stickstoffbestimmungen in den Handelsdüngemitteln heute wohl zu den am häufigsten ausgeführten Analysen gehören.

Mit der Erkenntnis der Bedeutung des Nitrat-Ions für die Ernährung der Pflanzen ist vor allem die Nitratbestimmung in Böden und Pflanzenmaterialien ein wichtiges und wegen der zahlreichen störenden Begleitstoffe nicht leicht zu lösendes analytisches Problem geworden, das vielfach auch die Anwendung mikroanalytischer Methoden notwendig gemacht hat.

Schließlich sei auch die Nitratbestimmung in Trink-, Brauch- und Abwässern als hygienisch wichtige Aufgabe genannt, welche namentlich auf die Entwicklung von Bestimmungsmethoden von kleinen Nitratkonzentrationen befruchtend gewirkt hat.

Als Folge der vielseitigen Bedeutung des Nitrat-Ions in der Naturwissenschaft und der chemischen Technik hat die Praxis schon frühzeitig die Forderung nach Verfahren zur Nitratbestimmung gestellt. Da diese Bestimmungen unter den verschiedensten Arbeitsbedingungen hinsichtlich Konzentration, Substanzmenge und insbesondere mehr oder weniger störender Begleitstoffe durchzuführen sind, ist allmählich eine sonst kaum verständliche Vielzahl von Analysenmethoden in der Literatur erschienen.

Begreiflicherweise ist für eine derart wichtige analytische Aufgabe die gesamte jeweils zur Verfügung stehende Methodik aufgeboten worden, so daß es aus praktisch allen Teilgebieten der Analytik Verfahren zur Nitratbestimmung gibt.

Der in fast allen Fällen leichten Löslichkeit der Nitrate entsprechend haben gewichtsanalytische Fällungsmethoden zur Nitratbestimmung nur eine sehr geringe Bedeutung erlangt, am ehesten noch das Verfahren mit Nitron nach Busch. Einen gewissen Ersatz auf dem Gebiete der Gewichtsanalyse boten die insbesondere früher häufiger angewandten Glühverfahren, welche sich der Flüchtigkeit der Nitrate in der Hitze bedienten.

Andererseits bot die große Reaktionsfähigkeit der Salpetersäure mit zahlreichen anorganischen und organischen Stoffen eine fast unbegrenzte Zahl von Möglichkeiten zur Entwicklung analytischer Verfahren. Da die Salpetersäure hinsichtlich des Sauerstoffgehaltes die höchste Oxydationsstufe des Stickstoffs vorstellt, sind es in fast allen Fällen Reduktionsreaktionen, bei welchen die Salpetersäure bzw. das Nitrat-Ion in definierte, niedrigere Oxydationsstufen verwandelt wird.

Die analytisch wichtigsten Reduktionsstufen der Salpetersäure sind die salpetrige Säure, das Stickoxyd und das Ammoniak, von denen jedes bereits eine bevorzugte Arbeitstechnik repräsentiert: die salpetrige Säure die Colorimetrie, das Stickoxyd die Gasvolumetrie und das Ammoniak die Maßanalyse.

Die Analytik der Nitrate wird aber erst dadurch so vielfältig, daß man nicht nur die Reduktionsstufen der Salpetersäure, sondern auch den Verbrauch an zugesetztem Reduktionsmittel bzw. dessen Oxydationsstufen analytisch erfassen kann.

In diesem Sinne hat die Oxydimetrie in der Nitratbestimmung ein weites Betätigungsfeld erhalten, indem zahlreiche reduzierende Maßlösungen, wie z. B. Eisen(II)-sulfat, Chrom(II)- und Titan(III)-salze, aber auch organische reduzierende Stoffe, wie Oxalsäure und Indigo, mit Nitrat definierte Reaktionen eingehen.

Dadurch, daß diese Reduktionsmittel je nach den angewandten Reaktionsbedingungen die Reduktion des Nitrats entweder nur bis zur Nitritstufe oder bis zum Stickoxyd bzw. zum Ammoniak durchführen und dementsprechend in verschiedenem Maße verbraucht werden, ergeben sich immer wieder verschiedene Bestimmungsmethoden für das Nitrat-Ion. Die Indizierung kann hierbei durch Redox-Indicatoren oder auch potentiometrisch erfolgen.

Es gibt auch zahlreiche colorimetrische Verfahren zur Nitratbestimmung, welche durchweg mit organischen Reagenzien auszuführen sind. Letztere sind entweder Stoffe, die nach Art der Redox-Indicatoren durch Salpetersäure in intensiv gefärbte Oxydationsprodukte verwandelt werden, oder es sind Verbindungen, die bereits mit kleinsten Mengen Salpetersäure in intensiv gefärbte Nitroverbindungen übergehen. Die Colorimetrie der Nitrate hat ihre wichtigste Anwendung in der Wasseranalyse sowie bei der Untersuchung von Böden und biologischen Materialien gefunden. Auf polarographische Bestimmungsmethoden von Nitraten wird S. 230 ausführlich eingegangen.

Selbstverständlich sind die zahlreichen veröffentlichten Verfahren zur Nitratbestimmung von sehr verschiedenem Wert betreffend erzielbare Genauigkeit, Verläßlichkeit, Aufwand an Zeit, Arbeit, Material, Apparatur und Anfälligkeit gegen Störungen durch Fremdstoffe. Immer ist es Sache des geübten Analytikers, auf Grund der Gegebenheiten des Probenmaterials hinsichtlich Menge, Konzentration und Nebenbestandteilen, der Erfordernisse hinsichtlich Schnelligkeit und Genauigkeit sowie der zur Verfügung stehenden Mittel das jeweils geeignetste Verfahren auszuwählen.

So wird beispielsweise das sonst sehr universell anwendbare Verfahren mit ARND- oder DEVARDA-Legierung nicht das vorteilhafteste sein, wenn gleichzeitig Ammoniumsalze anwesend sind und deren Gehalt nicht interessiert; oder die sonst sehr bequemen und genauen oxydimetrischen Verfahren können wegen gleichzeitiger Anwesenheit leicht oxydierbarer organischer Substanzen nicht angewendet werden und legen die Anwendung eines gasvolumetrischen Verfahrens, z. B. nach SCHLÖSING, nahe. Selbstverständlich spielen bei der Bewertung und Auswahl auch Fragen der Gewohnheit eine Rolle, indem der eine Analytiker gasvolumetrische Methoden, ein anderer wieder z. B. die Potentiometrie bevorzugt. In diesem Zusammenhang sei auf die Angaben verwiesen, die jeweils in der allgemeinen Einleitung den Anwendungsbereich der einzelnen Methoden kennzeichnen, bzw. auf die modifizierten Maßnahmen, die bei Anwesenheit bestimmter Verunreinigungen notwendig sind.

A. Gewichtsanalytische Bestimmung der Nitrate.

1. Fällungsanalysen.

Allgemeines. Vor etwa 50 Jahren, als die Gewichtsanalyse noch als bevorzugte Methode der analytischen Chemie galt, wurde der Mangel an gravimetrischen Verfahren zur Nitratbestimmung als Nachteil empfunden. In diesem Sinne wurde die Entdeckung des im Wasser schwer löslichen Nitron-Nitrats durch BUSCH (1905) als Ausfüllung einer fühlbaren Lücke begrüßt.

Tatsächlich gestattet die Nitron-Methode nach BUSCH eine verhältnismäßig selektive und genaue Bestimmung der Nitrate, wenngleich das Verfahren relativ kostspielig und wie alle gewichtsanalytischen Verfahren arbeitsintensiv und zeitraubend ist, so daß es in der heutigen Praxis wohl nur noch selten angewandt wird.

So ist aus einer Zusammenstellung der Organisation for European Economic Cooperation (OEEC), AG/EFI (52), zu ersehen, daß bei der praktischen Nitratbestimmung in der Düngemittelanalyse nur in einem einzigen Land (Schweiz) mit Nitron gearbeitet wird, und zwar auch hier nur für den besonderen Zweck der Nitratbestimmung neben Cyanamid-Stickstoff. In den Deutschen Einheitsverfahren zur Wasseruntersuchung (1954) wird die Fällung mit Nitron noch für Nitratgehalte von über 100 mg NO_3^-/l empfohlen.

Die anderen bekanntgewordenen Fällungsmethoden von Nitraten arbeiten zum Teil mit noch kostspieligeren Fällungsmitteln; vor allem sind sie noch weniger spezifisch für Nitrat-Ion, so daß vielfach sogar gleichzeitig vorhandene Chloride entfernt werden müssen. Sie dürften demnach vorwiegend theoretisches Interesse beanspruchen.

I. Fällungsmittel: Nitron nach BUSCH. BUSCH hat in dem von ihm erstmalig dargestellten Diphenyl-endanilo-dihydrotriazol („Nitron“) der nebenstehenden

Formel:

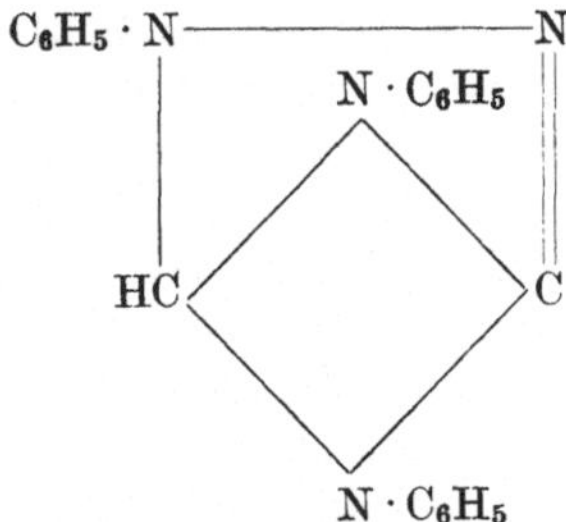

eine Base gefunden, die mit mehreren anorganischen Säuren, insbesondere mit Salpetersäure, schwer lösliche Salze liefert; er hat darauf einen qualitativen Nachweis und eine brauchbare gewichtsanalytische Bestimmungsmethode gegründet. Das Verfahren liefert bei Abwesenheit störender Substanzen genaue Werte, ist aber weder besonders rasch ausführbar noch billig, so daß es heute wohl nur mehr selten angewendet wird. Um einen leicht filtrierbaren Niederschlag zu erhalten, wird dieser aus heißer Lösung gefällt, wegen der immerhin merklichen Löslichkeit eiskalt filtriert und mit möglichst wenig Eiswasser gewaschen.

Eigenschaften des Nitron-Nitrats. Formel $C_{20}H_{16}N_4 \cdot HNO_3$, Molgewicht 375,40, seidenartig glänzende farblose Nadeln, die über 260° schmelzen. Die Löslichkeit in Wasser bei 18° beträgt 1 : 60000, bei 0° C 1 : 80000. 1 ml Probe, mit 5 bis 6 Tropfen 10%iger Nitronacetatlösung versetzt, gibt nach 5 Std. Stehens und bei Anwesenheit von 8 μg HNO_3 eine eben sichtbare Fällung. WINKLER gibt allerdings wesentlich höhere Löslichkeiten an.

Als *Reagens* dient eine 10%ige Lösung des käuflichen Nitrons in 5%iger Essigsäure. Bei Aufbewahrung in dunkler Flasche bleibt die Lösung längere Zeit unzersetzt. Aus den gesammelten Nitratniederschlägen kann die Base durch Schütteln mit Ammoniak in Freiheit gesetzt und mit Chloroform aufgenommen werden; s. auch COPE und BARAB.

Arbeitsvorschrift. Eine etwa 0,1 g NO_3^- enthaltende Probemenge wird auf 80 bis 100 ml mit Wasser verdünnt, mit 10 Tropfen verd. Schwefelsäure angesäuert, im bedeckten Becherglas nahe zum Sieden erwärmt und mit 10 bis 12 ml obiger Nitronacetatlösung versetzt. Man läßt auf Zimmertemperatur erkalten und stellt zur Vervollständigung der Abscheidung $1^1/_2$ bis 2 Std. in Eiswasser. Hierauf saugt man durch einen gewogenen Glassintertiegel ab, wäscht mit 10 bis 12 ml Eiswasser in kleinen Anteilen und nach jedesmaligem, vorherigem, möglichst vollständigem Absaugen aus und trocknet bei 105 bis 110° bis zu der in etwa $^3/_4$ Stde. erreichten Gewichtskonstanz.

Berechnung. 1 g Nitronnitrat entspricht 0,2264 g $NaNO_3$ oder 0,1679 g HNO_3.

Bemerkungen.

a) *Genauigkeit.* Bei Einwaagen von etwa 0,1 bis 0,15 g KNO_3 erhält man Minuswerte von etwa 2 bis 5‰.

b) *Störungen.* Folgende weitere Säuren bilden mit Nitron schwerlösliche Salze (Löslichkeit in Klammern): HBr (1 : 800), HJ (1 : 20000), HNO_2 (1 : 4000), H_2CrO_4 (1 : 6000), $HClO_3$ (1 : 4000), $HClO_4$ (1 : 50000), HCNS (1 : 15000), $H_3[Fe(CN)_6]$ und $H_4[Fe(CN)_6]$.

Sie dürfen daher nicht anwesend sein bzw. sind vor der Bestimmung zu entfernen. Anwesende Kationen stören nach HECK, HUNT und MELLON sowie nach WASILJEW nicht.

c) *Varianten.* Das Verfahren wurde von GUTBIER nachgeprüft und bestätigt. COLLINS teilte weitere Erfahrungen in der Düngemittelanalyse mit. Die Firma Poulenc hat seinerzeit unter dem Namen Fornitral eine Verbindung aus 2 Mol

Ameisensäure und 1 Mol Nitron in den Handel gebracht, die in 10% ig wäßriger Lösung angewandt wird.

POOTH säuert statt mit Schwefelsäure mit verd. Salzsäure an, namentlich bei Anwesenheit von Erdalkalien.

L. W. WINKLER säuert die Nitratlösung mit 1 ml Eisessig an, fällt wie oben, läßt 24 Std. bei Zimmertemperatur stehen und wäscht mit einer gesättigten Lösung von Nitronnitrat aus.

d) Bestimmung von Nitrat neben Nitrit. α) Nach Zerstörung des Nitrits mit Hydrazoniumsulfat [BUSCH (a)]. 0,2 g der Probe werden in 5 bis 6 ml Wasser gelöst und langsam unter Kühlen auf 0,25 g pulverisiertes Hydrazoniumsulfat getropft. Nach Beendigung der Gasentwicklung verdünnt man auf 100 ml und verfährt weiter wie oben.

Übereinstimmung. Bei etwa gleichen Teilen Nitrat und Nitrit wurden etwa 5‰ zu hohe Nitratwerte gefunden.

β) Nach Überführung des Nitrits in Nitrat mit H_2O_2 [BUSCH (b)]. Man löst die Substanz, die etwa 0,1 bis 0,2 g Nitrit und Nitrat enthalten kann, in 50 ml Wasser, fügt 20 ml einer 3% igen, neutralen Wasserstoffperoxydlösung zu und erwärmt auf 70°. Hierauf läßt man aus einem Tropftrichter 20 ml 2% ige Schwefelsäure einlaufen, erhitzt bis nahe zum Sieden und fällt das Gesamtnitrat wie oben beschrieben mit 12 ml Nitronacetatlösung.

Der Gehalt an Nitrit wird in einem aliquoten Teil der Probe wie üblich, z. B. mit $KMnO_4$, bestimmt.

Genauigkeit. Vom eingewogenen Nitrat wurden ebenfalls etwa 99,5% als Nitrat wiedergefunden.

Das Verfahren wird in dieser Form zur Analyse von Nitrocellulosen nach dem Kochen mit Kalilauge empfohlen.

II. Fällungsmittel: α-Dinaphtho-dimethylamin nach RUPE und BECHERER. RUPE und BECHERER haben erstmalig die Base: α-Dinaphtho-dimethylamin

CH_2—NH—CH_2

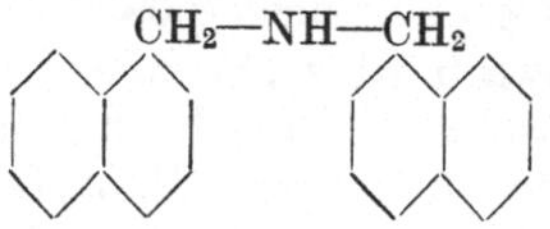

durch katalytische Reduktion von α-Naphthonitril erhalten, die besondere Schwerlöslichkeit ihres Nitrats festgestellt und darauf ein gewichtsanalytisches Nitratbestimmungsverfahren begründet. 100 ml Wasser lösen bei 24° etwa 0,00004 g, bei 100° 0,0795 g Nitrat. Die Grenze der qualitativen Nachweisbarkeit (Opalescenz durch Kristallflimmer) liegt bei 1 : 200000; somit ist der durch die Löslichkeit beim Auswaschen hervorgerufene Fehler wesentlich geringer als bei Nitron. Als schwerwiegender Nachteil ist aber zu erwähnen, daß von anorganischen Säuren nur Schwefel- und Phosphorsäure leicht lösliche Salze mit der genannten Base bilden.

Um eine möglichst grobe, leicht filtrierbare und gut auswaschbare Fällung zu erhalten, fällt man bei Siedehitze.

Als *Fällungsmittel* dient eine 10% ige Lösung der Base in 50% iger Essigsäure. Das Acetat kristallisiert bei Zimmertemperatur aus, geht aber am Wasserbad wieder in Lösung.

Arbeitsvorschrift. Die Probe wird in 150 bis 200 ml Wasser gelöst, mit 2 bis 5 ml 10% iger Schwefelsäure angesäuert, siedend heiß mit 10 ml einer heißen, 10% igen Lösung der Base in 50% iger Essigsäure versetzt. Man läßt erkalten, filtriert, wäscht mit kaltem Wasser und trocknet bei etwa 110°.

Berechnung. Aus der Formel der Fällung: $C_{22}H_{19}N \cdot HNO_3$ und dem Molgewicht 360,42 ergibt 1 g Dinaphtho-dimethylaminnitrat 0,1748 g HNO_3 oder 0,2358 g $NaNO_3$.

Die *Genauigkeit* beträgt etwa $\pm 0,2$ bis 0,4%.

Störungen. Da Halogen-, Nitrit-, Chlorat-, Bromat- und Perchlorat-Ion ebenfalls schwer lösliche Salze mit der Base bilden, müssen diese Ionen abwesend sein. Insbesondere die Notwendigkeit, Chlor-Ion vorher zu entfernen, bedeutet eine empfindliche Einschränkung der Anwendung des Verfahrens.

Trotzdem empfiehlt KONEK seine Anwendung in der Düngemittelanalyse und als Halbmikroverfahren.

Hierzu stellt er Lösungen von 10 bis 50 mg Nitrat in 100 ml her, säuert mit 1 bis 2 ml verd. Schwefelsäure an, fällt heiß mit 1 bis 2 ml Basenacetatlösung und läßt durch Stehen über Nacht erkalten.

Zur Regenerierung der Base aus Niederschlägen und Fällungslaugen macht man mit Natronlauge alkalisch und schüttelt die Base mit Äther aus.

III. Fällungsmittel: p-Tolyl-isothioharnstoff nach ARNDT. ARNDT hat festgestellt, daß der aus p-Thiokresol und Cyanamid erhältliche p-Tolyl-isothioharnstoff $C_7H_7 \cdot S \cdot C(NH)(NH_2)$ bei Gegenwart von Schwefelsäure mit Nitrat-Ion sehr schwer lösliche Doppelsalze gibt, die bereits in Verdünnungen von 1 : 100000 ausfallen. Sie enthalten je 3 Mol Base ein Mol Schwefelsäure und 1 Mol Salpetersäure; 62,01 g NO_3^- entsprechen demnach 659,8 g des Doppelsalzes. Das Verfahren ist wegen der großen Zahl anderer ebenfalls schwerlöslicher Doppelsalze nur begrenzt anwendbar (siehe unten).

Als *Fällungsmittel* dient eine Lösung von 1 Teil p-Tolyl-isothioharnstoff-acetat in 5 bis 6 Teilen kaltem Wasser (etwa $^3/_4$ n-Lösung).

Arbeitsvorschrift. Man löst etwa 0,15 g Kaliumnitrat in etwa 10 ml Wasser, setzt 10 ml 2 n Schwefelsäure zu und fällt mit 20 ml obiger Acetatlösung; man läßt die Fällung $^1/_2$ Std. in Eis stehen, saugt sie durch einen Glasgoochtiegel ab, wäscht einige Male mit verdünnterer Lösung des Fällungsmittels und einmal kurz mit eiskaltem Wasser, zuletzt mehrere Male mit eiskaltem Alkohol, trocknet bei 110 bis 120° und wägt sie aus.

Berechnung. 1 g Niederschlag entspricht 0,0955 g HNO_3 oder 0,1288 g $NaNO_3$.

Genauigkeit. Man findet etwa 0,5 bis 1% zu hohe Werte.

Störungen. Obwohl das entsprechende Chlorid-Doppelsalz etwa 100mal leichter löslich ist als das Nitrat, stören auch kleine Chloridmengen und müssen, z. B. mit Silbersulfat, entfernt werden. Auch die anderen Halogen-Ionen, Nitrit, Chlorat, Permanganat, Rhodanid und Hexacyanoferrat(II) stören, nicht dagegen Phosphat, Cyanid und Hexacyanoferrat(III).

IV. Fällungsmittel: Cinchonamin nach ARNAUD und PADÉ. *Cinchonamin,* ein Nebenalkaloid der Chinarinde mit der Bruttoformel $C_{19}H_{24}N_2O$, gibt mit 1 Mol HNO_3 ein in Wasser schwer lösliches Nitrat, das zur gewichtsanalytischen Bestimmung von Nitrat-Ion geeignet ist. Da in 1 l Wasser 2 g Cinchonaminnitrat löslich sind, muß die Fällung mit einer damit gesättigten, wäßrigen Lösung gewaschen werden.

Die chloridfreie, neutrale Nitratlösung (etwa 0,1 g Nitrat enthaltend) wird mit einem Tropfen Essigsäure angesäuert und siedend heiß mit einer warmen Lösung von Cinchonammoniumsulfat gefällt. Man läßt 12 Std. in der Kälte stehen, filtriert und wäscht mit einer gesättigten, wäßrigen Lösung von Cinchonammoniumnitrat, zuletzt mit wenig Wasser, trocknet bei 100° und wägt.

Berechnung. 1 g Niederschlag (Mol-Gewicht 359,43) entspricht 0,1753 g HNO_3 oder 0,2365 g $NaNO_3$.

Genauigkeit. Man findet etwa 1% zu niedere Werte.

Störungen. Jodide, Chloride (siehe dagegen unten); Chlorate stören dagegen nicht.

HOWARD und CHICK haben auch bei Anwesenheit von Chloriden brauchbare Werte erzielt, wenn sie einen großen Überschuß an Cinchonammoniumchlorid

(0,6 g je 0,1 g KNO_3) zur salzsauren Nitratlösung zusetzen; man läßt 12 Std. erkalten und wendet nicht mehr als 100 ml Waschwasser auf 1 g Niederschlag an.

V. Fällungsmittel: Dicyclohexyl-thallium(III)-Ion nach Hartmann und Bäthke. Auch diesem in neuerer Zeit von Hartmann und Bäthke vorgeschlagenen, gewichtsanalytischen Verfahren dürfte wesentlich geringere Bedeutung als dem Nitronverfahren zukommen. Das Reagens ist jedenfalls nicht billiger, vor allem aber stören Halogen-Ionen.

Die Herstellung des als *Reagens* verwendeten Dicyclohexylthallium(III)-carbonats erfolgt nach Meyer und Bertheim durch Reaktion von ätherischer Thallium(III)-chloridlösung mit einer Grignard-Verbindung aus Cyclohexylchlorid und Magnesium in Äther und durch Umsetzen mit Silberfluorid; es folgen Entfernung des überschüssigen Silbers mit Schwefelwasserstoff, Ausfällen des Carbonats und mehrfaches Umfällen mit Schwefelsäure und Soda. 1 g des Reagens muß in 10 ml Essigsäure (1 + 1) löslich sowie frei von Silber-, Chlor- und Sulfat-Ion sein. Es wird als 0,05 n Lösung in 0,2 n Schwefelsäure angewandt.

Arbeitsvorschrift. 50 bis 100 ml Probenlösung mit einem NO_3-Gehalt von 50 bis 100 mg werden bei Siedehitze mit 50 bis 100 ml obiger Lösung versetzt. Man läßt erkalten, filtriert durch einen Glasfrittentiegel, wäscht 2- bis 5mal mit je 10 ml Eiswasser und trocknet bei höchstens 150° im Trockenschrank.

Berechnung. Der Niederschlag entspricht der Formel $C_{12}H_{22}TlNO_3$ vom Mol.-Gewicht = 432,7; der Umrechnungsfaktor auf NO_3^- beträgt 0,1433.

Die *Genauigkeit* beträgt etwa $\pm 5^0/_{00}$.

Störungen. Da Chlor-, Brom- und Jod-Ionen ebenfalls schwer lösliche Komplexsalze mit dem Reagens liefern, müssen sie vorher durch Fällen mit Silberfluorid oder -acetat entfernt werden.

Varianten. Die Autoren schlagen vor, das Verfahren dadurch zu einem maßanalytischen zu machen, daß mit 100 ml gestellter 0,05 n Dicyclohexylthallium(III)-sulfatlösung gefällt wird; nach dem Abkühlen fällt man mit 50 ml 0,1 n Oxalsäure den restlichen Thalliumkomplex aus und filtriert. Im Filtrat wird die restliche Oxalsäure mit 0,1 n $KMnO_4$ titriert.

2. Schmelzverfahren.

Allgemeines. Unter diesem Namen faßt man Bestimmungsverfahren für Nitrate zusammen, nach denen die Nitratprobe mit festen nicht flüchtigen Säureanhydriden oder mit Salzen geglüht wird, welche in der Hitze zusätzliche Basen binden und flüchtige Säuren austreiben. Die Nitrate werden hierbei in dem Sinne zersetzt, daß die Base durch das Schmelzmittel gebunden und der Salpetersäurerest in Form von Stickoxyden und Sauerstoff (in summa als N_2O_5) verflüchtigt wird. Der Gewichtsverlust beim Glühen wird als N_2O_5 berechnet.

Als basenbindende Schmelzmittel werden Borax, Kaliumpyrochromat, Natriumwolframat sowie Siliciumdioxyd (Quarzsand) verwendet.

Die Verfahren, unter deren Autoren sich führende Analytiker des vorigen Jahrhunderts wie Fresenius, Gooch, Jannasch, Reich und v. Schaffgotsch befinden, erfordern ein hohes Maß von „Fingerspitzengefühl", da der notwendige Grad des Erhitzens, bei welchem die Nitrate quantitativ zersetzt, die anderen Salze, z. B. Kaliumchlorid, aber noch nicht merklich verflüchtigt sind, schwer zu erkennen und meist erst durch Einüben mit Gemischen bekannter Zusammensetzung zu erlernen ist. Auch dürfen sonstige flüchtige Verbindungen (Ammoniumsalze, Kohlensäure usw.) nicht gleichzeitig anwesend sein.

Die Verfahren dienten früher insbesondere zur Analyse von Alkalinitraten (Chilesalpeter), welche vor der Bestimmung durch sorgfältiges Schmelzen entwässert worden waren.

Die erzielbare Genauigkeit ist bei einigermaßen reinen Nitratproben überraschend gut. Indessen werden die Verfahren heute kaum jemals mehr angewendet, da ihre Durchführung zu langwierig und heikel ist und das Probenmaterial selten ihre verläßliche Ausführung gestattet.

I. Schmelze mit anorganischen Schmelzmitteln. *a) Borax.*

Arbeitsvorschrift von v. SCHAFFGOTSCH (siehe auch R. FRESENIUS). 1 g durch vorsichtiges Schmelzen wasserfrei gemachte Nitratprobe wird mit 2 g ebenfalls durch Schmelzen entwässertem und gepulvertem Boraxglas vermengt und in einem Platintiegel, der durch die Mischung nur bis zu etwa $^1/_3$ gefüllt sein darf, so geglüht, daß das untere Viertel eben rotglühend erscheint. Nach $^1/_4$ bis $^1/_2$ Stde. Glühens läßt man den Glührückstand im Exsiccator erkalten und wägt ihn.

Genauigkeit. Bei reinen Nitratproben wurden 99,8 bis 99,9% gefunden.

Bei Anwesenheit von Kochsalz darf nur bis zur Dunkelrotglut des Bodens erhitzt werden, da sonst Verluste auftreten.

b) Kaliumdichromat (PERSOZ).

Arbeitsvorschrift. Von dem zuvor durch vorsichtiges Schmelzen (nur wenig über den Schmelzpunkt) wasserfrei gemachten Salpeter werden 2 bis 3 g in einem ziemlich großen Platintiegel mit dem doppelten Gewicht ebenfalls vorher geschmolzenem und pulverisiertem Kaliumdichromat gemischt, mit einem nach unten gewölbten Platindeckel bedeckt und vorsichtig erhitzt. Die auf den Deckel gespritzte Schmelze muß wieder in den Tiegel zurückfallen können. Allmählich erhitzt man bis zur Dunkelrotglut, öffnet kurz den Deckel, läßt erkalten und wägt.

c) Natriumwolframat (JANNASCH; GOOCH und KUZIRIAN).

***Arbeitsvorschrift von* JANNASCH.** In einem Platintiegel werden 7,5 g Natriumwolframat mit 2,5 g reinem Wolfram(VI)-oxyd geschmolzen; man läßt erkalten und wägt. Man fügt die sorgfältig getrocknete und fein gemahlene Nitratprobe zu, schmilzt allmählich zusammen und bestimmt den Gewichtsverlust. Bei reinen Nitraten können sehr genaue Werte erhalten werden.

***Arbeitsvorschrift von* GOOCH *und* KUZIRIAN.** Natriumparawolframat der Zusammensetzung $5\,Na_2O \cdot 12\,WO_3$ ist wegen seiner leichten Herstellbarkeit ein gutes Flußmittel zur Bestimmung von Nitraten (und Carbonaten) auf Grund des Gewichtsverlustes beim Glühen.

Man stellt es durch Entwässern und Schmelzen eines bekannten Gewichtes des normalen Natriumwolframats $Na_2WO_4 \cdot 2\,H_2O$ vor dem Gebläse, Zusatz des gleichen Gewichtes WO_3, das vorher zur Vertreibung der letzten Spuren NH_3 geglüht worden war, und Erhitzen der gesamten Masse bis zum klaren Fließen her. Die abgekühlte Substanz wird in der Reibschale gepulvert und gut verschlossen aufgehoben. Auf 1 Teil auszutreibenden Stickstoff(V)-oxyds sind 4 Teile des Parawolframats aufzuwenden (auf 1 Teil CO_2 10 Teile Parawolframat).

Ausführung der Bestimmung. Man wägt den Platintiegel, setzt 0,5 g des wasserfreien Nitrats zu, wägt, setzt die 4fache Menge des dem auszutreibenden Stickstoff(V)-oxyd entsprechenden Gewichtes Parawolframat zu, erhitzt zunächst vorsichtig am Bunsenbrenner, sodann 5 min zum Schmelzen, läßt im Exsiccator über Schwefelsäure erkalten und wägt. Das Schmelzen ist bis zur Gewichtskonstanz, die in der Regel bereits beim erstenmal erreicht wird, zu wiederholen.

Fehler. An reinsten Nitraten werden sehr genaue Werte (meist nur 1 bis 2‰ zu hoch) gefunden.

Störungen. Sämtliche andere unter den gleichen Bedingungen mit Parawolframat flüchtige Verbindungen stören oder sind in Rechnung zu stellen.

d) Quarzsand (REICH). REICH bringt in einen Platintiegel 2 bis 3 g Quarzpulver, das er ausglüht und dann wägt. Hierzu werden 0,5 g Salpeterprobe, die vorher durch gelindes Schmelzen entwässert und dann rasch pulverisiert worden war, gut hinzugemischt, der Tiegel bedeckt und anfangs gelinde, später stärker erhitzt, so daß der Tiegel $^1/_2$ Stde. am Tage eben sichtbare Dunkelrotglut zeigt. Der Gewichtsverlust entspricht dem Salpetersäure-Anhydrid, N_2O_5. Sulfate und Chloride werden unter diesen Bedingungen nicht zersetzt, wenn nicht zu stark geglüht wurde.

Beleganalysen. Reine Salpeterproben sowie solche, die noch Kochsalz, Calciumsulfat, Magnesium- und Natriumsulfat enthielten, zeigten Fehler von $\pm 0{,}2$ bis 0,7%. Die Ergebnisse werden von R. FRESENIUS sowie von PAULI bestätigt.

ABESSER und MÄRCKER zeigen, daß das REICHsche Verfahren auch bei Anwesenheit von Kochsalz, Natriumsulfat und Kainit brauchbar ist.

II. Schmelze mit organischen Schmelzmitteln (Carbonat-Schmelzverfahren).

Diese Gruppe von Verfahren beruht darauf, die Salpetersäure aus ihren Salzen durch organische Säuren zu vertreiben, die erhaltenen Alkalisalze der organischen Säuren durch Glühen in Carbonate zu verwandeln und diese acidimetrisch zu titrieren.

Verfahren dieser Art wurden bereits im Jahre 1870 von HAGER vorgeschlagen, von BENSEMANN insbesondere zur Analyse von Chilesalpeter ausgebaut und sind neuestens durch FEIGL in etwas abgewandelter Form wieder empfohlen worden. Zahlreiche häufige Begleitstoffe, wie Ammonsalze, Chloride und Phosphate, stören.

a) Oxalsäure (BENSEMANN). HAGER hat bereits vorgeschlagen, die fein zerriebene Nitratprobe (Chilesalpeter) mit der $1^1/_2$- bis 2fachen Menge reiner kristallisierter Oxalsäure zu vermengen, in einem hohen bedeckten Platintiegel zunächst durch gelindes Erhitzen zu trocknen und hierauf stark bis zur Gewichtskonstanz zu glühen. Der Rückstand wird hierauf alkalimetrisch titriert. Chloride sollen laut Angabe nicht stören. BENSEMANN war in mehreren Veröffentlichungen bemüht, das Verfahren zur vollständigen Analyse von Chilesalpeter auszubauen.

Da bei Vorliegen von Kalisalpeter besonders schwer umsetzbare Tetraoxalate entstehen, muß in diesem Falle öfters mit Oxalsäure abgeraucht werden.

Arbeitsvorschrift für Natronsalpeter. 40 g Salpeter werden in 500 ml Wasser gelöst.

100 ml (= 8 g) werden in einer geräumigen Porzellanschale nach Zusatz von 16 g kristallisierter Oxalsäure (alkali- und erdalkalifrei) zur Trockene gedampft, befeuchtet, wieder eingedampft und dieser Vorgang insgesamt 5mal wiederholt. Man überführt die gesamte Masse (die letzten Reste hat man zuvor gelöst und in der Porzellanschale zur Trockene gebracht) in eine 8 cm weite und 4 cm hohe Platinschale mit flachgewölbtem Boden und erhitzt auf dem 6fachen Bunsenbrenner zunächst vorsichtig, hierauf stärker insgesamt 20 bis 30 min zur Rotglut. Die Masse darf sich zu Ende des Erhitzens nicht mehr aufblähen und ist gleichförmig hellgrau. Man löst in 200 ml Wasser, sättigt zur Lösung der Ca- und Mg-Salze mit Kohlendioxyd, verdünnt auf 250 ml und filtriert. In einem aliquoten Teil dieser Lösung wird das aus Perchlorat stammende Chlor-Ion mit Silbernitrat titriert. 100 ml werden mit einer 2n Säure titriert, die im Liter 80 g SO_3 oder 73 g HCl enthält.

Berechnung. 1 ml 2n Säure entspricht 124 mg NO_3^-.

Arbeitsvorschrift für Kaliumsalpeter. Bei der Analyse von Kaliumsalpeter werden nach dem ersten Eindampfen und Wiederbefeuchten noch weitere 8 g Oxalsäure zugesetzt und wieder zur Trockene gedampft; das Befeuchten, der Zusatz von 8 g Oxalsäure und das Eindampfen zur Trockene werden nochmals wiederholt. Das Befeuchten und neuerliche Eindampfen wird hierauf — ohne weiteren Oxalsäurezusatz — noch 5mal wiederholt. Weiter wird wie bei Natronsalpeter verfahren; die mit der Gesamtmenge beschickte Platinschale wird zunächst in eine größere Porzellanschale gestellt, darin bedeckt bis zum Aufhören des Aufblähens erhitzt und dann etwa 1 Stde. bis zur fast weißen Farbe des Gemisches geglüht.

Berechnung. 1 ml 2n Säure entspricht 124 mg NO_3^-.

Störungen. Chloride, Chlorate und Perchlorate werden als Nitrate mitbestimmt. Sofern man sie (Chlorid) nicht durch Umfällen mit Silbersulfat entfernen will, müssen sie gesondert bestimmt und in Rechnung gestellt werden. Bei Anwesenheit größerer Mengen an Kalisalzen treten Schwierigkeiten durch die intermediäre Bildung von sauren Oxalaten auf. Naturgemäß müssen auch sonstige Stoffe, die beim Glühen Gewichtsverluste erleiden, abwesend sein (organische Verbindungen, saure Phosphate, sonstige wasserabgebende Substanzen). Enthält die Probe von vornherein basisch reagierende Bestandteile, so müssen diese vorher durch Titration bestimmt und der erhaltene Wert vom Endergebnis abgezogen werden.

Die *Genauigkeit* beträgt etwa $\pm 0,5\%$.

b) Ameisensäure (FEIGL und SCHÄFFER). Die Nitrate werden mit Ameisensäure zersetzt, wodurch sie unter N_2O-Bildung Formiate liefern. Diese werden durch gelindes Erhitzen in Oxalate und letztere bei höherer Temperatur zu Carbonaten zersetzt, welche ihrerseits mit Salzsäure titriert werden.

Arbeitsvorschrift. 0,2 bis 0,3 g Alkali- oder Erdalkalinitrat werden in einer Platin- oder Quarzschale mit 4 bis 6 ml 85 bis 90%iger- Ameisensäure auf dem Wasserbad bis zur Beendigung der Gasentwicklung erhitzt und zur Trockene gedampft. Die Temperatur wird langsam auf 550° gesteigert und schließlich bis zum Aufhören der Gasentwicklung über freier Flamme erhitzt. Der Rückstand wird mit 0,1 n HCl gegen Methylorange titriert. Wenn Erdalkalicarbonate vorliegen, werden diese in gestellter Säure im Überschuß gelöst und mit Lauge zurücktitriert.

Berechnung. 1 ml 0,1 n HCl entspricht 6,201 mg NO_3^-.

Genauigkeit. Die Autoren finden im Mittel von 8 Bestimmungen an reinen Kaliumnitraten 99,88% KNO_3 wieder.

Störungen. Diese treten in gleicher Weise ein wie beim vorhergehenden Verfahren. Bei Gegenwart von Chloriden werden diese zunächst bestimmt, hierauf mit der berechneten Menge Silbersulfat ausgefällt.

Liegen andere Nitrate als diejenigen der Erdalkalien und Alkalien vor, so fällt man diese mit n Sodalösung, füllt auf ein bestimmtes Volumen auf, filtriert, neutralisiert einen aliquoten Teil mit 0,1 n Schwefelsäure gegen Methylorange, dampft ein und verfährt weiter wie oben.

Die Autoren empfehlen das Verfahren zur Analyse von Gemischen aus Salpetersäure und Schwefelsäure, indem zunächst die Gesamtsäure titriert und ein aliquoter Teil der austitrierten neutralen Lösung eingedampft und wie oben beschrieben zur Nitratbestimmung verwendet wird.

Literatur.

ABESSER, O., u. M. MÄRCKER: Fr. **12**, 281 (1873). — ANONYM: Ann. Chim. anal. (2) **3**, 207; durch C. **92, IV**, 890 (1921). — ARNAUD, A., u. L. PADÉ: C. r. **98**, 1488 (1884); **99**, 190 (1884). — ARNDT, F.: A. **384**, 322 (1911).

BENSEMANN, R.: Angew. Ch. **18**, 816, 939, 1225, 1972 (1905); **19**, 471 (1906). — BUSCH, M.: (a) B. **38**, 861, 4055 (1905) — (b) **39**, 1401 (1906).

COLLINS, S. W.: Analyst **32**, 349 (1907). — COPE, W. C., u. J. BARAB: Am. Soc. **39**, 504 (1917).

FEIGL, F., u. A. SCHAEFFER: Anal. chim. Acta **7**, 507 (1952). — FRESENIUS, R.: (a) Fr. **1**, 180 (1862) — (b) **1**, 186 (1862).

GOOCH, F. A., u. S. B. KUZIRIAN: Z. anorg. Ch. **71**, 323 (1911). — GUTBIER, A.: Angew. Ch. **18**, 494 (1905).

HAGER, H.: P. C. H. **10**, 337 (1870). — HARTMANN, H., u. G. BÄTHKE: Angew. Ch. **65**, 107 (1953). — HECK, J. E., H. HUNT u. M. G. MELLON: Analyst **59**, 18 (1934). — HOWARD, B. F., u. O. CHICK: J. Soc. chem. Ind. **28**, 53 (1909); durch C. **80, I**, 1013 (1909).

JANNASCH, P.: Verh. Naturhist.-Med. Ver. Heidelberg **9**, 74 (1907); durch C. **79, I**, 410 (1908).

v. KONEK, F.: Fr. **97**, 416 (1934).

MEYER, R. J., u. A. BERTHEIM: B. **37**, 2051 (1904).

PAULI, H.: J. Soc. chem. Ind. **16**, 494 (1897); durch C. **68, II**, 385 (1897). — PERSOZ, J., Dingl. J. **161**, 284 (1861). — POOTH, P.: Fr. **48**, 375 (1909). — POULENC-FRÈRES: Analyst **46**, 385 (1921).

REICH, F.: Berg- u. hüttenmänn. Z. **1861**, Nr. 21; durch Fr. **1**, 86 (1862). — RUPE, H., u. F. BECHERER: Helv. **6**, 674 (1923).
v. SCHAFFGOTSCH: Pogg. Ann. **57**, 260 (1842).
WASILJEW, A.: J. Russ. phys.-chem. Ges. **42**, 567; durch C. **81**, **II**, 1562 (1910). — WINKLER, L. W.: Angew. Ch. **34**, 46 (1921).

B. Gasvolumetrische Verfahren.

Allgemeines. Methoden der gasvolumetrischen Nitratbestimmung, wobei gasförmige einheitliche Reaktionsprodukte von Nitraten quantitativ isoliert und gemessen werden, haben schon frühzeitig Verwendung zur Analyse von Salpetersäure und Nitraten gefunden. Insbesondere haben die auf der Reduktion der Nitrate zu Stickoxyd (NO) in saurer Lösung begründeten Verfahren große Bedeutung erlangt und werden auch in der Praxis der Gegenwart noch immer häufig angewandt.

Die älteste Methode dieser Kategorie ist das ursprünglich von CRUM (1847) angegebene und später von LUNGE vereinfachte Nitrometerverfahren, bei welchem Salpetersäure oder Nitrate mit Quecksilber in stark schwefelsaurer Lösung zu Stickoxyd reduziert werden. Ihr haben sich bald die aus der Methode von SCHLÖSING (1853) abgeleiteten Arbeitsweisen hinzugesellt, bei welchen die Nitrate mit Eisen(II)-salzen bei Gegenwart starker Salzsäure zu Stickoxyd reduziert werden. Eine nur untergeordnete Bedeutung hat die Reduktion zu Stickoxyd mit metallischem Kupfer in stark schwefelsaurer Lösung nach GANTTER erlangt.

Einige Zeit haben auch die gasvolumetrischen Verfahren auf Grund des sogenannten Wasserstoffdefizits Interesse gefunden. Ihnen liegt die Reduktion von Nitraten durch naszierenden Wasserstoff zu Ammoniak zugrunde, wobei die hierzu verbrauchte Menge Wasserstoff sich aus einer Differenzmessung gegenüber der ohne Nitrat entwickelten Menge ergibt.

Ferner ist noch ein Verfahren beschrieben, bei welchem das Nitrat mit Ameisensäure zu Stickoxydul reduziert wird; gegenüber den auf der Bildung von Stickoxyd beruhenden Methoden ergeben sich aber nur Nachteile. Schließlich kann das Nitrat auch zu Nitrit reduziert werden, welch letzteres auf relativ einfache Weise gasvolumetrisch unter Bildung von Stickstoff bestimmt werden kann.

1. Nitrometerverfahren (CRUM, LUNGE).

Prinzip. Das Verfahren, das ursprünglich auf CRUM (1847) zurückgeht, wurde insbesondere von LUNGE apparativ ausgestaltet und zu einer Universalmethode entwickelt. Die Probe wird mit überschüssiger, 80- bis 90%iger Schwefelsäure und Quecksilber in einem geeigneten Gasvolumeter geschüttelt, wobei Nitrat und Nitrit ihren Stickstoff rasch und quantitativ als NO freigeben. Das Quecksilber dient hierbei gleichzeitig als Reduktionsmittel und als Sperrflüssigkeit.

Die hierbei eintretenden Reaktionen sind durch die folgenden zwei Reaktionsgleichungen gekennzeichnet:

$$2\,HNO_3 + 6\,Hg + 3\,H_2SO_4 = 2\,NO + 3\,Hg_2SO_4 + 4\,H_2O;$$
$$2\,HNO_2 + 2\,Hg + H_2SO_4 = 2\,NO + Hg_2SO_4 + 2\,H_2O.$$

Grundsätzlich ist das Verfahren von großer Einfachheit, Genauigkeit und rasch durchführbar. Es ist besonders prädestiniert für die Analyse von Mischsäuren (konzentrierte Salpeter-Schwefelsäuren) und Nitrose der Schwefelsäurefabrikation (Stickoxyde und Salpetersäure in konz. Schwefelsäure), aber auch zur Analyse von Nitraten, Nitriten, Salpetersäure-Estern (Nitroglycerin und Cellulosenitrate) geeignet.

Daß es sich zur Analyse von Nitraten insbesondere in der Düngemittelindustrie nicht sehr weitgehend eingebürgert hat, liegt daran, daß man genötigt ist, mit relativ kleinen Einwaagen der festen Salze zu arbeiten, zu deren Lösung man nur sehr geringe Mengen Wasser verwenden darf, um die erforderliche Schwefelsäurekonzentration von 80 bis 90% einhalten zu können. Wegen der Schwierigkeit, bei derartigen Salzen homogene Durchschnitts-Einwaagen zu erhalten, zieht man in letzterem Fall Verfahren vor, bei denen größere Probemengen, z. B. 10 bis 20 g, eingewogen und in reichlich Wasser gelöst werden können, wobei man zur Analyse einen aliquoten Teil einer relativ verdünnten Lösung verwenden kann.

Apparate. Je nach der Art der Analyse bezüglich Probenmenge, Konzentration und Nebenbestandteile sind verschiedene Nitrometertypen in Verwendung. Das am häufigsten angewendete Normalgerät zeigt Abb. 36. Es ist insbesondere zur Analyse der „Nitrose" geeignet. Als oberer Hahn *d* bewährt sich insbesondere der sehr dicht schließende GREINER-FRIEDRICH-Patenthahn. Zur Vermeidung von Ver-

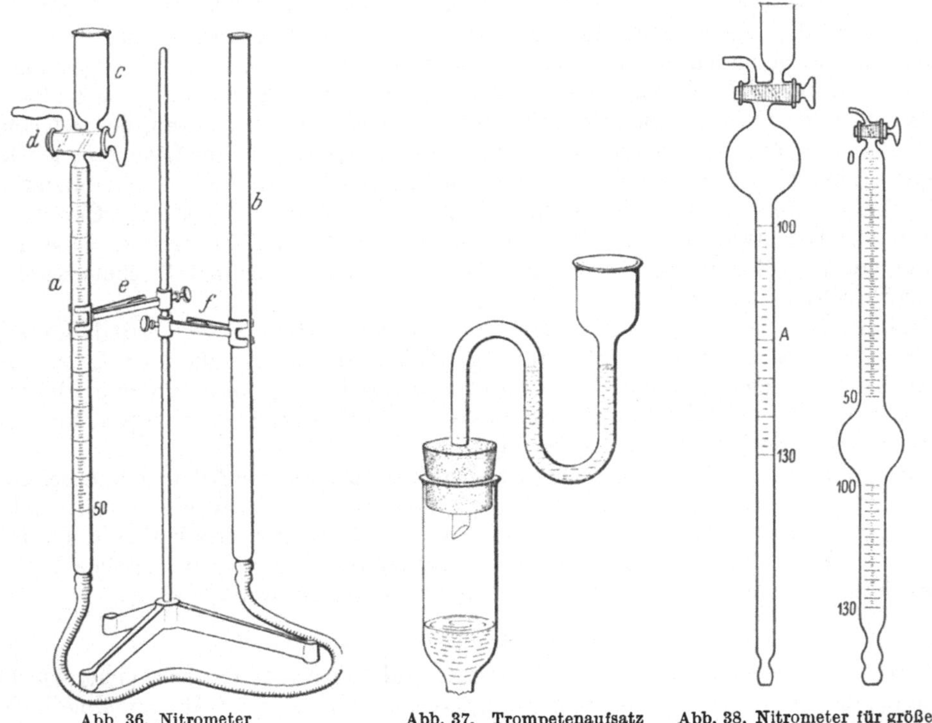

Abb. 36. Nitrometer nach LUNGE.

Abb. 37. Trompetenaufsatz zum Nitrometer.

Abb. 38. Nitrometer für größere Salpeter-Einwaagen.

lusten an Stickoxyden beim Zusatz der Schwefelsäure in den Becher bedient man sich zweckmäßig eines kleinen Trompetenaufsatzes, den Abb. 37 zeigt.

Zur Erhöhung der Einwaage bei der Analyse von Salpeterproben zwecks größerer Genauigkeit kann das Nitrometer für Salpeter (Abb. 38) dienen. Es enthält eine ungeteilte Kugel von 100 ml Inhalt und anschließende Teilung von weiteren 30 Millilitern.

Will man die Gasentwicklung unabhängig von der Messung des Stickoxyds durchführen, was sich bei größeren Einwaagen an Nitrat wegen des die Ablesung erschwerenden Quecksilbersulfates sowie bei sonstigen in Schwefelsäure unlöslichen Nebenbestandteilen der Probe empfiehlt, so zersetzt man die Probe in gesonderten Anhängefläschchen (Abb. 39a u. b). Die Apparatur entspricht dann etwa einem Azotometer, wie es S. 124 abgebildet ist.

Auch der Zersetzungskolben von BERL und JURISSEN (Abb. 40) gestattet ein rasches und genaues Arbeiten.

Über ein Nitrometer, das eine Reduktion des Gasvolumens auf mechanischem Weg gestattet, das Gasvolumeter, siehe BERL-LUNGE.

Nitrometer für kleine Gasmengen beschreiben KLEMENC und HAYEK (siehe S. 170) sowie ELVING und ELROY; letzterer Apparat ist mit Kompensationsrohr ausgerüstet und mit einer mechanischen Schüttelvorrichtung versehen. Auch das schlauchlose Nitrometer nach BERL, HOFMANN und BERMANN ist für Halbmikrobestimmungen (bis 10 ml NO) geeignet. Auch im letzteren Fall muß eine Korrektur des in der Schwefelsäure gelösten Stickoxyds angebracht werden.

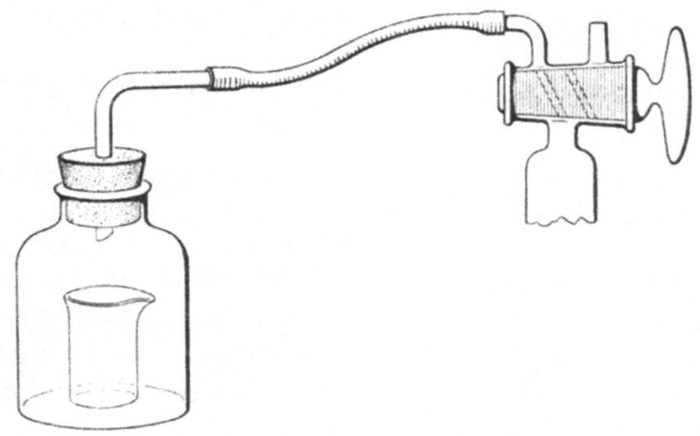

Abb. 39a. Anhängefläschchen zum Nitrometer.

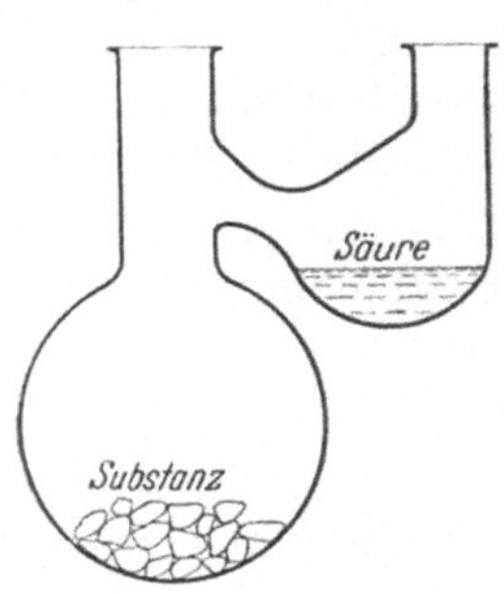

Abb. 39b. Anhängekölbchen zum Nitrometer.

Arbeitsvorschrift. Die gewogene feste Salpeterprobe (bei gewöhnlichen in 50 ml geteilten Nitrometern 0,05 bis 0,1 g; beim Nitrometer für Salpeter etwa 0,35 bis 0,4 g) wird in die Vase des Nitrometers gefüllt, in etwa 0,5 ml warmem Wasser gelöst und in das Rohrinnere gesaugt; zunächst spült man mit 0,5 bis 1 ml Wasser und hierauf 4mal mit je 3 ml konz. Schwefelsäure nach.

Von Nitrose werden je nach ihrer Stärke unmittelbar 0,5 bis 5 ml, möglichst genau gemessen, einpipettiert und 2mal mit je 2 ml 90%iger Schwefelsäure nachgespült. Das Einsaugen von Luft ist in allen Fällen sorgfältig zu vermeiden.

Die im Nitrometer schließlich vorhandene Schwefelsäure soll eine Konzentration von 80 bis 90% haben. Säuren mit über 97% entwickeln SO_2; solche über 90% lösen mehr Stickoxyd, während andererseits Säuren unter 75% Schlammbildung hervorrufen. Auch die Gesamtmenge der Säure ist möglichst niedrig, d. h. auf die zum Nachspülen unbedingt nötige Menge zu beschränken, um möglichst wenig Stickoxyd durch die Säure zu lösen. Eine 96%ige Schwefelsäure löst 3,5 Vol.-% Stickoxyd, eine 90%ige 2 und eine 80%ige Säure 1,1 Vol.-%. Bei genauen Analysen kann der gelöste Anteil Stickoxyd in Rechnung gestellt werden.

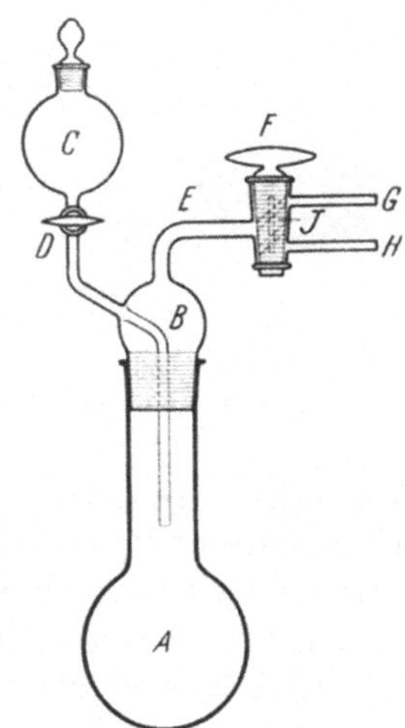

Abb. 40. Zersetzungskolben nach BERL und JURISSEN.

Die Zersetzung der Probe wird durch 1 bis 2 min langes Schütteln bewirkt, wobei das Rohr zwecks Vergrößerung der Grenzfläche zeitweise fast horizontal gehalten wird. Das Schütteln ist beendet, wenn keine weitere Volumenvermehrung des Gases zu beobachten ist. Zur Einstellung auf Atmosphärendruck ist das verschiedene spezifische Gewicht von Säure und Quecksilber in dem Sinne zu berücksichtigen, daß das Quecksilber im Niveaurohr etwas höher steht als das Quecksilberniveau im Meßrohr, und zwar um 1 mm Hg je 6,5 mm Säure. Die richtige Einstellung auf gleichen Druck kann durch vorsichtiges Öffnen des zur Vase *a* (die etwas Schwefelsäure enthält) führenden Hahnes kontrolliert werden.

Nach erfolgtem Temperaturausgleich und Messung von Volumen, Temperatur und Luftdruck wird das Volumen auf Normalbedingungen reduziert.

Zur Reinigung des Apparates wird das Gas und die Säure durch das Seitenröhrchen hinausgedrückt, ausgeschiedenes Quecksilber(I)-sulfat in konz. Schwefelsäure gelöst und entfernt. Nach Reinigung der Vase ist der Apparat für den nächsten Versuch bereit.

Berechnung. 1 ml NO unter Normalbedingungen (trocken) entspricht 0,003796 g $NaNO_3$ oder 0,002769 g NO_3^-.

Bemerkungen. *Genauigkeit.* Nach LUNGE sind Übereinstimmungen innerhalb einer Streuung von ±0,2% zu erreichen, wenn man die Löslichkeit des Stickoxyds nach obigen Angaben in der Schwefelsäure berücksichtigt. Über die untere Grenze des Nitratgehaltes siehe PIETERS und MANNENS. PINKUS und JACOBI finden etwas zu niedere Werte. Siehe auch PHELPS.

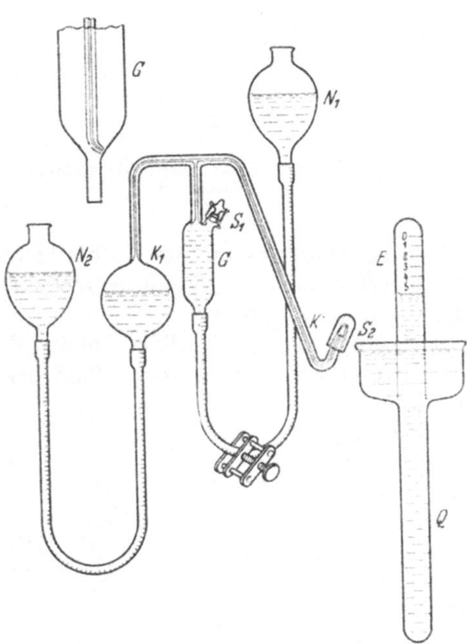

Abb. 41. Nitrometer nach KLEMENC und HAYEK.

Störungen. Die Probe darf naturgemäß keine sonstigen, mit Schwefelsäure Gasentwicklung verursachenden Stoffe enthalten (Carbonate).

Größere Mengen Eisen (JONES) stören. Bei Anwesenheit von mehr als 15 bis 17% Chlorid entsteht ein Fehler von mehr als 0,1% (SANDERS).

Organische Verunreinigungen stören häufig nicht; z. B. kann der Nitratgehalt von Glycerinnitrat und Cellulosenitrat im LUNGE-Nitrometer bestimmt werden.

KLEMENC und HAYEK beschreiben ein hahnloses Nitrometer für kleine Gasmengen (bis zu 6 ml Stickoxyd), in welchem man noch etwa vorhandenes Kohlendioxyd auf einfache Weise entfernen kann. Der Apparat (Abb. 41) besteht aus einer 50 ml fassenden Kugel K_1, welche einerseits vermittels Capillare mit dem 10 ml fassenden Einfüllgefäß G und dem Gasableitrohr S_2 verbunden ist. Andererseits ist Kugel K_1 ebenso wie das Einfüllgefäß S unten mit je einem Niveaugefäß N_1 und N_2 verbunden.

Die Capillare des Einfüllgefäßes endet gemäß Abb. 41 am Grunde von G in einer feinen, möglichst bis an die Wand reichenden Spitze (Einsaugrohr).

Arbeitsvorschrift. N_1 und N_2 werden mit reinem Quecksilber gefüllt; in G läßt man das Quecksilber bis zum Eintauchen des Einsaugrohres steigen, worauf der Schraubenquetschhahn geschlossen wird. Hierauf wird bei geöffnetem Hahn S_1 K_1, G, d und K mit Quecksilber gefüllt und die Kappe S_2 aufgesetzt. Die Probe wird in S_1 einpipettiert und durch Senken von N_2 nach K_2 gesaugt. Durch Quetschen am Schlauch unter K_1 können jetzt in K meist verbleibende Luftbläschen nach G hinausgedrückt werden. Man wäscht mit wenig Wasser nach und saugt dieses sowie die Schwefelsäure nach K_1. N_1 wird hochgestellt, G und die Capillare zu K_1 vollständig mit Quecksilber gefüllt und S_1 geschlossen. Das Niveau wird gleich hoch wie das in K_1 gestellt, der Quetschhahn von N_1 geöffnet und der von N_2 geschlossen. Das Nitrometer wird hierauf bis zur Beendigung der Gasentwicklung geschüttelt. Man läßt bei Barometerdruck in K_1 stehen und überführt hierauf das Gas in die mit Quecksilber gefüllte Meßröhre E (Innendurchmesser 9 mm, Inhalt 10 ml, in 0,1 ml geteilt). Man taucht K mit E hier ein, senkt N_2, entfernt Kappe S_2 und setzt das Meßrohr über die Spitze von K. Man schließt N_1, hebt N_2, öffnet N_1 wieder und drückt das Gas in das Meßrohr, bis die Schwefelsäure in K_1 bei der Verengung steht. Man läßt nun aus N_1 Quecksilber durch d fließen und überführt den letzten Gasrest über K durch Drücken am Schlauch nach E. Zur Entfernung etwa vorhandenen Kohlendioxyds wird ein hirsekorngroßes Stück festes Ätzkali mittels einer Drahtöse in das Meßrohr eingeführt.

Die Eichung des Apparates erfolgt am besten empirisch, wobei möglichst immer die gleiche Menge und Konzentration der Schwefelsäure eingehalten wird (z. B. 5 ml 0,0001 bis 0,0003 n Kaliumnitratlösung, 1 ml Waschwasser und 15 ml konz. Schwefelsäure).

Die Übereinstimmung bei Parallelbestimmungen beträgt etwa $\pm 2\%$ der Volumenmessung.

Weiteres Schrifttum. Zur notwendigen Konzentration der Schwefelsäure siehe PINKUS und JACOBI; BECKETT; BERL und JURISSEN; MARQUEROL und FLORENTIN.

Zur Korrektur für in der Schwefelsäure gelöstes Stickoxyd siehe WEBB und TAYLOR; PINKUS und JACOBI; TOWER.

Andere Nitrometerkonstruktionen siehe LEO; LUNGE (b, c); PITTMAN; DENNIS und NICHOLS; BODLÄNDER; DEMING.

2. Verfahren nach SCHLÖSING, GRANDEAU und TIEMANN.

Allgemeines. Das Verfahren beruht auf der Reduktion der Nitrate durch Kochen mit salzsaurer Eisen(II)-chloridlösung zu Stickoxyd, das gesammelt und gasvolumetrisch gemessen wird, nach folgender Reaktionsgleichung:

$$NaNO_3 + 3\,FeCl_2 + 4\,HCl = NaCl + 3\,FeCl_3 + 2\,H_2O + NO.$$

Vor der Notwendigkeit stehend, den Nitratgehalt in Pflanzenmaterial (Tabak) zu bestimmen, konnte SCHLÖSING (1853) das damals übliche oxydimetrische Verfahren von PÉLOUZE nicht verwenden, da die gleichzeitig anwesenden, organischen Substanzen eine Rücktitration des unverbrauchten Eisen(II)-Ions mit Kaliumpermanganatlösung unmöglich machten. Er sammelte daher das gebildete Stickoxyd über Kalkmilch und Quecksilber und wandelte es anschließend mit Wasser bei Gegenwart von überschüssigem Sauerstoff in Salpetersäure um, welche er acidimetrisch titrierte. GRANDEAU hat dann als erster das entwickelte Stickoxyd gasvolumetrisch gemessen und daraus den Nitratgehalt berechnet. SCHULZE

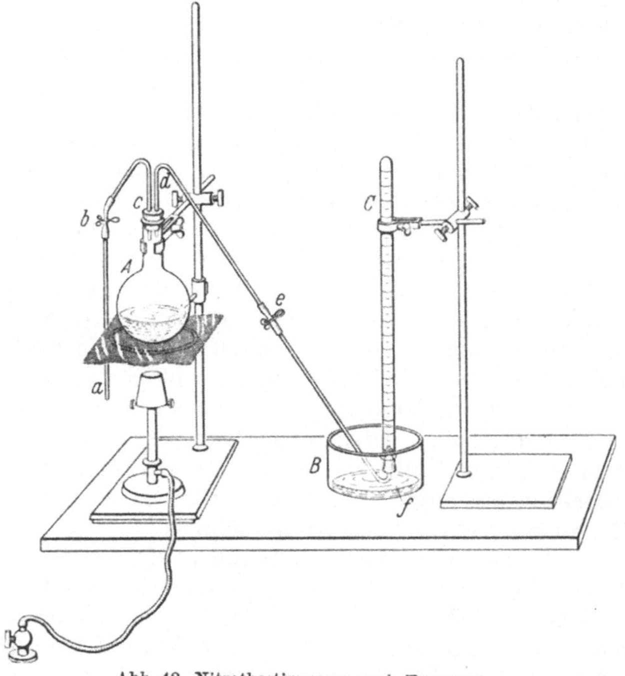

Abb. 42. Nitratbestimmung nach TIEMANN.

(1870) fing das Stickoxyd über feuchtem Quecksilber auf, während TIEMANN (1873) die später allgemein gebrauchte Apparatur (Abb. 42) einführte und als Sperrflüssigkeit die schon von REICHARDT (1870) empfohlene verdünnte Natronlauge anwandte (siehe auch DAVENPORT). Er erzielte hierbei eine Genauigkeit von etwa ±1%. Über spätere Weiterentwicklungen siehe S. 174.

Während die Zersetzungsreaktion nach der obigen Gleichung glatt und ohne Nebenreaktionen verläuft, bereitet das quantitative Sammeln des gebildeten Stickoxyds einige Schwierigkeiten. Es muß aus der Reaktionsflüssigkeit vollständig ausgekocht werden, soll im Sperrwasser möglichst wenig gelöst werden und muß frei von Begleitgasen, z. B. Stickstoff, aufgefangen werden. Sauerstoff muß ferngehalten werden, da er Stickoxyd in das in Wasser und Lauge lösliche Stickstoffdioxyd verwandelt. Die Luft wird in der älteren Ausführungsform durch sorgfältiges Auskochen vertrieben; spätere Autoren empfehlen hierzu Kohlendioxyd, das nach den Erfahrungen von PREGL und anderer [siehe Stickstoffbestimmung nach DUMAS (S. 14)] ohne besondere Schwierigkeiten luftfrei erhalten werden kann.

Auch die Wahl des Sperrwassers bereitet einige Schwierigkeiten. Die geringsten Verluste durch Absorption bereitet Quecksilber, welches in neueren Arbeitsvorschriften wieder — entsprechend den ersten Ausführungsformen, aber in apparativ vereinfachter Weise — angewandt wird. Sonst ist meist verdünnte Natronlauge üblich geworden.

Wegen der Schwierigkeit, alle systematischen Fehler restlos zu beseitigen und zu richtigen Absolutwerten zu gelangen, hat sich die Praxis damit begnügt, die bei normaler und genau festgelegter Arbeitsweise auftretenden Fehler durch eine Testbestimmung unter möglichst gleichen Versuchsbedingungen zu erfassen, und man berechnet den wahren Nitratgehalt der Probe unter Bezugnahme auf diese *Apparatekonstante*.

Auch bei Verzicht auf richtige Absolutwerte und Anwendung zulässiger Vereinfachungen liefert das Verfahren zwar genaue Analysenwerte, ist aber keineswegs einfach in der Ausführung. Wegen der zahlreichen Handgriffe, die eine gewisse Geschicklichkeit erfordern, und der Notwendigkeit, die chemischen Vorgänge dauernd zu überwachen, eignet es sich wenig zur Serienanalyse.

Apparatur. Ein 150 ml fassender starkwandiger Glaskolben (Abb. 42) wird mit einem doppelt durchbohrten Gummistopfen versehen. Durch die eine Bohrung führt ein Glasrohr, das 1,5 cm unterhalb der Bohrung in einer etwa 1 mm weiten Spitze endigt. Oberhalb der Bohrung ist das Glasrohr etwa 45° nach unten gebogen, in der halben Kolbenhöhe abgeschnitten, mit Gummischlauch und Quetschhahn mit einem geraden Glasrohr verbunden, das in Tischhöhe endet. In der anderen Bohrung sitzt ein Glasrohr, das ebenfalls oberhalb des Pfropfens in einem Winkel von 45° nach abwärts gebogen ist. Sein eines Ende ist genau in der unteren Fläche des Stopfens abgeschnitten, das andere Ende ist in etwa der halben Kolbenhöhe abgeschnitten und mit einem Schlauch, der beiderseitig durch Ligaturen verstärkt und mit Quetschhahn versehen ist, mit einem anderen Glasrohr verbunden, das seinerseits am unteren Ende mit einem Winkel von 45° nach oben zeigt. Dieses Ende wird durch Überzug eines Gummischlauches stoßsicher gemacht. Es taucht in einer Wanne unter, welche mit ausgekochtem Wasser gefüllt ist. Darüber wird später ein mit ausgekochter und luftfrei erkalteter, 10%iger Natronlauge gefülltes Eudiometerrohr gestülpt (50 ml Inhalt).

I. *Arbeitsvorschrift von* WEGELIN. Die Nitratprobe in einer Menge, daß etwa 25 bis 50 ml Stickoxyd zu erwarten sind (je nach der Größe des Eudiometerrohres), wird in 50 ml Wasser gelöst und in den Zersetzungskolben gefüllt. Man erhitzt zum Sieden und läßt den Dampf zuerst durch das eine Glasrohr zunächst unmittelbar ins Freie, dann durch das andere Glasrohr in die Wanne strömen, bis die Luft aus dem Kolben vertrieben ist. Man erkennt dies daran, daß nach Schließen des Quetschhahnes *e* die Wannenflüssigkeit schlagartig gegen den Quetschhahn zurücksteigt. Hierauf wird sofort der andere Quetschhahn geöffnet und durch weiteres Verdampfen bis auf etwa 10 ml die Luft auch aus diesem Rohr vertrieben. Man taucht dieses Rohrende in destilliertes Wasser, entfernt die Flamme und schließt gleichzeitig den zweiten Quetschhahn ab, worauf das Wasser in diesem Rohr bis zum Quetschhahn steigt. Nun stülpt man das Eudiometerrohr über das Rohrende in der Wanne, taucht das andere freie Rohrende *a* in ein Becherglas mit 30 ml Eisen(II)-chloridlösung [aus 20 g Eisennägeln in 100 ml Salzsäure ($D = 1{,}124$)], läßt 20 ml davon durch vorsichtiges Öffnen des Quetschhahnes in den Kolben eintreten, spült das Rohr 2 mal durch Hineinsaugen von je 10 ml Salzsäure ($1 + 1$) und noch einmal von 3 bis 4 ml dest. Wasser in den Kolben. Man erhitzt nun erneut den Kolben zunächst $^1/_4$ Stde. im kochenden Wasserbad (WEGELIN), dann über freier Flamme zum Sieden, bis ein Überdruck entsteht, der sich durch Aufblähen der Gummischläuche vor den Quetschhähnen anzeigt. Hierauf öffnet man vorsichtig den zum Eudiometer führenden Quetschhahn und sammelt das entstehende Stickoxyd im Eudiometer, bis es nicht mehr merklich zunimmt und etwa die Hälfte der Flüssigkeit verdampft ist. Um noch die letzten Reste des Stickoxyds in Freiheit zu setzen, läßt man bei beiderseitig geschlossenen Quetschhähnen etwas erkalten, erhitzt neuerdings und treibt das noch entbundene Stickoxyd in das Eudiometerrohr. Letzteres wird in einen mit destilliertem Wasser gefüllten Cylinder getaucht und dort etwa 20 min belassen. Hierauf zieht man das Rohr empor, bis äußeres und inneres Niveau den gleichen Stand haben, und liest Volumen, Temperatur und Barometerstand ab.

Wegen verschiedener Fehlerquellen (Zurückbleiben geringer Stickoxydreste im Zersetzungskolben, Löslichkeit des Stickoxyds in der Wannenflüssigkeit) wird das gemessene Stickoxyd zweckmäßig nicht unmittelbar stöchiometrisch in den NO_3-Gehalt der Probe umgewertet. Vielmehr stellt man mit reinstem, bei 160° getrocknetem Salpeter, von dem man 2,022 g = 0,02 Mol in 1 l löst und 50 ml = 0,001 Mol zur Analyse verwendet, einen Eichwert von V_0^a statt des theoretischen Wertes 22,39 ml NO fest.

Berechnung. Die abgelesenen Gasvolumina werden unter Berücksichtigung von Barometerstand, Temperatur und Wasserdampftension nach der bekannten Formel:

$$V_0 = \frac{V(B - w) \cdot 273}{760\,(273 + t)}$$

auf Normalbedingungen reduziert.

Hat sich nun bei der Analyse der unbekannten Probe V_0^b, bei der Testbestimmung V_0^a ergeben, so beträgt der Gehalt an NO_3^- in der Probe:

$$g\,NO_3 = \frac{V_0^b}{V_0^a} \cdot 0{,}06201.$$

Genauigkeit. Während bezüglich des vollständigen und einheitlichen Verlaufes des chemischen Umsatzes kein Zweifel besteht, zumal er sich auch bei den später zu besprechenden oxydimetrischen Verfahren als streng stöchiometrisch erweist, besteht einerseits die Schwierigkeit, das Stickoxyd quantitativ aus dem Reaktionsgemisch zu entfernen, und andererseits die Notwendigkeit, Verluste durch seine Löslichkeit in der Auffangflüssigkeit zu vermeiden.

Wenn es gelingt, die Testbestimmung mit der gleichen Nitratmenge unter Einhaltung streng vergleichbarer Versuchsbedingungen durchzuführen, werden diese Fehler weitgehend zu eliminieren sein; es wird eine bei gasvolumetrischen Arbeiten auch sonst erreichbare Genauigkeit von etwa 3 bis 5‰ des gefundenen Wertes gemäß 0,1 ml Ablesegenauigkeit im Eudiometer zu erzielen sein.

Störungen. Als besonderer Vorteil des Verfahrens insbesondere gegenüber den oxydimetrischen Verfahren erscheint die Tatsache, daß es durch organische Verunreinigungen in der Regel nicht gestört wird (Liechti und Ritter; Pellet). Sie ist daher auch für Nitratbestimmungen z. B. in Cellulose- und Glycerinnitrat geeignet.

Bei Gegenwart von As_2O_3 und von H_2S ist die Methode nicht anwendbar (Ruff und Gersten).

II. Sonstige Varianten. An Stelle des Auskochens des Stickoxyds schlug Spiegel vor, die Luft aus dem Apparat (siehe vorher auch Warington) durch Kohlendioxyd zu verdrängen und das Stickoxyd durch Kohlendioxyd in die Meßröhre überzutreiben (Strecker). Das Auffangen des Gases kann auch im Schiffschen Azotometer geschehen. Man kann aber auch das Kohlendioxyd im Zersetzungskolben selbst durch Zusatz von Natriumhydrogencarbonat erzeugen (Strecker und Schartow). Diese Verfahren, die insbesondere zur kombinierten gasvolumetrischen Nitrit- und Nitratbestimmung vorteilhaft sind, wurden S. 123 näher beschrieben.

Als Sperrflüssigkeit wurde außer verd. Natronlauge (Tiemann) auch luftfreies Wasser (Pellet) oder mit Stickoxyd gesättigtes Wasser (Wuyts) vorgeschlagen.

Als methodische Verbesserung trotz gewisser, damit verbundener, experimenteller Schwierigkeiten erscheint zur Vermeidung des Stickoxydverlustes durch Absorption in der als Sperrflüssigkeit dienenden Lauge vor allem die Anwendung von Quecksilber als Sperrflüssigkeit, wie sie bereits Schulze vorgeschlagen hat. Um das Zurücksteigen des Quecksilbers in den Zersetzungskolben zu vermeiden, braucht das Ableitungsrohr nur verlängert zu werden, da das Quecksilber nicht höher als 76 cm zurückzusteigen vermag. Ein häufig zitierter Apparat stammt von Wegelin. Siehe auch de Koninck sowie Liechti und Ritter.

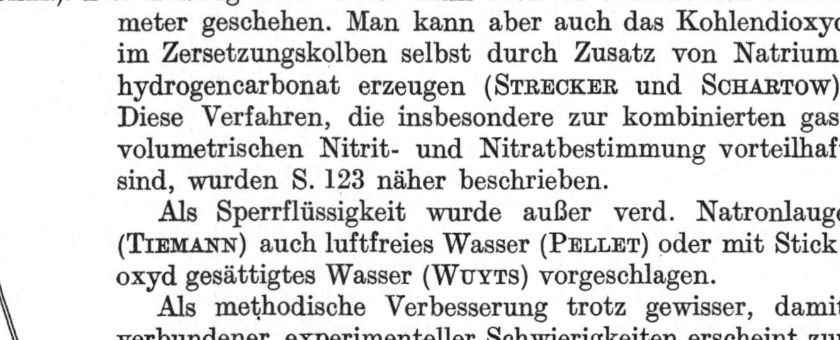

Abb. 43. Nitratbestimmung nach Wegelin.

Das schief gestellte starkwandige etwa 120 ml fassende Zersetzungskölbchen K (Abb. 43) mit etwa 9 cm langem Hals trägt über die angeschmolzene Capillare H und einen mit Quetschhahn q_1 verschließbaren Gummischlauch einen Einfülltrichter T, am anderen angeschmolzenen Glasrohr s über einen mit Ligaturen abgedichteten Gummischlauch das etwa 80 cm (über Barometerhöhe) lange Glasrohr g. Sein unteres, aufgebogenes Ende ist wieder mit einem Gummischlauch überzogen und taucht in die unten mit Quecksilber, oben mit Wasser gefüllte Wanne G. Darüber ist das mit einem weiteren Quetschhahn q_2 und einem Ansatzrohr versehene Auffanggefäß C gestülpt.

Nach Einfüllen der 50 ml-Probe wird wie bei Tiemann (siehe oben) der Kolben, die Capillare k und das Rohr g luftfrei gekocht. Hierauf wird durch Ansaugen mit einer Wasserstrahlpumpe an den Stutzen des Auffanggefäßes die Luft abgesaugt. Hierauf läßt man durch Entfernen der Flamme abkühlen, füllt 20 ml Eisenchloridlösung (siehe oben) und 20 ml konz. Salzsäure ein, erhitzt zunächst $^1/_2$ Stde. am siedenden Wasserbad, um einen Verlust an unzersetzter Salpetersäure zu vermeiden, und treibt dann das Stickoxyd mit freier Flamme über. Nachdem fast alles Stickoxyd entwichen ist, läßt man wieder erkalten, um das gelöste Restgas auszutreiben und sammelt es nach Zusatz von 10 ml konz. Salzsäure durch Erhitzen restlos in dem Auffanggefäß.

Das Gas wird hierauf in einen Gas-Meßbehälter, z. B. nach HEMPEL, abgesaugt und abgelesen, wobei man etwa 0,5 ml Wasser zwecks Absorption des HCl-Dampfes zusetzt.

Man führt, wie bei TIEMANN beschrieben, einen Parallelversuch mit einer möglichst gleichen Menge reinsten Nitrates aus. Das erhaltene Gasvolumen dient auf gleiche Weise wie oben beschrieben zur Berechnung des Analysenresultates.

Einen Überblick über die tatsächlich auch heute noch in den verschiedenen europäischen Ländern üblichen Ausführungsformen der Methode SCHLÖSING-GRANDEAU-TIEMANN vermittelt ein Bericht der Organisation für Europäische wirtschaftliche Zusammenarbeit (OEEC) vom Jahre 1952. Als Resumé der Angaben mehrerer europäischer Delegationen kann folgende ***Arbeitsvorschrift*** gelten.

An Stelle des Rohres mit Quetschhahn zum Aufsaugen der Lösungen, wie dies nach TIEMANN vorgesehen ist, tritt allgemein ein Tropftrichter, dessen capillarer Stiel fast bis zum Boden des Kolbens reicht. Das Eudiometerrohr faßt 100 ml. Man führt zunächst 50 ml Eisen(II)-chloridlösung (200 g Eisen in der zum Lösen nötigen Menge Salzsäure gelöst und auf 1 l verdünnt) und 50 ml Salzsäure (D 1,19) ein und verkocht die Luft. In die luftfreie Apparatur läßt man die etwa 90 ml NO entsprechende Menge carbonatfreie Probe, in 10 ml gelöst, in kleinen Anteilen, ohne das Sieden zu unterbrechen, zufließen und spült mehrmals mit wenig Salzsäure nach. Das Gas wird über ausgekochtem Wasser aufgefangen. Das Kochen wird bis zum Aufhören der Gasentwicklung fortgesetzt.

Die Bestimmung wird sofort mit 10 ml einer Lösung von 39,25 g reinstem Kalisalpeter auf 1 l Wasser wiederholt.

Mit der im Kolben befindlichen Eisenchloridlösung können 6 bis 7 Bestimmungen hintereinander durchgeführt werden, wenn die verdampfende Menge Salzsäure erneuert wird.

Eine Kombination der gasvolumetrischen Nitratbestimmung mit der oxydimetrischen Methode nach PÉLOUZE stammt von RISCHBIETH. Sie ist S. 207 näher ausgeführt.

III. Anwendung auf Nitrocellulose. VERSCHRAGEN zieht zur Bestimmung des Stickstoffgehaltes von Nitrocellulosen die Methode nach SCHLÖSING der von LUNGE und DEVARDA sowie von LECLERQ und MATHÉ (siehe S. 211) vor, da sie keine vorhergehende Lösung der Probe z. B. in konz. Schwefelsäure notwendig macht. Die Proben werden vor der Analyse im Luftstrom zunächst bei 50 bis 60° und dann 3 Std. bei 100° getrocknet.

Nach LUNGE wird die Probe in 94,5%iger Schwefelsäure gelöst, nach DEVARDA zunächst in Aceton gelöst und dann mit verd. Alkali gefällt; oder man löst sie in verd. Alkali, das etwas Wasserstoffperoxyd enthält.

Die Werte nach SCHLÖSING sind um etwa 1 bis 2% höher als nach LUNGE und LECLERQ; sie sind sehr ähnlich den nach DEVARDA mit Aceton erhaltenen Zahlen.

3. Reduktion mit Kupfer (GANTTER).

Prinzip. Anstatt das Nitrat nach SCHLÖSING-GRANDEAU-TIEMANN mit Eisen(II)-chlorid in salzsaurer Lösung zu zersetzen, kann die Reduktion auch mit metallischem Kupfer in stark schwefelsaurer Lösung entsprechend der Gleichung:

$$2\,HNO_3 + 3\,Cu + 3\,H_2SO_4 = 2\,NO + 3\,CuSO_4 + 4\,H_2O$$

durchgeführt werden.

Das Verfahren bietet gegenüber der Arbeitsweise von SCHLÖSING-GRANDEAU-TIEMANN keine Vorteile; die Genauigkeit ist wesentlich geringer. Auch in diesem Falle muß der Luftsauerstoff vollständig verdrängt werden, da anderenfalls Bildung von Stickdioxyd eintritt, welches sich im Sperrwasser löst.

Als *Apparatur* dient ein KNOP-WAGNERsches Azotometer oder entsprechendes Nitrometer mit getrenntem Gasentwicklungsgefäß.

Arbeitsvorschrift. Man bringt in das Entwicklungsgefäß 500 mg Nitrat, löst es in 10 ml Wasser und wirft einige Spiralen von reinstem Kupferdraht in die Lösung. Man verbindet mit dem Azotometer, verdrängt die Luft vollständig durch Wasserstoff und temperiert das Entwicklungsgefäß. Hierauf läßt man 5 ml konz. Schwefelsäure tropfenweise in das Entwicklungsgefäß fließen, bis sich an den Kupferspiralen eine langsame Gasentwicklung zeigt. Die Gasentwicklung darf nie so stark werden, daß rote Dämpfe auftreten; sie kann durch Eintauchen des Kolbens in kaltes Wasser gebremst werden. Die Reaktion wird schließlich durch Erwärmen am Wasserbad vervollständigt, wobei durch Schütteln die letzten an den Kupferspiralen hängenden Gasbläschen entfernt werden; man temperiert schließlich auf die Ausgangstemperatur und liest das Gasvolumen ab.

Berechnung. 1 ml NO entspricht unter Normalbedingungen 0,6256 mg N.

Genauigkeit. Mit 500 mg Salpeter werden in der Regel um 0,5 bis 2% zu hohe Werte gefunden; bei kleinen Probemengen fallen die Resultate zu niedrig aus.

4. Methoden auf Grund des „Wasserstoffdefizits".

a) Arbeitsweise von SCHULZE. Der Verbrauch an naszierendem Wasserstoff zur Reduktion eines Nitrates zu Ammoniak ist erstmals von SCHULZE zur gasvolumetrischen Nitratbestimmung ausgenützt worden. Hierbei wird zunächst aus einer gewogenen Menge Aluminium mit Kalilauge das Volumen des entstandenen Wasserstoffs bestimmt und hierauf dieselbe Reaktion bei gleichzeitiger Anwesenheit der Nitratprobe durchgeführt. Das Minus an Wasserstoff, das gemäß der Gleichung:

$$KNO_3 + 8\,H = NH_3 + KOH + 2\,H_2O$$

zur Ammoniakbildung verbraucht wurde, dient als Maß für die vorhandene Nitratmenge.

Als *Apparatur* dient ein Azotometer, z. B. nach KNOP-WAGNER mit kleinem Gasentwicklungsgefäß mit Tropftrichter oder entsprechendes Nitrometer (Abb. 36 und 40).

Arbeitsvorschrift. Aus 0,075 g Aluminiumfeilen und 5 ml Kalilauge wird bei Zimmertemperatur unter vor- und nachherigem Temperieren die entwickelte Menge Wasserstoff bestimmt. Hierauf wird dieselbe Bestimmung bei Anwesenheit der in 20 ml gelösten Nitratprobe durchgeführt, wobei soviel Aluminium zugefügt wird, daß auf 1 Teil Salpetersäure 2 Teile Aluminium entfallen. Das Auflösen des Aluminiums soll sehr langsam (3 bis 4 Std.) geschehen.

Man berechnet auf Grund der Vorprobe ohne Nitrat, wieviel Wasserstoff bei der Hauptprobe aus der eingewogenen Menge Aluminium entstanden wäre, wenn kein Nitrat vorhanden gewesen wäre. Nach Abzug des tatsächlich gemessenen Wasserstoffs ergibt sich das „Wasserstoffdefizit".

Da 1 Mol Salpeter entsprechend der Gleichung

$$KNO_3 + 8\,H = KOH + NH_3 + 2\,H_2O$$

8 Atome Wasserstoff verbraucht, entsprechen 0,8875 ml Wasserstoff im Normalzustand 1 mg KNO_3.

b) Arbeitsweise von ULSCH. Eine wesentliche Schwierigkeit bei dem Verfahren von SCHULZE ist die lange Dauer der Bestimmung (3 bis 4 Std.), da das Aluminium nur langsam in Lösung gehen soll und vollständige Lösung abgewartet werden muß.

ULSCH vermeidet diesen Nachteil dadurch, daß er die Reduktion mit verkupfertem Eisen in schwefelsaurer Lösung durchführt und die Menge des zu entwickelnden Wasserstoffs nicht auf Grund der Einwaage an Metall, sondern auf Grund der zugemessenen Menge titrierter Säure dosiert. Das Metall ist bei Blindwert und Analyse stets im Überschuß. Die Zersetzung muß in Wasserstoffatmosphäre erfolgen. Das Verfahren ist für den Halbmikromaßstab (10 bis 20 mg Salpeter) ausgebildet.

Als *Apparat* dient ein Azotometer nach KNOP-WAGNER oder WAGNER-BAUMANN (siehe Abb. 30) oder ein entsprechendes Nitrometer.

Das Zersetzungskölbchen (Abb. 44) besteht aus einem 50 ml-Rundkolben mit dreifach durchbohrtem Stopfen. Die eine Bohrung trägt einen kleinen Tropftrichter, dessen Stiel knapp unterhalb des Stopfens endet, die zweite Bohrung ein zweimal rechtwinkliges Glasrohr, dessen außerhalb des Kölbchens befindliches Ende mit einem Gummischlauch und Quetschhahn versehen ist und dessen anderes Ende fast bis zum Boden des Kölbchens reicht. Die dritte Bohrung trägt ein kurzes, rechtwinklig gebogenes Gasableitungsrohr, das zum Azotometer führt.

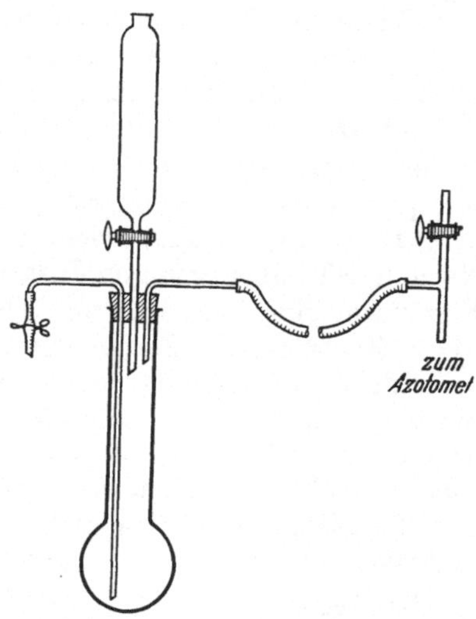

Abb. 44. Zersetzungskölbchen nach ULSCH.

Arbeitsvorschrift. In dem Zersetzungskölbchen werden 3 g reines Eisenpulver mit 20 ml einer durch Auflösen von 14 g Kupfervitriol auf 1 l hergestellten Lösung gelinde erwärmt. Die nicht mehr blau gefärbte Lösung wird vom Metall abgegossen und letzteres mehrmals mit warmem Wasser dekantiert. Hierauf wird das Kölbchen mit dem mit Sperrwasser gefüllten Azotometer verbunden und die Luft aus dem Kölbchen durch Zusatz von etwa 10 ml n Schwefelsäure verdrängt, hierauf temperiert man auf 75° (nicht höher), bis keine weitere Gasentwicklung zu beobachten ist. Man entfernt nun den Hauptteil der verbrauchten Lösung durch Senken des Kölbchens und Öffnen des Quetschhahnes, ohne auch das Metall zu entfernen. Man stellt das Azotometer auf Null, fügt hierauf 20 ml 0,1 n Schwefelsäure durch den Tropftrichter zu, läßt ausreagieren (etwa 3 min) und mißt, während das Kölbchen sich im Temperierbad befindet.

Das genaue Gasvolumen, abzüglich der zugesetzten 20 Milliliter und auf Normalbedingungen reduziert ergibt in relativ guter Übereinstimmung 22,11 ml $\pm$ 2‰ je mg-Atom Fe.

Zur eigentlichen Bestimmung wird zu den 20 Millilitern 0,1 n H_2SO_4 die gelöste Nitratprobe (bis zu 20 mg KNO_3) zugefügt und erneut die entwickelte Menge Wasserstoff bestimmt.

Berechnung. Für die Bindung von Säure und Wasserstoff sind folgende Reaktionsgleichungen maßgebend:

$$2\,KNO_3 + H_2SO_4 = K_2SO_4 + 2\,HNO_3;$$
$$2\,HNO_3 + 8\,H_2 = 2\,NH_3 + 6\,H_2O;$$
$$2\,NH_3 + H_2SO_4 = (NH_4)_2SO_4.$$

Für ein Mol Natriumnitrat beträgt somit das Defizit 10 H-Atome (Säure-Äquivalente); 1 mg KNO_3 entsprechen 1,109 ml Wasserstoffdefizit bei 0° und 760 mm.

Die *Genauigkeit* beträgt $\pm$0,5 bis 1%.

Eine Füllung des Kölbchens mit verkupfertem Eisen reicht für 25 Bestimmungen, wenn nicht mehr als 10 mg KNO_3 je Bestimmung vorhanden sind.

5. Gasvolumetrische Bestimmung als Stickstoff (GANTTER).

Das Verfahren verläuft in zwei Stufen, die aber in einer Operation durchgeführt werden. Zunächst wird das Nitrat durch Zusatz von phosphoriger Säure zu Nitrit reduziert und aus diesem sofort durch Kochen mit Ammoniumchlorid Stickstoff gebildet, der gasvolumetrisch gemessen wird.

$$HNO_3 + H_3PO_3 = HNO_2 + H_3PO_4;$$
$$HNO_2 + NH_4Cl = N_2 + H_2O + HCl.$$

Als *Apparat* dient ein Azotometer. An Stelle der von GANTTER beschriebenen Apparatur kann auch ein beliebiges anderes Azotometer, z. B. dasjenige von WAGNER-KNOP oder Nitrometer (siehe S. 168) verwendet werden. Das Zersetzungsgefäß enthält einen kleinen Aufsatz, der mit verd. Natronlauge beschickt ist und etwa austretende Salzsäuredämpfe zurückhalten soll.

Arbeitsvorschrift. Man bringt 3 ml einer nicht mehr als 300 mg Salpeter enthaltenden Lösung sowie 500 mg festes Ammoniumchlorid und 500 mg kristallisierte phosphorige Säure in den Entwicklungskolben und setzt noch 2 ml Schwefelsäure (2 + 1) zu. In den Tropftrichter werden 5 ml derselben Schwefelsäure eingeführt. Nach dem Temperieren und Justieren des Azotometers leitet man durch vorsichtiges Erwärmen eine langsame und gleichmäßige Gasentwicklung ein, die durch zeitweises Entfernen der Flamme gemäßigt werden kann. Die Flüssigkeit darf sich hierbei nicht gelb färben. Nachdem die Gasentwicklung nachgelassen hat, entfernt man die Flamme, tropft die Schwefelsäure aus dem Tropftrichter zu und erwärmt von neuem. Am Schluß erhitzt man zum Sieden und setzt dieses fort, bis keine weitere Gasentwicklung mehr zu beobachten ist und ein Teil der Lösung zur Natronlauge destilliert ist; es darf aber nicht bis zur Braunfärbung der Flüssigkeit infolge Konzentrationserhöhung der Schwefelsäure erhitzt werden.

Der Apparat und die Arbeitsweise wird zweckmäßig mit Einwaagen von 25 bis 250 mg reinstem Kaliumnitrat geeicht. Dabei ergab sich, daß 1 ml verdrängtes Wasser 0,577 mg N_2 entsprechen (nicht auf Normalbedingungen reduziert!).

Genauigkeit. Parallelbestimmungen ergaben eine mittlere Abweichung von etwa ±0,2%, bei Abweichungen vom theoretischen Wert von etwa 0,3 bis 0,8%.

Auf dem beschriebenen Wege kann auch eine Nitratbestimmung in Trinkwasser (Trockenrückstand aus 500 ml Wasser) durchgeführt werden. KLUGE und LEHMANN geben dagegen an, daß das Verfahren in verdünnteren Lösungen versage.

Auf ähnliche Weise hat LONGI schon vorher Nitrate mit einer salzsauren Lösung von arseniger Säure zu Nitrit reduziert und mit Harnstoff gasvolumetrisch in Form von Stickstoff bestimmt.

6. Gasvolumetrische Bestimmung als Distickstoffoxyd (QUARTAROLI).

Nitrate reagieren mit überschüssiger Ameisensäure unter Bildung von Distickstoffoxyd (N_2O) und Kohlendioxyd nach folgender Gleichung:

$$2\,KNO_3 + 6\,HCOOH = N_2O + 4\,CO_2 + 2\,HCOOK + 5\,H_2O.$$

Als *Apparatur* dient ein kleines Reagensglas von 15 ml Inhalt, dessen Gasableitungsrohr in ein Eudiometerrohr von etwa 250 ml Fassungsraum mündet, das sich in einer mit Quecksilber gefüllten Wanne befindet.

Arbeitsvorschrift. 0,1 bis 0,3 g Nitrat werden in dem oben genannten Reagensglas mit 5 ml wasserfreier Ameisensäure erwärmt. Nach Beendigung der Gasentwicklung wird die Summe des Gases abgelesen, hierauf das Kohlendioxyd mit 2 ml konz. Kalilauge absorbiert, das Volumen des restlichen Distickstoffoxyds notiert und daraus der Nitratgehalt nach obiger Gleichung berechnet: 1 ml N_2O (0°, 760 mm) entspricht 5,573 mg NO_3^-.

Bemerkung. Das Verfahren scheint nicht immer reproduzierbar zu sein; MOLINARI konnte damit keine zufriedenstellenden Ergebnisse erhalten.

Literatur.

BECKETT, E. G.: Soc. **117**, 220 (1920). — BERL, E., u. JURISSEN: Angew. Ch. **23**, 241 (1910). — BERL-LUNGE: I, S. 621. — BODLÄNDER, G.: Angew. Ch. **7**, 428 (1894).

CRUM, W.: Phil. Mag. (3) **30**, 426 (1847).

DAVENPORT, A. T.: Am. Soc. **32**, 1237 (1910). — DEMING, H. G.: Am. Soc. **39**, 2145 (1917). — DENNIS, L. M., u. M. L. NICHOLS: Gas Analysis. New York 1922.

ELVING, PH. J., u. W. R. MCELROY: Ind. eng. Chem. Anal. Edit. **14**, 84 (1942); durch Fr. **129**, 76 (1949).

GANTTER, F.: (a) Fr. **32**, 553 (1893); (b) **34**, 25 (1895). — GRANDEAU, L.: Analyse chimique appliquée à l'agriculture.

JONES, E. M.: Ind. eng. Chem. **17**, 144 (1925).

KLEMENC, A., u. E. HAYEK: Z. anorg. Ch. **165**, 157 (1927); durch Fr. **74**, 309 (1928). — KLUGE, A., u. H.-A. LEHMANN: Fr. **132**, 328 (1951). — DE KONINCK, L. L.: Fr. **33**, 200 (1894).

LEO, K.: Ch. Z. **33**, 1218 (1909). — LIECHTI, P., u. E. RITTER: Fr. **42**, 205 (1903). — LUNGE, G.: (a) Angew. Ch. **3**, 139 (1890) — (b) B. **23**, 440 (1890); (c) **25**, 3157 (1892). — LUNGE, G., u. E. BERL: Angew. Ch. **19**, 807 (1906).

MARQUEROL, M., u. D. FLORENTIN: Bl. [4] **9**, 231 (1911). — MOLINARI, U.: durch A. QUARTAROLI: Staz. sperim. agr. Ital. **47**, 161 (1914); durch C. **85**, **I**, 1458 (1914).

O. E. E. C.: Les Engrais Méthodes d'Analyse, AG/EFI (52) 1, Paris 1952.

PELLET, W. H.: Ann. Chim. anal. **16**, 294 (1911). — PFEIFFER, TH.: Fr. **42**, 612 (1903). — PHELPS, J. K.: J. Assoc. offic. agric. Chem. **5**, 104 (1921). — PIETERS, H. A. J., u. M. J. MANNENS: Fr. **82**, 218 (1930). — PINKUS, A., u. J. JACOBI: Bl. Soc. chim. Belg. **36**, 448 (1927). — PITTMAN, J. R.: J. Soc. chem. Ind. **19**, 983 (1900).

QUARTAROLI, A.: Staz. sperim. agr. Ital. **44**, 157, 210 (1911); durch C. **82**, **II**, 49, 389 (1911).

REICHARDT, E.: Fr. **9**, 24 (1870). — RUFF, O., u. E. GERSTEN: Z. anorg. Ch. **71**, 419 (1911).

SANDERS, M. T.: Ind. eng. Chem. **12**, 169 (1920). — SCHLÖSING, TH.: Ann. Chim. Phys. [3] **40**, 479 (1853) — J. pr. (1) **62**, 142 (1854). — SCHULZE, F.: (a) Fr. **9**, 401 (1870); (b) **2**, 305 (1863). — SPIEGEL, L.: B. **23**, 1361 (1890). — STRECKER, W.: B. **51**, 997 (1918). — STRECKER, W., u. L. SCHARTOW: Fr. **64**, 218 (1924).

TIEMANN, F.: B. **6**, 1041 (1873). — TOWER, O. F.: Z. anorg. Ch. **50**, 382 (1906).

ULSCH, K.: Fr. **30**, 175 (1891).

WARINGTON, R.: Soc. **37**, 468 (1880); **41**, 345 (1882). — WEBB, H. W., u. N. TAYLOR: J. Soc. chem. Ind. **41**, 362 (1922). — WEGELIN, G.: Dissertation. Zürich 1907; durch W. D. TREADWELL: Lehrbuch II, 11. Aufl., S. 391 (1946). — WUYTS, L.: J. Soc. chem. Ind. **35**, 149 (1916); durch C. **87**, **I**, 1191 (1916).

C. Maßanalytische Verfahren.

Allgemeines. Wie bereits früher erwähnt, stellt die Maßanalyse aus fast allen ihren Teilgebieten die weitaus überwiegende Zahl der Nitratbestimmungsverfahren. Die Ursache hierfür ist einerseits darin zu suchen, daß Reduktionsprodukte des Nitrat-Ions, wie z. B. Ammoniak oder salpetrige Säure, leicht und in geringer Menge bestimmbar sind, andererseits darin, daß das Nitrat-Ion mit zahlreichen leicht bestimmbaren Reduktions-Maßlösungen, wie Eisen(II)-sulfat oder z. B. Chrom(II)-salzlösungen, rasch und eindeutig verlaufende Reaktionen eingeht.

Die Reduktion zu Ammoniak dürfte wohl mit weitem Abstand die analytisch am häufigsten benutzte Umsetzung des Nitrat-Ions sein, da diese wasserstoffreichste Stickstoffverbindung das Endprodukt der Reaktion mit zahlreichen entsprechend starken Reduktionsmitteln ist. Der besondere Vorteil des Ammoniaks als analytische Bezugssubstanz besteht vor allem in der Möglichkeit, es als flüchtige Base aus einem Gemisch zahlreicher anderer Stoffe rasch und vollständig abtrennen zu können sowie in der Möglichkeit, es nach den verschiedensten, verläßlichen, maßanalytischen Methoden leicht und genau bestimmen zu können, sofern nicht für sehr geringe Mengen die Colorimetrie mit NESZLER-Reagens vorgezogen wird.

Einige reduzierende Maßlösungen, wie beispielsweise Eisen(II)-sulfat in alkalischer Lösung und unter Mithilfe von Katalysatoren, Chrom(II)-, Titan(III)- und Zinn(II)-salzlösungen, führen die Reduktion von Nitrat zu Ammoniak derart rasch und auch bei mäßigem Überschuß quantitativ durch, daß man nicht das gebildete Ammoniak, sondern den Verbrauch an Reduktionsmittel bzw. den Überschuß der in einer bekannten Menge zugesetzten, reduzierenden Maßlösung oxydimetrisch zurücktitrieren kann.

Eine weitere, analytisch sehr häufig zur maßanalytischen Nitratbestimmung ausgewertete Reduktionsreaktion führt zum Stickoxyd. Während aber hier das Stickoxyd selbst nur ausnahmsweise maßanalytisch erfaßt wird, ist die Erfassung des Verbrauches an Reduktionsmittel — hier vor allem des Eisen(II)-Ions in der Wärme, dem das wichtige Verfahren von PÉLOUZE und seine späteren Modifikationen zugrunde liegen, bei dieser Reaktion besonders bequem und auch bei sehr geringen Nitratmengen durchführbar.

Schließlich gestattet aber auch die Reduktion des Nitrat-Ions nur bis zum Nitrit-Ion mannigfache maßanalytische Anwendungen, welche auch hier entweder auf eine oxydimetrische Nitritbestimmung hinauslaufen, oder aber die Reduktion wird mit gemessenen Mengen Eisen(II)-sulfat in stark schwefelsaurer Lösung unter Eiskühlung durchgeführt, wobei sich ein Überschuß an Eisen(II)-Ion von selbst anzeigt.

Geringe Bedeutung haben schließlich maßanalytische Verfahren, bei welchen das aus Salpetersäure und Salzsäure in Freiheit gesetzte Chlor jodometrisch bestimmt wird. Auch das früher insbesondere in der Wasseranalyse häufiger angewendete unmittelbare Titrationsverfahren mit Indigo wird heute nur noch ausnahmsweise angewandt.

1. Reduktion zu Ammoniak und dessen maßanalytische Bestimmung.

Allgemeines. Methoden, welche auf der Überführung von Nitrat in Ammoniak und dessen Bestimmung beruhen, haben von vorneherein gegenüber anderen Bestimmungsformen den Vorteil, daß sich Ammoniak relativ leicht aus Reaktionsmischungen quantitativ abtrennen und bestimmen läßt. Schwierigkeiten bereitet gelegentlich nur die Bildung andersartiger Reaktionsprodukte wie Stickstoff, Stickoxyde u. dgl.

Ein Nachteil dieser Verfahren besteht darin, daß sie unmittelbar keine Unterscheidung zwischen Nitratstickstoff, Nitritstickstoff und dem bereits als Ammoniumverbindungen in der Probe vorhandenen Ammoniumstickstoff erlauben. Will man daher den Gehalt an Nitratstickstoff allein kennenlernen, so muß der Nitrit- und Ammoniumstickstoff in gesonderten Analysen erfaßt und von dem gefundenen Gesamtstickstoff abgezogen werden.

Die Reduktion von Nitrat zu Ammoniak kann auf sehr verschiedenartige Weise bewirkt werden. Früher wurde sie gelegentlich im Wege von Glühprozessen im Rohr durchgeführt. Sie kann auch als Vorbereitung zu einem anschließenden Aufschluß mit konzentrierter Schwefelsäure nach KJELDAHL durch Behandeln mit leicht nitrierbaren, aromatischen Verbindungen und Reduktion mit Natriumthiosulfat, Zinkstaub u. dgl. durchgeführt werden, eine Arbeitsweise, die namentlich für die Nitratbestimmung neben organisch gebundenem Stickstoff in Betracht kommt.

Ferner kann die Reduktion mit *naszierendem Wasserstoff*, d. i. mit Metallen, Metallmischungen und Legierungen, in saurem, neutralem und alkalischem Medium durchgeführt werden. Hierher gehören die wichtigsten Nitratbestimmungsverfahren nach DEVARDA, ARND und ULSCH.

Es sind aber auch stark reduzierende Salzlösungen von Metallen niedriger Wertigkeitsstufen mit Vorteil anwendbar, wie Ti(III)-, Fe(II)- und Cr(II)-Salze.

Schließlich kann die Reduktion auch durch Elektrolyse an der Kathode sowie durch katalytische Hydrierung erfolgen.

Wegen des häufigen Vorkommens von Ammoniak in den Reagenzien bzw. seiner Bildung aus verschiedenen Nebenbestandteilen müssen in allen Fällen Blindwerte der Nitratprobe bestimmt und bei der Analyse berücksichtigt werden. Bezüglich der Vorrichtung zum Abdestillieren des gebildeten Ammoniaks und dessen Titration siehe Bd. Ia.

Die Bestimmung des Ammoniaks im Destillat wird in der Regel durch Auffangen in einer Vorlage von titrierter Säure und Titration der überschüssigen Säure mit titrierter Lauge vorgenommen. Es kann aber auch an Stelle von titrierter Säure entsprechend einem Vorschlag von WINKLER 2 bis 4% ige wäßrige Borsäurelösung vorgelegt werden. Hierdurch wird ein Verlust von Ammoniak vermieden; die Titration der Ammoniumboratlösung, für welche häufig eine Indicatormischung von Bromkresolgrün-Methylrot empfohlen wird, kann mit gestellter Säure erfolgen, als ob nur Ammoniak in Wasser vorliegen würde.

Schließlich kann das Ammoniak im Destillat auch noch auf andere Weise, mit Formol oder z. B. jodometrisch mit Jodid-Jodat oder mit Bromlauge bestimmt werden.

Kleinste Mengen Ammoniak können schließlich im Destillat mit NESZLERschem Reagens colorimetrisch bestimmt werden.

Siehe hierzu auch S. 39.

Alle die Bestimmung von kleinen und größeren Mengen Ammoniak betreffenden Verfahren sind ausführlich im Band Ia dieses Handbuches beschrieben.

I. Glühprozesse. *Allgemeines.* In Analogie zu dem seinerzeit häufiger angewandten Verfahren zur Bestimmung des Stickstoffs in organischen Substanzen von WILL und VARRENTRAPP (siehe S. 31) wurden geeignete Arbeitsvorschriften entwickelt, um auch in Nitraten den Stickstoff im geschlossenen Rohr durch trockenes Erhitzen mit reduzierenden Substanzen in Ammoniak zu verwandeln. Als reduzierende Substanzen dienen Natriumthiosulfat oder Schwefel, als Substanzen, welche beim Erhitzen das nötige Spülgas liefern, werden Natriumacetat oder Oxalate verwendet. Die Verfahren liefern den Gesamtstickstoff, d. h. neben dem Nitratstickstoff auch den Ammoniak- und organischen Stickstoff sowie den Stickstoff aus sonstigen vorhandenen Stickstoffverbindungen.

Die Verfahren sind arbeitsintensiv, zeitraubend und wegen des hohen Verschleißes an Verbrennungsrohren auch kostspielig. Ihre Anwendung dürfte demnach kaum mehr zeitgemäß sein.

Trotzdem ist noch in letzter Zeit eine neue Variante entwickelt worden, welche aber ebenfalls mit den geschilderten Nachteilen behaftet ist.

a) Verfahren von HOUZEAU. Hierzu dient die Apparatur nach WILL und VARRENTRAPP (S. 31).

Arbeitsvorschrift. Das Verbrennungsrohr wird zunächst mit 2 g eines am Wasserbad entwässerten Salzgemisches aus gleichen Teilen Natriumacetat und Natriumthiosulfat, das mit grob gestoßenem Natronkalk gemischt wurde, hierauf mit einer Schicht von mehreren Zentimetern desselben Natriumkalkes beschickt. Hierauf werden 0,5 g der Probe mit 10 bis 15 g Salzmischung und 10 g Natronkalkpulver gemengt und in das Rohr gefüllt und noch weitere Mengen Natronkalk nachgegeben. Man erhitzt wie bei dem alten Verfahren von WILL und VARRENTRAPP von vorne nach hinten. Das am Ende befindliche Salzgemisch dient zur Entwicklung des indifferenten Gasgemisches, welches das gebildete Ammoniak in die vorgelegte gestellte Säure drängt.

b) Verfahren von BOYER. Durch Erhitzen einer Nitratprobe mit Oxalsäure, Natronkalk und Schwefel bis zur Rotglut wird aller Nitratstickstoff, zugleich mit dem organischen und Ammonium-Stickstoff als Ammoniak ausgetrieben.

Auch hierzu bedient man sich der Apparatur nach WILL und VARRENTRAPP (S. 31).

Reagenzien. Die Reduktionsmischung besteht aus einem pulverisierten Gemenge von 1 Teil Schwefel, 2 Teilen Calciumoxalat und 6 Teilen Natronkalk.

Durchführung der Analyse. 0,5 g trockener und feingepulverter Salpeter werden mit 50 g Reduktionsmischung gut vermengt. In ein einseitig geschlossenes Verbrennungsrohr von 0,55 m Länge und 17 mm Durchmesser führt man, beginnend vom geschlossenen Ende, 2 g Calciumoxalat zur Entwicklung des Spülgases, 10 g pulverisierten Natronkalk, 10 g Reduktionsmischung, die obige Probenmischung (Salpeter + Reduktionsmischung), 10 g Reduktionsmischung, 10 g Natronkalkpulver, am Schluß einen „Asbestbausch" ein. Die Verbrennung wird in 40 min durchgeführt, das entwickelte Ammoniak in einem mit überschüssiger titrierter Schwefelsäure beschickten Absorptionsgefäß nach WILL und VARRENTRAPP aufgefangen. Vor der Titration werden Schwefelwasserstoff und Kohlendioxyd ausgekocht.

Die erhaltenen Werte sind sehr genau.

c) *Verfahren von* DATTA. DATTA hat neuerdings an diese alten Methoden angeknüpft. Er erhitzt die Nitratprobe mit einem Gemenge von Calciumhydroxyd und Schwefel und fängt das abdestillierende Ammoniak in titrierter Salzsäure auf.

Arbeitsvorschrift. 0,1 g der trockenen und fein pulverisierten Nitratprobe werden mit 1,7 g Calciumhydroxyd und 0,5 g Schwefelpulver gut gemischt. Ein Reagensglas aus schwer schmelzbarem Glase wird zuunterst mit einer Mischung aus 1 g Kalk und 3 g Calciumchlorid, die man zuvor mit 5 ml Wasser angeteigt hat, beschickt und mit 1 g $Ca(OH)_2$ überschichtet. Man drückt in der Mitte einen 2 mm breiten Glasstab ein und umgibt ihn mit dem Gemisch aus Probe, Kalk und Schwefel. Man klopft das Gemisch fest, zieht den Glasstab heraus und füllt das Loch mit Soda-Kalkmischung (1 + 2). Man preßt noch eine doppelte Lage Filtrierpapier an und setzt einen Gummistopfen mit rechtwinkelig gebogenem Gasentbindungsrohr auf, das in eine Vorlage mit 25 ml 0,1 n Salzsäure taucht. Das Rohr wird waagerecht befestigt. Man erhitzt zunächst die Kalksodafüllung bis das Wasser daraus vollständig vertrieben ist, hierauf 5 min gelinde die Untersuchungssubstanz von allen Seiten, steigert die Temperatur bis zur Dunkelrotglut und glüht 5 min bis zum Aufhören der Gasentwicklung. Der Überschuß an Salzsäure wird wie üblich zurücktitriert.

Die erhaltenen Werte sind nach DATTA ebenso genau wie diejenigen nach DEVARDA.

II. Varianten des Aufschlusses nach KJELDAHL. *Allgemeines.* Während eine unmittelbare Anwendung des Schwefelsäureaufschlusses nach KJELDAHL bei Nitraten naturgemäß nicht zur Bildung von Ammoniumsulfat führt, hat JODLBAUER als erster gezeigt, daß man Nitrate durch eine relativ einfache Vorbehandlung in eine Form verwandeln kann, daß ein anschließender Schwefelsäureaufschluß nach KJELDAHL eine quantitative Bildung von Ammonsulfat bewirkt.

Hierzu wird das Nitrat mit leicht nitrierbaren, aromatischen Verbindungen wie Phenol oder Salicylsäure bei Anwesenheit von konz. Schwefelsäure behandelt, wobei sich quantitativ die betreffenden Nitroverbindungen bilden. Diese werden nun mit Zinkstaub oder Natriumthiosulfat zu den entsprechenden Aminoverbindungen reduziert, welche ihrerseits bei der normalen KJELDAHL-Reaktion quantitativ Ammoniumsulfat liefern.

Das Verfahren wird in der Düngemittelanalyse insbesondere dann mit Vorteil angewendet, wenn Nitratstickstoff gleichzeitig mit organisch gebundenem Stickstoff anwesend ist und eine Gesamtstickstoffbestimmung gewünscht wird. Will man in derartigen Gemischen den organischen Stickstoff ohne den gleichzeitig vorhandenen Nitratstickstoff erfassen, so kann man nach einem Vorschlag von ROBERTSON den Nitratstickstoff durch Kochen mit Eisen(II)-sulfat und starker Schwefelsäure vertreiben und anschließend nach KJELDAHL aufschließen (S. 32).

Die Verfahren von JODLBAUER oder FÖRSTER werden in USA sogar vielfach auch bei Nitraten angewandt, die keinen organischen Stickstoff enthalten, obwohl bei Anwesenheit organischer Stickstoffverbindungen andere Verfahren wie die nach DEVARDA oder oxydimetrische Verfahren einfacher und genauer sind (siehe z.B. SHUEY).

a) *Verfahren von* JODLBAUER.

Arbeitsvorschrift. 1 g Substanz werden mit 25 ml Phenolschwefelsäure (40 g kristallisiertes Phenol in 1 l konz. Schwefelsäure gelöst) unter leichtem Bewegen des Kolbens versetzt und gut vermischt. Die Temperatur der Mischung soll 40° nicht überschreiten. In die mit kaltem Wasser auf Zimmertemperatur gekühlte Mischung werden nach und nach unter weiterer Kühlung 2 bis 3 g Zinkpulver eingetragen und gut vermengt. Nach kurzem Stehen setzt man 1 g Quecksilber und nötigenfalls noch etwas konz. Schwefelsäure zu und erhitzt nach einer der üblichen KJELDAHL-Modifikationen, z. B. unter Zusatz von 15 g Kaliumsulfat, etwas länger als bis völlige Klarheit erreicht ist. Man kühlt ab, setzt unter weiterem Kühlen 250 ml Wasser, 80 ml Natronlauge der Dichte 1,3 und 25 ml Kaliumsulfidlösung (40 g K_2S/l) zu und destilliert etwa 200 ml Flüssigkeit in vorgelegte, titrierte Schwefelsäure. Als Siedehilfsmittel können etwas Bimsstein oder Zinkspäne dienen.

Zur Erfassung eines allfälligen Stickstoffgehaltes der Reagenzien stellt man mit 1 g reinstem Rohrzucker einen Blindwert an.

Die günstigen Ergebnisse werden von SÜLLWALD bestätigt. Er befeuchtet die Nitratprobe mit einigen Tropfen Wasser. Statt Phenolschwefelsäure wird vielfach auch 20 ml Salicylschwefelsäure, hergestellt durch Lösen von 50 g Salicylsäure in 1 l konz. Schwefelsäure, als Nitrierkomponente zugesetzt.

b) *Verfahren von* FÖRSTER *und anderen.* FÖRSTER setzt als Reduktionsmittel statt Zinkstaub 2 g trockenes, gepulvertes Natriumthiosulfat zu und läßt etwa 1 Stde. unter gelegentlichem Umschütteln ausreagieren.

MARGOSCHES und SCHEINOST geben an, daß die Reduktion mit Zink oder Natriumthiosulfat nach der Nitrierung von Phenolschwefelsäure entbehrlich wird, wenn man Kaliumsulfat erst nach dem Ablauf der Nitrierungsreaktion zusetzt.

Zur Bestimmung des Stickstoffs in aromatischen Nitroverbindungen durch KJELDAHL-Modifikationen empfiehlt BRADSTREET an Stelle Phenol oder Salicylsäure die Verwendung von 1 g einer Mischung von α-Naphthol und Pyrogallol.

c) *Arbeitsweise von* DICKINSON. DICKINSON empfiehlt die Erhöhung des Salicylsäurezusatzes und gibt folgende genaue

Arbeitsvorschrift. 0,7 g Nitrat werden in einem KJELDAHL-Kolben mit 30 ml konz. Schwefelsäure übergossen, welche 2 g Salicylsäure enthält; man hält den Kolben unter drehender Bewegung während 15 sec in die Spitze einer Bunsenflamme bis sich der Kolbeninhalt außen sehr heiß anfühlt und alle Nitrate in Lösung gegangen sind. Man fügt zu dem heißen Inhalt 3 bis 4 g wasserfreies Natriumthiosulfat und versetzt den Kolben in starke, drehende Bewegung, um die gesamte Probemenge gut zu durchmischen.

Der Kolben wird sofort über die volle Flamme gehalten und 10 min erhitzt, worauf 15 g wasserfreies Natrium- oder Kaliumsulfat zugesetzt werden und 1 bis 2 Std. zur kräftigen Digestion erhitzt wird. Man kühlt, verdünnt mit Wasser und fügt 0,05 g gesiebten Zinkstaub und Ätznatron bis zur stark alkalischen Reaktion zu und destilliert in vorgelegte 0,5 n Säure, deren Überschuß mit 0,1 n Lauge gegen Methylrot zurücktitriert wird.

Genauigkeit. Die erhaltenen Werte stimmen mit denen nach DEVARDA gut überein bei gelegentlichen Minuswerten bis zu 0,5% (rel.).

Literatur.

ARNOLD.: Ch. Z. **9**, 715 (1885).

BOYER, E.: C. r. **113**, 503 (1891). — BRADSTREET, R. B.: Analyt. Chem. **26**, 235 (1954).

DATTA, J.: J. Indian chem. Soc. **30**, 225 (1953); durch Fr. **142**, 386 (1954). — DICKINSON, W. E.: Am. Fertilizer **56**, 57 (1922); durch Fr. **64**, 358 (1924).

FÖRSTER, O.: Ch. Z. **13**, 229 (1889); **14**, 1674 (1890); **15**, 77 (1891).

HOUZEAU, A.: C. r. **100**, 1445 (1885).

JODLBAUER, M.: L. V. St. **35**, 447 (1888); s. a. Methodenbuch.

MARGOSCHES, B. M., u. E. SCHEINOST: B. **58**, 1850 (1925).
ROBERTSON: durch Official Methods of Analysis of the Association of Official Agricultural Chemists. Washington 1950.
SHUEY, P. Mc. G.: Ind. eng. Chem. **9**, 367 (1917). — SÜLLWALD, A.: Ch. Z. **14**, 1674, 1748 (1890).

III. Reduktion mit Metallen und Legierungen. *Allgemeines.* Methoden, Nitrate durch Überführung in Ammoniak mit „nascierendem Wasserstoff", d. h. mit Metallen, deren Mischungen und Legierungen, zu bestimmen, sind schon frühzeitig angewendet worden. Ihre Weiterentwicklung hat zu den besten und meistverwendeten Nitratbestimmungsverfahren geführt.

An Metallen sind die verschiedensten unedlen Metalle teils als solche, teils in Mischung mit edleren Metallen — sowohl als mechanische Gemenge als auch als durch Zementation gewonnene Mischungen — sowie als Legierungen verwendet worden: Aluminium, Eisen, Kupfer, Magnesium, Natriumamalgam, Nickel, Zink und Zinn.

Die Reduktionen finden meist im wäßrigen Medium, im sauren, neutralen und alkalischen Bereich statt; es sind aber auch alkoholische und eisessigsaure Medien beschrieben.

Die Ergebnisse einiger älterer Verfahren mit Einzelmetallen oder mit Metallpaaren scheinen vom Reinheitsgrad der verwendeten Metalle merklich abzuhängen, wie verschiedene in der älteren Literatur verzeichnete Diskussionen ergeben haben. Dabei sind aber nicht immer die mit reineren Metallen erhaltenen Werte die besseren.

Als besonders vorteilhaft hat sich das Arbeiten mit Legierungen ergeben, da die auf diese Weise sichergestellte feine Verteilung der Lokalelemente einen weitgehend einheitlichen Reaktionsverlauf ermöglicht. In diesem Sinne hat das Arbeiten mit der aus Kupfer, Zink und Aluminium bestehenden DEVARDA-Legierung ein Verfahren ergeben, das wegen seiner Zuverlässigkeit, vielseitigen Verwendbarkeit auch im kleinsten Maßstab und wegen der geringen Störungsanfälligkeit die in der Praxis mit weitem Abstand am häufigsten angewendete Nitratbestimmungsmethode geworden ist. Daneben wird in der Düngemittelanalyse auch mit der ARNDschen Legierung (Kupfer-Magnesium) sowie mit Ferrum reductum nach ULSCH gearbeitet. Alle anderen metallischen Reduktionsmittel treten diesen gegenüber an Bedeutung zurück, wenngleich ihre Anwendung sicherlich gelegentlich vorteilhaft sein kann.

Auch hier sei nochmals darauf hingewiesen, daß der aus der gefundenen Menge Ammoniak berechnete Stickstoffgehalt den Nitratstickstoff einschließlich des Nitritstickstoffs und des bereits vorgebildeten Stickstoffs aus Ammoniumsalzen ergibt.

Die verwendete Apparatur ist in den meisten Fällen eine Destillationsapparatur für Ammoniak, wie sie z. B. Bd. Ia beschrieben ist. Auch bezüglich der anzuwendenden Indicatoren und Durchführung der Titration sei auf die dortigen Angaben verwiesen (siehe auch S. 35 usw.).

a) *Aluminium in alkalischer Lösung.*

α) Arbeitsweise von STUTZER. Eine Lösung von 0,05 g Salpeter in 50 ml Wasser wird mit 100 ml Wasser verdünnt; hierauf werden 20 ml 26%ige Natronlauge der Dichte 1,284 (32° Bé) zugesetzt und 2 bis 3 g Aluminiumblech eingetragen. Man verbindet mit der Destillationsvorrichtung, legt eine bekannte Menge überschüssiger titrierter Salzsäure vor, läßt über Nacht stehen und destilliert das gebildete Ammoniak am nächsten Tag in die Vorlage.

Die *Genauigkeit* der erzielten Werte hängt von der Reinheit des verwendeten Aluminiumblechs ab.

β) Arbeitsweise mit Aluminiumamalgam nach POZZI-ESCOT. Die Nitratprobe wird mit 200 ml Wasser verdünnt, mit 5 bis 6 g Aluminiumschnitzeln und 2 ml gesättigter Quecksilber(II)-chloridlösung reduziert. Man fügt überschüssige Natronlauge zu, setzt zur Zersetzung gegebenenfalls gebildeter Ammoniak-Quecksilberkomplexe einige Milliliter Natriumhypophosphitlösung zu und destilliert das gebildete Ammoniak in vorgelegte, titrierte Säure.

CAHEN hält das Verfahren für unverläßlich.

γ) Arbeitsweise mit verkupfertem Aluminium nach VAN NIEUWENBURG und DE GROOT. Diese verwenden als Reduktionsmittel Aluminiumspäne, die mit Kupfersulfat verkupfert sind.

Die nicht mehr als 0,3 g Kaliumsalpeter entsprechende Probemenge wird mit 100 bis 150 ml Wasser verdünnt; man versetzt sie mit 2 g Aluminiumspänen und 5 ml einer Lösung von 100 g $CuSO_4 \cdot 5\,H_2O$ im Liter sowie mit 5 bis 25 ml 20%iger Natronlauge. Man verbindet mit dem Kühler und 40 ml vorgelegter 0,1 n Salzsäure, erwärmt zunächst gelinde und treibt dann das gebildete Ammoniak durch 30 min langes Kochen vollständig über.

Das Verfahren wird auch von PIETERS und MANNENS empfohlen.

δ) Arbeitsweise nach DEVARDA (Makro- und Mikroverfahren). Von dem Gedanken ausgehend, daß für den geregelten Ablauf der die Reduktion des Nitrates bewirkenden elektrochemischen Vorgänge eine möglichst innige Mischung der Metallkomponenten nötig sei, hat DEVARDA eine Legierung entwickelt, bestehend aus 50 Teilen Kupfer, 45 Teilen Aluminium und 5 Teilen Zink. Die Vorteile dieser Legierung bestehen auch darin, daß die unedlen Komponenten in Lauge löslich sind und das Zink nicht in der hinsichtlich seiner Reinheit stets bedenklichen Form des Zinkstaubes angewandt wird. Die Legierung ist spröde und läßt sich daher leicht pulverisieren. Das Kupfer bleibt in fein verteilter Form übrig und bewirkt ein regelmäßiges Sieden des Reaktionsgemisches.

Arbeitsvorschrift. Man löst 10 g Salpeterprobe zum Liter, pipettiert 50 ml (= 0,5 g Probe) in einen 600 bis 800-ml-Kolben, setzt 60 ml Wasser und 5 ml Alkohol sowie 50 ml 31%ige Kalilauge der Dichte 1,3 und schließlich 2 bis 2,5 g feingepulverte DEVARDA-Legierung zu. Man schließt an die Ammoniakdestillationsapparatur mit 25 ml 0,5 n Schwefelsäure als Vorlage an. Man erwärmt zunächst zur Einleitung der Reaktion schwach und entfernt die Flamme, sobald die Reaktion begonnen hat. Man überläßt das Gemisch zunächst $^1/_2$ bis 1 Stde. sich selbst und destilliert hierauf zunächst langsam, dann rasch mindestens $^2/_3$ der Flüssigkeit ab. Die Gesamtdauer der Analyse beträgt etwa 1 bis $1^1/_2$ Std.

Mit jeder neuen Charge von Reagenzien ist ein Blindwert zu bestimmen.

Genauigkeit. Die Fehler bewegen sich innerhalb weniger Zehntel-%.

Varianten. Ein von der Organisation for European Economic Cooperation (OEEC) veranstalteter Methodenvergleich ergab, daß in allen Teilnehmerstaaten praktisch nach der gleichen Arbeitsvorschrift gearbeitet wird. Einige Länder halten den Zusatz des Alkohols für entbehrlich. Das Verhältnis zwischen Salpeter-Einwaage und zugesetzter Legierung, das in der Originalvorschrift 1 : 5 ist, wird in manchen Staaten auf 1 : 10 erhöht.

Mikro-Ausführungen der Nitratbestimmung nach DEVARDA sind bereits von WOIDICH beschrieben worden, siehe auch DITTRICH; ENGEL; LEMMERMANN; ALLERTON.

KIESELBACH arbeitet in einer etwas modifizierten PARNAS-WAGNER-Apparatur (Mikro-Ausführung) mit Mengen von 0,5 bis 5 mg Kaliumnitrat. Zur Abscheidung feiner alkalischer Nebel wird in den Dampfraum ein Bausch aus Glaswolle eingeführt.

Arbeitsvorschrift. Im Destillierkolben werden zur eingewogenen Probe oder einpipettierten Lösung, entsprechend 0,5 bis 5 mg Nitrat, gegebenenfalls noch weniger, 0,5 g feingepulverte DEVARDA-Legierung und so viel Wasser unter Abspülen des Kolbens zugefügt, daß das Gesamtvolumen 20 ml beträgt. Man verbindet mit der Apparatur, legt 10 ml 2%ige Borsäurelösung vor, welche mit 2 Tropfen Bromkresolgrün-Methylrotindicator (10 ml 0,1%ige Bromkresolgrünlösung und

2 ml 0,1%ige Methylrotlösung, beide in Äthanol) versetzt ist, vor, und fügt durch den Trichter 10 ml 20%ige Natriumhydroxydlösung zu. Die Mischung wird zum starken Aufbrausen erwärmt, hierauf 5 min sich selbst überlassen, dann werden etwa 10 ml abdestilliert. Die Vorlage wird mit 0,01 n Salzsäure auf farblos titriert. Bei der Berechnung ist ein unter genau gleichen Bedingungen ohne Substanz ermittelter Blindwert zu berücksichtigen.

Genauigkeit. Die erhaltenen Werte sind trotz der kleinen Einwaage sehr genau. Der durchschnittliche Fehler beträgt auch bei den niedrigen Einwaagen von 0,5 mg Nitrat nur 2%, während bei 5 mg Einwaage die gleiche Genauigkeit wie bei der Makro-Ausführung ($\pm$0,1 bis 0,2%) erzielt wurde.

Vorhandenes Ammoniak wird auf diese Weise mit erfaßt; man kann es in einer gesonderten Probe ohne Zugabe von DEVARDA-Legierung abdestillieren und in Rechnung setzen.

SALLINGER und HWANG bestimmen das Ammoniak im Destillat colorimetrisch mit NESZLER-Reagens, wobei sie eine Menge von 0,01 mg Stickstoff im Liter noch erfassen können.

Arbeitsvorschrift. 20 ml Versuchslösung werden im Kolben einer Ammoniakdestillationsapparatur mit 120 ml Wasser verdünnt. Nach Zugabe von 1 g DEVARDA-Legierung und $^1/_2$ g Magnesiumoxyd werden 20 bis 40 ml in eine mit wenig Wasser beschickte Vorlage destilliert. Zur colorimetrischen Ammoniakbestimmung werden 20 ml Destillat mit 0,8 ml NESZLER-Reagens versetzt und colorimetriert. Testbestimmungen mit 0,02 bis 0,5 mg Nitratstickstoff ergaben nach Abzug des Blindwertes Absolutfehler von durchschnittlich ± 5 μg N.

ε) Arbeitsweise mit Aluminium-Nickel (CATTELAIN und CHABRIER). CATTELAIN und CHABRIER verwenden an Stelle der DEVARDA-Legierung zur Nitratreduktion in alkalischer Lösung die aus 30% Nickel und 70% Aluminium bestehende RANEY-Legierung. Sie arbeiten auf gleiche Weise wie DEVARDA und erhalten ebenso gute Ergebnisse.

b) Arbeitsweise mit Eisen nach ULSCH.

Nach ULSCH wird die nitrathaltige Probe sehr rasch und vollständig mit reinstem Ferrum hydrogenio reductum in stark schwefelsaurer Lösung reduziert. Das Verfahren ist ebenso zuverlässig, noch etwas rascher durchführbar als die Methode nach DEVARDA und daher ebenfalls sehr beliebt.

Als *Apparatur* dient ein 500 ml-Langhals-Rundkolben mit angeschlossener Ammoniak-Destillationsapparatur.

Arbeitsvorschrift. In einem 500 ml-Enghals-Rundkolben werden 5 g Ferrum hydrogenio reductum purissimum eingeführt. Hierauf wird die etwa einer Menge von 0,3 bis 0,5 g Salpeter entsprechende, in etwa 25 ml Wasser gelöste Probe (z. B. 10 g Substanz im 500 ml-Meßkolben in destilliertem Wasser gelöst und aufgefüllt, davon 25 ml = 0,5 g entnommen) hinzugefügt, mit 10 ml Schwefelsäure ($D = 1{,}35$; 1 Vol. konz. H_2SO_4 + 2 Vol. Wasser) versetzt und über einem Drahtnetz mit kleiner Flamme unter lebhafter, aber nicht zu stürmischer Wasserstoffentwicklung 5 bis 10 min erwärmt. Ein kleiner Glastrichter vermeidet Verspritzen der Substanz. Nach Abspritzen des Trichters und neuerlichem kurzem Erwärmen wird der Kolben mit einer geeigneten Ammoniakdestillationsapparatur (siehe Bd. Ia) verbunden; durch den Trichter fügt man 200 ml Wasser und 20 ml 32%iger Natronlauge ($D = 1{,}35$) hinzu. Die Vorlage enthält eine genau gemessene Menge überschüssiger 0,5 n Schwefelsäure. Man destilliert in etwa 25 min das gesamte Ammoniak ab. Man titriert mit 0,5 n NaOH und Methylorange als Indicator zurück.

Durch einen Blindversuch stellt man etwaige kleine Mengen Ammoniak in den Reagenzien fest, die bei der Ausrechnung zu berücksichtigen sind.

Genauigkeit. Die Resultate sind auch bei Anwesenheit von Chloriden vorzüglich.

Varianten. ROGOZINSKY führt das Verfahren von ULSCH folgendermaßen im Mikromaßstab durch: 2 bis 4 mg Nitrat werden mit 100 mg Ferrum reductum (p. A.) und 0,2 ml 45%iger Schwefelsäure der Dichte 1,35 4 min schwach erwärmt und 1 min zum Sieden erhitzt. Man kühlt, schließt an die Mikro-Apparatur von PARNAS-WAGNER (s. Bd. Ia, S. 297) an, macht mit 2,5 ml Natronlauge alkalisch, destilliert innerhalb 5 min das gebildete Ammoniak quantitativ in vorgelegte 0,01 n Schwefelsäure und titriert mit 0,01 n Natronlauge zurück.

Statt mit Natronlauge kann nach PRINCE das gebildete Ammoniak auch durch Zugabe von 7 bis 10 g ammoniakfreiem Magnesiumoxyd in Freiheit gesetzt und überdestilliert werden.

c) *Verfahren mit Eisen-Zink.*

α) Arbeitsweise nach HAGER. Nach HAGER wird die Nitratprobe in einem Kölbchen mit Tropftrichter und absteigendem Kühler mit feinen Eisenspänen und Zinkstaub gut vermischt und etwas trockenes Ätzkali zugegeben. Man verbindet mit dem Kühler, und einer mit einem bekannten Volumen Normalschwefelsäure beschickten Vorlage und läßt aus dem Tropftrichter 60%igen Alkohol zufließen. Die von selbst in Gang kommende Reaktion wird durch vorsichtiges Erhitzen und Abdestillieren des Ammoniaks gemeinsam mit dem Alkohol vervollständigt.

β) Arbeitsweise von SIEVERT-FRICKE. Ein anderes Verfahren, das auf SIEVERT zurückgeht, wird nach FRICKE folgendermaßen ausgeführt: 20 g Salpeter werden zum Liter gelöst und davon 50 ml (= 1 g) in einen 600 ml Kolben mit dem gleichen Volumen Wasser verdünnt und 18 bis 20 g festes Ätzkali zugegeben. Man fügt noch 75 ml 96%igen Alkohol und zur Schaumverhütung etwas gekörnte Tierkohle zu und versetzt mit einer Mischung von je 10 bis 15 g Zinkstaub und Eisenpulver. Man schließt an die übliche, mit genau 10 ml n Schwefelsäure beschickte Vorlage an, läßt etwa 3 Std. stehen und destilliert dann mit kleiner Flamme während 2 Std. das Ammoniak mit dem Alkohol ab.

γ) Arbeitsweise von RAAB und BÖTTCHER. Ohne Alkoholzusatz wurde nach dem sogenannten MÖCKERN-Verfahren von RAAB und BÖTTCHER gearbeitet.

0,5 g Salpeter, in 25 ml gelöst, werden in einem 400 ml Destillationskolben mit anschließender Apparatur zum Abdestillieren des Ammoniaks mit 120 ml Wasser versetzt; hierauf setzt man 5 g Zinkstaub, der vorher mit Wasser gewaschen und wieder getrocknet wurde, und 5 g Eisenpulver sowie 80 ml 26%ige Natronlauge von der Dichte 1,284 (32° Bé) zu; man schließt an die Apparatur an, welcher 20 ml titrierte Schwefelsäure vorgelegt wurden, läßt 1 bis 2 Std. stehen und destilliert 100 ml anfangs vorsichtig mit kleiner Flamme, später mit stärkerer Flamme ab.

v. WISSEL fand nach diesem Verfahren gegenüber den nach DEVARDA und ULSCH erhaltenen Werten zu niedrige Zahlen. Das Ergebnis scheint vom Reinheitsgrad der verwendeten Metallpulver abhängig zu sein.

δ) Arbeitsweise von SALLE. Nach einem von SALLE angegebenen und in den USA in den Official Methods of Analysis als offiziell anerkannten Verfahren werden 0,35 bis 0,7 g Probe in einem 600- bis 700 ml-Kolben mit 200 ml Wasser, 5 g Zinkstaub, 1 bis 2 g $FeSO_4 \cdot 7\,H_2O$ und 50 ml 30%iger Natronlauge (D 1,33) versetzt und das Ammoniak an der Ammoniakapparatur in der üblichen Weise innerhalb 35 min abdestilliert. Man fängt es in vorgelegter, titrierter Säure auf und verfährt wie üblich.

ε) Arbeitsweise von SCHMIDT. TH. F. SCHMIDT reduziert 50 ml einer 0,5 g Nitrat enthaltenden Lösung mit 15 g eines Gemisches aus gleichen Teilen Zink- und Eisenstaub in 40 ml Eisessig. Nach 15 min Einwirkungsdauer werden nochmals 15 g des gleichen Metallgemisches zugesetzt. Nach 30 min ist die Reduktion vollständig. Man macht mit 200 ml 23%iger Natronlauge der Dichte 1,25 alkalisch und destilliert das gebildete Ammoniak in titrierte Säure.

HOLLEMAN konnte die nach SCHMIDT gefundenen genauen Analysenergebnisse nicht bestätigen; er fand hierbei zu niedrige Werte.

Auch CARPENTER und MOXON lehnen das Verfahren ab.

d) Reduktion mit Eisen-Zinn nach KLEIBER.

KLEIBER reduziert die Nitratprobe mit Zinn(II)-chlorid in salzsaurer Lösung bei Gegenwart von Eisen zu Ammoniumchlorid unter Erwärmen, macht hierauf alkalisch und destilliert das frei gemachte Ammoniak ab. Ein Nachteil der Verwendung von Eisen als unedlerem Bestandteil besteht darin, daß das Eisenhydroxyd kleine Mengen Ammoniak hartnäckig zurückhält.

Arbeitsvorschrift. 10 g Salpeter werden in Wasser auf 150 ml gelöst, davon 7,5 ml (= 0,5 g Substanz) in einem 700- bis 1000 ml-Kolben mit 5 g festem, käuflichem Zinn(II)-chlorid, 15 ml konz. Salzsäure und 4 bis 5 g Eisenfeilen versetzt; man erwärmt 10 bis 15 min am Wasserbad, versetzt mit 100 ml Wasser, einem erbsengroßen Stück Paraffin und 40 ml starker Natronlauge und destilliert sofort mit starker Flamme in eine Vorlage von genau 20 ml 0,5 n Schwefelsäure.

Da die letzten Reste Ammoniak nur schwer zu entfernen sind, wird eine Menge von 0,1 ml 0,5 n H_2SO_4, entsprechend 0,7 mg N, hinzugezählt.

Genauigkeit. Der Fehler beträgt etwa $\pm 0{,}2$ bis 0,5%.

e) Reduktion mit verkupfertem Eisen.

Verkupfertes Eisen wurde bereits bei der gasvolumetrischen Nitratbestimmung durch Messung des „Wasserstoffdefizits" von ULSCH (s. S. 176) verwendet. Später haben KÜRSCHNER und SCHARRER eine Kombination von Blumendraht und Kupferoxyd bei Gegenwart von starker Schwefelsäure angewendet.

Arbeitsvorschrift. In dem Kolben einer Ammoniak-Destillations-Apparatur werden 0,5 g Salpeter in wenig Wasser gelöst bzw. eine Nitrat-Stammlösung eingetragen; ferner werden 3,5 g Blumendraht, welcher am besten in Röllchen vorrätig gehalten wird, 0,5 g Kupferoxyd und 30 ml Schwefelsäure (1 + 2) zugesetzt. Man überläßt die Mischung 1 Stde. sich selbst und erwärmt noch $^1/_2$ Stde. Nach dem Erkalten übersättigt man mit Natronlauge und destilliert das gebildete Ammoniak ab.

Genauigkeit. Gegenüber den nach ULSCH und DEVARDA gefundenen Werten erhält man meistens um etwa 0,5% zu niedrige Zahlen, was offenbar ebenso wie bei der Reduktion mit Eisen und Zinn (s. oben) mit der Eigenschaft des Eisenhydroxyds zu erklären ist, kleine Mengen Ammoniak hartnäckig zurückzuhalten.

f) Reduktion mit Kupfer-Magnesium-Legierung nach ARND.

Die Methode ist insbesondere in der Düngemittelanalyse in Deutschland beliebt. Die Reduktion selbst erfordert keine gesonderten Handhabungen, sondern erfolgt während des Abdestillierens des Ammoniaks. Ein weiterer Vorteil gegenüber anderen Verfahren ist der geringe Glasverschleiß infolge der nur schwach alkalischen Reaktion beim Destillieren. Die Reduktion darf nicht in stärker alkalischem Medium durchgeführt werden.

Reagenzien. ARNDsche Legierung, bestehend aus 60 Teilen Kupfer und 40 Teilen Magnesium, wird im Mörser zerkleinert, bis sie vollständig ein 1 mm-Sieb passiert. Sie wird trocken und luftdicht verschlossen aufbewahrt.

Magnesiumchloridlösung: 200 g $MgCl_2 \cdot 6\,H_2O$ werden in etwa 500 ml Wasser gelöst, mit 15 g $MgSO_4 \cdot 7\,H_2O$ (nach W. CLASSEN zur Vermeidung des Schäumens) und 2 g Magnesiumoxyd zur Entfernung von Ammoniakspuren auf etwa 200 ml eingedampft; hierauf wird die Flüssigkeit auf 1 l verdünnt.

Arbeitsvorschrift. In einem 1 l-Langhals-Rundkolben wird die 0,5 bis 1 g Salpeter entsprechende Probemenge, in etwa 350 ml Wasser gelöst, eingeführt.

Freie starke Alkalien müssen vorher neutralisiert werden; freie Säuren werden durch Zugabe von 2 bis 3 g Magnesiumoxyd neutralisiert. Man setzt 50 ml Magnesiumchloridlösung und 10 g ARNDsche Legierung zu, verbindet mit der Ammoniakdestillationsapparatur und destilliert sofort mit voller Gasflamme das gebildete Ammoniak in eine Vorlage von 40 bis 50 ml (genau gemessen) 0,5 n Schwefelsäure, bis nur noch ein geringer Flüssigkeitsrest zurückbleibt. Die Destillation muß innerhalb 1 Std. beendet sein.

Ein Blindwert ergibt etwaige Spuren von Ammoniak in den Reagenzien, die bei der Berechnung zu berücksichtigen sind.

Es empfiehlt sich, bei Verwendung einer neuen Charge Legierung eine Probeanalyse mit reinstem, getrocknetem Kaliumsalpeter durchzuführen. Die Werte sind sehr genau und mit den nach ULSCH oder DEVARDA gefundenen praktisch identisch.

g) *Reduktion mit dem Kupfer-Zink-Paar nach* SCALES *sowie* ARND.

α) Arbeitsweise von SCALES. Auch bei diesem Verfahren wird in nur schwach alkalischem Medium destilliert. Dadurch bleiben z. B. bei Nährlösungen und Bodenextrakten gleichzeitig anwesende organische Stickstoffverbindungen unzersetzt. Ferner werden die Glasgeräte dadurch geschont.

SCALES versetzt die Nitratlösung mit 5 g Natriumchlorid und 1 g Magnesiumoxyd, reduziert mit Zink, das in einer sauren Kupfersulfatlösung verkupfert worden ist, und destilliert das gebildete Ammoniak ab.

Das Verfahren ist nach HARRISON auch für Serienbestimmungen geeignet.

β) Arbeitsweise von ARND und SEGEBERG. ARND sowie ARND und SEGEBERG haben ein sehr ähnliches Verfahren entwickelt, das insofern gegenüber dem Arbeiten mit ARNDscher Legierung vorteilhaft ist, als man sich den verkupferten Zinkstaub leicht selbst herstellen kann. Andererseits scheint die Kupfer-Magnesium-Legierung wegen ihrer stärkeren und gleichmäßigeren Reduktionswirkung doch verläßlicher zu sein.

Herstellung des verkupferten Zinkstaubes. In eine Lösung von 2,5 g kristallisiertem Kupferchlorid ($CuCl_2 \cdot 2\,H_2O$) in 200 ml Wasser werden 100 g Zinkstaub (Zincum metallicum pulverisatum pro analysi, MERCK) unter starkem Schütteln eingetragen, sofort abgenutscht und mit wenig Wasser und mit 2 bis 3 ml Aceton gewaschen. Das Produkt wird durch Ausbreiten an der Luft nachgetrocknet. Jedes Erwärmen des feuchten Staubes muß vermieden werden.

Magnesiumchloridlösung. 200 g Magnesiumchlorid ($MgCl_2 \cdot 6\,H_2O$) werden in etwa 750 ml Wasser gelöst, nach Zugabe von 2 g Magnesiumoxyd auf 250 ml eingedampft, filtriert und auf 500 ml verdünnt.

Arbeitsvorschrift. Die neutrale auf 250 bis 300 ml verdünnte Lösung von 0,25 bis 0,5 g Nitrat wird in der Ammoniak-Destillations-Apparatur mit 25 ml Magnesiumchloridlösung, 10 bis 15 g Kupferzinkstaub und 1 g möglichst carbonatfreiem Magnesiumoxyd versetzt und fast bis zur Trockene abgedampft. Als Vorlage dienen 50 ml 0,2 n Schwefelsäure.

Bei 0,25 g Nitrat-Einwaage und Zugabe von 15 g Kupferzinkpulver kann an Stelle der Magnesiumchloridlösung auch 15 g Natriumchloridlösung zugesetzt werden. Die Zugabe von Magnesiumoxyd soll dann unterbleiben.

Genauigkeit. Die gefundenen Werte sind gelegentlich eine Spur zu niedrig.

Literatur.

ALLERTON, F. W.: Analyst **72**, 349 (1947). — ARND, TH.: Angew. Ch. **30**, 169 (1917); **33**, 296 (1920); **45**, 22, 745 (1932). — ARND, TH., u. H. SEGEBERG: Angew. Ch. **49**, 166 (1936); **50**, 105 (1937).

CAHEN, E.: Analyst **35**, 307 (1910). — CARPENTER, F. B., u. MOXON: Ind. eng. Chem. **17**, 265 (1925). — CATTELAIN, E., u. P. CHABRIER: Ann. Chim. anal. (3) **20**, 285 (1938).

DEVARDA, A.: Ch. Z. **16**, 1952 (1892); — Fr. **33**, 113 (1894). — DITTRICH, W.: Planta **12**, 76 (1930).

ENGEL, H.: Z. Pflanzenernähr. Düng. Bodenkunde **20**, 43 (1931).

FRICKE: Angew. Ch. **4**, 240 (1891) — Ch. Z. **23**, 196, 229, 255 (1891).

HAGER, H.: P. C. H. **10**, 337; **12**, 17 — Fr. **9**, 406 (1870); **10**, 334 (1871). — HARRISON, A. P.: J. biol. Chem. **46**, 53 (1921). — HOLLEMAN, A. F.: Ch. Z. **15**, 77 (1891).

KIESELBACH, R.: Anal. Chem. **16**, 764 (1944); — KLEIBER, A.: Ch. Z. **33**, 479 (1909). — KÜRSCHNER, K., u. K. SCHARRER: Ch. Z. **49**, 1077 (1925).

LEMMERMANN, O.: Z. Pflanzenernähr. Düng. Bodenkunde (1. Beiheft) **9**, 54 (1932).

MACH, F., u. F. SINDLINGER: Fr. **60**, 235 (1921).

VAN NIEUWENBURG, C. J., u. G. P. DE GROOT: Chem. Weekbl. **24**, 202 (1927).

PIETERS, H. A. J., u. M. J. MANNENS: Chem. Weekbl. **29**, 573 (1932); durch C. **103**, **II**, 3461 (1932). — POZZI-ESCOT, E. M.: Ann. Chim. anal. **14**, 445 — C. r. **149**, 1380. — PRINCE, A. L.: J. Assoc. offic. agric. Chem. **10**, 196 (1927); durch C. **98**, **II**, 2004 (1927).

(RAAB, E., u.) O. BÖTTCHER: L. V. St. **41**, 165 (1893); durch C. **64**, **I**, 129 (1893). — ROGOZINSKY, F.: Bl. Acad. Polon. Ser. A 129 (1926); durch C. **98**, **I**, 633 (1927).

SALLE: Ann. Chim. appl. **15**, 103 (1910); durch C. **81**, **I**, 1807 (1910). — SALLINGER, H., u. Y. HWANG: Fr. **115**, 174 (1938/39). — SCALES, F. M.: J. biol. Chem. **27**, 327 (1917). — SCHMITT (SCHMIDT), TH. F.: Ch. Z. **14**,1 410 (1890). — SIEVERT: s. FRICKE. — STUTZER, A.: Angew. Ch. **4**, 695 (1890).

ULSCH, K.: Angew. Ch. **4**, 241 (1891) — Fr. **30**, 175 (1891).

v. WISSEL, L.: J. Landwirtsch. **48**, 105, 291; durch C. **71**, **II**, 144, 212, 1161 (1900). — WOIDICH, K.: Öst. Ch. Z. **32**, 183 (1929).

IV. Reduktion mit flüssigen Reduktionsmitteln. *Allgemeines.* Die Reduktion des Nitrats zu Ammoniak kann auch mit stark reduzierenden Salzlösungen durchgeführt werden. Die Reduktion wird in einigen Fällen in saurer, in anderen Fällen in alkalischer Lösung durchgeführt. Anschließend wird alkalisiert und das gebildete Ammoniak abdestilliert. Als Reduktionsmittel wurden bisher in saurer Lösung Ti(III)- und Cr(II)-Salze, in alkalischer Lösung Eisen(II)-salze verwendet. Grundsätzlich haben die hier aufgezählten Verfahren gegenüber den Metallen und deren Legierungen den Vorteil, daß in homogener statt in heterogener Phase reduziert wird.

a) Reduktion mit Titan(III)-salzen (KNECHT). Die etwa 0,1 g KNO_3 entsprechende Probemenge wird in 100 ml Wasser gelöst. 10 ml dieser Lösung werden in einem Kolben aus Kupfer mit einem Überschuß an NaOH versetzt, und erst dann werden 20 ml Titan(III)-sulfat- oder -chlorid-Lösung des Handels zugesetzt. Das gebildete Ammoniak kann sofort abdestilliert werden. Nitrite können in gleicher Weise bestimmt werden.

b) Reduktion mit Chrom(II)-salzen (TRAUBE und PASSARGE). TRAUBE und PASSARGE haben erstmalig alkalische Chrom(II)-chloridlösungen für die Reduktion der Nitrate zu Ammoniak zur quantitativen Nitratbestimmung vorgeschlagen. Um einen Verderb der Chrom(II)-lösung durch Luftsauerstoff zu vermeiden, wird im Wasserstoffstrom reduziert.

Als *Apparatur* dient eine Ammoniak-Destillations-Apparatur mit einem zusätzlichen Einleitungsrohr für Wasserstoff.

Herstellung der Chrom(II)-chloridlösung. 10 g grünes Chromchlorid werden mit Zink und konzentrierter Salzsäure reduziert. Man trennt die blaue zinkhaltige Lösung, ohne sie mit Luft in Berührung zu bringen, von nicht angegriffenem Zink.

Arbeitsvorschrift. Etwa 0,3 bis 0,5 g Kaliumnitrat werden im Kolben mit einem großen Überschuß an festem Ätznatron versetzt. Hierauf wird die Luft durch Wasserstoff vertrieben und ein großer Überschuß an Chrom(II)-chloridlösung zugesetzt. Nach einiger Zeit wird das Ammoniak abgetrieben und in einer mit 0,1 n Salzsäure beschickten Vorlage aufgefangen und titriert.

Die erhaltenen Werte sind um 1 bis 2% zu niedrig.

c) Reduktion mit Eisen(II)-salzen. α) Arbeitsweise von COTTE und KAHANE. Nach COTTE und KAHANE können Nitrate mit Eisen(II)-sulfat in stark alkalischer Lösung bei Gegenwart von katalytisch wirkendem Silbersulfat zu Ammoniak reduziert werden.

In eine übliche Ammoniakdestillations-Apparatur werden 100 ml starke Natronlauge, 25 ml 10%ige Lösung von Eisen(II)-sulfat-7-hydrat ($FeSO_4 \cdot 7\,H_2O$) und 25 ml einer 0,5%igen Silbersulfatlösung eingetragen. Man setzt die Probe zu und destilliert das entstandene Ammoniak wie üblich in vorgelegte titrierte Säure, deren Überschuß mit Lauge zurücktitriert wird.

KARSTEN und GRABÉ bestätigen die Brauchbarkeit des Verfahrens.

β) Arbeitsweise von SZABÓ und BARTHA. SZABÓ und BARTHA führen dieselbe Reaktion bei Gegenwart von Kupfer(II)-salz als Katalysator aus.

Herstellung der Lösungen. Als Kupfersalzlösung dient eine 4% $CuSO_4 \cdot 5\,H_2O$ oder 2,7% $CuCl_2 \cdot 2\,H_2O$ enthaltende Lösung.

Als Eisen(II)-sulfatlösung dient eine 21% $FeSO_4 \cdot 7\,H_2O$ enthaltende Lösung, die je Liter 2 ml konz. Schwefelsäure enthält.

Arbeitsvorschrift. 20 ml der 30 bis 150 mg NO_3 enthaltenden Probe werden in einer Ammoniakdestillationsapparatur mit 5 ml Kupfersalzlösung, 50 ml Eisen(II)-sulfatlösung und 30 ml 30%iger Natronlauge versetzt. Man fügt einige Siedesteinchen zu und destilliert innerhalb 30 min das gebildete Ammoniak in vorgelegte 0,1 n Salzsäure. Die Destillation läßt sich im Wasserdampfstrom auf 8 bis 10 min abkürzen.

Störungen. Arsen(III), das mit Wasserstoffperoxyd in unschädliches Arsen(V) verwandelt werden kann, sowie Antimon, das mit Schwefelwasserstoff gefällt wird.

V. Die Reduktion mit Natriumamalgam (RABINOWITSCH und FOKIN). Das Verfahren ist zeitraubend und wegen der zugesetzten Katalysatoren nicht billig; im Prinzip wäre es aber durchaus möglich, durch weitere Vereinfachungen und Beschleunigungen zu einem billigen und praktischen Verfahren zu gelangen.

Als *Apparatur* dient ein Becherglas von 80 mm Durchmesser; darin befindet sich eine 2 bis 2,5 cm hohe Quecksilberschicht. In diese Schicht taucht eine unten offene Glasglocke von 50 mm Durchmesser. In die Glasglocke ist ein konzentrisches, ebenfalls in die Quecksilberschicht eintauchendes Glasrohr eingeschmolzen, das einem darin befindlichen Rührer zur Führung dient.

Der Raum außerhalb der Glasglocke wird mit konz. Natronlauge (400 bis 450 g NaOH/l) gefüllt, und an einander entgegengesetzten Stellen werden zwei Platinelektroden so angebracht, daß die Anode in die Lauge und die Kathode in das Quecksilber eintaucht. Der Innenraum der Glocke wird durch einen Tubus, in welchen nachher ein zur Ammoniakdestillation geeigneter Destillationsaufsatz eingeführt wird, mit einer schwächeren Natronlauge (200 g NaOH/l) befüllt. Dort wird auch die Substanzprobe (etwa 0,2 g Nitrat) und der zur Beschleunigung notwendige Katalysator eingeführt (0,2 g Wolfram, je 0,05 g Vanadylsulfat und Hexachloroplatin(IV)-säure als wäßrige Lösungen).

Arbeitsvorschrift. Man setzt den Rührer in Bewegung (etwa 30 Touren/min), schaltet den Strom ein (etwa 3,8 bis 4,0 Amp., Stromdichte bei etwa 1 Amp./cm² Kathodenfläche) und verbindet über einen Tropfenfänger mit der Vorlage, welche genau 25 ml 0,2 n Schwefelsäure enthält. Nach etwa 2 Std. ist die Ammoniakentwicklung beendet; man treibt alles Ammoniak durch 20 bis 30 min dauerndes Sieden in die Vorlage.

Genauigkeit. Die gefundenen Werte sind etwa um 0,5% höher als diejenigen nach DEVARDA, stimmen aber untereinander innerhalb etwa 0,2% überein.

VI. Reduktion durch Elektrolyse an der Kathode. *a) Arbeitsweise von* VORTMANN. Als erster hat VORTMANN die quantitative Reduktion von Nitrat zu Ammonium-Ion durch Elektrolyse an Kupferkathoden zur Nitratbestimmung verwendet. Er isolierte nicht das gebildete Ammoniak als solches, sondern titrierte in der Elektrolysenmischung den Abfall an Acidität, der auf Grund der Reaktionsgleichung:

$$KNO_3 + 8\,H + H_2SO_4 = KNH_4SO_4 + 3\,H_2O$$

eintritt.

Zur Analyse gelangt eine etwa 0,3 bis 0,4 g KNO_3 entsprechende Einwaage, welche mit 50 ml 0,25 n H_2SO_4 versetzt wird. Man setzt kristallisiertes Kupfersulfat in mindestens der halben Menge wie die eingewogene Menge Salpeter zu. Man elektrolysiert mit einem Strom von 2 Amp. je cm^2 als Stromdichte. Der Wasserstoff wird zunächst fast vollständig verbraucht; erst nach praktisch vollständiger Reduktion des Nitrats tritt Wasserstoffentwicklung auf. Man elektrolysiert zur Vorsicht noch etwa 10 min, gerechnet vom Maximum der Wasserstoffentwicklung an.

Die Elektrolyse geht im bedeckten Becherglas vor sich; als Anode dient eine rotierende Platinelektrode, als Kathode ein verkupferter aufgerauhter Platindraht, wobei das Kupfer zweckmäßig aus schwefelsaurer Lösung mit einer Stromstärke von 2 Amp. abgeschieden und noch einige Zeit unter Wasserstoffentwicklung weiter elektrolysiert wird.

Nach Durchführung der Nitratelektrolyse wird mit 0,25 n NaOH und Dimethylgelb titriert.

Die von VORTMANN erhaltenen Werte sind ziemlich schwankend (± 1 bis 2%).

Bei dem Versuch, etwas genauere Arbeitsbedingungen festzulegen, wie sie bei VORTMANN zu finden sind, hat EASTON eine Elektrolysendauer von $2^1/_2$ Std. nicht unterschreiten können.

INGHAM hat nun versucht, durch Anwendung rotierender Elektroden zu einer Verkürzung der Reaktionszeit zu gelangen, und berichtete über günstige Resultate bei 30 min dauernder Elektrolyse.

Seine Ergebnisse konnten aber weder von SHINN noch von BÖTTGER bestätigt werden, der ebenso wie NIETZ die verschiedensten Fehlerquellen bei der Bestimmung diskutierte.

b) Arbeitsweise von SZEBELLÉDY *und* SCHALL. Erst SZEBELLÉDY und SCHALL scheint es im Institute von BÖTTGER gelungen zu sein, eine einwandfreie Arbeitsweise zu entwickeln.

Die Schwierigkeiten, die sich bei Nacharbeitung des Verfahrens von VORTMANN unter Verwendung verkupferter Platinelektroden in schwefelsaurer Lösung ergeben haben, vermeiden die Autoren, indem sie statt Schwefelsäure Borsäure zusetzen. Dadurch wird nicht nur die Titration vereinfacht, welche nunmehr unmittelbar durch Säurezusatz erfolgen kann, sondern es wird auch ein Angriff auf die Kupferelektroden vermieden.

Die Verkupferung der Elektrode wird nach BÖTTGER in schwach schwefelsaurer Lösung, die etwa 1 g Kupfersulfat enthält, durchgeführt. Die Stromstärke beträgt zu Beginn 1 Amp. und wird während der Verkupferung auf 2 Amp. gesteigert. Der Elektrolyt wird dauernd schwach bewegt. Die Dauer der Verkupferung beträgt 15 min. Die Elektrode ist tiefrot, und die Kupferschicht hält fest.

Die Spiralanode aus Platin wird bei mittlerer Geschwindigkeit rotiert, oder es wird sonstwie gerührt; das etwa 100 ml fassende Elektrolysengefäß wird mit einem durchlöcherten Uhrglas bedeckt.

Man elektrolysiert mit 0,9 bis 1,0 Amp. bei 5,5 bis 6,5 Volt. Die Elektrolysendauer beträgt bei 0,1 g Nitrat 45 min, bei 0,2 g 1 Stde.

Arbeitsvorschrift. 0,1 bis 0,3 g Nitrat werden in der zur Bedeckung der Elektroden nötigen Menge Leitflüssigkeit (je 100 ml 3 g Borsäure und 1 g Kaliumsulfat enthaltend) gelöst und hierauf unter den oben genannten Bedingungen elektrolysiert.

Nach der Elektrolyse läßt man das Bad ohne Stromunterbrechung in einen Titrierkolben ab und wäscht mit möglichst wenig Wasser (3mal 10 ml) nach. Hierauf wird mit 0,25 n Salzsäure und 1 ml einer alkoholischen Dimethylgelblösung (1 : 10000) mit Hilfe einer Vergleichsflüssigkeit titriert.

Genauigkeit. Der mittlere Fehler beträgt etwa $\pm 0,2$ bis 0,3%.

An Stelle der verkupferten Platinelektrode haben sich auch vernickelte Platinelektroden bewährt.

Hierzu löst man 2,0 g Nickelsulfat und 2,5 g Ammoniumsulfat mit 2,5 ml konz. Ammoniak in Wasser auf und vernickelt damit die Platin-Netzelektrode bei Anwendung einer rotierenden Platinelektrode mit 3 bis 4 Amp. während 30 min. Die Elektrode rauht sich nach mehrmaliger Benützung auf, wobei die Reduktion leichter vor sich geht. Erst wenn die Oberfläche schwammig wird, muß die Vernickelung erneuert werden. Im übrigen funktioniert sie völlig analog der verkupferten Elektrode.

c) *Arbeitsweise von* ULSCH. In unabhängiger Weiterführung der Ergebnisse von VORTMANN hat ULSCH mit Kathoden aus kompaktem Kupfer (Blech oder Draht) mit großer Oberfläche Erfolg gehabt.

Apparat. Als Kathode dient eine cylindrische Spirale, welche man durch Aufwickeln von weichem, etwa 1,4 mm starkem Kupferdraht auf eine Glasröhre von 15 mm Durchmesser herstellt, so daß etwa 40 dicht nebeneinander liegende Windungen von etwa 2 m Gesamtlänge entstehen. Das eine Ende dient zur Stromzufuhr; die ganze Spirale wird etwa 70 mm hoch auseinandergezogen. Die wirksame Oberfläche der Kathode beträgt dann 0,85 dm^2, woraus sich bei 1,25 Amp. eine Stromdichte von 1,47 ergibt. Als Anode dient ein axial eingeführter, gerader Platindraht von 1 mm Dicke und 20 cm Länge. Als Zersetzungszelle dient ein Proberöhrchen von 20 mm Weite und 17 cm Länge. Ein Gummistopfen, an dem beide Elektroden befestigt sind und der eine Öffnung zum Austritt der Gase aufweist, stabilisiert das Gerät. Die Kupferspirale wird vor jeder Bestimmung in der direkten Flamme des Bunsenbrenners zum schwachen Glühen erhitzt und sofort in kaltes Wasser getaucht. Sie hat dann die für die Bestimmung geeignete Oberfläche.

Arbeitsvorschrift. 0,5 bis 1 g Kaliumnitrat werden mit genau 50 ml n Schwefelsäure gemischt und auf 100 ml aufgefüllt. 20 ml dieser Mischung werden in das Elektrolysengefäß eingeführt und elektrolysiert. Als Stromquelle dienen zwei hintereinandergeschaltete Akkumulatoren (4 Volt). Durch Einschalten eines geringen Drahtwiderstandes wird die Stromstärke auf 1,25 Amp. eingestellt. Der Wasserstoff wird zunächst vollständig verbraucht; die Mischung erwärmt sich. Die Elektrolyse wird noch 10 min nach dem deutlichen Auftreten des Wasserstoffs fortgesetzt und dauert etwa 30 min. Die schließliche Bestimmung des Ammoniaks erfolgt durch Titration des noch vorhandenen Säureüberschusses.

Die *Genauigkeit* ist sehr gut, etwa $\pm 0,3\%$.

Störungen. Leider versagt das Verfahren bei Anwesenheit von Chloriden.

Reduktion durch katalytische Hydrierung (VAN DALEN). VAN DALEN beschreibt ein Verfahren, nach welchem Nitrate bei Gegenwart von Nickelkatalysatoren im Wasserstoffstrom zu Ammoniak reduziert werden; letzteres wird durch Überdestillieren in titrierte Säure bestimmt. Die Umständlichkeit des Verfahrens, seine relativ geringe Genauigkeit und die Anfälligkeit gegen Verunreinigungen lassen es wenig empfehlenswert erscheinen.

Als *Apparat* dient ein cylindrisches, heizbares Reaktionsgefäß mit Gaseinleitrohr für Wasserstoff. Das Ableitrohr ist aufsteigend spiralig gewunden, um als Rückflußkühler zu wirken. Es mündet in eine Proberöhre als Vorlage.

Herstellung des Katalysators. Der Katalysator wird aus RANEY-Nickel (Nickel-Aluminium-Legierung) durch Zersetzen mit Lauge nach ADKINS und BILLICA gewonnen und wegen seiner pyrophoren Eigenschaften unter Alkohol aufbewahrt. Er ist zweimal benützbar, wobei man ihn zur Regenerierung mit 0,2 n Essigsäure rührt, neutral wäscht und über Alkohol aufbewahrt.

Arbeitsvorschrift. Die Nitratprobe wird in 5 ml Wasser gelöst, zur Erhöhung des Siedepunktes mit 2 bis 3 g Natriumchlorid und 4 bis 5 ml 20 n Alkalilauge versetzt; hierauf wird so viel Katalysator zugefügt, daß auf 30 bis 150 mg NO_3 0,5 bis

2 g Nickel kommen. Das Gesamtvolumen der Mischung beträgt 10 bis 15 ml. Die Vorlage wird zunächst mit 5 bis 10 ml Wasser beschickt, das man mit Methylorange anfärbt und durch Zutropfen von 0,02 n, 0,05 n oder 0,1 n Salzsäure aus einer Bürette schwach sauer hält. Man leitet einen kräftigen Wasserstoffstrom durch und erhitzt das Reaktionsgefäß zum Sieden. Wenn die Reaktion der Vorlage einige Minuten unverändert bleibt, verlangsamt man den Wasserstoffstrom und titriert nach Zusatz von Bromkresolpurpur die freie Säure mit 0,02 n Boraxlösung auf schmutzig braun ($p_H = 5{,}6$). Vom Ergebnis der Titration ist der Blindwert des Katalysators abzuziehen.

Genauigkeit. Die erhaltenen Werte sind im Mittel um etwa 0,5% zu niedrig.

Störungen. Phosphate, Calcium, Kalium, Kupfer und Eisen ergeben merkliche Minuswerte. Der Fehler wird geringer, wenn die Laugenmenge erhöht wird.

Literatur.

Böttger, W.: Z. El. Ch. **16**, 698 (1910).
Cotte, J., u. E. Kahane: Bl. **1946**, 542; Am. Chem. Abstr. **41**, 1952 (1947).
van Dalen, E.: Anal. chim. Acta **5**, 463 (1951).
Easton, W. H.: Am. Soc. **25**, 1042 (1903).
Ingham, L. H.: Am. Soc. **26**, 1251 (1904).
Karsten, P., u. Grabé: Chem. Weekbl. **44**, 237 (1948). — Knecht, E.: J. Soc. chem. Ind. **34**, 126 (1915); durch C. **86, I**, 1139 (1915).
Nietz, E.: J. pr. **121**, 54 (1929).
Rabinowitsch, M., u. A. Fokin: Z. El. Ch. **35**, 18 (1929).
Shinn, O. L.: Am. Soc. **30**, 1378 (1908). — Szabó, Z. G., u. L. G. Bartha: Anal. chim. Acta **6**, 416 (1952). — Szebellédy, L., u. B.-M. Schall: Fr. **86**, 127 (1931).
Traube, W., u. W. Passarge: B. **49**, 1692 (1916).
Ulsch, K.: Z. El. Ch. **3**, 546 (1896).
Vortmann, G.: B. **23**, 2798 (1890).

2. Reduktion zu Ammoniak mit reduzierenden Maßlösungen.

Allgemeines. Gegenüber der maßanalytischen Reduktion des Nitrats zu Stickoxyd, wie sie bei Pélouze durchgeführt wird, haben die Verfahren der maßanalytischen Reduktion zu Ammoniak grundsätzlich den Vorteil, daß für eine bestimmte Menge Nitrat eine größere Menge Titrierflüssigkeit aufgewendet wird und demnach die Ablesefehler weniger ins Gewicht fallen.

Diesem Vorteil stehen aber zwei Nachteile gegenüber: die Gefahr, daß die Reduktion auf „Nebengeleisen“ zu Produkten führt, die nicht weiter zu Ammoniak reduzierbar sind, wie N_2O und N_2, sowie die Notwendigkeit, erheblich stärker reduzierende Reagenzien anwenden zu müssen. Solche starke Reduktionsmittel sind aber gegen Luftsauerstoff nicht beständig, weswegen man unter Luftabschluß arbeiten muß. Außerdem sind in der Regel größere Überschüsse an reduzierenden Maßflüssigkeiten nötig, so daß der vorgenannte Vorteil zum Teil wieder aufgehoben wird. An Reduktions-Maßlösungen sind bisher Eisen(II)-sulfat in alkalischer Lösung, Chrom(II)-sulfat, Vanadin(II)-sulfat und Zinn(II)-chlorid vorgeschlagen worden.

I. Bestimmung mit Eisen(II)-sulfat nach Szabó und Bartha. *a) Makroverfahren.* Szabó und Bartha benützen die bereits von Cotte und Cahane zur Nitratbestimmung angewandte Reduktion des Nitrats mit Eisen(II)-salz zu Ammoniak in alkalischer Lösung bei Anwesenheit von Silbersulfat gemäß der folgenden Gleichung:

$$KNO_3 + 8\,Fe(OH)_2 + 6\,H_2O = NH_3 + 8\,Fe(OH)_3 + KOH.$$

Während Cotte und Cahane das gebildete Ammoniak abdestillieren und acidimetrisch titrieren (s. S. 190), arbeiten Szabó und Bartha mit einem gemessenen Überschuß an Eisen(II)-maßlösung und titrieren den nicht verbrauchten Überschuß wieder zurück. Als Katalysator wird eine ammoniakalische Silbersulfatlösung verwendet.

Herstellung der Silberdiamminsulfatlösung. Man stellt sich nitratfreies Silbersulfat durch Eingießen einer gesättigten Lösung von 5 g Silbernitrat in 8 bis 10 ml heiße 30%ige Schwefelsäure, Erkalten, Absaugen der Fällung und öfteres Waschen mit wenig kaltem Wasser bis zum Aufhören der Nitratreaktion her und bereitet daraus 100 ml einer bei Zimmertemperatur gesättigten Lösung. Diese wird mit 15 ml konz. Ammoniak versetzt. Die Lösung ist nur etwa 2 bis 3 Wochen haltbar.

Eisen(II)-ammoniumsulfatlösung. 190 g kristallisiertes Eisen(II)-ammoniumsulfat werden in 600 ml ausgekochtem kaltem Wasser nach Zugabe von 40 ml konz. Schwefelsäure gelöst, filtriert und auf 1 l aufgefüllt. 10 ml der Lösung reduzieren 45 bis 48 ml 0,1 n Kaliumpermanganatlösung in saurer Lösung. Sie ist mindestens 1 Tag genau beständig.

Arbeitsvorschrift. Die bis zu 20 mg NO_3 enthaltende Probe wird in einem 200 ml-Kolben mit Wasser auf etwa 80 ml verdünnt. Man fügt mit einer Pipette 10 ml carbonatfreie, 30%ige Natronlauge zu und kocht 5 bis 6 min am Asbestdrahtnetz. Hierauf setzt man 10 ml Silberdiamminlösung und genau 10 ml Eisen(II)-ammoniumsulfatlösung zu, setzt ein Steigrohr von 20 bis 25 cm Länge und 1 cm Durchmesser auf und erhält 10 bis 15 min bei starkem Sieden, bis mit rotem Lackmuspapier kein Ammoniak mehr im Dampf nachweisbar ist. Hierauf setzt man, ohne das nunmehr gelinde Sieden zu unterbrechen, durch das Steigrohr 40 ml 30%ige Schwefelsäure in kleinen Portionen zu und läßt die völlig klar gewordene Lösung erkalten. Man nimmt das Steigrohr ab und titriert das überschüssige Eisen(II)-salz mit 0,1 n Kaliumpermanganatlösung zurück.

Berechnung. 1 ml 0,1 n $KMnO_4$-Lösung entspricht 0,7751 mg NO_3^- oder 0,1751 mg N.

Wie Testbestimmungen gezeigt haben, stimmen die erhaltenen Werte nur bei Nitratgehalten von etwa 4 bis 6 mg NO_3^- genau mit den theoretischen überein. Bei höheren Nitratgehalten von 6 bis 20 mg können zu den gefundenen Werten 0,3% zugezählt werden; bei 4, 3,5, 3,0, 2,5, 2,0 mg NO_3^- werden 0,2, 0,4, 0,6, 0,8, 1% abgezogen.

Genauigkeit. Die so korrigierten Werte sind dann — ohne Berücksichtigung störender Fremd-Ionen — sehr genau (Fehler unter $\pm 0,1$%).

Nicht störende Ionen sind außer Alkalien und Erdalkalien Al, Zn, Cd, As(V), Sn(IV), Mo(VI), U(VI), W(VI), Cl, PO_4, B_4O_7, CH_3COO, ClO_4. Die Störungen durch As(III), Cu(II), Ni, Mn, Br^-, ClO_3^-, SO_3^{--}, $S_2O_8^{--}$ und Kohlensäure müssen ausgeschaltet werden. Soweit sie den Katalysator ungünstig beeinflussen [z. B. Mn(II) und Co(II)] kann dies durch Zugabe der gleichen Menge zur Blindwertbestimmung erfolgen; in anderen Fällen hilft ein Wechsel in der Reihenfolge des Zusatzes: Nitrat — Alkali — Kochen — Katalysator — Fe(II)-Zusatz nach: Alkalizusatz — Kochen — Fe(II) — Nitrat — Katalysator.

Ferner stören durch Vergiftung des Katalysators: Sb(V), Hg(II), Bi(III), Pb(II), Cr(III), Jodverbindungen, Sulfide und Thiosulfate. Einige der genannten Basen sind durch Fällen mit Soda oder Ammoniumcarbonat zu entfernen.

b) *Mikroverfahren.* Die Übertragung des Verfahrens in den Mikromaßstab (Titration mit 0,01 n $K_2Cr_2O_7$-Lösung) machte einige Änderungen nötig. Als Nachteil tritt die Notwendigkeit eines großen Überschusses an Eisen(II)-lösung in Erscheinung, so daß bei der Rücktitration die in die Rechnung eingehende Differenz des Verbrauches an 0,01 n $K_2Cr_2O_7$-Lösung beim Blindwert und bei der Probetitration relativ klein gegenüber dem insgesamt verbrauchten Volumen ist. Der Fehler kann dadurch vermindert werden, daß man an eine 10 ml-Bürette ein weites Rohrstück von 20 ml Inhalt aufsetzt. Die Autoren verwenden die gleichen Mengenverhältnisse der Reagenzien innerhalb einer Probemenge von 0,6 mg NO_3^- bis herunter auf etwa 20 μg NO_3^-.

Weitere Schwierigkeiten verursacht die Notwendigkeit, den Gehalt an Silbersulfat nur etwa auf die Hälfte gegenüber dem Makroverfahren herabzusetzen. Das sich durch Reduktion bildende Silber verursacht Fehler, die durch Blindwertsbestimmungen mit genau gleichen Silbermengen erfaßt werden müssen.

Herstellung der Lösungen. Silberdiamminsulfatlösung. Zu 4 Vol.-Teilen einer halbgesättigten (0,25% igen) Silbersulfatlösung wird 1 Teil konz. NH_3-Lösung zugesetzt.

Eisen(II)-ammoniumsulfatlösung. Eine 2% ige Lösung von

$$Fe(NH_4)_2(SO_4)_2 \, 6\, H_2O,$$

welche im Liter 30 ml konz. H_2SO_4 enthält.

Arbeitsvorschrift. In einen 100 ml-Stehkolben wird die einer Menge von etwa 0,02 bis 0,6 mg NO_3 entsprechende Probemenge eingeführt und mit Wasser auf etwa 20 ml verdünnt. Nach weiterem Zusatz von 5 ml 30% iger Natronlauge wird 5 min im Sieden erhalten. Hierauf werden genau 5 ml der oben beschriebenen Silberdiamminsulfatlösung und genau 5 ml Eisen(II)-ammoniumsulfatlösung hinzupipettiert, ein Steigrohr aufgesetzt und weitergekocht, bis das Aufhören der Ammoniakentwicklung das Ende der Reaktion anzeigt (etwa 5 min). Hierauf wird durch das Steigrohr mit 15 ml 30% iger Schwefelsäure angesäuert und der Niederschlag gelöst. Man kühlt ab, setzt 2 ml konz. Phosphorsäure und 3 Tropfen einer 0,1% igen Lösung von Diphenylamin in konz. Schwefelsäure zu und titriert mit 0,01 n Dichromatlösung.

In völlig gleicher Weise ist ein Blindversuch durchzuführen.

Berechnung. 1 ml 0,01 n $K_2Cr_2O_7$-Lösung entspricht 0,07751 mg NO_3^-.

Die Fehler betragen bei Mengen von 100 bis 600 μg NO_3 etwa ± 1 bis 2%, bei Mengen von 20 bis 40 μg ± 6%.

c) *Verfahren von* Szabó, Bartha und Simon-Fiala. Szabó, Bartha und Simon-Fiala schlagen neuerdings vor, das gebildete Eisen(III)-Ion stannometrisch zu bestimmen. Statt mit Schwefelsäure säuert man nach der Reduktion mit 20 ml 3% iger Salzsäure an, fügt zur Verdrängung der Luft ein Stückchen weißen Marmor, 3 bis 4 g Ammoniumchlorid und noch 5 ml konz. Salzsäure zu und titriert mit Zinn(II)-chloridlösung bei 75°. Die Endpunktsbestimmung erfolgt entweder potentiometrisch, wobei sich der nahende Endpunkt durch den von der Titration des Eisens nach Zimmermann bekannten Farbwechsel von Gelb nach Farblos anzeigt, oder man setzt einige Tropfen einer 0,1 n Kaliumrhodanidlösung zu, titriert bis auf Strohgelb, setzt hierauf 1 bis 2 Tropfen 0,1 n Na_2HPO_4-Lösung und 6 bis 8 Tropfen einer kaltgesättigten Ammoniummolybdatlösung zu und titriert bis zum Farbumschlag von Grün nach Blau.

II. Bestimmung mit Chrom(II)-sulfat nach Lingane und Pecsok. Nach der Gleichung:

$$8\, CrSO_4 + HNO_3 + 5\, H_2SO_4 = 4\, Cr_2(SO_4)_3 + NH_4HSO_4 + 3\, H_2O$$

kann Salpetersäure mit Chrom(II)-sulfatlösung zu Ammoniak reduziert werden, wie bereits Traube und Passarge gezeigt haben (s. S. 190).

Lingane und Pecsok haben auf dieser Reaktion ein maßanalytisches Verfahren aufgebaut, indem sie die Probe mit überschüssiger titrierter Chrom(II)-sulfatlösung unter Luftabschluß reagieren lassen und den Überschuß elektrometrisch mit Eisen(III)-ammoniumalaunlösung zurücktitrieren. Es kann in alkalischer, vorteilhafter aber in saurer Lösung gearbeitet werden.

a) In alkalischer Lösung bei Gegenwart von Tartrat.

Die stärkere Reduktionskraft des komplexen Chrom(II)-tartrat-Ions gegenüber dem einfachen Chrom(II)-Ion begünstigt die Reaktion, die in diesem Fall keines Katalysators bedarf. Doch sind auch unter optimalen Bedingungen die gefundenen Werte um 1% zu niedrig.

Arbeitsvorschrift. Zu 50 ml einer 1,5 molaren Natriumtartratlösung, die 0,2 n an NaOH enthält, werden 10 ml der etwa 0,04 molaren Nitratlösung zugefügt. Nachdem die Luft durch gereinigten Stickstoff verdrängt worden ist, wird 0,25 molare Chrom(II)-sulfatlösung in 0,1 n H_2SO_4, in genau gemessenem 12- bis 25%igem Überschuß zugefügt; man läßt einige Minuten stehen. Da die potentiometrische Rücktitration mit Fe(III)-Lösung nur in saurer Lösung erfolgen kann, wird die Lösung zunächst mit luftfreier Schwefelsäure angesäuert und auch die Eisen(III)-ammoniumalaunlösung luftfrei gemacht. Die Titration erfolgt in einem geschlossenen Becherglas ebenfalls in einer Atmosphäre von gereinigtem Stickstoff. Ein blanker Platindraht dient als Indicator-Elektrode; sein Potential wird gegen eine gesättigte Kalomel-Elektrode in der üblichen Weise gemessen.

Man kann auch das Chrom(II)-Ion, welches polarographisch eine anodische Welle liefert, amperometrisch titrieren. Die Quecksilber-Tropfelektrode wird bei —0,4 Volt gegen die gesättigte Kalomel-Elektrode gehalten. Gesonderte Versuche haben gezeigt, daß der Diffusionsstrom des Chrom(II)-Ions bis zu einem Überschuß von etwa 15% bei der Titration proportional der Cr(II)-Konzentration ist.

Während die Ergebnisse der potentiometrischen Titration etwa 101% der Theorie ergeben, betragen diejenigen der Titration des abdestillierten Ammoniaks bzw. der amperometrischen Titration nur 99% der Theorie.

Die Autoren ziehen deshalb die Arbeitsweise b) im sauren Medium vor.

Da die Reduktion des Nitrates mit Chrom(II)-sulfat in saurer Lösung zunächst langsam, mit Titan(III)-sulfat dagegen schnell verläuft, wobei Ti(IV)-Ion seinerseits rasch durch Chrom(II)-Ion reduziert wird, wenden die Autoren den Kunstgriff an, als Katalysator eine kleine Menge Titan(IV)-sulfatlösung zuzusetzen; dadurch ist es auch möglich, eine verhältnismäßig niedrige Temperatur von 50° einzuhalten, bei der noch keine merkliche Oxydation von Cr(II) durch Wassereinwirkung auftritt. Die Resultate sind vom Überschuß an Cr(II) innerhalb 10 und 100% unabhängig.

Arbeitsvorschrift. Etwa 5 ml Titan(IV)-sulfatlösung werden zu 25 ml der etwa 0,01 bis 0,02 molaren Nitratlösung in dem Titrationsgefäß zugefügt und eine Acidität von etwa 0,5 bis 1 n Schwefelsäure eingestellt. Man erhitzt auf 50° und verdrängt die Luft durch Einleiten von absolut sauerstoffreiem Stickstoff oder Kohlendioxyd aus Lösung und Atmosphäre. Hierauf fügt man rasch aus einer Bürette einen genau gemessenen Überschuß von 10 bis 100% an 0,1 molarer Chrom(II)-sulfatlösung in 0,1 bis 1 n Schwefelsäure zu. Nach 3 bis 5 min Stehens (nicht länger) wird ein gemessener Überschuß von luftfreier 0,1 molarer Eisen(III)-ammoniumalaunlösung zugefügt, eine Indicatorelektrode aus Platindraht eingeführt und der Überschuß an Fe(III)-Ion mit Chrom(II)-sulfatlösung auf ein Potential von +0,10 des Äquivalenzpunktes gegen die gesättigte Kalomelelektrode titriert. Die Titerstellung wird unter den gleichen Bedingungen mit dem gleichem Volum Eisenlösung durchgeführt. Die Differenz im Verbrauch entspricht dem vorhandenen Nitrat-Ion.

Berechnung. 1 ml 0,1 n Cr(II)-Lösung entspricht 0,7751 mg NO_3^-.

Genauigkeit. Die so erhaltenen Werte sind auf etwa ±0,2% genau.

Wendet man an Stelle der 0,01 m Nitratlösung eine 0,001 m Lösung an, so muß mit 200% Überschuß an Chrom(II)-Ion und einer Wartezeit von etwa 10 min gearbeitet werden. Dementsprechend wird dann nur eine Genauigkeit von etwa ±2% erreicht. Chlor-Ion stört nicht, Nitrit wird ebenfalls vollständig zu Ammoniak reduziert.

III. Bestimmung mit Titan(III)-sulfat nach Oldham. Oldham bestimmt aliphatische Nitrate mit Titan(III)-sulfat.

Arbeitsvorschrift. 0,04 bis 0,1 g genau gewogene Probe werden in 10 bis 15 ml Eisessig unter Erwärmen gelöst, mit einem Überschuß von über einem Zinkamalgam-Reduktor hergestellter 0,1 n Titan(III)-sulfatlösung versetzt und 20 min gekocht. Der Überschuß an Titan(III)-Ion wird in der Hitze mit gestellter Eisen(III)-alaunlösung und Methylenblau als Indicator zurücktitriert.

Berechnung. Jede Nitratgruppe erfordert an Stelle der theoretisch nötigen 8 Titan-Äquivalente nur 7,5 Äquivalente.

Aromatische Nitrogruppen reagieren nicht in diesem Sinne, auch für anorganische Nitrate ist das Verfahren in dieser Form nicht brauchbar.

IV. Bestimmung mit Vanadin(II)-sulfat nach Banerjee. Die Reaktion mit Vanadin(II)-sulfat erfolgt im Kohlendioxydstrom, der Überschuß an Vanadin(II)-sulfat wird mit Permanganat zurücktitriert.

Arbeitsvorschrift. 2 bis 3 ml konz. Schwefelsäure werden auf 25 ml verdünnt und die Luft durch CO_2 vertrieben. Hierauf wird ein bekannter, großer Überschuß an Vanadin(II)-sulfatlösung und schließlich die Nitratlösung zugesetzt. Man kocht 5 min im Kohlendioxydstrom, kühlt ab und titriert mit 0,1 n Permanganat den Überschuß im Kohlendioxydstrom zurück.

Berechnung. 1 ml 0,1 n $KMnO_4$-Lösung entspricht 0,7751 mg NO_3^-.

Die erhaltenen Werte sind sehr genau.

V. Bestimmung mit Zinn(II)-chlorid nach Szeberényi. Trotzdem die Reaktion von Zinn(II)-chlorid mit Salpetersäure nicht einheitlich, sondern teils nach Gleichung (I), teils nach Gleichung (II) verläuft,

$$\text{(I)}\quad 2\,KNO_3 + 10\,HCl + 4\,SnCl_2 = N_2O + 5\,H_2O + 2\,KCl + 4\,SnCl_4;$$

$$\text{(II)}\quad KNO_3 + 9\,HCl + 4\,SnCl_2 = NH_3 + 3\,H_2O + 4\,SnCl_4 + KCl,$$

wurde festgestellt, daß innerhalb eines ziemlich weiten Konzentrationsbereiches des überschüssigen Sn(II)-Ions der Wirkungsgrad auf Salpetersäure weitgehend gleich bleibt; es entsprechen jedem Milliliter 0,1 n Zinn(II)-chloridlösung:

bei 50% Sn(II)-Überschuß	0,00152 g
„ 100% Sn(II)-Überschuß	0,00150 g
„ 200% Sn(II)-Überschuß	0,00145 g
„ 300% Sn(II)-Überschuß	0,00140 g

Man rechnet entweder mit einem mittleren Wert von 0,00146 g oder genauer mit dem auf Grund der Analyse geschätzten Überschuß. Die Nitratprobe (etwa 0,04 g) wird in möglichst wenig Wasser gelöst, mit z. B. 50 ml schwach salzsaurer 0,1 n Zinn(II)-chloridlösung, die frisch gegen 0,1 n Jodlösung gestellt ist, versetzt; hierauf wird das gleiche Volumen konz. Salzsäure zugesetzt und sofort $^3/_4$ der Flüssigkeit am absteigenden Kühler abdestilliert. Nach dem Abkühlen titriert man mit 0,1 n Jodlösung zurück.

Statt einer 0,1 n Zinn(II)-chloridlösung kann auch eine etwas stärker eingestellte Lösung angewendet werden; man kann dann die Nitrateinwaage entsprechend erhöhen.

Es empfiehlt sich, den Zutritt der Luft während der Abkühlung durch Zusatz von etwas luftfreier Hydrogencarbonatlösung zu verhindern.

Literatur.

Banerjee, P. C.: J. Indian chem. Soc. **13**, 301 (1936) — Am. Ch. Abstr. **30**, 8072 (1936); durch Fr. **112**, 205 (1938).

Dewar, J., u. G. Brough: J. Soc. chem. Ind. **55**, 207 (1936); durch Fr. **117**, 73 (1939).

Lingane, J. J., u. R. L. Pecsok: Anal. Chem. **21**, 622 (1949).

Oldham, J. W. H.: J. Soc. chem. Ind. **53**, 236 (1934); durch Fr. **117**, 73 (1939).

Szabó, Z. G., u. L. G. Bartha: Anal. chim. Acta **5**, 33 (1951) — Mikrochemie **38**, 413 (1951). — Szabó, Z. G., L. G. Bartha u. F. Simon-Fiala: Acta chim. Acad. Sci. hung. **3**, 231 (1953); durch Fr. **142**, 388 (1954). — Szeberényi, P.: Fr. **87**, 357 (1932).

Wellings, A. W.: Trans. Faraday Soc. **28**, 665 (1932) — Am. Ch. Abstr. **26**, 5512 (1932).

3. Reduktion zu Stickoxyd.

I. Verfahren von Pélouze. *Allgemeines.* Obwohl die Reaktion von Salpetersäure mit Eisen(II)-Ion in stark saurer Lösung zu Stickoxyd und Eisen(III)-Ion schon unmittelbar vorher von Gossart (s. S. 207) zur quantitativen Nitratbestimmung benutzt worden ist, gebührt Pélouze das Verdienst, durch eine experimentell sehr zweckmäßige Verwendung dieser Reaktion das erste praktische und relativ genaue Nitratbestimmungsverfahren geschaffen zu haben; es ist — mit einigen wesentlichen Verbesserungen späterer Autoren — auch heute noch hinsichtlich Einfachheit bei sehr befriedigender Genauigkeit kaum zu übertreffen.

Pélouze löst eine gewogene Menge Eisendraht in konzentrierter Salzsäure in einem Kolben mit aufgesetztem Steigrohr zum Schutz gegen Luftsauerstoff. Hierauf wird die Nitratprobe eingetragen, sofort zum Sieden erhitzt und 5 bis 6 min gekocht. Das im Überschuß gebliebene Eisen(II)-Ion wird mit Permanganat titriert. Der Reaktionsverlauf ist durch die folgende Gleichung gekennzeichnet:

$$HNO_3 + 3\,FeCl_2 + 3\,HCl = NO + 3\,FeCl_3 + 2\,H_2O.$$

Das Verfahren scheint in der von Pélouze gegebenen Form nicht immer verläßliche Resultate gegeben zu haben. R. Fresenius hat es darum in zwei wesentlichen Punkten abgändert, indem er zur Vermeidung der Verflüchtigung unzersetzter Salpetersäure zunächst gelinde erwärmt und außerdem die ganze Umsetzung im CO_2-Strom durchführt. Seitdem haben die Klagen über Fehlresultate aufgehört; jedoch hat andererseits das Verfahren viel von seiner ursprünglichen Einfachheit eingebüßt.

Als nächste Abänderung wurde nun an Stelle des einzuwägenden Blumendrahtes eine Eisen(II)-sulfatlösung bekannten Titers einpipettiert. Um hierbei die Säurekonzentration nicht zu stark zu vermindern, hat Lunge, später Debourdeaux sowie Grigorjeff und Nataskina vorgeschlagen, an Stelle von Salzsäure in schwefelsaurer Lösung zu arbeiten, und Lunge hatte bereits erkannt, daß beim Kochen der schwefelsauren Reaktionsmischung der Kohlendioxydstrom entbehrlich wird und durch ein einfaches Kautschukventil ersetzt werden kann. Da er aber viel zu wenig Schwefelsäure zusetzte, mußte er so lange kochen, bis die Reaktionsmischung so weit konzentriert war, daß die Zersetzung quantitativ erfolgte.

Während Kolthoff, Sandell und Moskovits die Zersetzungsreaktion durch Zusatz von Ammoniummolybdat zu beschleunigen trachteten, hat neuerdings Leithe in einigen Veröffentlichungen gezeigt, daß man durch wesentliche Erhöhung der Säurekonzentration auf etwa 65 g Schwefelsäure/100 ml Reaktionsgemisch die Zersetzungsreaktion derart beschleunigen kann, daß die Zersetzung der Salpetersäure sofort und ohne Verluste eintritt, in einer Kochzeit von 3 min beendet ist und am besten im offenen Erlenmeyerkolben ohne inerten Gasstrom durchführbar ist. Er zeigte, daß durch Zusatz von Kochsalz zu der stark schwefelsauren Mischung die Zersetzung derart verbessert wird, daß auch kleinste Nitratmengen mit einer Fehlergrenze von 1 bis 2 μg auf diese Weise titriert werden können.

Während Pélouze sowie die anderen bisher genannten Autoren mit einer bekannten Menge Fe(II)-Ion die Nitratreduktion durchführen und den Überschuß des Eisen(II)-Ions mit Permanganat oder Dichromat zurücktitrieren, hat es nicht an Vorschlägen gefehlt, das gebildete Eisen(III)-Ion maßanalytisch zu erfassen. Braun arbeitet jodometrisch, Russo und Sensi mit Zinn(II)-chlorid; Jellinek und Winogradoff titrieren das Eisen(III)-Ion unmittelbar mit Natriumthiosulfat, Belcher und West mit Quecksilber(I)-nitrat bei Anwesenheit eines großen Überschusses an Ammoniumrhodanid; grundsätzlich kann diese Titration auch mit Titan(III)-chlorid nach Knecht und Hibbert sowie mit Uran(IV)-sulfatlösung nach Vortmann und Binder erfolgen.

Man kann auch, wie dies ursprünglich bereits SCHLÖSING (s. S. 171) in ähnlicher Weise getan hat, das entwickelte Stickoxyd nach PFYL in einer bekannten Menge Permanganatlösung aufnehmen und den Permanganatverbrauch für die Oxydation des Stickoxyds zu Salpetersäure bestimmen, oder man leitet nach WILFARTH das Stickoxyd in eine alkalische Wasserstoffperoxydlösung bekannter Alkalität und bestimmt den Alkaliverbrauch für die gebildete Salpetersäure.

Das Verfahren von PÉLOUZE läßt sich mit dem von SCHLÖSING-GRANDEAU-TIEMANN kombinieren, wobei zwei Werte, ein gasvolumetrischer und ein oxydimetrischer, erhalten werden, wie RISCHBIETH gezeigt hat.

Die ursprünglich von PÉLOUZE gegebene Fassung sieht folgende

Arbeitsvorschrift vor: 2 g genau gewogener Klavierdraht werden in einem 150 ml-Kolben in 80 bis 100 g konz. Salzsäure gelöst, wobei ein zu offener Spitze ausgezogenes Glasrohr dicht auf den Kolben aufgesetzt wird. Durch die Wasserstoff- und Chlorwasserstoff-Entwicklung wird die Luft praktisch vollständig verdrängt. Nach vollständiger Lösung des Eisens bei gelinder Wärme werden 1,2 g Salpeter rasch zugesetzt; es wird sofort wieder verschlossen und zum Sieden erhitzt, wobei die zunächst braune Flüssigkeit unter Abgabe von Stickoxyd und Salzsäure gelb wird. Nach 5 bis 6 min dauerndem Kochen gießt man in 1 l Wasser und titriert mit Kaliumpermanganat bis zur Rosafärbung. Die ganze Operation ist in 20 min beendet. Als Genauigkeit wird eine Übereinstimmung von 2 bis 5‰ auf Grund von Analysen mit reinen Nitraten angegeben.

a) Arbeitsweise von FRESENIUS. In einem Glaskolben, welcher mit einer luftdichten Zu- und Ableitungsvorrichtung für Kohlendioxyd versehen ist, werden etwa 1,5 g (genau gewogener) Blumendraht von bekanntem Reduktionswert gegen $KMnO_4$ eingeführt. Die Luft wird durch Kohlendioxyd verdrängt. Man setzt 30 bis 40 ml konz. Salzsäure zu und löst im Kohlendioxydstrom am Wasserbad. Hierauf werden 0,25 bis 0,3 g Nitratprobe in einem Wägeröhrchen zugefügt, zunächst am Wasserbad $^1/_4$ Stde. im Kohlendioxydstrom und anschließend über freier Flamme zum wallenden Sieden erhitzt, bis die anfangs bräunliche Farbe in reines Gelb umgeschlagen ist. Man erhitzt noch weitere 5 min, läßt im Kohlendioxydstrom erkalten, verdünnt mit ausgekochtem Wasser auf 400 bis 500 ml, setzt 10 ml einer Mangansulfatlösung zu (67 g $MnSO_4 \cdot 4\,H_2O$ + 138 ml Phosphorsäure (D 1,7) und 130 ml konz. Schwefelsäure mit Wasser auf 1 l verdünnt) und titriert mit 0,5 n $KMnO_4$ zurück.

Der Prozentgehalt an KNO_3 errechnet sich nach folgender Formel:

$$\%\,KNO_3 = \frac{(T - t) \cdot 1{,}6851}{a},$$

wobei T die für die eingewogene Menge Blumendraht auf Grund des Blindwertes erforderlichen Milliliter 0,5 n $KMnO_4$, t die Milliliter 0,5 n $KMnO_4$ bei Anwesenheit der Nitratprobe, a die Einwaage der Substanz in g ist.

b) Arbeitsweise von KOLTHOFF, SANDELL *und* MOSKOVITS. Die Autoren arbeiten ebenfalls in Kohlendioxydatmosphäre. Sie setzen Ammoniummolybdat als Reaktionsbeschleuniger zu. Die Titration des überschüssigen Eisen(II)-Ions erfolgt bei ihnen mit gestellter Kaliumdichromatlösung und Diphenylaminsulfosäure. Die Anwendung des genannten Redoxindicators macht ein Abstumpfen der überschüssigen Säure mit Natriumacetat nötig.

Als *Apparatur* dient ein 250 ml-Erlenmeyerkolben mit Tropftrichter und Hydrogencarbonat-Ventil.

Lösungen. 0,18 n Eisen(II)-ammoniumsulfatlösung in n Schwefelsäure, welche sich als besonders stabil erwiesen hat. Trotzdem soll der Titer täglich überprüft werden.

Arbeitsvorschrift. 0,1 bis 0,2 g Nitratprobe werden im Erlenmeyerkolben mit 25 bis 50 ml 0,18 n Eisen(II)-sulfatlösung (etwa 50% Überschuß) und 70 ml 12 n Salzsäure versetzt. Zur Verdrängung der Luft werden 3 bis 5 g festes Natriumhydrogencarbonat in kleinen Anteilen eingetragen. Hierauf setzt man das mit Natriumhydrogencarbonatlösung beschickte Ventil auf. Man kocht 3 min, setzt hierauf 3 ml einer 1%igen Ammoniummolybdatlösung durch den Tropftrichter zu und läßt weitere 10 min kochen. Man läßt unter Luftabschluß abkühlen, setzt auf je 50 ml Flüssigkeit 35 ml einer 6 n Ammoniumacetatlösung und 3 bis 5 ml 85%ige Phosphorsäure zu. Die ein Volumen von 100 bis 150 ml ergebende Mischung wird mit 6 bis 8 Tropfen einer 1%igen Lösung von Barium-diphenylaminsulfonatlösung (auch Diphenylamin oder Diphenylbenzidin sind verwendbar) versetzt und mit 0,1 n Kaliumdichromatlösung auf Blau titriert.

Berechnung. 1 ml 0,1 n $K_2Cr_2O_7$-Lösung = 2,067 mg NO_3^- = 0,4669 mg N.

Genauigkeit. Mengen über 20 mg NO_3^- sind auf $\pm 0,5$% genau bestimmbar.

Störungen. Folgende Substanzen werden gleichzeitig erfaßt und müssen gesondert bestimmt werden: Chlorat, Bromat und Jodat. Kleine Mengen Perchlorat reagieren noch nicht.

Mikro-Ausführung. Kleine Mengen Nitrat (2 bis 20 mg) können durch Anwendung von 4- bis 6mal verdünnteren Maßlösungen, Einkochen auf 50 ml, Zusatz von 20 ml 6 n Ammoniumacetatlösung und 10 ml Phosphorsäure, Verdünnen auf 100 bis 150 ml und durch anschließende Titration bestimmt werden. Die Genauigkeit beträgt dann etwa ± 3% oder $\pm 0,1$ bis 0,2 mg NO_3^-.

c) *Arbeitsweise von* LEITHE. LEITHE hat zunächst festgestellt, daß für die Schnelligkeit und Einheitlichkeit der Zersetzungsreaktion von Salpetersäure mit Eisen(II)-sulfat in schwefelsaurer Lösung vor allem eine hohe Säurekonzentration (6 bis 8 molare Schwefelsäure) maßgebend ist. Es genügt dann ein 3 min langes Kochen im offenen Erlenmeyerkolben. Ursprünglich (a) hatte er in schwefelsaurer Lösung allein gearbeitet, später (b, c, d) erwies sich ein Zusatz von Kochsalz zu dem stark schwefelsaurem Reaktionsgemisch als besonders vorteilhaft. Der Reaktionsverlauf ist dann ein derart vollständiger, daß man mit nur geringen Überschüssen an Fe(II)-Ion zu arbeiten braucht, auch sehr kleine Mengen Nitrat mit entsprechend verdünnten Maßlösungen (bis 0,001 n) titrieren und Mengen bis zu 2 μg NO_3^- ohne eine besondere Mikrotechnik erfassen kann.

Zur Rücktitration des überschüssigen Eisen(II)-Ions kann mit Permanganat, bei kleineren Nitratmengen aber wesentlich schärfer mit 0,1 n Kaliumdichromatlösung und Ferroin als Indicator gearbeitet werden. Dieser Indicator schlägt auch in dem vorliegenden stark sauren Bereich sehr scharf um, und man ist daher nicht wie bei Diphenylaminsulfonat zum Abstumpfen der Mineralsäure genötigt. Bei noch kleineren Nitratmengen kann mit 0,01 n Kaliumdichromatlösungen, bei kleinsten Mengen mit 0,001 n Lösungen titriert werden.

LEITHE hat je nach der vorliegenden Nitratmenge bzw. -konzentration drei Arbeitsweisen angegeben, welche wahlweise angewendet werden können. Da es sich um Rücktitrationsverfahren von Überschüssen handelt, empfiehlt sich die richtige Auswahl der anzuwendenden Konzentration der Reagenzien, um größere Überschüsse an Eisen(II)-Ion, die in jedem Falle unnötig sind, zu vermeiden.

α) Verfahren für 100 bis 450 mg NO_3^-. Das Verfahren ist insbesondere für die Serienanalyse von Düngemitteln mit meist erwünschten größeren Einwaagen bei möglichst geringen Fehlermöglichkeiten bestimmt.

Reagenzien. Eisen(II)-sulfatlösung I. Die Lösung ist zweckmäßig etwas schwächer als normal, um bei der Blindwertbestimmung für 25,00 ml nicht mehr als eine Bürettenfüllung der 0,5 n Permanganatlösung zu verbrauchen. 270 g reines Eisen(II)-sulfat ($FeSO_4 \cdot 7\,H_2O$) werden im 1 l-Meßkolben in schwach angesäuertem Wasser gelöst, 100 ml konz. Schwefelsäure zugefügt, auf Zimmertemperatur gekühlt, mit

Wasser bis etwa 100 ml unter die Marke verdünnt, 40 g reines Kochsalz zugefügt, gelöst und auf die Marke eingestellt. Der Kochsalzzusatz unterbleibt, wenn zum Lösen der Probe (z. B. Kalkammonsalpeter) eine etwa 0,5 bis 0,7 g HCl entsprechende Menge Salzsäure, auf eine Titration berechnet, verwendet worden ist.

Arbeitsvorschrift. Die etwa 10 g Salpeter entsprechende Probenmenge wird in Wasser oder bei Vorliegen von Carbonaten in möglichst wenig verdünnter Salzsäure gelöst, zum Liter aufgefüllt; man läßt sie völlig klar absitzen oder filtriert klar. (Durch tonartige Substanzen trüb gefärbte Lösungen müssen unbedingt geklärt werden.) 25,00 ml Probelösung, entsprechend 0,25 g Salpeter, werden in einen 200 ml-Erlenmeyerkolben pipettiert, 25,00 ml Eisen(II)-sulfatlösung hinzupipettiert und schließlich 20 ml konz. Schwefelsäure in kleinen Anteilen unter Schütteln zugesetzt. Der Kolben wird auf einem Drahtnetz ohne Asbest über einer mittelgroßen Bunsenflamme zum mäßigen Sieden erhitzt. Nach etwa 2 min Siedens schlägt die ursprünglich dunkle Farbe in orange um; insgesamt wird 4 min lang gekocht. Der Kolbeninhalt wird vollständig in einen großen Erlenmeyerkolben mit 1 l gegen Permanganat beständigen Leitungswassers überführt und unter gutem Schütteln mit 0,5 n Kaliumpermanganatlösung bis zum etwa 10 sec beständigen, rosafarbenen Farbton titriert. Bei dem relativ geringen Chloridgehalt bringt der Zusatz von Mangan(II)-salz keinen Vorteil.

Anschließend wird der Blindwert der Eisen(II)-sulfatlösung mit 25 ml reinem Wasser und 20 ml Schwefelsäure auf völlig gleiche Weise bestimmt.

Berechnung. 1 ml 0,5 n Kaliumpermanganatlösung (Blindwert minus Analysenwert) entspricht 0,01417 g $NaNO_3$ oder 0,010335 g NO_3 oder 0,002335 g N.

Der *Fehler* beträgt 0,2 bis 0,4%, meist etwa 0,3% zu hoch.

Störungen verursachen alle starken Oxydations- und Reduktionsmittel, welche einerseits die Eisen(II)-sulfatlösung, andererseits die Permanganatlösung angreifen. Sie können gelegentlich durch eine Blindwertbestimmung oder eine gesonderte Bestimmung erfaßt werden. Carbonate werden vor dem Zusatz des Eisen(II)-sulfates mit Säure zerstört, Alkalien vorher neutralisiert. Bei Gegenwart größerer Mengen Harnstoff z. B. in Mischdüngern werden 5 g Kochsalz statt 1 g je Titration zugesetzt.

Auch in größerer Menge störungsfrei sind Chlorid, Sulfat, Phosphat, Ammonium, Alkalien und Erdalkalien, Eisen(III), Mangan(II), Kupfer(II), Zink.

β) Verfahren für Mengen von etwa 10 bis 80 mg NO_3^-. Wegen des besonders scharfen Umschlages der 0,1 n Kaliumdichromatlösung ist diese Arbeitsweise die genaueste.

Reagens: Eisen(II)-sulfatlösung II, etwas schwächer als 0,2 n. 55 g $FeSO_4 \cdot 7H_2O$ werden mit 20 g Kochsalz im 1 l-Meßkolben in 100 ml Wasser, das mit etwas Schwefelsäure angesäuert ist, vollständig gelöst und mit 50%iger Schwefelsäure der Dichte 1,4 zum Liter aufgefüllt.

Arbeitsvorschrift. Die Einwaage soll am besten etwa 60 bis 80 mg NO_3^- entsprechen. Der Überschuß an Eisen(II)-sulfatlösung braucht nicht mehr als $^1/_5$ bis $^1/_{10}$ des theoretischen Verbrauches betragen. Ein größerer Überschuß an Eisen(II)-sulfatlösung, bedingt durch geringere Einwaagen, schadet zwar an sich nicht; jedoch wirken sich die Titrationsfehler dann prozentuell stärker aus.

Von Nitraten des Handels werden 2 g in einem 500 ml-Meßkolben gelöst und aufgefüllt. Trübe, insbesondere tonhaltige Lösungen sind auch hier zu filtrieren. 25,00 ml der Probenlösung (= 0,1 g Substanz) werden wie unter α) beschrieben in einen 200 ml-Erlenmeyerkolben pipettiert, 25,00 ml 0,2 n Eisen(II)-sulfatlösung hinzupipettiert, 20 ml Schwefelsäure zugefügt, 3 min wie unter α) beschrieben gekocht. Nach dem Kochen kühlt man unter der Wasserleitung ab, fügt 50 ml kaltes Wasser und 1 ml einer 0,0025 molaren Ferroinlösung (o-Phenanthrolin-Eisen(II)-sulfat) zu (die übliche 0,025 molare Lösung 1 : 10 verdünnt) und titriert mit 0,1 n

Kaliumdichromatlösung, bis die orangegefärbte Lösung über braun scharf nach blaugrün umschlägt. Der Endpunkt ist innerhalb weniger Hundertstel Milliliter zu erkennen.

Auf völlig gleiche Weise wird der Blindwert mit 25 ml Wasser und 25,00 ml der Eisen(II)-sulfatlösung bestimmt.

Berechnung. 1 ml 0,1 n Kaliumdichromatlösung (Differenz zwischen Blindwert und Analysenwert) entspricht 2,833 mg $NaNO_3$ oder 2,067 mg NO_3^- oder 0,4669 mg N.

Der mittlere Fehler beträgt $\pm 0,2\%$ der Theorie.

Störungen s. unter α).

γ) Verfahren für 0,1 bis 1,5 mg NO_3^-. Eisen(II)-sulfatlösung III, etwa 0,02 n. Man löst im 1 l-Meßkolben 5,5 g Eisen(II)-sulfat ($FeSO_4 \cdot 7\,H_2O$) in 200 ml angesäuertem Wasser, setzt 1450 g 98%ige Schwefelsäure zu, kühlt und füllt auf 1 l mit Wasser auf.

Arbeitsvorschrift. In ein Jenaer 100 ml-Rundkölbchen mit kurzem und engem Hals werden 5,00 ml der Eisen(II)-sulfatlösung III pipettiert, 0,1 bis 0,2 g grießförmiges Kaliumhydrogencarbonat zugesetzt und die in 5 ml Wasser gelöste Probe von 0,1 bis 1,5 mg NO_3^--Gehalt zugefügt. Man setzt 1 g Natriumchlorid und einige kleine Tonscherben zu und erhitzt im offenen Kölbchen über einer kleinen Bunsenflamme, wobei die Flüssigkeit 3 min kräftig kocht und etwa 1,5 bis 2 g Salzsäure verdampfen. Die ursprünglich gelb gefärbte Mischung wird fast farblos. Man nimmt von der Flamme weg, fügt einige größere Kristalle von insgesamt etwa 0,3 bis 0,5 g Kaliumhydrogencarbonat zu, taucht das Kölbchen etwa 10 sec in kaltes Wasser und setzt etwa 0,8 bis 1 g Dinatriumphosphat zu. Man titriert mit 0,01 n Kaliumdichromatlösung nach Zusatz von 2 Tropfen der 1 : 10 verdünnten 0,025 molaren Ferroinlösung. Der mittlere Fehler beträgt etwa $\pm 0,005$ mg NO_3^-.

Berechnung. 1 ml 0,01 n $K_2Cr_2O_2$-Lösung entspricht 0,2067 mg NO_3^- oder 0,0467 mg N.

δ) Verfahren für Mengen unter 100 μg NO_3^- (Mikrotitration).

Herstellung der Eisen(II)-sulfatlösung IV, die etwa 0,002 n ist.

Man löst 0,55 g $FeSO_4 \cdot 7\,H_2O$ in 100 ml angesäuertem Wasser, versetzt mit 1400 g 98%iger Schwefelsäure und ergänzt auf 1 l mit Wasser.

Die Durchführung der Analyse unterscheidet sich gegenüber γ) nur durch die 10fach verdünnteren Maßlösungen. Zur Titration setzt man zunächst einige Milliliter 0,001 n Kaliumdichromatlösung zur lauwarmen Reaktionsmischung, hierauf 1 Tropfen 10fach verdünnter 0,025 molarer Ferroinlösung zu und titriert bis zum Farbumschlag von Orange auf Farblos. Auch mit den derart verdünnten Lösungen ist der Farbumschlag bei einiger Übung und guter Beleuchtung auf 1 bis 2 Tropfen scharf zu erkennen. Wenn übertitriert wurde, kann mit der 0,002 n $FeSO_4$-Lösung zurückgenommen werden. Der Blindwert ist auf gleiche Weise mit 5 ml nitratfreiem Wasser zu bestimmen.

Berechnung. 1 ml 0,001 n $K_2Cr_2O_7$-Lösung entspricht 20,67 μg NO_3^- oder 4,67 μg N.

Die *Genauigkeit* beträgt etwa ± 1 bis 2 μg NO_3^-.

ε) Bestimmung von Nitrat neben Nitrit. 1 g Nitrat-Nitrit-Gemisch werden im 500 ml-Meßkolben in Wasser gelöst, 25,00 ml klare Lösung in einem 200 ml-Erlenmeyerkolben mit 2 g Harnstoff und 1 ml 50%iger Schwefelsäure tropfenweise unter Umschütteln versetzt. Man läßt 5 min stehen, setzt 5 g Natriumchlorid, 25,00 ml 0,2 n $FeSO_4$-Lösung II und 20 ml konz. H_2SO_4 unter gutem Schütteln zu. Man fügt 3 kleine unglasierte Porzellanscherben (etwa 5 mm Durchmesser) zu und verfährt weiter wie unter β). Bei kleinen Nitratmengen empfiehlt sich Titrationsverfahren γ) oder δ).

Das Verfahren kann auch zur Bestimmung von Salpetersäure in gebrauchten Nitriersäuren angewendet werden. Hierzu werden zu einer Lösung von 2 g Harnstoff in 5 ml Wasser unter Kühlen langsam 5,0 ml der Probe hinzupipettiert, nach 5 min Stehens 2 g NaCl, 25,00 ml $FeSO_4$-Lösung II und 5 ml konz. Schwefelsäure zugesetzt und weiter wie bei β) behandelt.

Soll Nitrat und Nitrit nebeneinander bestimmt werden, so bestimmt man zunächst den Nitritgehalt mit Permanganat und in der austitrierten Lösung die Summe von Nitrit und Nitrat nach der oben beschriebenen Titrationsmethode. Ausführliche Beschreibung dieses Verfahrens siehe unten.

ζ) Bestimmung in Wässern und Böden. Das Verfahren eignet sich insbesondere für stärker nitrathaltige Wässer, während Wässer mit weniger als 2 mg NO_3^-/l besser nach einem colorimetrischen Verfahren zu bestimmen sind. Wird im Hauptversuch weniger als die Hälfte Titrierlösung verbraucht als im Blindversuch, so wird statt 5 ml Wasser entsprechend weniger genommen und mit destilliertem Wasser auf 5 ml ergänzt.

Arbeitsvorschrift. 5,00 ml der zu untersuchenden Wasserprobe läßt man mit 0,5 g reinstem Harnstoff und 5 Tropfen H_2SO_4 (1 + 1) 5 min stehen. Hierauf setzt man 5,00 ml einer 0,004 n $FeSO_4$-Lösung [1,1 g $FeSO_4 \cdot 7\,H_2O$ wie unter δ) mit 1450 g 98%iger H_2SO_4 auf 1 l] zu und verfährt im übrigen wie unter δ) beschrieben, wobei man mit 0,002 n $K_2Cr_2O_7$Lösung titriert.

Berechnung. 1 ml n/500 $K_2Cr_2O_7$ entspricht 8,27 mg NO_3^- in 1 l Wasser. Der *mittlere Fehler* beträgt etwa ± 0,5 mg NO_3^-/l.

Von gut gedüngten humusreichen Böden werden 10 g trockener Durchschnittsprobe, von schlecht gedüngten und humusarmen Böden 25 g, mit 50 ml 1%iger KCl-Lösung 1 Stde. geschüttelt. Vom Filtrat werden 5 ml wie unter „Nitratbestimmung in Wässern" behandelt. 1 ml n/500 $K_2Cr_2O_7$ bei 10 g Boden/50 ml entspricht 4,13 mg NO_3^-/100 g.

Wenn im Hauptversuch weniger als die Hälfte des Blindwertes titriert worden ist, wird entsprechend weniger Bodenextrakt genommen und mit destilliertem Wasser auf 5 ml ergänzt.

η) Gleichzeitige Bestimmung von Nitrat und Nitrit nebeneinander. *Prinzip.* Man bestimmt die salpetrige Säure nach LUNGE mit Kaliumpermanganat. Die austitrierte Lösung enthält nun sämtliche Säuren des Stickstoffs als Salpetersäure. Ein aliquoter Teil wird auf die gemäß dem Nitratbestimmungsverfahren von PÉLOUZE in der Modifikation von LEITHE erforderliche Konzentration an Schwefelsäure gebracht, mit Kochsalz versetzt, mit stark schwefelsaurer titrierter Eisen(II)-sulfatlösung gekocht und der Überschuß an Eisen(II)-Ion mit Dichromatlösung zurücktitriert.

Die Durchführung des Verfahrens wird am Beispiel der Nitrit- und Nitratbestimmung in Nitrose (Stickoxyde in starker Schwefelsäure gelöst) erläutert.

Arbeitsvorschrift. In ein 150 ml-Becherglas werden 50,0 ml 0,25 n $KMnO_4$-Lösung vorgelegt, mit 10 ml Schwefelsäure (1 + 1) und 5 ml 85%iger Phosphorsäure angesäuert und auf 50° erwärmt. Die Probe (nitrosehaltige, etwa 70- bis 75%ige Schwefelsäure) wird in eine in 0,02 ml geteilte 10 ml-Bürette eingefüllt. Die Spitze der Bürette ist so weit durch Ausziehen verlängert, daß sie in das Becherglas tief eintaucht. Unter stetem Umrühren mit einem Glasstab läßt man langsam so viel Säure einfließen, bis die Lösung nur noch schwach violett ist. Dann wird ein geringer Überschuß an 0,1 n $FeSO_4$ zugegeben und mit 0,25 n oder 0,1 n $KMnO_4$-Lösung auf ganz schwach Rosa titriert.

Die austitrierte Lösung wird mit Wasser auf 100 ml im Meßkolben aufgefüllt und davon 25 ml (bei Gehalten über 2,9% HNO_2 entsprechend weniger) zur oxydimetrischen Nitrat-Titration entnommen.

Durchführung der oxydimetrischen Nitrat-Titration. 25 ml der auf 100 ml aufgefüllten Lösung (bei Entnahme kleinerer Mengen wird auf 25 ml ergänzt) werden in einen 200 ml-Erlenmeyerkolben pipettiert, genau 25 ml der 0,2 n $FeSO_4$-Lösung II

(s. S. 202) hinzupipettiert und 20 ml reine konz. Schwefelsäure unter Schütteln zugefügt. Der Kolben wird auf dem Drahtnetz ohne Asbestscheibe mit einer Bunsenbrennerflamme mittlerer Größe zum Sieden erhitzt und 3 min mäßig stark gekocht. Man nimmt sofort von der Flamme, kühlt unter der Wasserleitung auf lauwarm ab, fügt 50 ml kaltes Wasser und 1 ml einer 0,0025 molaren Ferroinlösung (die käufliche 0,025 molare o-Phenanthrolin-Ferrosulfatlösung, 1 : 10 verdünnt) zu und titriert mit 0,1 n Kaliumdichromatlösung, bis die Farbe von Orange über Braun scharf nach Blaugrün umschlägt. 1 ml 0,1 n Dichromatlösung (Differenz aus Blindwert und Probentitration) entspricht 2,067 mg NO_3^- oder 0,467 mg N.

Berechnung. Um die für die vorliegende, indirekte Berechnung notwendigen molaren Verhältnisse zu erhalten, rechnet man den Permanganatverbrauch und die Titration mit 0,1 n $K_2Cr_2O_7$ auf Stickstoff um. Der Nitritgehalt ergibt sich unmittelbar aus dem Permanganatverbrauch, der Nitratstickstoff aus der Differenz zwischen Gesamtstickstoff und Nitritstickstoff.

Die *Genauigkeit* beträgt etwa 0,5%.

Liegt die Nitrit-Nitratmischung nicht in Schwefelsäure, sondern in Wasser gelöst vor, so wird sie auf etwa 0,2 Normalität in bezug auf das Nitrit verdünnt und der umgekehrten Permanganat-Titration zugeführt.

d) (*Varianten des Verfahrens von* PÉLOUZE.) *Titration des gebildeten Eisen(III)-Ions.* Mehrere Varianten des Verfahrens von PÉLOUZE betreffen die unmittelbare Titration des gebildeten Eisen(III)-Ions, statt mit titrierten Eisen(II)-mengen zu reduzieren und den restlichen Überschuß an Eisen(II)-Ion zurückzutitrieren.

Diese Verfahren haben den Vorteil, daß man hinsichtlich des anzuwendenden Überschusses an Eisen(II)-salz unabhängiger ist, da ein großer Überschuß an Eisen(II)-Ion bei geringem Nitratgehalt nicht zurücktitriert werden muß und die gesuchte Meßgröße nicht als Differenz zweier großer Volumina aufscheint. Trotzdem scheint sich keine dieser Varianten durchgesetzt zu haben, obwohl die Verfahren zum Teil älteren Datums sind. Die Titration des Eisen(III)-Ions kann jodometrisch mit Kaliumjodid, unmittelbar mit Thiosulfat, mit Zinn(II)-chlorid, mercurometrisch, aber auch mit Ti(III)-Lösungen oder Uran(IV)-salzen durchgeführt werden.

α) Titration mit Natriumthiosulfat nach JELLINEK. JELLINEK und Mitarbeiter haben die Titration von Eisen(III)-salzen unmittelbar mit Natriumthiosulfat unter Anwendung von Methylenblau als Indicator studiert und diese Methode auch zur Austitration von PÉLOUZE-Lösungen verwendet. Die Titration erfolgt auf Grund der Gleichung:

$$2\,FeCl_3 + 2\,Na_2S_2O_3 = 2\,FeCl_2 + 2\,NaCl + Na_2S_4O_6.$$

Arbeitsvorschrift. Zunächst werden 0,1 bis 0,15 g Kalisalpeter mit einer Eisen(II)-chloridlösung, die aus eingewogenem Ferrum reductum von bekanntem Reduktionswert und konz. Salzsäure im Kohlendioxydstrom erhalten worden war, ebenfalls im CO_2-Strom bis zum Wechsel der braungrünen Farbe in Gelb gekocht. Die Lösung wird dann mit fester Soda neutralisiert, auf 45 bis 60° erwärmt (Titrationsvolumen 50 bis 100 ml), 0,1 n Natriumthiosulfatlösung in Anteilen von je 3 ml zugesetzt und jedesmal 10 bis 20 sec bis zur Entfärbung gewartet. Wenn keine deutliche Dunkelfärbung beim Zusatz zu der Thiosulfatlösung mehr zu sehen ist, setzt man 5 Tropfen einer 0,5%igen wäßrigen Methylenblaulösung und 3 Tropfen gesättigte wäßrige Fuchsinlösung zu, erwärmt zum Sieden und setzt tropfenweise Natriumthiosulfatlösung bis zum Farbumschlag von Blauviolett in Rosa zu.

Berechnung. 1 ml 0,1 n $Na_2S_2O_3$-Lösung entspricht 2,067 mg NO_3^- oder 0,4669 mg N.

β) Titration mit Quecksilber(I)-nitrat nach BELCHER und WEST. BELCHER und WEST titrieren das bei der Reduktion der Salpetersäure gebildete

Eisen(III)-Ion mit Quecksilber(I)-nitrat bei Anwesenheit eines großen Überschusses an Ammoniumrhodanid. Die Reduktion der Salpetersäure erfolgt nach den Angaben von LEITHE (s. S. 202) in stark schwefelsaurer Lösung unter Zufügen von Natriumchlorid. Die stark saure Reaktionsflüssigkeit muß aber nach BELCHER und WEST mit Natronlauge abgestumpft werden, wodurch an Stellen eines momentanen Alkaliüberschusses die Gefahr des Mitreagierens von elementar gelöstem Sauerstoff gegeben ist.

Herstellung der Lösungen. Eisen(II)-sulfatlösung. 0,1 n Eisen(II)-ammoniumsulfat in 50%iger Schwefelsäure, je 1 20 g Natriumchlorid enthaltend.

Quecksilber(I)-nitratlösung, 0,1 molar in 0,8 n Salzsäure.

Arbeitsvorschrift. Die das Nitrat enthaltende Probelösung wird nach LEITHE in einem Erlenmeyerkolben mit einem etwa 10 bis 15 ml betragenden Überschuß an etwa 0,1 n Eisen(II)-ammoniumsulfatlösung und 20 ml konz. Schwefelsäure 3 min gekocht. Man kühlt rasch unter der Wasserleitung ab, neutralisiert nahezu mit 5 n NaOH und versetzt mit 20 bis 50 ml 40%iger Ammoniumrhodanidlösung.

Hierauf titriert man die kalte Lösung mit 0,1 molarer Quecksilber(I)-nitratlösung, bis die tiefrote Farbe anfängt zu verblassen, hierauf nur noch tropfenweise unter gutem Schütteln, bis der Farbumschlag nach Farblos 15 sec bestehenbleibt.

Genauigkeit. Die nicht sehr befriedigende Genauigkeit (Werte meist etwa 1% zu hoch) führen die Autoren auf den hohen Säuregrad der Lösung zurück, dürfte aber eher auf das beim Abstumpfen der überschüssigen Säure mit Lauge an Stellen überschüssigen Alkalis zu erwartende Mitreagieren von Luftsauerstoff zurückzuführen sein.

γ) Titration mit Uran(IV)-sulfat nach VORTMANN und BINDER. VORTMANN und BINDER empfehlen zur Titration von Eisen(III)-Ion eine Uran(IV)-sulfatlösung, welche aus mit Schwefelsäure angesäuerter Uranylsulfatlösung durch Reduktion mit Zink hergestellt wird. Der Vorteil gegenüber Titan(III)-sulfatlösungen besteht darin, daß sie gegen Luftsauerstoff nur wenig empfindlich ist.

Die Titration von Eisen(III)-salzen erfolgt bei 60° unter Anwendung von Kaliumrhodanid als Indicator bis zum Verschwinden der Rotfärbung.

δ) Jodometrische Titration nach BRAUN. BRAUN titrierte das nach PELOUZE gebildete Eisen(III)-Ion auf jodometrischem Weg.

Arbeitsvorschrift. Die Reduktion des Nitrats erfolgt nach PÉLOUZE mit 0,36 g Klavierdraht auf 0,2 g Kaliumnitrat in stark salzsaurer Lösung. Die Luft wird durch Zugabe von Hydrogencarbonat verdrängt und außerdem ein CONTAT-GÖCKEL-Ventil, das mit Hydrogencarbonatlösung beschickt ist, aufgesetzt. Statt der Verwendung von Klavierdraht wird auch die Verwendung von Eisen(II)-ammoniumsulfat empfohlen. Die letzten Reste von Stickoxyd werden aus der salzsauren Reduktionsflüssigkeit durch Zugabe von etwas Natriumhydrogencarbonat verjagt. Nach dem Erkalten werden 0,90 g Kaliumjodid (0,45 g je 0,1 g Kalisalpeter) zugesetzt, am Wasserbad mäßig erwärmt und nach Zusatz von Stärkelösung das ausgeschiedene Jod mit Natriumthiosulfat titriert.

Genauigkeit. Die erhaltenen Werte weichen um etwa $\pm 0{,}2$ bis 0,6% von der Theorie ab.

ε) *Sonstige Verfahren.* MORGAN und BATES führen die Titration des Eisen(III)-Ions auch mit salzsaurer Zinn(II)-chloridlösung durch; jedoch muß die Titration in Kohlendioxydatmosphäre erfolgen. Der Titer der Zinn(II)-chloridlösung soll unmittelbar vorher gegen eine eingewogene Menge Eisen(III)-oxyd, in Salzsäure gelöst, gestellt werden (siehe auch RUSSO und SENSI).

WILFAHRT kommt mit seiner Variante dem ursprünglich von SCHLÖSING (s. S. 171) vorgeschlagenen Verfahren, wonach das gebildete Stickoxyd gesammelt, mit überschüssigem Sauerstoff in Salpetersäure verwandelt und acidimetrisch titriert wird, nahe. WILFARTH entwickelt das Stickoxyd gemäß der Arbeitsweise von PÉLOUZE-

FRESENIUS aus der Nitratprobe im Kohlendioxydstrom. Saure Dämpfe werden durch eine Natriumcarbonatlösung zurückgehalten. Das Gasgemisch wird in Wasserstoffperoxyd von schwachem bekanntem Alkaligehalt aufgefangen. Nach beendeter Absorption wird die Wasserstoffperoxydlösung mit einem bekannten Überschuß an titrierter Schwefelsäure versetzt, das Kohlendioxyd verkocht und mit Lauge zurücktitriert.

Das Verfahren ist nach MOSER nicht zu empfehlen.

II. Verfahren von GOSSART. Die älteste Methode der oxydimetrischen Nitratbestimmung stammt von GOSSART, wobei die Nitratprobe in stark schwefelsaurer Lösung mit einer gestellten Eisen(II)-sulfatlösung von bekanntem Gehalt behandelt wurde; auf Grund einer Tüpfelprobe mit rotem Blutlaugensalz wurde dann festgestellt, ob das Eisen(II)-salz in genügender Menge vorhanden war. Das Verfahren hat PÉLOUZE zu seinem bekannten Verfahren angeregt.

Wesentlich später ist dieselbe Reaktion von VRIENS erneut geprüft worden.

***Arbeitsweise von* VRIENS.** VRIENS nimmt Proben zu je 10 ml, 50 mg Natronsalpeter enthaltend, setzt 10 ml konz. Schwefelsäure zu, sowie etwa 27 ml einer 25 g MOHRsches Salz im Liter enthaltenden Lösung, kocht 2 min auf freier Flamme und prüft dann durch Zusatz von 1 ml einer 0,1%igen Lösung von rotem Blutlaugensalz, ob Überschuß (Blaufärbung) oder noch Unterschuß (Braunfärbung) an Fe(II)-Ion vorhanden war. Die Probe wird mit entsprechend geändertem Zusatz der Eisen(II)-sulfatlösung wiederholt; maßgebend ist die nach $^1/_2$ min auftretende Färbung.

Das Verfahren wird am besten mit einer 5 g reinstes Natriumnitrat im Liter enthaltenden Standardlösung erprobt.

III. Kombination von Maßanalyse und Gasvolumetrie nach RISCHBIETH. RISCHBIETH kombiniert das Verfahren von SCHLÖSING mit dem von PÉLOUZE, indem er mit einer gewogenen Menge Eisendraht, in konzentrierter Salzsäure gelöst, die Zersetzung im CO_2-Strom durchführt und das entwickelte Stickoxyd über Kalilauge in einer HEMPEL-Pipette auffängt.

Als *Apparatur* dient ein KIPP-Apparat für luftfreies Kohlendioxyd, anschließend ein Zersetzungskölbchen mit doppelt durchbohrtem Gummistopfen; das vom KIPP-Apparat kommende Zuleiterohr taucht fast bis zum Boden in das Kölbchen; das Gasableiterohr beginnt unmittelbar beim Stopfen und führt zu einer HEMPELschen Gaspipette, die mit starker Kalilauge gefüllt ist.

Arbeitsvorschrift. 0,17 g Eisendraht (genau gewogen) werden im Kölbchen in 3 bis 4 ml konz. Salzsäure gelöst, die Luft durch einen Kohlendioxydstrom verdrängt, der Kolben mit Wasser gut gekühlt, hierauf die Nitratprobe (0,1 g) unter raschem Öffnen des Stopfens zugefügt. Vor dem Erwärmen wird die eingedrungene Luft durch einen verstärkten Kohlendioxydstrom verdrängt. Hierauf verbindet man mit der Gaspipette und erwärmt den Kolben, bis die Lösung hell-gelbbraun geworden ist. Durch den Kohlendioxydstrom wird das gebildete Stickoxyd in die Pipette übergeführt.

Hierauf wird der Kolbeninhalt nach dem Verdünnen und nach Zusatz von schwefelsaurer Mangan(II)-sulfatlösung mit 0,1 n Kaliumpermanganat zurücktitriert und das Stickoxyd in einer Gasbürette gemessen.

Genauigkeit. Die Übereinstimmung der beiden Bestimmungen untereinander sowie mit dem theoretischen Wert liegt innerhalb 0,4%.

IV. Reduktion mit titrierter Oxalsäure (DEBOURDEAU). DEBOURDEAU hat gezeigt, daß Oxalsäure auf Nitrate bei Anwesenheit von Mangan(II)-salzen und in etwa 20%iger Schwefelsäure unter Bildung von Stickoxyd entsprechend der Gleichung:

$$3\,(C_2H_2O_4 \cdot 2\,H_2O) + 2\,KNO_3 + H_2SO_4 = 2\,NO + 6\,CO_2 + K_2\,SO_4 + 10\,H_2O$$

einwirkt. In schwächer saurer Lösung bei Abwesenheit von Mangan(II)-Ion bildet sich vorwiegend Distickstoffoxyd.

Saure Oxalsäurelösung. 35 bis 40 g kristallisierte Oxalsäure, 50 g Mangan(II)-sulfat ($MnSO_4 \cdot 7\,H_2O$) und 120 ml konz. Schwefelsäure werden auf 1 l mit Wasser verdünnt.

Arbeitsvorschrift. 0,5 g Nitrat werden mit 50 ml saurer Oxalsäurelösung am Rückflußkühler im allmählich zum Sieden gebrachten Wasserbad bis zum Aufhören der Gasentwicklung erwärmt. Hierauf wird die unzersetzte Oxalsäure mit Permanganat zurücktitriert.

Die *Genauigkeit* beträgt etwa 0,5%.

Störungen. Größere Mengen an Chloriden müssen mit Silbersulfat entfernt werden. Ammoniumsalze stören nicht.

VAN DAM empfiehlt, bei der Reaktion die Luft durch Kohlendioxyd zu ersetzen und eine minimale Menge Nitrit als Katalysator zuzusetzen. Er erhält dann gute Übereinstimmung mit den von der Theorie geforderten Werten.

V. Reduktion mit titrierter Titan(III)-chloridlösung (WELLINGS). Nach WELLINGS werden 125 ml einer etwa 0,02 molaren Lösung von $NaNO_3$ (Probenlösung) mit 3 ml einer 1%igen Alizarinlösung zum Sieden erhitzt und aus einer Bürette gestellte 0,14 molare Titan(III)-chloridlösung in 4,8 n HCl in kleinen Anteilen zugesetzt. Nach jedem Zusatz wird erneut einige Zeit gekocht, bis die graugrüne, kolloidale Lösung von Titan(IV)-säure sich wieder rot färbt. Wenn so viel Titan(III)-salzlösung zugesetzt ist, daß alles Nitrat in Stickoxyd verwandelt ist, kehrt die rote Farbe beim Kochen nicht wieder, und die Lösung bleibt dauernd grau gefärbt. Zur ausreichenden Hydrolyse des Titansalzes muß genügend Wasser anwesend sein.

Alkalien und Erdalkalien, Al, Co, Mn, Cu, Pb, Cd stören nicht. Silber und UO_2^{++} stören.

Berechnung. 1 ml 0,14 molare Ti(III)-Lösung entspricht 2,894 mg NO_3^- oder 0,6537 mg N.

Literatur.

BELCHER, R., u. T. S. WEST: Anal. chim. Acta **5**, 546 (1951). — BRAUN, C. D.: J. pr. **81**, 421 (1860).

VAN DAM: R. **25**, 291 (1906). — DEBOURDEAU, L.: Bl. **31**, 1 (1904) — C. r. **136**, 1668.

FRESENIUS, R.: A. **106**, 217 (1858); durch F. P. TREADWELL: II. Bd., 11. Aufl.

GOSSART: C. r. **24**, 21 (1847). — GRIGORJEFF, P., u. E. NASTASKINA: Fr. **93**, 105 (1933).

JELLINEK, K., u. L. WINOGRADOFF: Z. anorg. Ch. **129**, 21 (1923).

KNECHT, E. E.: New Reduction Methods in Volumetric Analysis, 2. Aufl., S. 26, 84 (1925). — KOLTHOFF, I. M., E. B. SANDELL u. B. MOSKOVITS: Am. Soc. **55**, 1945 (1933).

LEITHE, W.: (a) Mikrochemie **33**, 48 (1947); (b) **33**, 85 (1947); (c) **33**, 210 (1947) — d) Anal. Chem. **20**, 1082 (1948) — (e) Ind. chim. belge, C. r. XXVII, Congr. de Chimie Ind. Bruxelles, II, S. 552 (1954). — LUNGE, G.: B. **10**, 1073 (1877).

PÉLOUZE: C. r. **12**, 599 (1841). — PFYL: Z. Lebensm. **10**, 101 (1905).

RISCHBIETH, P.: Ch. Z. **52**, 691 (1928). — RUSSO, C., u. G. SENSI: G. **44**, I, 9 (1914); durch C. **85**, I, 1116 (1914).

VORTMANN, G., u. F. BINDER: Fr. **67**, 275 (1925/26). — VRIENS, J. G. C.: Fr. **46**, 414 (1907).

WELLINGS, A. W.: Trans. Faraday Soc. **28**, 665 (1932) — Abstr. **26**, 5512 (1932). — WILFARTH, H.: Fr. **27**, 411 (1888).

4. Reduktion zu Nitrit und maßanalytische Bestimmung des Nitrits.

I. Reduktion mit Reduktor-Überschuß. *Allgemeines.* Da Nitrite in größeren Mengen leicht mit Permanganat titriert werden können, in kleinen Mengen aber durch die sehr empfindlichen Diazoreaktionen colorimetrisch erfaßbar sind, ist die quantitative Reduktion der Nitrate zu Nitrit zur Nitratanalyse von Interesse. Von VERNAZZA ist ein Verfahren beschrieben, wonach diese Reduktion mit Ameisensäure in konz. Schwefelsäure zu Nitrosylschwefelsäure führt, welche wie salpetrige Säure mit Permanganat titrierbar ist (siehe auch S. 178).

Das häufiger angewandte Reduktionsmittel ist Zinkstaub. Als Katalysator dient gelegentlich Jod, vielfach wird die Reduktion bei Gegenwart von α-Naphthylamin-Sulfanilsäuregemisch durchgeführt, wobei Nitrit abgefangen und der weiteren Einwirkung des Reduktionsmittels entzogen wird. Über die colorimetrische Auswertung siehe S. 227.

a) *Reduktion mit Ameisensäure nach* VERNAZZA. In stark schwefelsaurer Lösung wird Salpetersäure gemäß Gleichung I durch Ameisensäure zu Nitrosylschwefelsäure reduziert, welche nach Zerstörung des Überschusses an Ameisensäure mit $KMnO_4$ nach Gleichung II titriert wird. Auf 1 Teil Salpetersäure sollen 300 Teile konz. Schwefelsäure und 5 Teile Ameisensäure kommen. Als Katalysator dient eine Spur Jod (1 Tropfen einer $1^0/_{00}$igen Lösung in konz. H_2SO_4); die Temperatur soll nicht unter 10° betragen.

$$HNO_3 + HCOOH + H_2SO_4 = HSO_4 \cdot NO + CO_2 + 2\,H_2O \qquad (I)$$

$$HSO_4 \cdot NO + O + H_2O = H_2SO_4 + HNO_3 \qquad (II)$$

Arbeitsvorschrift. Etwa 0,05 g Nitrat werden in einem Reagensglas mit 5 bis 6 ml konz. Schwefelsäure, die mit 1 Tropfen obiger Jodlösung versetzt wurde, in Lösung gebracht und mit etwa 0,10 ml konz. Ameisensäure geschüttelt. Nach Abklingen der Gasentwicklung (Kohlendioxyd und Kohlenoxyd) wird die überschüssige Ameisensäure durch Eintauchen in ein siedendes Wasserbad entfernt. Hierauf wird abgekühlt und mit 0,1 n $KMnO_4$-Lösung titriert. Sind sonstige Permanganat reduzierende Substanzen anwesend, kann jodometrisch titriert werden.

Berechnung. 1 ml 0,1 n $KMnO_4$-Lösung entspricht 3,100 mg NO_3^- oder 0,700 mg N.

Ein wesentlicher Nachteil ist die störende Wirkung von Halogensalzen, die mit Silbersulfat ausgefällt werden müssen.

Ammoniumsalze stören erst, wenn sie in mehr als 5- bis 6fachem Überschuß über die Salpetersäure hinaus vorhanden sind.

b) *Reduktion mit Zinkstaub nach* ROMIJN. ROMIJN reduziert eine ammoniakalische Nitratlösung mit einer Mischung von Zinkstaub und Kieselgur. Die Arbeitsweise ist sehr rasch und einfach; die Genauigkeit ist nicht sehr groß; sie reicht bei kleinen Nitratmengen aus, bei größeren ist sie aber nicht sehr befriedigend.

Reagenzien. Reduktionspulver: „Zinkstaub extra fein" wird mit dem gleichen Teil Kieselgur sorgfältig verrieben.

Ammoniumsalzlösung: 100 g Ammoniumsulfat werden mit 100 ml Ammoniakwasser der Dichte 0,96 vermischt und mit Wasser auf 300 ml ergänzt.

Arbeitsvorschrift. In einem 100 ml-Meßkolben werden 5 ml der Ammoniumsalzlösung eingetragen, hierauf die nicht mehr als 40 mg NO_3^- enthaltende Nitratlösung und etwa 200 mg Reduktionspulver zugesetzt, auf 100 ml ergänzt, verschlossen und kräftig umgeschüttelt. Man kann sofort oder nach einigen Minuten filtrieren, wobei man den zunächst trüb durchgehenden ersten Filtratanteil nochmals aufgießt,

Die erhaltene Nitritlösung wird bei Vorliegen größerer Nitratmengen in der ursprünglichen Probe mit Permanganatlösung bestimmt. Hierzu werden 50 ml des Filtrats in einem 100 ml-Erlenmeyerkolben mit Schliffstopfen mit 10 ml 0,1 n Kaliumpermanganatlösung und 5 ml Schwefelsäure der Dichte 1,124 versetzt, umgeschüttelt und $^1/_4$ Stde. beiseitegestellt. Nachher setzt man 5 ml 10% ige Kaliumjodidlösung zu und titriert das ausgeschiedene Jod mit 0,1 n Natriumthiosulfatlösung.

Berechnung. 1 ml 0,1 n Natriumthiosulfatlösung entspricht 2,30 mg NO_2^- oder 3,100 mg NO_3^-.

Bei Vorliegen kleiner Nitratmengen erfolgt die Bestimmung, gegebenenfalls nach weiterer Verdünnung, mit α-Naphthylamin-Sulfanilsäure, welche als Pulver der Zusammensetzung von 1 Teil α-Naphthylammoniumchlorid, 10 Teilen Sulfanilsäure und 89 Teilen Weinsäurepulver angewendet wird. Ein weiterer Säurezusatz ist nicht nötig. (s. S. 143).

Genauigkeit. Bei Vorliegen größerer Nitratmengen werden um etwa 3% zu hohe, bei kleinen Nitratmengen (etwa 6 mg NO_3/l) 2 bis 4% zu niedere Werte gefunden.

II. Reduktion mit reduzierenden Maßlösungen. *Allgemeines.* In stark schwefelsaurer Lösung reagieren Nitrate mit Eisen(II)-sulfat zunächst unter Bildung von Nitrosylschwefelsäure und Eisen(III)-sulfat, entsprechend der Gleichung:

$$HNO_3 + 2\,FeSO_4 + 2\,H_2SO_4 = HSO_4 \cdot NO + Fe_2(SO_4)_3 + 2\,H_2O.$$

Sobald die gesamte Salpetersäure in diesem Sinne reagiert hat, bewirkt die erste überschüssige Menge die Bildung von Stickoxyd, welches sich an Eisen(III)-sulfat unter Bildung eines rosafarbenen Komplexes anlagert. Diesem kommt nach MANCHOT und HÜTTNER etwa die folgende Konstitution: $ON \cdot Fe(HSO_4)_2$ zu. Das Verfahren ist erstmals von BOWMAN und SCOTT zur quantitativen Nitratbestimmung ausgearbeitet worden und hat mehrere Nachbearbeitungen erfahren.

Die erhaltenen Werte sind nur bei sehr sorgfältiger Arbeit und unter Ausschluß von Luft genau. Es versagt bei Gegenwart von Chloriden. Dagegen dürfte es zur raschen Bestimmung des Nitratgehaltes von Oleum und von Mischsäuren sehr brauchbar sein. In neuerer Zeit ist es insbesondere zur raschen Nitratbestimmung in Nitriten angewendet worden. Besonders empfehlenswert wegen ihrer Schärfe, die sogar das Titrieren mit 0,0002 n Eisen(II)-sulfatlösung ermöglicht, ist die elektrometrische Endpunktsbestimmung nach TREADWELL und VONTOBEL.

a) Arbeitsweise von BOWMAN *und* SCOTT. Herstellung der Eisen(II)-sulfatlösung. 176,5 g $FeSO_4 \cdot 7\,H_2O$ werden in 400 ml Wasser gelöst, mit 500 ml Schwefelsäure (1 + 1) versetzt und nach dem Abkühlen auf 1 l mit Wasser aufgefüllt.

Arbeitsvorschrift. Die einer Menge von 0,3 bis 0,6 g Salpetersäure entsprechende Probemenge wird in 10 ml Wasser gelöst und in ein außen mit Wasser gekühltes Becherglas, in welchem sich 100 ml konz. Schwefelsäure befinden, auf den Boden des Becherglases unter vorsichtigem Umschwenken eingetragen. Man titriert mit obiger Eisen(II)-sulfatlösung, bis eine schwachbräunlich-rosa Färbung entsteht. Die Temperatur darf während der Titration nicht über 60°, der Wassergehalt nicht über 25% steigen.

Berechnung. 1 ml der Eisen(II)-sulfatlösung entspricht 0,02 g HNO_3.

Störungen. Halogenide, auch Chloride stören; Nitrit stört nicht.

JOHNSON hat neuerdings das Verfahren zur genauen Bestimmung kleiner Mengen Nitrat in Nitrit ausgebaut.

Als *Apparatur* dient eine starkwandige, vakuumsichere 500 ml-Schliff-Flasche mit eingeschmolzenem Tropftrichter und Gasableitungsrohr mit Hahn. Die Flasche wird zur Vorsicht mit einer Schutzhülle gegen Bruch infolge des Unterdrucks versehen.

Arbeitsvorschrift. In die Schliff-Flasche werden 150 ml auf 0 bis 10° abgekühlte konz. Schwefelsäure eingefüllt; es wird 3 min gut evakuiert, wobei durch Umschütteln der gelöste Sauerstoff entfernt wird. In die außen mit Eis gekühlte, evakuierte Flasche läßt man durch den Tropftrichter 5 g Natriumnitrit-Probe, in 10 ml Wasser gelöst, in kleinen Anteilen unter Umschütteln eintropfen. Man wäscht den Trichter 3 mal mit je 3 ml Wasser nach. Die Flasche wird 20 min kräftig geschüttelt, hierauf der Inhalt in ein Becherglas gespült, mit 2 mal 20 ml konz. Schwefelsäure nachgespült, auf 10° abgekühlt und mit 0,6 n Eisen(II)-sulfatlösung (176,5 g $FeSO_4 \cdot 7\,H_2O$ in 400 ml Wasser gelöst und mit 60%iger Schwefelsäure auf 1 l aufgefüllt) bis zur ersten Rosafärbung titriert.

b) *Arbeitsweise von* SZEBELLÉDY. Auf ähnliche Weise arbeitet SZEBELLEDY; der störende, elementare Sauerstoff wird mit Kaliumhydrogencarbonat ausgetrieben.

Herstellung der schwefelsauren 0,1 n $FeSO_4$-Lösung. 28 g $FeSO_4 \cdot 7\,H_2O$ werden in einem 1 l-Meßkolben in 600 ml mit Schwefelsäure angesäuertem Wasser gelöst, vorsichtig mit 320 ml konz. Schwefelsäure vermischt, abgekühlt und auf 1 l mit Wasser aufgefüllt.

Wenn man vor der Bestimmung den in der $FeSO_4$-Lösung gelösten Sauerstoff, der sich an der Reaktion beteiligt, vertreiben will, so kann dies durch Zusatz von Kaliumhydrogencarbonat geschehen; anderenfalls muß er auf gleiche Weise bei der Titerstellung erfaßt werden. Die Titerstellung erfolgt mit 0,09 bis 0,1 g reinstem Kaliumnitrat.

Arbeitsvorschrift. Maximal 0,1 g Nitrat werden in einen Kochkolben von 150 ml eingewogen, mit 10 bis 15 Tropfen Wasser befeuchtet, und es werden hierauf vorsichtig 50 bis 75 ml konz. Schwefelsäure — je nach dem Nitratgehalt — zugesetzt. Man schränkt den Luftzutritt durch Zugabe von 1 g grobkristallinem Kaliumhydrogencarbonat ein und träufelt die Maßflüssigkeit zu. Nach Zugabe von je 5 ml Maßflüssigkeit kühlt man unter der Wasserleitung auf lauwarm ab. Die zuerst farblose Lösung wird gelblichgrün und am Übergangspunkt lachsrosa, die übertitrierte Lösung ist carminrot.

Berechnung. 1 ml 0,1 n $FeSO_4$-Lösung entspricht 3,100 mg NO_3^-.

Genauigkeit. Die Fehler sind bei genau vergleichbarer Titerstellung gering, d. i. etwa $\pm 0{,}5\%$.

Störungen. Sulfat, Phosphat, Borat und Perchlorat stören nicht; vorhandene Basen werden zunächst mit 20%iger Schwefelsäure neutralisiert. Der Hauptnachteil ist die Notwendigkeit, vorhandenes Chlorid oder Bromid mit Silbersulfat ausfällen zu müssen. Bei Gegenwart von Chloriden bringt man die Probe in 20 bis 25 Tropfen Wasser in Lösung, setzt die dreifache Menge fein gepulvertes Silbersulfat, mit 5 ml Wasser zu einer Suspension geschüttelt, zu und erwärmt $^1/_2$ Stde. am Wasserbad. Hierauf kühlt man ab, versetzt mit 75 ml konz. Schwefelsäure und verfährt wie oben beschrieben.

Von Kationen stören insbesondere die stark gefärbten Co- und Cr(III)-Salze sowie Hg(I)-Verbindungen. Ni- und Cu-Salze können trotz ihrer Eigenfarbe bestimmt werden.

Die üblichen farblosen Kationen wie Alkalien, Erdalkalien, Al^{+++}, Mn^{++}, Zn^{+}, Sb^{+++}, Ag^{+}, Cd^{++} stören nicht.

c) *Arbeitsweise von* LECLERQ *und* MATHÉ *für Nitrocellulose.* LECLERQ und MATHÉ verwenden das Verfahren zur unmittelbaren Titration des Gesamt-Nitratgehaltes von in konz. Schwefelsäure gelöster Nitrocellulose.

Herstellung der Eisen(II)-Lösung. 120 g MOHRsches Salz werden in 400 ml Wasser gelöst und unter Kühlung auf 0° mit 500 ml 50 Vol.-%iger Schwefelsäure versetzt. Der Titer wird gegen Kaliumnitrat gestellt.

Arbeitsvorschrift. 0,2 g Nitrocellulose werden bei 0° (nicht höher!) in 30 ml konz. Schwefelsäure gelöst, wozu man bei feinverteiltem Material bis zu 2 Std. braucht; man titriert langsam unter Kühlung auf 0° mit der Eisen(II)-lösung bis zum Farbumschlag nach Bräunlich.

Genauigkeit. Die Methode ist auf etwa 0,5% genau reproduzierbar.

d) *Arbeitsweise von* MAUGÉ. MAUGÉ führt die Reaktion von Nitrat und Eisen(II)-sulfat in umgekehrter Reihenfolge aus.

Arbeitsvorschrift. Zu 10 ml einer schwach schwefelsauren, 66,66‰ $FeSO_4 \cdot 7\,H_2O$ enthaltenden Eisen(II)-sulfatlösung fügt man 50 ml Schwefelsäure von 60 bis 66° Bé und titriert mit der zu untersuchenden Salpetersäurelösung bis zum Verschwinden der zunächst entstandenen rotbraunen Färbung, entsprechend der Gleichung:

$$6\,FeSO_4 + 3\,H_2SO_4 + 2\,HNO_3 = 3\,Fe_2(SO_4)_3 + 2\,NO + 4\,H_2O,$$

sobald das gesamte Eisen(II)-sulfat oxydiert ist.

e) *Elektrometrische Indizierung nach* TREADWELL *und* VONTOBEL. Da die Unschärfe der Endpunktbestimmung nur durch die relativ leichte Zersetzlichkeit des roten Stickoxyd-Anlagerungsproduktes hervorgerufen ist, die Reaktion selbst aber bei ausreichender Schwefelsäurekonzentration sehr rasch und vollständig stattfindet und von einem beträchtlichen Potentialsprung begleitet ist, führen TREADWELL und VONTOBEL die Endpunktbestimmung auf potentiometrischem Weg durch. Der Endpunkt der Reaktion ist so derart scharf zu erkennen, daß sich sogar eine 0,0001 molare Kaliumnitratlösung eben noch mit einer 0,0002 n Eisen(II)-sulfatlösung titrieren läßt. Die Methode ist in dieser Form z. B. zur Bestimmung des in Bariumsulfat okkludierten Nitrats, zur Bestimmung kleiner Mengen Nitrat in Nitrit sowie zur Analyse von organischen Nitraten (Glycerin- und Cellulosenitrat) geeignet, welche hierbei zu Salpetrigsäureestern reduziert werden.

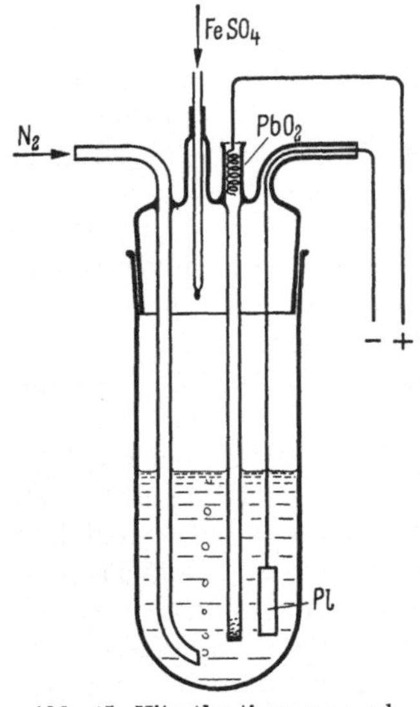

Abb. 45. Nitratbestimmung nach TREADWELL und VONTOBEL.

Die *Apparatur* ist in Abb. 45 ersichtlich.

Zur elektrometrischen Titration dient ein etwa 150 ml fassendes Schliffgefäß, in dessen Deckel folgende Vorrichtungen eingeschmolzen sind: α) ein Gaseinleitungsrohr zum Einleiten von Stickstoff oder Kohlendioxyd als Spülgas sowie zur Durchmischung; β) ein Gasableitungsrohr, durch dessen Öffnung ein Platindraht durchgezogen ist, welcher an seinem unteren Ende ein blankes Platinblech von 2 cm² Oberfläche trägt; γ) ein Heberrohr, welches mit 96%iger Schwefelsäure gefüllt und unten mit einem Pfropfen von reiner gelatinöser Kieselsäure verschlossen ist. In seinem äußeren Schenkel befindet sich eine 4 cm lange Platindrahtspirale, die nach TREADWELL mit etwa 0,1 g elektrolytisch aufgetragenem Blei(IV)-oxyd überzogen worden ist; δ) ein Stutzen, durch welchen luftdicht eine Bürette mit Eisen(II)-sulfat als Titrierflüssigkeit eingeführt werden kann.

Zur Bestimmung von Glycerin- und Cellulosenitraten lassen sich diese glatt in konz. Schwefelsäure lösen und mit 0,1 n Eisen(II)-sulfatlösung potentiometrisch titrieren. Gleichzeitig vorhandene echte Nitroverbindungen werden durch das Eisen(II)-sulfat nicht angegriffen.

Bei Cellulosenitraten tritt insofern eine Schwierigkeit auf, als diese Ester in konz. Schwefelsäure in der Wärme relativ rasch eine Zersetzung erleiden in dem Sinne, daß weniger Salpetersäure titriert wird. Nur wenn man die Probe (etwa 1,2 g Nitrocellulose von 1,66% N) in 500 ml konz. Schwefelsäure bei 0° löst und nicht mehr als 6 Std. im Eisschrank stehenläßt, werden richtige Werte erhalten. Während bei der Titration von Glycerinnitrat die Potentiale sich sofort einstellen, kommt die Einstellung der Potentiale bei Cellulosenitratlösungen wegen deren kolloidaler Natur nur langsam zustande, ist aber trotzdem ohne Schwierigkeit meßbar.

Herstellung der Eisen(II)-sulfatlösung. Für normale Probemengen wird eine 0,1 n Eisen(II)-sulfatlösung in 30%iger Schwefelsäure hergestellt. Die Säure wird vor dem Auflösen des Salzes mit Stickstoff oder Kohlendioxyd ausgeblasen und die fertige Lösung unter Luftabschluß aufbewahrt. Für geringere Nitratmengen können 0,01 n bzw. 0,001 n, ja sogar 0,0002 n Eisen(II)-sulfatlösungen hergestellt werden. Die Lösungen werden mit Permanganatlösung gestellt.

Arbeitsvorschrift. Etwa 0,05 bis 0,1 g Nitratprobe werden in 40 bis 50 ml eisgekühlter, reiner konz. Schwefelsäure gelöst; man kann auch eine auf 0° gekühlte Lösung von 0,1 g Nitrat in 4 bis 5 ml Wasser verwenden. Man titriert aus einer Mikrobürette, welche noch Hundertstel ml abzulesen gestattet. Der Endpunkt wird durch einen nahezu senkrechten Potentialsprung von 550 mV (bei 50 ml 0,01 m KNO_3-Lösung) angezeigt. Die Rosafärbung tritt immer erst später auf.

Die erhaltenen Werte zeigen bei reinen Nitraten innerhalb 0,1% keine Abweichungen von der Theorie.

Zur Bestimmung von Nitrat in Nitrit wird die eingewogene Nitritmenge (0,4 g) in das trockene Titrationsgefäß gebracht, die Luft durch Kohlendioxyd verdrängt und in einem Guß mit 50 ml luftfreier, eiskalter Schwefelsäure übergossen. Man titriert mit 0,01 n Eisen(II)-sulfatlösung.

Auf ähnliche Weise arbeiten McKINNEY, ROGERS und McNABB sowie STROUTS und McINNES.

5. Jodometrische Titration nach der Zersetzung mit Salzsäure.

I. Arbeitsweise von DE KONINCK und NIHOUL. Das von DE KONINCK und NIHOUL beschriebene Verfahren beruht auf der Zersetzung der Nitrate unter Luftabschluß mit höchst konzentrierter Salzsäure, wobei gemäß der Gleichung:

$$HNO_3 + 3\,HCl = NO + 3\,Cl + 2\,H_2O$$

quantitativ Chlor und Stickoxyd gebildet wird.

Soweit sich hierbei Nitrosylchlorid, NOCl, bildet, stört dieses nicht, da es sich mit Kaliumjodid in gleicher Weise wie Chlor umsetzt.

Als *Apparatur* dient ein Destillationskolben mit doppeltem Gaseinleitungsrohr (für Kohlendioxyd und gasförmigen Chlorwasserstoff), ein Gasableitungsrohr, welches in zwei hintereinander geschaltete VOLHARDsche Vorlagen mündet, welche Kaliumjodidlösung enthalten. Am Schluß ist ein Quecksilberverschluß nötig, um das Eintreten von Luft zu verhindern.

Arbeitsvorschrift. Die Nitratprobe (einige Zehntelgramm) wird im Destillationskölbchen mit 2 bis 3 ml Wasser gelöst, die Luft durch Kohlendioxyd verdrängt und hierauf Salzsäuregas eingeleitet, wobei durch die hierbei eintretende Erwärmung die Reaktion beginnt. Nach Aufhören der Gasentwicklung im Kolben erhitzt man zum Sieden und treibt mit Kohlendioxyd alles Chlor in die Vorlage bzw. entfernt das Stickoxyd, welches bei der Titration stören würde. Das ausgeschiedene Jod wird wie üblich mit Thiosulfat und Stärke titriert, 3Atome Jod entsprechen 1 Mol Salpetersäure.

Die Methode gilt als genau.

Bei kleinen Nitratmengen kann mit 0,01 n Maßlösungen titriert werden. Oxydierende Substanzen, wie Nitrite, Chlorate, Chromate, auch Sulfite, stören.

II. Arbeitsweise von BOHLIG. BOHLIG läßt zur trockenen Nitratprobe bei Anwesenheit von überschüssigem Kaliumchlorid konzentrierte Schwefelsäure zufließen und fängt die entstehenden, chlorhaltigen Gase (Chlor und Nitrosylchlorid) in Wasser auf. Hierauf setzt er Kaliumhexacyanoferrat(II)-lösung von bekanntem Titer zu und titriert mit Permanganatlösung zurück.

Als *Apparat* dienen zwei mit Hilfe zweier doppelt durchbohrter Gummistopfen und mit zwei kurzen Glasrohren verbundene Erlenmeyerkolben von etwa 300 ml Inhalt (Abb. 46).

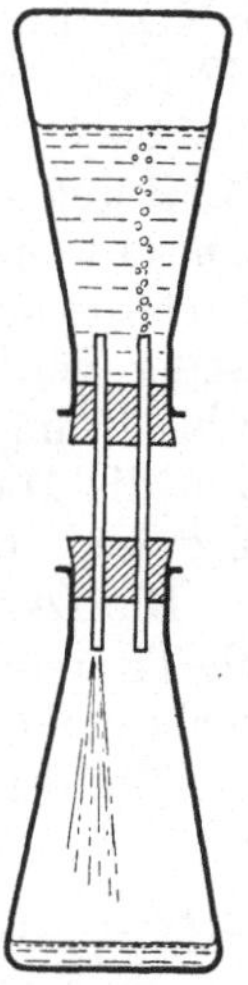

Abb. 46. Nitratbestimmung nach BOHLIG.

Erforderliche Lösungen. Nitratlösung: 0,21 g Kaliumnitrat (Probe) auf 1 l; Kaliumhexacyanoferrat(II)-lösung: 4,39 g $K_4Fe(CN)_6 \cdot 3\,H_2O$ auf 1 l; ferner: 1,26 g $KMnO_4$ auf 1 l.

Arbeitsvorschrift. 25 ml Salpeterlösung werden mit überschüssigem Kaliumchlorid versetzt und in einem der obigen Erlenmeyerkolben zur Trockene gedampft. Hierauf läßt man einige Kubikzentimeter reiner konz. Schwefelsäure vorsichtig zufließen und setzt sofort die beiden mit 2 Glasrohren verbundenen Gummistopfen auf. Nachdem im ersten Kölbchen die Gasentwicklung beendet und alles gleichmäßig in Lösung gegangen ist, setzt man den zweiten, mit 100 ml Wasser beschickten Kolben durch Schräghalten auf den oberen Gummistopfen. Durch mehrmaliges Hin- und Herlaufenlassen der Flüssigkeit bringt man die Gase in Lösung, setzt hierauf 50 ml Hexacyanoferrat(II)-lösung zu und titriert den Überschuß an Hexacyanoferrat(II) mit der Permanganatlösung zurück.

Berechnung. 1 mg $KMnO_4$ (Gesamtverbrauch) entspricht 0,6646 mg HNO_3.

Über die erzielbare Genauigkeit liegen keine Angaben vor. Das Verfahren ist vor allem zur Bestimmung des Nitratgehaltes in Wässern vorgesehen.

6. Titration mit Indigolösung.

I. Arbeitsweise nach Ohlmüller-Spitta. Die Entfärbung von Indigo durch Salpetersäure bei Gegenwart starker Schwefelsäure, welche zur gelben Isatinsulfonsäure führt, ist schon von Marx wie auch von Tromsdorff zur quantitativen Nitratbestimmung verwendet worden und hat seinerzeit in der Wasseranalyse eine wichtige Rolle gespielt. Die Bestimmung ist zwar rasch durchführbar, liefert aber nur dann brauchbare Werte, wenn man sie in genau gleicher Weise wie Testbestimmungen mit Proben bekannten Nitratgehaltes ausführt. Nitrite reagieren in analoger Weise, größere Mengen leicht oxydierbarer Substanzen dürfen nicht anwesend sein. Die Methode ist auch zur Nitratbestimmung in Wismutsalzen verwendbar und wurde neuerdings zur Bestimmung kleiner Salpetersäuremengen in konzentrierter Schwefelsäure abgewandelt.

In der in der Wasseranalyse üblichen Ausführungsform (s. Ohlmüller-Spitta) verfährt man folgendermaßen:

Herstellung der Indigolösung. Man verwendet am besten Indigocarmin (indigodisulfosaures Natrium) in Teigform pro analysi und löst so viel in Wasser auf, daß die Lösung in einem weiten Reagensglas noch durchscheinend ist. Sie wird so eingestellt, daß 8 bis 10 ml durch 1 mg N_2O_5 entfärbt werden.

Die Einstellung der Lösung erfolgt mit einer Kaliumnitratlösung von 74,9 mg KNO_3 im Liter, von welcher 25 ml 1 mg N_2O_5 entsprechen, bzw. von 65,2 mg KNO_3/l, von der 25 ml 1 mg NO_3^- entsprechen. 25 ml dieser Lösung werden in einem 200 bis 300 ml-Kölbchen mit 50 ml konz. Schwefelsäure versetzt. Die stark erhitzte Mischung wird sofort (die Temperatur darf nicht unter 65° sinken) unter ständigem Umschwenken mit der Indigolösung aus einer Bürette titriert, bis die blaugrüne Farbe einige Sekunden bestehen bleibt. Auf Grund dieses Ergebnisses wird entweder verdünnt oder neuerlich Indigocarmin zugesetzt, bis zu der Bestimmung 8 bis 10 ml Indigolösung verbraucht werden. Der endgültige Wert wird so erhalten, daß die Hauptmenge der Indigolösung sofort zugesetzt wird und nur die letzten Tropfen vorsichtig und langsam zugefügt werden.

Die *Durchführung der Bestimmung* erfolgt dann in genau der gleichen Weise wie die Titerstellung mit 25 ml der Probe. Wenn wesentlich mehr als 10 ml Indigolösung verbraucht werden, empfiehlt es sich, entsprechend mit reinem Wasser zu mischen.

Die *Berechnung* erfolgt auf Grund der Titerstellung entsprechend der Formel

$$\frac{v \cdot 40}{v_0} = \text{mg}\, N_2O_5 \quad \text{bzw.} \quad NO_3^- \text{ im Liter,}$$

wobei v die für 25 ml der Probe und v_0 die für 25 ml der jeweiligen Testlösung notwendigen Milliliter Indigolösung bedeuten.

Störende Substanzen sind vor allem leicht oxydierbare Verunreinigungen. Nitrite entfärben ebenfalls die Indigolösung, jedoch in einem anderen Mengenverhältnis. Chloride stören nicht.

Reusz empfiehlt den Zusatz von Kochsalz in einer Menge von 1 g je 1 l Probeflüssigkeit.

II. Arbeitsweise von Mayer. Mayer setzt außerdem noch eine kleine Menge Quecksilber(II)-chlorid zu. Er gibt folgende

Arbeitsvorschrift. *Herstellung der Indigolösung.* 0,32 g Indigo werden mit 100 ml konz. Schwefelsäure $^1/_2$ Stde. unter Umrühren erwärmt. Nach dem Abkühlen gießt man in 750 ml Wasser, läßt über Nacht stehen, filtriert und füllt zum Liter auf. Man stellt auf Grund der Titration mit der Eichlösung so ein, daß 1 ml 0,1 mg N_2O_5 entspricht.

Durchführung der Bestimmung. 5 ml Wasser werden mit 1 Tropfen einer Lösung von 5 g Quecksilberchlorid und 5 g NaCl in 100 ml Wasser versetzt, mit 6 ml konz. reiner Schwefelsäure unterschichtet und dann vermischt. Man tropft sofort Indigolösung zu, bis eine Blau- oder Grünfärbung bestehenbleibt. Wenn mehr als 3 ml Lösung verbraucht werden (entsprechend 60 mg N_2O_5/l), wird die Bestimmung mit entsprechend verdünnter Probe wiederholt. Zur Eichung der Indigolösung wird eine Lösung von 0,1872 g KNO_3 nach Zusatz von 2 ml obiger Quecksilberchloridlösung zum Liter gelöst; 1 ml dieser Lösung entspricht 0,1 mg N_2O_5. Soll 1 ml der Lösung 0,1 mg NO_3^- entsprechen, so löst man 0,1631 g KNO_3 zum Liter.

III. Arbeitsweise nach Graire. Graire hat neuestens festgestellt, daß der Verbrauch an Indigo merklich davon abhängt, ob die Indigolösung erst nach der Zugabe der konzentrierten Schwefelsäure zu der wäßrigen Nitratlösung zugesetzt oder bereits vorher zur Nitratlösung zugegeben wird.

Zur Bestimmung von kleinen Mengen Salpetersäure in konzentrierter Schwefelsäure hat er folgendes Verfahren angewandt:

Indigolösung. Man löst 1,66 g Indigo in 500 ml warmem Wasser und filtriert. Man fügt 5 ml nitratfreie, konz. Schwefelsäure zu und füllt auf 1 l mit Wasser auf.

Testlösung. 1,63 g Kaliumnitrat werden auf 1 l mit Wasser aufgefüllt, 1 ml entspricht 1 mg NO_3^-.

Titerstellung. In einem 100 ml-Erlenmeyerkolben werden 1 ml Testlösung mit 20 ml Wasser verdünnt. Man fügt in einem Guß 30 ml nitratfreie, konz. Schwefelsäure zu und titriert sofort rasch mit der Indigolösung bis zur Blaufärbung. Der Verbrauch an Indigolösung sei V ml.

Hierauf wiederholt man die Bestimmung, indem man in den Kolben 1 ml Testlösung, 20 ml Wasser und die bei der ersten Bestimmung verbrauchten V ml Indigolösung vorlegt, 30 ml Schwefelsäure zusetzt und den neuerlichen zusätzlichen Indigoverbrauch bis zum Farbumschlag feststellt (V_1). Wenn der zusätzliche Indigoverbrauch weniger als 0,2 ml beträgt, ist die Titerstellung mit dem gefundenen Wert ($V + V_1$) beendet; anderenfalls wird noch eine dritte Titration unter Vorlage von ($V + V_1$) ml Indigolösung durchgeführt und der Wert ($V_1' + V_2' + V_3'$) bestimmt.

Titration der Probe. In den Erlenmeyerkolben werden 21 ml Wasser und hierauf 30 ml der zu prüfenden konzentrierten Schwefelsäure der gleichen Dichte wie die bei der Titerstellung angewandte Säure in einem Guß zugesetzt. Man titriert rasch mit Indigolösung und bestimmt auf gleiche Weise wie bei der Titerstellung

$$V_1 + V_2 + V_3 .$$

Berechnung. Der Gehalt an NO_3^- in Gewichtsteilen pro Million (ppm = mg/kg)

$$= 18 \frac{V_1 + V_2 + V_3}{V_1' + V_2' + V_3'} .$$

0,3 ppm NO_3^- entfärben eben noch einen Tropfen Indigolösung.

Literatur.

Bohlig, E.: Fr. **37**, 498 (1898). — Bowman, F. C., u. W. W. Scott: Ind. eng. Chem. **7**, 766 (1915); durch C. **86**, **II**, 1215 (1915).

Graire, A.: Ind. chim. belge, C. r. XXVII, Congr. de Chim. Ind. Bruxelles, II, S. 544 (1954).

HARROW, G.: Soc. **59**, 320 (1891).
JOHNSON, C. L.: Anal. Chem. **25**, 1276 (1953).
DE KONINCK u. NIHOUL: Angew. Ch. **1890**, 477.
LECLERQ, R., u. J. MATHÉ: Bl. Soc. chim. Belg. **60**, 296 (1951). — LEMOIGNE, M., P. MONGUILLON u. R. DESVEAUX: C. r. **204**, 683 (1937).
MCKINNEY, C. D., W. H. ROGERS u. W. M. MCNABB: Anal. Chem. **19**, 1041 (1947). — MANCHOT, W. (u. F. HÜTTNER): B. **47**, 1601 (1914). — MARX: Fr. **7**, 412 (1868). — MAUGÉ, L.: Ind. chimique **5**, 255 (1918); durch C. **90**, **II**, 720 (1919). — MAYER, O.: Z. Lebensm. **66**, 193 (1933). — MULLIN, J. B., u. J. P. RILEY: Anal. chim. Acta **12**, 464 (1955).
NELSON, J. L., L. T. KURTZ u. R. H. BRAY: Anal. Chem. **26**, 1081 (1954).
OHLMÜLLER-SPITTA: Untersuchung u. Beurteilung d. Wassers u. d. Abwassers, 5. Aufl. Berlin: Springer-Verlag 1931.
REUSZ, A.: Z. Lebensm. **43**, 184 (1922); durch C. **93**, **IV**, 360 (1922). — ROMIJN, G.: Fr. **50**, 566 (1911) — Pharm. Weekbl. **48**, 753 (1911).
STROUTS u. MCINNES: Analyst **73**, 669 (1948). — SZEBELLÉDY, L.: Fr. **73**, 145 (1928); **74**, 232 (1928).
TREADWELL, W. D., u. H. VONTOBEL: Helv. **20**, 573 (1937). — TROMSDORFF, H.: Fr. **9**, 171 (1870).
VERNAZZA, E.: Atti Accad. Sci. Torino **70**, **I**, 89 (1935); durch C. **107**, **II**, 1030 (1936).

D. Colorimetrische Verfahren.

Allgemeines. Während in anderen Gebieten der chemischen Analyse die colorimetrischen Verfahren insbesondere bei Anwendung genauer lichtelektrischer Meßanordnungen den gewichts- und maßanalytischen Verfahren an Genauigkeit oft nur wenig nachstehen, sie an Spezifität aber weit übertreffen, haben die colorimetrischen Nitratbestimmungsverfahren eigentlich nur zur Bestimmung geringer Nitratkonzentrationen bei entsprechend verminderten Ansprüchen an die relative Genauigkeit Bedeutung erlangt. Auch die Zeitersparnis ist mit Rücksicht auf die vielfach erheblichen Wartezeiten bis zur Entwicklung des Farbtones gering. Die Ursache für die letztgenannte Erscheinung ist darin zu suchen, daß es sich meist um Farbbildungen durch nicht-ionogene Oxydations- oder Nitrierungsreaktionen handelt.

Die hauptsächliche Domäne der colorimetrischen Nitratbestimmungen ist vor allem die Trinkwasseranalyse, wo der Nitratgehalt wichtige Schlüsse auf den Mineralisierungszustand und die hygienische Beschaffenheit gestattet. Hier werden namentlich die Verfahren mit Brucin und bei kleineren Nitratmengen die mit Diphenylamin oder mit davon abgeleiteten Verbindungen arbeitenden Methoden verwendet. Für die Analyse von Bodenextrakten, wo die Nitratbestimmung für Fragen der Pflanzenphysiologie, insbesondere der Düngung, von Interesse ist, haben die älteren Verfahren mit Phenoldisulfosäure sowie neuerdings die gegen die Anwesenheit organischer Verunreinigungen wenig empfindlichen modernen Verfahren mit Xylenolen Bedeutung erlangt. Letztere dienen deshalb auch vielfach zur Nitratbestimmung in Organteilen des Tier- oder Pflanzenreichs.

Mit Rücksicht darauf, daß die colorimetrischen Nitrit-Bestimmungsverfahren den entsprechenden Methoden für Nitrate hinsichtlich Spezifität und Empfindlichkeit weit überlegen sind, wurden einige Verfahren ausgearbeitet, bei welchen das Nitrat durch geeignete Reduktionsmittel in Nitrit verwandelt und dann das Nitrit durch eine geeignete Farbreaktion colorimetrisch bestimmt wird. Als Reduktionsmittel sind Zinkstaub, Bleistaub (s. S. 4) und Hydrazin beschrieben. Interessant ist auch ein Verfahren, welches als Reduktionsmittel Colibakterien verwendet.

1. Bestimmung mit Diphenylamin und verwandten Verbindungen.

Allgemeines. Diphenylamin, $C_6H_5 \cdot NH \cdot C_6H_5$, bildet farblose weiße Kristalle, die bei 53 bis 54° schmelzen. In Wasser ist es praktisch unlöslich, leicht löslich in organischen Lösungsmitteln.

Die Reaktion mit Salpetersäure und anderen oxydierenden Substanzen, zuerst von A. W. HOFMANN beobachtet und von KOPP zum Nitratnachweis empfohlen, führt in stark schwefelsaurer Lösung über in das Tetraphenylhydrazin, $(C_6H_5)_2 = N - N = (C_6H_5)_2$, welches sich seinerseits in Diphenylbenzidin (s. unten) $C_6H_5-NH-C_6H_4-C_6H_4-NH-C_6H_5$ umlagert. Dieses wird schließlich durch Oxydationsmittel zur blau gefärbten chinoiden Verbindung oxydiert.

$$C_6H_5-N=\langle\ \rangle=\langle\ \rangle=N-C_6H_5$$

I. Arbeitsweise von Tillmanns und Sutthoff. Nach Tillmanns und Sutthoff, welche die Reaktion insbesondere zur Nitratbestimmung in Wässern, aber auch in Milch, verwenden, ist der Zusatz von genügend Chloriden in Form von Kochsalz zu empfehlen.

Das Verfahren ist zur Bestimmung von Nitrat in Trinkwasser ausgearbeitet, kann aber sinngemäß zur Bestimmung kleinster Nitratmengen anderer Herkunft verwendet werden.

Nitratreagens. 0,085 g Diphenylamin werden in einem 500 ml-Meßkolben mit 190 ml verd. Schwefelsäure (1 + 3 Vol.) übergossen; hierauf wird konzentrierte Schwefelsäure zugegeben und die heiße Mischung geschüttelt. Das Diphenylamin schmilzt und löst sich rasch. Man füllt mit konz. Schwefelsäure zur Marke auf. Das Reagens ist gut verschlossen unbegrenzt haltbar.

Arbeitsvorschrift. 100 ml des Wassers werden mit 2 ml gesättigter Kochsalzlösung versetzt. Genau 1 ml der Mischung wird in ein Reagensglas abpipettiert; 4 ml Nitratreagens läßt man an der Wand zufließen, mischt und kühlt unter der Wasserleitung. Derselbe Vorgang wird mit einer Reihe von Mischungen durchgeführt, welche 0,5; 1,0; 1,5; 2,0 und 2,5 ml der bei Brucin genannten Kaliumnitratlösung (0,1872 g KNO_3/l) enthalten, von der 1 ml 0,1 mg N_2O_5/l entspricht und die ebenfalls mit 2 ml Kochsalzlösung und 10 ml Eisessig zur Konservierung versetzt und auf 100 ml mit Wasser aufgefüllt worden ist. Die Testlösungen sind einige Zeit haltbar. Sobald in der Serie die stärkste Färbung erreicht ist (nach etwa 1 Stde.), vergleicht man die Färbungen im durchscheinenden und auffallenden Tageslicht und stuft entsprechend ein. Auf Nitratfreiheit der Gefäße und des Spülwassers ist sorgfältig zu achten.

Wässer mit mehr als 2,5 mg N_2O_5/l sind entsprechend zu verdünnen.

Genauigkeit. Noch Unterschiede von 0,1 bis 0,2 mg N_2O_5/l können in der Farbe beobachtet werden. Die Einwirkungszeit muß bei Probe und Testreihe genau die gleiche sein.

Die Genauigkeit beträgt ± 2 bis 10%. Die Fehler sind naturgemäß bei niedrigen Konzentrationen weniger störend.

0,1 mg N_2O_5/l gibt nach 1 Stde. noch eine deutliche Blaufärbung, 0,05 mg nicht mehr.

Über brauchbare Ergebnisse berichten Alten und Weiland. Smith empfiehlt, erst das Reagens vorzulegen und hierauf die Probe (1 ml) hinzuzupipettieren, zu mischen und zu kühlen und nach 1 Stde. den Farbvergleich durchzuführen.

Eine weitere ähnliche Arbeitsmethode s. bei Pfeilsticker.

Zum Nachweis von Nitrat neben Nitrit darf in diesem Falle nach Kolthoff und Noponen das Nitrit nicht durch Behandeln mit Harnstoff zerstört werden, da die Reaktion von Diphenylamin, Diphenylbenzidin und Diphenylaminsulfosäure durch Harnstoff gestört wird. Man zerstört daher die Nitrite durch Kochen mit Ammoniumchlorid (s. S. 121).

II. Arbeitsweise mit Diphenylbenzidin nach Letts und Rea. Da Diphenylbenzidin der obigen Formel ein farbloses Zwischenprodukt der Reaktion von Diphenylamin mit Salpetersäure ist, so erscheint seine Verwendung zur Nitratbestimmung vorteilhaft, da es unmittelbar in die blaugefärbte, chinoide Verbindung (s. oben) übergeht. Nach Smith ist daher der mit Diphenylbenzidin durchgeführte Nitratnachweis doppelt so empfindlich wie der mit Diphenylamin. Andererseits ist die mit Diphenylbenzidin erhaltene Färbung nicht so beständig wie diejenige aus Diphenylamin, so daß erstere nur zur Bestimmung kleinster Nitratmengen vorzuziehen ist. Nach LETTS und REA ist für eine colorimetrische Bestimmung die genaue Einhaltung von Konzentration und Reihenfolge des Zusatzes der Reagenzien erforderlich.

***Arbeitsvorschrift von* LETTS *und* REA.** 0,5 ml der zu bestimmenden Lösung (Wasserprobe) werden mit 1,2 ml reiner, nitratfreier, konz. Schwefelsäure und 0,3 ml einer Lösung von 0,01 g Diphenylbenzidin in 50 ml konz. Schwefelsäure vermischt; man läßt 10 min stehen und vergleicht mit der aus Standardlösungen von 0,1 bis 1 Teil Nitratstickstoff auf 100000 Teilen Lösung erhaltenen Färbung.

RIEHM empfiehlt auch in diesem Falle einen Zusatz von Kochsalz.

III. Arbeitsweise mit Diphenylaminsulfosäure nach KOLTHOFF und NOPONEN. KOLTHOFF und NOPONEN haben auf verschiedene Mängel der colorimetrischen Nitratbestimmung mit Diphenylamin und Diphenylbenzidin hingewiesen, insbesondere auf die Abhängigkeit der Farbintensität vom Mengenverhältnis des Nitrats zum Diphenylaminüberschuß; je mehr Diphenylamin vorhanden ist, desto schwächer wird die Farbe. Ferner reagiert das aus dem Nitrat gebildete Stickoxyd mit Luftsauerstoff unter Bildung von Stickdioxyd, welches seinerseits mit Diphenylamin eine Blaufärbung liefert.

Gegenüber Diphenylamin und Diphenylbenzidin erwies sich die Diphenylaminsulfosäure als vorteilhafter, wenn die folgenden Arbeitsbedingungen eingehalten werden.

Arbeitsvorschrift. Da auch mit Diphenylaminosulfosäure keine genaue Proportionalität zwischen Farbe und Nitratkonzentration gilt und die Farbe von der jeweiligen Arbeitsweise abhängt, empfiehlt es sich, mit jeder Bestimmung eine Testreihe mit 10 Standardlösungen zwischen 0,1 und 5 mg NO_3/l anzusetzen, und zwar 0,1; 0,2; 0,3; 0,4; 0,5; 1,0; 2,0; 3,0; 4,0 und 5 mg/l.

Ist in der Probe neben Nitrat auch Nitrit vorhanden, so muß dieses vorher zerstört werden. Da aber überschüssiger Harnstoff die Bestimmung mit Diphenylaminsulfosäure stört, so führt man die Nitritzersetzung mit Ammoniumchlorid durch. Hierzu dampft man 100 ml der Probe mit 0,5 g Ammoniumchlorid auf 25 ml ein und füllt wieder mit nitratfreiem Wasser auf 100 ml auf. War die Probe nitritfrei, so fügt man auf 100 ml Probe 1 g Kaliumchlorid zu; war aber mit 0,5 g Ammoniumchlorid eingedampft worden, nur 0,5 g KCl. 10 ml der Mischung werden in Reagensgläsern mit 10 ml konz. nitratfreier Schwefelsäure unter Kühlen versetzt. Hierauf setzt man 0,1 ml einer 0,006 molaren (1,5%igen) Lösung von Natriumdiphenylaminsulfonat zu. Dieselbe Probe wird mit je 10 ml der oben genannten 10 Testlösungen, von denen jede 100 mg Kaliumchlorid enthält, angesetzt.

Der Farbvergleich erfolgt bei Proben vom Nitratgehalt 2 bis 5 mg NO_3^-/l in etwa 5 min, bei den verdünnteren Proben in etwa 20 bis 30 min.

Die *erzielbare Genauigkeit* beträgt etwa 5%.

Störende Substanzen sind sonstige Oxydationsmittel, auch Eisen(III)-Ion in einer Menge von mehr als 2 mg/l.

2. Bestimmung mit Brucin.

Allgemeines. Die colorimetrische Nitratbestimmung mit dem Strychnos-Alkaloid Brucin, die auf der Bildung des Orthochinons Kakothelin beruht, ist um die Jahrhundertwende von NOLL namentlich zur Trinkwasseranalyse empfohlen worden. Sie hat sich bald großer Beliebtheit erfreut, da sie zum Unterschied von den wenig spezifischen, auf Oxydationswirkung beruhenden Verfahren der Diphenylaminklasse nur auf Nitrat und gegebenenfalls noch auf Nitrit anspricht. Während ursprünglich nur der visuelle Farbvergleich mit auf völlig gleichartige Weise aus Testproben entwickelten Färbungen vorgesehen war, haben neuere Ausarbeitungen auch eine photometrische Messung unter Verwendung von Eichkurven ermöglicht und damit die Genauigkeit wesentlich gesteigert.

I. Arbeitsweise nach Noll. *Herstellung der Brucinschwefelsäure.* 0,5 g Brucin (Vorsicht! Gift!) werden in einen mit nitratfreiem Wasser ausgespülten, aber nicht getrockneten 200 ml-Glas-Stöpsel-Meßzylinder eingetragen und nach dem Durchfeuchten mit dem noch vorhandenen Wasser in 200 ml konz. Schwefelsäure gelöst. Das so hergestellte Reagens ist nicht mehr als 24 Std. haltbar.

Arbeitsvorschrift. 10 ml der Probe mit nicht mehr als 0,5 mg N_2O_5 werden in einer 100 ml-Porzellanschale mit 20 ml Brucinschwefelsäure unter Zuhilfenahme eines Glasstabes intensiv verrührt. Aus einem mit 73 ml Wasser beschickten 100 ml-Hehner-Zylinder wird ein Teil des Wassers zu dem Reaktionsgemisch im Porzellanschälchen gegossen und hierauf alles in den Hehner-Cylinder zurückgegossen. Gleichzeitig wird von einer zweiten Person genau dieselbe Manipulation mit 10 ml einer Testmischung durchgeführt, die man — je nach der zu erwartenden Nitratmenge — mit 1 bis 5 ml einer Kaliumnitratlösung (0,1872 g reinster, trockener Kaliumsalpeter auf 1 l; 1 ml = 0,1 mg N_2O_5; bzw. 0,1631 g KNO_3/l, wenn 1 ml = 0,1 mg NO_3^-) und Ergänzen mit Wasser auf 10 ml hergestellt hat. Man wartet bis zum Verschwinden der Luftbläschen und stellt durch Ablassen der stärker gefärbten Flüssigkeit und durch Beobachten von oben gegen eine weiße Unterlage auf gleiche Helligkeit ein.

Die *Berechnung* erfolgt auf bekannte Weise aus den Schichtdicken und den in der Testmischung vorhandenen Milligrammen N_2O_5.

Die *Genauigkeit* beträgt 2 bis 4%. Das Verfahren gilt als geeignet für Nitratwerte von 5 bis 50 mg/l und ist am genauesten bei N_2O_5-Gehalten von 20 bis 30 mg/l. Stark oxydierende und mit Schwefelsäure sich verfärbende Substanzen stören.

Haase hat an Stelle der unbeständigen Brucinschwefelsäure eine Lösung von 2,5 g Brucin in 50 ml Chloroform vorgeschlagen.

II. Arbeitsweise der Deutschen Einheitsverfahren. Nach den *Deutschen Einheitsverfahren der Wasseruntersuchung (1954)* werden 10 ml Wasser mit 0,6 ml einer Lösung von 5 g Brucin in 100 ml Eisessig (Aufbewahrung in brauner Flasche!) und mit 20 ml konz. Schwefelsäure vermischt. Nach dem Erkalten wird mit den in gleicher Weise hergestellten Färbungen aus Vergleichslösungen (Stammlösung 0,1631 g Kaliumnitrat auf 1 l mit Wasser, 1 ml = 0,1 mg NO_3^-) im Hehner-Cylinder oder mit der Farbscheibe 3060/63 des Hellige-Komparators verglichen. Der Meßbereich beträgt bei Anwendung von 10 ml Untersuchungswasser 2 bis 20 mg NO_3^-/l. Bei Gehalten von mehr als 20 mg NO_3^-/l ist ein entsprechend kleineres Volumen der Probe zu entnehmen und mit nitratfreiem Wasser auf 10 ml zu ergänzen.

Gad modifiziert die Brucinmethode für Wässer, die stark mit Chloriden und Kohlenhydraten verunreinigt sind, durch Verwendung eines Gemisches von Schwefelsäure und Phosphorsäure, wodurch Verfärbungen und Verkohlung vermieden werden.

Zu 5 ml eines Gemisches aus gleichen Teilen konz. Schwefelsäure und 83%iger Phosphorsäure werden unter Kühlung 1 ml Wasser und 3 Tropfen Brucinlösung zugesetzt.

Störende Substanzen und ihre Beseitigung. Eisen(III)-Ion stört in Mengen über 5 mg/l. Es wird durch Einleiten von Luft in die mit Soda alkalisierte Probe und durch Filtrieren beseitigt. Chloride in Mengen von mehr als 300 mg/l sind durch Zugabe von Silbersulfat unter Vermeidung eines Überschusses zu entfernen. Nitrite in Mengen von mehr als 1 mg/l werden gegebenenfalls nach Entfernung der Chloride und organischen Verunreinigungen durch Eindampfen von 10 ml Wasser mit 0,05 g Ammoniumsulfat zur Trockene am Wasserbad entfernt. Organische Substanzen werden durch Versetzen von 200 ml der Wasserprobe mit 2 ml einer Lösung von 100 g Soda und 50 g Ätznatron in Wasser auf 300 ml, durch Belüften und Filtrieren entfernt. Wenn das Filtrat nicht farblos ist, muß es mit 1 bis 2 g nitratfreier Aktivkohle 5 min geschüttelt und filtriert werden. Die ersten Anteile des Filtrats werden verworfen.

III. Arbeitsweise im Colorimeter nach Autenrieth und Funk. Autenrieth und Funk empfehlen zur colorimetrischen Messung der Brucinreaktion das Autenrieth-Königsbergersche Keilcolorimeter. Sie führen die Eichung des Farbkeiles so durch, daß Wässer mit einem Gehalt von 2 bis 20 mg N_2O_5/l in den Meßbereich fallen.

Hierzu werden 0,3744 g reinstes, getrocknetes Kaliumnitrat zum Liter gelöst und 10 ml dieser Lösung auf 100 ml verdünnt. 1 ml dieser Lösung enthält 0,02 mg N_2O_5 (bzw. 0,3262 g KNO_3, entsprechend 0,02 mg NO_3^-). Man verdünnt abgestufte Mengen von 2 bis 10 ml auf 10 ml, versetzt mit 1 ml Brucinlösung (0,2 g Brucin in 10 ml konz. Schwefelsäure) und 20 ml nitratfreier, konz. Schwefelsäure, schüttelt das heiße, zunächst rot gefärbte Gemisch, bis es eine rein gelbe Farbe angenommen hat (2 bis 3 min) und kühlt auf Zimmertemperatur ab, füllt in den Glastrog und eicht damit den dem Apparat beigegebenen Salpetersäurekeil.

Die Analyse der zu untersuchenden Probe wird mit 10 ml auf genau gleiche Weise durchgeführt.

IV. Arbeitsweise im Stufenphotometer nach Urbach. Die Colorimetrie im Stufenphotometer wurde von Urbach beschrieben.

Die Durchführung der Brucinreaktion erfolgt ähnlich wie bei Autenrieth und Funk; nur läßt man nach dem Zusammengießen der Reagenzien 15 min stehen und kühlt erst dann ab. Die Farbmessung muß innerhalb 80 min beendet sein. Die Messung erfolgt im 5- oder 10 mm-Trog unter Vorschaltung des Filters S 43.

Man kann sich entweder eine Eichkurve selbst herstellen oder die Tabellen von Urbach benützen.

Die erhaltenen Werte stimmen innerhalb weniger Prozente mit der Theorie überein.

Die *Empfindlichkeit* wird mit 0,3 ppm, die *Genauigkeit* mit 0,5 ppm angegeben.

Nitrite, Chloride und Phosphate stören nicht, organische Substanzen stören in der Regel.

V. Arbeitsweise von Ch. A. Noll im Kesselspeisewasser. Ch. A. Noll hat neuerdings das Brucinverfahren insbesondere für Kesselspeisewasser erprobt.

Als *Apparat* dient ein Klett-Summerson-Photometer mit zwei 10 ml-Küvetten von 13 mm Durchmesser, Farbfilter 470 mμ.

Reagenzien. Brucinreagens. 5 g reines Brucin werden in 20 ml Chloroform gelöst und auf 100 ml mit Chloroform ergänzt. Das Reagens ist beliebig haltbar.

Kaliumnitrat-Standardlösung aus 1,631 g reinstem getrocknetem Kaliumnitrat in 1 l; 1 ml entspricht 1 mg NO_3^-.

Arbeitsvorschrift. 2mal je 5 ml Probenwasser werden in je ein 50 ml-Becherglas pipettiert, zum ersten außerdem 0,2 ml Brucinreagens und in beide je 10 ml konz. nitratfreie Schwefelsäure zugesetzt und gut gemischt.

Zu der Probe ohne Brucin werden 10 ml destilliertes Wasser zugesetzt, davon die 10 ml-Küvette gefüllt und als Nullwert in das Photometer eingesetzt. Zu der mit Brucin versetzten Probe werden nach 3 bis höchstens 10 min Stehens ebenfalls 10 ml destilliertes Wasser zugesetzt, gemischt, gekühlt, in die zweite Küvette gefüllt und photometriert.

Mit der Standard-Lösung wird eine Eichkurve hergestellt. Proben mit mehr als 55 mg NO_3^-/l (ppm) werden zweckmäßig verdünnt.

VI. Arbeitsweise in Plasma und Urin nach Mellette und Mitarbeitern. Mellette, Brodsky und Palmer messen zur Nitratbestimmung im Plasma oder Urin die mit Brucin erhaltene Färbung im Spektrophotometer. Plasma wird mit Quecksilber(II)-chloridlösung vom Eiweiß befreit, Urin wird auf einen Gehalt von 5 bis 30 μg Nitrat/ml verdünnt.

2 ml Probe werden rasch mit 5 ml einer frisch bereiteten Brucinschwefelsäure (1 g Brucin in 1 l konz. Schwefelsäure) durchgerührt, nach 5 min mit 5 ml Wasser versetzt und 10 min in ein Wasserbad von Zimmertemperatur gestellt. Hierauf wird im Spektrophotometer gegen destilliertes Wasser bei einer Wellenlänge von 440 mμ gemessen und der Blindwert der Reagenzien in 2 ml Wasser berücksichtigt. Man wertet mit Hilfe einer Eichkurve um, die man mit einer Lösung von 5 g KNO_3 auf 1 l Wasser, entsprechend 3,07 mg NO_3^- je ml erhält.

Die Fehlerbreite beträgt 2 bis 4%.

Nitrit muß vorher durch Zugabe von 0,5 ml einer 1%igen Lösung von Ammoniumsulfamat zu 1,5 ml Probe zerstört werden; jedoch ist dann die Anfertigung einer auf gleiche Weise hergestellten Eichkurve nötig.

3. Bestimmung mit sonstigen Alkaloiden.

I. Arbeitsweise mit hydriertem Strychnin nach Stoll. Die Rosafärbung, die Nitrate mit hydriertem Strychnin bei Anwesenheit von Schwefelsäure zeigen, ist bereits von Denigès, später von Scales und Harrison beschrieben worden. Stoll empfiehlt die Reaktion insbesondere wegen ihrer Empfindlichkeit (10 μg/l) für Nitratbestimmungen im Meerwasser, zumal sie durch Chloride nicht gestört wird.

Zur *Herstellung des Strychninreagenses* wird 1 Volumen einer farblosen, vor Luft geschützten, 0,5%igen Lösung von Strychninsulfat in konz. Salzsäure mit 1 Volumen einer 0,1%igen wäßrigen Lösung von Quecksilber(II)-chlorid oder einer 1%igen Zinkchloridlösung oder einer 0,002%igen Bleichloridlösung gemischt. 25 ml dieser Mischung werden vorsichtig über 1 g Mg-Pulver in einen 300 ml-Kolben gegossen, wobei eine heftige Reaktion stattfindet. Nach dem Abkühlen wird filtriert. Das Reagens ist nur wenige Stunden haltbar.

Arbeitsvorschrift. 1 ml Strychninreagens wird mit 5 ml Probenlösung und 5 ml konz. Schwefelsäure gemischt. Die Farbentwicklung dauert je nach Nitratgehalt von einigen Minuten bis zu etwa $^1/_2$ Stde. im Dunkeln. Eine Reihe von Standardlösungen muß möglichst gleichzeitig in gleicher Weise angesetzt werden.

Die Reaktion wird durch Chloride nicht gestört; Nitrite und verschiedene Oxydationsmittel geben ebenfalls eine positive Reaktion.

Kolthoff empfiehlt an Stelle von Magnesium reines Zink als Reduktionsmittel.

II. Bestimmung mit Narcotin nach McRae. Mit Hilfe des Opiumalkaloides Narcotin läßt sich nach McRae eine colorimetrische Nitratbestimmung durchführen, welche in Abwässern und Proben mit hohem Chlorgehalt brauchbar ist.

Reagens. 1 g Narcotin wird in 50 ml konz. Schwefelsäure gelöst und diese Lösung mit 5 ml Wasser verdünnt.

Arbeitsvorschrift. 5 ml Probe werden in einem 50 ml-Neszler-Rohr mit 2,5 ml konz. Schwefelsäure versetzt und gekühlt. Man fügt 10 ml Reagens zu, mischt und vergleicht nach 20 bis 25 min mit Färbungen, die gleichzeitig mit Standard-Nitratlösungen (Nitratkonzentrationen von 0,5 bis 20 mg/l) erhalten worden sind.

4. Bestimmung mit Phenoldisulfosäure und ähnlichen Verbindungen.

Allgemeines. Einen bereits von Sprengel beschriebenen, empfindlichen, qualitativen Nachweis der Salpetersäure mit Phenol-Schwefelsäure und Ammoniak haben Grandval und Lajoux zu einer quantitativen, colorimetrischen Methode zur Bestimmung kleiner Nitratmengen ausgebaut. Wenn auch die Deutung der Reaktion bei ihnen nicht richtig ist (sie hielten das gebildete gelbe Nitrierungsprodukt für ein Pikrat, während es Disulfosäuremononitrophenolat ist), ist die von ihnen eingeführte Arbeitsweise bis heute im wesentlichen dieselbe geblieben; in der amerikanischen Literatur ist das Verfahren verschiedenen kleineren Änderungen unterworfen worden, um es den verschiedensten Verwendungszwecken anzupassen.

I. Verfahren von Chamot, Pratt und Redfield. Namentlich Chamot, Pratt und Redfield haben die verschiedenen Fehlermöglichkeiten genau studiert und geben folgende ***Arbeitsvorschrift*** als verläßlichste bekannt:

Herstellung des Phenolreagenses. 25 g farbloses Phenol werden in 150 ml konz. Schwefelsäure gelöst, 75 ml rauchende Schwefelsäure mit 13% SO_3-Gehalt eingerührt und die Mischung in einem Kolben 2 Std. am siedenden Wasserbad erhitzt. Das Präparat, das nunmehr ausschließlich Phenoldisulfosäure, frei von Mono-und Trisulfosäure, enthält, bleibt auch bei längerem Erwärmen mit nitratfreien Wasserrückständen ohne störende Farbstoffbildung.

Die Probe mit etwa 0,01 bis 0,4 mg Nitratstickstoff wird schwach alkalisch gemacht und in einer Porzellanschale zur Trockene eingedampft. Man fügt nach dem Erkalten in die Mitte des kalten Rückstandes schnell 2 ml Phenolreagens zu und verreibt sofort mit einem Glasstab.

Wenn nötig, kann das Inlösunggehen durch kurzes Erwärmen am Wasserbad vervollständigt werden. Nach 10 min werden 15 ml kaltes Wasser zugefügt und alles — nötigenfalls durch Erwärmen — in Lösung gebracht. Man macht langsam durch Zusatz von verdünnter Ammoniaklösung schwach alkalisch. Wenn nötig wird filtriert, auf 50 ml aufgefüllt und in ein Neszler-Rohr gefüllt.

Zur *Herstellung der Vergleichslösungen* wird zunächst eine Stammlösung durch Eindampfen von 50 ml einer je ml 0,1 mg Nitratstickstoff (0,7218 g Kaliumnitrat oder 0,607 g reines $NaNO_3$ auf 1 l verdünnt) enthaltenden Nitratlösung am Wasserbad zur Trockene gedampft. Nach Behandlung mit 2 ml Phenolreagens und Verreiben löst man den Rückstand in 15 ml Wasser und verdünnt auf 500 ml. 1 ml dieser Lösung entspricht 0,01 mg Nitratstickstoff. Eine Vergleichsreihe von 0,1; 0,3; 0,5; 0,7; 1,0; 3,5; 10; 20; 30; 40 ml dieser Stammlösung wird in je ein Neszler-Rohr gefüllt (entsprechend 0,001 bis 0,5 mg Nitratstickstoff), auf etwa 40 ml mit Wasser verdünnt, mit Ammoniak schwach alkalisiert und auf 50 ml aufgefüllt. Diese Vergleichslösungen sind mehrere Wochen haltbar.

Wenn die Angabe als NO_3^- erfolgen soll, werden 0,1631 g KNO_3/l gelöst; 1 ml der Endlösung entspricht 0,01 mg NO_3^-.

Störungen. Gegenwart größerer Mengen von Chloriden (über 5 mg/l) bewirkt erhebliche Fehlwerte. Sie müssen durch Fällen mit Silbersulfat beseitigt werden, wobei aber ein Überschuß an Silber sorgfältig vermieden werden muß. Daher muß in solchen Fällen der Nitratbestimmung eine Bestimmung des Chlor-Ions vorausgehen. Ebenso stören Nitritgehalte von mehr als 0,2 Millionstel Gramm Nitritstickstoff.

Nach Angabe von Taras kann mit Licht von 410 mμ (dem Maximum der Absorptionsbande) oder mit Blaufilter 400 bis 425 mμ in einer 1 cm-Zelle des Beckmann-Spektrophotometers gemessen werden. Die so erreichbare Genauigkeit ist $\pm 0{,}01$ ppm = 10 μg Nitratstickstoff/l innerhalb eines Konzentrationsgebietes von unter 1 ppm = 1 mg/l.

II. Verfahren von Komarmy, Broach und Testerman. Komarmy, Broach und Testerman wenden das Verfahren auch zur Bestimmung *größerer Nitratmengen* an. Die trockene Probe mit einem NO_3^--Gehalt bis zu 0,1 g wird 30 min mit 20 ml Phenoldisulfosäure-Reagens verrührt, auf 100 ml verdünnt, mit 12 n KOH versetzt, bis sich die Farbe nicht weiter vertieft und mit Wasser auf 1 l aufgefüllt. Gegebenenfalls nach weiterer Verdünnung wird in der 12 mm-Küvette mit Blaufilter (390 bis 430 mμ) im Klett-Summerson-Colorimeter gemessen. Eine Eichkurve für 0 bis 0,5 mg NO_3^-/50 ml ist angegeben. Die Farbe ist 30 min konstant.

Die Genauigkeit beträgt auf Grund von Testanalysen $\pm 1\%$ als mittleren Fehler.

III. Verfahren von Johnson und Ulrich in Pflanzenmaterial. Johnson und Ulrich haben das Verfahren insbesondere zur Nitratbestimmung in Pflanzenmaterial modifiziert. Die Anwesenheit von Chloriden unter 1 mg im Rückstand stört hierbei nicht. Die Entfernung größerer Chloridmengen erfolgt mit überschüssigem Silbersulfat; der Überschuß an Silber wird mit Natriumdihydrogenphosphat (NaH_2PO_4) beim p_H-Wert 6,5 ausgefällt.

Isolierung der chloridfreien Nitratlösung aus Pflanzenmaterial. Natriumdihydrogenphosphatlösung: 138 g $NaH_2PO_4 \cdot H_2O$ werden in 500 ml Wasser gelöst, mit konzentrierter Natronlauge auf einen p_H-Wert von 6,5 eingestellt und auf 1 l aufgefüllt.

Zu 0,1 g getrockneter und fein zerriebener Probe werden 0,8 bis 1 g Calciumsulfat als Filterhilfe und 25 ml 0,35%iger Silbersulfatlösung zugesetzt, geschüttelt und mit 1 ml Natriumdihydrogenphosphatlösung gefällt. Man schüttelt 5 bis 10 min und filtriert oder zentrifugiert.

Zerstörung der organischen Substanz. Ein aliquoter Teil des Filtrates, der 5 bis 500 μg Nitratstickstoff enthält, wird mit 2 ml Calciumcarbonatsuspension (1 g $CaCO_3$ in 200 ml Wasser) auf 10 ml eingedampft. Man setzt 1 ml 30%iges, nitratfreies Wasserstoffperoxyd zu und digeriert 2 Std. am Dampfbad. Man dampft hierauf zur Trockene und erhitzt den trockenen Rückstand zur vollständigen Zerstörung des Wasserstoffperoxyds weitere 30 Minuten.

Maskierlösung: 20 g Äthylendiamintetraessigsaures Natrium (Handelsnamen Komplexon, Versen, Trilon oder Sequestren) werden in 50 ml Wasser suspendiert, Ammoniaklösung (1 + 1) bis zur Lösung der Suspension zugesetzt und mit Wasser auf 100 ml aufgefüllt. 5 ml dieser Stammlösung werden mit Wasser auf 1 l aufgefüllt.

Arbeitsvorschrift. Der abgekühlte Rückstand wird mit 2,5 ml des üblichen Phenoldisulfosäure-Reagenses (s. S. 222) mit einer Pipette im raschen Zulauf versetzt, überflutet und mit einem Glasstab gründlich verrührt. Nach 5 bis 10 min Stehens setzt man auch dann, wenn nicht alles in Lösung gegangen ist, 70 ml Maskierlösung und etwa 15 ml Ammoniaklösung (1 + 1) im Überschuß bis zum deutlichen Ammoniakgeruch zu. Eine auftretende Trübung wird durch tropfenweisen Zusatz der Maskier-Stammlösung in Lösung gebracht. Der Zusatz von Ammoniak hat gegenüber stärkeren Basen den Nachteil geringerer Farbintensität; jedoch fallen mit starken Basen trotz des Maskierungsmittels gelegentlich unlösliche Niederschläge aus.

Colorimetrierung. Nach dem Abkühlen der Lösung wird diese so weit verdünnt, daß ihre Farbintensität in die Eichkurve fällt, die Gelbfärbung wird photometrisch gemessen. Die Autoren verwenden hierzu ein Klett-Summerson-Colorimeter mit Filter Nr. 42 (410 bis 430 mμ) oder ein Blaufilter von 400 bis 420 mμ und Anwendung einer 20 mm-Zelle.

Der mittlere Fehler beträgt etwa $\pm 4\%$.

Störungen. Kleine Mengen Ammoniumsalze (bis 10 mg) und Aminosäuren (etwa 2 mg) stören nicht; größere Mengen täuschen Nitrat vor.

IV. Verfahren mit Hydrochinonsulfosäure nach Bini. Bini empfiehlt an Stelle von Phenoldisulfosäure die Verwendung von Hydrochinonsulfosäure. Die Störungen durch Fremdstoffe (Chloride und Nitrite) sollen geringer sein.

Herstellung des Reagenses. 5 g Hydrochinon werden mit 7,5 g konz. Schwefelsäure 10 min am Wasserbad erwärmt, bis zur beginnenden Kristallisation auf 90 bis 100° gehalten und dann abgekühlt. Nach 2 bis 3 Std. Stehens wird das Gemisch in 500 ml Wasser gelöst.

Arbeitsvorschrift. 10 ml der Probe werden in einem 50 ml-Meßzylinder mit 0,5 ml Reagens und 20 ml konz. Schwefelsäure versetzt. Nach 5 min wird die entstandene grüne Farbe mit der aus entsprechenden Standardlösungen erhaltenen verglichen.

Die Empfindlichkeit der Reaktion reicht bis zu einer Konzentration von 0,01 mg Nitrat/l.

Störungen. Nitrite in einer Konzentration bis zu 0,2 mg/l stören nicht, wie auch Chloride und Eisen(III)-salze erst in größerer Menge stören.

V. Verfahren mit Natriumsalicylat nach SCHERINGER. Eine etwa 0,1 mg NO_3^- enthaltende Wassermenge wird mit 1 ml einer 0,1%igen Natriumsalicylatlösung versetzt und am Wasserbad zur Trockene gedampft. Man verrührt hierauf mit 1 ml konz. Schwefelsäure, läßt 10 min stehen, versetzt mit 10 ml verd. Natronlauge und vergleicht im Colorimeter mit der aus entsprechenden Standardlösungen erhaltenen Färbung. Größere Chloridmengen stören.

VI. Verfahren mit Pyrogallolsulfosäure nach DE NARDO. Pyrogallolsulfosäure gibt nach DE NARDO mit Nitraten in Gegenwart von Schwefelsäure eine meßbare Rosafärbung.

Bereitung des Reagenses. 5 g Pyrogallol werden in 10 ml konz. Schwefelsäure gelöst und auf 80 bis 90° bis zur Bildung von Sulfosäurekristallen erwärmt. Das Reaktionsgemisch wird in Wasser gegossen und auf 200 ml aufgefüllt.

Vorbereitung der Proben. 100 g Boden werden mit 200 ml Wasser 1 Stde. geschüttelt und filtriert. 80 ml des Filtrates werden in einem 100 ml-Kolben mit 1 bis 3 ml gesättigter Barytlösung und 0,5 bis 1 ml Bleiessiglösung (1 + 2) und durch nachfolgendes Kochen geklärt; es wird das gelöste Barium samt dem Blei durch Zusatz von Natriumsulfat gefällt, auf 100 ml aufgefüllt und filtriert.

Arbeitsvorschrift. 10 ml der Probe (Bodenlösung), welche Nitratmengen von 0,0005 bis 0,1 mg KNO_3 enthalten können, werden mit 0,5 ml Pyrogallolsulfosäure-Lösung und 20 ml konz. Schwefelsäure versetzt. Bei Vorliegen von mehr als 0,1 mg KNO_3 setzt man zu 5 ml Bodenlösung 0,5 ml einer 2,5%igen wäßrigen Pyrogallollösung. Man colorimetriert nach 1 Stde. und vergleicht mit entsprechend aus Testlösungen hergestellten Färbungen.

Störungen bewirken Nitrite, Eisen(III)-salze; Eisen(II)-salze und Chloride stören nicht.

VII. Verfahren mit Naphtholsulfosäure nach MURTY und GOPALARAO. MURTY und GOPALARAO verwenden 1,5-Naphtholsulfosäure an Stelle von Phenolsulfosäure. Das Reagens ist bereits von VÁGI zum qualitativen Nitratnachweis verwendet worden.

Reagens. 200 ml konz. Schwefelsäure werden am Wasserbad eine halbe Stunde erhitzt; hierauf werden 20 g α-Naphthol eingetragen und die Mischung eine weitere Stunde am Wasserbad erhitzt.

Arbeitsvorschrift. Man verdampft 25 ml der Nitratlösung, welche nicht mehr als 0,01 mg Nitratstickstoff je ml enthalten soll, zur Trockene, fügt 2 ml des oben genannten Reagenses zu und läßt 15 min stehen. Man verdünnt mit etwas Wasser, fügt 8 ml 10 n Natriumhydroxydlösung zu, verdünnt auf 250 ml und vergleicht die Färbung mit den aus Standard-Nitratlösungen unter gleichen Arbeitsbedingungen erhaltenen Färbungen.

5. Bestimmung mit Xylenolen.

Verfahren nach BLOM und TRESCHOW. Die bisherigen colorimetrischen Nitratbestimmungen haben bei Anwesenheit gefärbter organischer Substanzen z. B. in Pflanzenmaterialien und Böden Schwierigkeiten geboten. BLOM und TRESCHOW haben nun ein originelles Verfahren entwickelt, bei dem sie die Salpetersäure in eine leicht nitrierbare, aromatische Verbindung, das 2,4-Xylenol, als Nitrogruppe anfügen, wobei die gebildete Mononitroverbindung mit Wasserdämpfen flüchtig ist und daher leicht von allen übrigen Restbestandteilen abgetrennt werden kann. Infolge der Besetzung der 2,4-Position ist nur die Bildung eines einzigen Mononitroderivates in Stellung 6 möglich.

In ihrer ersten Veröffentlichung haben die Autoren zunächst die Zerstörung der organischen Substanz mit 5%iger Permanganatlösung und Schwefelsäure (2 + 1) bei 100° durchgeführt, den Überschuß an Permanganat mit Wasserstoffperoxyd und die letzten Reste mit Oxalsäure zerstört. Da diese Vorbehandlung aber zur Neubildung von Salpetersäure z. B. aus Aminosäuren führen kann, wird die Nitrierung nach einer späteren Vorschrift von TRESCHOW und GABRIELSEN unmittelbar mit frischem Pflanzenmaterial durchgeführt. Die Nitrierung des Xylenols ist nicht quantitativ und beträgt, bezogen auf die vorhandene Salpetersäure, 73 bis 85%, je nach der Reinheit des verwendeten Xylenols. Dieser Nitrierungsfaktor wird am besten durch eine unter völlig gleichen Bedingungen mit gemessenen Nitratmengen hergestellte Eichkurve erfaßt.

I. *Arbeitsvorschrift nach* TRESCHOW *und* GABRIELSEN. Zu einem Gemisch von 25 ml Schwefelsäure (2 + 1) und 0,1 ml 2,4-Xylenol werden im 300 ml-Kolben 0,1 bis 1 g frisches Pflanzenmaterial mit nicht mehr als 0,2 mg N_2O_5 zugefügt; man läßt es dann verschlossen unter Schütteln bei Zimmertemperatur 15 bis 30 min stehen. Die H_2SO_4-Konzentration muß mindestens 55 Volum-% betragen. Man setzt 100 ml Wasser und etwas Bimsstein zu und destilliert in einen mit 25 ml 0,2 n Natronlauge beschickten 100 ml-Meßkolben als Vorlage 75 ml ab. Man spült noch die Destillationsröhre gut nach, füllt zur Marke und colorimetriert innerhalb 30 min.

Zur *Auswertung* der Colorimetrierung dient entweder eine mit eingewogenen Nitratmengen hergestellte Eichkurve oder eine Standardlösung, die aus 83,6 mg Nitroxylenol durch Lösen in 50 ml 0,2 n Natronlauge und durch Auffüllen auf 500 ml gewonnen wurde. In letzterem Falle ist aber der „Nitrierfaktor" zu berücksichtigen.

Genauigkeit. BLOM und TRESCHOW geben unter günstigen Bedingungen eine Genauigkeit von ± 1% an.

Varianten. BENGTSSON nitriert bei humusarmen Böden 5 bis 10 g Feinerde unmittelbar mit Xylenol und 100 ml 66 volum%iger Schwefelsäure; bei Böden mit mehr als 5% Humus läßt man zunächst 50 bis 100 g naturfrischen Boden mit der gleichen Gewichtsmenge an 1%iger Alaunlösung 30 min stehen. 10 ml des Filtrats werden hierauf mit 100 ml 66 volum-%iger Schwefelsäure und 0,1 ml Xylenol 10 min behandelt. Tritt hierbei keine Gelbfärbung auf, werden noch weitere Milliliter Auszug zugesetzt. Destillation und Colorimetrierung s. oben.

II. *Arbeitsweise von* BARNES. BARNES extrahiert, statt mit Wasserdampf abzudestillieren, das gebildete Nitroxylenol mit Toluol. Sein Verfahren ist für Mengen bis zu 20 μg Nitratstickstoff in 5 ml Probe anwendbar.

Arbeitsvorschrift. 5 ml Lösung mit einem Nitratstickstoffgehalt bis zu 20 μg werden mit 15 ml 85%iger reiner Schwefelsäure versetzt, gekühlt und hierauf mit genau 1 ml einer 1%igen Lösung von 2,4-Xylenol in Eisessig versetzt. In dem mit Glasstopfen verschlossenen Gefäß wird eine halbe Stunde auf 35° erwärmt, gekühlt, mit 80 ml Wasser verdünnt und hierauf in einem Schütteltrichter mit 10 ml Toluol unter Vermeidung einer Emulsionsbildung gelinde geschüttelt. Nach der Trennung der Schichten wird die Toluolschicht mit 10 ml 0,4 n Natronlauge 5 min nicht zu kräftig geschüttelt. Die durch Stehen oder gegebenenfalls durch Filtration geklärte, wäßrigalkalische Schicht wird in einer 1 cm-Küvette im SPEKKER-Photometer mit Violettfilter (Ilford Nr. 601) gegen Wasser gemessen. Mit Lösungen von bekanntem Nitratgehalt im oben genannten Konzentrationsbereich wird eine Eichkurve angefertigt. Ein Fehler durch mitextrahierte, gefärbte, organische Substanzen kann in vielen Fällen durch einen Blindversuch ohne Xylenolzusatz ausgeglichen werden

Genauigkeit. Die Methode ist auf $\pm 0{,}1\ \mu g$ empfindlich.

Störungen. Chloride in Mengen über 0,2 mg/5 ml stören, da dann die Nitratwerte zu niedrig ausfallen. Auch stark oxydierende Substanzen stören. Nitrite müssen entfernt werden. Zur Bestimmung von Nitratstickstoff neben Nitrit in Böden nach der von BARNES modifizierten 2,4-Xylenolmethode s. auch BUCKETT, DUFFIELD und MILTON.

III. *Arbeitsweise von* HOLLER *und* HUCH. HOLLER und HUCH haben eingehende Versuche zur Auswahl des geeignetsten Xylenol-Isomeren angestellt. Hiernach gibt 2,4-Xylenol keinen so eindeutigen Zusammenhang zwischen Konzentration und Farbintensität wie 3,4-Xylenol, das allen Anforderungen gerecht wird, obwohl hierbei zwei isomere Mononitroverbindungen entstehen, die aber in konstantem Mengenverhältnis stehen und beide mit Wasserdämpfen flüchtig sind. 3,4-Xylenol ist z. B. bei EASTMAN-KODAK käuflich. Auch bei dieser Methode müssen Chloride vorher mit Silbersulfat entfernt und Nitrite z. B. mit Sulfaminsäure zerstört werden, wobei der Überschuß an Sulfaminsäure mit Wasser am Wasserbad durch Hydrolyse beseitigt wird. Das Verfahren ist auch zur Analyse von Salpetersäureestern geeignet, da diese mit 80%iger Schwefelsäure verseift werden. Die geeignete Nitratkonzentration ist 100 bis 350 μg Nitratstickstoff in 100 ml der zu colorimetrierenden Endlösung.

Arbeitsvorschrift. Die 100 bis 350 μg Nitratstickstoff entsprechende Probe wird in einem 250 ml-Rundkolben fast zur Trockene gedampft. Hierauf schwenkt man den Rückstand bei Zimmertemperatur mit 1 ml einer 2%igen Lösung von 3,4-Xylenol in Aceton und mit 15 ml 80%iger Schwefelsäure 10 min vorsichtig und läßt weitere 20 min stehen. Hierauf werden 150 ml Wasser und ein Siedesteinchen zugesetzt und die Mischung der Dampfdestillation unterworfen. Das Destillat wird in einem 100 ml-Meßkolben gesammelt, in welchem sich 5 ml einer 2%igen NaOH-Lösung befinden. Nachdem etwa 70 bis 80 ml überdestilliert sind, wird auf 20° gekühlt, aufgefüllt und filtriert. Zur colorimetrischen Messung wird Licht der Wellenlänge 432 $m\mu$ (dem Maximum der Absorptionsbande des 6 Nitro-3,4-Xylenols in alkalischer Lösung) verwendet.

Zur Eichung wird eine Probenreihe zwischen 0,5 bis 3,5 ml einer Lösung von 0,3610 g KNO_3 auf 500 ml in genau gleicher Weise angesetzt.

Die Ergebnisse wurden von BOVALINI und CASINI bestätigt.

IV. *Arbeitsweise von* ALTEN, WANDROWSKY und HILLE. ALTEN, WANDROWSKY und HILLE geben hierzu noch folgende ***Detailvorschrift:***

Man befeuchtet zunächst in einem 300 ml-Erlenmeyerkolben mit Schliffstopfen bis zu 1 g Pflanzenmaterial (Trockensubstanz mit 0,05 bis 5 mg N_2O_5) mit 2 ml destilliertem Wasser, fügt 0,2 ml 3,4-Xylenol, 23 ml Schwefelsäure (72 + 28) zu, verschließt, schüttelt, läßt 20 min stehen, fügt dann 60 ml Wasser und Siedesteinchen zu und destilliert in einen senkrecht stehenden Liebigkühler ab. Als Vorlage dient ein 100 ml-Meßkolben mit 15 ml 0,2 n Natronlauge, in welche man rasch 60 ml hineindestilliert. Mit weiteren 15 Millilitern 0,2 n NaOH wird das Kühlrohr gespült, die Vorlage auf 100 ml aufgefüllt und gegen auf gleiche Weise behandelte Testlösungen colorimetriert. Hierzu kann das PULFRICH-Photometer mit Farbfilter S 47 verwendet werden. Die Extinktion eines Blindwertes mit Substanz ohne Xylenol wird als Eigenfarbe abgezogen. Sollten die Destillate nicht genügend klar sein, so können sie mit 2 g Bariumsulfat und einem harten Faltenfilter geklärt werden.

V. *Arbeitsweise von* JONES und UNDERDOWN. JONES und UNDERDOWN haben ein Verfahren zur Adsorption des Nitrat-Ions aus Pflanzenextrakten mit schwach basischen Anionenaustauschern aus phosphorsaurer Lösung entwickelt, wobei die störenden, organischen Verunreinigungen nicht adsorbiert werden. Man eluiert mit Alkali und kann im Eluat das Nitrat mit 3,4-Xylenol sehr genau bestimmen.

Herstellung der Austauscher-Säule. Sie ist ein einseitig verengtes Glasrohr von 50 cm Länge und 1,2 bis 1,5 cm lichter Weite. Als Austauscher wurde Amberlite IR—4B verwendet, jedoch sind vermutlich auch analoge Präparate, wie Permutit E, De-Acidite E, Duolite A-2 und -3, Wofatit entsprechender Zusammensetzung verwendbar. Die Austauscher werden in einer Schichtdicke von 15 cm eingeführt, wobei oberhalb noch ein Raum von 50 ml für die Lösung bleibt. Vor der Bestimmung wird der Austauscher mit einer 4% igen Natriumhydroxydlösung alkalisiert und 6 mal mit Wasser gewaschen.

Arbeitsvorschrift. 0,2 bis 0,5 g des bei 55 bis 60° getrockneten und fein vermahlenen Pflanzenmaterials werden in einem 100 ml-Kolben mit 50 ml 1% iger Phosphorsäure versetzt und 10 min heftig geschüttelt. Man filtriert und läßt einen gemessenen Anteil des Filtrats (20 ml) durch die Säule mit einer Austrittsgeschwindigkeit von 1 Tropfen in 2 sec fließen. Wenn das obere Niveau des Austauschers erreicht ist, fügt man destilliertes Wasser zu und läßt 10 min bei gleicher Geschwindigkeit durchtreten; hierauf wird die Tropfgeschwindigkeit vervierfacht. Insgesamt werden 300 ml Waschwasser aufgegeben und verworfen. Hierauf setzt man einen 100 ml-Meßkolben unter die Säule und eluiert sie mit 50 ml 4% iger Natriumhydroxydlösung bei einer Tropfgeschwindigkeit von 1 Tropfen in 2 sec. Man wäscht, bis das Volumen des Filtrats 100 ml erreicht hat. 15 ml der Lösung, die nicht mehr als 150 μg Nitratstickstoff enthalten sollen, werden in einem 500 ml-Rundkolben, der mit einem absteigenden Kühler versehen ist, mit 2 Glasperlen versetzt und mit konz. Schwefelsäure eben neutralisiert. Die hierzu nötige Menge hat man zuvor in einer parallelen Titration gegen Bromthymolblau festgestellt. Man entfernt vorhandene Chloride durch tropfenweise Zugabe von Silbersulfatlösung (5 g nitratfreies Silbersulfat werden in 60 ml konz. wäßriger Ammoniaklösung gelöst, das überschüssige Ammoniak weggekocht und mit Wasser auf 100 ml aufgefüllt), bis alles Silberchlorid sich weiß abgeschieden hat und nur noch gelbes Silberphosphat ausfällt. Man kühlt hierauf in Eiswasser und fügt 50 ml 83% ige Schwefelsäure in kleinen Anteilen zu, wobei die Temperatur der Mischung nicht über 10° steigen soll. Hierauf erwärmt man auf 25° und fügt 1 ml einer Lösung von 1 g 3,4-Xylenol in 100 ml Aceton zu. Man verschließt, schüttelt um und läßt 25 min stehen, setzt 150 ml Wasser zu, schließt an den Kühler an, legt 2 ml 4% ige Natriumhydroxydlösung in einem 100 ml-Meßkolben vor und destilliert mindestens 50 ml ab. Man füllt auf, filtriert, verwirft die ersten Filtratanteile und mißt die Farbe in einem Spektrophotometer mit Licht von 430 mμ Wellenlänge. Die Eichkurve braucht nicht mit Hilfe des Austauschers hergestellt zu werden.

Das Verfahren wurde durch Zugabe bekannter Nitratmengen zu Pflanzenmaterial geprüft. Die Abweichungen bei Parallelbestimmungen betragen etwa 2%.

6. Reduktion des Nitrats zu Nitrit und dessen colorimetrische Bestimmung.

I. Reduktion mit Zink nach Harrow. Harrow hat zur Nitratbestimmung in Trinkwasser die Behandlung von 50 ml Wasser mit 7 bis 8 g Zinkstaub bei Anwesenheit eines salzsauren Gemisches von α-Naphthylamin und Sulfanilsäure und die colorimetrische Messung des gebildeten Nitrits (s. auch Blom) vorgeschlagen.

Erforderliche Lösungen. Sulfanilsäurelösung: 10,5 g Sulfanilsäure werden mit 6,8 g Natriumacetat, 300 g Essigsäure und 600 ml Wasser 3 min gekocht und auf 1 l mit Wasser aufgefüllt. α-Naphthylaminlösung: In 1 l kochendes Wasser werden 5 g α-Naphthylamin eingetragen, 5 min gekocht und filtriert, 5 ml konz. Salzsäure zugefügt, gekühlt und auf 1 l aufgefüllt. Jodlösung: 1,3 g Jod werden in 100 ml Eisessig gelöst. Natriumthiosulfatlösung: 2,5 g $Na_2S_2O_3 \cdot 5\,H_2O$ in 100 ml Wasser.

Arbeitsvorschrift. Man bringt 10 ml der Probelösung auf einen p_H-Wert von 2 bis 3,5, versetzt mit 1 g Ammoniumsulfat, verdünnt auf 20 ml und kühlt auf 0° ab.

Man schüttelt mit 1 g reinem Zinkstaub und filtriert nach 3 min ab. 10 ml Filtrat werden in einem 50 ml-Meßkolben mit 1 ml Sulfanilsäurelösung und 1 ml Jodlösung versetzt und nach genau 3 min das Jod mit der zur Entfärbung gerade notwendigen Natriumthiosulfatlösung versetzt. Hierauf werden 1 ml Naphthylaminlösung zugesetzt, auf 50 ml aufgefüllt und colorimetriert. Man vergleicht die Farbe mit den aus 0,0001 n bis 0,000025 n Natriumnitratlösungen erhaltenen Farben unter Berücksichtigung des Reagenzien-Blindwertes.

Die *Genauigkeit* beträgt bei Mengen von 0,14 bis 1,4 mg Nitratstickstoff/l etwa $\pm 3\%$.

Störende Substanzen sind Hydroxylamin, ferner Kupfer- und Eisen(II)-salze, Nitrite, Hyponitrite.

Lemoigne, Monguillon und Desveaux empfehlen zur Mikrobestimmung von Nitraten die Reduktion mit Zinkstaub bei 0° und die anschließende Behandlung mit Jod bei Anwesenheit von Sulfanilsäure, um gebildetes Hydroxylamin in Nitrit zu verwandeln. Anschließend wird die übliche Kupplung mit α-Naphthylamin durchgeführt und der Farbstoff colorimetriert.

II. Reduktion mit Zink nach Nelson, Kurtz und Bray. Nelson, Kurtz und Bray reduzieren die Nitrate in Boden- und Pflanzenauszügen mit einer gepulverten Mischung von Zinkstaub bei Gegenwart von α-Naphthylamin und Sulfanilsäure und bestimmen unmittelbar das gebildete Nitrit auf colorimetrischem Weg.

Pulvergemisch. 100 g getrocknetes Bariumsulfat, 10 g Mangan(II)-sulfat-1-hydrat, 2 g Zinkstaub, 75 g Citronensäure, 4 g Sulfanilsäure und 2 g α-Naphthylamin werden zunächst gesondert fein gepulvert. Hierauf werden Mangansulfat, Zinkstaub, Sulfanilsäure und α-Naphthylamin zunächst gesondert mit Bariumsulfat gemischt und hierauf alles gemeinsam gut vermengt. In einer geschwärzten Flasche aufbewahrt, hält sich das Gemisch mehrere Monate.

Arbeitsvorschrift. 1 ml der Probenlösung wird in einem Zentrifugenröhrchen mit 9 ml 20%iger Essigsäure und 0,3 bis 0,5 g Pulvergemisch etwa 1 min kräftig geschüttelt und scharf zentrifugiert. Die klare, rotgefärbte Lösung wird in der üblichen Weise colorimetriert.

Die Autoren finden von bekannten Nitratmengen, die sie zu Boden- und Pflanzenextrakten zusetzen, Übereinstimmung innerhalb etwa $\pm 5\%$; die Empfindlichkeit wird mit 0,05 ppm Nitratstickstoff angegeben.

III. Reduktion mit Hydrazin nach Mullin und Riley. Zur Bestimmung kleiner Nitratmengen in Wässern (von 0,5 μg Nitratstickstoff/l bis 6 mg/l), insbesondere in Meerwasser, reduzieren Mullin und Riley das Nitrat durch 24 Std. langes Stehen mit Hydrazin bei Anwesenheit von Kupfer zu Nitrit beim p_H-Wert von 9,6 und bestimmen dieses colorimetrisch nach Rider und Mellon (s. S. 144). Da die Reduktion nicht quantitativ verläuft, müssen bei Analyse und Herstellung der Eichkurve streng vergleichbare Bedingungen eingehalten werden.

Erforderliche Reagenzien. a) Pufferlösung: 9,4 g Phenol werden in 200 ml Wasser gelöst, durch Sinterglas filtriert und auf 250 ml verdünnt. 50 ml dieser Stammlösung werden in einen 100 ml-Meßkolben pipettiert, mit 16 ml einer genau n Natriumhydroxydlösung versetzt und aufgefüllt. Die Lösung wird in brauner Flasche aufbewahrt; sie wird, wenn sie sich verfärbt, verworfen.

b) Kupfersulfatlösung: 0,0393 g Kupfersulfat-5-hydrat auf 100 ml.

c) Hydrazoniumsulfatlösung: 1,20 g Hydrazoniumsulfat werden in 240 ml Wasser gelöst, auf 250 ml verdünnt und durch Sinterglas filtriert.

d) Hydrazin-Kupferlösung: 25 ml Hydrazoniumsulfatlösung werden mit 5 ml Kupfersulfatlösung gemischt und auf 50 ml verdünnt. Die Lösung muß täglich frisch bereitet werden.

e) Sulfanilsäure: Eine Lösung von 0,30 g Sulfanilsäure in 30 ml Wasser wird mit 12,9 ml konz. Salzsäure versetzt und auf 100 ml verdünnt.

f) α-Naphthylamin: 0,60 g umkristallisiertes α-Naphthylammoniumchlorid werden in 80 ml Wasser, das 1 ml konz. Salzsäure enthält, gelöst und auf 100 ml verdünnt.

g) 2 molare Natriumacetatlösung aus 27,2 g kristallwasserhaltigem Natriumacetat auf 100 ml.

h) Standard-Nitratlösung (10 μg N/ml) aus 0,0722 g Kaliumnitrat/l.

Arbeitsvorschrift. 40 ml frisch filtriertes Meerwasser werden in einem 50 ml-Meßkolben mit 2 ml Pufferlösung a) gemischt, 1 ml Hydrazin-Kupferlösung d) zugesetzt und dunkel aufbewahrt. Nach 24 Std. werden 2 ml reines Aceton (zur Bindung des überschüssigen Hydrazins und Verhinderung des Ausfallens des Azofarbstoffs bei Nitratstickstoffgehalten von 300 bis 600 μg/l) zugesetzt. Nach 2 min setzt man 2 ml Sulfanilsäure e) unter Schütteln zu. Nach mindestens 5 min setzt man 1 ml Naphthylamin f) zu, schüttelt und fügt 1 ml Natriumacetatlösung g) zu. Man verdünnt auf 50 ml und colorimetriert nach 15 min bei Licht von 524 mμ.

Die Blindwertbestimmung sowie die Eichkurve sind mit Wasser von entsprechendem Chloridgehalt auszuführen. (Eichkurven sowie die durch den Salzgehalt hervorgerufenen Abweichungen ersieht man im Original).

Genauigkeit. Die bei Parallelbestimmungen mit Wässern von 0,5 bis 600 μg Nitratstickstoff/l erhaltene Übereinstimmung ist von etwa 20 μg an innerhalb etwa 2%; zugefügter Nitratstickstoff (bis zu 250 μg/l) wurde ebenfalls innerhalb etwa 3% Fehler wiedergefunden.

Zur Bestimmung von nitratreichen Wässern bis zu 10 mg Nitratstickstoff/l werden geringere Probemengen (z. B. 5 ml) verwendet und mit nitratfreiem Wasser auf 40 ml ergänzt.

Störungen. Ammonium-Ion beginnt zu stören, wenn es mindestens in der 20fachen Konzentration des Nitratstickstoffs vorhanden ist; Aminosäuren stören in kleinen Mengen bis zu 2 mg/l nicht.

IV. Reduktion auf enzymatischem Weg nach Straughn, Travis und Hiatt. Zur Nitratbestimmung im Plasma oder Urin empfehlen Straughn, Travis und Hiatt die Reduktion mit Colibakterien bei Gegenwart einer diazotierbaren Verbindung; sie kuppeln mit N-(1-Naphthyl)-äthylendiamin. Das Verfahren ist für Nitratgehalte von 600 bis 4000 μg NO_3^-/l anwendbar.

Zur Herstellung der benötigten Zellsuspensionen von Escherichia coli impft man 1%ige Peptonlösungen mit einer Reinkultur des genannten Bakteriums, läßt 16 bis 18 Std. bei 37° unter künstlicher Belüftung wachsen, zentrifugiert die Lösung, wäscht mit Pufferlösung vom p_H-Wert = 6,0 (0,067 m Phosphatpuffer) und suspendiert darin, wobei 1 ml Suspension 0,20 bis 0,25 mg Bakterienmasse enthalten soll.

Arbeitsvorschrift. 2 ml der 0,6 bis 4 mg NO_3^- im Liter enthaltenden Probenlösung werden in einem 15 ml Zentrifugenglas mit 1 ml einer 0,067 molaren Natriumformiatlösung in 0,067 molarer Phosphatpufferlösung sowie mit 1 ml einer 2%igen Lösung von p-aminohippursaurem Natrium (oder einer anderen diazotierbaren Aminoverbindung) und mit 1 ml Zellsuspension versetzt. Man läßt 30 min in einem Wasserbad von 37° stehen, säuert hierauf mit 1 ml 1,2 n Salzsäure an und zentrifugiert die Bakterien ab. Zu 4 ml der klaren Lösung setzt man 1 ml einer 0,1%igen Lösung von N-(1-Naphthyl)-äthylendiamindihydrogenchloridlösung (oder gegebenenfalls einer anderen Kupplungskomponente), läßt 5 min stehen und colorimetriert bei 540 mμ. Man erhält in der Regel nur Reduktionsausbeuten von 85 bis 90%; zur Sicherheit läßt man daher Nitratproben des genannten Konzentrationsbereiches gleichzeitig durch den gleichen Bakterienstamm reduzieren.

E. Konduktometrische Bestimmung der Salpetersäure.

Die konduktometrische Titration freier Salpetersäure neben Schwefelsäure mit 0,1 n Bariumhydroxydlösung ohne Filtration des entstandenen Bariumsulfats beschreibt SOMMER.

MARCUS und WINKLER führen Leitfähigkeits-Titrationen von Salpetersäure in einem Medium von Essigsäure-Essigsäureanhydrid mit einer Lösung von Kaliumacetat in Eisessig aus, wobei unlösliches Kaliumnitrat ausfällt. Es wird eine Genauigkeit von $\pm 0,3\%$ erreicht.

Literatur.

ALTEN, F., B. WANDROWSKY u. E. HILLE: Bodenkunde Pflanzenernähr. **1**, 340 (1936). — ALTEN, F., u. H. WEILAND: Z. Pflanzenernähr. Düng. Bodenkunde **32** A, 337 (1953). — AUTENRIETH, W., u. A. FUNK: Fr. **52**, 137 (1913).

BARNES, H.: Analyst **75**, 388 (1950). — BENGTSSON, N.: Landbouks-Akad. Handl. Tidskr. **71**, 620 (1932); durch Fr. **107**, 450 (1936). — BINI, G.: Atti Accad. Lincei [6] **11**, 593 (1930); durch Fr. **83**, 394 (1931). — BLOM, J.: B. **59**, 121 (1926). — BLOM, J., u. C. TRESCHOW: Z. Pflanzenernähr. Düng. Bodenkunde A **13**, 159 (1929); durch Fr. **91**, 450 (1933). — BOVALINI, E., u. A. CASINI: Ann. Chim. **42**, 737 (1952). — BRUJEWITSCH, S. W., u. E. S. BRUCK: J. angew. Chem. (russ.) **10**, 2144 (1937). — BUCKETT, J., W. D. DUFFIELD u. R. F. MILTON: Analyst **80**, 141 (1955).

CHAMOT, E. M., D. S. PRATT u. H. W. REDFIELD: Am. Soc. **33**, 381 (1911).

DENIGÈS, G.: Bl. (4) **9**, 544 (1911).

GAD, G.: Kleine Mitt. Ver. Wasser-, Boden- u. Lufthyg. **15**, 126 (1939); durch Fr. **121**, 267 (1941). — GRANDVAL, A., u. M. LAJOUX: C. r. **101**, 62 (1885).

HAASE, L. M.: Mitt. Wasserhygiene **2**, 149 (1926) — Ch. Z. **50**, 372 (1926). — HARROW, G.: J. Chem. Soc. **59**, 320 (1891). — HOFMANN, A. W.: A. **132**, 160 (1864). — HOLLER, A. C., u. R. V. HUCH: Anal. Chem. **21**, 1385 (1949).

JOHNSON, C. M., u. A. ULRICH: Anal. Chem. **22**, 1526 (1950). — JONES, G. B., u. R. E. UNDERDOWN: Anal. Chem. **25**, 806 (1953).

KOLTHOFF, I. M.: Chem. Weekbl. **21**, 423 (1924). — KOLTHOFF, I. M., u. G. E. NOPONEN: Am. Soc. **55**, 1448 (1933). — KOMARMY, J. M., W. J. BROACH u. M. K. TESTERMAN: Anal. chim. Acta **7**, 349 (1952). — KOPP, E.: durch O. MEISTER: B. **5**, 284 (1872).

LEMOIGNE, M., P. MONGUILLON u. R. DESVEAUX: C. r. **204**, 683 (1937); durch C. **108**, **II**, 1856 (1937). — LETTS, E. A., u. F. W. REA: Soc. **105**, 1157 (1914).

MARCUS, R. A., u. C. A. WINKLER: Canad. J. Chem. **31**, 214 (1953); durch Fr. **140**, 381 (1953). — MCRAE, H. C.: Am. J. Publ. Hyg. **19**, 307 (1911) — Am. Chem. Abstr. **5**, 2292 (1911). — MELLETTE, S. J., W. A. BRODSKY u. L. PALMER: J. Labor. clin. Med. **41**, 963 (1953); durch Fr. **144**, 455 (1954). — MULLIN, J. B., u. J. P. RILEY: Anal. chim. Acta **12**, 464 (1955). — MURTY, G. V. L. N., u. G. GOPALARAO: Z. anorg. Ch. **231**, 298 (1937).

DE NARDO, L. U.: C. r. **188**, 563 (1929). — NELSON, J. L., L. T. KURTZ u. R. M. BRAY: Anal. Chem. **26**, 1081 (1954). — NOLL: Angew. Ch. **14**, 1317 (1901). — NOLL, CH. A.: Ind. eng. Chem. Anal. Edit. **17**, 426 (1945).

PFEILSTICKER, K.: Fr. **89**, 1 (1932).

REHM, H.: Fr. **81**, 439 (1930).

SCALES, F. M., u. A. P. HARRISON: Ind. eng. Chem. **16**, 571 (1924). — SCHERINGER, K.: Pharm. Weekbl. **67**, 1362 (1930). — SMITH, L.: Fr. **56**, 28 (1917). — SOMMER, E.: Fr. **124**, 283 (1942). — SPRENGEL, H.: Pogg. Ann. **121**, 188 (1864). — STOLL, K.: Fr. **109**, 5 (1937). — STRAUGHN, W. R., J. G. TRAVIS u. E. P. HIATT: J. Labor clin. Med. **41**, 157 (1953).

TARAS, M. J.: Anal. Chem. **22**, 1020 (1950). — TILLMANS, J., u. W. SUTTHOFF: Fr. **50**, 473 (1911). — TRESCHOW, C., u. E. K. GABRIELSEN: Z. Pflanzenernähr. Düng. Bodenkunde A **32**, 357 (1933); durch Fr. **107**, 449 (1936). — TROFIMOW, A. W.: J. angew. Chem. (russ.) **9**, 756 (1936); durch Fr. **113**, 146 (1938).

URBACH, C.: Mikrochemie **10**, 483 (1931).

VÁGI, S.: Fr. **66**, 14 (1925).

F. Polarographische Bestimmung von Nitraten[1].

Allgemeines. In Leitelektrolytlösungen einwertiger Kationen liegt das Reduktionspotential von Nitraten so negativ, daß es mit den Reduktionsstufen des Kaliums und Natriums zusammenfällt. In diesen Lösungen kann das Nitrat-Ion durch die Reduktion an der tropfenden Hg-Elektrode nicht erfaßt werden. In 0,1 m LiCl- und $(CH_3)_4NCl$-Leitsalzlösungen, die bekanntlich die negativsten Halbstufenpoten-

[1] Verfasser: A. FINK.

tiale aufweisen, liegt nach TOKUOKA und RUŽIČKA die Nitratstufe bei $-2{,}15$ V bis $-2{,}17$ V gegen die Normalkalomelelektrode. Diese Wellen sind nicht gut ausgebildet und eignen sich nicht zur quantitativen Bestimmung. Bei den zweiwertigen Kationen als Leitelektrolyte liegen die Reduktionsstufen nach den genannten Autoren wie folgt:

$MgCl_2$ $-1{,}74$ V, $CaCl_2$, $SrCl_2$ und $BaCl_2$ $-1{,}75$ bis $-1{,}78$ V.

Wenn noch höherwertigere Kationen in den Lösungen als Leitsalze enthalten sind, treten gut ausgebildete Reduktionsstufen der Nitrate auf. TOKUOKA und RUŽIČKA fanden als erste, daß $LaCl_3$ und $CeCl_3$ eine Verschiebung des Halbstufenpotentials zu erheblich positiveren Spannungswerten ergeben, wodurch die Erfassung der Nitratstufen erst möglich geworden ist. Die beiden Autoren führen diesen Effekt auf eine Bildung von Ionenpaaren oder lockeren Komplexbildungen zurück, die das Nitrat-Ion aktivieren und in einen leichter reduzierbaren Zustand versetzen. Das Halbstufenpotential des Nitrat-Ions liegt in diesen Lösungen für

$LaCl_3$, $CeCl_3$ bei $-1{,}22$ bis $-1{,}23$ V.

Nach Angaben von NAMBA und YAMASHITA gilt für eine $NdCl_3$-Lösung ein Halbstufenpotential des Nitrats von $-1{,}5$ V. KOLTHOFF, HARRIS und MATSUYAMA fanden später eine weitere Verschiebung des Reduktionspotentials durch Anwesenheit kleinster Uranylsalzmengen (UO_2Cl_2) in schwach sauren Lösungen bei der Reduktionsstufe des Uranyl-Ions von V- zum III-wertigen Molybdän. Als eigentliches Leitelektrolytsalz ist Kaliumchlorid in diesen Lösungen vorhanden. Die Reduktionsstufe liegt bereits bei $-1{,}0$ V. Das Uranyl-Ion, das über einer Minimalkonzentration vorliegen muß, wird als Aktivator der Nitratreduktion aufgefaßt. Ebenfalls bei $-1{,}0$ V ist von RAND und HEUKELEKIAN die Nitrathalbstufe in Zirkonylchloridlösungen bestimmt worden. Auch dieser Leitelektrolyt eignet sich gut zur quantitativen Bestimmung; jedoch wird er gegenüber UO_2Cl_2 in 0,1 m Konzentration angewendet. Auch hierbei wird das Zirkonyl-Ion als Aktivator angesehen. Auf einen völlig anderen Mechanismus der Reduktion geht die gut untersuchte Bestimmung von Nitraten in sauren Natriumsalzlösungen zurück. in denen eine kleine Konzentration von Natriummolybdat als Vermittler an der Hg-Tropfelektrode wirkt.

Nach JOHNSON und ROBINSON wird in den genannten Leitelektrolytlösungen in einem mehrstufigen Polarogramm eine Doppelstufe für die Reduktion von V- zu III-wertigem Molybdän gefunden. Das in statu nascendi an der Hg-Tropfelektrode gebildete III-wertige Molybdän wird durch anwesende Nitrat-Ionen im Maße ihrer Konzentration zu V-wertigem Molybdän rückgebildet, das nun abermals reduziert wird. Daraus resultiert eine Stufenerhöhung, die von dem Reaktionsmechanismus und der Reaktionszeit abhängig erscheint. Bei kleiner Nitratkonzentration erscheint die mittlere bei $-0{,}60$ V liegende Stufe erhöht. Bei höherer Konzentration fallen alle drei Stufen zusammen. Sie sind bei $-0{,}75$ V für die Nitratkonzentration gut auswertbar und liegen damit noch negativer als alle bisherigen „aktivierten“ Stufen.

Der Reduktionsvorgang des Nitrat-Ions wurde nochmals eingehend untersucht und die vermutlich erhaltenen Reaktionsprodukte nachgewiesen bzw. nachzuweisen versucht. Da die abrupten Reduktionswellen vor allem bei dreiwertigen Leitelektrolytkationen eine ganz außergewöhnliche Form haben und irreversibel sind, kann die Beziehung von ILKOVIČ: $i_d = k\nu C$ zur Bestimmung von ν, der Zahl der Elementarladungen, die bei der Reduktion eines Moleküls verbraucht werden, nicht ohne weiteres angewendet werden (i_d = Diffusionsstromstärke, k = Konstante, C = Konzentration in Mol/l). Somit kann für diesen Fall die genannte Gleichung über die Elektronenzahl keine Aussage machen, und damit fällt die Möglichkeit einer Ermittlung der Reduktionsprodukte aus dem Polarogramm weg.

Es sind für die einzelnen Leitelektrolytlösungen Reduktionen von Nitrat bis Ammoniak, Stickstoff, Hydroxylamin usw., angenommen worden. Näheres hierüber ist vor allem in den Arbeiten von KOLTHOFF, HARRIS und MATSUYAMA, dann MEITES und im Gegensatz dazu von FRUMKIN und SHDANOW, GRABOWSKI bzw. COLLAT und LINGANE veröffentlicht worden, auf die hier nur verwiesen werden kann.

Nitrite verhalten sich unter denselben Versuchsbedingungen nahezu wie Nitrate; jedoch sind die Grenzstromwerte niedriger, da die Reduktion selbstverständlich anders verläuft. Ganz anders hingegen verhält sich Nitrit in Gegenwart von Molybdat-Ionen nach JOHNSON und ROBINSON, wodurch der besondere Ablauf dieser polarographischen Bestimmung (gleichzeitige Reduktion an Hg und Oxydation durch Nitrat bzw. Nitrit) noch unterstrichen wird.

In der Folge werden nun die einzelnen Bestimmungsmethoden für Nitrate ausführlich beschrieben.

1. Polarographische Bestimmung mit Lanthanleitsalz nach TOKUOKA und RUŽIČKA.

Die polarographische Bestimmung von Nitrat mit La-Salzen als Grundelektrolyt ist wegen seiner Einschränkungen hinsichtlich des zugelassenen Konzentrationsbereiches nicht ohne weiteres anwendbar. Nach KOLTHOFF, HARRIS und MATSUYAMA ist die Abhängigkeit des Grenzstromes von der Nitratkonzentration nicht immer genügend proportional, um für eine exakte quantitative Bestimmung empfohlen zu werden. Nur in einem engen Bereich ($1 \cdot 10^{-4}$ bis $2 \cdot 10^{-5}$ Mol/l an NO_3^-) bei mehr als 50facher Äquivalentkonzentration vom Lanthan- zum Nitrat-Ion wird die übliche Methode deshalb nur kurz angeführt werden.

Prinzip. Wie bereits auf S. 231 erwähnt, ermöglichen Lanthansalze als Leitelektrolyt die polarographische Bestimmung von NO_3^-. NO_3^- gibt in diesen Lösungen an der Hg-Tropfelektrode eine charakteristische Stufe mit plötzlichem, steilem Anstieg und großen Zacken (Stromschwankungen) an der Grenzstromlinie (s. Abb. 47).

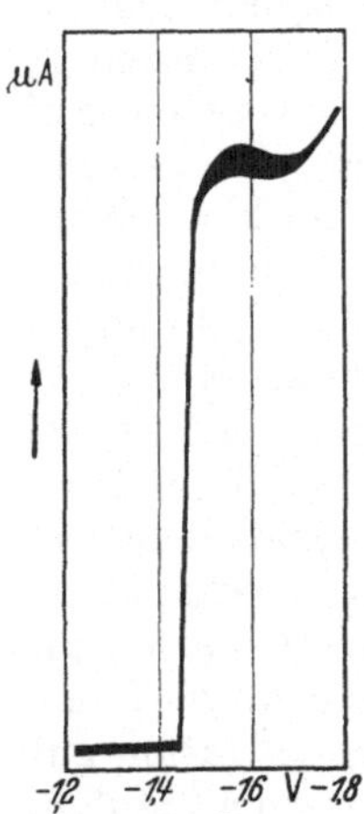

Abb. 47. Polarogramm von TOKUOKA und RUŽIČKA.

Das Halbwellenpotential liegt abhängig von der Ionenkonzentration an NO_3^- und dazu an La^{+++} bei −1,3 bis −1,5 V gegen die gesättigte Kalomel-Elektrode. Diese Stufe ist nicht reversibel (Hysterese). Sie läßt sich nach TOKUOKA und RUŽIČKA bzw. HEYROVSKÝ in 0,1 m $LaCl_3$-Lösung gut ausführen. Später sind von anderen Autoren auch noch 0,01 m bis 1 m Leitsalzlösungen vorgeschlagen worden, da die Reduktion von NO_3^- etwa der 8fachen Höhe einer äquivalenten Kationenstufe entspricht. (TOKUOKA und RUŽIČKA nahmen ursprünglich die Reduktion bis zu NH_3 an.) Es sind die Stufenhöhen verhältnismäßig groß und für die Bestimmung kleiner NO_3^--Mengen äußerst günstig. Die eigenartige Stufenform wird von verschiedenen Autoren (HOLLEK, FRUMKIN und SHDANOW, GRABOWSKI, COLLAT und LIGANE, MEITES) einer katalytischen Wirkung (Autokatalyse) durch OH^-- oder H^+-Ionen einander widersprechend zugeschrieben und ist scheinbar noch nicht restlos geklärt (s. auch S. 231).

Apparatur. Der elektrische Meßteil der Apparatur besteht aus einem handelsüblichen Polarographen, der von Hand aus oder automatisch ablaufend die Polarogramme — Aufzeichnung des Stromstärkeverlaufes bei konstant steigender Spannung an der Elektrolytzelle — photographisch oder schreibend registriert. Über die Schaltung und Handhabung dieser Geräte siehe die einschlägige Literatur. Als Elektrolytzellen mit der tropfenden Hg-Kathode und Hg-Bodenanode werden geeignete Glasgefäße mit einigen Millilitern Inhalt verwendet (s. Abb. 48), die mittels Gaseinleitungsrohres luft- bzw. sauerstofffrei gespült werden können.

Ein Pt-Draht ist zur Verbindung mit der Hg-Bodenelektrode im Gefäß eingeschmolzen. Die zweite Stromzuführung erfolgt über die Hg-Tropfcapillare, und zwar entweder längs der Zuführung zur Capillare oder durch das darüber angeordnete Hg-Niveaugefäß, welches das gleichmäßige Tropfen der Hg-Elektrode gewährleistet. Der innere Durchmesser der Tropfcapillare und deren Länge gibt mit der Niveauhöhe die Tropfgeschwindigkeit des Quecksilbers; gewöhnlich arbeitet man mit 1 bis 4 sec Tropfdauer.

Reagenzien. Lanthanchlorid-Stammlösung: Man bereitet als Leitelektrolytlösung eine 0,2 m „p.a." $LaCl_3$-Lösung (49,058 g $LaCl_3$ je Liter) in destilliertem Wasser.

Arbeitsvorschrift. Man pipettiert in eine geeignete Elektrolytzelle (Inhalt etwa 25 ml) genau 10 ml einer nahezu neutralen Probelösung, die etwa 10^{-3} bis 10^{-5} m an NO_3^- ist, und verdünnt mit genau 10 ml der oben angegebenen 0,2 m $LaCl_3$-Lösung. Hierauf läßt man 10 min lang N_2- oder H_2-Gas zum Entlüften durchperlen und nimmt anschließend das Polarogramm mit einer zwischen −0,8 und −1,8 V angelegten Spannung auf. Will man mit 0,01 m $LaCl_3$-Konzentration als Leitelektrolyt arbeiten, so wird die Stammlösung zunächst mit destilliertem Wasser zehnfach verdünnt. Jedenfalls muß aber in der zu polarographierenden Lösung das Verhältnis von La^{+++} zu NO_3^- größer als 50 : 1 sein.

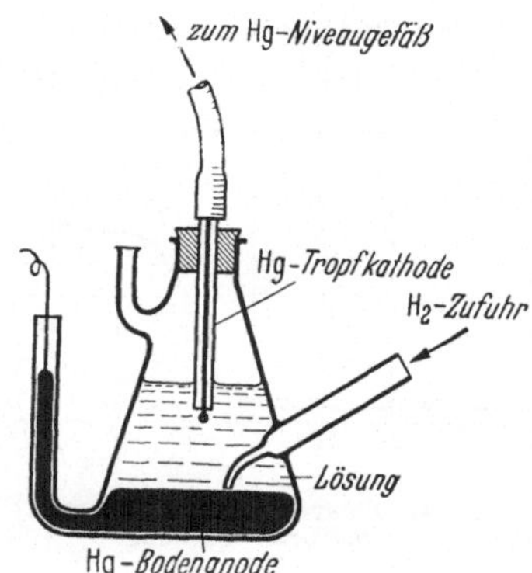

Abb. 48. Elektrolytzelle nach TOKUOKA und RUŽIČKA.

Auswertung und Berechnung. Die Auswertung erfolgt durch die übliche Ausmessung der Stufenhöhe. Der ermittelte Wert in mm wird mittels einer Eichkurve in mg NO_3^- je ml umgewertet. Die Eichkurve erhält man durch polarographische Aufnahme unter den gleichen Bedingungen mit einer geeigneten KNO_3-Lösung im Bereich 10^{-3} bis 10^{-5} mol/l „p.a." KNO_3 und mit destilliertem Wasser.

Genauigkeit und Empfindlichkeit. Die Genauigkeit kann mit ±1% angegeben werden. Man kann noch $1 \cdot 10^{-5}$ mol/l an NO_3^-, also Zehntelmikrogramm pro Milliliter mit dieser Genauigkeit erfassen.

Störungen. Es stört vor allem das Nitrit-Ion, welches am besten durch Kochen mit NaN_3 und HCl zerstört wird. Man engt hierauf die neutralisierte Lösung ein und polarographiert dann (s. hierzu auch S. 242) NO_3^--Spuren neben NO_2^- nach HASLAM und CROSS und Nitriersäure nach SCHWARZ. Sulfat-Ionen stören die Bestimmung durch starkes Erniedrigen des Grenzstromwertes. Zusatz von $SrCl_2$ zur Fällung von SO_4^{--} kann hier angewendet werden, nicht jedoch Zusatz von $BaCl_2$, da $BaSO_4$ NO_3^--Ionen einschließt und mitreißt.

2. Polarographische Bestimmung mit Uranyl-Ionen nach KOLTHOFF, HARRIS und MATSUYAMA.

Allgemeines. Die polarographische Analyse in Grundlösungen, die UO_2Cl_2, KCl und HCl in bestimmten Konzentrationen enthalten, eignet sich nach KOLTHOFF, HARRIS und MATSUYAMA zur quantitativen Bestimmung kleiner Nitratmengen.

Prinzip. Wie auf S. 231 dargelegt wurde, erscheint in einer $2 \cdot 10^{-4}$ m Uranylchloridlösung, die an HCl 0,01 molar und an KCl 0,1 molar ist, eine NO_3^--Stufe bei etwa −1,0 V. Das Halbwellenpotential wird mit zunehmender NO_3^--Konzentration unbedeutend negativer. Das Uranyl-Ion gibt selbst zwei Stufen für U VI zu V bei etwa −0,2 V und von U V zu III bei etwa −1,0 V, also für letztere an derselben Stelle, an der die NO_3^--Welle auftritt (s. Abb. 49 C). Bei genügend niedriger Konzentration des „Aktivators" UO_2^{++} ist diese zweite Stufe (B) als Blindwert in Abzug zu bringen. Der Diffusionsstrom der NO_3^--Reduktion zeigt hierbei ausreichende Proportionalität, wenn das Verhältnis von UO_2^{++} zu NO_3^- über einem bestimmten Minimum liegt. Größere UO_2^{++}-Konzentrationen machen die Auswertung ungenauer, da der Abzug des Grundstromes gegenüber dem NO_3^--Grenzstrom zu groß wird. Kleinere UO_2^{++}-Gehalte erlauben Messungen, bei denen die Proportionalität zur NO_3^--Konzentration vorhanden ist. Die zugehörigen Minimalkonzentrationen sind:

Mol/l NO_3^-	Mol/l UO_2^{++}
$1{,}00 \cdot 10^{-5}$	$2{,}00 \cdot 10^{-5}$
$1{,}00 \cdot 10^{-4}$	$1{,}00 \cdot 10^{-4}$
$5{,}00 \cdot 10^{-4}$	$2{,}00 \cdot 10^{-4}$

Als geeignetster Konzentrationsbereich von NO_3^- nach der Verdünnung durch die Leitelektrolytlösung wird demnach $5 \cdot 10^{-5}$ bis $4 \cdot 10^{-4}$ empfohlen.

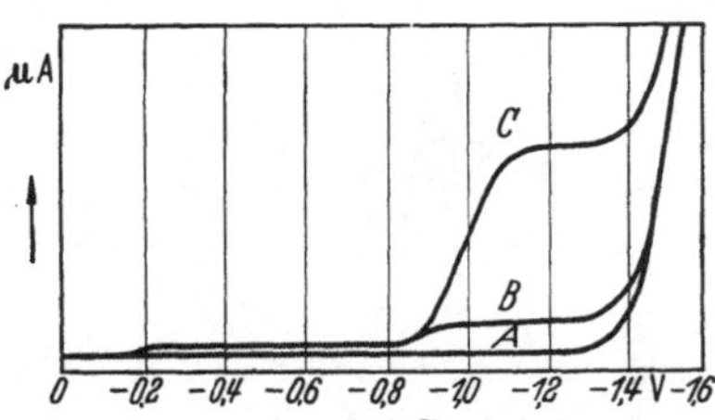

Abb. 49. Polarogramm in Gegenwart von Uranyl-Ionen.

Apparatur. Für den elektrischen Meßteil gilt das auf S. 232 Gesagte. Als Elektrolytzelle kann jede einfache Glaszelle mit Hg-Tropfkathode, Gaseinleitungsrohr und Verschluß gegen die Atmosphäre zur Anwendung kommen. Die Messungen erfolgen am besten bei 25° ± 0,1° C; die hier angegebenen Zahlenwerte entsprechen diesen Temperaturen.

Reagenzien. Uranylchlorid-Grundlösung: Man bereitet eine Stammlösung, die neben 10^{-3} Mol/l UO_2Cl_2 0,5 Mol/l KCl und 0,05 Mol/l HCl enthält. In dieser Lösung dient KCl als Leitelektrolyt, UO_2Cl_2 als aktivierender Bestandteil.

0,1 m Kaliumnitrat-Eichlösung: Man wägt genau 1,0111 g „p.a." KNO_3 ein und löst es in einem 100 ml Meßkolben in destilliertem Wasser durch Auffüllen bis zur Marke. Für die Einzelmessungen der Eichpunkte verdünnt man durch Pipettieren und Auffüllen mit destilliertem Wasser.

Arbeitsvorschrift. Man verdünnt durch Pipettieren genau 5 ml der UO_2Cl_2-Grundlösung mit destilliertem Wasser auf 25 ml, leitet einen N_2- oder H_2-Gasstrom durch, um die Lösung sauerstoffrei zu erhalten, und mißt den Reduktionsgrenzstrom bei −1,2 V. Dieser Stromwert entspricht der Uran-Reduktion in zweiter Stufe und wird von den weiteren Nitrat-Meßwerten als Blind- oder Reststrom abgezogen.

Nun pipettiert man ein geeignetes Volumen einer gegen Methylrot gerade sauren Probelösung in einen 25 ml-Meßkolben, mißt genau 5 ml UO_2Cl_2-Grundlösung zu und verdünnt mit destilliertem Wasser bis zur Marke. Wie oben wird diese Lösung durch N_2- oder H_2-Gas sauerstoffrei gemacht und bei −1,2 V der Diffusionsstrom gemessen. Um ein bestimmtes kleines Volumen einhalten und damit eine zu große NO_3^--Verdünnung verhindern zu können, pipettiert man z. B. 5,00 ml einer stark salzsauren Nitratlösung in einen 25 ml-Meßkolben und fügt einen Tropfen einer 0,1%igen Methylrotlösung zu. Nun wird gesättigte Natronlauge tropfenweise bis zum Farbumschlag nach Gelb zugesetzt und mit 1 m HCl bis gerade zum entgegengesetzten Umschlag zurückgenommen. 5 ml UO_2Cl_2-Grundlösung werden dann einpipettiert und mit destilliertem Wasser bis zur Marke aufgefüllt. Der zur Aciditätseinstellung zugegebene Indicator Methylrot stört die weitere Bestimmung nicht.

Auswertung und Berechnung. Bei der Auswertung der Polarogramme erhält man die Grenzstromhöhe für die NO_3^--Welle aus der Differenz der Grenzstromhöhen für die Probelösung und die Grundlösung. Die Berechnung des NO_3^--Gehaltes erfolgt über eine Eichkurve, die man auf gleiche Weise wie oben mittels einer Verdünnungsreihe aus einer KNO_3-Stammlösung erhält. Die NO_3^--Konzentration soll dem vorne angegebenen NO_3^--Bereich entsprechen. Es genügt, auch nur einen Eichmeßpunkt zu ermitteln, da man die Eichkurve allein aus der Verbindung des Punktes mit dem Ursprung der Koordinaten erhält.

Genauigkeit und Empfindlichkeit. Bei dieser Methode kann, da es sich um eine Differenzbestimmung handelt, nicht die volle Genauigkeit einer polarographischen Bestimmung von $\pm 1\%$ erreicht werden; man wird mit der doppelten Fehlerbreite rechnen müssen. Die Empfindlichkeit ist wie bei der Lanthan-Methode (s. S. 233) angegeben. Allerdings ist nach mehreren Autoren die Uranyl-Methode der Lanthan-Methode vorzuziehen; darauf haben MUNSCHE sowie RAND und HEUKELEKIAN usw. hingewiesen. Auf eine eingehende Arbeit von MAŠEK, die sich ausschließlich mit dem Vergleich der beiden Methoden befaßt, soll hier nur hingewiesen werden, ohne auf sie näher eingehen zu können.

Störungen. Einerseits wird aus alkalischer Lösung Uran gefällt, andererseits verursacht eine hohe Acidität (größer als 0,1 m) die Reduktion des Wasserstoffes vor der 2. Stufe des Urans (—1,2 V) und macht die NO_3^--Bestimmung unmöglich. Man macht daher die Probelösung gegen Methylrot als Indicator gerade sauer.

Sulfat-Ionen stören nur in einem großen Überschuß gegenüber der NO_3^--Konzentration. Die 200fache Menge an Sulfat ergibt bei großen Verdünnungen an NO_3^- keine Abweichungen. Große Sulfatmengen führen zu negativen Fehlern von $\sim 2\%$. Außergewöhnlich hohe SO_4^{--}-Konzentrationen werden durch $SrCl_2$ ausgeschieden; $BaCl_2$(s. S. 233) ist zu vermeiden! Oxalat-Ionen müssen wegen Störung vorher zersetzt werden. Ebenso sind Phosphat-Ionen am besten als Erdalkaliphosphat zu entfernen, da sie UO_2-Ionen fällen.

Außerdem sind alle Kationen, die in größerer Menge in Lösung vorhanden sind und vor —1,2 V an der Hg-Elektrode reduziert werden, zu eliminieren, so z. B. Cu und Pb am besten durch Fällung als Carbonate. Kleinere Konzentrationen dieser Kationen können mittels der Grenzstromlöschung guter Polarographen ohne Fällung überwunden werden.

I. *Anwendung der Uranyl-Methode auf Pflanzenstoffe und Böden nach* MUNSCHE. MUNSCHE hat die polarographische NO_3^--Methode nach KOLTHOFF, HARRIS und MATSUYAMA für Pflanzen- und Bodenmaterial mit gutem Erfolg herangezogen. Da einige Ergänzungen der Arbeitsvorschrift bezüglich der Probevorbereitung von allgemeinem Interesse sind, soll hier näher darauf eingegangen werden. Die Methode hat den Vorzug, mit kleinen Materialmengen auszukommen und darin die üblichen colorimetrischen Methoden zu übertreffen.

Man bereitet wäßrige Pflanzenextrakte durch Zerreiben mit Quarzsand und Übergießen mit kochendem, destilliertem Wasser. Man bringt nach einstündigem Stehenlassen diesen Auszug in einen Meßkolben (Filtration durch Faltenfilter) und füllt zur Volumenmarke auf (I). Wenn hochmolekulare Stoffe, die in den Auszug gelangen, die polarographische Aufnahme stören (Reduktionsstufen, Adsorptionserscheinungen, Unterdrückung der NO_3^--Stufe), kann man durch eine Filtration durch Wofatit F Abhilfe schaffen. Führt auch diese Maßnahme nicht zum Ziel, so kann vor dem Austauschvorgang eine Fällung mit gesättigter Uranylacetatlösung erfolgen. Zum Austausch wird ein 20 cm langes Adsorptionsrohr von 1,5 cm ∅ mit einer Glasfritte G 3 verwendet, das mit nassem Wofatit F gefüllt ist. Diese Säule wird stets unter destilliertem Wasser gehalten und erst kurz vor der Benutzung abgesaugt. Nun füllt man den Extrakt ein, läßt ihn tropfenweise austreten, wäscht mit der ein- bis fünffachen Wassermenge durch und saugt den Rest nach. Man füllt mit destilliertem Wasser in einem Meßkolben diese Lösung (II) bis zur Marke.

Die Regenerierung des Wofatits erfolgt mit 5 n HCl. Eingehende Versuche ergaben, daß keine NO_3^--Verluste durch die Säule eintreten. Von den Lösungen I oder II werden durch Pipettieren 2 ml zur Analyse in ein Elektrolysengefäß gebracht, mit 3 ml Grundelektrolytlösung verdünnt, 5 min mit N_2- oder H_2-Gas durchgespült und polarographiert. Man verfährt weiter wie auf S. 234. beschrieben. MUNSCHE verwendet neben der dort angegebenen UO_2Cl_2-Grundlösung noch folgende Leitsalzlösung:

0,1 m HCl mit 0,000066 n Uranylacetat,

da er für die kaliumchloridfreie Lösung eine geringere Störanfälligkeit beobachtet hat.

Die Eichkurve wird von 0 bis 6 mg/l an Nitratstickstoff empfohlen. In der Meßzelle befinden sich demnach nur wenige Mikrogramme des als Eichsubstanz verwendeten Salpeters. Die Genauigkeit wird bei diesen kleinen Mengen mit $\pm 5\%$ anzunehmen sein.

Über die *Störung* durch Fremd-Ionen s. S. 235 bzw. die Originalarbeit. Echt gelöste anorganische und organische Stoffe stören nicht, wohl aber kolloidal gelöste Stoffe. Ist gleichzeitig NO_2^- vorhanden, so wird dieses nach HASLAM und CROSS (s. S. 242) mit NaN_3 in salzsaurer Lösung in Siedehitze reduziert.

Bodenproben werden ebenfalls mit kochendem Wasser übergossen und 1 Stde. lang unter Schütteln extrahiert. Man verfährt wie bei Pflanzenextrakten entweder mit einfacher Filtration durch ein Papierfilter oder falls nötig über eine Wofatit-F-Säule.

II. *Anwendung der Uranyl-Methode auf verschiedene Wasserproben nach* TUNG-WHEI CHOW *und* ROBINSON. Eine weitere Anwendung der polarographischen NO_3^--Bestimmung in Gegenwart von Uranyl-Ionen ist für verschiedene Wasserproben (Süß- und Seewasser) von TUNG-WHEI CHOW und ROBINSON ausführlich beschrieben worden. Sie wird deshalb angeführt, weil die zusätzliche Ausschaltung von Fehlwerten durch Anwesenheit von F^- behandelt ist. Fluorid-Ion stört die NO_3^--Stufe und kann durch Zugabe von $AlCl_3$ oder $ZrOCl_2$ verhindert werden. Da $ZrOCl_2$ als Grundelektrolyt für die nachfolgend beschriebene Methode nach RAND und HEUKELEKIAN verwendet wird, ist diese von vornherein nicht durch F^--Ionen störanfällig.

3. Polarographische Bestimmung mit Zirkonylgrundlösung nach RAND und HEUKELEKIAN.

Nach RAND und HEUKELEKIAN eignet sich als Grundelektrolyt für die Nitratbestimmung eine 0,1 m Zirkonylchloridlösung. Nach dieser Methode können 0,1 bis 25 Mikrogramm Nitrat-Stickstoff im Milliliter bestimmt werden.

Prinzip. Wie einleitend auf S. 231 bereits hingewiesen wurde, kann Nitrat in Anwesenheit von Zirkonyl-Ionen durch die Reduktion an der tropfenden Hg-Elektrode quantitativ bestimmt werden. Allerdings muß eine etwa 0,1 m Zirkonylchloridlösung vorliegen, da die Proportionalität zwischen Stromstärke und Nitratgehalt sowohl bei 0,01 n bzw. 0,5 n Lösungen des Grundelektrolyten nicht mehr zutrifft. Der *p*H-Wert einer 0,1 n Zirkonylchloridlösung liegt bei 1,7, so daß eine vorher nahezu neutrale Probelösung nach Zugabe zur Grundlösung diesen gleichmäßigen *p*H-Wert behält. Dieser Umstand ist wichtig, da die NO_3^--Stufe abhängig vom *p*H-Wert ist. Das Halbwellenpotential der gut ausgebildeten NO_3^--Stufe liegt bei etwa $-1{,}0$ V gegen die gesättigte Kalomelelektrode, also an derselben Stelle wie bei Anwesenheit von NO_2^--Ionen. Allerdings kann mit einer großen Konzentration von $ZrOCl_2$ vorgegangen werden, da diese selbst unter den angegebenen Bedingungen zum Unterschied von NO_2^- nicht reduziert wird. Der Konzentrationsbereich für NO_3^- ist durch eine obere Grenze gegeben, bis zu der direkte Proportionalität von NO_3^--Konzentration und Grenzstromstärke besteht. Mehr als 25 Mikrogramme je Milliliter Nitratstickstoff dürfen nicht zur Analyse gelangen.

Nitrit-Ionen geben an der gleichen Stelle, etwa bei $-1{,}0$ V, eine Reduktionsstufe, die jedoch für Nitritstickstoff nur $\sim 75\%$ der Stufenhöhe, auf Nitratstickstoff bezogen, ausmacht. Über die Ausschaltung der Störung siehe später.

Da unter Umständen verschiedene Probelösungen eine ungleiche Grundstromkurve am Polarogramm ergeben, sind für die direkte Auswertung der Stufenhöhe nur wäßrige Alkalinitratlösungen verläßlich geeignet. Um aber auch andere Proben, vor allem Abwasser usw., untersuchen zu können, wird die Nitratstufe indirekt ermittelt. Eisen(II)-sulfat löscht die in $ZrOCl_2$ erhaltene NO_3^--Stufe und, falls das

Eisen(II)-sulfat frei von Eisen(III)-Ionen war, entsteht keine Änderung der Grundstromlinie. Demnach kann aus der Differenz der Stufenhöhen zweier Aufnahmen vor und nach der NO_3^--Zerstörung eine quantitative NO_3^--Bestimmung erfolgen, die auf die jeweils vorliegende Zusammensetzung der Probelösung abgestimmt ist. Unter diesen Bedingungen fand man für NO_3^--Eichungen beste Linearität der Eichkurven.

Da Eisen(II)-salzlösungen durch atmosphärische Oxydation immer Eisen(III)-Ionen enthalten und für diesen Gehalt eine Blindwertaufnahme in $ZrOCl_2$ notwendig ist, wird es gut sein, täglich einmal diese Aufnahme zu machen und den erhaltenen Wert durch Abzug zu korrigieren. Wenn nach 2 bis 4 Wochen die Grundlösung eine mehr als 10%ige Korrektur des NO_3^--Wertes erreichen sollte, bereitet man eine neue Stammlösung.

Die *Apparatur* ist die gleiche, wie auf S. 232 beschrieben wurde.

Reagenzien. Zirkonylchlorid-Grundlösung: Man bereitet aus 17,7 g „p.a." Zirkonylchlorid ($ZrOCl_2 \cdot 8\,H_2O$) in 100 ml destilliertem Wasser eine 1,1 n Stammlösung.

Eisen(II)-sulfat-Lösung: 27,8 „p.a." Eisen(II)-sulfat ($FeSO_4 \cdot 7\,H_2O$) werden in einem 200 ml-Meßkolben nach Zugabe von 1 ml „p.a." konz. H_2SO_4 mit dest. Wasser bis zur Marke aufgefüllt. Diese Lösung ist für diesen Fall 1 n. Unbedeutende Eisen(III)-werte werden erhalten, wenn man diese Lösungen 0,5%ig an freier Schwefelsäure hält und über Eisendraht aufbewahrt.

KNO_3-Eichlösung: Siehe S. 234.

Arbeitsvorschrift. Man pipettiert 10 ml einer Probelösung, die nahezu neutral reagieren soll, in eine polarographische Zelle und fügt 1 ml der 1,1 n Zirkonyllösung hinzu. Nun leitet man mindestens 5 min lang N_2- oder H_2-Gas durch die Lösung, um den vorhandenen Sauerstoff zu vertreiben. Man nimmt nun das 1. Polarogramm bis über —1,2 V auf. Nach Zugabe von 0,5 ml einer n Eisen(II)-sulfatlösung mischt man 5 min mit demselben Gasstrom und polarographiert neuerdings (2. Polarogramm). Für die Aufnahme von Eichkurven bzw. der Grundlösung [Eisen(III)-Ionenkorrektur] wird ebenso verfahren.

Auswertung und Berechnung. Die übliche Auswertung der Polarogramme I und II ergibt eine Stufenhöhendifferenz $I_1 - I_2$, die noch um den Eisen(III)-wert (aus den Blindaufnahmen der Grundlösung) korrigiert werden muß. Man entnimmt den NO_3^--Gehalt entsprechend der Differenz I ($=I_1 - I_2$) aus einer Eichkurve oder rechnet über eine Proportionalitätskonstante, die daraus ermittelt wurde.

Genauigkeit und Empfindlichkeit. Nach dieser Methode lassen sich noch 0,1 Mikrogramm/Milliliter an Nitratstickstoff bestimmen. Bei so kleinen Mengen ist die Genauigkeit durch einen Fehler von 4 bis 7% gegeben. Höhere Werte (5 bis 25 Mikrogramm) sind mit weit größerer Genauigkeit (etwa ± 1%) bestimmbar.

Unter besonders ungünstigen Bedingungen (Abwasser, Rohwasser) wird die Zueichung von NO_3^- nach den ersten beiden Aufnahmen durch Zugabe einer bestimmten Testmenge vorgenommen und daraus der Nitratstickstoff-Wert berechnet.

Störungen. Störungen durch NO_2^- werden dadurch ausgeschaltet, daß in saurer Lösung daraus gebildete NO und NO_2 mit einem N_2-Gasstrom ausgeblasen wird.

Störungen durch einen kleinen Gehalt an Metall-Ionen, die vor —1,0 V ebenso an der Hg-Tropfkathode reduziert werden, können allenfalls noch durch die Differenzbestimmung überwunden werden; nicht aber größere Konzentrationen von Metall-Ionen, die mit ihrer Reduktionsstufe schon nahe an —1,0 V liegen.

Nach LAWRENCE und BRIGGS sind an vorstehender Methode durch folgende Maßnahmen Verbesserungen zu erreichen.

I. Man verwendet eine Eisen(II)-salzlösung aus Eisen(II)-ammoniumsulfat [19,6 g „p.a." $Fe(SO_4)_2(NH_4)_2 \cdot 6\,H_2O$ und 0,5 ml „p.a." konz. H_2SO_4 auf 100 ml dest. Wasser], da diese Lösung haltbarer ist. Die Aufbewahrung erfolgt über einem blanken Fe-Drahtstück in einer verschlossenen Glasflasche. Ein dichter weißer Niederschlag $Zr(OH)_4$, der sich nach Zugabe der Eisen(II)-ammoniumsulfatlösung zur Probelösung ergibt, stört die 2. polarographische Messung bzw. Aufnahme nicht.

II. Der zur Spülung verwendete Stickstoff sollte durch eine Waschflasche mit 5% Pyrogallol und 25%iger Kalilauge und dann durch destilliertes Wasser geleitet werden.

III. Um eine genaue Messung sehr kleiner Werte (0,1 μg/ml an Nitratstickstoff) durchführen zu können, ist es besser, durch Zugabe bekannter Konzentrationen mittels Eichlösung den Nitratstickstoff-Gehalt auf 2,0 μg/ml zu bringen.

Reine, wäßrige KNO_3-Eichlösungen zwischen 0,1 bis 10 μg/ml an Nitratstickstoff lassen sich mit einer Genauigkeit von 2% bestimmen.

Bezüglich verschiedener Störungen und deren Aufhebung bei Vorliegen von organischen Verunreinigungen in der zu analysierenden Probelösung muß auf die Originalarbeit verwiesen werden.

4. Polarographische Bestimmung mit Molybdat-Ionen nach Johnson und Robinson.

Bei Untersuchungen für eine polarographische Bestimmung von Molybdat haben Johnson und Robinson in 1,0 m schwefelsaurer Lösung 3 Reduktionsstufen des Molybdäns gefunden. Die Halbstufenpotentiale an der tropfenden Hg-Elektrode liegen bei +0,06, −0,29 und −0,60 V gegen die gesättigte Kalomel-Elektrode (s. Abb. 50a). Bei Anwesenheit von Nitrat-Ionen tritt eine quantitativ auswertbare, katalytische Welle auf, die der NO_3^--Konzentration entspricht. Es lassen sich auf diese Weise Konzentrationen von $2 \cdot 10^{-4}$ bis $5 \cdot 10^{-2}$ Mol/l an Nitrat bestimmen.

Prinzip. Der Grenzstrom für die erste Mo-Stufe in der Lösung ist ungefähr $^1/_3$ so groß, wie für die gesamte Reduktionsstufe des Molybdats. Dieser Umstand läßt auf die Reduktion von Mo(VI) zu Mo(V) schließen. Die nachfolgende Reduktion von Mo(V) zu Mo(III) erfolgt in einer ungleichen Doppelstufe. Diese Doppelstufen ändern sich entgegengesetzt bei gleicher Gesamtstufenhöhe, wenn man den p_H-Wert der Lösung verändert und die Mo-Konzentration verschieden ist. Kleine Schwankungen in der Acidität sind unbedeutend.

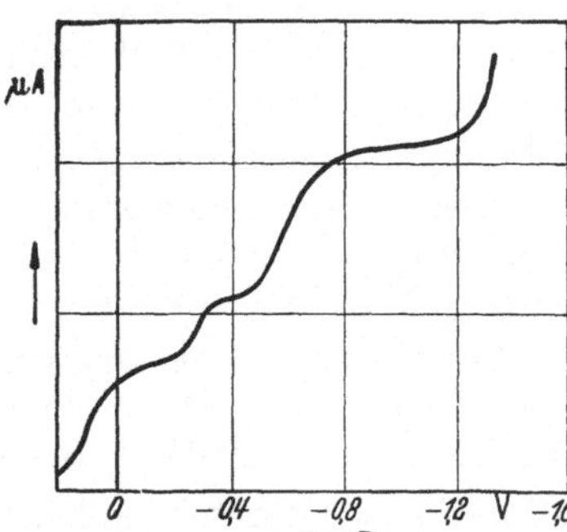

Abb. 50a. Polarogramm nach Johnson und Robinson.

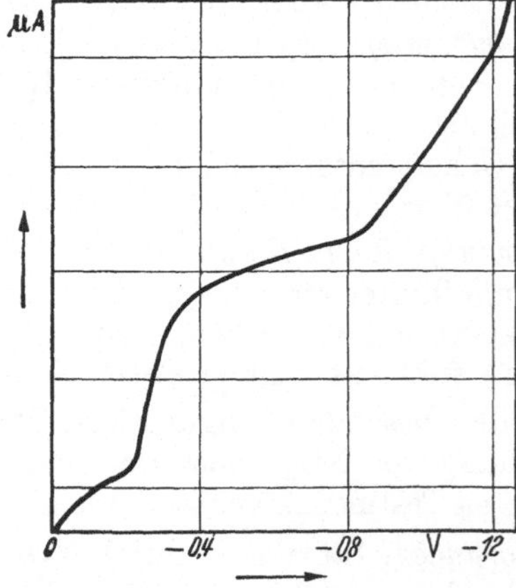

Abb. 50b. Verändertes Polarogramm bei Anwesenheit von Nitrat-Ionen.

In Anwesenheit von Nitrat tritt eine Erhöhung des Grenzstromes auf, welche auf eine katalytische Reduktion von Nitrat zurückgeführt wird. Diese Grenzstromerhöhung tritt aber erst, bei der zweiten Mo-Stufe beginnend, auf. Man erkennt daraus, daß Nitrat von Mo(III) an der Hg-Tropfelektrode reduziert wird. Das hierbei wieder oxydierte Molybdän wird an der Kathode abermals reduziert und gibt dadurch die erhöhte Grenzstromstärke (s. Abb. 50b).

Lösungen mit niederer Nitratkonzentration, die alle 3 Stufen der sauren Molybdatlösungen aufweisen, zeigen eine größere Höhe in der 2. Stufe als bei Abwesenheit von Nitrat. Die 1. und 3. Stufe aber bleibt gleich hoch. Bei höheren Nitrat-Konzentrationen erscheinen die Polarogramme mit nur einer Stufe.

Die Messungen des Nitrat-Grenzstromes können in sauren Molybdat-Lösungen am besten bei $-0{,}75$ V vorgenommen werden. Diese Messungen sind also bei einem bedeutend niedrigeren Potential möglich als bei den Messungen nach TOKUOKA und RUŽIČKA (in $LaCl_3$ $-1{,}6$ V) und nach KOLTHOFF und Mitarbeitern (mit UO_2^{++} $-1{,}2$ V).

Als *Apparatur* dient jeder einfachere Polarograph, wie S. 232 erwähnt. Als Zelle jedoch wird in diesem Falle eine Doppelzelle verwendet, die durch eine KCl-Brücke zur gesättigten Kalomel-Gegenelektrode führt. Die Messungen werden möglichst bei $25° \pm 1°$ C durchgeführt.

Reagenzien. Molybdat-Grundlösung: 0,1 m H_2SO_4, 0,2 m Na_2SO_4 bei einem Zusatz von $8{,}75 \cdot 10^{-5}$ Mol/l an Natriummolybdat. Das Natriummolybdat muß wie H_2SO_4 und Na_2SO_4 „p.a.“-Qualität besitzen.

Arbeitsvorschrift. Man polarographiert in 0,1 m H_2SO_4, 0,2 m Na_2SO_4 bei $8{,}75 \cdot 10^{-5}$ Mol/l an Natriummolybdat. Die NO_3^--Konzentration muß in der zu messenden Lösung $2 \cdot 10^{-4}$ Mol/l betragen oder höher sein, um noch gut meßbare Ausschläge zu bekommen. Die Messungen sollen zwischen $1 \cdot 10^{-4}$ bis $7{,}5 \cdot 10^{-2}$ Mol/l an Nitrat liegen.

Man wird demnach eine geeignete Probelösung (1 ml) etwa 1 : 10 mit der Molybdat-Grundlösung zu 10 ml verdünnen, um immer gleiche Verhältnisse zu haben.

Auswertung und Berechnung. Man wertet die polarographischen Kurven wie üblich aus oder liest direkt bei den Potentialen $-0{,}15$ V und $-0{,}90$ V die Grenzstromstärke ab. Der in einer Blindprobe erhaltene Reststrom muß selbstverständlich als Korrektur abgezogen werden. Als Eichkurven werden keine Geraden erhalten. Es muß daher eine sorgfältig ermittelte Eichkurve vorhanden sein, aus der die Konzentration direkt abgelesen werden kann. Das unlineare Verhältnis wird darauf zurückgeführt, daß vermutlich die Reaktion zwischen Mo und NO_3^- ausschlaggebend ist und nicht allein der Diffusionsstrom zur Hg-Elektrode.

Genauigkeit und Empfindlichkeit. Die Genauigkeit dürfte hier mit ca. $\pm 2\%$ anzunehmen sein. Die Empfindlichkeit ist mit der unteren Grenze des oben angegebenen Meßbereiches gegeben.

Nach einer Ergänzung von TUNG-WHEI CHOW und ROBINSON kann in salzsaurem und chloridhaltigem Grundelektrolyt bei $-0{,}75$ V gegen die gesättigte Kalomelelektrode die polarographische Messung vorgenommen werden. Demnach werden die Meßwerte in diesem Medium wesentlich größer, so daß bei einer Grundlösung mit 0,1 m HCl, 0,2 m NaCl und $8{,}75 \cdot 10^{-5}$ mol/l an Natriummolybdat noch Konzentrationen von $2 \cdot 10^{-5}$mol/l an NO_3^- gegenüber $1 \cdot 10^{-4}$ mol/l NO_3^- in H_2SO_4 und Na_2SO_4 bestimmt werden können.

G. Polarographische Bestimmung von Nitraten und Nitriten nebeneinander.

1. Polarographische Bestimmung mit Uranyl-Ionen nach KEILIN und OTVOS.

Es können in einer indirekten Methode aus zwei Polarogrammen nach dem Schema:

I. Summe $NO_2^- + NO_3^-$ in Uranylacetat-Grundlösung,
dann Oxydation von NO_2^- zu NO_3^- mit H_2O_2 und
II. Gesamt-NO_3^- in Uranylacetat-Grundlösung,
beliebige Mengen NO_3^- und NO_2^- nebeneinander bestimmt werden.

Prinzip. Nach KOLTHOFF, HARRIS und MATSUYAMA wird NO_3^- mit $\nu = 5$ in Uranyl-Ionen enthaltender Grundlösung (siehe S. 233) quantitativ gemessen. Nach

KEILIN und OTVOS gilt mit $\nu = 3$ dasselbe für NO_2^-. Die beiden Autoren haben außerdem nachweisen können, daß bei der Stufe von −1,2 V gegen die gesättigte Kalomelelektrode für die Wellenhöhen beider Ionen unabhängig voneinander Additivität besteht.

Für den Reduktionsmechanismus gilt das bei den Einzelbestimmungen Gesagte.

Apparatur. Siehe S. 232.

Reagenzien. 1. und 2. UO_2-Grundlösung s. S. 154.

2n HCl „p.a."-Qualität.

2n NaOH „p.a."-Qualität.

30% ig, H_2O_2 „p. a."-Qualität.

MnO_2, „p.a."-Qualität.

Arbeitsvorschrift. Man teilt die Probelösung in zwei vollkommen gleiche Volumina. Nun pipettiert man genau je nach Konzentration einige Milliliter (bis maximal 25 ml) der einen Lösung in einen 50 ml Meßkolben, fügt genau 25 ml der passenden Uranylacetat-Grundlösung hinzu und füllt mit destilliertem Wasser bis zur Marke auf. Diese so erhaltene Lösung wird mit N_2- oder H_2-Gas luftfrei gespült und polarographisch wie unter S. 154 aufgenommen. Den Blind- oder Reststrom für das Uranyl-Ion bestimmt man in einer ohne Probelösung bereiteten Lösung.

Aus dem zweiten Teil der ursprünglichen Probelösung entnimmt man durch Pipettieren dieselbe Anzahl von Milliliter wie oben, fügt 2n HCl hinzu, bis die Lösung gerade neutral ist, und dann weitere 5 Tropfen 2n HCl im Überschuß. Mit einem hierauf zugegebenen Millilitern 30% igem Wasserstoffperoxyd läßt man die Lösung bei Zimmertemperatur 30 min stehen. Nun kommen 8 Tropfen 2n NaOH hinzu und eine kleine Menge MnO_2. Sobald die Gasentwicklung aufgehört hat, gießt man die Lösung quantitativ in einen 50 ml-Meßkolben ab (dekantieren!), fügt 3 Tropfen 2n HCl und dann genau 25 ml der passenden Uranylacetat-Grundlösung zu und füllt mit destilliertem Wasser bis zur Marke auf. Man polarographiert nun diese Lösung wie oben und korrigiert den Meßwert ebenso mit dem Blind- oder Reststromwert.

Auswertung und Berechnung. Die Auswertung der Polarogramme der Probelösungen und Grundlösungen erfolgt bei −1,2 V, wie für Nitrit auf S. 154 angegeben. Nach KEILIN und OTVOS ist aus den beiden Aufnahmen:

I. Nitrat + Nitrit,

II. Gesamt-Nitrat (entsprechend Nitrat + aus Nitrit oxydiertem Nitrat), sowohl die Nitrat- als auch die Nitrit-Konzentration nach folgenden Gleichungen berechenbar:

$$C_{NO_2^-} = \frac{i'_d - i_d}{6{,}35\, m^{2/3} t^{1/6}}$$

$$C_{NO_3^-} = \frac{i'_d}{13{,}8\, m^{2/3} t^{1/6}} - C_{NO_2^-}$$

$C_{NO_2^-}$ bzw. $C_{NO_3^-}$ sind die Konzentrationen von NO_2^- bzw. NO_3^- im Millimol je Liter, m ist die Strömungsgeschwindigkeit des Quecksilbers beim Austritt aus der Capillare in mg je Sekunde und t die Tropfzeit in Sekunden.

Die aus der 1. Aufnahme bestimmte additive Grenzstromstärke

$$i_d = m^{2/3} t^{1/6} (7{,}45\, C_1 + 13{,}8\, C_2)$$

enthält die von KOLTHOFF, HARRIS und MATSUYAMA ermittelten Koeffizienten.

Aus der 2. Aufnahme erhält man mit dem 2. Koeffizienten auch

$$i'_d = 13{,}8\, m^{2/3} t^{1/6} (C_1 + C_2),$$

mithin die Grenzstromstärke nach der Oxydation des Nitrits nach:

$$HNO_2 + H_2O_2 \rightarrow NO_3^- + H^+ + H_2O.$$

Genauigkeit und Empfindlichkeit. Es gelten die für die NO_3^--Bestimmung nach KOLTHOFF, HARRIS und MATSUYAMA S. 235 bzw. für die NO_2^--Bestimmung nach KEILIN und OTVOS, S. 154, gemachten Angaben. Die Fehlergrenze wird, da es sich um eine indirekte Methode handelt, für beide Ionen nebeneinander etwas ungünstiger liegen. Ausschlaggebend hierfür ist das Verhältnis der Ionen zueinander.

Störungen. Siehe S. 235 und S. 154.

MUNSCHE hat eine Änderung der Vorschrift von KEILIN und OTVOS vorgeschlagen, weil die NO_2^--Verluste in 0,1 n HCl-Lösung durch Zersetzung des Nitrits zu groß werden.

Deshalb wird in einem Teil der Probe die Bestimmung von Nitrat- und Nitritstickstoff nach KEILIN und OTVOS (s. S. 240) bestimmt und dann in einem zweiten Teil die Probe nach HASLAM und CROSS mit Natriumazid in salzsaurer Lösung behandelt. Bei Siedehitze wird NO_2^- ganz zerstört und der verbliebene Nitratstickstoff nachfolgend, wie oben die Summe, bestimmt. Der Nitritstickstoff ergibt sich aus der Differenz der beiden Stufen.

Ausführung und Auswertung nach folgendem Schema:

I. $NO_3^- + NO_2^-$ in Uranylacetat-Grundlösung,
dann Reduktion von NO_2^- mit NaN_3 und
II. NO_3^- allein in Uranylacetat-Grundlösung.
NO_2^- aus I—II.

2. Polarographische Nitratbestimmung unter Ausschaltung von wechselnden Mengen Nitrit nach RAND und HEUKELEKIAN.

„Wie auf Seite 237 bereits angegeben wurde, wird nach RAND und HEUKELEKIAN jede beliebige NO_3-Konzentration durch eine polarographische Aufnahme vor und nach Zerstörung des NO_3^- durch Fe (II)-Ionen indirekt bestimmbar. Die Autoren haben bis jetzt die Bestimmung von NO_3^- und NO_2^- nebeneinander noch nicht ausgearbeitet, obwohl ihre Methode auch die Möglichkeit hierzu offen läßt (Ausblasen der sauren Lösung mit N_2 zur Entfernung des aus NO_2^- entstandenen NO und NO_2).

Schema:

NO_3^- allein bei Reduktion von NO_3^- mit Fe^{++} nach Entfernung von NO_2^-.

3. Polarographische Bestimmung von Nitrat und Nitrit nebeneinander mit Molybdat-Ionen nach TUNG-WHEI CHOW und ROBINSON.

Wie auf S. 155 ausgeführt wurde, wird NO_2^- beim Reduktionspotential von Mo(VI) zu Mo(V) bei —0,18 V durch einen dem Nitrit proportionalen Stromanstieg der Mo-Stufe direkt bestimmt. Da NO_3^- diesen Stromanstieg an dieser Stelle nicht liefert, kann NO_3^- neben NO_2^- in der Lösung vorhanden sein, ohne die NO_2^--Bestimmung zu stören. Der NO_2^--Gehalt wird am besten in chloridhaltiger Grundlösung bei $\sim$ —0,18 V erfaßt; es wird hierzu wie auf S. 155 vorgegangen.

NO_3^- kann aus dieser Lösung jedoch nicht direkt bestimmt werden, da an der Reduktionsstufe für Mo(IV) zu Mo(III) sowohl durch NO_3^- als auch durch NO_2^- eine Steigerung der Grenzstromhöhe hervorgerufen wird.

Oxydiert man jedoch NO_2^- zu NO_3^-, wie es bereits KEILIN und OTVOS beschrieben haben, mit H_2O_2 (s. S. 239), so kann die gesamte Konzentration von NO_3^- erhalten werden. Die vorhergehend bestimmte Nitritkonzentration muß dann entsprechend auf NO_3^- umgerechnet und dann vom gesamten NO_3^--Wert abgezogen werden. Daraus errechnet sich indirekt der ursprüngliche in der Probe vorhandene NO_3^--Gehalt.

Für die Empfindlichkeit gelten die gleichen Grenzen wie für die Einzelbestimmung. Der Genauigkeit für die indirekte NO_3^--Bestimmung haftet selbstverständlich der doppelte Fehler von etwa $\pm 4\%$ an.

Schema:
I. NO_2^- allein,
dann Oxydation von NO_2^- zu NO_3^- mit H_2O_2 und
II. NO_3^--Summe, wobei NO_2^- aus I) als NO_3^- berechnet.

4. Polarographische Bestimmung von Nitritspuren neben Nitrat nach TOKUOKA und RUŽIČKA.

Diese Methode ist für Nitrat auf S. 232 ausführlich beschrieben. Nitrit gibt an derselben Stelle ebenso eine Grensztromstufe durch Reduktion an der Hg-Tropfelektrode (—1,3 V).

Diese Methode wurde besser in Anwendungen von HOHN wie auch von SCHWARZ ausgearbeitet und für Nitriergemische (siehe unten) beschrieben.

5. Polarographische Bestimmung von Nitratspuren neben Nitrit nach HASLAM und CROSS.

Um kleinste Mengen NO_3^- neben beliebigen Mengen an NO_2^- bestimmen zu können, zerstören HASLAM und CROSS das NO_2^--Ion durch Kochen mit Natriumazid in salzsaurer Lösung. Hierauf neutralisiert man die Lösung, engt sie auf ein geeignetes Volumen ein und polarographiert das NO_3^--Ion. Die Grundlösung enthält nach HASLAM und CROSS neben Lanthansalz auch noch Bariumchlorid als eigentlichen Leitelektrolyt. Man hält sich im übrigen an die Vorschrift von TOKUOKA und RUŽIČKA (s. S. 232).

6. Polarographische Bestimmung von Nitrit und Nitrat besonders in Nitriersäuregemischen nach SCHWARZ.

Nach der Angabe von TOKUOKA und RUŽIČKA bzw. von HOHN hat SCHWARZ eine Analysenvorschrift für Nitriersäure angegeben.

Prinzip. Man nimmt die Gesamtstufenhöhe von NO_3^- und NO_2^- in Lanthanacetat-Grundlösung auf. Als Bereich wird —1,0 bis —2,2 V gewählt, wobei die Welle, wie auf S. 232 beschrieben, erhalten wird. Die Nitritbestimmung allein erfolgt dann bei —0,77 V in saurer Lithiumchlorid-Grundlösung. Man kann nun aus saurer Lösung NO mit N_2-Gas austreiben und NO_3^- nochmals bestimmen oder aus der Säure NO_3^- und NO_2^- durch Abzug der NO_2^--Welle aus Li-Lösung NO_3^- berechnen.

Reagenzien. La-Grundlösung: 21,1 g Lanthanacetat und 24,4 g $BaCl_2 + 2\,H_2O$ werden gesondert in destilliertem Wasser gelöst; man fügt 200 ml einer 2%igen Tyloselösung zu und füllt mit destilliertem Wasser auf 2000 ml im Meßkolben auf.

Li-Grundlösung: 1 Mol LiCl und 1 Mol Essigsäure werden mit 0,01 Mol Natriumacetat auf 1000 ml im Meßkolben aufgefüllt.

Arbeitsvorschrift. Man pipettiert zu 2 ml der Probelösung (5 g Nitriersäuregemisch mit NaOH oder KOH neutralisiert und auf 500 ml mit destilliertem Wasser aufgefüllt) 10 ml der La-Grundlösung und polarographiert zwischen —1,0 bis —2,2 V. Danach pipettiert man weitere 5 ml derselben Probelösung zu 5 ml der Li-Grundlösung und nimmt sofort, um NO_2^--Verluste zu vermeiden, unter N_2-Atmosphäre die bei —0,77 V beginnende Grenzstromstufe auf. Verlustlose Ergebnisse erhält man, wenn man die Lösungen im 2. Fall zuerst entlüftet, dann zusammen pipettiert und nach dem Ansäuren aufnimmt.

Man kann nur einen weiteren Teil der angesäuerten Probelösung von NO_2^- durch Austreiben mit N_2- oder H_2-Gas befreien und mit dieser Lösung die obige Summenbestimmung wiederholen, wobei jetzt natürlich NO_2^- fehlt.

Auswertung und Berechnung. Je nach dem Vorgang werden die aus den Polarogrammen erhaltenen Stufenhöhen ausgewertet. Man kann aus der 2. Aufnahme mittels Eichkurve NO_2^- direkt bestimmen und, auf die La-Grundlösung umgerechnet, von der Summenhöhe NO_3^- und NO_2^- abziehen. Daraus ergibt sich NO_3^-. Oder man nimmt nach der 3. Aufnahme NO_3^- direkt auf und bestimmt aus der Differenz zwischen der 1. und 3. Aufnahme NO_2^- indirekt.

Als Eichkurve eignen sich am besten Eichlösungen von KNO_2 und KNO_3 mit 0,02 Normalität, die vorschriftsmäßig wie oben zur Aufnahme gelangen.

7. Polarographische Bestimmung von Nitritspuren neben Nitrat nach Heyrovský und Nejedlý

Bei der Besprechung der polaropographischen Bestimmung von salpetriger Säure ist auf die der NO-Welle zugeschriebene Nitrit-Bestimmung von Heyrovský und Nejedlý (s. S. 153) hingewiesen worden. Dieses Verfahren ist zur Bestimmung kleiner NO_2^--Mengen neben NO_3^- geeignet; NO_3^- wird hierbei nicht erfaßt. Es wird hier kurz erwähnt.

Prinzip. Man zieht die bei —0,77 V beginnende sogenannte NO-Stufe in saurer Lösung heran, wodurch nun NO_2^- neben beliebig viel NO_3^- erfaßt werden kann.

Arbeitsvorschrift. Man säuert eine NO_2^- enthaltende Probelösung so an, daß die mindestens 5fache Konzentration an Säure gegenüber NO_2^- vorhanden ist. Gewöhnlich arbeitet man in 0,1 n HCl mit 0,1 n Alkalisalzen als Leitelektrolyt. Vor dem Ansäuern ist die Lösung mit N_2- oder H_2-Gas zu entlüften (frei von O_2).

Auswertung und Berechnung. Die Auswertung erfolgt wie üblich über eine Eichkurve, die man unter gleichen Bedingungen mittels KNO_2-Eichlösung erhält.

Genauigkeit und Empfindlichkeit. Der Genauigkeit ist durch die Zersetzung von HNO_2 in saurer Lösung eine Grenze gesetzt (s. S. 154). Es lassen sich noch 10^{-5} mol/l an NO_2^- gut bestimmen.

Störungen. Die O_2-Welle stört bei NO_2^--Konzentrationen unter 0,001 m. Stören noch andere Ionen, so kann man allenfalls NO_2^- mit N_2- oder H_2-Gas aus der Probelösung austreiben und in der vorgelegten Natronlauge auffangen und nach dem Ansäuren wieder bestimmen. Wieweit dabei die Oxydation von NO stört, müßte durch Parallelversuche mit KNO_2-Eichlösungen unter gleichen Bedingungen ermittelt werden. Verbesserungen dieser Methode beziehen sich u. a. auf die gleichzeitige Bestimmung von NO_2^- und NO_3^- und sind bereits auf S. 242 behandelt.

Weitere Arbeiten zur polarographischen Bestimmung von Nitrat und Nitrit sind für besondere Fälle beschrieben worden. Es können hier nur Literaturnachweise erfolgen:

Heyrovský und Nejedlý: Nitrit in Nitrocellulose; Nitrit im Schießpulver.
Namba und Yamashita: Nitrat und Nitrit in Sprengkörpern.
Pleticha und Křižová: Nitrat und Nitrit in Fleisch- und Pökellaugen.
Scott und Bambach: Nitrat im Blut und Harn.

Literatur.

Collat, J. W., u. J. J. Lingane: Am. Soc. **76**, 4214 (1954).

Frumkin, A. N., u. Ss. J. Shdanow: Ber. Akad. Wiss. UdSSR **92**, 629 (1953).

Grabowski, Z. R.: Roczniki Chem. **27**, 285 (1953).

Haslam, J., u. S. H. Cross: J. Soc. chem. Ind. **64**, 259 (1945). — Heyrovský, J.: Polarographie. Wien 1941. Neudruck Washington 1944. — Heyrovský, J., u. V. Nejedlý: Coll. Trav. chim. Tchécosl. **3**, 126 (1931) — Chem. N. **142**, 193 (1931); durch Kolthoff u. Lingane: Polarography. — Hohn, H.: durch Böttger: Physikal. Methoden der analyt. Chemie, II. Teil, 2. Aufl., S. 249. — Holleck, L.: Z. El. Ch. **49**, 400 (1943).

Ilkovič, D.: Coll. Trav. chim. Tchécosl. **6**, 498 (1934) — J. Chim. phys. **35**, 129 (1938).

Johnson, M. G., u. R. J. Robinson: Anal. Chem. **24**, 366 (1952).

Keilin, B., u. I. W. Otvos: Am. Soc. **68**, 2665 (1946). — Kolthoff, I. M., W. E. Harris u. G. Matsuyama: Am. Soc. **66**, 1782 (1944).

Lawrance, W. A., u. R. M. Briggs: Anal. Chem. **25**, 965 (1953). — Lingane, J. J., u. H. A. Laitinen: Ind. eng. Chem. Anal. Edit. **11**, 504 (1939).

Mašek, J.: Chem. Listy **46**, 683 (1952). — Meites, L.: Am. Soc. **73**, 4115 (1951). — Munsche, D.: Z. Pflanzenernähr. Düng. Bodenkunde **62**, 229 (1953).

Namba, K., u. T. Yamashita: J. Explosive Industry Japan **13**, 151 (1952).

PLETICHA, R., u. E. KRIŽOVÁ: Průmysl Potravin **4**, 383 (1953).
RAND, M. C., u. H. HEUKELEKIAN: Anal. Chem. **25**, 878 (1953).
SCOTT, E. W., u. K. BAMBACH: Ind. eng. Chem. Anal. Edit. **14**, 136 (1942). — SCHWARZ, K.: Fr. **115**, 161 (1939).
TOKUOKA, M.: Coll. Trav. chim. Tchécosl. **4**, 444 (1932). — TOKUOKA, M., u. J. RUŽIČKA: Coll. Trav. chim. Tchécosl. **6**, 339 (1934). — TUNG-WHEI CHOW, D., u R. ROBINSON: J. Marine Research **12**, 1 (1953) — Anal. Chem. **25**, 1493 (1953).